田永胜　主编

水产动物种质冷冻保存与应用技术

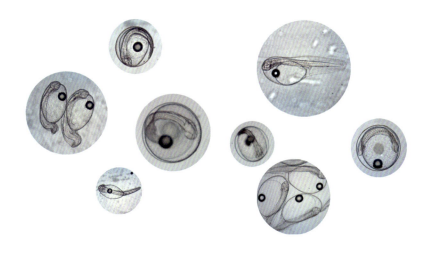

GERMPLASM CRYOPRESERVATION
AND APPLICATION
IN AQUATIC SPECIES

中国农业出版社
北　京

主 编 简 介

田永胜，1964 年 2 月出生于甘肃会宁，博士，研究员，博士生导师。曾先后就读于陕西师范大学生物系、新疆八一农学院生物基础部、华中农业大学水产学院，分别获得学士、硕士和博士学位。任中国水产科学研究院黄海水产研究所研究员，兼任上海海洋大学和中国农业科学院博导，中国海洋大学、大连海洋大学、青岛农业  大学、青岛科技大学研究生导师，以及中国水产学会水产生物技术与遗传育种专业委员会秘书长。山东省泰山产业领军人才，青岛市政府特殊津贴专家，烟台市"双百计划"人才。

多年来主要从事鱼类种质冷冻保存、遗传育种、性别调控、鱼类养殖和增殖等方面研究工作，主持和参加国家 863 计划课题、国家自然科学基金和国家重点研发计划等项目 40 多项；获得国家和省部级等科技奖励 20 项，其中国家技术发明二等奖 2 项（5，5），山东省科技进步二等奖 3 项（1，2，4），中华农业科技一等奖 2 项（3，6），海洋创新成果二等奖 3 项（1，2，5），海洋优秀科技图书奖（1），青岛市科技进步一等奖（2），中国水产学会范蠡科学技术一等奖（4）。发表论文 160 多篇，以第一发明人或参与获得发明专利共 30 多项。主持培育出石斑鱼杂交新品种"云龙石斑鱼"和"金虎杂交斑"，以主要完成人参与培育出牙鲆新品种"鲆优 1 号"和"鲆优 2 号"，为渔业发展做出重要贡献。

内 容 简 介

　　水产动物种质资源是科技原始创新、现代种业发展的物质基础，种质资源保存和利用是本领域关注的热点。本书系统介绍了各类水产动物种质冷冻保存的国内外研究进展，对水产动物种质冷冻保存理论和技术进行了广泛、深入阐述，其中包括海淡水鱼类精子和胚胎冷冻保存、虾类精子和胚胎冷冻保存、贝类精子和胚胎冷冻保存、棘皮动物精子和胚胎冷冻保存、水产动物胚胎干细胞保存及水产动物基因资源保存与应用等方面的主要技术及研究进展，为水产动物种质资源保存和利用提供理论和应用依据，是我国首部全面论述水产动物种质资源冷冻保存与应用技术的综合性专著，具有较高的学术和应用价值，对于水产动物种质资源长期保存、遗传育种和种业创新具有重要作用。

编写人员名单

主编：田永胜

编者：田永胜　中国水产科学研究院黄海水产研究所

　　　黄晓荣　中国水产科学研究院东海水产研究所

　　　赵沐子　江苏省淡水水产研究所

　　　柳淑芳　中国水产科学研究院黄海水产研究所

　　　刘清华　中国科学院海洋研究所

　　　叶　欢　中国水产科学研究院长江水产研究所

　　　许　帅　中国科学院海洋研究所

序

我国是一个水生动物资源极为丰富的国家，丰富多样的水生动物种质资源和遗传多样性对于我国渔业发展有着重要作用。然而，对水产资源的过度捕捞和无序利用，致使其种类和种群数量减少，渔业资源衰退，这是渔业产业发展面临的严峻问题。因此，建立水产动物种质保存技术和种质库，将遗传物质长期保存起来，具有重大的现实意义和战略意义。

种质冷冻保存是水产种质资源保护的主要技术途径之一，但是大部分水产动物种质冷冻保存技术还未建立。我国水产动物种质冷冻库规模、保存种类和数量相当有限，因此水产动物种质冷冻保存技术研究和种质库建立势在必行。立足于斯，本书全面介绍了国内外在海淡水鱼类、虾蟹类、贝类、棘皮动物的精子、胚胎、胚胎干细胞及基因资源保存与应用等方面研究进展，对本领域研究成果和技术水平进行系统和深入阐述。

笔者 20 多年来一直从事海淡水鱼类种质冷冻保存、遗传育种等方面的研究工作，建立了 30 多种鱼类精子冷冻保存技术，与国内相关研究院所和企业合作建立了 7 个鱼类精子冷冻库，冷冻保存精子达到上万份；将冷冻精子广泛应用于鱼类选择、杂交、细胞工程育种及优良苗种规模化繁育等方面，产生了显著的经济和社会效益。建立了 8 种海水鱼类胚胎超低温冷冻保存技术，在国际上首次突破海水鱼类超低温冷冻保存成活的技术瓶颈，获得成活胚胎和鱼苗。利用冷冻精子辅助培育出石斑鱼远缘杂交新品种"云龙石斑鱼"和"金虎杂交斑"，以及牙鲆养殖新品种"鲆优 1 号""鲆优 2 号"。由笔者主编并联合中国水产科学研究院黄海水产研究所、中国水产科学研究院东海水产研究所、中国水产科学研究院长江水产研究所、中国科学院海洋研究所和江苏省淡水水产研究所等主要从事水产动物种质冷冻保存研究的科研团队，经过共同努力、集思广益，编著成《水产动物种质冷冻保存与应用技术》一书。本书从理论、技术操作和应用等方面系统介绍了水产动物种质冷冻保存研究进展，具有较高的学术水平和应用价值，相信它的出版将为我国水产动物种质资源库建立、遗传育种和新种质创制起到积极的推动作用。

前　言

　　种质资源是水产养殖、良种创制和渔业生产可持续发展的重要物质基础。我国是一个水生动物资源极为丰富的国家，丰富多样的水生动物种质资源和遗传多样性对于我国水产养殖业发展有着重要的作用。然而，对水产资源的过度捕捞和无序利用，致使其种群数量减少、个体小型化，渔业资源衰退。世界自然保护联盟（IUCN）报告，全世界有87种水产动物灭绝，2 179种达到濒危、极危或野外绝灭。因此，建立重要水产动物种质保存技术和种质库，将遗传物质长期保存起来，是国际上十分关注的前沿技术之一。本书汇集国内外在海淡水鱼类、虾蟹类、贝类、棘皮动物的精子、胚胎、胚胎干细胞和基因资源保存及应用等方面研究进展，对本领域研究成果和技术水平进行系统和深入阐述。本书材料主要来源于参与编写的作者团队多年来在本领域研究积累和国内外相关研究。

　　水产种质资源保存在国际上具有战略意义，种质冷冻保存是主要的技术手段之一，但是大部分水产动物种质冷冻保存技术还未建立。我国水产动物种质冷冻库规模、保存种类和数量相当有限，因此我国水产动物种质冷冻保存技术研究和种质库建立迫在眉睫。

　　本书组织了中国水产科学研究院黄海水产研究所、中国水产科学研究院东海水产研究所、中国水产科学研究院长江水产研究所、中国科学院海洋研究所和江苏省淡水水产研究所在本领域耕耘多年的科研人员，总结了近30年来国内外水产动物种质冷冻保存和应用研究的进展，内容共分十一章，主要包括国内外水产种质资源现状及水产动物种质冷冻库分布现状、种质保存形式，海水鱼类精子和胚胎冷冻保存，淡水鱼类精子和胚胎冷冻保存，虾类精子和胚胎冷冻保存，蟹类精子和胚胎冷冻保存，贝类精子和胚胎冷冻保存，棘皮动物精子和胚胎冷冻保存，鱼类生殖干细胞冷冻保存，水产动物基因资源保存，以及各类种质资源应用等方面的研究进展，内容新颖，具有理论高度概括和关键技术重点突出的特点，涵盖了本领域研究新进展，更加全面、系统地对种质冷冻保存理论与技术进行阐述，提炼新成果、新技术、新思想，希望为本学科发展提供新启示。

　　本书的出版将为我国水产动物种质资源保存和利用提供丰富的理论基础和应用技术，为科研院所的科研人员、广大师生和企业技术人员提供一本理论和技术兼具的重要文献，引领本学科研究的深度发展。本书是我国首部全面论述各种水产动物种质资源冷冻保存与应用技术的综合性专著，相关技术可在水产动物种质长期冷冻保存和种质资源库构建、遗传现象解析、遗传育种和产业化等方面广泛应用，具有较高的学术和应用价值，对于水产动物种质资源有效保存、新种质创制和种业创新具有积极推动作用。

　　为本书做出贡献的还有（按姓氏笔画排序）：丁淑燕、王林娜、刘阳、刘石林、齐文山、李振通、杨红生、宋莉妮、张晶晶、段会敏、姜静、葛家春、韩龙江、黎琳琳等，在此对大家的辛勤付出表示真诚感谢！

　　由于水产动物种类繁多，种质冷冻保存技术的发展千差万别，参加编写的作者的认识各有千秋，本书难免有疏漏和不足之处，敬请读者批评指正。

田永胜

2022 年 9 月 19 日

目 录

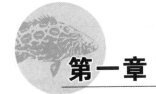

第一章

水产动物种质资源概述

第一节　国内外水产种质资源现状及问题

地球表面积的 76% 左右被水覆盖，广阔的水域孕育了丰富多样的生物。水产种质资源既是生物多样性的重要组成部分，负载着水产物种丰富多样的遗传多样性和基因资源，也是人类优质蛋白的重要来源。其中，贝类、甲壳类、鱼类和棘皮动物是具有重要经济价值的水产动物。贝类属于软体动物门（Mollusca），这是动物界的第二大门，至今已发现物种约 13 万种，分为无板纲（Aplacophora）、单板纲（Aplacophora）、多板纲（Polyplacophora）、瓣鳃纲（Lamellibranchia）、掘足纲（Scaphopoda）、腹足纲（Gastropoda）和头足纲（Cephalopoda）（阳连贵，2018），其中无板纲、单板纲和多板纲全为海洋特有。贝类有着广泛而重要的价值，如食用、饲料用、药用、工业用和工艺用等。鱼类属于脊索动物门（Chordata），根据全球鱼库 FishBase（https：//www.fishbase.de/）记录，全世界有 32 063 种鱼类，分为无颌类和有颌类。无颌类分为盲鳗纲（Myxini）、头甲鱼纲（Cephalaspidomorphi）、七鳃鳗纲（Petromyzontida）和鳍甲鱼纲（Pteraspides）。有颌类分为盾皮鱼纲（Placodermi）、软骨鱼纲（Chondrichthyes）、棘鱼纲（Acanthodii）和硬骨鱼纲（Osteichthyes）。甲壳类属于节肢动物门（Arthropoda）、甲壳动物亚门（Crustacea），分为桨足纲（Remipedia）、头虾纲（Cephalocarida）、鳃足纲（Branchiopoda）、软甲纲（Malacostraca）和颚足纲（Maxillopoda），已知现生种共 67 000 多种，其中重要经济物种虾蟹类属于软甲纲（宋大祥等，2004）。棘皮动物门（Echinodermata）是无脊椎动物中的一类后口动物（deuterostomia），分为海百合纲（Crinoidea）、海星纲（Asteroidea）、蛇尾纲（Ophiuroidea）、海胆纲（Echinoidea）和海参纲（Holothuroidea），在无脊椎动物进化中具有十分重要的地位，为海洋特有的物种。海参纲是棘皮动物门中经济意义最大的一个纲，全世界现存约 1 400 种，主要分布在印度-西太平洋区域。文献记载并描述过的棘皮动物化石种类接近 13 000 种，全世界现有 7 000 余种，我国约有 588 种（杨红生等，2016）。

根据联合国粮农组织统计结果（FAO，2020），世界鱼类、甲壳类、软体动物和其他水生动物的产量持续增加，2018 年达到创纪录的 1.785 亿 t，比 2017 年增加 3.4%。其中捕捞量为 9 640 万 t，创下历史新高，比上一年增长 3.6%，2018 年水产养殖产量达到峰值 8 210 万 t，比 2017 年增长 3.2%（表 1-1-1）。2018 年，世界水产品销售总额估计为 4.019 亿美元，其中 2.5 亿美元来自水产养殖生产。2017 年全球人均鱼类消费量估计为 20.3kg，鱼类约占世界人口动物蛋白摄入量的 17.3%，占总蛋白质摄入量的 6.8%。根据 2018 年的初步估计，预计人均消费量将进一步增加，达到 20.5kg，水产养殖产品在供人食用的鱼类总供应量中超过捕捞产品（FAO，2020）。

表 1-1-1 2013—2018 年世界渔业产量估计值（按物种群划分）

（FAO，2020）

物种	分类	产量（×10³t）						
		2012 年	2013 年	2014 年	2015 年	2016 年	2017 年	2018 年
鲤、鲃和其他鲤科鱼类	捕捞	1 519	1 456	1 558	1 519	1 591	1 679	1 813
	养殖	23 274	24 666	25 841	26 769	27 768	28 137	29 226
罗非鱼和慈鲷	捕捞	713	704	732	716	790	803	851
	养殖	4 428	4 738	5 160	5 460	5 586	5 935	6 031
杂种淡水鱼类	捕捞	7 322	7 455	7 465	7 588	7 732	8 090	8 070
	养殖	7 965	8 792	9 055	9 372	10 227	10 623	10 667
鲟类	捕捞	1	0	0	0	0	0	0
	养殖	60	70	81	97	93	99	115
河鳗	捕捞	14	11	9	8	7	7	8
	养殖	222	214	230	252	251	260	269
鲑鳟、香鱼	捕捞	977	1 205	955	1 107	931	994	1 134
	养殖	3 234	3 182	3 417	3 396	3 323	3 488	3 556
鲱	捕捞	606	630	628	663	729	809	778
	养殖	0	0	0	0	1	0	1
杂鱼	捕捞	115	118	130	122	101	116	110
	养殖	1 020	1 118	1 113	1 192	1 255	1 249	1 408
比目鱼	捕捞	1 003	1 056	1 049	959	991	977	976
	养殖	176	174	189	197	190	181	177
鳕	捕捞	6 494	6 614	6 644	6 605	6 874	6 960	6 736
	养殖	11	4	2	0	1	1	1
沿海杂鱼	捕捞	7 138	7 120	7 116	7 156	7 308	7 654	7 143
	养殖	993	1 031	1 097	1 219	1 311	1 558	1 647
杂种底栖鱼类	捕捞	2 892	2 941	2 971	2 952	3 014	2 979	2 810
	养殖	23	24	25	19	18	23	23
青鱼、沙丁鱼、凤尾鱼	捕捞	9 868	9 843	10 021	10 117	9 920	10 656	10 485
	养殖							
金枪鱼、鲣、长嘴鱼	捕捞	7 365	7 544	7 846	7 711	7 791	7 766	7 913
	养殖	22	29	35	37	38	37	47
各种远洋鱼类	捕捞	7 508	7 600	8 367	8 251	7 802	8 418	8 435
	养殖	342	347	313	319	328	346	344
鲨鱼、鳐、银鲛	捕捞	789	778	753	731	737	686	680
	养殖							
尚未确定海洋鱼类	捕捞	5 639	5 148	5 102	5 573	6 055	5 623	7 050
	养殖	568	603	661	651	689	749	768
淡水甲壳类动物	捕捞	447	434	431	425	405	416	400
	养殖	1 671	1 789	1 840	1 934	2 168	2 508	2 981
蟹、海蜘蛛	捕捞	1 431	1 545	1 682	1 710	1 650	1 675	1 581
	养殖	280	291	341	349	393	399	400

（续）

物种	分类	产量（×10³ t）						
		2012 年	2013 年	2014 年	2015 年	2016 年	2017 年	2018 年
龙虾	捕捞	299	293	308	296	316	310	304
	养殖	1	2	2	2	2	3	2
虾、对虾	捕捞	3 350	3 308	3 401	3 433	3 384	3 463	3 455
	养殖	4 064	4 141	4 565	4 824	5 113	5 716	6 004
杂种海洋甲壳类动物	捕捞	704	785	803	749	712	671	748
	养殖	0	0	0	0	0	0	0
淡水软体动物	捕捞	365	359	348	336	316	328	285
	养殖	264	259	521	260	258	224	207
鲍、食用螺、海螺	捕捞	158	164	155	163	161	173	173
	养殖	302	321	346	370	391	423	426
牡蛎	捕捞	134	136	146	142	119	146	147
	养殖	4 560	4 772	4 953	5 122	5 420	5 729	5 995
蚌类	捕捞	104	97	92	101	122	86	84
	养殖	1 783	1 705	1 823	1 822	1 995	2 072	2 113
扇贝	捕捞	751	747	741	578	573	631	756
	养殖	1 592	1 799	1 841	2 006	2 113	2 185	2 136
蛤	捕捞	602	579	567	608	561	559	498
	养殖	4 852	5 006	5 188	5 237	5 545	5 641	5 578
鱿鱼、乌贼、章鱼	捕捞	4 032	4 059	4 857	4 777	3 518	3 770	3 637
	养殖	0	0	0	0	0	0	0
其他海洋软体动物	捕捞	760	760	793	759	674	648	664
	养殖	994	1 046	1 035	1 021	1 118	1 029	1 056
海胆和其他棘皮动物	捕捞	113	117	113	111	109	116	115
	养殖	170	192	200	207	215	234	187
其他水生动物	捕捞	429	480	569	556	476	468	442
	养殖	609	638	631	638	694	693	732
世界总产量	捕捞	88 634	89 733	90 379	91 657	89 637	93 116	96 434
	养殖	63 480	66 952	70 506	72 771	76 504	79 545	82 095

一、世界水产动物资源捕捞情况统计

2018 年，世界海洋捕捞量从 2017 年的 8 120 万 t 增加到 8 440 万 t。海洋捕捞总量的 85% 左右为鱼类，以小型中上层鱼类为主要群体，其次是鳕形目鱼和金枪鱼及类似金枪鱼的物种。鳀（*Engraulis ringens*）是世界上捕捞量最大的物种，每年超过 700 万 t，阿拉斯加鳕（*Theragra chalcogramma*）以 340 万 t 位居第二，而鲣（*Katsuwonus pelamis*）以 320 万 t 连续九年位居第三。四种最有价值的捕捞类群为金枪鱼、头足类动物、虾和龙虾。内陆捕捞渔业的产量也创下了有记录以来的最高捕捞量，超过 1 200 万 t。七大捕捞生产国（中国、印度尼西亚、秘鲁、印度、俄罗斯、美国和越南）捕捞量占全球总捕捞量的近 50%；前 20 名捕捞量占世界总捕捞量的近 74%。

二、世界水产动物资源养殖情况统计

2018 年世界水产养殖产量包括 5 430 万 t 鱼类 (66.1%)、1 750 万 t 软体动物 (21.3%)、940 万 t 甲壳类 (11.4%) 和 90 万 t 其他水生动物 (1.1%)。2018 年，内陆水域的有鳍鱼类养殖是水产养殖生产中最重要的部分，2018 年这一产量达到 4 700 万 t，占世界水产养殖产量的 57.2%。2011—2015 年，世界养殖水生动物产量的年平均增长率为 5.0%。2016—2018 年，年增长率已下降至平均 3.6%。十大水产养殖生产（不包括水生植物和非人类消费的产品）国是中国（4 760 万 t）、印度（710 万 t）、印度尼西亚（540 万 t）、越南（430 万 t）、孟加拉国（240 万 t）、埃及（160 万 t）、挪威（140 万 t）、智利（130 万 t）、缅甸（110 万 t）和泰国（90 万 t），共生产水产品 7 280 万 t，占 2018 年世界水产养殖总产量的 88.7%。

三、世界水产动物资源进出口情况统计

2018 年，排名前 10 的渔业出口国的出口额占 2018 年世界出口总额的 51%，其中一半是发展中国家；发达国家占全球鱼类进口总量的 69%，美国和日本占 24%。欧盟成员国的进口额占世界进口总额的 37%。2018 年，发展中国家在鱼类出口总额所占份额按价值计算约为 54%，按数量计算约为 60%（活重当量）。在发展中国家，渔业产品的净出口额（即出口总额减进口总额）在过去几十年中稳步增长，从 1998 年的 170 亿美元增加到 2008 年的 270 亿美元，再到 2018 年的 400 亿美元。这些数字大大高于大米、咖啡和茶叶等其他农产品。2013 年以来，鲑和鳟成为国际市场上最重要的水产品，占 2018 年国际贸易渔业产品总价值的 18% 左右。其他主要出口水产类别是虾类，约占总价值的 16%，其次是金枪鱼（9%）和底层鱼类（9%），如真鳕属（*Gadus*）、无须鳕（*Merluccius merluccius*）、黑线鳕（*Melanogrammus aeglefinus*）和阿拉斯加鳕。2018 年，鱼粉出口额约占出口总额的 3%，鱼油约占 1%（FAO，2020）。

四、我国水产种质资源情况统计

水产种质资源是我国渔业生产的重要物质基础，目前我国水产品总产量占动物性（肉、禽和水产品）食物生产量的 1/3，总产量居世界首位。资料记载，我国共有海、淡水鱼类 4 000 多种，虾蟹类 1 700 多种，头足类 90 多种，贝类约 3 700 种。就海洋种类而言，我国拥有海水鱼类 2 200 多种，其中黄海和渤海 200 多种、东海 800 多种、南海 1 400 多种；海洋虾类 300 多种；海洋蟹类 600 多种；头足类 90 多种。就淡水种类而言，我国拥有鱼类 1 000 多种，其中长江水系有 291 种，珠江水系 271 种，黄河水系 124 种，黑龙江水系 97 种，青藏高原 71 种（杨文波等，2020）。2018 年，中国捕捞量约占全球总捕捞量的 15%，高于排名第二和第三的国家的捕捞量之和，中国是最大的渔业出口国，其次是挪威、越南和印度。2020 年中国水产品总产量 6 549.02 万 t，比 2019 年增长 1.06%，其中养殖产量 5 224.20 万 t，同比增长 2.86%，捕捞产量 1 324.82 万 t，同比降低 5.46%。养殖产品与捕捞产品的产量比例为 79.8∶20.2。海水产品产量 3 314.38 万 t，同比增长 0.97%，淡水产品产量 3 234.64 万 t，同比增长 1.15%，海水产品与淡水产品的产量比例为 50.6∶49.4（表 1-1-2）。渔业经济总产值 27 543.47 亿元，其中海洋捕捞产值 2 197.20 亿元，海水养殖产值 3 836.20 亿元，淡水捕捞产值 403.94 亿元，淡水养殖产值 6 387.15 亿元，海水产品与淡水产品产值比例为 47.0∶53.0，养殖产品与捕捞产品产值比例为 79.7∶20.3。其中鱼类养殖产量 2 761.36 万 t，捕捞产量 759.67 万 t；甲壳类养殖产量 603.29 万 t，捕捞产量 197.27 万 t；贝类养殖产量 1 498.71 万 t，捕捞产量 53.33 万 t（农业农村部渔业渔政管理局等，2021）。

表 1-1-2　2020 年中国水产品产量情况

指标	2020 年产量（t）	2019 年产量（t）	2020 年比 2019 年增减	
			绝对量（t）	幅度（%）
全国总计	65 490 169	64 803 616	686 553	1.06
海水产品	33 143 754	32 824 954	318 800	0.97
淡水产品	32 346 415	31 978 662	367 753	1.15
养殖产量	52 241 988	50 790 728	1 451 260	2.86
海水养殖	21 353 076	20 653 287	699 789	3.39
淡水养殖	30 888 912	30 137 441	751 471	2.49
捕捞产量	13 248 181	14 012 888	−764 707	−5.46
海洋捕捞	9 474 104	10 001 515	−527 411	−5.27
远洋渔业	2 316 574	2 170 152	146 422	6.75
淡水捕捞	1 457 503	1 841 221	−383 718	−20.84
养殖产品中：鱼类	27 613 587	27 086 062	527 525	1.95
甲壳类	6 032 862	5 674 350	358 512	6.32
贝类	14 987 114	14 579 369	407 745	2.80
藻类	2 621 383	2 543 861	77 522	3.05
其他类	987 042	907 086	79 956	8.81
捕捞产品中：鱼类	7 596 664	8 212 746	−616 082	−7.50
甲壳类	1 972 651	2 152 753	−180 102	−8.37
贝类	533 289	616 773	−83 484	−13.54
藻类	21 978	17 445	4 533	25.98
头足类	564 901	569 204	−4 303	−0.76
其他类	242 124	273 815	−31 691	−11.57

五、当前水产种质资源面临的主要问题

　　全球气候环境的变化、海水温度的升高、海洋资源的过度开发、拦河（海）筑坝、围湖（海）造地和工业污染排放等，加剧了水生生物赖以生存的环境的恶化，近海海域生物生存空间受到挤占，洄游通道与产卵场遭到破坏，导致水生生物种质资源量减少，很多水产物种正因这些环境变化而面临灭绝，水生生物种质资源和遗传多样性受到威胁。世界自然保护联盟（IUCN）根据物种数目的下降速度、物种总数、地理分布等依据，将物种的濒危程度划分为绝灭、野外绝灭、极危、濒危和易危等。2021 年 9 月 4 日 IUCN 更新了濒危物种红色名录（www.iucnredlist.org），在世界自然保护联盟评估的 138 374 种物种中，有 38 543 种濒临灭绝。对于不同的物种，面临灭绝威胁的比例也不同，其中两栖动物为 41%、哺乳动物为 26%、针叶树为 34%、鸟类为 14%、鲨鱼和鳐为 37%、礁珊瑚为 33%。IUCN 濒危物种红色名录报告，全世界有 80 种鱼类已经绝灭，有 1 860 种濒危、极危和野外绝灭鱼类；有 7 种蟹类已经绝灭，有 311 种濒危、极危和野外绝灭蟹类；有 7 种濒危和 1 种极危棘皮动物。

　　在我国，《中国濒危动物红皮书》中鱼类部分已将 92 种鱼类列为野生绝迹、濒危、易危、稀有等级（汪松等，1998）。2021 年农业农村部会同国家林业和草原局印发公告（2021 年第 3 号），新调整了《国家重点保护野生动物名录》，指定保护的水生野生动物增加至 294 种和 8 类，其中属国家一级保护动物的有长江江豚（*Neophocaena asaeorientalis*）、中华白海豚（*Sousa chinensis*）、白鱀豚（*Lipotes vexillifer*)、蓝鲸（*Balaenoptera musculus*）、抹香鲸（*Physeter macrocephalus*）、小须鲸（*Balaenoptera acutorostrata*）、灰鲸（*Eschrichtius robustus*）、中华鲟（*Acipenser sinensis*）、长江鲟（*Acipenser dabryanus*）、白鲟（*Psephurus gladius*）、儒艮（*Dugong dugon*）、鳇（*Huso dauricus*）、鲥（*Tenualosa reevesii*）、北方铜鱼（*Coreius septentrionalis*）、扁吻鱼（*Aspiorhynchus laticeps*）、长丝𫚖（*Pangasius sanitwongsei*）、川陕哲罗鲑（*Hucho bleekeri*）、黄唇鱼（*Bahaba taipingensis*）、多鳃孔舌形虫（*Glossobalanus polybranchioporus*）、黄岛长吻虫（*Saccoglossus hwangtauensis*）、鹦鹉螺（*Nautilus pompilias*）、镇海棘螈（*Echinotriton chinhaiensis*）、扬子鳄（*Alligator sinensis*）、安吉小鲵（*Hynobius amjiensis*）、红海龟（*Caretta caretta*）、绿海龟（*Chelonia mydas*）、玳瑁（*Eretmochelys imbricata*）、斑鳖（*Rafetus swinhoei*）、红珊瑚（*Corallium rubrum*）等。此外，还有许多珍稀水生野生动物被列入地方重点保护野生动物名录。

六、水产种质资源保护的策略

水产种质资源的保护与利用非常重要，将为满足人们日益增长的优质安全水产品和优美水域环境需求提供战略支撑。水产生物种质资源保存在遗传多样性保护、遗传育种研究及水产养殖业可持续发展方面具有重要意义，国际上非常重视水生生物种质资源收集和冷冻保存的研究。1992 年起，各国政府纷纷签订《生物多样性公约》，实施水生生物种质资源保护行动计划，从群体、个体、细胞、基因等不同维度有针对性地对渔业生物资源进行分类研究，在立法保护、自然保护区建立、原良种场建立、种质库建立、保藏技术和设施研发、管理评价等方面取得了很多进展，现已形成较为完整的渔业生物种质资源研究和管理体系。中国科学院水生生物研究所曹文宣院士的研究和建议对长江流域的水产种质资源保护起到了积极的作用，包括建立自然保护区、人工增殖放流、实施禁渔期制度、人工繁殖和兴建过鱼设施等（曹文宣，1983、2014）。

（一）立法保护

在保护水生野生动物的立法方面，我国初步形成了以《中华人民共和国野生动物保护法》和《中华人民共和国水生野生动物保护实施条例》为核心的法律体系，对规范保护水生野生动物以及打击伤害水生野生动物及破坏其生境的违法行为起到了一定的作用。今后需加强渔业立法工作、健全和完善渔业法律法规体系，加强公众普法和执法力度，为实施渔业可持续发展战略提供基本保障。

（二）建立自然保护区和原良种场

根据农业农村部网站公布数据，截至 2018 年底，我国已建国家级水产种质资源保护区 11 批，共计 535 个，总面积达 15.6 万 km^2，主要分布在长江、黄河、黑龙江、淮河、珠江等 30 余个水系及黄海、渤海、南海与东海 4 个海区（表 1-1-3），主要保护对象超过 400 种，包括中华绒螯蟹、鳜、翘嘴鲌、鲤、鲫、青鱼、草鱼、鲢、鳙、短颌鲚、长颌鲚、兰州鲇、大麻哈鱼、滩头鱼、日本七鳃鳗、花羔红点鲑、石川氏哲罗鱼、乌苏里拟鲿、乌苏里白鲑、江鳕、秦岭细鳞鲑、太湖银鱼、秀丽白虾、日本沼虾、黄颡鱼、黑龙江茴鱼、细鳞鲑、青虾、河蚬、半刺厚唇鱼、寡齿新银鱼、马口鱼、光倒刺鲃、齐口裂腹鱼、瓦氏黄颡鱼、中国对虾、泥螺、文蛤、刺参和大黄鱼等，涵盖《国家重点保护经济水生动植物资源名录》中的 99 种重要水产种质资源，占该名录物种总数的近 60%，被列为国家一、二级重点保护的濒危水生野生动物有 63 种。但是，目前的水产种质资源保护区普遍存在生态环境本底调查不足、水生生物资源种群数量及分布范围详细信息缺乏、系统监测活动少等问题，无法及时有效掌握水生生物资源变动规律和趋势，今后需要进一步加强相关调查研究工作（杨文波等，2020；盛强等，2019）。

表 1 - 1 - 3 各水系或海区国家级水产种质资源保护区数量及面积

水系或海域	总面积（hm²）	数量（个）	水系或海域	总面积（hm²）	数量（个）
长江	1 061 879.99	226	洪泽湖	2 130.00	1
黄河	1 324 024.52	65	阳澄湖	1 550.00	1
黑龙江	903 888.34	51	麻溪	85.90	1
淮河	49 006.33	28	光明湖	212.50	1
珠江	45 817.27	23	青云湖	333.00	1
西北其他水系	3 522 746.70	8	汶河	421.00	1
海河	27 260.00	7	龙江河	443.30	2
额尔齐斯河	14 050.70	6	舞阳河	160.00	1
闽江	4 430.00	6	黑河水系（祁连山北麓）	1 000 000.00	1
滦河	14 022.50	5	东北其他水系	25 000.00	1
鸭绿江	13 420.60	5	西南其他水系	10 000.00	1
太湖	12 690.00	5	塔里木河	7 196.00	1
雅鲁藏布江	27 190.00	4	京杭运河	5 401.00	1
澜沧江	5 298.00	4	海南岛水系	3 248.00	1
怒江	9 324.00	3	独龙江	873.00	1
伊犁河	18 321.00	2	红河	600.00	1
辽河	13 249.65	2	大沽河	373.69	1
图们江	8 740.50	2	晋江	338.00	1
钱塘江	7 001.20	2	榕江	220.00	1
渤海水系	5 424.00	2	瓯江	100.00	1
五龙河	1 509.68	2	黄海	1 488 049.29	28
韩江	1 117.50	2	渤海	2 366 878.85	12
中山湖	5 500.00	1	南海	1 278 097.03	7
锦江	90.90	1	东海	2 318 697.30	5
高邮湖	3 043.00	1			

原种场主要负责搜集和保存一定数量的原种基础群体，按照原种生产标准和操作规程培育原种亲本和苗种，供应社会需要；良种场主要负责保存一定数量良种基础群体，并开展选育工作，按照良种生产标准和操作规程培育良种亲本和苗种，供应社会需要。建立原、良种场可以有效保护种质的纯洁性，目前已在全国认定和建设国家级原种场 38 家、良种场 48 家，有效保障了我国渔业生产所需种质资源存量及优良亲本和苗种供应，对当前现代水产种业发展建设和水产种业科技成果转化、推广、增效发挥基础支撑作用（杨文波等，2020）。

（三）加大对濒危水生野生动物人工繁育和种质保存关键技术研究

通过人工繁育和养殖技术可以有效保护濒危水生野生动物，鳇、江鳕、翘嘴鲌、细鳞鲑、大麻哈鱼、鳜等人工繁育技术已经获得突破，应对其他濒危水生动物加大人工繁育技术研究（张振立，2018）。水产动物种质资源的超低温保存是物种保存的重要任务，也为其在水产养殖中的应用提供了可能，特别是精子冷冻保存可以突破因地理分布、生殖温度和时间造成的生殖隔离，为人工繁殖、选择和杂交育种、诱导雌核发育和雄核发育等提供技术支撑。自 20 世纪 50 年代英国学者 Blaxter 利用低温冷冻技术首次成功冷冻保存大西洋鲱（*Clupea harengus*）的精集以来，低温保存技术已广泛应用于鱼、贝、虾

水产动物种质冷冻保存与应用技术

和蟹等水产动物的种质资源保存和新种创制，并取得了较为丰硕的成果（Zhang，2018；Judith and Stephen，2020）。然而传统的水产动物配子低温冷冻保存技术仍不完善，存在季节依赖和配子成熟度依赖等诸多局限，难以用于保护未达到性成熟或者难以产生成熟配子的濒危物种的种质资源。

目前包括美国、加拿大、挪威、法国、英国和中国在内许多国家纷纷建立了种质资源库，用于保存生殖细胞和胚胎等（Judith and Stephen，2020）。我国由中国水产科学研究院黄海水产研究所牵头在青岛建立了"海洋渔业生物种质资源库"，在整合现有的海洋水产种质资源活体库、标本库、细胞库和基因库的基础上，进一步扩大了海洋生物资源的收集范围和保存形式，为实现海洋水产种质资源保存数量、种类及覆盖范围提升提供了新的平台。但是，水产种质资源保存是一个庞大的系统工程，需要几代科研工作者长期积累；而且不同物种具有不同的生物学特性，需要深入研发适合经济、珍稀、濒危水生动物种质的收集和保藏方法，扩大种质库的规模；此外，管理种质资源库需要遗传学、繁殖生理学、冷冻生物学和数据处理等方面的专业技能，建立和完善种质库资源库的管理技术也尤为重要。

第二节　国内外水产动物种质冷冻库分布及现状

世界自然保护联盟的红色名录（IUCN，2015）显示，世界上有 5 161 种受威胁的水生物种，包括鱼类、软体类、甲壳类和珊瑚类。冷冻保存是保护物种遗传物质的安全有效方法。种质冷冻库是大量保护物种遗传资源的有效工具，并在繁殖生物技术的帮助下，例如生殖细胞异种移植，在分子选择育种、生物多样性保护和辅助生殖方面发挥重要作用。通过保存珍稀遗传样本，可为后续恢复原始品系、种群或物种多样性提供契机。种质冷冻库通过减少亲鱼管理，在海水和淡水养殖鱼类的繁殖生产中有着重要的应用。冷冻库的建立可以实现不同区域种质资源之间的交流，减少雄鱼养殖数目，多批次获得繁殖后代，有效保存选择育种获得的大量家系，促进重要模式鱼类的品系形成。水产动物种质冷冻库主要用于海水和淡水鱼类，以及水产无脊椎动物的种质资源保护，涉及多种细胞保存类型，如精子、卵子、卵母细胞、胚胎、体细胞、精原细胞和原始生殖细胞。现已对 200 多种海水和淡水鱼类的精子开展了冷冻保存工作。但水生物种胚胎和卵母细胞的冷冻保存仍存在某些薄弱环节，只在少数鱼类及牡蛎中获得成功。现已有多个国家建立了种质冷冻库，涉及世界范围内多种水产物种，冷冻库不仅保存了濒危物种，也对本土常见的养殖品种开展了种质保存工作。下文主要介绍了国内外种质冷冻库的地理分布、发展历史、保存现状、具体功用、未来规划等。希望以下论述能为进一步完善种质冷冻库建设、推进种质资源保护、实现水产业可持续发展提供基础支撑。

一、国外种质冷冻库分布及现状

（一）欧洲的种质冷冻库

在过去的 30 年里，欧洲构建了多个种质冷冻库，以保护野生和养殖鱼类资源的遗传多样性（表 1 - 2 - 1）。由于缺乏欧洲共享条目，因此很难列出这些种质冷冻库的详尽信息。此外，冷冻库在每个国家单独成立，其运营方式呈多样化，而且保藏样品的质量无法以通用的标准来衡量。因此，在收集保存样本之前，应向研究人员、饲养人员或保护生物学家，提供一些通用和标准化的冷冻程序及记录规范（Martínez-Páramo et al.，2017）。

表 1 - 2 - 1　欧洲主要种质冷冻库情况

种质冷冻库名称（所属国家）	目的	物种	冷冻保存的类型
国家科学院种质冷冻库（乌克兰）	保存、恢复、繁育	野生鱼类：鲤、虹鳟、鲟、珍稀鱼种	精子
Frozen Ark（英国）	保存	英国本土 112 个野生鱼种	组织、DNA、细胞、血液

· 8 ·

（续）

种质冷冻库名称（所属国家）	目的	物种	冷冻保存的类型
Cryo-Brehm（德国）	保存、研究	野生动物，包含20多个鱼种	组织、DNA、细胞、细胞系
RIFCH 冷冻库（捷克）	保存、繁育	养殖鱼类：7个淡水种，包含11种鲤	精子
CryoAqua（法国）	保存、繁育	养殖资源：虹鳟、牡蛎	精子
EZRC（德国）	研究（欧盟）	斑马鱼	精子

1. 欧洲野生鱼类种质冷冻库

位于乌克兰的国家科学院种质冷冻库是欧洲最古老的鱼类冷冻库之一。早在1981年，VNIIPRKH（全联盟池塘渔业科学研究所，莫斯科）动物遗传育种专家 Katasonov 博士与乌克兰一研究所签订了经济协议（1981—1985年），创建鲤精子冷冻库。同时，VNIIPRKH 开发了新的鲤品系，研究所对这些品系的精子进行冷存。此外，此冷冻库也收集了苏联不同地区的鲤精子，以及来自德国、罗马尼亚、匈牙利等国家的鲤品系。到1985年，此冷冻库正式成立，并进一步扩充了样本收集的种类及数量。

直到今天，乌克兰冷冻库仍有500L空间可用于保存不同鱼类的精子样本。但最新的样本是在2010年补充的。保存使用的液氮由研究所薄弱的经费支撑。此冷冻库储存的资源非常宝贵，有些样品已保存30年以上。此冷冻库保存了一些接近灭绝鱼类的精子，如裸腹鲟（*Acipenser nudiventris*）、中吻鲟（*Acipenser medirostris*）、闪光鲟（*Acipenser stellatus*）、小体鲟（*Acipenser ruthenus*）、俄罗斯鲟（*Acipenser guldenstadti colchicus*）、三鳍䲁（*Tripterygion tripteronotus*）。其他种类包括驼背大麻哈鱼（*Oncorhynchus gorbuscha*）、哈巴罗夫斯克地区的鲤（*Cyprinus carpio haematopterus*）和亚速海的鲻（*Mugil cephalus*）。此种质冷冻库是农业育种计划的独特资源，可开展物种间的杂交育种，或开展濒危物种的恢复项目。

为了应对全世界物种濒临灭绝危机，2000年，英国自然历史博物馆、伦敦动物学会及诺丁汉大学遗传学研究所共同发起冷冻方舟（The Frozen Ark）计划，主要保存世界各地濒危动物的基因样本（不包括活体动物），以便未来克隆这些已灭绝的生物。目前许多国家的博物馆、动物园以及生物实验室都已加入此计划。作为冷冻方舟的成员，贝德福德大学（英国）建立了种质冷冻库，用于保存极度濒危及英国本土鱼类的样本。2008年6月，通过与多家单位合作，贝德福德大学采集了目标生物样本。该冷冻库目前拥有112种野生鱼类样本，包含来自英国水域的94种海水鱼种和8种淡水鱼种，以及10种热带鱼种。总共624瓶组织和细胞被保存。同时，对上述112种保存鱼类中的24种，已成功建立了细胞系。

德国的 Cryo-Brehm 项目是冷冻方舟计划的子课题之一。此计划自2007年启动，由 Fraunhofer-Gesellschaft zur Förderung der angewandten Forschung e. V. 及其海洋生物技术研究所（EMB）、弗劳恩霍夫生物医学工程研究所（IBMT）、罗斯托克动物园和汉堡市的蒂尔帕克哈根贝克动物园共同发起。最近，Timmendorfer 海滨海洋生物中心也加入了该项目。Cryo-Brehm 主要用于生物保护，但随着对收集样本的细胞系建立，其也用于科学研究或动物医学领域。目前针对20种鱼类（8种淡水鱼类和12种海水鱼类）共建立了80多个细胞系。用于构建细胞系的组织来源于心脏、皮肤、脾脏、头肾、肝、脑、精巢、胰腺等器官。其他来自更多鱼类的未经处理的组织，均存放在 Cryo-Brehm 的样本瓶中。最近，该项目启动了生殖材料（精子、囊胚细胞）的冷存保存。在 EMB 的领导下，德国许多养殖者手中的鲤精子样本将很快被纳入此冷冻库中。

2. 欧洲养殖鱼类种质冷冻库

在欧洲对养殖鱼类精子的冷冻保存，自1996年在捷克就已启动，此项目也是国际养殖动物遗传资源保护与利用计划的一部分。RIFCH 冷冻库主要保存古老且具较低繁殖力的物种，不仅作为世界遗产的一部分，也是当代育种的基因来源。此种质冷冻库由鱼类养殖及水生生物研究所（RIFCH）创建，现已保存6 833份鱼类冷冻精液，包含养殖的鲤、丁鱥、六须鲇、虹鳟、褐鳟、白鲑和鲟，并持续增加保存量。总共有 11 个鲤品种、7 个丁鱥品种、3 个六须鲇品种、3 个鳟品种和 2 个鲟品种被保存。除了用于遗传资源保护，这些冷冻的鱼类精子也用于国际科学合作及商业目的。但目前，这些样本并未用于任何品种的恢复。

在法国，养殖鳟的育种计划于 20 世纪 90 年代得以发展，这激发了在生产层面开展遗传资源保护的需求。首先，每个养殖场开始保存已有的遗传资源，这得益于非营利专业协会 SYSAAF（法国家禽和水产养殖者联盟）和 INRA 研究所的帮助。近 10 年后，在 SYSAAF、INRA 和 IFREMER 的领导下，CryoAqua 种质冷冻库正式成立，主要致力于法国水产资源的种质保存，此冷冻库坐落于 EVOLUTION（www. evolution-xy. fr）的牛类遗传合作社。CryoAqua 的建立完全由公共资金（CCRB/ IBiSA 2008）支持，而 EVOLUTION 提供了实验室、储藏室和保存人员。

CryoAqua 的另一个功能是作为法国国家冷冻库（FNCb）鱼类和贝类的二级站点，FNCb 自 2012 年起也作为 CRB-Anim 网络（收集家畜繁殖和基因组信息的国际机构）的主要成员。法国国家种质冷冻库于 1999 年被建立，其三个主要目标是：保护生物遗传多样性，恢复濒危品系的罕见基因型，并监测法国养殖动物的遗传资源。借助 CRB-Anim 网络，收集的样本更加丰富，也可更广泛用于经济和研究目的。

法国的任何私人或公共组织都从 CryoAqua 服务中获益，鱼类的鲜精从养殖场发至 CryoAqua 冷冻库，由 EVOLUTION 的员工进行冷存保存。所有花费由样本所有者承担。各精液的储存管独立编号，确保每个雄鱼可追溯。目前，CryoAqua 的保存资源来自 9 家育种公司、2 个研究机构及 FNCb，从鱼类到软体动物共收集了 12 个以上物种和品系，主要以精子的形式进行保存。

CryoAqua 种质收集的一个显著特点是卫生监管相当严格：养殖场或研究机构必须保证样本无病才可寄送到 CryoAqua 冷冻库。因此，在对活鱼的精子或细胞进行收集之前，需严格执行检疫程序，尽管这使保存程序变得烦琐。

匈牙利绍尔沃什的鲤种质冷冻库，由国家农业研究和创新中心渔业和水产养殖研究所管理。冷冻库创建于 2005 年，目的是作为鲤活体基因库的备份。最初它只储存了 15 个匈牙利和 8 个其他国家鲤品系的精子样本，在 2007 年又添加了 2 个以上其他品种。基本方案是对每个品系的 10 尾雄鱼进行 40 管冷存保存。但在实际保存中，也会对样本份数做一定的妥协，因为足够的雄鱼数目不是总能获得的。哥德勒圣伊斯特万大学水产养殖研究院与 HAKI 合作创建种质冷冻库，用于研究冷存程序以及对样本质量的随机分析。2013 年 5 月，保存的精子样本曾被用来更新某一品系的基因库。

3. 欧洲模式物种冷冻库

欧洲斑马鱼资源中心（EZRC, http：//www. ezrc. kit. edu/index. php）于 2012 年 7 月在卡尔斯鲁厄理工学院（KIT，德国）正式开放，为欧洲研究人员提供不同品系斑马鱼种质的长期保存服务，并允许研究机构随时访问这些品系。在 EZRC，斑马鱼种群主要以冷冻精子的形式保存，当需要某一冷存斑马鱼品系时，通过体外受精产生胚胎再运送到客户手中。因此，EZRC 可被视为一个种质冷冻库，其服务从接收育种者的保存样本开始，到提供由冻融精子产生的胚胎为止。其中的费用部分由客户承担。因为此项服务是开展研究工作的核心，要使所有科研人员均可免费获得这些品系，其中一个限制就是要征得样本原始提供者的同意。任何商业许可都是在接受者和提供者之间直接进行协商的。

为了扩大此开放服务的范围，一些实验室正构建本地的冷冻库来保存新制备的转基因品系（在向科学界公开发布之前）。其中的困难在于模式物种（尤其是斑马鱼和青鳉）的配子与自然受精的胚胎更难获得，而且冷冻保存和体外受精需要专业技术人员来操作，然而不是每个实验室都能配备相关的工作人员。这种冷冻库应该在国家或地区范围内进行集中，这样研究者之间可以共享专业知识，并降低设备和储存成本。

4. 用于研究的欧洲冷冻库

除了上述种质冷冻库，几乎每个鱼类研究机构都有各自的小规模冷冻库。这些冷冻库通常保存某一部门内的研究小组所培育出的新品种或新品系。其中一些种质库也用于保护生物的多样性，例如奥尔什丁（PL）配子和胚胎生物学部的种质库，主要用于野生白鱼或养殖鲤品系的冷冻保存。

这些种质库较难统一管理，因其主要提供本地服务，并通常由研究人员独自运行，这造成种质库的追溯系统和安全系统存在较大变数。H2020 AquaExcel 计划（http：//www.aquaexcel.eu/）的一项工作是建立网络来连接这些分散的冷冻库，并使冷冻流程标准化，以使保存资源可更广泛用于科学研究。

（二）美国的种质冷冻库

美国目前没有正式的中央或国家计划机构开展水生生物种质资源保护的相关工作。在过去的 60 年里，美国各地开展了广泛的超低温保存活动，最早的工作与技术研究有关，主要在鲑类中开展。因此，一些收集是由研究人员使用不同的容器和标记非正式开展的，并采取了不同的冷冻保存方案。例如，路易斯安那州立大学农业中心水生生物种质和遗传资源中心，拥有来自各种水生物种约 65 000 根麦管。这些样本被用作各种研究及项目的研究资源，而非仅作为一个种质资源库。

近年来，随着冷冻保存技术的成熟，研究重点开始偏向于开发种质库相关的应用程序。这些举措包含保护濒危物种，如大鳞大麻哈鱼（*O. tshawytscha*）、虹鳟（*O. mykiss*）、剃刀背胭脂鱼（*Xyrauchen texanus*）、尖头叶唇鱼（*Ptychocheilus lucius*）和浅色鲟（*Scaphirhynchus albus*）。在美国鱼类和野生动物协会的持续支持下，已对受威胁或濒危的物种开展了保存工作。同时，佐治亚州的温斯普林斯 USFWS 鱼类技术中心提供了一个存储库，主要用于浅色鲟的种质保存，但也保存了蝶螈精子，以及淡水贻贝的精子及幼虫，此收集目前包含约 26 000 根麦管（W. Wayman，个人通信）。

另外，建立了模式鱼类保存库用于生物医学研究，如斑马鱼和剑尾鱼，这项工作主要得到了美国国立卫生研究院（NIH）的资助。2007 年 4 月，美国国立卫生研究院国家研究资源中心召开题为"实现生物医学种质保存高通量存储"研讨会，其中针对生物医学模式物种的种质资源现状和发展需求进行了广泛研讨。过去的几年，位于俄勒冈州尤金的俄勒冈大学的斑马鱼国际资源中心（ZIRC）已按计划开展了相关工作。目前，ZIRC 拥有美国最大的生物样本储存库，共收集了大约 60 000 个斑马鱼生物样本，涉及约 9 000 个品系和 26 000 个已鉴定的单个等位基因，并将此资源库命名为斑马鱼模式生物数据库，简称 ZFIN（www.zfin.org）。位于得克萨斯州圣马科斯的得克萨斯州立大学的剑尾鱼遗传储备中心（XGSC），也在建设类似但较小巧的存储库用于保存各样活鱼的遗传资源（http：//www.xiphorus.txstate.edu/）。

1990 年，水产种质资源保护取得了国际性重大进展，因国际法通过了美国农业部（USDA）负责保护动物遗传资源的授权。该立法为公共和私营部门开展遗传资源保护工作提供了支持。1999 年，美国农业部在科罗拉多州柯林斯成立了国家动物种质计划（NAGP）。NAGP 是依据完善的 USDA 国家植物种质系统仿建的，根据目前国际对水生种质资源的使用情况，NAGP 的储存能力基本上是无限的。NAGP 由永久性物种委员会来运行，主要涉及肉牛、奶牛、猪、山羊、绵羊、家禽和水生物种。水生物种委员会汇集了来自大学、工业和联邦机构的成员，并负责为成员提供一个接口，可实现样本在 NAGP 中的保存及移除。目前 NAGP 收集了 32 500 个样本，涉及 3 000 个个体，主要包含淡水和海水鱼类，以及海洋无脊椎动物。基于样本数，水生物种占 NAGP 总收集量的 4.4%，但基于个体数，其占整体收集量的 15%。

NAGP 计划及其数据库的收集量和核心能力，是美国水生生物种质资源保护的重要资源，并与其他国家发展合作关系，如巴西和加拿大。其他来源的收集样品通常被转移到 NAGP 资源库中，比如上面提到的路易斯安那州立大学农业中心、USFWS、XGSC 和 ZIRC。因执行原始收集单位的储存资源限制，例如来自内兹珀斯部落的爱达荷州和华盛顿州立大学收集了约 50 000 个样本（包含大鳞大麻哈鱼和虹鳟），所以大量样品被转移到 NAGP 中永久保存。NAGP 为一般水生物种保存提供了有效的参考模式，通过开发综合储存系统，其中包括一个或几个装备良好、经验丰富的中央管理设施，通过将样品或亲鱼转移到此设施中，来完成大多数的超低温保存工作。其他设施可作为子存储库保护备份样本，或者作为样品的用户端，例如工作的孵化场。

总体而言，冷冻保存技术的应用及鱼类或其他水生物种冷冻库的发展，对于保护生物遗传多样性具有重要意义，并试图建立种质保存的操作规范。为了解决这个问题，NAGP 水生物种委员会采用了以下规则：①意识到物种和用户群体等实体间的差异性；②关注不同用户群体和技术间的共性；③尽可能推广技术发展；④定标于目标结果的广泛应用；⑤努力减少跨社区交流和融合的障碍；⑥致力于在水生物种低温保存中建立标准和协议、术语及报告。未来美国种质冷冻库的扩张可能取决于高通量冷冻保存技术的发展和商业规模化的应用。

（三）巴西的种质冷冻库

巴西拥有世界上最多的流域、最多的淡水资源和 7 400 km 海岸线，以及惊人的 885 个海洋物种和 2 100 多个淡水物种（http：//www. mnrj. ufrj. br/catalogolo/)，鱼类占世界鱼类总数的 21%，由于丰富的物种多样性及大部分流域尚未开展研究，实际物种数目可能更高（Agostinho et al.，2005）。

由于环境变化（主要由人类活动引起），如水电站建设、污染和过度捕捞，许多鱼类，尤其是产卵洄游鱼类被视为濒危物种。精子冷冻库的使用可通过保护该物种的遗传多样性使其免于灭绝。

在过去的十年中，针对许多巴西本土鱼类开展了精子冷冻保存研究，然而，即使同一物种精子解冻后的质量数据也存在较大差异，有些报告亦不完整，通常只发表成功的结果，使得结果的真实性及可重复性很难保证（Viveiros et al.，2005）。

在巴西，精子冷冻库中的样品在孵化生产过程中的使用非常有限，更多是出于保存的目的。巴西农业研究公司（EMBRAPA）负责持有全国不同种类的植物、动物和微生物的种质资源。位于科伦巴市的潘塔纳尔湿地单位拥有一个精子库，其主要冷冻了来自塔夸里河和米兰达河的细鳞鲳（*Piaractus mesopotamicus*）、大颚小脂鲤（*Salminus brasiliensis*）、大鳞石脂鲤（*Brycon hilarii*）、南美鸭嘴鲇（*Pseudoplatystoma corruscans*）和大理石虎皮鸭嘴（*Pseudoplatystoma reticulatum*）的精子。自 2012 年以来，帕尔马斯市的渔业和水产养殖单位，正在构建一个 DNA 冷冻库，以便鉴定和保护阿拉瓜亚-托坎廷斯盆地的原生鱼类。此冷冻库存储了来自亚马孙流域的 68 种鱼类的 DNA 样本，包括一些经济物种，如大鳃盖巨脂鲤（*Colossoma macropomum*）、亚马孙河石脂鲤（*Brycon amazonicus*）、短盖肥脂鲤（*Piaractus brachypomus*）和巨骨舌鱼（*Arapaima gigas*）。此外，阿拉卡茹市的 Tabuleiros Costeiros 单位，亦对大鳃盖巨脂鲤的 DNA 和精子样本进行了保存（A. N. Maria 博士，个人通信）。

除了 EMBRAPA，巴西的研究所和大学也构建了一些冷冻库。在皮拉苏尼加市的奇科门德斯生物多样性保护研究所（CEPTA/ICMBio），保存了食人鱼（*Brycon orbignyanus*）、*Brycon vermelha*、细鳞鲳等鱼类的精子，用于保护和恢复种群的目的（J. A. Senhorini，个人通信）。在拉夫拉斯市的拉夫拉斯联邦大学，构建了尾斑石脂鲤（*Brycon insignis*）、食人鱼、条纹鲮脂鲤（*Prochilodus lineatus*）、*Steindachneridion parahybae*、*S. brasiliensis* 等物种的精子冷冻库。马林加市的马德里欧洲大学保存了食人鱼、*Leporinus elongates*、条纹鲮脂鲤、细鳞鲳、*P. reticularum*、*S. brasiliensis*，以及兔脂鲤属（*Leporinus*）、裂齿脂鲤属（*Schizodon*）等其他鱼种的精子（R. P. Ribeiro 博士，个人交流），用于科学研究和种质恢复。

（四）澳大利亚和新西兰的种质冷冻库

在新西兰和澳大利亚，只有少数种质冷冻库用于水生物种及其各细胞类型的保存。这些冷冻库的创建和维护具多种用途，从基础研究到应用研究，从种质保护到商业应用。

1. 软体动物种质冷冻库

冷冻保存是软体动物选择育种及孵化生产的强有力工具（Tiersch et al.，2007）。它使育种者能够完全控制亲本杂交，并当育种计划发生变化时，可提供重新开始的资源。在实际生产中，冷冻保存技术可降低亲本的投资成本，并允许将过量的配子进行保存以备后续使用。在选择育种和孵化生产中，使用冷冻保存技术的程度略有不同。对于孵化生产，每批商业生产需要 3.5 亿～10 亿个早期 D 形幼虫。而选择育种只需每个家系约 10 万个早期幼虫。在生态毒理学方面，冷冻保存的软体动物配子和早期胚胎也可用于非自然产卵季节的直接毒性评估（Adams et al.，2015）。

精子冷冻保存技术已在新西兰重要经济贝类物种中得到应用，包括绿贝（*Perna canaliculus*）、太平洋牡蛎（*Crassostrea gigas*）和新西兰鲍（paua；*Haliotis iris*）（Adams et al.，2015；Smith et al.，2012）。Cawthron 研究所开展了绿贝和太平洋牡蛎的选择育种计划，作为项目的一部分，保存了用于家系构建的父本精子，同时开发了绿贝和太平洋牡蛎的卵子和早期幼虫的冷冻保存技术（Paredes et al.，2012、2013；Tervit et al.，2005）。这些方法尚未用于实际的选择育种或孵化生产，还需进一步研究来提高技术的可靠性。目前在不断完善已有的精子冷冻保存技术，同时对新兴物种如象拔蚌（*Panopea zelandica*）的冷存技术也在开发中（Adams et al.，2012）。

在澳大利亚，蓝贻贝（*M. galloprovincialis*）的配子和胚胎被储存，以备不合季节的商业生产（Xiaoxu Li，SARDI，个人通信），但目前未对其开展用于选择育种研究的冷冻保存（Liu and Li，2015；Paredes et al.，2013）。

2. 微藻种质冷冻库

在新西兰，Cawthron 研究所建立了微藻养殖与保藏中心（CICCM），共收集了超过 400 株淡水和海洋微藻，以及从新西兰水域收集的蓝藻（Krystyna Ponikla，Cawthron 研究所，个人交流）。其中 250 多种藻类保存在液氮中。此收集中包含许多独特物种和品系，并巩固了应用和基础研究的基础，包括：藻毒素生产者及藻毒素特征、浮游植物监测、基于分子检测工具的验证，以及生物活性和新型化合物的研究（Rhodes et al.，2006；Woods et al.，2008）。

在澳大利亚，CSIRO 构建了澳大利亚国家藻类养殖与保藏中心。此收集包含 1 000 多株微藻，但几乎所有样本都保存在液氮中或者琼脂培养，只有少数藻类保存在 -80℃ 冰箱中（Ian Jameson，CSIRO，个人通信）。昆士兰大学拥有自己的微藻冷冻库，共收集了 200 多种藻类（Ben Hankamer，昆士兰大学，个人通信）（Bui et al.，2013），主要用于藻类的生物技术研究，包括生物柴油的可持续生产、富含蛋白质的动物饲料和其他来自微藻的高价值产品研发（http：//www.schenklab. com/research-groups/algae-biotechnology/）。

3. 鱼类种质冷冻库

新西兰在一些鱼类孵化场建立了精子冷冻保存库（作为选择育种计划的一部分）。新西兰帝王鲑公司针对养殖的帝王鲑（也称大鳞大麻哈鱼）开展了选择育种计划。构建的精子冷冻库中，最早保存的精子可追溯到 1996 年，主要使用内部开发的技术开展保存工作（Jon Bailey，新西兰帝王鲑公司；Jane Symmonds，NIWA，个人通信）。每年新西兰帝王鲑公司都会挑选 10 尾具不同性状的雄鱼添加到种质冷冻库中，这些性状通常是不常见的或者低发生率的。目前他们正利用低温遗传学理论，尝试建立一种不同的低温冷冻保存方法。

在澳大利亚，CSIRO 和 Tasmania Pty Lim ited（SALTAS）鲑企业开展了一个联合项目，来推进澳大利亚鲑养殖业的大西洋鲑（*S. salar*）的选择育种工作。此项目也保存了大量精子样本（Peter Kube，CSIRO，个人通信）。

4. 其他物种的种质冷冻库

随着气候变化、栖息地丧失、过度捕捞、人为输入等外界压力的逐渐增大，许多水生物种正受威胁或濒临灭绝。在澳大利亚和新西兰，还对从青蛙到板鳃鱼类等多个物种的种质资源开展了低温保存工作（Jonathan Daly，The Australian Frozen Zoo；Rebecca Hobbs，澳大利亚塔龙加保护协会，个人通信）（Browne et al.，2002）。

澳大利亚塔龙加保护协会构建了塔龙加 CryoReserve 冷冻库，主要保存正受威胁物种的种质资源（Rebecca Hobbs，澳大利亚塔龙加保护协会）。目前，此冷冻库保存了来自大堡礁的多种珊瑚物种（Hagedorn 和 Spindler，2014；Hagedorn et al.，2012）和儒艮的种质资源，这些物种是此种质冷冻库主要的水生物种。另外 CryoReserve 也参与了其他濒危物种的精子低温冷冻保存研究。

二、国内种质冷冻库分布及现状

（一）中国水产科学研究院黄海水产研究所鱼类种质保存信息平台

中国水产科学研究院黄海水产研究所（以下简称黄海水产研究所）鱼类种质保存信息平台（http：//www.ysfri.ac.cn/ylzzbcxxpt/zzptjj.htm）主要包括精子库、胚胎细胞库、基因库，是我国重要的水产养殖动物精子、细胞保藏及基因资源利用的专业平台，致力于我国水产养殖动物的种质收集、保藏以及基因功能挖掘。

从"十五"到"十三五"，种质冷冻保存平台已完成多种海淡水鱼类及其他水产动物的精子的冷冻保存研究；建立了水生动物精子的超低温冷冻保存技术，研制了鲆鲽类、鲈和石斑鱼类精子冷冻稀释液MPRS、TS2、ELRS-3、ELS-3、EMS-3等，建立了简单实用的三步降温冷冻模式，共收集 42 种海、淡水鱼类的精子，保存鱼类精子 10 000 份以上；并且将冷冻精子应用到鱼类选择育种、杂交育种、性别控制和优良苗种大量培育等研究领域，促进了我国海水鱼类遗传育种和苗种繁育的发展。如用冷冻保存的大西洋牙鲆精子与中国牙鲆杂交，培育出杂交鱼牙鲆，其生长性状良好；将鲈冷冻精子应用到大菱鲆、牙鲆、半滑舌鳎、星斑川鲽等鱼类雌核发育诱导、性别控制、家系建立等研究方面。在胚胎冷冻保存方面，研究团队在国际上首次建立了海水鱼类胚胎玻璃化冷冻技术，多次获得冷冻复活的胚胎和鱼苗。目前开展了牙鲆、鲈、大菱鲆、星斑川鲽、云纹石斑鱼、七带石斑鱼、驼背鲈、斑石鲷等名贵鱼类胚胎的冷冻保存研究，建立了海水鱼类超低温冷冻保存技术；发明了胚胎玻璃化冷冻平衡方法"五步法"、非渗透性抗冻剂和开放式载具冷冻保存胚胎方法，筛选出适宜玻璃化冷冻保存的胚胎时期；在牙鲆、鲈和大菱鲆胚胎的玻璃化和程序化冷冻保存中共获得了复活胚胎 57 粒，孵化出正常鱼苗 39 尾；在石斑鱼胚胎超低温冷冻保存方法上取得突破性进展，获得冷冻成活胚胎 2 283 粒，孵化鱼苗 659 尾。

黄海水产研究所与莱州明波水产有限公司等企业合作，开展了石斑鱼种质库构建和远缘杂交育种技术研究。在我国北方创建了石斑鱼育种活体库和种质冷冻库，实现了石斑鱼种质长期保存及产业化应用。在北方引进和培育了鞍带石斑鱼、云纹石斑鱼、棕点石斑鱼、蓝身大斑石斑鱼等 10 多种石斑鱼育种群体，达 6 140 尾，建成我国北方种类和数目最多的石斑鱼活体种质库。在国内外首次开展多种石斑鱼精子冷冻保存技术研究，建成国内第一个石斑鱼精子冷冻库，保存 12 种石斑鱼精子，保存量达 5 150mL，实现石斑鱼种质资源长期保存，并将冷冻精子广泛应用于石斑鱼杂交育种和优良苗种培育。在国际上首次建立了石斑鱼胚胎超低温冷冻保存技术，突破石斑鱼胚胎超低温（－196℃）冷冻保存成活的瓶颈，获得了冷冻成活胚胎并孵化出鱼苗，胚胎成活率和孵化率分别达12.19％和 28.87％，为鱼类胚胎库建立奠定了基础。率先研发了冷冻精子辅助石斑鱼远缘杂交育种技术，培育出优良杂交新品种"云龙石斑鱼"和"金虎杂交斑"。两个新品种在我国南北方池塘、网箱和工厂化条件下均可养殖，为我国石斑鱼种业创新、产业发展发挥了推动作用。至 2022 年培育"云龙石斑鱼"和"金虎杂交斑"优良苗种上亿尾，在山东、福建、海南等地区推广规模化养殖，产生了显著的经济和社会效益。

在海水鱼类细胞培养和细胞系建立方面，黄海水产研究所在国内率先开展了鱼类胚胎干细胞培养和显微操作技术研究，建立了花鲈和真鲷胚胎干细胞系，开辟了我国海水鱼类胚胎干细胞和基因编辑研究新领域。发明了鱼类胚胎细胞分离培养方法，建立了 20 多个海水鱼类细胞系和 1 座海水鱼类细胞库。实验表明胚胎干细胞可在体外人工诱导分化成不同类型的细胞，牙鲆和大菱鲆胚胎细胞系对海水鱼类淋巴囊肿病毒和虹彩病毒敏感。在基因组信息资源方面，黄海水产研究所完成了半滑舌鳎、牙鲆、大菱鲆、花鲈、绿鳍马面鲀、斑石鲷、鞍带石斑鱼、豹纹鳃棘鲈、云纹石斑鱼、蓝身大斑石斑鱼等鱼种的全基因组测序分析。

以上研究填补了我国海水鱼类低温生物学、低温种质保存及细胞培养等领域的空白，对于鱼类种质保存及遗传育种、海水鱼类增养殖及病害防治等方面具有重要的理论意义和应用价值。2006 年以海淡水鱼类精子和胚胎冷冻保存及细胞系建立等为重要内容的“鱼类种质低温冷冻保存技术的建立和应用”成果获国家技术发明奖二等奖。迄今，鱼类精子冷冻保存和细胞培养技术已广泛应用在国内鱼类精子冷冻保存和细胞库建设中，推动了我国鱼类种质保存、细胞培养和基因资源挖掘的研究进程。

（二）中国科学院海洋研究所海洋动物种质冷冻库

中国科学院海洋研究所海洋动物种质冷冻库保存了包括主要海洋经济鱼类、贝类、多毛类等36种海洋动物的精子、胚胎、幼虫和干细胞，库存精子2万余mL；建立了程序降温法、大容量保存法以及玻璃化法等生殖细胞超低温冷冻保存方法，库存精子已成功应用于科学实验和鱼类人工繁育生产及种质创制，如鲆鲽鱼类种间杂交、异源精子雌核发育诱导以及苗种规模化生产以及利用单个雄贝建立大规模家系；探索了鱼类胚胎冷冻保存技术，真鲷玻璃化法胚胎完整率达到62.82%；建立了太平洋牡蛎、皱纹盘鲍等精子冷冻保存技术，突破了牡蛎胚胎冷冻保存技术，复苏后D形幼虫存活率可达76%以上；建立了海水鱼类精原干细胞远缘移植技术，构建了集鱼类种质细胞冷冻保存、移植、培育于一体的技术体系，并在国际上首次突破了海水鱼类科间水平的生殖干细胞移植技术（刘清华，2022）。

（三）中国水产科学研究院长江水产研究所种质冷冻库

从20世纪90年代始，中国水产科学研究院长江水产研究所逐步建立了淡水鱼类冷冻精液库，完善了保存技术与生产工艺，冷冻库库容量达到1 881～2 850mL，达到了渔业生产应用水平。目前，保存有草鱼、青鱼、鲢、鳙、团头鲂、翘嘴鲌、荷包红鲤、兴国红鲤、大口鲇、翘嘴鳜、罗非鱼、岩原鲤、胭脂鱼、日本鳗鲡、彭泽鲫、中华鲟、长江鲟、西伯利亚鲟、施氏鲟、匙吻鲟等20余种鱼类精子，每种鱼精子保存量在5～10mL，总体保存量约200mL，保存方式为液氮，冷冻成活率在60%～92%（梁宏伟，2022）。另外，在荆州市建立了20.6hm^2淡水鱼类种质资源人工生态库，青鱼、草鱼、鲢、鳙、银鲫、团头鲂、镜鲤、兴国红鲤、尼罗罗非鱼、奥利亚罗非鱼、淡水鲳、彭泽鲫、斑点叉尾鮰及黄河鲤等14种原良种鱼类已入库保存（曾一本，1999）。

（四）中国水产科学研究院东海水产研究所种质资源保存库

中国水产科学研究院东海水产研究所自2004年筹建东海区域水生生物种质资源保存库，一直承担国家海洋水产种质资源库东海种质资源分库的建设，开展了东海区域重要、经济及珍稀鱼类种质资源的收集保存、繁殖更新、鉴定评价和共享服务等工作。该种质库包括低温种质库、DNA保存库和活体保存库三部分。低温种质库库藏面积40m^2，以液氮保存的方式冻存了日本黄姑鱼、褐牙鲆、大黄鱼、日本鳗鲡、长鳍篮子鱼、褐篮子鱼、黄姑鱼、菊黄东方鲀、金钱鱼、棘头梅童鱼、纹缟虾虎鱼、俄罗斯鲟、西伯利亚鲟等10余种鱼类精子，建立了精子冷冻保存方法和冷冻保存库。DNA保存库库藏面积20m^2，在冰箱中保存了烟管鱼科、双鳍鱼科、鲀科、鲹科、鲟科等30余种鱼类，建立了DNA条形码序列，利用这些条形码开展了仔稚鱼样品的辅助鉴定。活体保存库14.67hm^2，保存了选育的新品种拟穴青蟹“东方1号”及大黄鱼、银鲳、海马、点篮子鱼、日本鳗鲡等10余种种类。

（五）江苏省淡水水产研究所种质冷冻库

江苏省淡水水产研究所自2004年筹建江苏主要淡水水生生物低温种质库，2009年主持完成江苏重要经济鱼类低温种质库建设，承担江苏重要经济鱼类种质资源的收集保存、繁殖更新、鉴定评价和共享服务等任务。种质库包括低温种质库和活体库两部分。低温种质库库藏面积30m^2，以液氮保存的方式冻存了青鱼、草鱼、鲢、鳙、团头鲂、黄颡鱼、翘嘴鳜、长吻鮠、乌苏里拟鲿、刀鲚、兴国红鲤、赤眼鳟、翘嘴红鲌、瓦氏黄颡鱼、粗唇鮠、大鳍鳠、斑点叉尾鮰、沙塘鳢、大口黑鲈、细鳞斜颌鲴、锦鲤等20多种鱼类精液，冷冻精液的解冻复活率达80%左右，已部分应用于生产。活体库面积9.33hm^2，保存了生长快、抗病力强、更适宜江苏省养殖的长江水系翘嘴鳜，以及我国在不同时期自美国引进的多个斑点叉尾鮰家系等 18 种鱼类种质资源。

（六）国家海洋水产种质资源库

国家海洋水产种质资源库由黄海水产研究所牵头组建，中国水产科学研究院东海水产研究所、中国水产科学研究院南海水产研究所、中国科学院海洋研究所、中国科学院南海海洋研究所、中国海洋大学等 5 家相关优势单位共建，浙江万里学院、辽宁省海洋水产科学研究院、浙江省海洋水产养殖研究所、集美大学、福建省水产研究所、海南省海洋与渔业科学院、中国水产科学研究院及所属的北戴河中心实验站等 8 家单位参建。国家海洋水产种质资源库总建筑面积超 20 000 m²，包含 1 个主库（国家海洋水产种质资源库）、3 个分库（黄渤海分库、东海分库、南海分库）、4 个特色库（滩涂特色库、岛礁特色库、深远海特色库、远洋与极地分库）和 3 个中心（数据分析中心、仪器共享中心、应用示范中心）。

其中，海洋渔业生物基因资源库保存海洋动物组织 DNA 和 RNA 样品，大型藻类的转录组、基因组文库，以及环境微生物全基因组文库样品。海洋渔业生物细胞资源库保存水生动物细胞系及胚胎干细胞系、水生动物冷冻精子及胚胎、微藻、大型藻类配子体等。海洋渔业微生物资源库收集、鉴定和保藏与我国沿海滩涂、内陆湖泊、池塘养殖鱼、虾、贝、海参、大型海藻、网箱养殖鱼类，以及筏式养殖藻类、贝类生存相关的有益微生物和病原微生物，以及远洋和南极环境微生物。海洋渔业生物活体资源库保存具有重要经济价值的海洋渔业物种，如中国对虾、海带、紫菜等，具有重要养殖潜力的引进海洋渔业物种，如凡纳滨对虾、大菱鲆等，保存濒危、濒临灭绝的海洋渔业物种，以及保存从企业角度很难实现、需要从国家角度实现物种保存的海洋渔业物种，如未来可能具有经济开发价值或成为珍稀、濒危生物的活体样品。海洋渔业生物群体资源库以标本保存为目标，主要保存种类包括捕捞资源、养殖资源、珍稀与濒危生物和鱼卵、仔稚鱼及其饵料生物等。海洋渔业生物种质资源数据处理中心为以上五大类种质资源库提供网络、信息技术服务，并对相关资料进行数字化处理及进行永久存储和备份。此资源库将对全国海洋与渔业系统实施开放、共享，使之成为国内一流水平的海洋渔业生物种质资源收集、保存、开发利用的信息交流研究平台。

三、总结

水产种质资源在世界各国经济发展中的重要性日益突出，其拥有量和研发利用程度已成为国家可持续发展能力和综合国力的重要衡量指标。水产种质资源丰富，蕴藏着各种潜在的可利用基因。水产种质是水产育种科技创新、种业发展的物质基础，是保障水产优质蛋白供给、支撑水产养殖绿色发展的"芯片"。然而，由于人类过度捕捞和掠夺式开发，水产资源锐减和环境恶化，生物多样性大幅度降低，造成许多物种处于濒危甚至灭绝状态，如不及时采取保护措施，将丢失这些物种的遗传资源。种质冷冻库的建立，可将水产动物濒危、濒临灭绝物种，具有重要经济和养殖潜力物种，以及具有重要科学研究价值的水产动物的精子、原始生殖细胞、卵子、胚胎或幼虫等种质资源进行长期保存，待需要时将种质复活、培育或与相近物种杂交，从而实现种质资源的长期保存和延续，以及新品种培育的目的。早在 20 世纪 50 年代，多个国家就已开展多种鱼类精子和胚胎冷冻保存工作。我国种质资源收集保护历史相对较短，体系不够健全，但后劲较足。近 20 年来，在科技部的支持下，各水产科研院所、大学，水产原良种场及龙头企业，建立了多种水产种质资源共享平台，种质资源覆盖黄渤海区、东海区、南海区、黑龙江流域、长江流域、珠江流域、黄河流域等主要水域，保存类别涵盖鱼、虾、蟹、贝、龟鳖、水生植物和微生物等，保存形式包括活体、标本、组织、胚胎、细胞和基因资源等。水产动物种质冷冻库的建立，有助于推动优异种质资源的信息共享和开发利用，这是践行我国海洋强国战略，推动渔业转型升级的重大举措，也是提升海洋科技创新水平和完善我国生物资源保藏体系建设的重大需求。

参　考　文　献

曹文宣，2014. 保护长江鱼类，造福子孙后代［J］. 大自然（2）：1.

曹文宣，1983. 水利工程与鱼类资源的利用和保护［J］. 水库渔业（1）：10-21.

陈松林，田永胜，沙珍霞，等，2005. 重要海水养殖鱼类精子和胚胎冷冻保存及种质冷冻库的建立［C］// 国家 "863" 计划资源环境技术领域第三届海洋生物高技术论坛.

刘清华，2012. 海洋鱼类种质资源冷冻保存及其利用［C］// 中国海洋湖沼学会全国会员代表大会暨学术研讨会.

农业农村部渔业渔政管理局，全国水产技术推广总站，中国水产学会，2021. 2021 中国渔业统计年鉴［M］. 北京：中国农业出版社.

盛强，茹辉军，李云峰，等，2019. 中国国家级水产种质资源保护区分布格局现状与分析［J］. 水产学报（1）：62-80.

宋大祥，刘瑞玉，2004. 甲壳动物的系统发生研究进展［C］//2004 年甲壳动物学分会会员代表大会暨学术年会.

汪松，乐佩琦，陈宜瑜，1998. 中国濒危动物红皮书 鱼类［M］. 北京：科学出版社.

阳连贵，2018. 贝类养殖学［M］. 青岛：中国海洋大学出版社.

杨红生，肖宁，张涛，2016. 棘皮动物学研究现状与展望［J］. 海洋科学集刊（1）：125-131.

杨文波，曹坤，李继龙，等，2020. 我国水产种质资源保护浅析［J］. 中国水产，8：24-26.

张振立，2018. 加强濒危水生野生动物资源增殖保护的主要对策［J］. 研究与专论（4）：1-2.

曾一本，1999. 淡水鱼类种质资源生态库的研究现状与展望［J］. 水生生物学报，23（3）：243-278.

Adams S L，Smith J F，Taylor J，et al.，2015. Cryopreservation of Greenshell™ mussel（*Perna canaliculus*）sperm［M］//Cryopreservation and Freeze-Drying Protocols. New York：Springer：329-336.

Adams S L，Smith J F，Tervit H R，et al.，2012. Cryopreservation and fertility of geoduck（*Panopea zelandica*）sperm and oocytes［J］. Cryobiology，65（3）：344-345.

Agostinho A A，Thomaz S M，Gomes L C，2005. Conservation of the biodiversity of Brazil's inland waters［J］. Conservation Biology，19（3）：646-652.

Browne R K，Clulow J，Mahony M，2002. The short-term storage and cryopreservation of spermatozoa from hylid and myobatrachid frogs［J］. CryoLetters，23（2）：129-136.

Bui T V L，Ross I L，Jakob G，et al.，2013. Impact of procedural steps and cryopreservation agents in the cryopreservation of chlorophyte microalgae［J］. PlOS One，8（11）：e78668.

FAO，2020. Fishery and Aquaculture Statistics 2018［M］. Rome：FAO.

Hagedorn M，Spindler R，2014. The reality, use and potential for cryopreservation of coral reefs［J］. Reproductive Sciences in Animal Conservation，317-329.

Hagedorn M，vanOppen M J H，Carter V，et al.，2012. First frozen repository for the Great Barrier Reef coral created［J］. Cryobiology，65（2）：157-158.

Betsy J，Kumar S，2020. Cryopreservation of Fish Gametes［M］. Berlin：Springer.

Liu Y，Li X，2015. Successful oocyte cryopreservation in the blue mussel *Mytilus galloprovincialis*［J］. Aquaculture，438：55-58.

Martínez-Páramo，kos Horváth，C Labbé，et al.，2017. Cryobanking of aquatic species［J］. Aquaculture，472：156.

Paredes E，Adams S L，Tervit H R，et al.，2012. Cryopreservation of Greenshell™ mussel（*Perna canaliculus*）trochophore larvae［J］. Cryobiology，65（3）：256-262.

Paredes E，Bellas J，Adams S L，2013. Comparative cryopreservation study of trochophore larvae from two species of bivalves：Pacific oyster（*Crassostrea gigas*）and Blue mussel（*Mytilus galloprovincialis*）［J］. Cryobiology，67（3）：274-279.

Rhodes L，Smith J，Tervit R，et al.，2006. Cryopreservation of economically valuable marine micro-algae in the classes Bacillariophyceae，Chlorophyceae，Cyanophyceae，Dinophyceae，Haptophyceae，Prasinophyceae，and Rhodophyceae［J］. Cryobiology，52（1）：152-156.

Smith J F，Adams S L，Gale S L，et al. ，2012. Cryopreservation of Greenshell™ mussel （*Perna canaliculus*） sperm. Ⅰ. Establishment of freezing protocol [J]. Aquaculture，334：199-204.

Tervit H R，Adams S L，Roberts R D，et al. ，2005. Successful cryopreservation of Pacific oyster （*Crassostrea gigas*） oocytes [J]. Cryobiology，51 （2）：142-151.

Tiersch T R，Yang H，Jenkins J A，et al. ，2007. Sperm cryopreservation in fish and shellfish [J]. Society of Reproduction and Fertility supplement，65：493.

Viveiros A T M，2005. Semen cryopreservation in catfish species，with particular emphasis on the african catfish [C] //Animal Breeding Abstracts. CAB International：73 （3） .

Wood S A，Rhodes L L，Adams S L，et al. ，2008. Maintenance of cyanotoxin production by cryopreserved New Zealand culture collection cyanobacteria [J]. New Zealand Journal of Marine and Freshwater Research，42 （3）：277-283.

Zhang T，2018. Importance ofcryobanking in aquatic species conservation and aquaculture [J]. Cryobiology，80：169.

（田永胜，王林娜，刘阳，李振通）

第二章
海水鱼类精子冷冻保存及其应用

第一节　海水鱼类精子冷冻保存进展

世界上海水鱼类有 2 万多种，中国有海水鱼类 2 100 多种。海洋丰富的鱼类资源是人类生活资料的主要来源之一，全球海水鱼类捕捞总量 6 633.732 3 万 t、养殖总量 225.151 0 万 t，中国海水鱼类捕捞和养殖产量分别达到 765.22 万 t 和 141.94 万 t。但是随着海洋环境演变、海水温度升高，人类对海洋资源的开发、对海水鱼类的过度捕捞，以及工业污染排放，鱼类种群数量减少、个体小型化，部分海水鱼类面临灭绝，据 IUCN 报道，世界海水鱼类濒危物种有 35 种，其中有拿骚石斑鱼（*Epinephelus striatus*）、伊氏石斑鱼（*Epinephelus itajara*）、扁鲨（*Squatina squatina*）等，因此对海水鱼类种质资源进行长期保存是人类发展必须面临的任务。

精子冷冻保存是鱼类种质长期保存的途径之一。通过建立海水养殖鱼类、濒危灭绝鱼类精子冷冻保存技术和精子冷冻库：①可将鱼类原种资源长期保存起来，从而避免由于捕捞过度、环境污染和生态恶化造成的物种灭绝；②可防止因长期养殖、近亲繁殖而造成的种质退化和遗传变异现象；③精子冷冻保存可以解决因地理分布、繁殖温度和时间造成的生殖隔离，同时解决雌雄成熟不同步、性别转化个体自交、不同品种远缘杂交问题；④可以为鱼类性别调控、选择和杂交育种、雌核发育和雄核发育诱导、人工繁殖、优良养殖苗种大量繁育等提供丰富的精子来源；⑤为细胞培养、基因组测序等生物技术研究提供遗传材料。鱼类精子冷冻保存技术的不断成熟和应用将为水产养殖和科研发展产生巨大影响。

一、海水鱼类精子冷冻保存概况

鱼类精子冷冻保存始于 20 世纪 50 年代，英国学者 Blaxter（1953）利用干冰冷冻保存了大西洋鲱精巢。之后各国学者在鳕形目（Gadiformes）、鲑形目（Salmoniformes）、鲈形目（Perciformes）、鲽形目（Pleuronectiformes）和石斑鱼属（*Epinephelus*）等鱼类上开展了精子冷冻保存研究（表 2 - 1 - 1）。

1. 鳕形目鱼类精子冷冻保存

Mounib（1978）在 −196℃冷冻保存鳕鱼精液，获得 80%～89% 的受精率。DeGraaf and Berlinsky（2004）利用 MME＋10% 二甲基亚砜（DMSO）冷冻保存黑线鳕（*Melanogrammus aeglefinus*）和大西洋鳕（*Gadus morhua*）精子，分别获得了 63.0% 和 66.0% 的成活率，说明鳕鱼精子可以长期冷冻保存并进行正常受精。Rideout（2004）冷冻保存黑线鳕和大西洋鳕精子，分别获得了 62.5% 和 56.3% 的成活率，认为利用 1,2-丙二醇（PG）冷冻保存效果优于 DMSO 和甘油。通过对大西洋鳕精子的精子压积（SEM）、精浆渗透压、pH、蛋白浓度、抗胰蛋白酶活性、总抗氧化能力等生理指标进行测定，为评价精子在冷冻保存中的生存能力提供了参数，同时利用不同的抗冻剂冷冻保存了大西洋鳕精子，进一步说明加入 PG 后精子可获得较高的成活率（66%）（Butts et al.，2010，2011）。

水产动物种质冷冻保存与应用技术

表 2-1-1 海水鱼类精子冷冻保存情况

物种	学名	精子稀释液	抗冻剂	精子活力	文献
大西洋鲱	Clupea pallasi	海水	12.5%甘油	80%~85%	Blaxter，1953
大西洋鳕	Gadus morhua	125mmol/L 蔗糖，100mmol/L KHCO₃，6.5mmol/L 还原型谷胱甘肽	10% PG	(56.3±4.1)%	Rideout et al.，2004
大洋鳕鱼	Macrozoarces americanus	1.45mmol/L CaCl₂，0.84mmol/L MgSO₄，10.25mmol/L KHCO₃，183mmol/L NaCl，0.15mmol/L 葡萄糖	20% DMSO	20%~25%	Yao et al.，2000
黑线鳕	Melanogrammus aeglefinus	125mmol/L 蔗糖，100mmol/L KHCO₃，6.5mmol/L 还原型谷胱甘肽	10% PG	(62.5±3.2)%	Rideout et al.，2004
南方鳕	Merluccius australis	Stopmilt®	1.2mol/L DMSO+0.3mol/L 蔗糖+2% BSA	—	Effer et al.，2013
大西洋鲑	Salmo salar	Cortland®	1.3mol/L DMSO+0.3mol/L 葡萄糖+2%小牛血清	(58.5±5.3)%	Figueroa et al.，2016
石川马苏大麻哈鱼	Oncorhynchusmasou ishikawae	300mmol/L 葡萄糖	10% DMSO	(18.5±2.0)%	Ohta et al.，1995
溪点红鲑	Salvelinus fontinalis	5.85g/L NaCl，0.255g/L KCl，0.33g/L NaHCO₃，0.25g/L Na₂HPO₄，0.145g/L CaCl₂·H₂O，0.2g/L MgCl₂·6H₂O，0.1g/L 柠檬酸，10g/L 葡萄糖，10mL KOH（1.271/100mL），10mL 甘氨酸（5.31/100mL）	10%~20% DMSO，DMA，Gly	84.5%	Glogowski et al.，1996
云纹犬牙石首鱼	Cynoscion nebulosus	5.26g/L NaCl，0.26g/L KCl，0.33g/L NaHCO₃，0.04g/L Na₂HPO₄，0.04g/L KH₂PO₄，0.13g/L MgSO₄·7H₂O，0.66g/L 葡萄糖；200 mOsmol/L	15% DMSO+15%EG+10% Gly+1% X-1 000tm+1% Z-1 000tm	(73.0±21.0)%	Cuevas-Uribe et al.，2013
大黄鱼	Pseudosciaena crocea	Cortland	10% DMSO 或 EG	(87.0±2.4)%，(87.5±2.5)%	Jiang et al.，2011
欧洲鲈	Dicentrarchus labrax	59.83mmol/L NaCl，1.47mmol/L KCl，12.91mmol/L NaHCO₃，MgCl₂，3.51mmol/L CaCl₂，20mmol/L NaHCO₃，0.44mmol/L 葡萄糖，1% BSA，1 mmol/L 亚牛磺酸 或 1 mmmol/L 牛磺酸（pH 7.7）	10% DMSO	(30.1±3.2)%	Martinez-Paramo et al.，2013
美国红鱼	Sciaenops ocellatus	5.26g/L NaCl，0.26g/L KCl，0.33g/L NaHCO₃，0.04g/L Na₂HPO₄，0.04g/L KH₂PO₄，0.13g/L MgSO₄·7H₂O，0.66g/L 葡萄糖	15% DMSO+15%EG+10% Gly+1% X-1 000tm+1% Z-1 000tm	30%	Cuevas-Uribe et al.，2013

（续）

物种	学名	精子稀释液	抗冻剂	精子活力	文献
羽鼬鳚	Genypterus blacodes	Stopmilt®	1.2mol/L DMSO+0.3mol/L 蔗糖+1% BSA	—	Figueroaet al., 2015b
Patagonian blenny	Eleginops maclovinus	Stopmilt®	1.5 DMSO+0.4mol/L 葡萄糖+2% BSA	—	Valdebenito et al., 2016
花鲈	Lateolabrax japonicus	60.35mmol/L NaCl, 1.80mmol/L NaH2PO4, 3mmol/L NaHCO3, 5.23mmol/L KCl, 1.3mmol/L CaCl2·2H2O, 1.13mmol/L MgCl2·6H2O, 55.55mmol/L 葡萄糖	10%DMSO	(68.3±4.4)%	Ji et al., 2004
太平洋黑鲔	Thunnus orientalis	171.12mmol/L NaCl	20% DMSO 或 10%~20% Gly 或 10%甲醇	(84.3±5.7)%~(93.3±8.2)%	Gwo et al., 2005
真鲷	Pagrus major	8.00g/L NaCl, 0.40g/L KCl, 0.14g/L CaCl2, 0.10g/L MgSO4·7H2O, 0.10g/L MgCl2·6H2O, 0.06g/L Na2HPO4·12H2O, 0.35g/L NaHCO3, 1.00g/L 葡萄糖	15% DMSO	(87.7±2.5)%	Chen et al., 2010
金头鲷	Sparus aurata	10.01 mg/mL KHCO3, 1.99 mg/mL 还原型谷胱甘肽, 42.78 mg/mL 蔗糖, 10 mg/mL 101BSA, 10% Me2SO, pH 7.8	10% DMSO+10%甘油	(60.0±3.0)%	Zilli et al., 2018
斑笛鲷	Lutjanus synagris	7.89g/L NaCl, 1.19g/L KCl, 0.26g/L MgCl2, 0.08g/L NaH2PO4, 0.22g/L CaCl2, 0.73g/L NaHCO3; pH 8.2, 172 mOsmol/L	10% DMSO	(98.0±3.0)%	Sanches et al., 2015
红鲷	Lutjanus campechanus	5.26g/L NaCl, 0.26g/L KCl, 0.33g/L NaHCO3, 0.04g/L Na2HPO4, 0.04g/L KH2PO4, 0.13g/L MgSO4·7H2O, 0.66g/L 葡萄糖, 200 mOsmol/L	15% DMSO+15%EG+10% Gly+1% X-1 000tm+1% Z-1 000tm	38%	Cuevas-Uribe et al., 2013
银纹笛鲷	Lutjanus argentimaculatus	7.50g/L NaCl, 0.20g/L KCl, 0.20g/L CaCl2·2H2O, 5.00g/L 葡萄糖; pH 7.9, 315 mOsmol/L	10% DMSO	(91.1±2.2)%	Vuthiphandchai et al., 2009
高鳍笛鲷	Lutjanus analis	7.89g/L NaCl, 1.19g/L KCl, 0.22g/L CaCl2, 0.73g/L MgCl2, 0.08g/L NaH2PO4, 0.84g/L NaHCO3; pH 8.2, 172 mOsmol/kg	10% DMSO	90.1%	Sanches et al., 2013
牙鲆	Paralichthys olivaceus	24.72g/L NaCl, 0.67g/L KCl, 1.36g/L CaCl2·2H2O, 4.66g/L MgCl2·6H2O, 6.29g/L MgSO4·7H2O, 0.18g/L NaHCO3; pH 8.2, 205 mOsmol/kg	12% Gly	(76.2±10.0)%	Zhang et al., 2003

（续）

物种	学名	精子稀释液	抗冻剂	精子活力	文献
褐斑牙鲆	Paralichthys orbignyanus	110mmol/L 蔗糖, 100mmol/L KHCO₃, 10mmol/L Tris-Cl; pH 8.2, 335 mOsmol/L	10% DMSO	(50.0±6.0)%	Lanes et al., 2008
大西洋牙鲆	Paralichthys dentatus	7.25g/L NaCl, 0.38g/L KCl, 0.18g/L CaCl₂, 1.00g/L NaHCO₃, 0.23g/L MgSO₄·7H₂O, 0.41g/L NaH₂PO₄, 1.00g/L 葡萄糖	15% DMSO 或 15% PG	(78.0±4.7)%, (60.0±7.9)%	Liu et al., 2015
圆斑星鲽	Verasper variegatus	110mmol/L 蔗糖, 100mmol/L KHCO₃ 和 10mmol/L Tris-Cl; pH 8.2, 335 mOsmol/L	13.3% DMSO 或 13.3% PG	(75.8±4.9)%	Tian et al., 2008
美洲拟鲽	Pseudopleuronectes americanus	137mmol/L NaCl, 11mmol/L KCl, 4mmol/L Na₂HPO₄·7H₂O; pH 7.7	PG	80%~100%	Rideout et al., 2003
大西洋庸鲽	Hippoglossus hippoglossus	100mmol/L KHCO₃, 125mmol/L 蔗糖; 315 mOsmol/L	10%~15% DMSO	(58.4±23.6)%, (52.2±27.2)%, (63.3±30.3)%	Ding et al., 2011
大菱鲆	Scophthalmus maximus	110mmol/L 蔗糖, 100mmol/L KHCO₃ 和 10mmol/L Tris-Cl; pH 8.2, 335 mOsmol/L	10% DMSO	(70.1±8.9)%	Chen et al., 2004
鹬嘴鱼	Macroramphosus scolopax	FBS	10%甲醇+95%或 90% FBS	(19.3±2.5)%	Ohta et al., 2001
暗纹石斑鱼	Epinephelus marginatus	1% NaCl, 10 mg/mL BSA	10% DMSO	(36.8±10.2)%	Cabrita et al., 2009
七带石斑鱼	E. septemfasciatus	135mmol/L NaCl, 2mmol/L KCl, 2.3mmol/L MgCl₂, 1.3mmol/L CaCl₂, 20mmol/L NaHCO₃, 20mmol/L TAPS-NaOH, 5.6% 葡萄糖, 13% 海藻糖, 95%FBS	5% DMSO	(77.6±8.5)%	Koh et al., 2010
赤点石斑鱼	E. akaara	26.32g/L NaCl, 1.32g/L KCl, 0.65g/L MgSO₄·7H₂O, 0.18g/L Na₂HPO₄·7H₂O, 0.18g/L KH₂PO₄, 1.15g NaHCO₃, 3.30g/L 葡萄糖	10% DMSO, 胆固醇	(77.1±5.0)%	Liu et al., 2011
七带石斑鱼	E. septemfasciatus	60g/L 葡萄糖, 10g/L NaCl, 0.5g/L NaHCO₃	10% DMSO 或 10% PG	(76.7±0.0)%或 (75.0±5.0)%	Tian et al., 2013
褐石斑鱼	E. bruneus	10g/L NaCl, 0.22g/L KCl, 0.25g/L CaCl₂, 0.74g/L MgSO₄·7H₂O, 1.19g/L HEPES (C₈H₁₈N₂O₄S), 0.9g/L 葡萄糖, 0.1g/L 链霉素, 100 000 UG 青霉素	5.0% DMSO	(99.5±0.8)%	Oh et al., 2013
云纹石斑鱼	E. moara	9g/L NaCl, 10g/L KHCO₃; 10% FBS	10% PG	(57.2±3.7)%	Qiet al., 2014

（续）

物种	学名	精子稀释液	抗冻剂	精子活力	文献
鞍带石斑鱼	E. lanceolatus	111.23mmol/L NaCl, 2.38mmol/L KHCO$_3$, 1.88mmol/L KCl, 2.38mmol/L NaHCO$_3$, MgCl$_2$·6H$_2$O, 0.82mmol/L CaCl$_2$·2H$_2$O, 0.082mmol/L NaH$_2$PO$_4$, 277.37mmol/L 葡萄糖, 10%FBS	15% DMSO	(63.9±4.2)%或(74.8±12.7)%	Tian et al., 2015
鞍带石斑鱼	E. lanceolatus	7.25g/L NaCl, 0.38g/L KCl, 1.00g/L NaHCO$_3$, 0.23g/L MgSO$_4$·7H$_2$O, 0.41g/L NaH$_2$PO$_4$·H$_2$O, 0.1g 葡萄糖	PG (8%或12%) DMSO (10%或12%)	(70.8±5.9)%或(72.3±5.0)%, (73.4±5.1)%或(70.7±5.0)%	Liu et al., 2015
斜带石斑鱼	E. coioides	同上	DMSO (8%或10%)	(81.7±4.7)%或(80.8±5.9)%	Liu et al., 2015
七带石斑鱼	E. septemfasciatus	同上	10% PG	(72.3±4.3)%	Liu et al., 2015
云纹石斑鱼	E. moara	同上	10% PG	(71.7±5.1)%	Liu et al., 2015
赤点石斑鱼	E. akaara	0.1g/L KCl, 9.0g/L NaCl, 0.06g CaCl$_2$, 0.08g/L MgCl$_2$, 0.5g/L NaHCO$_3$, 0.02g/L 蛋清	10% DMSO	(85.0±2.9)%	Ahn et al., 2018
棕点石斑鱼	E. fuscoguttatus	135mmol/L NaCl, 2mmol/L KCl, 2.3mmol/L MgCl$_2$, 1.3mmol/L CaCl$_2$, 20mmol/L NaHCO$_3$, 20mmol/L HEPES-NaOH, 85%FBS	15%PG	(76.7±8.8)%	Yusoff et al., 2018

2. 鲑形目鱼类精子冷冻保存

Ott 等（1975）对银大麻哈鱼（*Oncorhynchus kisutch*）、大鳞大麻哈鱼（*O. tshawytscha*）和虹鳟（*O. mykiss*）精液进行冷冻保存研究，获得冻精受精率 29%～83%。Withler（1974）冷冻保存驼背大麻哈鱼（*O. gorbuscha*）、褐鳟（*Salmo trutta*）等 4 种鱼的精液，获得 44%～85% 的受精率。Erdahl 等（1978）冷冻鲑精液，获得大于 90% 的受精率（陈松林等，2007）。Mounib（1978）冷冻保存大西洋鲑精液，液氮保存一年后，受精率为 80%。Yang（2018）利用 Ringer's＋10%DMSO 研究制定了一套大量冷冻保存和运输大西洋鲑（*Salmo salar*）精子的方法，精子冷冻成活率达到 36%。冷冻保存显著影响了大西洋鲑精子 DNA 片段、精子细胞膜、线粒体膜电位（Figueroa et al.，2016），线粒体膜电位与精子活力、受精率的相关性分别为达 0.75 和 0.59。在精子冷冻保存液中加入高浓度的精浆进行玻璃化冷冻保存，可以提高精子冷冻质量，精子 DNA 断裂片段 9.2%，细胞膜完整率 98.6%，线粒体膜完整率 47.2%，精子活力 44.1%，受精率 46.2%（Figueroa et al.，2015）。Seungki（2016）冷冻保存了极度濒危的细鳞鲑（*Brachymystax lenok*）精原细胞，在 30℃水浴中解冻后，将解冻的精原细胞利用腹腔注射移植到同种异质的三倍体幼体中。移植的精原细胞迁移到受体生殖腺，并在那里进行配子发生。

3. 鲈形目鱼类精子冷冻保存

Pullin（1972）液氮保存黑鲷（*Acanthopagrus schlegelii*）精液 315d，冻精受精率为 20%～39%。Liu（2007）利用 15%DMSO 冷冻保存真鲷（*Pagrus major*）精子，解冻后精子活力、受精率和孵化率分别为 81.0%、92.8% 和 91.8%。之后对长期冷冻保存精子的活力、受精率和孵化率进行测定，发现随着保存时间的延长精子活力逐渐降低，保存 1～73 个月的精子活力从 87.67% 降低到 50.67%；精子受精率在保存的 26 个月（60.33%）内无显著降低，但在保存 48 个月后显著降低，保存 73 个月的精子受精率为 39.56%（Chen et al.，2010）。Sansone（2002）对冷冻保存海鲈（*Dicentrarchus labrax*）精子的平衡温度和冷冻速率进行研究，显示在 0～2℃平衡 6h，然后以冷冻速率 15℃/min 冷冻保存，有利于冷冻精子活力提高。Eszter Kása（2017）利用冷冻膜和麦管两种载体冷冻保存欧洲鲈精子，冷冻精子成活率 26.4%，受精卵发育率为 2.45%。Ji et al.（2004）利用 MPRS 精子稀释液冷冻保存了花鲈（*Lateolabrax japonicus*）精子，冷冻精子活力与鲜精无显著差异，受精率和孵化率分别达到 84.8% 和 70.1%。Martínez-Páramo（2013）研究了牛磺酸和次牛磺酸两种含硫氨基酸对欧洲鲈精子低温保存的影响，发现在冷冻保存液中加入 1mol/L 牛磺酸和 1mol/L 次牛磺酸有利于改善精子质量，能够提高冷冻后精子运动能力和降低 DNA 损伤。鲈形目精子冷冻保存技术相对比较成熟，利用目前报道的方法完全可以实现精子的长期保存。

4. 石斑鱼属鱼类精子冷冻保存

截至目前，国内外在石斑鱼精子冷冻保存方面，公开报道的石斑鱼种类有 10 多种，主要有七带石斑鱼（*E. septemfasciatus*）（Koh et al.，2010；Tian et al.，2013）、鞍带石斑鱼（*E. lanceolatus*）（Tian et al.，2015）、赤点石斑鱼（*E. akaara*）（Liu et al.，2011；Ahn et al.，2018,）、暗纹石斑鱼（*E. marginatus*）（Cabrita et al.，2008）、褐石斑鱼（*E. bruneus*）（Imaizumi et al.，2005）、黑石斑鱼（*E. malabaricus*）（Gwo，1993）、巨石斑鱼（*E. tauvina*）（Withler et al.，1982）、斜带石斑鱼（*E. coioides*）（Kiriyakit et al.，2011）、云纹石斑鱼（*E. moara*）（齐文山等，2014）、棕点石斑鱼（*E. fuscoguttatus*）（Yusoff et al.，2018）等。不同的研究人员采用了各不相同的精子稀释液（表 2-1-1），抗冻剂采用了 5%～15% 的 DMSO，或者 8%～15% 的 PG，除暗纹石斑鱼冷冻精子活力较低（36.8%）外，其他石斑鱼冷冻精子活力在 57.24%（云纹石斑鱼）～99.5%（褐石斑鱼），而且将鞍带石斑鱼冷冻精子应用到与多种石斑鱼的杂交育种和苗种的大量培育中（田永胜等，2017）。

5. 鲆鲽鱼类精子冷冻保存

Zhang（2003）利用二甲基亚砜（DMSO）、甘油（Gly）和甲醇（MeOH）三种抗冻剂冷冻保存牙鲆精子，发现 DMSO 冷冻保存精子活力最高（60.5%）。Chen 等（2004）利用精子稀释液 TS-2＋10% DMSO

冷冻保存了大菱鲆（*Scophthalmus maximus*）精子，冷冻精子的受精率和孵化率分别达到 70.1% 和 46.8%。Ji 等（2005）利用 MPRS 冷冻保存石鲽（*Platichthys bicoloratus*）、牙鲆精子，冻后成活率在 70% 以上。Tian 等（2008）利用 TS-2 和 MPRS 两种精子稀释液冷冻了圆斑星鲽（*Verasper variegatus*）精子，冷冻精子的受精率和孵化率分别达 34.52% 和 23.53%。田永胜等（2009）冷冻保存了半滑舌鳎（*Cynoglossus semilaevis*）精子，冷冻后精子活力为 53.5%，受精率和孵化率分别达到 55.0% 和 35.0%。姜静等（2014）利用筛选出的精子稀释液 SFs-4＋20%DMSO 冷冻保存星斑川鲽（*Platichthys stellatus*）精子，冷冻后精子活力达 66.67%。宋莉妮等（2016）利用筛选出精子冷冻保存液 MFs-3＋20% 1,2-丙二醇或 20% 乙二醇，冷冻保存钝吻黄盖鲽（*Pseudopleuronectes yokohamae*）精子，冷冻精子活力可达 95.26%，受精率和孵化率分别可达 80.08% 和 77.44%。Rafael Cuevas-Uribe（2017）利用不同种类的玻璃化液冷冻保存 *Paralichthys lethostigma* 精子的成活率 28%，细胞膜完整率 11.0%。田永胜（2006）利用 MPRS 冷冻保存大西洋牙鲆（*Paralichthys dentatus*）精子，并利用冷冻精子与褐牙鲆卵杂交受精，受精率和孵化率分别达 81.63% 和 98.0%。利用 Hanks' 平衡盐溶液（HBSS）加入 10%～15% DMSO，研究了一种大体积冷冻大西洋鳙鲽（*Hippoglossus hippoglossus*）精子的方法，可实现了冷冻精子的商业化（Ding et al.，2011）。在以上鲆鲽鱼类精子冷冻中主要利用了 10%～15% 的 DMSO，在个别鱼类中 10% 的 1,2-丙二醇也非常有效。精子稀释液的主成分为 NaCl、KCl 和葡萄糖，要根据不同种类鱼类精子渗透压进行调整和配制。

二、精子冷冻保存稀释液的筛选

选用合适的鱼类精子稀释液是成功冷冻保存精子的关键因素，由于不同种鱼类生理机能和体液成分不同，因此精浆成分也不同，要在体外维持精子结构的完整及成活率，对精子稀释液的配制具有严格的要求。精子稀释液一般由生理盐、双糖、单糖和小牛血清等成分组成，其作用一方面维持精子的渗透压、pH，另一方面为精子提供一定的营养和能量。生理盐主要包括 NaCl、KCl、Na_2CO_3、$MgSO_4$、$KHCO_3$、$CaCl_2$、$MgCl_2$、KH_2PO_4、K_2HPO_4、Tris-Cl 等物质，主要为精子提供适宜的渗透压环境和离子成分。营养成分主要包括葡萄糖、蔗糖、海藻糖、果糖、乳糖和血清等，除提供营养之外，也可维持精子细胞外渗透压。另外，为了防止细菌或病毒的传播，可以在稀释液中加入一定量的抗生素（Oh et al.，2013）。目前在石斑鱼精子冷冻保存中比较典型的稀释液有 ELRS-3、ELS-3、EMS（Tian et al.，2013，2015）等；用于鲆鲽鱼类的典型的精子稀释液有 TS-2、SFs-4 和 MFs-3 等（Ji et al.，2004；姜静等，2014；宋莉妮等，2016）。目前国内外公开报道，鱼类精子冷冻保存稀释液主要由盐、葡萄糖、海藻糖和小牛血清构成，盐类中主要离子为 Na^+、K^+、Ca^{2+}、Mg^{2+}，针对不同的鱼类利用不同种类的盐类进行精子冷冻保存稀释液的配制，可根据不同鱼类生理特性进行调整。

Na^+ 一般在稀释液中占比例较大，是维持细胞内外 Na^+/K^+ 代谢的主要来源，K^+ 有抑制精子运动的作用，Ca^{2+}、Mg^{2+} 能部分解除 K^+ 的抑制作用，是精子激活所必备的；而 Tris-Cl 具有缓冲溶液 pH 的作用，可防止精子在代谢过程中产生过多乳酸。体外受精鱼类精子具有三羧酸循环代谢的能力（Cardiner，1978），可以通过氧化作用利用细胞外源性碳水化合物，尤其是葡萄糖、半乳糖和果糖，葡萄糖具有明显延长精子寿命的作用，应用于以上多数鱼类精子冷冻保存中。

在鞍带石斑鱼精子冷冻保存稀释液筛选中利用 $KHCO_3$、KCl、$NaHCO_3$、$MgCl_2 \cdot 6H_2O$、NaCl、$CaCl_2 \cdot 2H_2O$、NaH_2PO_4、葡萄糖、Tris 碱和胎牛血清（FBS）配制了 13 种精子稀释液 EM1-2、TS-2、MPRS、ELS1、ELS2、ELS3、ELRS0、ELRS1、ELRS2、ELRS3、ELRS4、ELRS5 和 ELRS6，通过对精子快速和慢速运动比例、运动时间、活力和寿命等生理参数进行分析，筛选出了 ELS3 和 ELRS3 两种稀释液，冷冻保存精子活力可以达到 51.1%～69.44%（Tian et al.，2015）。

在钝吻黄盖鲽（*Pseudopleuronectes yokohamae*）精子冷冻保存中利用以上生理盐、葡萄糖和蔗糖配制了 MPRS、TS-2、D-15、SFs-4、BS2、MFs1～10 等 15 种精子稀释液，筛选出 MFs3，冷冻保存精子活力、快速运动时间和寿命分别为 95.26%、46.00s 和 124.33s（宋莉妮等，2016）。

三、精子冷冻抗冻剂

抗冻剂的主要作用是降低溶液冰点，从而达到在低温下保护生物细胞免受低温损伤的目的。自从 Polge 于 1949 年发现甘油具有保护精子免受低温损伤的作用（Lovelock and Polge，1954）之后，又发现多种化学物质具有低温保护的性能。根据抗冻剂能否渗透通过细胞膜，可将其分为渗透性抗冻剂和非渗透性抗冻剂。

渗透性抗冻剂多是小分子物质，渗透速度快，能轻易地渗透到细胞内，使细胞脱水，在溶液中易结合水分子，发生水合作用，使溶液的黏性增加，从而弱化了水的结晶过程，达到抗冻保护的目的。但其使用浓度、渗入细胞的能力、对水分子活性的影响等各不相同。渗透性抗冻剂主要包括：二甲基亚砜（DMSO）、1,2-丙二醇（PG）、甘油（Gly）、甲醇（MeOH）、乙二醇（EG）等。非渗透性抗冻剂主要有葡聚糖、蔗糖、海藻糖、果糖、聚乙烯吡咯烷酮（PVP）、白蛋白、聚乙二醇（PEG）、羟乙基淀粉（HES）等（李广武等，1998）。非渗透性抗冻剂能溶于水，但不能进入细胞，可增加细胞外溶液浓度，快速脱出细胞中水分，同时在一定温度下可降低溶液中电解质浓度，减少盐离子的过度渗透损伤。

在多数海水鱼类精子冷冻保存中主要使用的是 10%～15% 的 DMSO 和 10%～15% 的 PG。DMSO 是最常用的海洋鱼类精子冷冻保护剂，由于分子量小、渗透性强，广泛应用于鱼类精子的低温保存。PG 与 DMSO 相比具有毒性较低的特点，在钝吻黄盖鲽、蓝身大斑石斑鱼、清水石斑鱼的精子冷冻中效果明显（宋莉妮等，2016）。PG 通过重新排列膜脂和蛋白质来增加冷冻保存过程中的细胞存活率，可提高细胞膜流动性，实现低温下脱水和减少细胞内冰晶形成（Holt，2000）。FBS 提供多种大分子蛋白质、激素和脂质，有助于为细胞膜提供机械保护，并有助于维持细胞的内部结构（Ahn et al.，2018）。

在七带石斑鱼精子冷冻保存中比较了 DMSO、DMAC、PG 和 Gly 几种抗冻剂的效果，DMSO 和 PG 在维持精子的活力、寿命和快速运动时间方面没有显著性差异（$P<0.05$）（Tian et al.，2015）。

在钝吻黄盖鲽精子冷冻中比较了 DMSO、PG、EG、MeOH、Gly 和 DMF 对精子的影响，PG 和 EG 在维持精子活力和寿命方面显示出更好的效果（宋莉妮等，2016）。

四、精子冷冻保存方法

目前国际上开展鱼类精子冷冻保存的方法主要有程序化冷冻法和玻璃化冷冻法两种。

1. 精子程序化冷冻保存

程序化冷冻法通过程序降温仪设置一定的控制程序来实现。在不同鱼类精子冷冻中应用了不同的降温程序。根据低温生物学原理，生物材料在降温过程中，在 0～60℃ 范围内容易形成冰晶，对细胞造成损害，是低温生物学中的危险温区（华泽钊等，1994）。因此冷冻保存过程中安全渡过这一温度区，是鱼类精子冷冻保存的关键。

Sansone（2002）对保存海鲈精子的冷冻速度进行研究，认为精液在 10% EG 中稀释，采用 0～2℃ 条件下平衡 6h，然后以 15℃/min 的速度冷却，解冻后精子与新鲜精液相比无显著差异。Koh（2010）对冷冻七带石斑鱼精子速率筛选，认为以冷冻速度（49.8±1.7）℃/min 将精子样本降温到 -40℃，然后投入液氮中冷冻保存比较有效。Liu（2016）在几种石斑鱼精子冷冻中，将精子与稀释液充分混合后注入 2mL 冷冻管，精子样本利用 Kryo-360 程序降温仪按照下列程序冷冻保存：在 0℃ 平衡 5min，从 0℃ 到 -150℃ 冷冻速率为 20℃/min（Planer Plc.，Middlesex，UK），然后浸入液氮。在鲈和大菱鲆精子冷冻中应用了"三步法"：①将盛装精子的冷冻管（2mL）在 4℃ 平衡 30min，将冷冻管装在纱布袋中，吊置在液氮罐蒸气中，位置在液氮面之上6～10cm处（－180℃）平衡10min；②将纱布袋降低到液氮面之上5cm平衡5min；③将装有精子冷冻管的纱布袋浸入液氮中长期保存（－196℃）（Ji et al.，2004；Chen et al.，2004）。Tian（2013、2015）在石斑鱼精子冷冻保存中，先将精液与冷冻保存液以1:1的比例稀释，在室温下平衡5～10min，注入2mL的冷冻管，5～10管一组装纱布袋，吊入液氮蒸气中，在液氮面之上10cm（－80℃）平衡10min，然后直接投入液氮中冷冻保存，获得了大量冷冻保存成活的精子。这种方法无需使用程序降温仪进行控制，简单易掌握，适合在养殖企业进行鱼类精子的大量冷冻保存。

2. 精子玻璃化冷冻保存

玻璃化冷冻保存的主要方法是利用配制的高浓度的玻璃液稀释精液，以小体积麦管（250μL）为主要冷冻载体，在室温或4℃平衡后直接投入液氮冷冻保存。玻璃化冷冻保存的原理是将生物材料以极快的速度越过冰晶形成区，直接进入液氮区（－196℃），使溶液在极速降温中形成一种介于固态和液态之间的玻璃态，减少由于冰晶形成对细胞造成的损伤（李广武等，1998）。但是这种方法的缺点是冷冻保存麦管体积小，保存精子量小，不适合大量保存精子；另外高浓度玻璃化毒性较高，对精子损伤较严重。

利用玻璃化冷冻法保存欧洲鳗鲡（*Anguilla anguilla*）精子，精子分析仪（ASMA）分析显示，冷冻精子的头部面积和周长与新鲜精子相比没有显著性降低（Kása et al.，2017）。褐石斑鱼（*E. bruneus*）精子利用麦管进行玻璃化冷冻保存，麦管在液氮面上3.5cm（－76℃）悬停3min，之后在液氮中冷冻，冷冻精子成活率达66.3%（Lim et al.，2013）。

Rafael Cuevas-Uribe（2015）进行了玻璃化冷冻保存对海水鱼精子成活率和精子膜完整性的研究，测试了29种玻璃化液的属性，结果显示由15% DMSO＋15% EG＋10% Gly＋1% X-1 000™＋1% Z-1 000™组成的玻璃化液冷冻保存云斑犬牙石首鱼（*Cynoscion nebulosus*）精子，解冻后活力和细胞膜完整率分别为58%和19%，红鲷鱼冷冻精子是38%和9%，红鼓鱼冷冻精子是30%和19%，认为玻璃化冷冻保存方法是可选择的冷冻方法之一。

Zilli（2018）测试了三种玻璃化冷冻方法（环托、微滴和麦管），认为最有效的方法是：利用缓冲液＋10% Me_2SO＋10%甘油稀释金头鲷（*Sparus aurata*）精液，以20μL直接滴入液氮中冷冻（drop-wise method），在玻璃化液中加入抗冻蛋白AFPⅠ或AFPⅢ提高精子活力，研究结果表明玻璃化冷冻保存方法为该物种提供了一种可替代传统精子冷冻保存的有效方法。

五、海水鱼类精子冷冻库的建立和应用

精子冷冻保存在鱼类种质长期保存中发挥着相当重要的作用。美国科学家在美国西北部建立了鲑和鳟原始物种的精子冷冻库，保存了500多尾鲑和150尾虹鳟野生个体的精子，保存了10 000多份精子样本（Cloud et al.，2000）。从1990年开始，世界鱼类基金会和加拿大政府开始建立加拿大鲑精子冷冻库，他们共收集并冷冻了大麻哈鱼（*Oncorhynchus nerka*）、大鳞大麻哈鱼（*O. tshawytscha*）、银大麻哈鱼（*O. kisutch*）、虹鳟（*O. mykiss*）、安大略鲑（*Salmo salar*）等鱼类的精子7 000多份，建立了完整的精子冷冻库管理和评价体系（Harvey et al.，2001）。此外，他们还建立了鲑和鳟精子冷冻库的数据库管理系统（Kincaid，2001）。美国国家科学技术委员会（Consejo Nacional de Ciencia Tecnologia，CONACYT）和环境自然资源部（Secretary of Environment and Natural Resources，SEMARNAT）正在建立加利福尼亚州水生生物种质精子库（Eugenio-gonzaliz et al.，2009）。从1980年开始，我国在中国水产科学研究院长江水产研究所（柳凌等，2007）、中国水产科学研究院黄海水产研究所（陈松林等，2007）、中国科学院海洋研究所（Liu et al.，2011）、江苏省淡水水产研究所、莱州明波水产有限公司、海阳黄海水产有限公司等单位建立海水或淡水鱼类精子冷冻库，冷冻保存精子达到2万份。

从 21 世纪初开始，作者团队与国内科研院所和企业合作，在山东、江苏、辽宁、福建、广东、海南、新疆、武汉等地收集和冷冻保存了 40 多种海水和淡水鱼类以及其他水生动物精子资源，建立了水生动物精子冷冻库，精子冷冻库保存量达到 13 100mL（表 2-1-2）。同时构建了"鱼类种质保存信息平台"（http：//www. ysfri. ac. cn/ylzzbcxxpt. htm）。

表 2-1-2　海洋渔业生物种质资源库水生动物精子冷冻库保有精子情况

中文名	学名	英文名	保存精子量（mL）	参考文献/保存者
中华鲟	*Acipenser sinensis*	Chinese sturgeon	260	田华等，2021
小体鲟	*Acipenser ruthenus*	Sterlet	20	
江鳕	*Lota lota*	Burbot	1 000	田永胜等，2014
多鳞铲颌鱼	*Varicorhinus macrolepis*	Largescale shoveljaw fish	20	Ji et al.，2008
哲罗鲑	*Hucho taimen*	Siberian salmon	1 000	田永胜等，2016
白斑狗鱼	*Esox lucius*	Northern pike	200	
鳜	*Siniperca chuatsi*	Mandarin fish	700	Ding et al.，2009
花鲈	*Lateolabrax japonicus*	Japanese sea perch	500	Ji et al.，2004
真鲷	*Pagrosomus major*	Red seabream	100	
黑鲷	*Acanthopagrus schlegelii*	Blackhead seabream	200	田永胜等保存，2021
条纹锯鮨	*Centropristis striata*	Blacksea bass	50	田永胜等，2020
青石斑鱼	*Epinephelus awoara*	Banded grouper；Yellow grouper	150	田永胜等，2020
鞍带石斑鱼	*Epinephelus lanceolatus*	Gaint grouper	3 000	Tian et al.，2015
云纹石斑鱼	*Epinephelus radiatus*	Kelp grouper	500	齐文山等，2014
七带石斑鱼	*Epinephelus septemfasciatus*	Seven-band grouper	150	Tian et al.，2015
赤点石斑鱼	*Epinephelus akaara*	Red-spotted grouper	100	田永胜等，2020
褐石斑鱼	*Epinephelus brunneus*	Longtooth grouper	100	田永胜等，2020
棕点石斑鱼	*Epinephelus fuscoguttatus*	Brown-marbled grouper	500	田永胜等，2020
蓝身大斑石斑鱼	*Epinephelus tukula*	Potato grouper	1 000	田永胜等，2020
清水石斑鱼	*Epinephelus polyphekadion*	Camouflage grouper	150	田永胜等，2020
斜带石斑鱼	*Epinephelus coioides*	Orange-spotted grouper	200	田永胜等，2020
驼背鲈	*Cromileptes altivelis*	Humpback grouper	100	田永胜等，2020
豹纹鳃棘鲈	*Plectropomus lepardus lacepede*	Leopardcoralgrouper	200	田永胜等，2020
斑石鲷	*Oplegnathus punctatus*	Spottedknifejaw	50	田永胜等，2020
大菱鲆	*Scophthalmus maximus*	Turbot	100	Chen et al.，2004
漠斑牙鲆	*Parallichthys lethostigma*	Southern flounder	30	田永胜等保存
大西洋牙鲆	*Parallichthys dentatus*	Summer flounder	100	田永胜等，2006
牙鲆	*Parallichthys olivaceus*	Japanese flounder	500	季相山等，2005
石鲽	*Pleuronecttes bicoloratus*	Stone flounder	200	季相山等，2005
半滑舌鳎	*Cynoglossus semilaevis*	Half tongue sole	100	Tian et al.，2009
圆斑星鲽	*Verasper variegatus*	Spotted halibut	100	Tian et al.，2008
条斑星鲽	*Verasper moseri*	Barfin flounder	200	
星斑川鲽	*Platichthys stellatus*	Starry flounder	500	姜静等，2014
钝吻黄盖鲽	*Pseudopleuronectes yokohamae*	Marbled flounder	500	宋莉妮等，2016
绿鳍马面鲀	*Thamnaconus septentrionalis*	Filefish	100	田永胜等保存，2006
鲤	*Cyprinus carpio*	Common carp	100	陈松林等，2007
鲫	*Carassius auratus*	Goldfish	60	陈松林等，2007

（续）

中文名	学名	英文名	保存精子量（mL）	参考文献/保存者
鳙	*Hypophthalmic hthys nobilis*	Bighead carp	20	陈松林等，2007
胭脂鱼	*Myxocyprinus asiaticu*	Chinese sucker	50	田华等保存，2020
圆口铜鱼	*Coreius guichenoti*		30	田华等保存，2020
铜鱼	*Coreius heterodon*		60	田华等保存，2020
团头鲂	*Megalobrama amblycephala*		50	田华等保存，2020
斑点叉尾鮰	*Ictalurus punctatus*	Channel catfish	10	
栉孔扇贝	*Chlamys farreri*	Farrer's scallop	10	
菲律宾蛤仔	*Ruditapes philippinarum*	Manila clam	10	
长牡蛎	*Crassostrea gigas*	Pacific oyster	10	
马氏珠母贝	*Pinctada martensii*	Marten's pearl oyster	10	
总计			13 100	

利用冷冻保存的鱼类精子在雌核发育诱导中发挥了重要的作用。例如：利用鲈冷冻精子经过紫外线处理后诱导半滑舌鳎、大菱鲆、条斑星鲽、星斑川鲽等鱼类雌核发育，分别获得了 2.5%、34.8%、40.68%、0.01% 雌核发育后代（Chen et al.，2009；苏鹏志等，2008；杨景峰等，2009；段会敏等，2017），为鱼类性别决定和控制、细胞工程育种提供了丰富的遗传资源。

冷冻精子还可以应用到选择育种、家系建立和杂交育种研究，例如：利用鲈冷冻精子诱导建立了牙鲆育种纯系（田永胜等，2017），利用牙鲆、星斑川鲽冷冻精子辅助建立了大量的牙鲆和星斑川鲽家系（田永胜等，2009、2016）；利用鞍带石斑鱼冷冻精子与云纹石斑鱼杂交，培育出具有生长快、适温范围广杂交优势性状的养殖品种"云龙石斑鱼"（田永胜等，2017）；利用蓝身大斑石斑鱼冷冻精子与棕点石斑鱼杂交培育出生长快、耐低温和耐低氧的杂交新品种"金虎杂交斑"（田永胜等，2019）。

石斑鱼精子冷冻库在石斑鱼远缘杂交育种和优良苗种大量培育中发挥了重要的作用。一方面解决了种群内部和种群之间繁殖季节不同步的问题，有效解决了石斑鱼繁殖中精子量不足的瓶颈，突破了石斑鱼种群之间由于地理分布、繁殖温度和时间等因素造成的生殖隔离和繁殖屏障，实现了石斑鱼品种之间的远缘杂交育种，为培育生长快、适温度范围广、抗病抗逆性强、肉质好的优良石斑鱼新品种提供了技术平台和保障。另一方面为石斑鱼苗大规模培育提供了丰富的精子源，极大提高了苗种培育的受精率和孵化率。利用鞍带石斑鱼冷冻精子与云纹石斑鱼进行杂交育种，建立了大量的杂交 F₁ 家系，对其生长性状进行了测量评估，并进行了加-显性遗传效应分析（田永胜等，2017），将精子冷冻技术与选择、杂交、分子标记辅助等技术相结合培育出石斑鱼养殖新品种"云龙石斑鱼"（*E. moara* ♀×*E. lanceolatus* ♂），生长速率是母本云纹石斑鱼的 3.08 倍，是珍珠龙胆石斑（*E. fuscoguttatus* ♀×*E. lanceolatus* ♂）的 1.37 倍，适温范围 9~32℃，当年可生长到 700~1 250g（田永胜等，2018；李振通等，2019）。利用蓝身大斑石斑鱼冷冻精子与棕点石斑鱼开展了远缘杂交育种，对杂交后代生长、耐寒、耐低氧性能进行测试，并在全基因组测序基础上对其遗传性状的组学进行分析，培育出具有生长快、抗逆性强的杂交新品种"金虎杂交斑"（*E. fuscoguttatus* ♀×*E. tukula* ♂），当年生长速度是母本的 2.06 倍，耐低氧达 0.24mg/L，耐低温达 9℃（田永胜等，2019；段鹏飞等，2021）。以上石斑鱼新品种已经在山东、天津、河北、大连、江苏、福建、广东、广西和海南沿海地区进行了规模化养殖，产生了显著的经济和社会效益。

第二节　鱼类精子冷冻保存损伤及质量评价

一、鱼类精子冷冻保存及损伤机制

自从 20 世纪 50 年代首次成功冷冻保存鲱鱼精子以来，经过多年的精子冷冻保存工作，已经建立了多种水产动物精子冷冻保存的方法，并取得了相当大的进步（Blaxter，1953；Chen et al.，2004；liu，et al.，2015）。然而，在整个冻融过程中细胞积累的损伤，致使解冻后的精子结构和功能出现了明显的损伤，这是冷冻精子活力降低和不能大规模应用的主要原因。冷冻保存过程包括降温、细胞脱水、冷冻和解冻。在冷冻和解冻过程中，精子经历的一系列胁迫和损伤是不断累积的。冷冻保存损伤最早由Mazur提出二因素假设解释（Mazur，1970）。如果精子冷冻过快，细胞内脱水不足，形成细胞内结冰，会引起细胞器和细胞膜等结构机械损伤，甚至导致细胞死亡；如果降温速率过慢，首先在细胞外溶液中形成冰，然后导致电解质浓度提高，诱导细胞脱水，过度脱水导致细胞干涸，脱水速度和程度取决于冻结速度和细胞渗透率。如果脱水太严重，会使得细胞内电解质浓度过高诱发毒性或电解质损伤，被称为"电解质效应"（Mazur，1970；Mazur and Rigopoulos，1983）。

精子冷冻保存技术的发展带来了人类和动物生殖生物技术的巨大变化。但是冷冻保存对细胞造成的广泛的细胞结构和分子损伤机制尚未得到深入研究（Figueroa et al.，2016a、2016b；Magnotti et al.，2018）。冷冻损伤产生重要的结构和生理变化：质膜破裂、线粒体膜电位改变、nDNA 和 mtDNA 断裂、酶失活、自由基产生，如活性氧（ROS）和活性氮（RNS）产生，以及 ATP 浓度和细胞内钙的稳态的变化（Figueroa et al.，2018b）。

二、冷冻精子形态结构损伤

冷冻保存过程会直接影响精子的形态和功能完整性。质膜完整性和线粒体功能是保持精子活力的两个最重要的因素。通过电子显微镜观察鱼的精子结构，用 SYBR-14、碘化丙啶（PI）和罗丹明 123（Rh 123）等不同荧光染料的渗透性检测精子质膜结构及线粒体的功能是否遭到破坏。在冷冻中观察到解冻精子主要的形态学损伤，如头部、中段和尾部肿胀或破裂以及线粒体肿胀（Gwo et al.，1999；Yao et al.，2000；Zhang et al.，2003；Liu et al.，2007；Liu et al.，2015、2016）。鲑精子冷冻保存后，其质量显著下降，40%～50% 的精子已完全损坏，30%～40% 发生改变，仅 10%～20% 在形态学上是完整的（Lahnsteiner et al.，1992）。在真鲷精子冷冻保存中，约 25.2% 的精子结构发生轻微的或者严重的结构损伤（Liu et al.，2007）（图 2-2-1）；在大西洋牙鲆精子冷冻保存中，20%～30% 的精子发生了结构损伤（Liu et al.，2016）（图 2-2-2）。在石斑鱼精子冷冻保存中 20%～30% 的精子出现轻微的肿胀，10%～20% 出现显著的破损。虽然 30%～40% 的精子在结构上被不同程度的破坏，而且解冻后精子的 VSL、VCL、VAP 与新鲜精子相比降低，但仍保持较高的值，尤其是在线性和直线度方面。解冻后精子的受精能力与对照无显著差异，并且胚胎可以正常发育和生长。这些结果表明解冻后精子样本仍具有正常受精功能，且解冻后精子并未显著影响胚胎发育（Liu et al.，2015）。对于四种石斑鱼，超微结构分析显示 70%～80% 精子形态完整，略有肿胀；20%～30% 精子受损，例如头部、中段和尾部区域肿胀或破裂；10%～20% 被严重损坏。通过显微镜观察，90% 以上的解冻后精子形态正常。人工授精和杂交实验证明，解冻精子使用 10%DMSO 和 10%PG 可获得高受精率和孵化率，结果与鲜精无显著差异且胚胎发育正常（Liu et al.，2016）。

一些研究者认为精子解冻后质膜的肿胀和破裂可能是由于细胞内冰晶生长或不稳定性造成，以及它们在渗透调节方面失衡（Grout and Morris，1987；Lahnsteiner et al.，

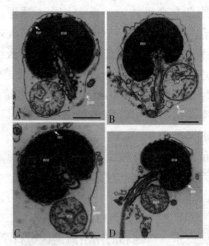

图 2-2-1 冷冻解冻后的真鲷精子的结构损伤

A. 部分受损的核膜和质膜，肿胀的线粒体 B. 完全损坏的核膜及肿胀的线粒体和液泡 C. 完全损坏的质膜和肿胀的线粒体 D. 完全损坏的质膜和核膜

nu，细胞核；ne，核膜；bb，基体；mi，线粒体；pm，质膜；f，鞭毛；v，空泡。比例尺代表 0.5μm。

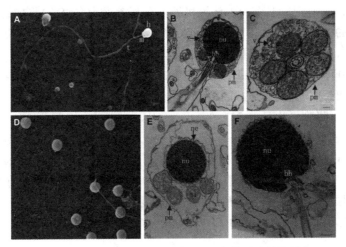

图 2-2-2　冷冻解冻后的大西洋牙鲆精子的结构损伤

A. 新鲜精子　B. 头部和未经处理的精子的中间片（比例尺代表 0.2mm）　C. 新鲜精子的线粒体（比例尺代表 0.2μm）　D. 冻后精子的全貌　E. 解冻后精子的头部和中部（比例尺代表 0.2μm）　F. 严重损坏的精子（比例尺代表 0.2μm）

BB，基体；f，鞭毛；h，头；m，中段；mi，线粒体；ne，核膜；nu，核；pm，质膜；t，尾巴；v，空泡。

1996a）。双重或三重染色程序结合流式细胞法已被广泛用于哺乳动物精子质量的评估中，该方法能在短时间内快速准确地测量数千个精子属性（Garner et al.，1986；Graham et al.，1990；Garner and Johnson 1995；Papaioannou et al.，1997；Gravance et al.，2001；Love et al.，2003；Kavak et al.，2003）。多年来，流式细胞仪已被引入鱼类精子冷冻保存的研究中。在虹鳟（Ogier de Baulny et al.，1997）、尼罗罗非鱼（Segovia et al.，2000）和欧洲鲇（Ogier de Baulny et al.，1999）中通过双染色法（Rh 123 和 PI 荧光反应）量化经过冷冻保存精子的线粒体功能和质膜完整性。荧光探针 Rh 123 在线粒体中积累，将功能性线粒体转化为绿色；具有受损质膜的精子将允许 PI 进入细胞后结合在 DNA 中并显示红光，而质膜有活力的精子对 PI 是不可渗透的。用这个染色方法量化三个不同的群体：①活精子细胞核发出绿色荧光；②死亡精子细胞核发出红色荧光；③濒临死亡精子核发出绿色和红色荧光。因此，利用双染色方法可快速识别成活或不成活精子。对超低温保存后的真鲷精子进行流式细胞检测，也发现超过 74.8% 的精子具有质膜结构完整性和线粒体功能（Liu et al.，2007）（图 2-2-3）。

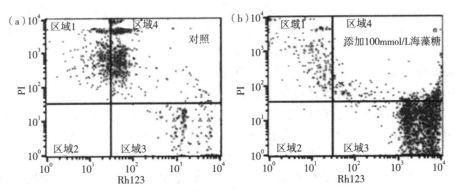

图 2-2-3　流式细胞仪荧光双染色（Rh123 和 PI 荧光反应）点状分布图

区域 1. 质膜受损、线粒体功能异常的精子　区域 2. 具有完整质膜但缺乏线粒体功能的精子　区域 3. 具有完整质膜和功能性线粒体的精子　区域 4. 具有受损质膜和功能性线粒体的精子

三、精子生理活性损伤

运动性是评估精子质量的重要指标，解冻后的精子质量主要是通过对其与新鲜精子的运动性进行比

较分析评估（Lahnsetiner et al.，1996c）。计算机辅助分析系统（CASA）已被广泛地应用于评估精子质量（Kime et al.，1996；Lahnsteiner et al.，1996a、1997、1998）。该方法快速、客观、准确，并能够量化精子运动状态，已成功用于研究冷冻保存前后鱼类精子质量（Dreanno et al.，1997；Lahnsteiner et al.，2000；Wamecke and Pluta，2003；Liu et al.，2007）。冷冻保存通常会导致精子活力降低、运动寿命更短和圆周运动更慢。如解冻后的鲤精子运动速度显著减慢，无法达到相应的新鲜精液一半的值，初始速度下降到平均只有 $50 \sim 60 \mu m/s$（Wamecke and Pluta，2003）。低的运动速度可能会降低精子到达受精孔的概率（Lahnsteiner et al.，2000）。在虹鳟中，冷冻保存导致整体运动性从新鲜精子的圆形变为解冻后精子的线性，这是细胞内 Ca^{2+} 减少、泄漏或磷酸化的改变级联导致的（Lahnsteiner et al.，1996）。在石斑鱼类精子冷冻保存中采用的计算机辅助精子运动分析表明，4 种石斑鱼的精子的冻融过程虽然降低或减少了精子活力、速度和寿命，但没有显著改变精子运动模式，快速直线运动仍是冻精主要运动方式（Liu et al.，2016）。

四、生化代谢损伤

生化特性用于评估冷冻保存期间的变化是基于对精子细胞损伤的假设，可以通过监测冻存前后或者冻融过程代谢物质的水平，主要是酶以及之前精液中的一些代谢物。缺乏或低活性酶可能会中断代谢通路并限制精子活力，或阻碍精子进入卵孔。Lahnsteiner 等（1996a）评估了虹鳟新鲜和冷冻保存的精子中的酶。在解冻的精子中异柠檬酸脱氢酶、苹果酸脱氢酶（MDH）、乳酸脱氢酶（LDH）、ATP 酶的活性显著低于鲜精。冷冻对精子新陈代谢的影响可以通过监测冻结和解冻过程精子释放的一些酶来检测，并预测冷冻保存是否成功。Lahnsteiner（1996c）报道了精子的活性、代谢物和冷冻保存精子的受精率之间的统计上可靠的相关性。如冷冻保存后精子 LDH 与精子质量显著负相关；解冻后精子酸性磷酸酶（AcP）以及腺苷酸激酶与受精能力呈负相关；在损伤的虹鳟的精子中天冬氨酸转氨酶（AspAT）与 LDH 的活性均与孵化率呈负相关。而且也观察到 AspAT、AcP 和 LDH 活性在冻精中呈正相关（Babiak，2001）。

有研究报道哺乳动物中活性氧（ROS）对精子质量的负面影响（Peris et al.，2007；Saleh and Hcld，2002；Sikka et al.，1995；Aitken et al.，1996），如精子膜的脂质过氧化、膜结构损坏，导致线粒体功能和受精能力下降（Shiva et al.，2011）。这些结果表明分子在低温下仍保持足够的流动性，允许发生细胞老化反应。这些结果均在真鲷（*Pagrus major*）、鲤（*Cyprinus carpio*）和胡子鲇（*Clarias gariepinus*）（Chen et al.，2010；Lahnsteiner et al.，2011）等鱼种中得到证明（Li et al.，2010；Shaliutina et al.，2013；Dzyuba et al.，2014；Figueroa et al.，2018a）。Chen et al.（2010）跟踪检测 1～73 个月的真鲷冻精代谢情况发现，冷冻保存 1～73 个月精子的超氧化物歧化酶（SOD）活性显著降低。冻精过氧化氢酶（CAT）活性 13～73 个月较保存 1 个月的显著降低，丙二醛（MDA）则随着保存时长的增加显著增加。冷冻的大西洋鲑精子，谷胱甘肽过氧化物酶活性和总谷胱甘肽含量呈现显著提高和增加，而 CAT 活性降低。抗氧化能力的降低可能是由酶活性饱和引起的（Chen et al.，2010；Lahnsteiner et al.，2011 和 Liu et al.，2015）。在真鲷精液冷冻保存中，通过计算机辅助精子分析系统对 6 种抗氧化剂对冻融精子的运动性、活力、膜完整性和线粒体功能的影响进行评估，发现 100mmol/L 海藻糖、50mmol/L 牛磺酸或者 25mmol/L 维生素 C 等作为添加剂可显著提高冻精质量，这可能与添加剂清除了冻精细胞内积累的过多活性氧（Chen et al.，2015）。

五、展望

科学家们对鱼类精子近 50 多年的冷冻研究已经取得了巨大的成绩，部分鱼种冷冻保存的精液已经实现了商业化的应用。在海水鱼类中已有 30 多种鱼类精子被成功冷冻保存。虽然冷冻保存过程会对精子结构和功能造成不同程度的伤害，但是通过筛选最适宜的保存方法可以大大降低损伤程度，并且由于在人工授精过程中精子的用量足够，受精率和孵化率以及后代的生长并没有受到显著影响。但是否会对后代在遗传上具有影响，目前尚未有系统的跟踪和评价，鱼类精子冷冻保存研究仍然有很多问题需要科学家们深入探索。

第三节　圆斑星鲽精子冷冻保存

圆斑星鲽（*Verasper variegatus*）属于鲽形目（Pleuronectiformes）、鲽科（Pleuronectidae）、星鲽属（*Verasper*），主要分布于我国的东海和黄渤海、日本中部以南以及韩国西南部的沿海海域，是一种经济价值高、极具开发潜力的海水鱼类，有"春花秋鳎"之美誉，"花"即指花斑宝——圆斑星鲽。在我国北方虽然分布区域较广，但在自然环境中种群数量较少、资源量低。我国沿海养殖公司近年来开始收集和驯化圆斑星鲽，并进行了人工繁殖育苗的尝试，但由于对这一鱼类生物学特性的研究较少，在实践中缺乏系统的技术和理论的指导，使这一优良鱼种人工繁殖育苗始终未有质的突破。

精子冷冻保存技术作为长期保存物种遗传物质的一条有效途径，在大菱鲆（Chen et al.，2004）、鲈（Ji et al.，2004）、大西洋牙鲆（田永胜等，2006）等鱼类的精子冷冻保存上已取得了成功。在近年的人工养殖中发现圆斑星鲽的雄鱼早于雌鱼成熟近 1 个月，为了解决雌雄鱼成熟不同步问题，提高人工繁殖受精率和孵化率，本节对圆斑星鲽的精子冷冻保存、激活条件及授精技术进行了研究，形成了圆斑星鲽精子冷冻保存和应用技术。

一、精子采集及精子稀释液配制和筛选

利用人工培育至成熟期的圆斑星鲽雄性鱼类 11 尾，人工挤压腹部采集精子，为防止精液被海水及尿液污染，采用一次性的 10mL 注射器吸取精液，多尾鱼精子混合后，取少量精液利用 16℃海水激活，在显微镜下观察精子的活力，记录精子的成活率、快速运动时间和存活时间。精子成活率为运动精子占全部精子的百分数；快速运动时间为精子激活至 70% 精子变为慢速曲线运动或摆动所用的时间；精子存活时间为 95% 以上精子停止运动所用的时间。

利用葡萄糖、蔗糖、NaCl、KCl、NaHCO$_3$、CaCl$_2$ · 2H$_2$O、MgCl$_2$ · 6H$_2$O、NaH$_2$PO$_4$、NaHCO$_3$、KHCO$_3$、MgSO$_4$ · 7H$_2$O、小牛血清、Tris 配制以下精子稀释液（表 2-3-1）。

表 2-3-1　精子稀释液配方

稀释液成分（g/L）	TS-2	MPRS	ASW
葡萄糖		11.01	
蔗糖	37.65		
NaCl		3.53	24.72
KCl		0.39	0.67
CaCl$_2$ · 2H$_2$O		0.17	1.36
NaH$_2$PO$_4$		0.22	
MgCl$_2$ · 6H$_2$O		0.23	4.66
NaHCO$_3$		0.25	0.18
KHCO$_3$	10.01		
MgSO$_4$ · 7H$_2$O			6.29

（续）

稀释液成分（g/L）	TS-2	MPRS	ASW
小牛血清（%）	10		
Tris	1.21		
来源	Chen et al.，2004	Ji et al.，2004	Zhang et al.，2003

同时分别利用 TS-2 (Chen et al.，2004)、MPRS (Ji et al.，2004)、人工海水（ASW）(Zhang et al.，2003) 三种稀释液加入 20%DMSO 配制成冷冻保存液，将精液和稀释液以 1∶2 比例加入 1.8mL 的冷冻保存管，采用三步法冷冻保存 (Chen et al.，2004)；在液氮中冷冻保存 24h 后，用 37℃水浴解冻，在室温 14.5℃下，用 16℃海水激活，在显微镜下观察精子成活率，并用秒表记录快速运动时间和存活时间。

利用 TS-2、MPRS、ASW 三种稀释液配制的冷冻保存剂冷冻保存圆斑星鲽精子，解冻后精子活力分别为（71.25±6.29）%、（53.33±5.77）%、（11.67±7.64）%；精子的快速运动时间分别为（109.67±18.23）s、（87.33±2.51）s、（53.33±49.57）s；冷冻后精子的寿命分别为（456±104.17）s、（476.33±33.84）s、（260.67±200.00）s；不经冷冻的新鲜精液的精子活力、快速运动时间和寿命分别为（78.33±7.64）%、（101±29.82）s、（455.33±120.27）s。利用 TS-2、MPRS 冷冻保存精子的活力、快速运动时间和寿命与未冷冻精子相比较无显著性差异（$P>0.05$），利用 ASW 冷冻保存精子与未冷冻精子和其他两种稀释液冷冻保存的精子相比较，在活力、快速运动时间和寿命三个指标上都较低，具有显著性差异（$P<0.05$）。三种稀释液相比较，TS-2 冷冻保存的效果最好（图 2-3-1）。

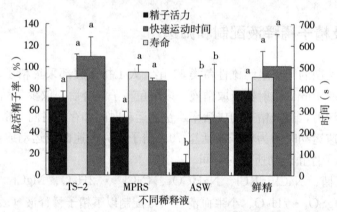

图 2-3-1 不同稀释液冷冻保存圆斑星鲽精子结果（$n=3$）
注：方差分析结果在图中用 a、b、c 表示，在相同系列中字母相同表示无显著性差异（$P>0.05$），字母不同表示有显著性差异（$P<0.05$）。

Chen 等（2004）对大菱鲆（*Scophthalmus maximus*）精子进行了冷冻保存研究，认为采用 TS-2 冷冻精子在解冻后的活力高于 D-15 和 MPRS 稀释液，最有效的冷冻保护剂是 10% 的 DMSO。Ji 等（2004）对鲈（*Lateolabrax japonicaus*）精子进行了冷冻保存研究，认为采用 MPRS 的冷冻精子在解冻后的活力高于用 D-15 和 MMM 稀释液，用 MPRS 测定最有效的冷冻保护剂为 10% 的 DMSO。Zhang 等（2003）利用人工配制的海水（ASW）作为稀释液，分别加入 12% 的 DMSO、甘油和甲醇冷冻保存了牙鲆精液，甘油显示出较好的效果。

二、不同抗冻剂的筛选

利用精子稀释液 TS-2 分别与二甲基亚砜（DMSO）、1,2-丙二醇（PG）、乙二醇（EG）、甘油（Gly）、甲醇（MeOH）、二甲基甲酰胺（DMF）6 种抗冻剂配制成 20% 的冷冻稀释液，将圆斑星鲽的精液以 1：2 的比例与冷冻稀释液混合，加入 2mL 冷冻管，每管加入 1.5mL，立即用三步法冷冻保存。保存 24h 后，用 37℃ 水浴解冻，在室温 14.5℃ 下用 16℃ 海水激活精子，在显微镜下观察记录精子的成活率，同时用秒表记录精子快速运动时间和存活时间。

利用 DMSO、PG、EG、Gly、MeOH、DMF 这 6 种抗冻剂冷冻保存精子活力为（63.33±11.54）% 的圆斑星鲽精子，解冻后精子的活力分别为（46.67±11.55）%、（43.33±11.55）%、（0.33±0.29）%、（2.67±2.08）%、（0.07±0.12）%、0；DMSO 和 PG 两种抗冻剂保存精子的成活率较高，与鲜精无显著性差异（$P > 0.05$），EG、Gly、MeOH 和 DMF 四种抗冻剂的保存成活率相当低，与鲜精有显著性差异（$P < 0.05$）（图 2-3-2）。

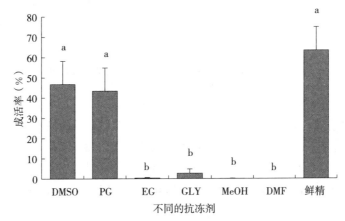

图 2-3-2　不同抗冻剂冷冻保存圆斑星鲽精子的结果（$n = 3$）
注：方差分析结果在图中用 a、b、c 表示，在相同系列中字母相同表示无显著性差异（$P > 0.05$），字母不同表示有显著性差异（$P < 0.05$）。

在鱼类精子和胚胎的冷冻保存中，经常使用的渗透性抗冻剂有 DMSO、PG、EG、Gly、MeOH、DMF 等，在海水鱼类牙鲆胚胎冷冻保存研究中，Chen 和 Tian（2005）对以上六种抗冻剂相对于牙鲆胚胎的毒性进行了研究，发现 PG 和 MeOH 的毒性较低。Ji 等（2004）分别利用 6%、10%、14% 的 DMSO、DMF、Gly 和 MeOH 对鲈精子冷冻保存研究，发现 10% DMSO 冷冻保存并解冻后精子活力最高，达到 68.3%。Kopeika 等（2000）利用 14.4%～24.0% 的 DMSO 和 9.6%～20.0% 卵黄冷冻保存大西洋鲟（*Acipenser sturio*）的精子，精子解冻后的活力为 10%～15%，而天然精子冷冻前的活动性为 50%。本文对以上六种抗冻剂对于圆斑星鲽精子的冷冻保存效果进行比较，13.33% 的 DMSO 和 PG 显示了较好冷冻保存效果，活力为 63.33% 的鲜精经这两种抗冻剂冷冻解冻后精子的活力分别可以达到 46.67% 和 43.33%；其他几种抗冻剂冷冻保存精子的活力都低于 2.67%，不适合用于圆斑星鲽精子的冷冻保存。

三、不同盐度对冷冻精子激活时间和活力的影响

利用海水晒制的粗盐配制盐度分别为 20、25、30、35 和 40 的人工海水，将冷冻保存的星鲽精子解冻后，分别用以上人工海水激活，同时在显微镜下观察精子的活力，记录精子在不同盐度海水中激活所需时间和快速运动时间。

结果见图 2-3-3，显示了不同盐度海水激活冷冻精子所需的时间。盐度为 20、25、30、35、40 的人工海水激活圆斑星鲽冷冻解冻后精子所需时间分别为（13.5±1.29）s、（8.75±1.71）s、（9.00±1.10）s、（8.50±0.71）s、（8.00±1.00）s；可见盐度为 20 的海水激活冷冻解冻后精子所需的时间最长，与 25～40 的海水有显著性差异（$P < 0.05$），25～40 的海水激活冷冻精子时间在 8.00～9.00s，无显著性差异（$P > 0.05$）。

图 2-3-4 显示了不同盐度的海水激活冷冻解冻后精子对其活力的影响。利用盐度为 30 的人工

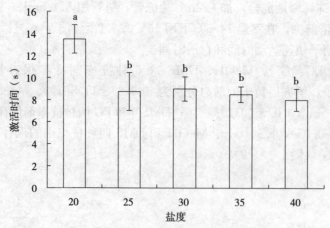

图 2-3-3　不同盐度海水激活圆斑星鲽冷冻精子时间

注：方差分析结果在图中用 a、b、c 表示，在相同系列中字母相同表
示无显著性差异（$P>0.05$），字母不同表示有显著性差异（$P<0.05$）。

海水激活圆斑星鲽新鲜精液，精子活力可达（53.33±5.77）%；利用盐度分别为 20、25、30、35、40 的人工海水激活冷冻解冻后的精子，其活力分别为（12.33±10.52）%、（21.6±18.24）%、（48.33±11.69）%、（25.00±14.14）%、（9.00±8.04）%；可见盐度为 30 的海水激活冷冻解冻精子的活力最高，与新鲜精子活力无显著差异（$P>0.05$）。在以上盐度范围内，冷冻精子活力的变化显一山峰型。

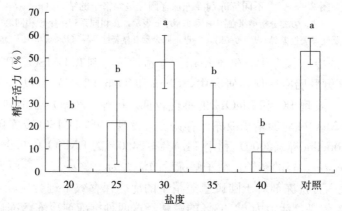

图 2-3-4　不同盐度海水激活圆斑星鲽冷冻精子的活力

注：方差分析结果在图中用 a、b、c 表示，在相同系列中字母相同表
示无显著性差异（$P>0.05$），字母不同表示有显著性差异（$P<0.05$）。

不同鱼类精子有不同激活和抑制机制，黄鳍鲷、平鲷、黑鲷和真鲷精子激活的最适盐度分别为 21、22、25、25，激活最适 pH 分别为 7.8、8.0、8.0、>8.0；后三种鲷激活所需最适温度分别为 20.2、20.6、18.8℃；上述 4 种鲷科鱼类的精子激活所需的盐度、pH 和温度条件与其生态习性密切相关（江世贵等，2000）。广东鲂精子在盐度为 3 时具有较长的快速运动时间和寿命，盐度达到 9 时精子失去活力（潘德博等，1999）。盐度对大黄鱼精子活力影响较大，当海水盐度适宜（19.61～24.87）时，精子的激活率≥90%，活动时间≥9.65min，寿命≥13.50min（朱冬发等，2005）。本节利用 DMSO 冷冻保存圆斑星鲽的精子，分别利用盐度 20～40 的人工海水激活冷冻解冻后的精子，盐度为 30 的人工海水激活精子的活力最高，与鲜精没有显著性差异，这一点与圆斑星鲽生活水域的盐度相适应。盐度为 20 的人工海水激活精子需要更长的时间，在自然环境中这一盐度会延误圆斑星鲽产出卵子的受精。结果显示圆斑星鲽冷冻精子适合在盐度为 30 的海水中受精。

四、不同温度海水对冷冻精子激活的影响

用 TS-2 与 20%DMSO 配制冷冻保存液，用以上方法冷冻保存星鲽的精子，24h 后在 37℃水浴中解冻，分别利用 2～40℃、盐度为 30 的海水激活，同时观察精子进入海水后所需的激活时间和活力，记录一个视野中快速运动精子占全部精子的百分数；海水温度每升高 2℃作为 1 个温度级别，每一温度级别观察记录 3～6 次。

图 2-3-5 显示不同温度海水激活冷冻精子所需的时间和活力。分别利用 2、4、6、8、10、12、14、16、18、20、22、24、26、28、30、32、34、36、38、40℃海水激活冷冻解冻后的圆斑星鲽精子，其活力分别为 30.0%、（33.33±5.77）%、（41.67±2.89）%、（55.0±8.66）%、65.0%、（63.83±4.49）%、（68.33±9.83）%、（70.0±6.32）%、（75.83±4.91）%、（63.33±8.16）%、（46.67±10.33）%、（40.0±10.0）%、（41.67±2.89）%、（31.67±2.89）%、（26.67±2.89）%、（32.0±10.95）%、（33.33±5.77）%、（28.0±4.47）%、（21.67±2.89）%、（20.0±4.08）%；在 2～40℃范围冷冻精子激活后活力变化具有一定的规律性，表现为一山峰型，18℃海水激活精子活力最高（$P<0.05$），2～18℃随着温度的升高精子活力逐渐升高，18～40℃随着温度的升高精子活力逐渐降低，10～20℃海水激活精子活力为 63.33%～75.33%，与 8℃以下和 22℃以上海水激活精子活力有显著性差异（$P<0.05$），该温度范围激活精子活力在 55%以下，低温 2℃激活精子活力较高温 40℃激活精子活力高。利用 2～40℃海水激活精子所需最短时间为（9.67±0.58）s，所需最长时间为（14.16±3.19）s，平均（12.05±0.85）s，在该温度范围内圆斑星鲽冷冻精子激活时间没有明显的规律性变化。

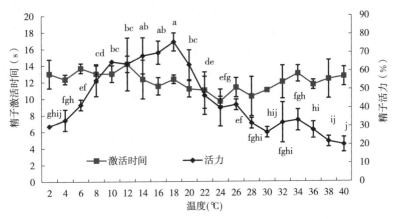

图 2-3-5　不同温度海水激活圆斑星鲽冷冻精子的时间和活力（$n=3$）

注：方差分析结果在图中用 a，b，c 表示，在相同系列中字母相同表示无显著性差异（$P>0.05$），字母不同表示有显著性差异（$P<0.05$）。

外界因子对鱼类精子活力的影响是通过 cAMP-ATP-Mg^{2+} 系统来影响鞭毛的活动而实现的（Stoss，1983），高温促进精子的运动，低温抑制精子的运动（李加儿等，1996），低温使精子消耗的 ATP 减少，因此低温下精子活动的时间延长（Billard et al.，1992）。本文对 2～40℃海水激活精子活力进行研究，结果显示，圆斑星鲽冷冻解冻后精子活力与激活温度具有密切的关系，适宜激活水温为 10～20℃，但在 18℃水温激活精子的活力最高，这一点与目前生产中圆斑星鲽亲鱼在 14℃水温培养和繁殖不一致，有待于进一步研究。在 2～40℃范围内温度对精子的激活时间没有显著性影响，可见精子的激活主要与环境中影响渗透压的离子有关。

五、冷冻精子和鲜精受精率、孵化率比较

利用冷冻保存 2 个月的圆斑星鲽冷冻精子 1.5mL（相当于未稀释精液 0.5mL）与 70mL 新鲜圆斑

星鲽卵授精，同时采集圆斑星鲽新鲜精液0.5mL与同样体积的新鲜卵授精，将受精后卵同时放在12℃海水中培育，培养24h后统计其受精率（受精率为发育至囊胚期卵数量占全部受精卵的百分数）；培养至出膜前期统计孵化率（孵化率为发育至出膜前期卵占全部受精卵的百分数）。

结果如图2-3-6所示，圆斑星鲽新鲜精子和冷冻精子分别与同种鲜卵授精，受精率分别为(34.52±10.92)%、(40.86±20.15)%；孵化率分别为(26.83±11.27)%、(23.53±11.80)%，无显著性差异（$P>0.05$）。证明用此法冷冻保存圆斑星鲽精子可应用于生产实践。

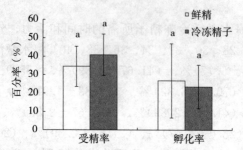

图2-3-6 圆斑星鲽鲜精和冷冻精子受精率和孵化率

注：方差分析结果在图中用a、b、c表示，在相同系列中字母相同表示
无显著性差异（$P>0.05$），字母不同表示有显著性差异（$P<0.05$）。

第四节 星斑川鲽精子冷冻保存

鱼类精液超低温冷冻保存在水产养殖、遗传育种及种质资源保护中具有重要意义。在超低温（-196℃）状态下，精子运动和代谢活动完全停止，精子处于假死状态，但其结构完整，生命以静止状态保存下来（张轩杰，1987），从而使精子在长期保存过程中不发生生理变化，以此实现种质长期保存、长途运输、鱼类杂交、优良性状的选育及基因多样性保护（Gwo et al.，1999；Tiersch et al.，2000），特别是对濒危、珍稀鱼类种质资源能够发挥有效的保护作用。目前，有文字记载的超低温冷冻保存鱼类精子种类已有200余种（Tiersch et al.，2000）。

星斑川鲽（*Platichthys stellatus*）隶属鲽形目（Pleuronectiformes）、鲽科（Pleuronectidae）、川鲽属（*Platichthys*），又称星突江鲽。世界上川鲽属仅有2种，另一种是分布于欧洲沿岸的欧川鲽（*Platichthys flesus*）。星斑川鲽分布广泛，分布海域北至白令海峡、楚科奇海、阿拉斯加和加拿大北部沿海，南至北美和南加利福尼亚（马爱军等，2006）；分布国家主要有加拿大、美国、俄罗斯、中国、朝鲜、韩国和日本等（王波等，2006）。20世纪80年代以前，在黑龙江绥芬河和图们江河口区沿海区域以及江苏中部以北的黄海中北部海域曾发现过，但近几年国内已经很少见星斑川鲽的自然种群，现已成为珍稀品种。

目前，国内外关于星斑川鲽的研究报道还比较少，主要集中在生物学地位、生态分布以及种群资源量（Policansky and Siesweroda，1979）等方面。一些学者利用同工酶分析了星斑川鲽的种群遗传结构以及其生理、生化特征（Borsa et al.，1997；Foster，1976）。徐东东等（2008）对星斑川鲽染色体核型进行的分析，为我国星斑川鲽健康养殖、杂交育种和雌核发育研究奠定了基础，并为我国鲆鲽鱼类种质资源和系统演化研究提供了参数。中国水产科学研究院黄海水产研究所在我国首先开展了星斑川鲽驯化、亲鱼培育和后续的苗种培育研究工作，在驯化及亲鱼培育方面取得了阶段性的成果，并在苗种培育研究探索中，获得了批量苗种繁殖的成功，为其规模化繁殖和养殖奠定了基础，为我国海洋鱼类养殖品种多样性和珍稀鱼类繁育提供了保证（马爱军等，2006）。随着人工育苗和鱼类遗传育种研究工作的发展，鱼类精液冷冻保存技术研究已引起人们极大关注。精液超低温冷冻保存技术始于20世纪50年代，到目前已取得很大成就。在国外，精子冷冻保存技术研究主要集中在冷水性鱼类和某些海水鱼类上，而国内主要是以四大家鱼和一些淡水鱼类居多，只有少数学者研究某些海水鱼类的精子冷冻保存（于海洋等，2004）。

我国在海水鲆鲽类精液冷冻保存技术方面的研究主要涉及种类有圆斑星鲽（*Verasper variegatus*）（Tian et al.，2008）、条斑星鲽（*Verasper moseri*）、漠斑牙鲆（*Paralichthys lethostigma*）、大西洋牙鲆（*Paralichthys dentatus*）、大菱鲆（*Scophthalmus maximus*）（Chen et al.，2004）、牙鲆（*Paralichthys olivaceus*）（Zhang et al.，2003）、半滑舌鳎（*Cynoglossus semilaevis*）（田永胜等，2009）、石鲽（*Kareius bicoloratus*）（季相山等，2005）等，但是星斑川鲽作为本土自然优良品种，亲鱼种质稳定，是国内近年来开发养殖的新品种，但产精液少，限制了其在人工繁殖和杂交育种中的扩大生产。因此，本文对星斑川鲽精子稀释液、稀释液渗透压、激活海水温度、冷冻精液稀释比例等进行筛选，并对冷冻精子的运动生理等各项参数进行研究，为星斑川鲽精子冷冻保存、种质库的建立和应用提供理论和技术依据。

一、精子稀释液和冷冻保存液的配制

利用腹部挤压法采集精液，在吸取精液前，用毛巾或纸巾将雄鱼泄殖孔及腹部周围的水分擦干，用 2mL 塑料吸管吸取乳白色精液，注意不要吸取排出的黄色尿液，避免将精子激活。将采集的精液分别注入 2mL 的冷冻管中。选取成熟的雌鱼利用人工挤压腹部法采集未受精卵，将未受精卵收集在 1 000mL 的烧杯中。将精子和未受精卵带回实验室进行冷冻保存和受精实验。

利用蔗糖、葡萄糖、NaCl、NaHCO₃、KCl、KHCO₃、CaCl₂ · 2H₂O、NaH₂PO₄、MgCl₂ · 6H₂O、MgSO₄ · 7H₂O、小牛血清（FBS）及 Tris 碱溶解在蒸馏水中，配制精子稀释液 TS-2、MPRS、TS-19（Chen et al.，2007）、CS1（Tian et al.，2013）、Ringer's（Rana and McAndrew，1989）、SFs-1～6 和 D1-5（表 2 - 4 - 1）。

表 2 - 4 - 1　实验用精子稀释液配方

稀释液	蔗糖 (g/L)	葡萄糖 (g/L)	NaCl (g/L)	NaHCO₃ (g/L)	KCl (g/L)	KHCO₃ (g/L)	Tris (g/L)	CaCl₂ · 2H₂O (g/L)	NaH₂PO₄ (g/L)	MgCl₂ · 6H₂O (g/L)	MgSO₄ · 7H₂O (g/L)	渗透压 (Pa)
TS-2	37.65					10.01	1.21					319.94
MPRS		11.01	3.53	0.25	0.39			0.17	0.22	0.23		202.00
Ringer's			6.5	0.2	0.14			0.12	0.01			233.33
ASW			24.72	0.18	0.67			1.36		4.66	6.29	960.00
CS1			7.5	0.2	0.2			0.2	0.01			316.66
TS-19	17.1	6.48	4.56	2.1		3.5	2.42					414.00
SFs-1		30				10.01	1.21					376.62
SFs-2		40				10.01	1.21					432.17
SFs-3		50				10.01	1.21					487.73
SFs-4		60				10.01	1.21					542.28
SFs-5		80				10.01	1.21					654.39
SFs-6		100				10.01	1.21					765.51
D1	18.81					10.01	1.21					264.90
D2	25.00					10.01	1.21					282.99
D3	50.00					10.01	1.21					356.02
D4	37.65					10.01	2.42					364.99
D5	60.00					10.01	1.21					385.23

二、精子稀释液的筛选

首先利用 TS-2、MPRS、Ringer's、ASW、CS1 和 TS-19 6 种稀释液分别配制终浓度为 20%二甲基亚砜（dimethyl sulfoxide，DMSO）冷冻保存液。将 0.2mL 星斑川鲽精液加入 2mL 冷冻管中，再加入以上冷冻保存液 0.2mL，以 1∶1 比例稀释精液，平衡 1～2min 后，将其装入小布袋中，按程序将其投入液氮罐内。冷冻程序分为三步：首先将装有冷冻管的小布袋置于液面以上 10cm（约-80℃）处平衡 10min，之后在液面以上 5cm（-160～-100℃）处平衡 5min，最后投入液氮中。解冻前将精子冷冻管从液氮中取出，在液氮蒸汽中平衡 1min，然后在 37℃水浴中摇动解冻。精子活力观察：室温下（9～12℃），用牙签蘸取少许解冻精液涂抹在载玻片上，滴 1～2 滴（100～200μL）海水激活后，立即在显微镜下（200×）观察精子活力。精子活力为视野中运动精子占全部精子的百分数。

为了筛选出最佳的稀释液，再在 TS-2 基础上，对其成分进行调整，用葡萄糖代替蔗糖，配制了 SFs-1～6 系列稀释液，即 SFs-1、SFs-2、SFs-3、SFs-4、SFs-5 和 SFs-6，其葡萄糖浓度依次为 30、40、50、60、80 和 100g/L。同样，用以上 6 种稀释液配制终浓度为 20%DMSO 冷冻保存液，同样用以上方法冷冻、解冻和观察精子运动。筛选出冷冻后精子活力高、寿命长的稀释液配方。

分别利用 TS-2、MPRS、Ringer's、ASW、CS1 和 TS-19 配 20%DMSO 作为冷冻保存液，冷冻保存星斑川鲽精子。解冻激活后镜下观察精子活力依次为（56.67±5.78）%、（36.67±11.55）%、（43.33±5.78）%、（1.33±1.15）%、（11.67±2.89）%和（4.00±1.73）%。利用 TS-2 冷冻保存的效果显著高于其他几种稀释液（$P<0.05$），而对照组鲜精活力为（66.67±5.77）%，与鲜精相比无显著性差异（$P>0.05$）（图 2-4-1）。

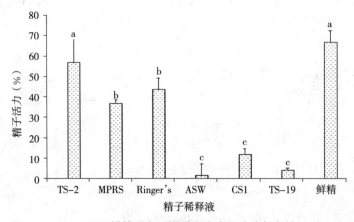

图 2-4-1　星斑川鲽精子在不同稀释液中的冷冻保存效果（$n=3$）
注：不同小写字母表示不同稀释液在精子活力上存在显著差异（$P<0.05$）。

再利用 SFs-1～6 系列稀释液 SFs-1、SFs-2、SFs-3、SFs-4、SFs-5 和 SFs-6 分别冷冻保存星斑川鲽精子。结果显示，利用 SFs-4 冷冻保存的精子解冻后精子活力达到（66.67±5.77）%，显著高于其他几种稀释液（$P<0.05$），但较低于对照组鲜精活力 80.00%（$P<0.05$），而其他几种稀释液激活后精子活力与鲜精相比，差异极显著（$P<0.05$）（图 2-4-2）。

利用计算机辅助精液分析系统（CASA）对用 TS-2 和 SFs-4 保存解冻后精子的各项运动参数进行测定。结果显示，用两者保存解冻后的精子各项运动参数都比较高，且用 SFs-4 保存后精子运动参数均高于 TS-2，但方差分析显示，两者不存在显著性差异（$P>0.05$）（表 2-4-2）。

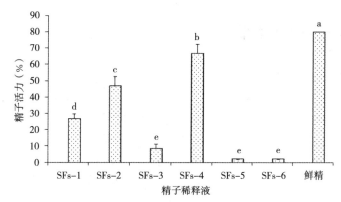

图 2-4-2　星斑川鲽精子在 SFs 系列稀释液中的冷冻保存效果（$n=3$）

注：不同小写字母表示不同稀释液在精子活力上存在显著差异（$P<0.05$）。

表 2-4-2　用 TS-2 和 SFs-4 保存解冻后精子各项运动参数

参数	TS-2	SFs-4
曲线运动速率 VCL（$\mu m/s$）	45.06 ± 13.63^a	59.60 ± 39.80^a
直线运动速率 VSL（$\mu m/s$）	30.31 ± 11.77^a	46.49 ± 39.19^a
平均鞭打频率 BCF（Hz）	21.05 ± 6.59^a	28.49 ± 19.84^a
运动的直线性 LIN（%）	66.42 ± 7.43^a	71.73 ± 14.64^a
运动的前向性 STR（%）	71.13 ± 6.80^a	75.76 ± 13.14^a

注：相同小写字母表示不同稀释液在相同精子运动参数上不存在显著差异（$P>0.05$）。

三、不同渗透压蔗糖溶液对精子活力的影响

利用蔗糖、$KHCO_3$ 和 Tris 碱 3 种成分配制 D1~5 五种不同渗透压（260~400Pa）蔗糖稀释液，其渗透压依次为 264.90、282.99、319.94、356.02、364.99 和 385.23 Pa。然后，利用这 5 种稀释液分别配制终浓度为 20% DMSO 冷冻保存液，利用上述方法冷冻、解冻和观察精子运动，检测不同渗透压蔗糖溶液对精子活力的影响。

利用 260~400 Pa 不同渗透压蔗糖稀释液冷冻保存星斑川鲽精子。结果显示，在 319.94 Pa 蔗糖稀释液中，精子活力最高，为（61.67±5.00）%，与鲜精相比存在显著性差异（$P<0.05$）。在高于或低于 319.94Pa 蔗糖稀释液中，越接近 319.94Pa，精子活力均呈现下降趋势，与鲜精差异显著（$P<0.05$）（图 2-4-3）。

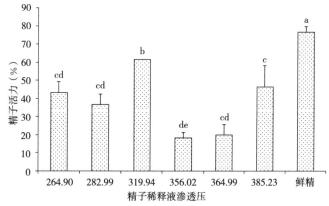

图 2-4-3　不同渗透压对精子活力的影响（$n=3$）

注：不同小写字母表示不同渗透压在精子活力上存在显著差异（$P<0.05$）。

四、激活精子的海水温度筛选

将激活用海水温度设计为 3、5、8、12、16 和 18℃ 6 个梯度，解冻后的精液分别用不同温度海水激活，用牙签蘸取少许解冻精液涂抹在载玻片上，分别滴加 3～18℃海水 100μL（室温 9～12℃），在显微镜下（200×）观察精子活力，筛选激活精子的最适海水温度。

室温 9～12℃下，利用 3、5、8、12、16 和 18℃ 6 个不同温度的海水激活冷冻精子。结果显示，在 3～12℃范围内，随着海水温度的升高，精子活力升高，12℃时精子活力最高，达（63.33±5.77）%，与鲜精无显著性差异（P>0.05），但在 12～18℃，随着海水温度的继续升高，精子活力呈现下降趋势，16 和 18℃与鲜精相比存在显著性差异（P<0.05）（图 2-4-4）。

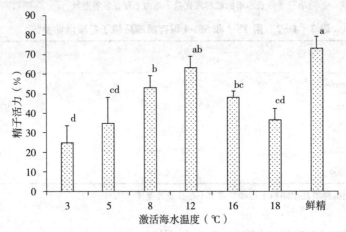

图 2-4-4　不同温度海水对精子活力的影响（n=3）
注：不同小写字母表示不同渗透压在精子活力上存在显著差异（P<0.05）。

五、冷冻精液授精稀释比例的确定

从液氮罐中提取 1 管（1mL）冷冻保存的星斑川鲽精液，在 37℃水浴中解冻，取解冻后精液 0.2mL 分别置于 3 个培养皿中，用海水将其分别稀释 10、20 和 40 倍，即 $V_{冻精}$：$V_{海水}$ 分别为 0.2mL：2mL、0.2mL：4mL 和 0.2mL：8mL，并立即依次将其分别注入 3 个装有 2mL 星斑川鲽卵的烧杯中，并摇动使精卵混合受精，之后再加入自然养殖海水（8℃，盐度 30）。受精后 9h，发育至囊胚期取卵在显微镜下观察统计其受精率。

利用不同稀释比例的冷冻精液与相同数量的星斑川鲽未受精卵进行受精。结果显示，在 10、20 和 40 三种稀释倍数下冷冻精液受精率分别为（49.75±14.47）%、（56.45±4.26）%和（23.54±5.95）%。稀释 20 倍（$V_{冻精}$：$V_{海水}$=0.2mL：4mL）下受精率最高，与稀释 10 倍（$V_{冻精}$：$V_{海水}$=0.2mL：2mL）相比无显著性差异（P>0.05），但与稀释 40 倍（$V_{冻精}$：$V_{海水}$=0.2mL：8mL）相比差异显著（P<0.05）（图 2-4-5）。

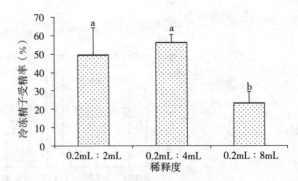

图 2-4-5　不同稀释比例冷冻精液对受精率的影响（n=3）
注：不同小写字母表示冷冻精液在不同稀释度下受精率上存在显著差异（P<0.05）。

六、冷冻精子授精实验

利用以上筛选的最优化方法冷冻保存星斑川鲽精液，采集星斑川鲽未受精卵分别盛于两个 1 000mL 塑料烧杯中，每份 200mL，从液氮罐中提取 2 管（0.4mL）冷冻保存的星斑川鲽精液，在 37℃ 水浴中解冻，将解冻后的精液注入其中一个烧杯中，摇动使精卵混合均匀，并加入 10mL 海水（8℃）使之受精，10min 后再向烧杯中加入海水至 800mL。同时采集 0.4mL 星斑川鲽新鲜精液，注入另一烧杯中，并加入 10mL 海水（8℃），同样，10min 后向其中加海水至 800mL。然后将受精卵分别放入网箱中孵化，水温 8℃。受精后 9h，发育至囊胚期取卵在显微镜下观察统计受精率。

利用冷冻保存的星斑川鲽精液与未受精卵进行授精实验，鲜精作为对照组。结果显示，冷冻精子的受精率和孵化率分别为（43.25±17.39）% 和（34.12±5.26）%，鲜精受精率和孵化率分别为（44.52±6.22）% 和（42.00±2.00）%，冷冻精子受精率和孵化率与鲜精相比均无显著性差异（$P > 0.05$）（图 2-4-6）。

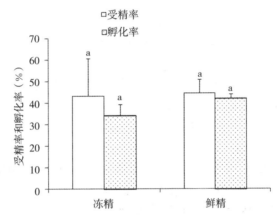

图 2-4-6　星斑川鲽冷冻精子和鲜精的受精率和孵化率比较

注：不同小写字母表示冷冻精液在不同稀释度下受精率上存在显著差异（$P < 0.05$）。

七、相关问题探讨

鱼类精子离体后由于环境不适、营养消耗和代谢产物积累等原因，寿命减短，并很快死亡。适宜的稀释液能为精子提供一个适合的生理环境，延长其在体外的存活时间，并防止精子被激活。因此，在鱼类精子冷冻保存中稀释液的选用至关重要（季相山等，2005）。一些研究者通过配制适宜的稀释液来延长精子在体外的成活时间，Chao 等（1986）和 Ritar and Camptet（2000）通过模拟鱼类体液来提高精子冷冻保存的成活率，根据精浆的成分和渗透压，以生理盐、营养液等配制各种稀释液来稀释和保存离体的精液。

本研究首先将 TS-2（Chen et al.，2004）、MPRS（Ji et al.，2004）、Ringer's（Rana and McAndrew，1989）、ASW（Zhang et al.，2003）、CS1（Kurokura et al.，1984）和 TS-19（赵燕等，2006）作为初步筛选的星斑川鲽精子冷冻保存稀释液展开实验，结果显示除了 TS-2 外，其他几种稀释液冷冻保存的精子活力都较低，无法应用于生产实践。本研究利用葡萄糖、蔗糖、$KHCO_3$ 和 Tris 碱配制的 TS-2 和 SFs-4 两种稀释液能很好地对星斑川鲽精子进行冷冻保存，冷冻保存后精子活力分别达到（56.67±5.78）% 和（66.67±5.77）%，虽然利用这两种稀释液在对精子进行冷冻保存前，有部分精子被激活但并不影响其后的授精效果。

计算机辅助精子分析系统（CASA）是建立在显微摄像基础上的计算机精子运动图像处理的自动分

析系统，此系统能够清晰地分辨出精子和非精子颗粒物质，提高检测准确率，其重复性和一致性均优于人工检测，并能够快速准确地测定精子的密度、存活率、活力等运动参数，重复性好，可比性强，敏感性高，还可以提供描述精子运动状态的各种参数（李燕子，2006；徐莉春等，2000），避免传统的显微观察分析方法因检测者的个人主观因素造成检测结果的误差。本研究利用计算机辅助精子分析系统（CASA）对 TS-2 和 SFs-4 两种稀释液冷冻保存精子进行了 5 项运动参数测定。利用 SFs-4 冷冻保存精子的各项运动参数均要高于 TS-2，说明利用 SFs-4 稀释液冷冻保存精子的效果优于 TS-2，但两者都能用于星斑川鲽精子冷冻保存。

在鱼类的人工授精和繁殖过程中精子质量至关重要。精子活力是决定精子受精能力的关键性因素，同时也是判断精子质量的重要指标之一（林丹军等，2006）。而离体后的精子又极易受到外界环境中渗透压和温度的影响。本研究中，星斑川鲽冷冻精子在 260～400 Pa 的蔗糖稀释液中，精子活力范围为 $(18.33\pm2.89)\%\sim(61.67\pm2.88)\%$，当蔗糖溶液的渗透压达 319.94 Pa（37.65g/L）时，冷冻精子活力最高，为 $(61.67\pm2.88)\%$；在稀释液筛选实验中，我们利用 30～100g/L 葡萄糖配制了不同渗透压的精子稀释液，在葡萄糖溶液渗透压为 654.39～765.51Pa（80～100g/L）时，精子活力极低，为 $(2.00\pm0.00)\%$，在 542.28Pa 葡萄糖（60g/L）稀释液中，冷冻精子活力高达 $(66.67\pm5.77)\%$。这说明星斑川鲽精子对蔗糖和葡萄糖的渗透的适应性是不同的。

在超低温下，糖类能够通过稳定精子质膜而发挥保护作用（Deleeuw et al.，1993；Chen et al.，1993；Abdelhakeam et al.，1991）。糖类的羟基能够与精子膜磷脂的磷酸根结合置换出周围的水分子，从而防止冷冻时由冰晶造成的损伤（Saravia et al.，2005；Crowe et al.，1988）。张树山等（2006）在研究海藻糖、蔗糖和乳糖对猪精液冷冻保护效果的影响中发现，在冷冻保存液中添加 0.035g/mL 海藻糖和蔗糖可以明显提高解冻后猪精子的存活率和活力。Mahaclevan 和 Trounson（1983）在人精子冷冻保存研究中发现，以 7.5% 甘油＋50mmol/L 蔗糖作保护剂效果优于单纯用甘油作冷冻保护剂。牧人等（1997）研究了蔗糖对山羊冷冻-解冻后精子细胞膜功能的保护效果，发现 100mmol/L 蔗糖组精子活力显著高于对照组和 50mmol/L 组（$P<0.05$），认为适宜的蔗糖对山羊精子具有保护作用。本研究在 TS-2 和 SFs-4 中分别添加了 37.65g/L 蔗糖和 60g/L 葡萄糖，在其他成分含量相同的情况下，这两种浓度下的稀释液要比其他几种稀释液的冷冻保存效果要好，与以往糖类在精子冷冻保存研究的报道是一致的（Mahaclevan and Trounson，1983；牧人等，1997）。有学者认为在精子保存液中添加适量葡萄糖和果糖能够提高精子内 6-磷酸葡萄糖和 6-磷酸果糖含量，补偿自身活动过程中所消耗的部分能量，相应提高细胞内 ATP 含量，从而提高精子活力（Ponglowhapan et al.，2004；Rigau et al.，2002）。

大部分硬骨鱼类为体外受精，外界环境中的渗透压、离子浓度、盐度、pH、温度和 CO_2 等一些因子对精子的生物学特性都会产生一定程度的影响（朱冬发等，2005），表现在精子活力、寿命和受精能力等指标的变化。胡一中（2010）认为泥鳅精子活力的最适葡萄糖渗透压为 203.7kPa，在 0～203.7kPa，精子活力随渗透压的增大而上升，大于 203.7kPa 后，其活力随渗透压的增大而下降。本研究在用不同渗透压蔗糖稀释液中发现，在 319.94 Pa 时，冷冻精子的活力最高，在这一拐点的两侧都表现为下降趋势。另外，在 SFs-1～6 系列稀释液中，在 542.28 Pa（60g/L 葡萄糖）时，冷冻精子活力最高，在高于 765.51 Pa 时，冷冻精子几乎没有活力（图 2-4-2）。由此还可以看出，TS-2 和 SFs-4 稀释液的渗透压相差很大，但两者都能很好地起到冷冻保存效果。因此，在讨论精子活力和渗透压关系时不能只单纯考虑渗透压，也要把溶质因素纳入进来，将稀释液的渗透压和溶质进行合理比例的配比，才能够有效地抑制精子活力而不损伤精子（刘鹏等，2007）。

温度对精子所起到的作用主要是通过低温降低精子体内 ATP 的消耗，从而延长精子的运动时间（Billard and Cossonm，1992）。在本研究结果中发现冷冻后的精子用 3～18℃ 的海水均可将其激活。星斑川鲽为冷温性海水养殖鱼类，精子离体后环境温度与体内的温度环境没有显著性差异时精子活力不会受到很大的影响。水温对圆斑星鲽摄食率有很明显的影响，一些研究者认为圆斑星鲽的最适摄食温度为 15～24℃，当水温小于 10℃ 或高于 23℃ 时，圆斑星鲽的摄食均开始降低，6℃ 时几乎不摄食（孙忠之等，2011）。本实验结果显示在 3～12℃ 范围内，精子活力呈现上升趋势，而在 12～18℃ 范围内，精子活力趋于下降。本研究结果说明水温对星斑川鲽精子的生理特性有一定的影响。有学者认为温度能够影响鱼类的生理活动如代谢率（Claireaux and Lagardere，1999；崔奕波等，1995；殷名称等，1995）、蛋白转化（Helena and Aives，1999）、消化酶活性等（陈品建等，1998）；在一定的温度范围内，鱼类的代谢率随着温度的升高而增大，但到某一温度值后其代谢率反而会降低（孙德文等，2003）。本研究结果显示，8～12℃ 是星斑川鲽精子最适激活温度，较低或较高的水温都不利于精子激活。

用适量的海水稀释冷冻精液，目的在于保证精子有充分的机会与卵结合，同时降低残留在精液中的抗冻剂对受精的影响（丁福红，2004）。尽管目前鱼类精液冷冻保存已在淡水鱼类和海水鱼类上取得了较大的成功，但前提是只有当冷冻精液用量足够大时，其受精率才能达到或接近鲜精的水平（陈松林，2002）。本研究利用等量的冷冻精液，用海水对其进行不同比例的稀释，发现稀释 20 倍时受精率较高。研究结果显示对冷冻精液进行适当程度的稀释，一定程度上可降低冷冻精液中抗冻剂浓度，从而提高冷冻精子的受精率；但稀释程度过高，虽然残留的抗冻剂浓度相应降低，但冷冻精子的浓度也会很大程度的降低，这样也会影响受精率。

综上，本研究利用 TS-2＋20% DMSO 和 SFs-4＋20% DMSO 成功地冷冻保存了星斑川鲽精子，为解决星斑川鲽群体中雄性个体产精液量低这一现状提供了有力保证，并为星斑川鲽人工繁殖育苗和杂交育种的开展以及鱼类种质资源长期保存提供了保障。

第五节 异源冷冻精子诱导星斑川鲽雌核发育

星斑川鲽对水温和盐度的变化具有较强的耐受力，广温广盐，抗病力强、易养殖、耐运输，具有极高的经济价值，且繁殖能力强，适宜进行集约化养殖，是继半滑舌鳎、牙鲆和大菱鲆之后具有极高商业开发价值的海水养殖鱼类之一。

星斑川鲽雌雄个体生长差异较大，2～3 龄雌性体重为雄性的 2.48 倍（田永胜等，2016），因此，研究星斑川鲽性别控制技术，繁育全雌性化的苗种对于提高养殖经济效益具有重要的意义，雌核发育是一种控制鱼类性别的有效方法，是建立全雌性后代繁育群体最直接和有效的技术手段。国内外水产学者通过染色体组操作，已经成功获得大菱鲆（苏鹏志等，2008）、褐牙鲆（戈文龙等，2005）、半滑舌鳎（Chen et al.，2008）、条斑星鲽（杨景峰等，2009）、漠斑牙鲆（Luckenbach et al.，2004）等海水养殖经济鱼类的雌核发育鱼苗。目前，国内外有关星斑川鲽的研究主要集中在种群资源量（Policansky et al.，1979）、胚胎发育（王波等，2008）、遗传育种（Borsa et al.，1997；An et al.，2011、2014）等方面。在遗传基础方面，国内外学者利用同工酶和微卫星标记对星斑川鲽野生群体或养殖群体的遗传结构进行了分析（Ortega-Villaizán Romo et al.，2006），对星斑川鲽恒定链 *Ii* 基因的克隆和表达特性（郑风荣等，2016）、染色体核型（郑风荣等，2015）、精子冷冻保存与生理特性（徐冬冬等，2008）、免疫相关组织抗菌活性（姜静等，2014）等进行了研究。在育种方面建立星斑川鲽家系并对后代遗传性状进行分析（田永胜等，2016），对星斑川鲽与圆斑星鲽、条斑星鲽远缘杂交的可能性进行初步探索（王波等，2009）。本研究利用精子冷冻库中保存的鲈精子诱导获得了星斑川鲽雌核发育胚胎，对发育时序和发育生物学特征进行了观察研究，同时对其单倍体、杂交二倍体和普通二倍体的胚胎发育进行了观察比较，以便充分解析星斑川鲽胚胎发育规律，以及异源精子对胚胎发育的影响，为星斑川鲽染色体操作育种、性别控制，以及雌性化育种群体的制备提供理论和技术依据。

一、异源冷冻精子诱导雌核单倍体、二倍体

1. 星斑川鲽亲鱼准备和卵子采集

实验采用的亲鱼 3 龄以上，选取性腺已经开始发育、无病害的个体。在循环水养殖车间养殖，进行生殖调控。每年 3 月当水温达到 12～13℃时，雌鱼性腺开始发育。选取性腺发育较好、性腺从腹部到体后部均有较大程度隆起的雌鱼，对发育迟缓的雌鱼注射促黄体素释放激素类似物（LRH-A2）10μg/kg，48h 后人工挤卵，收集的卵子放在烧杯中等待受精。

2. 异源精子来源

实验用鲈雄鱼养殖在海阳市黄海水产有限公司，鲈的精液为 2015 年冷冻保存，当养殖水温降至 18℃ 时，利用人工挤压腹部法收集雄鱼精液，并用 MPRS 稀释配 20％DMSO 作为精子冷冻保存液（田永胜，2004），冷冻保存鲈精子，冷冻精子贮存在液氮中。

MPRS 稀释液配制：取葡萄糖 11.01g、NaCl 3.53g、$NaHCO_3$ 0.25 g、NaH_2PO_4 0.22 g、KCl 0.39g、$CaCl_2 \cdot 2H_2O$ 0.17g、$MgCl_2 \cdot 6H_2O$ 0.23g 定溶于 1 000mL 蒸馏水中，高温灭菌，待用。

3. 鲈精子灭活及授精

取冻存鲈精子，在 37℃水浴中快速解冻，镜检精子的成活率，达 70％以上的精液方可用于实验。每 200μL 冷冻精子用 1mL 的 MPRS 溶液稀释，平铺于直径为 9cm 的培养皿中，采用 80mJ/cm^2 剂量进行紫外线灭活，经紫外线照射后的灭活精子，立刻倒入盛有新鲜星斑川鲽卵的烧杯中，按每 1mL 精子 100mL 卵比例进行人工授精，摇晃均匀，添加 2 倍体积于受精卵的海水，海水温度 14℃，静置数分钟使其充分受精。

4. 单倍体制备

利用灭活的鲈精子与星斑川鲽卵授精，授精 5min 后将卵盛在 80 目的纱网袋中，利用海水对受精卵进行冲洗，以便除去多余的精液和黏液，洗好卵后，将卵盛在烧杯中静置，分离受精卵和下沉的死卵，将上浮受精卵放在 50cm×50cm×100cm 的网箱中孵化，海水温度保持在 13～14℃，同时利用气石给网箱中微充气，溶氧量保持在 5.0～9.0mg/L，每日利用显微镜进行胚胎发育的观察。

5. 杂交二倍体制备

鲈冷冻精液解冻之后和星斑川鲽的卵以体积比为 1∶100 的比例进行人工干法授精，利用相同方法清洗受精卵，取上浮卵放于网箱中，置于 13～14℃海水中培养，溶氧量保持在 5.0～9.0mg/L，每日利用显微镜进行胚胎发育的观察。

6. 雌核发育二倍体制备

采用静水压法制备雌核发育二倍体：利用灭活的鲈精子与星斑川鲽卵授精，在授精 3min 左右，将受精卵放入清洗干净并有少许海水的静水压仪中，再加入适量海水，盖上塞子后，挤出压力缸中的空气，置于压力机上，在受精 5min 时快速人工加压 60 Pa，维持 10min，采用慢速减压的方法，拧动减压阀进行减压，将卵倒入预先准备好的烧杯中，按照相同的方法进行洗卵，取上浮卵放于网箱中，置于 13～14℃海水中培养，溶氧量保持在 5.0～9.0mg/L，利用显微镜观察胚胎发育情况。

7. 普通二倍体制备

利用星斑川鲽的新鲜精子与星斑川鲽的卵以体积比为 1∶100 的比例进行人工干法授精，授精 5min 后利用相同方法对受精卵进行清洗，除去杂质和死卵作为对照组，同时每日利用显微镜进行胚胎发育的观察。

二、星斑川鲽胚胎观察

分别在胚胎发育到卵裂期、囊胚期、原肠期、神经胚期、胚体形成期、尾芽期、心跳期、出膜前

期、初孵仔鱼期取受精卵置于培养皿中，加几滴海水，在 Olympus 显微镜下连续观察胚胎发育情况，用 Olympus 照相机拍摄胚胎发育特征图片。统计各种胚胎的发育进程、记录胚胎的发育特征。

1. 卵裂期

星斑川鲽单倍体、雌核二倍体、杂交和普通二倍体胚胎的卵裂方式均为局部盘状卵裂，其受精卵都是在受精后 30min 形成胚盘，随后受精卵开始等分裂，经过 2 细胞、4 细胞、8 细胞、16 细胞、32 细胞、64 细胞、128 细胞期（图 2-5-1a~g）的不断分裂，进入多细胞期。在此阶段雌核二倍体胚胎、单倍体胚胎、杂交胚胎与普通胚胎发育形态相似，普通胚胎和单倍体发育速度较快，均为 10h35min，雌核发育胚胎和杂交胚胎发育较慢，分别为 10h40min 和 10h45min，发育速度差异不大（表 2-5-1）。

2. 囊胚期

卵裂期后，胚胎细胞继续分裂、膨胀，细胞球变得越来越小和密集，类似桑椹状，进而细胞团在卵内形成圆饼状隆起，为高囊胚期（图 2-5-1h）。这一时期单倍体胚胎、雌核二倍体胚胎、杂交胚胎和普通二倍体胚胎的形态无明显差异，普通二倍体的发育速度依然较快，雌核发育胚胎较慢，发育时间差为 15min。随着发育的进行，高囊胚期已经无法在显微镜下区分细胞，圆饼状隆起逐渐沿卵黄囊表面向四周扩散和下包，与卵黄囊交界处坡度变得平缓进入低囊胚期（图 2-5-1i，图 2-5-2b，图 2-5-3b）。此期单倍体胚胎、雌核二倍体胚胎、杂交胚胎和普通二倍体胚胎虽然在形态上未见明显区别，但发育速度出现较大差异。从受精后发育到低囊胚期，雌核发育二倍体胚胎需要 16h25min，单倍体胚胎 16h5min，杂交胚胎 16h15min，普通二倍体胚胎 15h55min，低囊胚期各实验组发育速度为普通二倍体胚胎＞单倍体胚胎＞杂交二倍体胚胎＞雌核发育二倍体胚胎。

3. 原肠期

低囊胚期后，胚胎细胞开始沿卵黄表面继续向下扩展，进入原肠期（图 2-5-1j）。随着囊胚层细胞向四周继续下包，出现内、外胚层的分化，在囊胚层边缘形成增厚细胞，呈环状，称为胚环（图 2-5-1k），随着细胞的继续分裂，囊胚层向下扩展，同时在胚环一侧胚层细胞逐渐隆起，在原肠一侧形成舌状的胚体原基，称为胚盾（图 2-5-1m）。胚盘继续下包，在胚盘下包至 3/5 时，胚盾拉长（图 2-5-1n），胚盘继续下包至 4/5 时，形成一圆形胚孔，胚盾开始拉伸，胚体初现（图 2-5-1o，p），此阶段，普通二倍体和雌核发育二倍体胚胎在形态上没有明显差异性，而杂合二倍体和单倍体胚胎的胚环较单薄，杂合二倍体胚层浑浊不清，分散有许多不规则的分裂球（图 2-5-3c）。各组发育速度依次为普通二倍体胚胎＞杂交二倍体胚胎＞单倍体胚胎＞雌核发育二倍体胚胎。

4. 神经胚期

随着胚体的不断伸展，胚盾拉伸变细而长，胚体结构分化，可见中心神经管，形成比较清晰的胚体雏形（图 2-5-1n、o、p），进入神经胚期。神经胚期侧面观察，雌核发育二倍体胚胎和普通二倍体胚胎头部区比尾部宽而厚，胚胎原基似"蝌蚪"状，头突出现，神经胚晚期胚层几乎包被整个卵黄囊（图 2-5-1o），胚孔开始闭合（图 2-5-1p），胚体尾部出现。杂合二倍体胚体雏形非常模糊，多数胚盘下包至 1/2 处时，胚体雏形仍不能准确分辨（图 2-5-3d），胚体组织分散，无法聚拢，出现很多的畸形胚胎（图 2-5-3e）；单倍体胚胎的胚孔可见，但胚体短小弯曲，出现大量畸形。此阶段各组发育速度依次为普通二倍体胚胎＞单倍体胚胎＞杂合二倍体胚胎＞雌核发育二倍体胚胎，发育时间差达到 75min。

5. 胚体形成期

雌核发育胚胎和普通二倍体胚胎均可正常发育至胚胎形成期，头的两侧突出，一对视囊和尾部的原基出现，进入胚体形成早期（图 2-5-1q）。头部器官不断分化，胚孔关闭，视泡和听囊明显，肌节在胚体中间出现，胚体神经索发达，随着胚体的延伸出现色素。胚体继续发育，绕卵黄大约 50%，肌节增至 12~14 对，正常胚胎肌节不断增加且明显，色素增多，胚体粗壮。单倍体胚胎在胚体形成期发生畸形现象，胚体较短小且弯曲（图 2-5-2d），有的胚孔迟迟不能关闭（图 2-5-2c），杂交胚胎胚体模糊、各器官不能正常辨认（图 2-5-3f），在胚体形成期下沉死亡，不能继续发育。各组发育速度依次为普通二倍体胚胎＞雌核发育二倍体胚胎＞单倍体胚胎＞杂合二倍体胚胎，发育时间差达到180min左右。

6. 尾芽期

雌核发育二倍体胚胎和普通二倍体胚胎肌节数量不断增加，尾部出现一球状克氏囊（图2-5-1s），胚胎的尾端逐渐变长，向一侧弯曲，胚体头部结构更加清晰，晶体、耳石出现；随着胚体的继续延伸，胚胎增厚，心脏尚未搏动（图2-5-1s）；身体有点状黑色素分布。与普通二倍体相比，雌核发育胚胎在此阶段形态发育没有明显差异，但出现部分畸形胚胎（图2-5-1r、t），胚胎失去浮力，下沉死亡。单倍体胚体浑浊且已经看不出明显的界限（图2-5-2e），胚体头部、尾部、躯干出现畸形，胚体组织不能完全聚拢，在胚体两侧扩散形成组织膜，并且产生大型的球状组织（图2-5-2f），单倍体胚胎至此停止发育。各组发育速度依次为普通二倍体胚胎＞雌核发育二倍体胚胎＞单倍体胚胎，普通胚胎较雌核发育胚胎快250min。

7. 心跳期

雌核发育二倍体胚胎及普通二倍体胚胎的尾端继续伸长，胚体包卵黄囊大约3/5，心包突起，听囊清晰可见，尾鳍褶开始出现（图2-5-1u）。胚体出现间歇性搐动，随之心脏开始跳动，在心脏前后可见血液流动。部分雌核发育二倍体胚胎出现颜色暗淡、表面模糊甚至胚胎浑浊，胚胎下沉死亡。单倍体组胚胎基本全部下沉死亡。普通胚胎发育速度明显快于雌核发育二倍体，发育速度快285min。

8. 出膜前期

雌核发育和普通二倍体胚胎的胚体继续延伸，尾部接近头部，绕卵黄大约一周，尾鳍褶清晰，分布于尾部两侧，胸鳍褶呈半圆形位于体前部两侧（图2-5-1v），心脏跳动节律性强。与普通二倍体相比，部分雌核发育二倍体个体出现尾上翘、脊柱弯曲。普通二倍体胚胎发育速度较雌核发育二倍体胚胎快250min。

9. 出膜期

雌核发育和普通二倍体胚胎体色透明，尾鳍褶上的色素丛明显，胚体出现间歇性转动。卵膜破裂，胚胎以头部或尾部先出膜（图2-5-1w）。雌核二倍体和普通二倍体出膜期的胚体形态没有明显差异。普通二倍体胚胎孵化时间为100h10min，雌核发育胚胎孵化时间为104h50min，时间差为270min。

10. 初孵仔鱼

初孵仔鱼大部分漂浮在水面，卵黄囊覆盖在上面，尾巴由卷曲开始逐渐伸展，卵黄囊较大，呈椭圆形，从吻端延伸至肛门，约占体长的1/2。大约3min后出现间歇性转动。镜下可见心脏有力地跳动，体液在血管和卵黄囊表面毛细管中流动，眼色素加深。出膜后1d鱼苗，卵黄囊呈鸡蛋形前大后小（图2-5-1x），卵黄囊的后端更平滑，头不再完全深入卵黄囊，尾鳍角质鳍条出现。普通二倍体的仔鱼和雌核二倍体的仔鱼外形没有明显区别。

表2-5-1 星斑川鲽雌核发育、单倍体、杂交胚胎和正常发育胚胎发育时序

胚胎发育时序	雌核二倍体	单倍体	杂交胚胎	普通二倍体
2细胞	1h50min	1h50min	1h55min	1h50min
4细胞	2h25min	2h20min	2h30min	2h25min
8细胞	3h20min	3h15min	3h20min	3h15min
16细胞	4h50mn	4h40min	4h50min	4h45min
32细胞	6h45min	6h40min	6h50min	6h45min
64细胞	8h5min	7h50min	8h5min	7h55mn
128细胞	10h40mn	10h35min	10h45min	10h35min
高囊胚	12h5min	11h52min	11h55min	11h50min
低囊胚	16h25min	16h5min	16h15min	15h55min

（续）

胚胎发育时序	雌核二倍体	单倍体	杂交胚胎	普通二倍体
原肠期	19h20min	18h55min	18h30min	17h50min
神经胚期	27h40min	26h45min	27h10min	26h25min
胚体形成期	43h20min	44h10min	44h20min	41h40min
尾芽期	84h20min	89h50min	—	80h10min
心跳期	90h5min	—	—	85h20min
出膜前期	104h5min	—	—	99h55min
出膜期	104h50min	—	—	100h10min

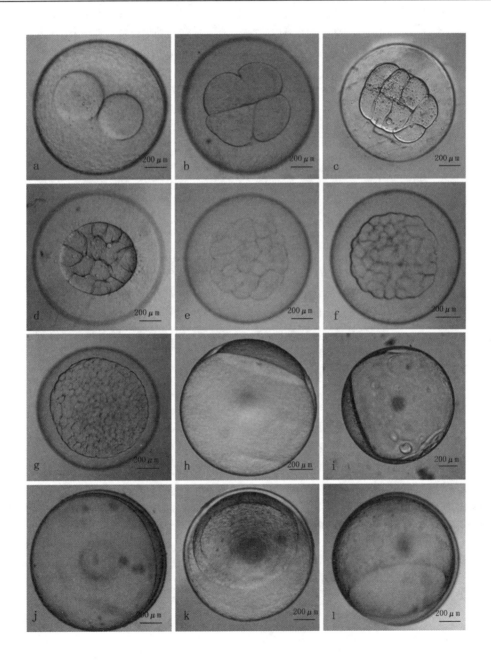

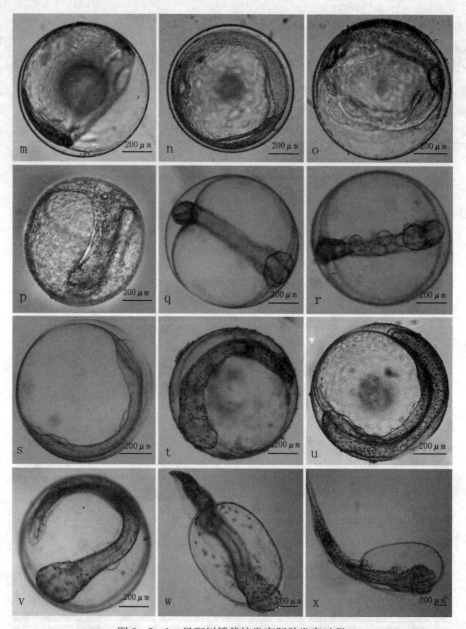

图 2-5-1 星斑川鲽雌核发育胚胎发育过程

a. 2 细胞期　b. 4 细胞期　c. 8 细胞期　d. 16 细胞期　e. 32 细胞期　f. 64 细胞期　g. 128 细胞期　h. 高囊胚期　i. 低囊胚期　j. 原肠期早期　k. 原肠期早期　l. 原肠期中期　m. 原肠期后期　n. 神经胚期早期　o. 神经胚期晚期　p. 胚孔期　q. 胚体形成期　r. 胚体形成期（畸形胚胎）　s. 尾芽期，克氏囊形成　t. 尾芽期（畸形胚胎）　u. 心跳期　v. 出膜前期　w. 出膜期　x. 出膜 1d 仔鱼

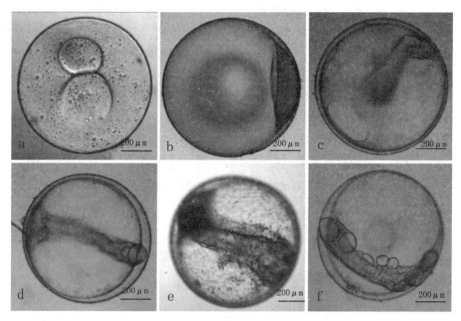

图 2-5-2 星斑川鲽单倍体胚胎发育过程

a. 卵裂期 b. 囊胚期 c. 胚体形成期（畸形胚胎） d. 胚体形成期（畸形胚胎） e. 尾芽期（畸形胚胎） f. 尾芽期（畸形胚胎）

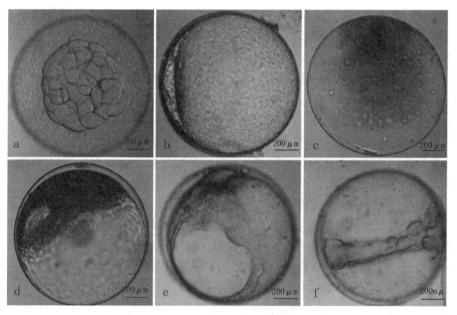

图 2-5-3 星斑川鲽杂交胚胎发育过程

a. 卵裂期 b. 囊胚期 c. 原肠期（畸形胚胎） d. 神经胚期（畸形胚胎） e. 神经胚期（畸形胚胎） f. 胚体形成期（畸形胚胎）

三、受精率、畸形率和孵化率的统计和数据处理

受精率为受精发育至囊胚期数占全部上浮卵的百分数，孵化率为初孵仔鱼数目占受精卵的百分数，畸形率为胚体形成期发育畸形的胚胎占存活胚胎的百分数。数据分析采用 SPSS 软件，进行单因素方差分析，差异显著性水平 $P=0.05$。每个实验组设 3 个重复，每次实验均取 30 粒受精卵进行胚胎发育观察，胚胎的发育时序按 70% 胚胎发育至某期的时间计算。

与很多硬骨鱼胚胎发育类似，星斑川鲽雌核二倍体胚胎、普通二倍体胚胎发育都经历卵裂期、囊胚期、原肠期、神经胚期、胚体形成期、尾芽期、心跳期和出膜期。杂交胚胎发育到胚体形成期全部死亡，没有经历尾芽期、心跳期和出膜期；单倍体胚胎发育到心跳期全部死亡，没有经历出膜期。

从表 2-5-2 可见，单倍体胚胎、杂交二倍体胚胎和雌核发育二倍体胚胎的受精率与普通二倍体胚胎均没有显著差异（$P>0.05$）。单倍体和杂交二倍体的胚体畸形率很高，分别为（81.96±9.17）%，（82.67±9.96）%，与雌核发育胚胎畸形率差异显著（$P<0.05$），普通二倍体胚胎发育的畸形率最低，为（35.11±6.19）%。普通二倍体胚胎孵化率可达到（58.01±5.30）%，雌核发育胚胎的孵化率仅为（0.11±0.01）%，与普通二倍体差异显著（$P<0.05$）。单倍体和杂交二倍体的孵化率均为 0。

表 2-5-2　各试验组受精率、畸形率和孵化率（%）

实验组	受精率	畸形率	孵化率
普通二倍体	94.31±0.51[a]	35.11±6.19[a]	58.01±5.30[a]
单倍体	85.14±1.60[a]	81.96±9.17[c]	0±0[b]
杂交	83.84±2.31[a]	82.67±9.96[c]	0±0[b]
雌核发育	89.77±6.89[a]	53.59±0.36[b]	0.11±0.01[b]

注：同列标注不同字母表示组间差异显著（$P<0.05$），相同字母表示组间差异不显著（$P>0.05$）。

四、相关问题探讨

有关人工诱导海水硬骨鱼类雌核胚胎发育的研究，以及种间杂交二倍体的胚胎发育的研究有很多资料可查（徐加涛等，2011；李珺竹等，2006），但有关海水硬骨鱼类不同倍性胚胎发育比较的研究鲜有报道。星斑川鲽单倍体胚胎发育至低囊胚期开始滞后，与普通二倍体发育不同步，这与大菱鲆（孟振等，2010）、牙鲆（刘海金等，2008）、半滑舌鳎（田永胜等，2008）雌核发育单倍体胚胎发育结果类似。大鳞副泥鳅（*Paramisgurnus dabryanus*）（赵振山等，1999）、泽蛙（*Fejervarya multistriata*）（吴仲庆，1998）雌核发育单倍体胚胎发育速度也慢于普通二倍体。单倍体胚胎低囊胚期后发育速度出现差异，朱作言（1982）研究认为可能是因为卵裂期是胚胎发育的初始阶段，卵裂期胚胎发育是受母本 mRNA 和蛋白质控制，从囊胚期开始的细胞分化和器官分化则由胚胎细胞的基因表达调控，而单倍体胚胎中只含有单套染色体组，不能完全行使胚胎发育过程所需的正常遗传功能，从而导致胚胎发育速度的滞后以及胚胎畸形现象，星斑川鲽单倍体胚胎在原肠期时下包没有规则，胚孔很大，随着胚胎的继续发育，胚盾及后期发育成的胚体短小，包被胚胎的程度不够，所表现出来的畸形症状愈加明显，胚孔闭合的时间很长，肌节不明显，晶体轮廓比较模糊，头部组织难以分辨，形成的胚体躯体粗短、脊柱弯曲畸形严重，头、躯干、尾三者比例失常等表现出典型的单倍体综合征。本实验中单倍体胚胎到达尾芽期时全部死亡。

杂交二倍体胚胎从受精至胚体形成期发育速度一直慢于普通二倍体，这与星斑川鲽远源杂交研究中条斑星鲽与星斑川鲽杂交胚胎、星斑川鲽与圆斑星鲽杂交胚胎发育均慢于星斑川鲽普通二倍体类似。杂交二倍体胚胎在进入囊胚期、原肠期后，发育速度明显慢于普通二倍体，神经胚期大部分卵下沉，胚体形成期全部死亡。可能是由于鲈与星斑川鲽亲缘关系远，孟振（2010）研究中认为，远缘杂交受精后因父母本的远源性无法组装卵子的有丝分裂器导致基因表达调控紊乱，导致胚胎发育速度缓慢，胚体畸形，无法保证胚胎的正常发育，异源精子受精的杂合胚胎不能成活。

雌核发育二倍体与普通二倍体的胚胎发育在外观上没有明显差异，但胚胎发育过程中畸形胚胎比例显著提高。除进入原肠期后发育速度较慢外，发育过程基本相同。雌核发育二倍体到达原肠期19h20min，神经胚期 27h40min，从受精到原肠期和神经胚期，普通二倍体胚胎是 17h50min 和26h25min；雌核发育二倍体出膜时间是 104h50min，普通二倍体出膜时间是 100h10min。与牙鲆雌核发育二倍体胚胎发育慢于普通二倍体的胚胎相似（刘海金等，2008）。分析原因可能是雌核发育胚胎经静水压处理时压力刺激，使细胞内压力改变，从而使部分代谢受其影响，胚胎发育缓慢或完全停止；以及在出膜前期，雌核二倍体由于部分个体表现为脊索弯曲而活动无力，致使出膜期拖得较长。雌核发育胚胎畸形比例高，胚胎孵化率低。推测原因可能是因为静水压力过大或者压力持续时间过长，部分胚胎直接被压死。Johnson（2004）研究认为，其原因可能是压力刺激干扰受精卵细胞表达模式和蛋白质功能，部分胚胎不能按正常途径发育进而影响诱导后胚胎发育和存活。静水压处理对于胚胎发育和器官分化的影响还需要继续研究。

雌核发育技术是鱼类性别控制常用方法，而胚胎的观察是判断育种成功与否的基本方法。本研究通过对雌核发育胚胎、单倍体胚胎、杂交胚胎和普通二倍体胚胎各发育时期的比较观察，成功获得星斑川鲽雌核发育正常二倍体。将冷冻保存的鲈精子应用于星斑川鲽雌核发育诱导，成功制备其雌核发育群体。本研究为星斑川鲽雌核发育探索出一套完整的技术方法，同时为单倍体、杂交胚胎和雌核发育胚胎的发育生物学研究提供了丰富的细胞生物学证据。

第六节　钝吻黄盖鲽精子冷冻保存

钝吻黄盖鲽（*Pseudopleuronectes yokohamae*）隶属鲽形目（Pleuronectiformes）、鲽科（Pleuronectidae）、黄盖鲽属（*Pseudopleuronectes*），为北温带浅海底层鱼类，主要分布在太平洋西北部海岸，包括俄罗斯的鞑靼海峡、日本的北海道南部及朝鲜半岛在内的东海北部海域，在我国主要产于黄、渤海，其中辽宁省长海县和山东省长岛县等地产量较高（张岩等，2007）。由于近年来捕捞过度及环境的改变，洄游范围小，种质资源的数量也在迅速衰减，严重影响了人工繁殖、杂交育种研究及生产活动，所以对其精子进行超低温冷冻保存是非常有必要的。

目前，国内外关于钝吻黄盖鲽的研究大部分是生物学和生态学方面（李思忠，1995；Dou，1995a；Dou，1995b；Tomiyama，2013）。张岩等（2007、2009）对钝吻黄盖鲽的遗传学进行了研究，而且从蛋白质水平上探讨了其遗传结构及遗传多样性，为钝吻黄盖鲽的资源保护提供了理论依据；同时对不同群体的钝吻黄盖鲽进行了形态方面的研究（张岩等，2010），为不同地区种群的区分及渔业资源利用提供了依据。潘婷等（2015）筛选出了钝吻黄盖鲽的微卫星位点，为以后其种群多样性分析、家系鉴别和种质资源的鉴定等提供了有效的工具。也有学者对钝吻黄盖鲽和星斑川鲽进行了杂交育种方面的报道，研究表明星斑川鲽（♂）和钝吻黄盖鲽（♀）可以产生杂交子一代（周江等，2014）。本研究对钝吻黄盖鲽精子稀释液、抗冻剂、激活精子的海水盐度等进行筛选，开展冷冻精子授精实验，并对冷冻精子运动生理参数进行研究，为钝吻黄盖鲽精子冷冻保存技术、人工杂交育种繁殖及种质资源库的建立提供资料。

一、精子采集及精子稀释液配制和筛选

1. 精子稀释液配制

钝吻黄盖鲽精液收集方法为腹部挤压法，将亲鱼的泄殖孔边缘水分用纸巾擦干，用 2mL 塑料吸管吸取白色精液，置于 2mL 冷冻管中，避光保存于冷冻盒里。采集精液时应避免吸取黄色尿液，以免激活精子。将收集的精液带回实验室进行实验。配制精子稀释液 MPRS、TS-2、D-15（陈松林等，2007）、SFs-4（姜静等，2014）、BS2（田永胜等，2005）、MFs-1～6（表 2-6-1），按照配方，分别将相关试剂定溶于 1 000mL 蒸馏水中，高温灭菌，待用。

表 2-6-1　实验所用精子稀释液配方（g/L）

稀释液	葡萄糖	蔗糖	NaCl	NaHCO₃	NaH₂PO₄	KCl	KHCO₃	CaCl₂·2H₂O	MgCl₂·6H₂O	Tris
MPRS	11.01		3.53	0.25	0.22	0.39		0.17	0.23	

（续）

稀释液	葡萄糖	蔗糖	NaCl	NaHCO$_3$	NaH$_2$PO$_4$	KCl	KHCO$_3$	CaCl$_2$·2H$_2$O	MgCl$_2$·6H$_2$O	Tris
SFs-4	60						10.01			1.21
TS-2		37.65					10.01			1.21
BS2			24.72	0.19		0.86		1.46	4.86	
D-15	15		8			0.50				
MFs-1	15		8			0.55				
MFs-2	15		8			0.60				
MFs-3	15		8			0.65				
MFs-4	15		8			0.70				
MFs-5	15		8			0.75				
MFs-6	15		8			0.80				
MFs-7	15		8			0.85				
MFs-8	15		8			0.90				
MFs-9	15		8			0.95				
MFs-10	15		8			1.00				

2. 精子稀释液的筛选

首先利用 MPRS、SFs-4、TS-2、BS2 和 D-15 五种稀释液配制抗冻剂终浓度为 20% 的冷冻保存液，所选抗冻剂为 DMSO。将 0.2mL 黄盖鲽精液加入已标记的 2mL 冷冻管中，然后以 1∶1 的比例加入配制好的冷冻保存液，使精子的浓度稀释一倍，混匀平衡后将上述冷冻管装入小布袋，按照冷冻程序将其投入液氮罐里。冷冻程序为"三步法"：首先将装有冷冻管的小布袋置于液面以上 10cm（约−80℃）处平衡 10min，之后在液面以上 5cm（−160～−100℃）处平衡 5min，最后投入液氮中。解冻时先将其从冷冻管中取出，平衡 1min 后，迅速放入 37℃ 水浴锅中摇晃解冻，冷冻管中没有小冰块时停止解冻。用纸巾将冷冻管表面的水分擦干，然后用牙签蘸取少量精液于载玻片上，用吸管滴 1 滴海水（约 100μL）涂匀，此时精子已被激活，然后迅速在显微镜下（200×）观察精子的活力，用秒表记录精子的快速运动时间及精子的寿命。精子活力的计算方法为：视野中运动的精子占所有精子的百分比。精子的快速运动时间为：激活后精子由快速运动变为慢速运动的时间。精子的寿命为：精子被激活到只有少量精子运动的时间（田永胜等，2009）。为了筛选出最优的稀释液配方，对 D-15 稀释液成分进行调整，配制了 MFs-1、MFs-2、MFs-3、MFs-4、MFs-5 和 MFs-6 系列稀释液，其 KCl 的浓度依次为 0.55、0.60、0.65、0.70、0.75 和 0.80g/L。采用上述方法分别配置成 6 种不同的精子冷冻保存液，然后再进行冷冻、解冻和观察精子的快速运动时间、寿命和活力。筛选出最优稀释液配方。

分别利用 MPRS、SFs-4、TS-2、BS2 和 D-15，5 种稀释液保存钝吻黄盖鲽精子。解冻激活后在显微镜下观察到精子的活力依次为（73.91±5.86）%、（45.84±6.02）%、（81.67±2.62）%、（10.54±0.88）% 和（9.61±0.97）%，精子的快速运动时间为（24.67±4.16）s、（17.67±2.52）s、（42.33±2.52）s、（4.33±0.58）s 和（5.00±1.00）s，精子的寿命为（84.00±3.61）s、（66.00±5.29）s、（84.33±4.51）s、（9.00±1.00）和（8.00±1.00）s。实验发现 5 种稀释液中，TS-2 冷冻保存的精子效果优于其他 4 种稀释液，但是与对照组鲜精（FS）的活力（95.48±0.73）%、快速运动时间（47.67±2.52）s、寿命（128.33±3.51）s 相比仍存在显著性差异（$P<0.05$）（图 2-6-1）。

用 MFs-1～6 系列稀释液 MFs-1、MFs-2、MFs-3、MFs-4、MFs-5 和 MFs-6 分别冷冻黄盖鲽精子，结果发现，利用 MFs-3 冷冻保存黄盖鲽精液，解冻后精子活力可达（94.65±1.06）%、快速运动时间（44.33±2.08）s、寿命（108.00±2.00）s，与其他几种稀释液存在显著差异（$P<0.05$），而且与对

照组鲜精的活力无显著性差异（$P>0.05$），但其快速运动时间和寿命与鲜精相比较短，具显著性差异（$P<0.05$）（图 2 - 6 - 2）。

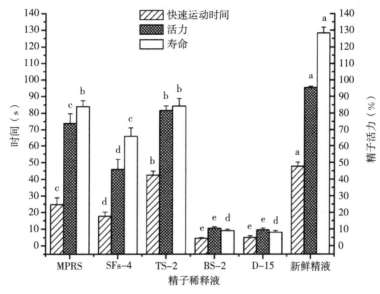

图 2 - 6 - 1　钝吻黄盖鲽精子在不同稀释液中的冷冻保存效果

注：字母不同说明存在显著性差异（$P<0.05$）。

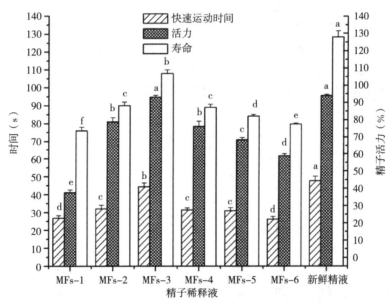

图 2 - 6 - 2 钝吻黄盖鲽精子在 MFs 系列稀释液中的冷冻保存效果

注：字母不同说明存在显著性差异（$P<0.05$）。

　　鱼类的精子在离体后由于营养消耗、代谢物积累及环境因素等原因，会使精子寿命缩短，活力降低，并很快死亡。所以通过人工配制合适的稀释液来增加其离体状态下的存活时间是可行的（陈松林等，2007）。稀释液为精子提供了一个合适的生理环境，延长了精子在体外的存活时间，增加细胞膜结构稳定性和缓解对精子造成的冷冻损伤，而且能防止精子被激活，冷冻成功的一个重要因素就是稀释液的合理选择。Kutluyer 等（2014）认为在精子稀释液中添加不同的抗氧化剂会提高精子的活力及寿命。Chao 等（1986）和 Ritar 等（2000）通过模拟鱼类体液，配制适宜的稀释液来提高体外精子冷冻保存成活率。但是，到目前为止，稀释液的成分仍然没有一个统一的定论，还应该根据不同鱼类精子的生理特性进行逐个筛选（Irawan et al.，2010）。本节首先将 MPRS（Ji et al.，2004）、SFs-4（姜静等，

2014）、TS-2（Chen et al.，2004）、BS2（田永胜等，2005）和 D-15（陈松林等，2007）作为初步筛选的黄盖鲽精子冷冻保存的稀释液展开实验，发现在这 5 种稀释液中，TS-2 的冷冻保存效果优于其他 4 种稀释液，但与鲜精相比仍然存在显著性差异，而 D-15 的保存效果最差，精子几乎不动。通过对比 TS-2 和 D-15 这两种稀释液的成分，发现二者均有 K$^+$ 成分，进而对 D-15 稀释液中的 KCl 成分进行优化，得到一种新的稀释液 MFs-3，冷冻后发现精子活力达到（94.65±1.06）%，说明钾离子浓度对于精子活力具有重要影响。

二、精子抗冻剂的筛选

首先利用实验筛选出来的 MFs-3 稀释液配方分别与二甲基亚砜（DMSO）、1，2-丙二醇（PG）、乙二醇（EG）、甲醇（MeOH）、甘油（Gly）和二甲基甲酰胺（DMF）6 种抗冻剂配制成抗冻剂浓度为 20% 的冷冻保存液，以 1∶1 比例稀释精液后冷冻保存。比较不同抗冻剂对精子的快速运动时间、寿命及活力的影响，筛选出最优的抗冻剂。

利 MFs-3 稀释液分别与 DMSO、EG、PG、MeOH、Gly 和 DMF 六种抗冻剂配制成浓度为 20% 的冷冻保存液。结果发现，使用 PG、EG 和 DMSO 这三种抗冻剂对应的精子活力最高，分别为（95.26±0.39）%、（95.15±0.41）% 和（94.65±1.06）%，与鲜精的活力（95.48±0.73）% 相比，不存在显著性差异，但使用其他几种抗冻剂精子的活力与鲜精相比都存在显著性差异（$P<0.05$）。在精子寿命方面，PG 和 EG 这两种抗冻剂对应的稀释液的精子寿命也最长，分别为（124.33±4.04）s 和（124.00±3.00）s，与鲜精的寿命（128.33±3.51）s 相比，也不存在显著性差异，但是其他几种抗冻剂和鲜精相比存在显著差异（$P<0.05$）。在精子快速运动时间方面，这六种抗冻剂对应的稀释液解冻后精子的快速运动时间与鲜精相比均存在显著差异（$P<0.05$），但是 PG 和 EG 冷冻保存效果优于 DMSO。从精子的活力看，最适合钝吻黄盖鲽精子冷冻保存的抗冻剂为 PG、EG 和 DMSO，而从精子活力、寿命和快速运动时间三方面可以看出，PG 和 EG 冷冻保存精子的效果要优于 DMSO（图 2-6-3）。

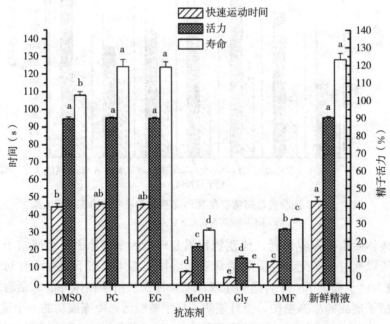

图 2-6-3　钝吻黄盖鲽精子在不同抗冻剂中的冷冻保存效果

注：字母不同说明存在显著性差异（$P<0.05$）。

鱼类精子长期保存必须加入抗冻剂。抗冻剂在精子冷冻过程中的主要作用是保护精子细胞免受冰晶损伤及调节精子渗透压（田永胜等，2009），因此筛选出适宜的抗冻剂是其成功的关键。黄晓荣等（2007）认为 DMSO、PG 和 EG 浓度为 12％时，日本鳗鲡（*Anguilla japonica*）精子的活力最高。Horvath 等（2008）在研究北美鲟形目鱼类精子冷冻时发现 EG 具有较高的保存活力。在对大菱鲆、圆斑星鲽、云纹石斑鱼和性逆转的七带石斑鱼的精子冷冻中发现，PG 和 DMSO 这两种抗冻剂冷冻效果最好（张雪雷等，2013；齐文山等，2014；Tian et al.，2008、2013）。钝吻黄盖鲽精子冷冻保存时，以筛选出的 MFs-3 为稀释液，分别以 PG、EG、DMSO、MeOH、Gly 和 DMF 为抗冻剂，解冻后从精子活力看，PG、EG 和 DMSO 冷冻保存精子的效果最好，但从精子寿命和快速运动时间上看，PG 和 EG 冷冻保存精子效果最佳。所以，从精子活力、快速运动时间及精子寿命这 3 个方面考虑，PG 和 EG 这两种抗冻剂最适合钝吻黄盖鲽精子的冷冻保存。

三、激活精子海水盐度的筛选

将激活海水的盐度分别用氯化钠（NaCl）配制成盐度为 10、15、16.7、18.3、20、25、30、35、40、45 和 50 共 11 个梯度，精子解冻后，分别用以上不同盐度的海水激活精子，观察精子在这 11 个盐度梯度下的活力，从而筛选出最优的激活黄盖鲽精子所需要的海水盐度范围。在盐度为 30 时，精子的活力最高，为（95.07±0.69）％，与鲜精相比无显著差异（$P>0.05$）；在 10~30 盐度范围时，精子活力不断提高，但与鲜精存在显著差异（$P<0.05$）；在 30~50 盐度范围时，随着盐度的升高，精子的活力呈下降趋势，与鲜精存在显著差异（$P<0.05$）。但在 16.7~40 盐度范围内，精子的活力均在 80％以上（图 2-6-4）。

鱼类精子在精巢中保持不运动状态，只有排出体外被水激活才会运动。精子活力在不同海水盐度下是不同的，只有在最适的盐度下才具有最高的活力（谢刚等，1999）。Tian 等（2013）在研究性逆转的七带石斑鱼精子冷冻时发现在盐度为 30 时精子活力可达 96％，而随着盐度的升高，精子活力逐渐下降。本研究利用盐度为 10~50 一共 11 个梯度的人工配制的海水激活钝吻黄盖鲽冷冻的精子，发现盐度为 30 时，精子活力最高，可达（95.07±0.69）％，而盐度低于或高于 30 时，精子的活力都降低。但是在 16.7~40 盐度范围，精子活力都可达到 80％以上，而盐度低于 15、高于 45 时，精子活力显著降低。本研究表明，钝吻黄盖鲽是广盐性鱼，在盐度为 30 时精子活力最高。

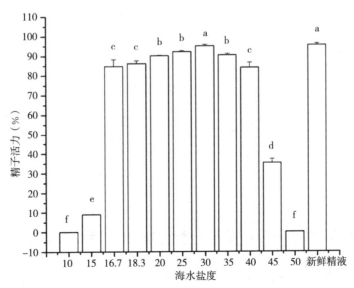

图 2-6-4　不同海水盐度对吻黄盖鲽精子活力的影响

注：字母不同说明存在显著性差异（$P<0.05$）。

四、冷冻精子授精实验

利用上述实验筛选出的最优方法冷冻保存钝吻黄盖鲽精液。挑选发育成熟的钝吻黄盖鲽雌鱼，采用腹部挤压法采集未受精的卵子，分别取 200mL 盛于做好标记的 4 个 1 000mL 的塑料烧杯中。将提前冷冻好的 3 种冷冻保存液保存的黄盖鲽精液从液氮罐取出，在 37℃ 恒温水浴锅中解冻，每种冷冻精液取 0.4mL，分别与未受精卵进行授精，先使精子和卵子混合均匀，然后再加入 15mL 左右的海水（12℃），10min 后再向其中加入 800mL 左右盐度为 30 的海水，放入恒温生化培养箱中培养，温度设置为 12℃。同时，采集 0.2mL 黄盖鲽新鲜精液，放入最后一个塑料烧杯中，进行授精，作为鲜精对照实验。授精 16h 后，胚胎发育至囊胚期，取胚胎在显微镜下观察并统计受精率。受精率的计算方法为：发育到囊胚期的受精卵占所有受精卵的百分比。经过 192h 左右，仔鱼基本全部孵出，此时分别统计孵化率。孵化率的计算方法为：孵出的仔鱼占所有受精卵的百分比。

利用筛选出来的 MFs-3 稀释液配制成终浓度为 20% 的 DMSO、PG 和 EG 的 3 种抗冻保存液冷冻保存钝吻黄盖鲽精子，解冻后分别与钝吻黄盖鲽卵授精，并与鲜精做对照实验。结果发现，PG 和 EG 作为抗冻剂冷冻精子的受精率分别为（80.08±0.68）% 和（80.17±0.45）%，孵化率分别为（77.44±1.76）% 和（77.92±1.33）%，鲜精的受精率和孵化率为（81.60±1.19）% 和（80.23±1.61）%，PG 和 EG 这两种抗冻剂冷冻保存的精子的受精率和孵化率与鲜精的相比无显著差异（$P>0.05$）；而 DMSO 作为抗冻剂保存的冷冻精子的受精率和孵化率为（67.87±4.82）% 和（42.63±2.8）%，与鲜精相比存在显著差异（$P<0.05$）（图 2-6-5）。

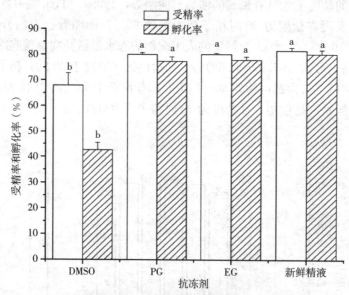

图 2-6-5　钝吻黄盖鲽鲜精与不同抗冻剂处理冷冻精子的受精率和孵化率
注：字母不同说明存在显著性差异（$P<0.05$）。

五、利用计算机辅助精子分析系统分析冷冻精子运动参数

MFs-3 稀释液分别与抗冻剂 PG 和 EG 配制浓度为 20% 的抗冻保存液，冷冻保存钝吻黄盖鲽精子。精子解冻后，利用计算机辅助精子分析（CASA）系统分别检测精子的运动参数，主要包括：曲线运动速率（VCL）、直线运动速率（VSL）、平均鞭打频率（BCF）、运动的直线性（LIN）和运动的前向性（STR）。结果发现，二者精子运动参数均比较高，用 EG 和 PG 作为抗冻剂的精子运动参数通过方差分析显示二者差异性不显著（$P>0.05$）（表 2-6-2）。

表 2-6-2　用 PG 和 EG 作为抗冻剂与 MFs-3 稀释液配制冷冻保存液保存精子运动参数

参数	PG	EG
VCL（μm/s）	65.90±9.19[a]	67.73±5.63[a]
VSL（μm/s）	48.61±4.22[a]	45.24±4.25[a]
BCF（Hz）	31.22±4.07[a]	31.62±2.62[a]
LIN（%）	74.16±5.03[a]	66.68±3.55[a]
STR（%）	78.18±4.45[a]	71.55±3.35[a]

注：英文字母相同说明在不同抗冻剂间不存在显著性差异（$P > 0.05$）。

鱼类精子运动速度快、持续时间短，所以通过显微镜观察统计的参数误差大，主观性强。CASA 系统测定多项精子运动参数，如曲线运动速率、直线运动速率和平均路径速度等，准确率较高。姜静等（2014）采用 CASA 系统分析了星斑川鲽精子的各项运动参数，使实验结果更具说服力。韩明明等（2013）同样利用 CASA 系统分析了不同繁殖期大菱鲆的精子质量，为大菱鲆采精的最适时间做出了合理的分析。本研究利用 CASA 系统对 MFs-3+20%PG 和 MFs-3+20%EG 这两种抗冻保存液保存的钝吻黄盖鲽精子进行了 5 项运动参数的测定。精子冷冻保存液中使用 PG 和 EG 两种抗冻剂时，二者的各项运动参数均取得理想效果，进一步说明本研究筛选出的稀释液 MFs-3 和抗冻剂 PG 及 EG 配制的冷冻保存液适合钝吻黄盖鲽精子的冷冻保存。

第七节　鞍带石斑鱼精子冷冻保存及其在杂交育种中的应用

石斑鱼属于鲈形目（Perciformes）、石斑鱼亚科（Epinephelidae）、石斑鱼属（Epinephelus）。世界上总共约 160 多种，分布于热带和亚热带海域，少数分布在温带水域。我国有 68 种，大多产于南海和东海（孟庆闻等，1995）。从 20 世纪 70—80 年代起，在中国的香港和台湾地区，以及菲律宾、泰国、印度尼西亚等国家开始养殖（王涵生，1997），目前已发展成为我国南北方的主要养殖品种。近年来随着养殖技术的不断进步，养殖品种南北方交流增多，石斑鱼在我国北方地区也开始大规模养殖。

鞍带石斑鱼（E. lanceolatus），中文俗名龙趸、龙胆石斑。为暖水性、中下层珊瑚礁鱼类，生长速度快，1 龄鱼可生长到 1.5～3.0kg，2 龄生长到 5～6kg，最大可以成长至约 2.7m、440kg，是石斑鱼类中体型最大者，故也被称为"斑王"。鞍带石斑鱼分布于印度洋非洲东岸至太平洋中部密克罗尼西亚，南至澳大利亚，中国产于南海（南沙群岛）海域，但数量稀少。自然环境中常居住在沿珊瑚礁区的洞穴或岩缝中，以小鲨鱼及小海龟等数种海洋生物为食。

鞍带石斑鱼属雌雄同体，首次性成熟在 6+龄以上，为雌性，之后少数雌性性逆转为雄性。鞍带石斑鱼具有生长速度快的特点，因此，利用它的精子与其他石斑鱼进行杂交育种，可以培育出生长速度快的杂交新品种。从 21 世纪初开始，对鞍带石斑鱼的人工繁殖、胚胎发育（Zhang et al.，2008）、工厂化育苗（Huang et al.，2010）、遗传多态性（Yang et al.，2011）以及环境因素对精子活力的影响（Liang et al.，2009）进行了研究，2010 年田永胜等对鞍带石斑鱼精子冷冻保存及其在杂交育种中的应用进行研究（Tian et al.，2015），为石斑鱼人工繁殖提供了大量精子源，突破了不同石斑鱼的地理、生殖隔离，培育成一个杂交新品种"云龙石斑鱼"。

一、精子采集及精子稀释液配制和筛选

精子采集：在繁殖季节，对鞍带石斑鱼（1.3～1.6m，35～40kg）进行促熟培育，利用 50mg/L 丁香酚麻醉鞍带石斑鱼，人工挤压腹部采集精液，为防止精液被尿液以及海水污染，利用 10mL 注射器吸取精液，并注入 100mL 玻璃瓶中，然后将其放置在有冰块的保温盒中，共采集鞍带石斑鱼精液 105mL。

表2-7-1 鞍带石斑鱼精子稀释液配方

精子稀释液	蔗糖 (mmol/L)	葡萄糖 (mmol/L)	NaCl (mmol/L)	$NaHCO_3$ (mmol/L)	KCl (mmol/L)	$KHCO_3$ (mmol/L)	Tris (mmol/L)	$CaCl_2 \cdot 2H_2O$ (mmol/L)	NaH_2PO_4 (mmol/L)	$MgCl_2 \cdot 6H_2O$ (mmol/L)	FBS (%)	渗透压 mOsm/L	pH
ELS1		277.37	171.12	5.95							10	520.45	7.09
ELS2		138.68	171.12	5.95							10	437.11	7.11
ELS3		92.46	171.12	5.95							10	409.34	7.10
EM1-2		0	147.16	0		99.88					10	507.69	7.11
TS-2	109.99	0	0	0		99.98	9.99				10	335.00	8.20
MPRS		101.79	60.40	2.98	5.23			1.16	1.83	1.13	10	202.00	6.98
ELRS0		0	111.23	2.38	1.88			0.82	0.08		10	233.33	7.03
ELRS1		92.46	111.23	2.38	1.88			0.82	0.08		10	288.89	7.03
ELRS2		138.68	111.23	2.38	1.88			0.82	0.08		10	316.66	7.05
ELRS3		277.37	111.23	2.38	1.88			0.82	0.082		10	400.00	7.03
ELRS4		369.82	111.23	2.38	1.88			0.82	0.08		10	455.55	7.04
ELRS5		462.28	111.23	2.38	1.88			0.82	0.08		10	511.11	7.03
ELRS6		554.73	111.23	2.38	1.88			0.82	0.08		10	566.66	7.04

在显微镜下利用血细胞计数板对精子数量进行计数，并对精子活力进行统计，选择活力高于90%的精液进行实验。

精子稀释液及筛选：利用蔗糖、葡萄糖、NaCl、NaHCO$_3$、KCl、KHCO$_3$、CaCl$_2$·2H$_2$O、NaH$_2$PO$_4$、MgCl$_2$·6H$_2$O、Tris和胎牛血清（FBS）配制精子稀释液（表2-7-1）。在精子稀释液中分别加入10%（v/v）DMSO，利用PHS-25 pH测量仪测量冷冻保存液pH，利用Fiske 210微量渗透压仪测量渗透压。将精液与冷冻保存液以1∶1的比例混合，注入规格为2mL冷冻管中，室温下平衡5min左右；将冷冻管装入布袋内，在液氮蒸气（−80～−60℃）中平衡10min，然后将其直接浸入液氮中冷冻保存5～6h。解冻时，首先在液氮蒸气中平衡1～2min，再将单个冷冻管用38℃水浴解冻。借助计算机辅助精子分析（CASA）系统统计精子生理参数（表2-7-2），包括快速运动比例（精子游动速度超过60μm/s）、慢速运动比例（游动速率在5～60μm/s）、快速运动时间（快速移动至慢速运动）、慢速运动时间（慢速运动至不运动）、寿命（从开始激活至不运动）和精子活力（游动精子占精子总数的比例）。筛选出ELS3与ELRS3，这两种稀释液冷冻保存的精子解冻后活力相对较高。

表2-7-2　用不同精子稀释液处理精子，冷冻、解冻后精子的生理学参数

精子稀释液	快速运动比例（%）	慢速运动比例（%）	快速运动时间（s）	慢速运动时间（s）	精子寿命（s）	精子活力（%）
ELS1	11.66±1.37[bc]	26.36±1.38[cde]	27.52±5.29[ce]	115.35±32.09[d]	721.05±87.87[de]	38.03±.94[de]
ELS2	5.60±1.66[defg]	17.38±2.52[e]	65.32±27.54[de]	115.33±43.94[d]	746.57±121.57[de]	22.98±3.29[fg]
ELS3	12.78±0.39[bc]	38.32±1.50[b]	114.63±3.49[bc]	334.58±20.63[b]	955.52±37.31[bc]	51.10±1.88[c]
EM1-2	3.89±0.88[fg]	16.22±1.87[e]	26.05±4.82[e]	89.05±14.66[d]	622.23±135.37[e]	20.12±2.74[g]
TS-2	9.15±1.80[cd]	19.81±3.63[de]	84.27±18.82[cd]	239.17±54.75[c]	958.48±38.60[bc]	28.97±5.35[efg]
MPRS	1.62±0.66[g]	29.78±8.34[bcd]	54.43±5.94[de]	155.68±18.49[d]	865.50±71.85[bcd]	31.40±8.57[efg]
ELRS0	8.70±5.39[cde]	24.25±9.15[de]	45.66±9.05[e]	121.43±12.68[d]	788.42±67.21[cde]	32.95±14.51[defg]
ELRS1	4.34±1.03[efg]	30.38±9.47[bcd]	30.45±3.41[e]	115.29±25.86[d]	656.28±33.03[e]	34.72±10.01[def]
ELRS2	6.77±1.91[def]	21.40±12.16[de]	104.45±16.71[c]	234.27±13.29[c]	875.32±132.08[bcd]	28.17±11.44[efg]
ELRS3	15.04±4.95[b]	54.40±7.29[a]	121.37±10.84[b]	336.27±10.65[b]	1 039.60±72.28[b]	69.44±8.06[b]
ELRS4	9.60±4.37[cd]	26.55±3.61[cde]	133.88±9.24[b]	232.38±46.48[c]	860.97±69.95[bcd]	36.15±7.96[def]
ELRS5	8.74±2.64[cde]	36.23±1.43[bc]	42.07±9.31[e]	95.73±11.06[d]	670.40±101.48[e]	44.97±3.61[cd]
ELRS6	1.24±0.15[g]	21.49±2.62[de]	82.31±9.52[de]	211.05±24.77[c]	904.17±43.96[bcd]	22.74±2.73[fg]
鲜精	30.34±1.17[a]	50.37±0.32[a]	450.43±105.75[a]	1 114.67±155.67[a]	1 919.96±364.52[a]	80.71±1.49[a]

由于不同鱼类精子冷冻保存液具有不同的物理特性，包括保存液组分、渗透压与pH，因此很有必要对精子保存液进行筛选。MPRS、TS-2、EM1-2稀释液已被证明对花鲈（Ji et al.，2004）、云纹石斑鱼（齐文山等，2014）、牙鲆（Ji et al.，2005）、大菱鲆（Chen et al.，2004）、圆斑星鲽（Tian et al.，2008）精子冷冻保存非常有效。精子稀释液MPRS、TS-2和ES1-3对鞍带石斑鱼精子冷冻保存也有作用，但是成活率太低不能满足生产需要。利用筛选出的ELS3和ELRS3成功冷冻保存鞍带石斑鱼精子。同时，证明葡萄糖与胎牛血清对精子冷冻保存具有非常重要的作用。胎牛血清（FBS）与牛血清蛋白（BSA）常用于精子冷冻保存（Koh et al.，2010；Cabrita et al.，2009），具有降低稀释液毒性与缓冲渗透压的作用。在ELS3和ELRS3中加入10%FBS可以在冷冻保存前抑制精子活力，降低精子稀释液与冷冻保护剂的毒性，提高冷冻精子解冻后的活性。

二、二甲基亚砜与胎牛血清浓度筛选

在10%胎牛血清的基础上，在稀释液ELS3和ELRS3中分别加入终浓度为5%、10%、15%、20%、

30%的DMSO冷冻保存鞍带石斑鱼精液。发现在ELRS3中加入浓度为15%的DMSO处理精子的活力较高，精子快速运动比例、寿命及活力与鲜精相比没有显著差异。在ELS3中，精子快速运动比例、慢速运动比例、快速运动时间、寿命和活力分别在二甲基亚砜浓度为15%时效果最好（表2-7-3）。

利用ELS3+15%DMSO和ELRS3+15%DMSO分别与四种浓度（5%、10%、15%和20%）的FBS进行混合冷冻保存精子（表2-7-4）。在ELRS3中，发现10%FBS处理后冷冻精子快速运动比例、慢速运动比例、寿命及活力显著高于其他浓度。精子快速运动时间与慢速运动时间在0～20%FBS处理后没有显著差异。在ELS3中，以浓度为10%的FBS处理后精子的快速运动比例、慢速运动比例和活力与鲜精的参数无显著差异，但以其他浓度处理的精子的各项参数明显低于鲜精。

表2-7-3 以ELS3和ELRS3为基础液，用不同浓度二甲基亚砜冷冻精子的生理参数

精子稀释液	二甲基亚砜浓度（%）	快速运动比例（%）	慢速运动比例（%）	快速运动时间（s）	慢速运动时间（s）	精子寿命（s）	精子活力（%）
ELS3	0	0.66±0.48[c]	4.20±1.55[c]	49.73±8.47[d]	155.53±50.03[c]	356.60±89.57[de]	4.86±1.66[c]
	5	6.87±3.20[bc]	23.03±4.70[bc]	56.93±23.48[d]	165.83±43.92[c]	673.00±266.38[cd]	29.90±3.45[c]
	10	15.74±6.41[b]	35.64±5.08[ab]	200.37±31.38[c]	430.43±132.84[b]	868.67±218.65[c]	51.38±3.25[b]
	15	28.85±8.99[a]	39.51±17.79[ab]	331.67±24.34[b]	558.97±37.34[b]	1 373.67±238.34[b]	68.37±25.23[ab]
	20	15.90±9.45[b]	39.45±16.63[ab]	306.10±46.13[b]	421.20±84.03[b]	1 258.90±119.39[b]	55.35±16.98[b]
	30	5.75±3.33[c]	8.87±1.50[c]	202.23±27.79[b]	360.13±52.80[b]	162.67±32.13[c]	14.62±4.17[c]
ELRS3	0	3.16±2.29[b]	7.35±1.45[d]	47.23±15.34[c]	106.70±7.07[d]	293.50±86.10[c]	10.51±3.69[c]
	5	7.04±3.49[b]	14.86±1.35[cd]	91.37±36.83[c]	186.23±55.52[d]	320.57±103.95[c]	28.56±8.12[bc]
	10	20.56±10.81[a]	21.52±10.11[c]	132.00±43.21[c]	268.70±51.52[d]	774.47±166.41[bc]	35.42±11.92[b]
	15	33.43±11.65[a]	41.33±2.68[b]	327.47±27.81[b]	814.87±31.14[b]	1 795.13±38.26[a]	74.75±12.71[a]
	20	5.47±2.04[b]	20.55±1.69[c]	156.23±43.35[c]	426.40±76.69[c]	1 221.30±532.15[b]	26.02±3.22[bc]
	30	4.90±3.55[b]	17.73±6.39[c]	90.90±10.09[c]	203.23±31.58[d]	499.40±38.34[dc]	22.63±9.43[bc]
鲜精		30.33±1.07[a]	50.37±0.31[a]	450.23±105.85[a]	1 114.57±156.67[a]	1 919.90±367.52[a]	80.70±1.37[a]

表2-7-4 以ELS3与ELRS3为基础液，使用不同浓度胎牛血清冷冻精子的生理参数

精子稀释液	胎牛血清浓度（%）	快速运动比例（%）	慢速运动比例（%）	快速运动时间（s）	慢速运动时间（s）	寿命（s）	活力（%）
ELS3	0	1.94±0.99[c]	20.20±3.49[b]	144.20±75.37[b]	227.13±53.92[c]	663.53±166.47[c]	22.14±4.44[c]
	5	3.78±1.67[bc]	22.75±6.17[b]	189.13±78.02[b]	315.17±13.71[bc]	823.47±196.10[c]	26.53±7.83[bc]
	10	29.68±4.17[a]	41.49±5.39[a]	309.63±31.60[ab]	432.70±52.75[b]	1 319.83±71.91[b]	71.16±1.34[a]
	15	10.40±5.23[b]	21.83±5.87[b]	310.2±153.45[ab]	305.10±99.78[bc]	825.30±42.80[c]	32.22±5.25[bc]
	20	10.57±3.24[b]	23.03±8.07[b]	126.47±22.76[b]	168.87±47.26[c]	894.67±106.46[c]	39.60±11.29[b]
ELRS3	0	4.29±2.63[c]	18.99±5.90[b]	66.97±30.92[b]	227.17±61.07[b]	476.93±58.77[c]	23.28±3.89[d]
	5	6.14±3.15[c]	25.85±7.46[b]	133.53±54.56[b]	270.50±93.71[b]	525.00±189.90[c]	31.99±9.97[c]
	10	20.59±2.47[b]	43.09±6.51[a]	239.83±47.05[b]	354.70±58.07[b]	1 080.67±53.01[b]	63.68±4.16[b]
	15	7.25±3.35[c]	18.95±1.89[b]	132.57±33.97[b]	245.43±36.18[b]	573.50±85.64[c]	26.20±4.79[c]
	20	10.35±3.61[c]	21.74±6.25[b]	148.47±52.90[bc]	327.90±73.91[b]	511.27±13.57[c]	32..09±4.63[c]
鲜精		30.33±1.07[a]	50.37±0.31[a]	450.23±105.85[a]	1 114.57±156.67[a]	1 919.90±367.52[a]	80.70±1.37[a]

浓度适宜的冷冻保存液对保持精子渗透压、保护精子细胞膜结构以及防止精子冷冻损伤具有重要的作用。大多数鱼类精子利用浓度5%～20%二甲基亚砜冷冻保存具有较好的效果（Gwo，1993；Ji et al.，2004、2005；Imaizumi et al.，2005）。鞍带石斑鱼精子利用15%二甲基亚砜冷冻保存时效果较好。

三、冷冻精子形态观察

精子经 ELRS3＋15％DMSO＋10％FBS 低温保存，38℃水浴解冻。冷冻精子参照 Massar 等（2011）的方法处理后，使用扫描电镜和透射电镜分别观察精子的形态。透射电子显微镜观察显示，大多数冷冻精子解冻后它们的核（n）、质膜（pm）、鞭毛（f）、线粒体（m）和基体（bb）结构保持完整，具有典型的"9+2"结构［图 2-7-1（Ⅰ）、（Ⅱ）、（Ⅲ）］。另一方面，只有少数冷冻精子解冻后形态异常，表现在质膜萎缩、内部结构不清楚、线粒体和核分散和扩展［图 2-7-1（Ⅳ）］。扫描电镜观察表明，大多数冷冻精子解冻后，精子头部、中段和尾部完好无损［图 2-7-1（Ⅴ）］。少数精子有不同程度的异常，细胞核溶解、精细胞膜收缩和断裂、线粒体内部结构不清晰，精细胞膜收缩或鞭毛脱落［图 2-7-1（Ⅵ）］。

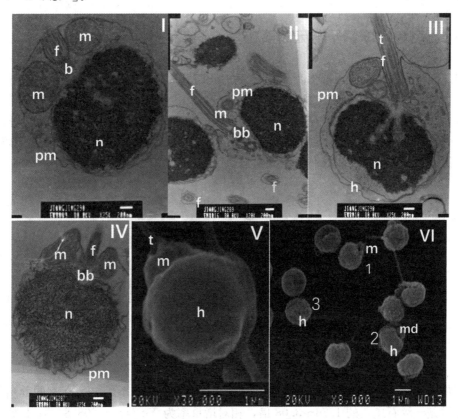

图 2-7-1　冷冻、解冻后鞍带石斑鱼精子超微结构的透射电镜照片
（Ⅰ、Ⅱ、Ⅲ、Ⅳ）与扫描电镜照片（Ⅴ、Ⅵ）

　Ⅰ，Ⅱ和Ⅲ. 冷冻、解冻后正常精子的超微结构，细胞核清晰，精细胞膜、线粒体、鞭毛膜完整　Ⅳ. 受冷冻损伤的精子的超微结构，细胞核溶解、精细胞膜收缩和断裂、线粒体内部结构不清晰　Ⅴ. 正常结构的精子　Ⅵ.1、2 和 3 为具有不同程度冷冻损伤的精子，精细胞膜收缩与鞭毛脱落

　m. 线粒体　f. 鞭毛　n. 细胞核　pm. 质膜　h. 精子头部　bb. 基体　t. 尾巴　md. 中段

四、鞍带石斑鱼精子与赤点石斑鱼杂交

利用 ELRS3＋15％ DMSO＋10％ FBS 和 ELS3＋15％ DMSO＋10％ FBS 冷冻保存鞍带石斑鱼精液 105mL，解冻后精子活力达到（63.68±4.16)％～（74.75±12.71)％，成功建立了鞍带石斑鱼的精子冷冻库。利用鞍带石斑鱼精液与赤点石斑鱼卵按照 1∶200（v/v）进行杂交，杂交受精卵为 3 800mL。另外利用 0.5mL 的新鲜赤点石斑鱼精液与 200mL 赤点石斑鱼卵进行授精，作为对照实验。

受精卵培育在 22℃海水中分别统计受精率与孵化率。鞍带石斑鱼冷冻精子与赤点石斑鱼卵子的受精率与孵化率分别达到 (94.56±1.03)% 和 (75.56±6.94)%，对照组受精率与孵化率分别达到 (86.44±7.72)% 和 (81.54±8.34)%，在受精率与孵化率方面，鞍带石斑鱼冷冻精子与赤点石斑鱼新鲜精子差异不显著，获得大约 800 000 尾正常鱼苗（图 2-7-2）。

中国南方的鞍带石斑鱼繁殖时间主要是夏季（28～31℃），东海的赤点石斑鱼繁殖时间主要为春季（22～23℃）。鞍带石斑鱼与赤点石斑鱼具有相同的染色体核型（2n=48），两者具有杂交成活的遗传基础，鞍带石斑鱼精子冷冻保存技术的发展使得杂交变成可能。

图 2-7-2 1 日龄赤点石斑鱼♀×鞍带石斑鱼♂杂交仔鱼

五、鞍带石斑鱼冷冻精子与云纹石斑鱼杂交育种

利用研制的鞍带石斑鱼精子冷冻保存配方 ELRS3、ELS3 等在海南、山东等地养殖公司收集和冷冻保存鞍带石斑鱼精子达到 5 000mL 左右，在我国北方建立了精子冷冻库。同时在北方建立了云纹石斑鱼和鞍带石斑鱼育种核心群体，育种群体分别达到 3 000 多尾和 200 尾。中国水产科学研究院黄海水产研究所与莱州明波水产有限公司、福建省水产研究所、中山大学等单位合作，于 2018 年培育出生长快、适温广、肉质优良的石斑鱼杂交新品种"云龙石斑鱼"（GS-02-002-2018）。

图 2-7-3 云龙石斑鱼（*Epinephelus moara* ♀×*Epinephelus lanceolatus* ♂）

云龙石斑鱼生长速度快，1 龄鱼体重平均可达 660～690g，最大 1 250g。在相同养殖条件下，1 龄云龙石斑鱼体重是云纹石斑鱼的 1.76～3.08 倍，相对增重率为 75.74%～208.84%；2 龄云龙石斑鱼体重是云纹石斑鱼的 3.80～3.98 倍，相对增重率为 280.08%～298.23%。1 龄云龙石斑鱼体重是珍珠龙胆的 1.37～1.95 倍，相对增重率为 37.27%～94.97%；2 龄云龙石斑鱼体重是珍珠龙胆的 1.34，增重率为 31.43%。云龙石斑鱼适温范围广，具有耐低温的特点，适温范围在 9～32℃，可在我国南北方同时进行养殖。肉质细腻鲜美、营养丰富，氨基酸总量较父本鞍带石斑鱼提高 8.62%～14.01%、较母本云纹石斑鱼提高 2.89%～16.38%，不饱和脂肪酸含量较父本提高 23.52%～54.54%、较母本提高 16.35%～25.92%。近年来培育鱼苗数亿尾，在山东、天津、河北、江苏、福建、广东、广西和海南沿海进行了广泛的推广养殖，产生了巨大的经济和社会效益。

第八节　蓝身大斑石斑鱼性别转化和精子冷冻保存及其应用

蓝身大斑石斑鱼（*Epinephelus tukula*），俗称金钱斑，是海中大型鱼之一，通常生活在热带地区，是石斑鱼中的大型品种。广泛分布于印度-西太平洋区，西起非洲东岸、红海，北至日本，南至大洋洲，我国南部海域、台湾北部及澎湖海域有分布。身体为白色到灰色，全身覆盖着大块的黑斑，在5到150m深度的海水中都有分布。蓝身大斑石斑鱼生长快、肉质鲜美，能生长到2m，体重达100kg，这些优点使它成为人工养殖和育种的优选对象，但是大量推广养殖这一品种受到种质储存缺乏的限制。近年来人们对其人工繁殖和养殖技术（沈士新，2011）、神经坏死病防治（Kai et al.，2010）及线粒体基因克隆和测序（Yang et al.，2016）等方面进行了研究，但精子冷冻保存与应用方面未有报道。

蓝身大斑石斑鱼人工培育亲鱼群体中雄性数量相当有限，在体重达到20kg左右时才开始性成熟，而且雄性精液量少，加之人工繁殖和苗种培育技术还未成熟，因此人工繁殖和育苗受到很大的限制，目前在国际市场上养殖量相当有限。对蓝身大斑石斑鱼的性别转化技术进行研究，提高成熟个体的雄性转化率和产精量，从而可提高该品种的繁育率。石斑鱼属于雌雄同体、雌性先熟的鱼类，为人工诱导促使其性别转化提供了有利条件。有研究利用在饲料中添加投喂或在肌肉中埋植17α-甲基睾酮（MT）、绒毛膜促性腺激素（HCG）缓释胶囊的方式，促使东大西洋石斑鱼（*Epinephelus marginatus*）雌性发生性转化（Glamuzina et al.，1998；Sarter et al.，2006），Tian et al.（2015）在七带石斑鱼肌肉中埋植17α-甲基睾酮缓释胶囊，获得了成熟的雄性，并采集精子进行了冷冻保存。但对蓝身大斑石斑鱼性别转化的报道很少（Yeh et al.，2003）。

精子冷冻保存技术可以将经济、珍稀鱼类遗传物质长期保存，同时可将冷冻精子应用于杂交、选择育种及苗种大量繁育。自从20世纪50年代Blaxter（1953）冷冻保存大西洋鲱精巢之后，各国学者已经对鳕形目（Gadiformes）、鲑形目（Salmoniformes）、鲈形目（Perciformes）、鲽形目（Pleuronectiformes）中的40多种鱼类精子进行了冷冻保存（Tian et al.，2019）。鲈冷冻精子被应用于牙鲆、大菱鲆、星斑川鲽、半滑舌鳎等鱼类雌核发育诱导（田永胜等，2017；苏鹏志等，2008；段会敏等，2017；Ji et al.，2010）；鞍带石斑鱼冷冻精子应用于云龙石斑鱼杂交育种，同时建立了10多种石斑鱼精子冷冻库（Tian et al.，2015；田永胜等，2019）；但是蓝身大斑石斑鱼由于雄性数量少和精液量少，对其精子冷冻保存具有一定难度。

本节通过对蓝身大斑石斑鱼养殖亲鱼进行性别调控和转化，对精子冷冻保存稀释液、抗冻剂、冷冻精子活力及杂交受精率等进行研究，为其性别转化技术、精子冷冻保存及应用技术的建立提供数据基础。

一、蓝身大斑石斑鱼性别调控和转化

在北方引进和培育蓝身大斑石斑鱼80多尾，体重在20~41kg，全长在98~124cm，在工厂化条件下，培育在5m×5m×3m的两个水泥池中，水流交换量4m³/h，利用充气泵和气石供氧，氧气含量7~10mg/L，养殖温度18~25℃，采用自然光照，每天投喂重量为亲鱼体重3%左右的野生小鱼。在2019年10月3日、10月14日、11月1日前后三次分别对30尾、16尾、27尾雌亲鱼进行激素注射处理。首先在每条鱼的背部肌肉中植入电子标记，记录标记号，测量体重和全长，然后在亲鱼的背前部肌肉中埋植17α-甲基睾酮（MT）缓释胶条，平均剂量为5mg/kg。在之后的培育过程中对水温进行调控，10月养殖水温为24℃，之后逐渐降低培育水温，至12月水温降低到18~20℃，之后逐渐提高温度，到2020年3月温度提高到25℃；3月20日首次对处理亲鱼进行检查和挤压腹部采精，统计性别转化亲鱼数量和每尾鱼的采精量。

选取成熟度较好的雄性亲鱼，利用MS-222麻醉，处理剂量为10mg/m³，将麻醉后亲鱼置于产床，用吸水纸揩干生殖孔周围水分，从生殖孔前方15~20cm处向后挤压，精液从生殖孔排出。及时利用5mL吸管吸取精液，每条鱼的精液单独保存，分别注入2mL的冷冻管中，每管中注入0.5~1mL精液，将采集的精液置于事先准备好的冰盒中，带回实验室进行冷冻保存实验。先利用牙签制作新鲜精子涂片，滴加一滴海水激活，置于10倍显微镜下检测精子活力，读取视野中运动精子比例。

对 80 尾蓝身大斑石斑鱼亲鱼进行人工诱导性别转化，人工诱导之前亲鱼群体中有 7 尾自然转化雄鱼，雄性比例为 8.75%。群体中 73 尾雌性鱼类体内埋植 17α-甲基睾酮（MT）缓释胶条，1 尾鱼在实验过程中死亡。5 个月后检测产精情况，发现有 25 尾鱼可以产出成熟精子，性别转化率为 34.24%。其中 47 尾体重 20～30kg 亲鱼，埋置剂量 100～150mg，转化成功了 17 尾，共产出 19mL 精子，性别转化成功率高；体重>30kg 且埋置剂量>200mg 的共计 8 尾，转化成功了 1 尾，产出 0.5mL 精子，转化率相对较低。至 2020 年 3 月自然转化雄鱼和人工诱导转化雄鱼群体的初次产精量分别为 0.8mL 和 20.5mL。

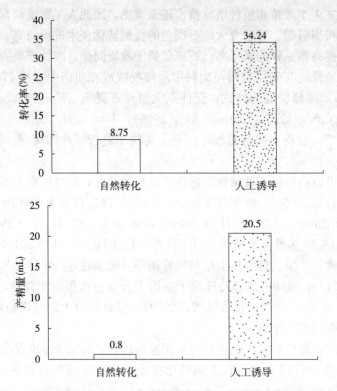

图 2-8-1 蓝身大斑石斑鱼人工诱导性别转化率及自然转化率比较及初次产精量

石斑鱼属于雌雄同体、雌性先熟鱼类，在性别决定方面不仅受遗传因素的影响，同时受环境因素和社会因素影响。将捕获的豹纹喙鲈（*Mycteroperca rosacea*）分别以雄鱼、雌鱼和混合性别分组养殖，发现单独养殖的雄性组发生性逆转，出现了雌雄间性鱼（Romo-Mendoza et al.，2018）。将斜带石斑鱼（*E. coioides*）雄性单独养殖，也出现了明显的雄性向雌性的转化，说明石斑鱼不仅可以由雌性转化为雄性，而且还可以由雄性转化为雌性（Chen et al.，2019）。在石斑鱼生产中雄鱼数量相对较少、性成熟不同步、产量少等因素限制了人工繁殖和大规模鱼苗的生产。因此利用雄性激素诱导促使雌性向雄性转化，成为获得更多雄鱼的一种途径。利用 50μg/g 17α-甲基睾酮（MT）投喂早期性未成熟的点带石斑鱼（*E. malabaricus*）雌性鱼 7 个月，然后正常投喂 6 个月，获得了正常产精的个体，但停止处理后性别又发生了反转（Murata et al.，2014）。利用含有 MT 10mg/kg 的饲料投喂处理赤点石斑鱼 4～5 个月，在生殖腺中发现了大量的精子细胞（Lyu et al.，2019）。本研究利用在肌肉中埋植 5mg/kg MT 缓释胶条，成功获得了 32.24% 的成熟雄鱼。

二、精子稀释液的配制

将葡萄糖、NaCl、KCl、NaHCO₃、CaCl₂·2H₂O、NaH₂PO₄、MgCl₂·6H₂O、小牛血清溶解在蒸馏水中，配制以下精子稀释液（表 2-8-1）。将配制好的精子稀释液置于 4℃冰箱中保存。

表 2 - 8 - 1 精子稀释液的配制

稀释液成分（g/L）	MPRS	ELRS-3	ELS-3	ETS-3
葡萄糖	11.01	30.00	10.00	15.00
NaCl	3.53	6.50	10.00	8.00
NaHCO$_3$	0.25	0.20	0.50	
KCl	0.39	0.14		0.65
CaCl$_2$·2H$_2$O	0.17	0.12		
NaH$_2$PO$_4$	0.22	0.01		
MgCl$_2$·6H$_2$O	0.23			
小牛血清（%）		10.00	10.00	
来源	Ji et al.，2004	Tian et al.，2015	Tian et al.，2015	

三、适宜精子稀释液筛选

分别在以上稀释液 ELRS-3、ELS-3、MPRS、ETS-3 中加入 20% 的 1，2-丙二醇配制成精子冷冻保存液，以 1∶1 的比例稀释采集的精液，使精液与稀释液充分混合，在室温下平衡 4～5min，同时制作稀释后精子涂片，检测精子活力，统计成活率。之后将精子冷冻管放入 6cm×10cm 小布袋中，放入液氮罐，在液氮蒸气中（−80～−60℃）平衡 10min，投入液氮（−196℃），长期冷冻。解冻前将精子冷冻管从液氮中取出，在液氮蒸气中平衡 1min，然后放入 37℃ 水浴中，一边摇动一边解冻。解冻后制作精子涂片，利用海水激活，在显微镜下观察活力，并统计成活率。

在 ELRS-3、ELS-3、ETS-3 和 MPRS 中精子活力分别为：（67.86±13.49）%、（78.33±7.64）%、（91.67±2.87）%、（76.67±5.77）%，精子在 ETS-3 中的活力显著高于其他稀释液（$P<0.05$），与新鲜精子活力无显著差异 [（91.67±2.08）%]。冷冻解冻后精子活力分别为（45.00±13.23）%、（56.67±5.77）%、（60.00±10.00）% 和（35.00±7.07）%，同样精子在 ETS-3 中的活力显著高于其他稀释液（$P<0.05$）（图 2-8-2）。

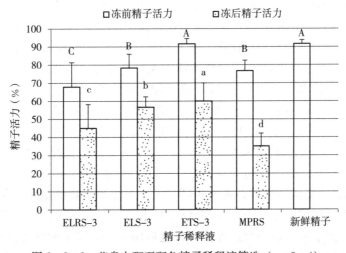

图 2 - 8 - 2　蓝身大斑石斑鱼精子稀释液筛选（$n=3～4$）

注：图中数据为平均值±标准差，同系列中字母不同表示数据之间具有显著性差异（$P<0.05$）。

精子稀释液对于维持精子正常渗透压和精子活力具有重要的作用，是精子冷冻后是否成活的决定因素之一，在鱼类精子冷冻中根据不同鱼类的特点，报道过很多种鱼类精子稀释液。鲆鲽鱼类精子冷冻保存中典型的精子稀释液有 TS-2、SFs-4 和 MFs-3 等（Chen et al.，2004；Jiang et al.，2014；Song et al.，2016）；在鲈精子冷冻保存中利用了 MPRS（Ji et al.，2004）；在鞍带石斑鱼、七带石斑鱼精子冷冻保存中比较有效的稀释液有 ELRS-3、ELS-3、EMS（Tian et al.，2013、2015）等。在本研究中对 ELRS-3、ELS-3、MPRS 和 ETS-3 四种稀释液进行对比，ETS-3 在冷冻前和冷冻后精子活力显著较高，适合用于蓝身大斑石斑鱼精子冷冻保存。

四、抗冻剂种类和适宜浓度筛选

利用筛选出精子稀释液 ETS-3 分别加 20% PG、DMSO、MeOH、Gly 配制冷冻保存液，以 1 : 1 的比例稀释精液，在冷冻前检测精子活力，利用以上方法冷冻保存精子，冷冻 24h 后解冻，在镜下检测精子活力。冷冻前精子活力分别为 （85.67±12.14）%、（57.63±12.11）%、（75.67±9.52）% 和 （0.17±0）%，精子在 1,2-丙二醇中活力显著高于其他抗冻剂（$P<0.05$），与新鲜精液无显著差异 [（95.33±0.58）%]。冷冻解冻后精子活力分别为 （90.4±2.97）%、（31.6±10.74）%、（2.33±0.58）% 和 0，在 1,2-丙二醇中活力显著高于其他抗冻剂（$P<0.05$），利用甘油冷冻精子不能成活（图 2-8-3）。

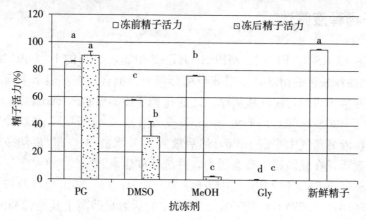

图 2-8-3 蓝身大斑石斑鱼精子在 PG、DMSO、MeOH、Gly 中冷冻保存效果（$n=6$）

注：图中数据为平均值±标准差，同系列中字母不同表示数据之间具有显著性差异（$P<0.05$）。

利用精子稀释液 ETS-3 分别加 10%、20%、30%、40% 的 DMSO 和 PG 配制冷冻保存液，以 1 : 1 的比例稀释精液，使稀释精液中抗冻剂浓度分别达到 5%、10%、15%、20%，在室温下平衡 4～5min；在冷冻前检测精子活力，利用以上方法冷冻保存精子，冷冻 24h 后解冻，在镜下检测精子活力。

冷冻前只有 10% 和 20%DMSO 中精子活力显著低于其他浓度 DMSO 和 PG 中精子活力（$P<0.05$），5% 和 15%DMSO、5%～20%PG 中精子活力无显著差异，冷冻前 5%～20%DMSO 中精子活力为 （60.2±4.3）%～ （82.33±3.19）%；5%～20%PG 中精子活力为 （83.33±10.3）%～ （93.67±3.21）%。冷冻后 PG 中精子活力显著高于 DMSO 中精子活力（$P<0.05$），5%～20%DMSO 中精子活力为 （31.6±10.74）%～ （48.5±8.69）%，平均为 35.49%；5%～20%PG 中精子活力为 （53.66±3.21）%～ （80.5±5.55）%，平均为 68.48%。10% 和 15%PG 冷冻保存精子活力又显著高于其他浓度 PG 和 DMSO 中活力（$P<0.05$），分别达到 （78.5±6.02）% 和 （80.5±5.55）%（图 2-8-4）。

抗冻剂的主要作用是降低溶液冰点，从而达到在低温下保护生物细胞免受低温损伤。在多数海水鱼类精子冷冻保存中主要利用了 10%～15% 的 DMSO 和 10%～15% 的 PG。DMAO 是最常用的海洋鱼类精子冷冻保护剂，由于分子量小渗透性强，广泛应用于鱼类精子的低温保存。PG 与 DMSO 相比具有毒性较低的特点（Tian et al.，2004），在钝吻黄盖鲽精子冷冻中效果明显（宋莉妮等，2016），PG 通过重新排列膜脂和蛋白质来增加冷冻保存过程中的细胞存活，可提高细胞膜流动性，低温下脱水和减少细胞内冰晶形成（Holt，2000）。本研究对 DMSO 和 PG 进行了比较，发现 15%PG 冷冻精子活力更高。

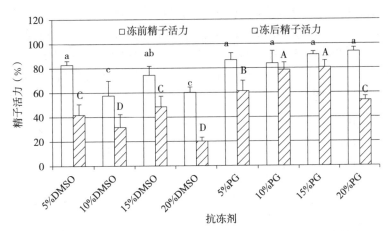

图2-8-4 适宜用于蓝身大斑石斑鱼精子冷冻保存的DMSO、PG浓度筛选（$n=3\sim6$）

注：图中数据为平均值±标准差，同系列中字母不同表示数据之间具有显著性差异（$P<0.05$）。

五、棕点石斑鱼（♀）×蓝身大斑石斑鱼（♂）冷冻精子杂交授精

采集棕点石斑鱼成熟的卵子200mL，将卵分别盛在两个烧杯中，分别与冷冻解冻的蓝身大斑石斑鱼精子和未冷冻的新鲜精子授精，授精比例为1：100，充分搅拌混合，加入2倍体积海水（30℃）激活授精。加入海水后静置5~10min，分离过滤下沉的死卵，将上浮卵利用海水反复冲洗和过滤，洗去卵液，之后将受精卵放入1m³孵化罐中孵化，水温保持26℃，盐度30，同时给孵化水中充氧5~10mg/L。在卵发育到囊胚期统计受精率，在孵化前期统计孵化率。

利用蓝身大斑石斑鱼冷冻精子与棕点石斑鱼卵杂交的受精率、孵化率和畸形率分别为（76.67±5.77）%、（85.67±5.13）%和（6.33±1.54）%，利用新鲜精子授精的受精率、孵化率和畸形率分别为（83.33±2.89）%、（86.67±5.77）%和（6.33±0.58）%，冷冻精子和新鲜精子无显著差异（图2-8-5）。

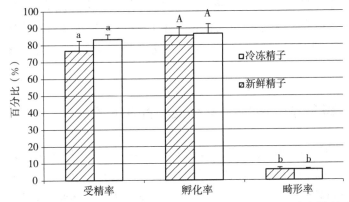

图2-8-5 蓝身大斑石斑鱼冷冻精子和新鲜精子与棕点石斑鱼卵授精的受精率、
孵化率和畸形率比较（$n=3$）

注：图中数据为平均值±标准差，同系列中字母不同表示数据之间具有显著性差异（$P<0.05$）。

六、云纹石斑鱼（♀）×蓝身大斑石斑鱼（♂）冷冻精子杂交授精

采集培育的云纹石斑鱼成熟卵子400mL，将卵分为两份盛在烧杯中，分别与冷冻解冻的蓝身大斑石斑鱼精子和未冷冻的新鲜精子授精，授精比例为1：200，用上述同样方法孵化，统计受精率和孵化率。

利用蓝身大斑石斑鱼冷冻精子和新鲜精子分别与云纹石斑鱼卵授精，授精后 6h 后统计受精率，分别为（52.46±3.05)%和（60.00±4.3)%；授精后 24h 统计发育率，分别为（34.30±16.41)%和（38.11±10.2)%；授精后 24h 的畸形率分别为（16.11±9.46)%和（20.01±5.1)%；授精后 24h 的正常发育率分别为（17.59±7.58)%和（20.03±4.5)%。冷冻精子和新鲜精子的受精率、发育率、畸形率和正常发育率无显著差异（图 2-8-6）。

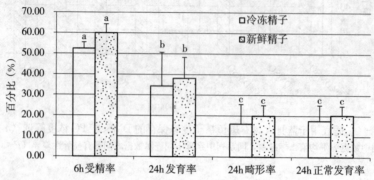

图 2-8-6　蓝身大斑石斑鱼冷冻精子和新鲜精子与云纹石斑鱼卵受精后受精率、畸形率和正常发育率
注：图中数据为平均值±标准差，同系列中字母不同表示数据之间具有显著性差异（$P<0.05$）。

鱼类冷冻精子已经广泛应用于种质长期保存、选择育种、杂交育种、雌核发育诱导和鱼苗的繁殖等方面。已经报道了 10 种石斑鱼精子冷冻保存技术，包括七带石斑鱼（Tian et al.，2013）、鞍带石斑鱼（Tian et al.，2015）、赤点石斑鱼（*E. akaara*）（Ahn et al.，2018）、暗纹石斑鱼（*E. marginatus*）（Cabrita et al.，2008）、褐石斑鱼（*E. bruneus*）（Imaizumi et al.，2005）、黑石斑鱼（*E. malabaricus*）（Gwo，1993）、巨石斑鱼（*E. tauvina*）（Withler et al.，1982）、斜带石斑鱼（*E. coioides*）（Kiriyakit et al.，2011）、云纹石斑鱼（*E. moara*）（Qi et al.，2014）、棕点石斑鱼（*E. fuscoguttatus*）（Yusoff et al.，2018）等。其中由于鞍带石斑鱼具有生长快的优点，其冷冻精子被应用于多种石斑鱼杂交育种，在国内杂交培育出生长快、成活率高的虎龙杂交斑（Zhang et al.，2014），以及生长快、适温广的云龙石斑鱼（田永胜等，2019）。蓝身大斑石斑鱼也具有生长快的优势，研究建立其精子冷冻保存技术和精子冷冻库，将在远缘杂交育种和优良苗种的培育方面发挥重要的作用。本研究利用其性别转化后冷冻精子与棕点石斑鱼、云纹石斑鱼进行杂交实验，都获得了受精率和孵化率较高的杂交后代。

七、蓝身大斑石斑鱼精子库构建及杂交新品种培育

近年来在国内收集不同养殖环境下的蓝身大斑石斑鱼精子并进行冷冻保存，构建了精子冷冻库，冷冻保存精子达到 1 500mL 以上，且利用冷冻保存的优良精子开展了远缘杂交育种研究，包括棕点石斑鱼（♀）×蓝身大斑石斑鱼（♂）、云纹石斑鱼（♀）×蓝身大斑石斑鱼（♂）、驼背鲈（♀）×蓝身大斑石斑鱼（♂）、赤点石斑鱼（♀）×蓝身大斑石斑鱼（♂）、青石斑鱼（♀）×蓝身大斑石斑鱼（♂）、鞍带石斑鱼（♀）×蓝身大斑石斑鱼（♂）等杂交育种实践，其中棕点石斑鱼（♀）×蓝身大斑石斑鱼（♂）杂交后代金虎杂交斑具有生长快、耐低温、耐低氧和肉质优良等杂交优势性状（图 2-8-7）。①1 龄金虎杂交斑是珍珠龙胆体重的 1.49 倍，增重率 48.79%；2 龄金虎杂交斑体重是珍珠龙胆的 1.61 倍，增重率为 60.71%。1 龄金虎杂交斑体重是母本棕点石斑鱼的 1.74 倍，增重率 74.34%。15 月龄金虎杂交斑体重是母本棕点石斑鱼的 2.03 倍，增重率 102.65%。②棕点石斑鱼和金虎杂交斑停止摄食温度分别为 19℃和 16℃，半致死温度分别为 11℃和 9℃，金虎杂交斑的停食温度和半致死温度分别低于母本棕点石斑鱼 3℃和 2℃，具有耐低温的杂交优势性状。③金虎杂交斑耐低氧达 0.24mg/L，窒息点 0.16mg/L，遗传了棕点石斑鱼耐低氧能力，窒息点低于珍珠龙胆（0.24mg/L），说明可以在养殖设施

中进行大规模高密度养殖。在受到缺氧胁迫后，金虎杂交斑较棕点石斑鱼能够更高效地激活抗氧化防御系统，且金虎杂交斑在受到低氧胁迫后比棕点石斑鱼有更好的恢复能力。④棕点石斑鱼、金虎杂交斑及珍珠龙胆3种石斑鱼肌肉中粗蛋白含量分别为19.0%、20.2%和16.8%；3种鱼氨基酸总量、必需氨基酸总量、必需氨基酸指数、鲜味氨基酸总量分别为18.10%、18.53%、16.01%，7.52%、7.70%、6.32%，88.20、84.80、88.30和6.92%、7.13%、6.10%；3种石斑鱼肌肉中粗脂肪含量分别为3.0%、4.2%和2.4%，其中珍珠龙胆DHA＋EPA含量为24.02%，金虎杂交斑DHA＋EPA含量为23.56%，棕点石斑鱼DHA＋EPA含量为22.76%。金虎杂交斑在粗蛋白含量、氨基酸总量、必需氨基酸总量、鲜味氨基酸总量、粗脂肪等一些营养指标方面明显优于母本棕点石斑鱼或珍珠龙胆。

　　金虎杂交斑这一杂交新品种已经在我国南北方沿海养殖区进行了规模化推广养殖，利用蓝身大斑石斑鱼冷冻精子人工授精培育受精卵200kg以上，培育推广优良鱼苗上亿尾，极大带动了石斑鱼养殖产业在我国南北方迅速发展，产生了显著的经济和社会效益。

图2-8-7　金虎杂交斑（*E. fuscoguttatus* ♀×*E. tukula* ♂）

第九节　云纹石斑鱼精子冷冻保存及其应用

　　云纹石斑鱼（*Epinephelus moara*）俗称油斑，是一种暖水性底层鱼类，在我国主要分布在东海和南海，是我国南方海水养殖重要品种（郭明兰等，2008）。近年来随着养殖技术的不断进步，养殖品种南北方交流增多，云纹石斑鱼在我国北方地区也开始养殖。云纹石斑鱼和大部分石斑鱼一样都属于雌雄同体、雌性先熟鱼类（吕明毅，1989），在实际养殖过程中，常出现雄鱼欠缺和雌雄鱼发育不同步的现象（林浩然，2012），极大地限制了云纹石斑鱼人工繁殖、苗种大量培育和大规模养殖推广。

一、精液和卵采集及精子稀释液配制

　　挑选发育良好的云纹石斑鱼亲鱼注射催产激素，使用剂量为雄鱼使用绒毛膜促性腺激素（HCG）200 IU/kg和促排卵激素类似物（LHRH-A$_3$）20μg/kg，于亲鱼胸鳍基部注射，雌鱼注射剂量加倍。催产2d后，采用人工挤压的方法采集成熟精卵：利用10mg/L的MS-222麻醉亲鱼，用纸巾擦干发育成熟亲鱼腹部和生殖孔区域，向后轻压腹部生殖腺部位，精液用吸管收集后，注入干燥的冷冻管（2mL）中，卵用1 000mL的量杯收集，之后进行冷冻保存实验。

　　利用葡萄糖（Glu）、蔗糖（Suc）、NaCl、KCl、NaHCO$_3$、CaCl$_2$·2H$_2$O、KHCO$_3$、小牛血清（FBS）、Tris碱配制精子稀释液，配方见表2-9-1。

表2-9-1　实验用精子稀释液成分（g/L）

精子稀释液	葡萄糖	蔗糖	NaCl	KCl	CaCl$_2$	NaHCO$_3$	KHCO$_3$	Tris	FBS（%，v）
TS-2		37.6					10	2.1	10
ES1-3	60		10		0.5				

（续）

精子 稀释液	葡萄糖	蔗糖	NaCl	KCl	CaCl$_2$	NaHCO$_3$	KHCO$_3$	Tris	FBS (%，v)
EM1	40		9				10		
EM2			5.9	7.5				2.4	
EM1-1	40		10	1					
EM1-2			9				10		10
EM1-3	40		6	8				2.4	
EM1-4			10	1					10
EM1-5			6	8					10
EM1-6	40		8				5		

二、精子冷冻保存液筛选

首先利用 TS-2（Chen et al.，2004）、ES1-3、EM1 和 EM2 几种稀释液，向其中分别加入 20%二甲基亚砜（DMSO）配制成精子冷冻保存液。将采集的云纹石斑鱼精子 0.5mL 加入冷冻管，再加入以上冷冻保存液 0.5mL，以 1∶1 比例稀释精液，平衡 1～2min，将精子冷冻管放入小布袋中，采用"三步冷冻法"（Ji et al.，2004）将其放入液氮中冷冻保存，冷冻 9～12h。解冻前将精子冷冻管从液氮中取出，以 38℃水浴解冻，解冻时需摇动。解冻后用牙签蘸取少许精液涂抹在载玻片上，滴加 100μL 海水激活，利用 Nikon E200 显微镜观察和记录精子活力、快速运动时间和寿命。精子活力为随机视野中运动精子占该视野全部精子的百分数。快速运动时间为精子激活到转入慢速运动的时间（s）。精子寿命为从精子激活开始运动到 99%精子停止运动的时间（s）。结果显示，解冻后精子活力分别达到（51.56±4.69）%、（48.44±2.71）%、（54.69±7.16）%和（50.00±2.71）%，各组间无显著差异（$P>0.05$），但均低于鲜精（FS）活力（$P<0.05$），但利用 EM1 冷冻保存的效果要好于其他四种稀释液（$P>0.05$）（图 2-9-1）。

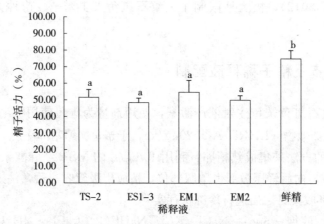

图 2-9-1　云纹石斑鱼精子在不同稀释液中冷冻保存解冻后活力（$n=3$，$P<0.05$）

再利用筛选的稀释液 EM1 为基础，配制 EM1-1、EM1-2、EM1-3、EM1-4、EM1-5、EM1-6 共 6 种稀释液，在稀释液中分别加入 20%DMSO，利用相同方法冷冻、解冻和观察精子运动。筛选出冷冻后精子活力高、快速运动时间和寿命长的稀释液配方。

利用 EM1-2 冷冻保存效果要好于其他几种系列稀释液，解冻后精子活力达到（56.67±5.77）%（$P>0.05$），鲜精活力为（75.00±5.00）%，与鲜精有显著性差异（$P<0.05$）（图 2-9-2）。EM1-4 冷冻保存精子的活力最低，为（33.33±2.89）%，其他几种稀释液冷冻保存精子活力在 45.00%～

54.68%，无显著性差异（$P>0.05$）。但从解冻激活后精子快速运动时间上，EM1-2 冷冻保存后精子快速运动时间达（490.33±48.99）s，要显著高于其他配方和鲜精（$P<0.05$），并且在精子寿命上与鲜精无显著性差异（$P>0.05$）。

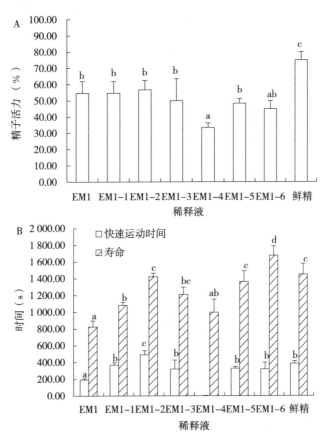

图 2-9-2　精子在不同 EM1 系列稀释液中冷冻后活力（A）、
快速运动时间和寿命（B）（$n=3$，$P<0.05$）

三、适宜抗冻剂的筛选

利用筛选到的适宜精子稀释液 EM1-2 分别加入 20%的二甲基亚砜（DMSO）、二甲基乙酰胺（DMAC）、1，2-丙二醇（PG）和甘油（Gly），采用 1∶1 比例稀释精液，按照相同方法冷冻、解冻，并观察精子活力、快速运动时间和寿命，筛选出适宜用于冷冻精子的抗冻剂。发现 PG 和 DMSO 冷冻保存精子的活力最高，分别达到（62.50±7.16）%和（48.44±2.71）%，与 DMAC 和 Gly 两种抗冻剂的冷冻活力有显著性差异（$P<0.05$），精子在甘油中冷冻没有活力（图 2-9-3）。

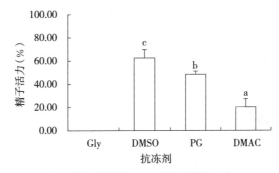

图 2-9-3　不同抗冻剂冷冻保存云纹石斑鱼精子活力（$n=3$，$P<0.05$）

将根据上述结果筛选到的精子稀释液 EM1-2 分别加 10％、15％和 20％的 DMSO 或 PG 配制冷冻保存液，采用 1：1 比例稀释精液，冷冻保存 9h，在 38℃水浴中解冻，在显微镜下观察精子活力，依据精子活力筛选出适宜用于冷冻精子的抗冻剂浓度。发现利用 10％、15％、20％的 DMSO 和 PG 冷冻保存云纹石斑鱼精子，解冻后精子活力均无显著性差异（$P > 0.05$），这表明 EM1-2 与这两种抗冻剂组合，对云纹石斑鱼的精子冷冻保存具有较好的适用性。但 15％DMSO 和 10％PG 冷冻保存后精子活力最高，20％PG 冷冻保存后精子快速运动时间较长，与其他浓度梯度有显著性差异（$P < 0.05$）（图 2-9-4）。

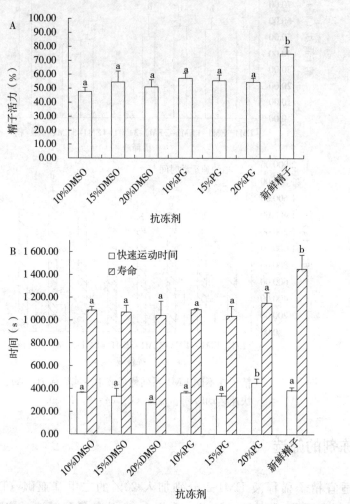

图 2-9-4　不同浓度二甲基亚砜（DMSO）和 1, 2-丙二醇（PG）对精子活力（A）、
快速运动时间及寿命（B）的影响（$n=3$, $P < 0.05$）

在云纹石斑鱼中曾用了 13％～15％的海藻糖做抗冻剂，在东大西洋石斑鱼中用了 10％DMSO 做抗冻剂（Cabrita et al.，2009），点带石斑鱼用 20％DMSO 做抗冻剂（Gwo，1993），褐石斑鱼用 5％DMSO 做抗冻剂（Imaizumi et al.，2005）。本研究利用 EM1-2 精子稀释液配制不同浓度 DMSO 和 PG 保存液，发现云纹石斑鱼对抗冻剂的适应性较广泛，10％～20％的 DMSO 和 PG 冷冻保存后精子活力无显著差异（$P > 0.05$），只是经重复试验发现 15％DMSO 或 10％ PG 比较适宜用于云纹石斑鱼精子冷冻保存。

四、冷冻精子与鲜精授精比较

用以上筛选的最优抗冻保护液冷冻保存云纹石斑鱼精液 1 年。将采集的云纹石斑鱼未受精卵分别盛于三个 1 000mL 烧杯中，每份 50mL，从液氮罐中分别提取用两种抗冻保护液冷冻保存的云纹石斑鱼精液各 1 管（1mL）。用相同方法解冻后，分别将解冻后的精液注入其中一个烧杯中，加入 22℃ 海水后摇动，使精卵混合受精。同时采集 0.5mL 云纹石斑鱼新鲜精液，注入另一烧杯中，用同样的方法授精。然后将受精卵分别放入 0.5m³ 的网箱中孵化，孵化水温保持在 20～22℃。受精约 6h 后，在发育至囊胚期取不少于 100 粒卵在显微镜下观察统计受精率。另分别取鲜精授精和冻精授精的受精卵 100 粒于烧杯中，各 3 份，在同样的孵化环境下孵化，出苗后统计鱼苗数量，计算孵化率。结果显示，冷冻精子的受精率和孵化率与鲜精的受精率和孵化率相比无显著性差异（$P>0.05$）（图 2-9-5）。

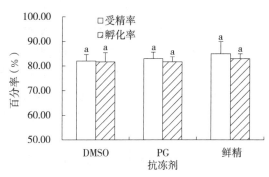

图 2-9-5　云纹石斑鱼冷冻精子和鲜精的受精率与孵化率比较（$n=3$，$P<0.05$）

五、云纹石斑鱼精子库建立及在生产中应用

过度捕捞、无序利用等因素，造成了天然云纹石斑鱼资源减少，售价较为昂贵（梁友，2011）。为此，在经济利益的驱动下，广东、福建等沿海地区近些年相继开展了网箱养殖（王大鹏等，2012），但由于野生苗种相对稀少，加大对云纹石斑鱼的人工繁殖势在必行。在云纹石斑人工繁殖方面，日本在培育技术上取得较大的进展（王民生，2001），而我国在石斑鱼人工繁殖和苗种培育方面仍存在诸多技术瓶颈（梁友等，2011）。石斑鱼属于雌雄同体、雌性先熟的鱼类，在群体中往往雄性数量相当少，这就造成了在人工繁殖过程中雄性较少，导致精液量不足，这严重限制了石斑鱼产业的发展。为解决该问题，可使用外源雄激素 MT 或非类固醇类的芳香化酶抑制剂等，促使雌性极早发生性转化来获取雄鱼，但是转化的雄鱼精子产量并不稳定，因此进行云纹石斑鱼精子冷冻保存研究，对于提高精子的利用率、推进其产业的发展具有重要意义。

云纹石斑鱼精子冷冻保存技术的建立为石斑鱼的品种改良和新品种的培育打下了基础。2010 年从福建省东山岛冷冻保存云纹石斑鱼精液 50mL，长途运输至山东省莱波水产有限公司，在云纹石斑鱼和七带石斑鱼繁殖季节，38℃ 解冻保存的精子，以精卵比例为 1：500 干法授精，分别与云纹石斑鱼卵人工授精培育鱼苗、与七带石斑鱼卵杂交授精进行杂交育种，获得了大量鱼苗。2011 年与该公司培育的云纹石斑鱼雌鱼所产卵进行人工授精，培育石斑鱼苗 50 多万尾。2011—2012 年连续两年在该公司冷冻保存云纹石斑鱼精液达 60mL，建立了云纹石斑鱼精子冷冻库，经过检测精子活力达到 60%～70%。与七带石斑鱼进行杂交授精（李炎璐等，2012），培育出杂交鱼苗 30 多万尾。该技术克服了石斑鱼人工繁殖中雄鱼数量不足、精液量不足的问题，同时能够使不同品种、不同生殖期或地理间隔的石斑鱼之间进行远缘杂交育种，为石斑鱼的品种改良和新品种的培育打下了基础。

第十节　七带石斑鱼精子冷冻保存及其应用

七带石斑鱼（*Epinephelus septemfasciatus*）具有"冷水石斑"之称，是北方养殖石斑鱼的首选品种。七带石斑鱼和大部分石斑鱼一样都属于雌雄同体、雌性先熟鱼类，有人认为雄鱼体重大于 6kg 时才开始性成熟（刘新富等，2010），亲本群体中雌性数量多而雄性有限，极大地限制了七带石斑鱼人工繁殖、苗种大量培育和大规模养殖推广。利用在饲料中添加投喂或在肌肉中埋植 17α-甲基睾酮（MT）、绒毛膜促性腺激素（HCG）缓释胶囊的方式，可以促使石斑鱼雌性尽早发生性转化（Glamuzina et al.，1998；Sarter et al.，2006），达到获得雄性种鱼并人工采精和繁殖的目的，但是七带石斑鱼通过人工促使转化的雄鱼产精量也相当少，每尾鱼一次能产 0.5～1mL 精液，对于大量成熟的卵子难以满足受精的需求。

在石斑鱼类精子冷冻保存方面，对黑石斑鱼（Chao et al.，1992；Gwo，1993）、云纹石斑鱼（Miyak et al.，2005）等鱼类精子冷冻保存方法进行了研究，Koh（2010）等利用麦管进行七带石斑鱼精子冷冻保存研究，冷冻保存的容量相当小，难以达到生产应用水平。因此为解决七带石斑鱼人工繁殖育苗中精子严重不足的问题，经过对性转化七带石斑鱼精子冷冻保存方法进行研究，对冷冻保存稀释液成分、抗冻剂种类和浓度、精子激活海水盐度等进行了筛选，极大地提高了冷冻保存容量、冷冻精子受精率和孵化率，达到了大量冷冻保存和生产应用的目的。

一、精子采集及精子稀释液配制

选择培育的七带石斑鱼亲鱼，体重在 3.4～4.8kg，2010 年 10 月对其中 20 尾埋置 17α-甲基睾酮缓释胶囊，剂量 25 mg/尾，注射后利用自然海水培育，在人工繁殖前 1 个月将水温逐渐调整至 18～19℃，2011 年 5 月下旬达到性成熟，其中 16 尾成功转化为雄性。人工采集精子前 2d，给性转雄鱼注射绒毛膜促性腺激素（HCG）100IU/kg 和促排卵激素类似物（LHRH-A$_3$）3μg/kg，促使精子成熟。采集精子时先利用 10mg/L 的 MS-222（烷基磺酸盐同位氨基苯甲酸乙酯）麻醉雄鱼，用纸巾擦干成熟雄鱼腹部和生殖孔区域，向后轻压腹部生殖腺部位，用吸管收集挤出的白色精液，注入干燥的冷冻管中，进行冷冻保存。

精子稀释液和冷冻保存液的配制：将葡萄糖、蔗糖、KHCO$_3$、NaCl、KCl、NaHCO$_3$、CaCl$_2$·2H$_2$O、NaH$_2$PO$_4$、MgCl$_2$·6H$_2$O、小牛血清、Tris 碱溶解在蒸馏水中，配制以下精子稀释液（表 2-10-1）。

表 2-10-1　实验用精子稀释液配方

溶液成分（g/L）	MPRS	TS-2	CS1	ES1	ES1-1	ES1-2	ES1-3	ES1-4	ES1-5	ES1-6
葡萄糖	11.01			60.00	60.00	60.00	60.00	60.00	60.00	60.00
蔗糖		37.65								
NaCl	3.53		7.50	30.00	3.00	7.00	10.00	14.00	14.00	20.00
NaHCO$_3$	0.25		0.20	0.50	0.50	0.50	0.50	0.05	0.50	0.50
KCl	0.39		0.20						0.20	
CaCl$_2$·2H$_2$O	0.17		0.20							
NaH$_2$PO$_4$	0.22									
MgCl$_2$·6H$_2$O	0.23									
KHCO$_3$		10.01								
小牛血清（%）		10								
Tris 碱		1.21								
来源	Ji et al.，2004	Chen et al.，2004	Kurokura et al.，1984							

二、精子稀释液的筛选

首先利用 MPRS、TS-2、CS1、ES1 4 种稀释液，向其中分别加入 20% 二甲基亚砜（DMSO）配制成精子冷冻保存液。将采集的七带石斑鱼精子 0.5mL 加入冷冻管，再加入以上冷冻保存液 0.5mL，以 1：1 比例稀释精液，平衡 1～2min，将精子冷冻管放入小布袋中，在液氮蒸气中（-80～-60℃）平衡 10min，然后投入液氮（-196℃），冷冻 4～5h。

解冻前将精子冷冻管从液氮中取出，在液氮蒸气中平衡 1min，然后放入 37℃ 水浴中，一边摇动一边解冻。之后利用针尖蘸取解冻精液涂抹在载玻片上，滴加 100μL 海水激活，在显微镜下利用 10 倍物镜观察和记录精子活力、快速运动时间和寿命。精子活力为视野中运动精子占全部精子的百分数。快速运动时间为精子激活到转入慢速运动的时间（s）。精子寿命为从精子激活开始运动到全部精子停止运动的时间（s）。

　　结果表明，利用 TS-2、MPRS、ES1 和 ES1 时，解冻后精子活力分别达到（29.17±4.94）％、（41.67±10.41）％、（35.00±4.47）％、（51.67±7.53）％，利用 ES1 冷冻保存的效果显著优于其他三种稀释液（$P<0.05$）（图 2 - 10 - 1）。

　　再次利用筛选的稀释液 ES1 为基础，配制 ES1-1、ES1-2、ES1-3、ES1-4、ES1-5、ES1-6 共 6 种稀释液，向稀释液中分别加 20％DMSO，利用上法冷冻、解冻和观察精子运动。筛选出冷冻后精子活力高、寿命长的稀释液配方。发现利用 ES1-3 冷冻保存效果显著优于其他几种系列稀释液，解冻后精子活力达到（58.33±7.64）％（$P<0.05$），鲜精活力为（66.67±5.77）％，与鲜精无显著性差异（$P>0.05$）（图 2 - 10 - 2）。ES1-1 冷冻保存精子的活力最低，为 30.00％，其他几种稀释液冷冻保存精子活力在 40.00％～48.33％，无显著性差异（$P>0.05$）。

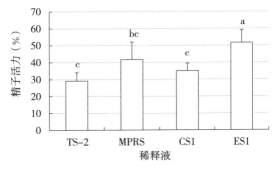

图 2 - 10 - 1　七带石斑鱼精子在不同稀释液中冷冻保存效果（$n=3\sim6$）

注：不同小写字母表示存在显著性差异（$P<0.05$）

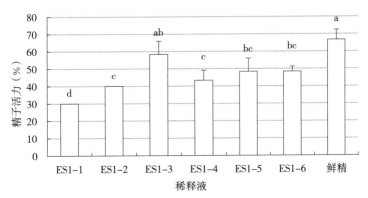

图 2 - 10 - 2　精子在 ES1 系列稀释液中冷冻后活力（$n=3$，$P<0.05$）

三、适宜抗冻剂的筛选

　　利用筛选到的适宜精子稀释液 ES1-3 分别加 20％的二甲基亚砜（DMSO）、二甲基乙酰胺（DMAC）、1，2-丙二醇（PG）和甘油（Gly）配制冷冻保存液，采用 1∶1 比例稀释精液，按照上述方法冷冻、解冻，并观察精子活力、快速运动时间、寿命，筛选出适宜用于冷冻精子的抗冻剂。实验结果显示，PG 和 DMSO 冷冻保存精子的活力最高，分别达到（71.67±5.77）％和（68.33±7.64）％，与 DMAC 和 Gly 两种抗冻剂相比有显著性差异（$P<0.05$），精子在甘油中冷冻几乎没有活力，仅为 3.00％，鲜精活力为（85.00±5.00）％（图 2 - 10 - 3A）。

精子在 DMSO、DMAC 和 PG 中快速运动时间为（569.67±157.14）～（720.33±24.54）s，精子寿命为（1 543.00±166.68）～（1 884.33±212.03）s，与鲜精比较无显著性差异（$P>0.05$）。精子在甘油中无快速运动现象，精子寿命相当短，与其他几种抗冻剂有显著性差异（$P<0.05$）（图 2 - 10 - 3B）。

抗冻剂是精子冷冻保存液中不可缺少的成分，不同鱼类精子对抗冻剂种类的适应性也不同。其他鱼类精子冷冻保存中利用了二甲基亚砜、甘油（Imaizumi et al.，2005）、二甲基甲酰胺（Aoki et al.，1997）、高浓度的海藻糖（Miyak et al.，2005；Peatpisut，2010）和小牛血清（Koh et al.，2010）等。本研究针对 4 种抗冻剂二甲基亚砜（DMSO）、二甲基乙酰胺（DMAC）、1，2-丙二醇和甘油进行了筛选，发现二甲基亚砜和 1，2-丙二醇适合用于七带石斑鱼精子冷冻保存，冷冻精子成活率达 68.33%～71.67%。

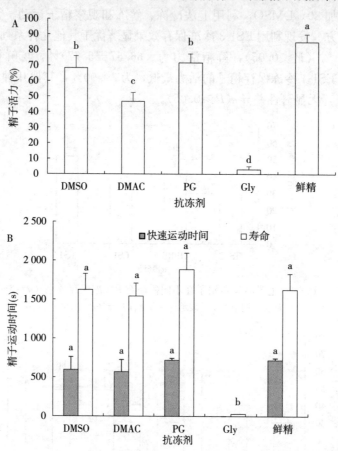

图 2 - 10 - 3　不同抗冻剂冷冻七带石斑鱼精子的活力（A）、
快速运动时间和寿命（B）（$n=3$，$P<0.05$）

四、抗冻剂适宜浓度的筛选

利用筛选到的精子稀释液 ES1-3 分别加 10%、15% 和 20% 的 DMSO 或 PG 配制冷冻保存液，采用 1∶1 比例稀释精液，冷冻保存 9h，在 37℃ 水浴中解冻，在显微镜下观察精子活力，依据精子活力筛选出适宜用于冷冻精子的抗冻剂浓度。

结果表明，利用 10%、15%、20% 的 DMSO 时，解冻后精子活力达到 66.67%～76.67%，3 个浓度梯度无显著性差异（$P>0.05$），但 10%DMSO 冷冻保存后精子寿命最大，达 3 003.67s，与其他两个浓度梯度有显著性差异（$P<0.05$）（图 2 - 10 - 4）。

利用 10%～20% 的 PG 时，解冻后精子活力达到 51.65%～75.00%，3 个浓度梯度之间具有显著性差异（$P<0.05$），10% 的 PG 冷冻保存效果最好。但是利用 20% 的 PG 冷冻精子的寿命最长（$P<0.05$）（图 2 - 10 - 4）。

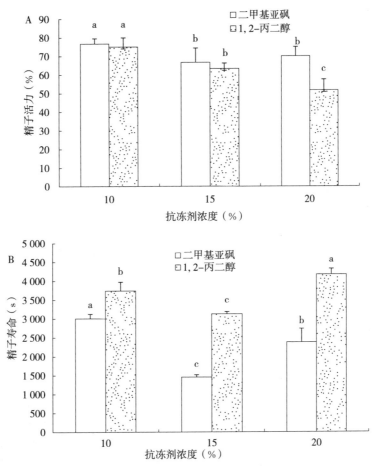

图 2-10-4　二甲基亚砜和 1, 2-丙二醇冷冻精子活力（A）和寿命（B）浓度的筛选（$n=3$, $P<0.05$）

　　适宜抗冻剂浓度对于精子细胞脱水、维持精子渗透压、保护精子细胞膜结构、防止细胞冻伤等方面具有重要的作用。抗冻剂浓度过高会大量杀伤精子，浓度过低达不到在低温下保护精子的作用。在大菱鲆和鲈精子冷冻保存中筛选出 10% DMSO 有利于其精子冷冻保存（Chen et al., 2004, Ji et al., 2004），13.3% DMSO 或 13.3% PG 有利于圆斑星鲽精子冷冻保存（Tian et al., 2008），利用 5% 的 DMSO 冷冻保存了云纹石斑鱼的精子（Imaizumi et al., 2005），利用 20% DMSO 冷冻保存了黑石斑鱼的精子（Gwo, 1993），利用 10% DMF 冷冻保存了青鳉精子（Aoki et al., 1997）。本节研究发现 10% DMSO 或 1, 2-丙二醇有利于七带石斑鱼精子冷冻保存。

五、海水盐度对精子活力的影响

　　将盐度为 30 的海水与蒸馏水按 100%、66.7%、60%、55%、50%、45%、40%、33.3%、25%、20% 的比例稀释，配制成盐度分别为 30、19、18、16、14、13、10、9、7、5 的稀释海水，利用金属针蘸取七带石斑鱼精液涂抹在载玻片上，分别滴 100μL 不同盐度的海水激活，在显微镜下利用 10 倍物镜观察精子活力，筛选最适于激活精子的海水盐度。随着盐度的降低，精子活力逐渐下降。盐度 30 时精子活力最高，达到（96.00±1.73）%，盐度 19 时为（78.33±17.56）%，之后精子活力迅速下降，盐度低于 9 时精子活力为 0，不同盐度海水激活精子的活力具有显著性差异（$P<0.05$）（图 2-10-5）。

　　大部分硬骨鱼类都是体外受精，外界环境中的渗透压、离子、CO_2、温度、盐度、pH 等诸多因子对精子的生物学特性都会产生一定的影响（邓岳松等，1999），表现在精子活力、寿命、受精能力等方面的变化。对于冷冻精子而言，由于要经过冷冻解冻等诸多环节，精子的生理特性除受到以上因子的影

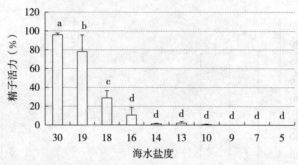

图 2-10-5　不同盐度对七带石斑鱼精子活力影响（$n=3\sim4$，$P<0.05$）

响之外，还受到精子冷冻稀释液渗透压、抗冻剂及受精环境中的温度、盐度等因素的影响，因此冷冻精子在适宜的海水温度和盐度下授精，对于提高受精率具有一定的作用。盐度对大黄鱼精子活力影响较大，当海水盐度在 19.61～24.87 时，精子的激活率大于 90％，活动时间大于 9.65min，寿命大于 13.50min（朱冬发等，2005）。广东鲂精子在盐度为 3 时精子具有较长的快速运动时间和寿命，盐度达到 9 时精子失去活力（潘德博等，1999）。七带石斑鱼精子在盐度 30 时精子活力达到 96％，说明在盐度为 30 的海水中授精比较适宜。

六、冷冻精子授精比较及杂交实验

利用以上筛选的最优化方法冷冻保存七带石斑鱼精液，冷冻时间 120h。采集云纹石斑鱼未受精卵分别盛于两个 1 000mL 烧杯中，每份 200mL，从液氮罐中提取 1 管（1mL）冷冻保存的七带石斑鱼精液，在 37℃水浴中解冻，将解冻后的精液注入其中一个烧杯中，摇动使精卵混合，加入 20℃海水使之激活受精。同时采集 0.5mL 七带石斑鱼新鲜精液，注入另一烧杯中，用同样的方法授精。然后将受精卵分别放入 0.5m³ 的网箱中孵化，环境水温 20℃。受精后 3h，发育至囊胚期取卵在显微镜下观察统计受精率。另外分别取 3 份鲜精授精和冻精授精受精卵 100 粒于烧杯中，在同样的孵化环境下孵化，出苗后统计鱼苗数量，计算孵化率，每组统计 3 次。

结果显示，冷冻精子的受精率和孵化率与鲜精的受精率和孵化率相比无显著性差异（$P>0.05$）（图 2-10-6）。冷冻精子的受精率和孵化率分别为 （68.08±22.46）％、（76.83±18.31）％，新鲜精子的受精率和孵化率分别为 （69.87±6.05）％、（64.33±4.04）％，同时表明利用七带石斑鱼冷冻精子与云纹石斑鱼卵可以进行杂交培育后代。

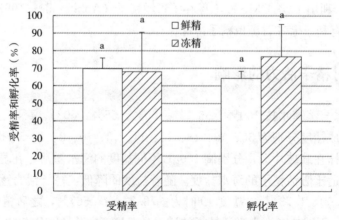

图 2-10-6　七带石斑鱼冷冻精子和鲜精与云纹石斑鱼卵
杂交授精比较（$P>0.05$）

云纹石斑鱼和七带石斑鱼都属于石斑鱼属，云纹石斑鱼主要分布于我国东海和南海，为暖水性中下层鱼类，染色体核型为 $2n=2st+46t$（郭丰等，2006）；七带石斑鱼为暖温性礁栖鱼类，主要分布于黄海和东海沿岸，染色体核型为 $2n=48t$（钟声平等，2010）。七带石斑鱼的繁殖季节为5月中旬前后，产卵水温为 $19\sim20℃$，云纹石斑鱼产卵温度稍高于七带石斑鱼，为 $20\sim23℃$。两种石斑鱼的分布、生长和繁殖温度有一定差异，七带石斑鱼分布纬度较高，生长和繁殖温度较低，因此有人称其为"冷水石斑鱼"，但云纹石斑鱼较七带石斑鱼生长快。两种石斑鱼染色体数目相同，在核型上有一定的差异。两种石斑鱼在地理分布和繁殖时间上存在一定的生殖隔离，在自然环境中不可能发生自然杂交现象。云纹石斑鱼在人工繁殖和苗种培育等方面起步较早，技术较成熟，在我国南方已经可以大量养殖，但是七带石斑鱼人工繁殖技术还未完全成熟，人工繁殖培育的鱼苗数量有限。本研究利用冷冻保存的七带石斑鱼精子成功地与云纹石斑鱼卵进行杂交，杂交受精率与孵化率都达到了鲜精的水平，一方面证明七带石斑鱼精子冷冻保存技术达到了应用水平，另一方面说明利用冷冻精子技术可突破品种之间的生殖隔离，为培育生长快、可在较低温度下养殖的石斑鱼新品种探索了一条技术途径。

七、性别转化与冷冻保存技术相结合有效提高精子应用率

石斑鱼都属于雌雄同体、雌性先熟的鱼类，在群体中个体最大的雌性才有可能转化为雄性，雄性地位的维持取决于它们的体长和年龄优势，因此在同一群体中雄性数量相当少。石斑鱼的这种生态特性使人工繁殖群体中雄性相当珍贵，雄性少精液量不足，限制了石斑鱼卵大量受精和苗种大量培育。为了提高养殖群体中雄性数量，有人利用甲基睾酮制成的缓释胶囊注射到鱼体内，促使雌性极早发生性转化。例如在性未成熟的黑石斑鱼雌鱼体内注射 17α-甲基睾酮胶囊 $2.5\ mg/kg$（Cabrita et al.，2009），给褐点石斑鱼未成熟雌鱼注射 17α-甲基睾酮胶囊 $4mg/kg$（Peatpisut et al.，2010），都获得了性别转化的雄鱼和成熟的精子，但是转化的雄鱼性别并不十分稳定。我们利用类似的方法，进行了七带石斑鱼性别转化实验，成功转化了8尾雄性，但是在性成熟期产精量比较少，每尾鱼每次的产精量仅为 $0.5\sim1mL$。因此进行石斑鱼精子冷冻保存研究，对于提高精子的利用率具有重要的作用。

Miyak等（2005）冷冻保存了云纹石斑鱼精子，方法是利用 $13\%\sim15\%$ 的海藻糖以1:2或1:4的比例稀释精液，将稀释精液注入 $0.5mL$ 的麦管中冷冻保存，获得了 $67\%\sim94.6\%$ 的受精率。Cabrita等（2009）利用 $1\%NaCl+10\%DMSO+10mg/mL$ BSA作为稀释液，以1:9的比例稀释精液后，采用麦管冷冻保存了黑石斑鱼精子。在本文中利用冷冻保存鲈精子的稀释液 MPRS（Ji et al.，2004）、冷冻保存鲆鲽鱼类精子稀释液 TS-2（Chen et al.，2004）、冷冻保存鲤精子的稀释液（Kurokura et al.，1984）等对七带石鱼精子进行了冷冻保存尝试，但是冷冻后精子成活率都相当低，无法应用。因此利用葡萄糖、NaCl、$NaHCO_3$ 经过梯度实验筛选配制了一种稀释液 ES1-3，冷冻保存后精子活力达到 $66.67\%\sim76.67\%$，并且可直接利用 $2mL$ 的冷冻管冷冻保存精子，每管的冷冻量达到 $1mL$，是其他石斑鱼精子冷冻量的2倍，达到了大量冷冻保存的目的。

参 考 文 献

曾文阳，潘敬端，1979. 红斑和镶点青斑之杂交繁殖试验 [J]. 中国水产（台刊），324：19-24.

陈品建，王重刚，陆皓，等，1998. 真鲷幼鱼消化酶活性与温度的关系 [J]. 厦门大学学报（自然科学版），37（6）：931-934.

陈松林，刘宪亭，鲁大椿，等，1992. 鲢、鲤、团头鲂和草鱼精液冷冻保存的研究 [J]. 动物学报，38（4）：413-424.

陈松林，田永胜，李军，等，2007. 鱼类精子和胚胎冷冻保存理论与技术 [M]. 北京：中国农业出版社：47-298.

崔奕波，陈少莲，王少梅，1995. 温度对草鱼能量收支的影响 [J]. 海洋与湖沼，6：169-174.

丁福红，2004. 真鲷精子和胚胎冷冻保存研究 [D]. 青岛：中国科学院海洋研究所.

段会敏，田永胜，李文龙，等，2017. 星斑川鲽雌核发育二倍体、单倍体与普通二倍体及杂交胚胎发育的比较 [J]. 中国水产科学，24（3）：477-487.

戈文龙，张全启，齐洁，等，2005. 异源精子诱导牙鲆雌核发育二倍体 [J]. 中国海洋大学学报，35（6）：1011-1016.

郭明兰，苏永全，陈晓峰，等，2008. 云纹石斑鱼与褐石斑鱼形态比较研究 [J]. 海洋学报，30（6）：106-114.

韩明明，丁福红，孟振，等，2013. 大菱鲆不同繁殖期的精子质量分析 [J]. 渔业科学进展，34（5）：31-35.

胡一中，2010. Na^+、K^+、Ca^{2+}、葡萄糖及渗透压对泥鳅精子活力的影响 [J]. 金华职业技术学院学报，10（3）：69-72.

华泽钊，任禾盛，1994. 低温生物医学技术 [M]. 北京：科学出版社.

黄进光，谢恩义，2010. 云纹石斑鱼工厂化健康育苗技术初探 [J]. 水产养殖，4：8-9.

黄晓荣，章龙珍，乔振国，等，2007. 抗冻剂对日本鳗鲡精子活力及运动时间的影响 [J]. 海洋渔业，29（3）：193-199.

黄宗文，骆剑，林彬，等，2010. 鞍带石斑鱼工厂化育苗研究 [J]. 海洋科学，34（9）：23-30.

季相山，陈松林，赵燕，等，2005. 石鲽、牙鲆精子冷冻保存研究及其在人工杂交中的应用 [J]. 海洋水产研究，26（1）：16-18.

江世贵，李加儿，区又君，等，2000. 四种鲷科鱼类的精子激活条件与其生态习性的关系 [J]. 生态学报，20（3）：468-473.

姜静，田永胜，王波，等，2014. 星斑川鲽精子冷冻保存与生理特性分析 [J]. 农业生物技术报，22（1）：17-26.

李纯，李军，薛钦昭，2001. 真鲷精子的超低温保存研究 [J]. 海洋科学，25（12）：6-8.

李加儿，区又君，江世贵，1996. 环境因子变化对平鲷精子活力的影响 [J]. 动物学杂志，31（3）：6-9.

李珺竹，张全启，齐洁，等，2006. 牙鲆（♀）×圆斑星鲽（♂）杂交子代的胚胎及仔鱼发育 [J]. 中国水产科学，13（5）：732-739.

李炎璐，王清印，陈超，等，2012. 云纹石斑鱼（♀）×七带石斑鱼（♂）杂交子一代胚胎发育及仔稚幼鱼形态学观察 [J]. 中国水产科学，19（5）：821-832.

李燕子，2006. 计算机辅助精子运动参数分析在男性不育症诊断中的价值 [J]. 中国男科学杂志，20（10）：48-49.

李振通，田永胜，唐江，等，2019. 云龙石斑鱼与云纹石斑鱼、珍珠龙胆石斑鱼的生长性状及对比分析 [J]. 水产学报，43（4）：1005-1017.

梁伟峰，张海发，王云新，等，2009. 几种因子对鞍带石斑鱼精子活力的影响 [J]. 广东海洋大学学报，29（3）：29-33.

梁友，倪琦，王印庚，等，2011. 云纹石斑鱼规模化人工繁育技术研究 [J]. 渔业现代化，38（5）：31-34.

林丹军，尤永隆，2002. 大黄鱼精子生理特性及其冷冻保存 [J]. 热带海洋学报，21（4）：69-75.

林丹军，尤永隆，陈炳英，2006. 大黄鱼精子冷冻复苏后活力和超微结构的变化 [J]. 福建师范大学（自然科学版），22（3）：71-76.

刘付永忠，赵会宏，刘晓春，等，2007. 赤点石斑鱼♂与斜带石斑鱼♀杂交初步研究 [J]. 中山大学学报（自然科学版），46（3）：72-75.

刘海金，王常安，朱晓琛，等，2008. 牙鲆单倍体、三倍体、雌核发育二倍体和普通二倍体胚胎发育的比较 [J]. 大连水产学报，6（23）：161-167.

林浩然，2012. 石斑鱼类养殖技术体系的创建和石斑鱼养殖产业持续发展的思考 [J]. 福建水产，34（1）：1-10.

刘鹏，庄平，章龙珍，等，2007. 人工养殖西伯利亚鲟精子超低温冷冻保存研究 [J]. 海洋渔业，29（2）：120-127.

柳凌，OTOMAR Linhart，危起伟，等，2007. 计算机辅助对几种鲟鱼冻精激活液的比较 [J]. 水产学报，31（6）：711-720.

吕明毅，1989. 石斑鱼类的生殖生物学 [J]. 中国水产（台），437：41-52.

孟庆闻，苏锦祥，缪学祖，1995. 鱼类分类学 [M]. 北京：中国农业出版社.

孟振，雷霁霖，刘新富，等，2010. 不同倍性大菱鲆胚胎发育的比较研究 [J]. 中国海洋大学报，40（7）：36-42.

牧人，张锁链，王建国，1997. 蔗糖、牛血清白蛋白和锌离子对白绒山羊精液冷冻效果的影响 [J]. 畜牧兽医学报，28（2）：120-125.

潘德博，许淑英，叶星，等，1999. 广东鲂精子主要生物学特性的研究 [J]. 中国水产科学，6（4）：111-113.

齐文山，姜静，田永胜，等，2014. 云纹石斑鱼精子冷冻保存［J］. 渔业科学进展，35（1）：26-34.

沈士新，2011. 蓝身大石斑（Epinephelus tukula）种苗繁殖及育成技术之研究［D］. 基隆：台湾海洋大学.

宋莉妮，田永胜，李祥孔，等，2016. 钝吻黄盖鲽精子冷冻保存及生理特性分析［J］. 农业生物技术学报，24（4）：584-592.

宋盛宪，许波涛，1987. 石斑鱼杂交新品种"青红斑"获得成功［J］. 海洋渔业，9（6）：271.

宋振鑫，陈超，翟介明，等，2012. 云纹石斑鱼生物学特性及人工繁育技术研究进展［J］. 渔业信息与战略，27（1）：47-53.

苏鹏志，陈松林，杨景峰，等，2008. 异源冷冻精子诱导大菱鲆的雌核发育［J］. 中国水产科学，15（5）：715-722.

孙德文，詹勇，许梓荣，2003. 环境温度在鱼类养殖中的重要作用［J］. 水产养殖，24（2）：36-39.

孙忠之，柳学周，徐永江，等，2011. 水温对圆斑星鲽摄食率和生长的影响［J］. 渔业现代化，38（1）：28-32.

唐江，田永胜，李振通，等，2018. 云纹石斑鱼和鞍带石斑鱼及其杂交后代遗传性状分析［J］. 农业生物技术学报，26（5）：819-829.

田永胜，2004. 三种海水鱼类胚胎玻璃化冷冻保存研究［D］. 武汉：华中农业大学.

田永胜，2017. 石斑鱼种质库建立及远缘杂交育种技术研究［J］. 科技成果管理与研究，10：68-70.

田永胜，2020. 石斑鱼杂交育种理论与技术［M］. 北京：中国农业出版社.

田永胜，陈松林，季相山，等，2009. 半滑舌鳎精子冷冻保存［J］. 渔业科学进展，30（6）：97-103.

田永胜，陈松林，刘本伟，等，2006. 大西洋牙鲆冷冻精子×褐牙鲆卵杂交胚胎的发育及胚后发育［J］. 水产学报，30（4）：433-443.

田永胜，陈松林，邵长伟，等，2008. 鲈鱼冷冻精子诱导半滑舌鳎胚胎发育［J］. 海洋水产研究，29（2）：1-9.

田永胜，陈松林，徐田军，等，2009. 牙鲆不同家系生长性能比较及优良亲本的选择［J］. 水产学报，33（6）：901-912.

田永胜，陈松林，严安生，2005. 牙鲆胚胎玻璃化冷冻保存技术研究［J］. 高技术通讯，15（3）：105-110.

田永胜，陈张帆，段会敏，等，2017. 鞍带石斑鱼冷冻精子与云纹石斑鱼杂交家系建立及遗传效应分析［J］. 水产学报，41（10）：1-12.

田永胜，段会敏，李祥孔，等，2017. 牙鲆三个同源纯系的生长和遗传性状比较［J］. 中国水产科学，24（1）：11-21.

田永胜，姜静，马允，等，2014. 额尔齐斯河江鳕精子冷冻保存研究［J］. 农业生物技术学报，22（9）：1149-1156.

田永胜，李祥孔，段会敏，等，2016. 星斑川鲽家系建立及遗传效应分析［J］. 海洋学报，38（6）：21-31.

田永胜，马允，解子牛，等，2016. 哲罗鲑精子冷冻保存［J］. 农业生物技术学报，24（1）：90-97.

王波，王宗灵，孙丕喜，等，2006. 星斑川鲽的养殖条件及发展前景［J］. 渔业现代化，5：16-18.

王波，刘振华，傅明珠，等，2009. 星斑川鲽远缘杂交初步研究［J］. 渔业现代化，36（5）：41-53.

王波，刘振华，孙丕喜，等，2008. 星斑川鲽胚胎发育的形态观察［J］. 海洋学报，30（2）：130-136.

王大鹏，曹占旺，谢达祥，等，2012. 石斑鱼的研究进展［J］. 南方农业学报，43（7）：1058-1065.

王林娜，田永胜，唐江，等，2018. 云纹石斑鱼、鞍带石斑鱼及杂交"云龙斑"肌肉营养成分分析及品质评价［J］. 水产学报，42（7）：1085-1094.

王民生，2001. 日本七带石斑鱼和云纹石斑鱼苗种批量生产成功［J］. 中国渔业经济，6：54.

王祖昆，邱麟翔，陈魁候，等，1984. 草鱼、鲢鱼、鳙鱼、鲮鱼冷冻精液授精试验［J］. 水产学报，8（3）：255-257.

吴仲庆，1985. 单套染色体组在泽蛙雌核单倍体发育中的作用［J］. 动物学报，31（1）：28-32.

夏良萍，陈梦婷，陈悦萍，等，2013. 黄颡鱼精子超低温冷冻保存技术［J］. 江苏农业科学，41（10）：196-198.

谢刚，叶星，苏植蓬，等，1999. 鳗鲡精子的主要生物学特性［J］. 上海水产大学学报，8（1）：81-84.

徐东东，尤峰，王波，等，2008. 星斑川鲽染色体核型分析［J］. 海洋科学进展，26（3）：377-380.

徐加涛，尤锋，许建和，等，2011. 黑鲷精子诱导漠斑牙鲆雌核发育研究［J］. 水产科学，30（12）：744-748.

徐莉春，王沐沂，王心如，2000. 镉对大鼠精子运动能力影响的体外试验研究［J］. 环境与健康杂志，17（2）：67-69.

杨洪志，梁荣峰，2002. 鞍带石斑鱼（Epinephelus lanceolatus Bloch）繁殖生物学的初步研究［J］. 现代渔业信息，17（7）：20-21.

杨景峰，陈松林，苏鹏志，等，2009. 异源精子诱导条斑星鲽雌核发育［J］. 水产学报，33（3）：372-378.

杨少森，2110. 斜带石斑鱼♀与鞍带石斑鱼♂杂交及 F₁ 遗传分析 [D]. 广州：华南师范大学．

殷名称，Batry R S, Franklin C E, 1995. 温度和活动对仔鲱氧代谢的影响 [J]. 海洋与湖沼，26（3）：285-294.

于海洋，张秀梅，陈超，2004. 鱼类精液超低温冷冻保存的研究展望 [J]. 海洋湖沼通报，2：66-72.

张海发，林浩然，张勇，等，2014. 杂交"虎龙斑"的培育方法．专利号 ZL201010249402，授权公告日 2014.03.05

张海发，王云新，刘付永忠，等，2008. 鞍带石斑鱼人工繁殖及胚胎发育研究 [J]. 广东海洋大学学报，28（4）：36-41.

张树山，李青旺，李刚，等，2006. 海藻糖、蔗糖和乳糖对猪精液冷冻保存效果的影响 [J]. 西北农林科技大学学报，34（6）：41-46.

张轩杰，1987. 鱼类精液超低温冷冻保存研究进展 [J]. 水产学报，11（3）：259-267.

张雪雷，王文琪，肖志忠，等，2013. 超低温保存后大菱鲆精子的生理活性及其超微结构研究 [J]. 海洋与湖沼，44（4）：1103-1107.

张岩，高天翔，刘曼红，等，2007. 钝吻黄盖鲽同工酶组织特异性及群体遗传结构的初步研究 [J]. 中国海洋大学学报，37（2）：235-242.

赵燕，季相山，陈松林，2006. 大菱鲆精子低温短期保存 [J]. 海洋水产研究，27（4）：48-52.

赵振山，吴清江，高贵琴，等，1999. 大鳞副泥鳅雄核发育单倍体胚胎发育的研究 [J]. 动物学研究，20（3）：230-234.

郑风荣，郭湘云，刘洪展，等，2016. 星斑川鲽 MHC Ⅱ 恒定链 Ii 基因的克隆和表达特性 [J]. 水产学报，40（2）：145-154.

郑风荣，徐宗军，张永强，等，2015. 星斑川鲽免疫相关组织抗菌活性的研究 [J]. 中国渔业质量与标准，22（1）：17-26.

周翰林，张勇，齐鑫，等，2012. 两种杂交石斑鱼子一代杂种优势的微卫星标记分析 [J]. 水产学报，36（2）：161-170.

朱冬发，成永旭，王春琳，等，2005. 环境因子对大黄鱼精子活力的影响 [J]. 水产科学，24（12）：4-6.

朱作言，1982. 胡子鲶的胚胎发育 [J]. 水生生物学报，6（04）：445-454.

Abdelhakeam AA, Graham EF, Vazquez IA, et al., 1991. Studies on the absence of glycerol in unfrozen and frozen ram semen: Development of an extender for freezing: Effects of osmotic pressure, egg yolk levels, type of sugars, and the method of dilution [J]. Cryobiology, 78: 43-49.

Ahn JY, Park JY, Lim HK, 2018. Effects of different diluents, cryoprotective agents, and freezing rates on sperm cryopreservation in *Epinephelus akaara* [J]. Cryobiology, 83: 60-64.

An HS, Byun SG, Kim YC, et al., 2011. Wild and hatchery populations of Korean Starry Flounder compared using microsatellite DNA markers [J]. Int J MolSci, 12 (12): 9189-9202.

An HS, Nam MM, Myeong JI, et al., 2014. Genetic diversity and differentiation of the Korean starry flounder (*Platichthys stellatus*) between and within cultured stocks and wild populations inferred from microsatellite DNA analysis [J]. Mol Biol Rep, 41 (11): 7281-7292.

Aoki K, Okamoto M, Tatsumi K, et al., 1997. Cryopreservation of medaka spermatozoa [J]. Zoological Science, 14 (4): 641-644.

Billard R, Cossonm MP, 1992. Some problem related to the assessment of sperm of sperm motility in freshwater fish [J]. Journal of Experimental Zoology, 61: 122-131.

Blaster T H S, 1953. Sperm storage and cross-fertilization of spring and autumn spawning herring [J], Nature, 172: 1189-1190.

Borsa P, Bianquer A, Berrebi P, 1997. Genetic structure of the flounders *Platichthys flesus* and *P. stellatus* different geographic scales [J]. Marine Biology, 129: 233-246.

Babiak I, Glogowski J, Goryczko K, et al., 2001. Effect of extender composition and equilibration time on fertilization ability and enzymatic activity of rainbow troutcryopreservation spermatozoa [J]. Theriogenology, 56 (1): 177-192.

Butts IAE, Babiak I, Ciereszko A, et al., 2011. Semen characteristics and their ability to predict sperm cryopreservation potential of Atlantic cod, *Gadus morhua* L. [J]. Theriogenology, 75: 1290-1300.

Butts IAE, Litvak MK, Kaspar V, et al., 2010. Cryopreservation of Atlantic cod *Gadus morhua* L. spermatozoa: Effects of extender composition and freezing rate on sperm motility, velocity and morphology [J]. Cryobiology, 61: 174-181.

Cabrita E, Engrola S, Conceição LEC, et al., 2009. Successful cryopreservation of sperm from sex-reversed dusky grouper, *Epinephelus marginatus* [J]. Aquacultur, 287: 152-157.

Cabrita E, Robles V, Alvarez R, et al., 2001. Cryopreservation of rainbow trout sperm in large volume straws: application to large scale fertilization [J]. Aquaculture, 201: 301-314.

Cardiner RW, 1978. Utilisation of extracellular glucose by spermatozoa of two viviparous fishes [J]. Comp Biochem Physiol, 59A: 165-168.

Chao NH, Chao WC, Liu KC, et al., 1986. The biological properties of black porgy (*Acanthopogrus schlegeli*) sperm and its cryopreservation [J]. Proceedings of the National Science Council Republic of China B, 10 (2): 145-149.

Chao NH, Tsai HP, Liao IC, 1992. Short and long-term cryopreservation and sperm suspension of the grouper, *Epinephelus malabaricus* [J]. Asian Fisheries Science, 5: 103-116.

Chen J, Xiao L, Peng C, et al., 2019. Socially controlled male-to-female sex reversal in the protogynous orange-spotted grouper, *Epinephelus coioides* [J]. J Fish Biol, 94 (3): 414-421.

Chen SL, Ji XS, Yu GC, et al., 2004. Cryopreservation of sperm from turbot (*Scophthalmus maximus*) and application to large-scale fertilization [J]. Aquaculture, 236: 547-556.

Chen SL, Tian YS, Yang JF, et al., 2009. Artificial gynogenesis and sex determination in Half-smooth tongue sole (*Cynoglossus semilaevis*) [J]. Mar Biotechnol, 11: 243-251.

Chen SL, Tian YS, Yang JF, et al., 2008. Artificial gynogenesis and sex determination in half-smooth tongue sole (*Cynoglossus semilaevis*) [J]. Marine Biotechnology, 11 (2): 243-251.

Chen SL, Tian YS, 2005. Cryopreservation of flounder (*Paralichthys olivaceus*) embryos by vitrification [J]. Theriogenology, 63: 1207-1219.

Chen Y, Foote R H, Brockett CC, 1993. Effect of sucrose, trehalose, hypotaurine, taurine, and blood serum on survival of frozen bull sperm [J]. Cryobiology, 30: 423-431.

Chen YK, Hua Q, Li J, et al., 2010. Effect of long-termcryopreservation on physiological characteristics, antioxidant activities and lipidperoxidation of red seabream (*Pagrus major*) sperm [J]. Cryobiology, 61: 189-193.

Chen YK, Liu QH, Li J, et al., 2010. Effect of long-term cryopreservation on physiological characteristics, antioxidant activities and lipid peroxidation of red seabream (*Pagrus major*) sperm [J]. Cryobiology, 61 (2): 189-93.

Christensen JM, Tiersch TR, 1997. Cryopreservation of channel catfish spermatozoa-effect of cryopretectans, straw size, and formulation of extender [J]. Theriogenology, 47: 639-645.

Claireaux G, Lagardere P, 1999. Influence of temperature, oxygen and salinity on the metabolism of the Europeanseabass [J]. J of Sea Research, 42: 157-168.

Crowe JH, Crowe LM, Carpenter JF, et al., 1988. Interaction of sugars with membranes [J]. Biochimica et Biophysica Acta, 947: 367-384.

Cuevas-Uribe R, Chesney EJ, Daly J, et al., 2015. Vitrification of sperm from marine fishes: effect on motility and membrane integrity [J]. Aquac Res, 46 (7): 1770-1784.

DeGraaf JD, Berlinsky DL, 2004. Cryogenic and refrigerated storage of Atlantic cod (*Gadus morhua*) and haddock (*Melanogrammus aeglefinus*) spermatozoa [J]. Aquaculture, 234: 527-540.

Deleeuw FE, Deleeuw AM, Dendaas JHG, et al., 1993. Effects of various cryoprotective agents and membrane stabilizing compounds on bull sperm membrane integrity after cooling and freezing [J]. Cryobiology, 30: 32-44.

Deng YS, Lin HR, 1999. Advance in Fishes Sperm Motility [J]. Life Science Research, 3 (4): 271-278.

Dreanno C, Sequet M, Quemener L, et al., 1997. Cryopreservation of turbot (*Scophthalmus maximus*) spermatozoa [J]. Theriogenology, 48: 589-603.

Dziewulska K, Rzemieniecki A, Czerniawski R, 2011. Post-thawed motility and fertility from Atlantic salmon (*Salmo *salar*）sperm frozen with four eryodiluents in straws or pellets [J]. Theriogenology, 76 (2): 300-311.

Dzyuba V, Dzyuba B, Cosson J, et al., 2014. The antioxidant system of starlet seminal fluid in testes and Wolffian ducts [J]. Fish Physiol Biochem, 40: 1731-1739.

Eugenio-Gonzaliz MA, Padilla-Zarate G, Oca CMD, et al., 2009. Information Technologies supporting the operation of the germplasm Bank of aquatic species of Baja California, Mexico [J]. Reviews in Fisheries Science, 17 (1): 8-17.

Figueroa E, Farias JG, Lee-Estevez M, et al., 2018a. Sperm cryopreservation with supplementation of α-tocopherol and ascorbic acid in freezing media increase sperm function and fertility rate in Atlantic salmon (*Salmo salar*) [J]. Aquaculture, 493: 1-8.

Figueroa E, Lee-Estevez M, Valdebenito I, et al., 2018b. Potential biomarkers of DNA quality in cryopreserved fish sperm: impact on gene expression and embryonic development [J]. Rev. Aquaculture, 12 (1): 382-391.

Figueroa E, Lee-Estevez M, Valdebenito I, et al., 2019. Effects of cryopreservation on mitochondrial function and sperm quality in fish [J]. Aquaculture, 511.

Figueroa E, Merino O, Risopatrón J, et al., 2015. Effect of seminal plasma on Atlantic salmon (*Salmo salar*) sperm vitrification [J]. Theriogenology, 83 (2): 238-245.

Figueroa E, Valdebenito I, Farias JG, 2016a. Technologies used in the study of sperm function in cryopreserved fish spermatozoa [J]. Aquac Res, 47: 1691-1705.

Figueroa E, Valdebenito I, Merino O, et al., 2016b. Cryopreservation of Atlantic salmon *Salmo salar* sperm: effects on sperm physiology [J]. J Fish Biol, 89 (3): 1537-1550.

Fosfer RC, 1976. Renal hydromineral metabolism in starry flounder, *Platichthys stellatus* [J]. Comparative Biochemistry and Physiology Part A: Physiology, 55: 135-140.

Glamuzina B, Glavic N, Skaramuca B, et al., 2001. Early development of the hybrid *Epinephelus costae* ♀ × *E. marginatus* ♂ [J]. Aquaculture, 198 (2): 55-61.

Glamuzina B, Glavic V, Kozul V, et al., 1998. Induced sex reversal of the dusky grouper, *Epinephelus marginatus* (Lowe, 1834) [J]. Aquaculture Research, 29 (8): 563-568.

Glogowski J, Babiak I, Goryczko K, et al., 1996. Activity of aspartate aminotransferase and acid phosphatasein cryopreserved trout sperm [J]. Reprod Fertil Dev, 8: 1179-1184.

Glogowski J, Bakiak I, Kucharczyk D, et al., 1997. The effects of individual male variability on cryopreservation of bream (*Abramis brama*) sperm [J]. Plo Arch Hydrobiol, 44: 281-285.

Guo F, Wang J, Su YQ, et al., 2006. Study on the karpyotype of *Epinephelus moara* [J]. Marine Sciences, 30 (8): 1-3.

Guthrie HD, Liu J, Critser JK, 2002. Osmotic tolerance limits and effects of cryoprotectants on motility of bovine spermatozoa [J]. Biology of Reproduction, 67: 1811-1816.

Gwo JC, 1993. Cryopreservation of black grouper *Epinephelus malabaricus* spermatozoa [J]. Theriogenology, 39: 1331-1342.

Gwo JC, Ohta H, Okuzawa K, et al., 1999. Cryopreservation of sperm from the endangered for mosan landlocked salmon (*Oncorhynchus mason formosanus*) [J]. Theriogenology, 51: 569-582

Holt WV, 2000. Basic aspect of frozen storage of semen [J]. Anim Reprod Sci, 62 (1-3): 3-22.

Horvath A, Wayman WR, Dean J C, et al., 2008. Viability and fertilizing capacity of cryopreserved sperm from three North American acipenseriform species: a retrospective study [J]. Journal of Applied Ichthyology, 24 (4): 443-449.

Huang XR, Zhang LZ, Qiao ZG, et al., 2007. The effects of different cryoprotectants on the sperm motility and themovement time of Japanese eel (*Anguilla japonica*) [J]. Marine Fisheries, 29 (3): 193-200.

Imaizumi H, Hotta T, Ohta H, 2005. Cryopreservation of kelp grouper *Epinephelus bruneus* sperm and comparison of fertility of fresh and cryopreserved sperm [J]. Aquat Sci, 53: 405-411.

Irawan H, Vuthiphandchai V, Nimrat S, 2010. The effect of extenders, cryoprotectants and cryopreservation methods on common carp (*Cyprinus carpio*) sperm [J]. Anim Reprod Sci, 122 (3-4): 236-243.

Ji XS, Chen SL, Tian YS, et al., 2004. Cryopreservation of sea perch (*Lateolabrax japonicus*) spermatozoa and feasibility for production-scale fertilization [J]. Aquaculture, 241: 517-528.

Ji XS, Tian YS, Yang JF, et al., 2010. Artificial gynogenesis in *Cynoglossus semilaevis* with homologous sperm and its verification usingmicrosatellite markers [J]. Aquaculture Research, 41: 913-920.

Johnson RM, Shrimpton JM, Heath JW, et al., 2004. Family induction methodology and interaction effects on the performance of diploid and triploid chinook salmon *Oncorhynchus tshawytscha* [J]. Aquaculture, 234 (1): 123-142.

Kai YH, Su HM, Tai KT, et al., 2010. Vaccination of grouper broodfish (*Epinephelus tukula*) reduces the risk of vertical transmission by nervous necrosis virus [J]. Vaccine, 28 (4): 996-1001.

Kása E, Bernáth G, Kollár T, et al., 2017. Development of sperm vitrification protocols for freshwater fish (*Eurasian perch*, *Perca fluviatilis*) and marine fish (*European eel*, *Anguilla anguilla*) [J]. General and Comparative Endocrinology, 245: 102-107.

Kiriyakit A, Gallardo WG, Bart AN, 2011. Successful hybridization of groupers (*Epinephelus coioides* × *Epinephelus lanceolatus*) using cryopreserved sperm [J]. Aquaculture, 320: 106-112.

Kline RJ, Khan IA, Soyano K, et al., 2008. Role of follicle-stimulating hormone and androgens on the sexual inversion of seven-band grouper *Epinephelus septemfasciatus* [J]. N Am J Aquacult, 70: 266-272.

Koh ICC, Yokoi K, Tsuji M, et al., 2010. Cryopreservation of sperm from seven-band grouper, *Epinephelus septemfasciatus* [J]. Cryobiology, 61: 263-267.

Kopeika EF, Williot P, Goncharov BF, 2000. Cryopreservation of Atlantic sturgeon *Acipenser sturio* L., 1758 sperm: First results and associated problems [J]. Bol Inst Esp Oceanogr, 16: (1-4): 167-173.

Kurokura H, Hirano R, Tomita M, et al., 1984. Cryopreservation of carp sperm [J]. Aquaculture, 37: 267-273.

Kutluyer F, Kayim M, Ögretmen F, et al., 2014. Cryopreservation of rainbow trout *Oncorhynchus mykiss* spermatozoa: effects of extender supplemented with different antioxidants on sperm motility, velocity and fertility [J]. Cryobiology, 69 (3): 462-466.

Lahnsteiner F, Berger B, Horvath A, et al., 2000. Cryopresevation of spermatozoa incyprindid fishes [J]. Theriogenology, 54: 1477-1496.

Lahnsteiner F, Berger B, Wiesmann T, et al., 1996a. Changes in morphology, physiology, metabolism, and fertilization capacity of rainbow trout semen following cryopreservation [J]. Prog Fish Cult, 58: 149-159.

Lahnsteiner F, Berger B, Weismann T, et al., 1996b. Fine structure and motility of spermatozoa and compositionof the seminal plasma in the perch [J]. J Fish Bio, 47: 492-508.

Lahnsteiner F, Berger B, Weismann T, et al., 1996c. Physiological and biochemical determination of rain bow trout, *Oncorhynchus mykiss* semen quality for cryopreservation [J]. J Appl Aquacult, 6: 47-73.

Lahnsteiner F, Berger B, Weismann T, et al., 1998. Determination of semen quality of the rain bow trout, *Oncorhynchus mykiss*, by sperm motility, seminal plasma parameters, and sperm atozoal metabolism [J]. Aquaculture, 163: 163-181.

Lahnsteiner F, Mansour N, Kunz F, 2011. The effect of antioxidants on the quality of cryopreserved semen in two salmonid fish, the brook trout (*Oncorhynchus mykiss*) [J]. Theriogenology, 76: 882-890.

Lahnsteiner F, Weismann T, Patzner RA, 1992. Fine structural changes in spermatozoa of the grayling, *Thymallus thymallus* (Pisces: Teleostei), during routine cryopreservation [J]. Aquaculture, 103: 73-84.

Lahnsteiner F, Weismann T, Patzner RA, 1997. Aging processes of rainbow trout semen during storage [J]. Prog Fish Cult, 59: 272-279.

Li P, Li ZH, Dzyuba B, et al., 2010. Evaluating theimpacts of osmotic and oxidative stress on common carp (*Cyprinus carpio* L.) sperm caused by cryopreservation techniques [J]. Biol Reprod, 83: 852-858.

Lim H K, Le M H, 2013. Evaluation of extenders and cryoprotectants on motility and morphology of longtooth grouper (*Epinephelus bruneus*) sperm [J]. Theriogenology, 79 (5): 867-871.

Liu Q, Wang X, Wang W, et al., 2015. Effect of the addition of six antioxidants on sperm motility, membrane integrity and mitochondrial function in red seabream (*Pagrus major*) sperm cryopreservation [J]. Fish Physiol Biochem, 41: 413-422.

Liu QH, Li J, Xiao ZZ, et al., 2007. Use of computer-assisted sperm analysis (CASA) to evaluate the quality of cryopreserved sperm in red seabream (*Pagrus major*) [J]. Aquaculture, 263: 20-25.

Liu QH, Li J, Zhang SC, et al., 2007. Flow cytometry and ultrastructure of cryopreserved red seabream (*Pagrus major*) sperm [J]. Theriogenology, 67 (6): 1168-1174.

Liu QH, Lu G, Che K, et al., 2011. Sperm cryopreservation of the endangered red spotted grouper, *Epinephelus akaara*, with aspecial emphasis on membrane lipids [J]. Aquaculture, 318: 185-190.

Liu QH, Xiao ZZ, Wang XY, et al., 2016. Sperm cryopreservation in different grouper subspecies and application in interspecific hybridization [J]. Theriogenology, 85: 1399-1407.

Liu XF, Zhuang ZM, Meng Z, et al., 2010. Progress of artificial breeding technique for seven-band grouper *Epinephelus septemfasciatus* [J]. Journal of Fishery Sciences of China, 17 (5): 1128-1137.

Lovelock JE, Polge C, 1954. The Immobilization of spermatozoa by freezing and thawing and the protective action of glycerol [J]. Biochemical Journal, 58 (4): 618-622.

Luckenbach JA, Godwin J, Daniels HV, et al., 2004. Induction of diploid gynogenesis in southern flounder (*Paralichthys lethostigma*) with homologous and heterologous sperm [J]. Aquaculture, 237 (1): 499-516.

Magnotti C, Cerqueira V, Lee-Estevez M, et al., 2018. Cryopreservation and vitrification of fish semen: a review with special emphasis on marine species [J]. Rev Aquac, 10 (1): 15-25.

Mahadevan M, Trounson AO, 1983. Effect of cryoprotective media and dilution methods on preservation of human spermatozoa [J]. Andrologia, 15: 355-366.

Martınez-Paramo S, Diogo P, Dinis MT, et al., 2013. Effect of two sulfur-containing amino acids, taurine and hypotaurine in European sea bass (*Dicentrarchus labrax*) sperm cryopreservation [J]. Cryobiology, 66 (3): 333-338.

Miyak K, Nakano S, Ohta H, et al., 2005. Cryopreservation of kelp grouper *Epinephelus moara* sperm using only a trehalose solution [J]. Fisheries Seience, 71: 457-458.

Mounib MS, 1978. Cryogenic preservation of fish and mammalian spermatozoa [J]. Journal of Reproduction and Fertility, 53: 13-18.

Mukaida T, Oka C, 2012. Vitrification of oocytes, embryos and blastocysts [J]. Best Pract Res Clin Obstet Gynaecol, 26: 789-803.

Murata R, Kobayashi Y, Karimata H, et al., 2014. Transient Sex Change in the Immature Malabar Grouper, *Epinephelus malabaricus*, Androgen Treatment [J]. Biology of Reproduction, 91 (1): 25, 1-7.

Oh S R, Lee C H, Kang H C, et al., 2013. Evaluation of fertilizing ability using frozen thawed sperm in the Longtooth Grouper, *Epinephelus bruneus* [J]. Development & Reproduction, 17 (4): 345-351.

Ortega-Villaizán Romo MDM, Aritaki M, Suzuki S, et al., 2006. Genetic population evaluation of two closely related flatfish species, the rare barfin flounder and spotted halibut, along the Japanese coast [J]. Fisheries Science, 72 (72): 556-567.

OU YJ, Liao GY, Chen C, et al., 2011. Relation of environmental factor and spermatozoa vitality of *Epinephelus septemfasciatus* [J]. Marine Environmental Science, 30 (4): 516-519.

Pan DB, Xu SY, Ye X, et al., 1999. Study on the main biological characteristics of sperm of *Megalobrama hoffmann* [J]. Journal of Fishery Sciences of China, 6 (4): 111-113.

Pan JL, Ding SY, Ge JC, et al., 2008. Development of cryopreservation for maintaining yellow catfish *Pelteolbagrus fulvidraco* sperm [J]. Aquaculture, 279 (1-4): 173-176.

Peatpisut T, Bart AN, 2010. Cryopreservation of sperm from natural and sex-reversed orange-spotted grouper (*Epinephelus coioides*) [J]. Aquaculture Research, 42: 22-30.

Philpott M, 1993. The dangers of disease transmission by artificial insemination and embryo transfer [J]. Br Vet J, 149: 339-369.

Policansky D, Sieswerda P, 1979. Early life history of the starry flounder, *Platichthys stellatus*, reared through metamorphosis in the laboratory [J]. Transact ions of the American Fisheries Society, 108 (3): 326-327.

Ponglowhapan S, Esse'n-Gustavsson B, Forsberg CL, 2004. Influence of glucose and fructose in the extender during long-term storage of chilled canine semen [J]. Theriogenology, 62: 1498-1517.

Rana KJ, McAndrew BJ, 1989. The viability of cryopreserved tilapia spermatozoa [J]. Aquaculture, 76: 335-345.

Richardson GF, Wilson CE, Crim LW, et al., 1999. Cryopreservatin of yellowtail flounder (*Pleuronectes ferrugineus*) semen in large straws [J]. Aquaculture, 174: 89-94.

Rideout RM, Trippel EA, Litvak MK, 2004. The development of haddock and Atlantic cod sperm cryopreservation techniques and the effect of sperm age on cryopreservation success [J]. J Fish Biol, 65: 299-311.

Rigau T, Rivera M, Palomo MJ, et al., 2002. Differential effects of glucose and fructose on hexose metabolism in dog spermatozoa [J]. Reproduction, 123 (4): 579-591.

Ritar A J, Camptet M, 2000. Sperm survival during short-term storage and after cryopreservation of semen from striped trumpeter (*Latris lineata*) [J]. Theriogenology, 54 (3): 467-480.

Romo-Mendoza D, Campos-Ramos R, Vázquez-Islas G, et al., 2018. Social factors and aromatase gene expression during adult male-tofemale sex change in captive leopard grouper *Mycteroperca rosacea* [J]. General and Comparative Endocrinology, 265: 188-195.

Sabate S, Sakakura Y, Shiozaki M, et al., 2009. Onset and development of aggressive behaviour in the early life stages of the seven-band grouper *Epinephelus septemfasciatus* [J]. Aquaculture, 290: 97-103.

Sansone G, Fabbrocini A, Ieropoli S, et al., 2002. Effects of extender composition, cooling rate, and freezing on the motility of sea bass (*Dicentrarchus labrax* L.) spermatozoa after thawing [J]. Cryobiology, 44: 229-239.

Saravia F, Wargareta M, Nagy S, et al., 2005. Deep freezing of concentrated boar sperm for intra-uterine insemination: effects on sperm viability [J]. Theriogenology, 63: 1320-1333.

Sarter K, Papadaki M, Zanuy S, et al., 2006. Permanent sex inversion in 1-year-old juveniles of the protogynous dusky grouper (*Epinephelus marginatus*) using controlled-release 17α-methyltestosterone implants [J]. Aquaculture, 256: 443-456.

Seungki Lee, Goro Yoshizaki, 2016. Successful cryopreservation of spermatogonia in critically endangered Manchurian trout (*Brachymystax lenok*) [J]. Cryobiology, 72: 165-168.

Shaliutina-Kolesova A, Cosson J, Lebeda I, et al., 2015. The influence of cryoprotectants on sturgeon (*Acipenser ruthenus*) sperm quality, DNA integrity, antioxidantresponses, and resistance to oxidativestress [J]. Anim Reprod Sci, 159: 66-76.

Stoss J, 1983. Fish gamete preservation and spermatozoan physiology [M] //Hoar W S, Randall D J, Donaldson E M. Fish Physiology. New York: Academic Press: 305-350.

Tanaka S, Zhang H, Horie N, et al., 2002. Long-term cryopreservation of sperm of Japanese eel [J]. Journal of Fish Biology, 60: 139-146.

Tian Y S, Chen S L, Ji X S, et al., 2008. Cryopreservation of spotted halibut (*Verasper variegatus*) sperm [J]. Aquaculture, 284 (1-4): 268-271.

Tian Y, Qi W, Jiang J, et al., 2013. Sperm cryopreservation of sex-reversed seven-band grouper, *Epinephelus septemfasciatus* [J]. Animal Reproduction Science, 137 (3-4): 230-236.

Tian YS, Chen SL, Ji XS, et al., 2008. Cryopreservation of spotted halibut (*Verasper variegatus*) sperm [J]. Aquaculture, 284: 268-271.

Tian YS, Jiang J, Song LN, et al., 2015. Effects of cryopreservation on the survival rate of the seven-band grouper (*Epinephelus septemfasciatus*) embryos [J]. Cryobiology, 71: 499-506.

Tian YS, Jiang J, Wang N, et al., 2015. Sperm of the giant grouper: cryopreservation, physiological and morphological analysis and application in hybridizations with red-spotted grouper [J]. Journal of Reproduction and Development, 61 (4): 333-339.

Tian YS, Qi WS, Jiang J, et al., 2013. Sperm cryopreservation of sex-reversed seven-band grouper, *Epinephelus septemfasciatus* [J]. Animal Reproduction Science, 137: 230-236.

Tian YS, Zhang JJ, Li ZT, et al., 2020. Cryopreservation of marine sperm [M] //Judith B, Stephen K. Cryopreservation of Fish Gametes. Springer Nature Singapore Pte Ltd: 187-210.

Tiersch TR, Figiiel Jr C R, Wayman W R, et al., 1998. Cryopreservation of sperm of the endangered razorback sucker

［J］. Transactions of the American Fisheries Society，95-104.

Urbanyi B，Horvath A，Varga Z，et al.，1999. Effect of extenders on sperm cryopreservation of African catfish，*Clarias gariepinus* ［J］. Aquaculture Research，30：145-151.

Wamecke D，Pluta H J，2003. Motility and fertilizingcapacity of frozen/thawed common carp（*Cyprinus carpio* L.）sperm using dimethyl-acetamide as the maincryoprotectant ［J］. Aquaculture，215：167-185.

Withler FC，Lim LC，1982. Preliminary observations of chilled and deep-frozen storage of grouper *Epinephelus tauvina* sperm ［J］. Aquaculture，27：289-392.

Yang H，Hazlewood L，Walter RB，et al.，2006. Effect of osmotic immobilization on refrigerated storage and cryopreservation of sperm from a viviparous fish，the green swordtail *Xiphophorus helleri* ［J］. Cryobiology，52（2）：209-218.

Yang H，Hu E，Buchanan JT，et al.，2018. A strategy forsperm cryopreservation of Atlantic Salmon，*Salmo salar*，for remote commercial-scale High-throughput processing ［J］. J World Aquac Soc，49（1）：96-112.

Yang S，Wang L，Zhang Y，et al.，2011. Development and characterization of 32 microsatellite loci in the giant grouper *Epinephelus lanceolatus*（Serranidae）［J］. Genetics and Molecular Research，10（4）：4006-4011.

Yang Y，Xie Z，Peng C，et al.，2016. The complete mitochondrial genome of the *Epinephelus tukula*（Perciformes，Serranidae）［J］. Mitochondrial DNA A DNA Mapp Seq Anal，27（1）：520-522.

Yao Z，Crim LW，Richardson G F，et al.，2000. Motility，fertility and ultrastructural changes of ocean pout（*Macrozoarces americanus* L.）sperm after cryopreservation ［J］. Aquaculture，181：361-375.

Yeh SL，Dai QC，Chu YT，et al.，2003. Induced sex change，spawning and larviculture of potato grouper，*Epinephelus tukula* ［J］. Aquaculture，228（1-4）：371-381.

Yusoff M，Hassan B N，Ikhwanuddin M，et al.，2018. Successful sperm cryopreservation of the brown-marbled grouper，*Epinephelus fuscoguttatus*，using propylene glycol as cryoprotectant ［J］. Cryobiology，81：168-173.

Zeng HS，Ding SX，Wang J，et al.，2008. Characterization of eight polymorphic microsatellite loci forthe giant grouper（*Epinephelus lanceolatus* Bloch）［J］. Molecular Ecology Resources，8：805-807.

Zhang YZ，Zhang SC，Liu XZ，et al.，2003. Cryopreservation of flounder（*Paralichthys olivaceus*）sperm with a practical methodology ［J］. Theriogenology，60：989-996.

Zilli L，Bianchi A，Sabbagh M，et al.，2018. Development of sea bream（*Sparus aurata*）semen vitrification protocols ［J］. Theriogenology，110：103-109.

（田永胜，齐文山，姜静，宋莉妮，段会敏，刘清华）

第三章

海水鱼类胚胎超低温冷冻保存

第一节　鱼类胚胎冷冻保存进展

我国是有着丰富的海洋生物资源的农业大国，近几十年来，水产养殖业正在突飞猛进的发展。然而，渔业资源的过度捕捞、无序利用及人工放流等，造成野生种质资源的衰减退化，许多自然品种也濒临灭绝，遗传多样性严重降低。如不及时采取保护措施，若干年后，许多物种的遗传资源将无法找到。

超低温保存技术是利用超低温（－196℃）条件抑制机体内一切新陈代谢活动，使机体被长期保存而不丧失活性的一种保存技术（李广武等，1998）。由于生物细胞、组织、器官、胚胎甚至个体在超低温（196℃）状态下代谢完全停止，生命以静止的形式在这种状态下得以长期保存。超低温冷冻保存技术可为种质资源的保存提供一个很好的手段，通过超低温冷冻保存技术，建立遗传种质资源库，可以将我国的特有物种、极度濒危物种以及具有重要经济价值和科学研究价值的动物精子、原始生殖细胞、卵子、胚胎或幼虫等种质资源进行长期保存。

鱼类胚胎是鱼类种质的形式之一，它包含该物种的所有基因类型，具有丰富的遗传多样性，是鱼类遗传育种、低温生物学以及种质资源保存的重要材料。鉴于鱼类胚胎冷冻保存在鱼类种质保存、遗传多样性保护及鱼类育种研究等领域所具有的重要意义和应用价值，近20年来，鱼类胚胎的超低温保存研究引起学者的广泛关注和高度重视。

随着低温生物学、物理学和工程技术的深入发展，胚胎冷冻保存技术的研究也逐渐展开。Rall等在传统的胚胎冷冻保存技术的基础上，提出了玻璃化冷冻法（Fahy et al.，1984），在哺乳类动物的胚胎冷冻保存中获得不错的效果。由于鱼类胚胎冷冻保存的难度大、影响因子多，传统的程序降温法不足以成功冷冻保存。鱼类胚胎冷冻保存的方法，也从传统的慢速降温法、快速降温法，逐渐发展到玻璃化冷冻法。尽管玻璃化冷冻技术在鱼类胚胎冷冻保存上的应用时间不长，但随着研究人员对鱼类胚胎的冷冻保存进行大量探索，鱼类胚胎玻璃化冷冻技术进展迅速，已被用于许多国家海洋动物种质资源库的建立，创建二倍体基因库（Aline et al.，2014）。目前该技术被认为是当今最有前景的鱼类胚胎冷冻保存方法，在低温生物学、鱼类遗传育种、生物工程等方面具有巨大的发展潜力。本文主要围绕玻璃化冷冻法，基于对国内外鱼类胚胎冷冻保存的主要文献的系统回顾，对鱼类胚胎玻璃化冷冻保存的原理、低温冷冻损伤效应、胚胎玻璃化冷冻法的技术进展、研究成果和存在问题及发展前景进行综述。

一、胚胎冷冻保存方法概述

（一）程序化冷冻保存

程序化冷冻法是利用程序降温仪按照预先设计的降温程序将种质细胞载体环境降至一定温度，然后将其投入液氮中保存。一般分为快速冷冻和慢速冷冻两种方法。程序冷冻法采用较低浓度的冷冻保护剂，对胚胎造成的毒性损害较小。在冷冻保护剂的选择、平衡时间、植冰温度、降温速率、复温速率、洗脱方法等技术环节上已形成了一套完整的技术流程，在畜牧业生产中已作为一种常规的胚胎冷冻保存方法被广泛应用，但在鱼类胚胎冷冻程序研究方面进展不大（于过才等，2004）。

程序化冷冻保存主要有分段慢速降温、分段快速降温方法：

1. 分段慢速降温法

即将样品从室温慢速（2~5℃/min）降到样品冰点的温度，然后再以极慢的速度（0.05~0.5℃/min）降至－60℃左右，再以 1~2℃/min 降至－85℃，停留约 10min，最后快速降温至保存温度（陈松林，1991）。

2. 分段快速降温法

与分段慢速降温的主要区别就是从样品冰点温度到－60℃，采用 2~5℃/min 的降温速率，不同的鱼类胚胎要求不同的降温速率。若降温速率过快，细胞内的水分来不及渗出，在细胞内形成冰晶，并在复温过程中还会再结晶而使细胞受损。若降温速度过慢，则细胞收缩过剧，细胞处在高浓度溶液中的时间过长，也会引起毒性损伤。Zhang 等（1989）在进行鲤胚胎冷冻保存时就是采用分段慢速降温的方法。Stoss 等（1983）采用 0.3~0.35℃/min 的降温速率，在－20℃冷冻保存虹鳟和大麻哈鱼受精卵，解冻后获得复活胚胎。张克俭等（1997）研究了不同降温速率对泥鳅胚胎冷冻保存的影响，认为分段快速降温优于分段慢速降温，并获得了在液氮中保存泥鳅胚胎复活和孵出鱼苗的结果。Gwo 等（1994）在研究牡蛎胚胎的冷冻保存时，认为 1.5℃/min 的降温速率冷冻保存效果最好。于过才（2004）利用程序化冷冻保存方法对鲈、牙鲆和大菱鲆胚胎进行了冷冻保存研究，共获得 9 枚成活胚，其中 5 枚孵化出膜。

（二）玻璃化冷冻保存

玻璃化冷冻法是指将鱼类胚胎置于高浓度的冷冻保护液中，利用极快的冷冻速率（1 000~10 000℃/min）使其在降温过程中由液态转变为玻璃态却不产生冰晶的过程（沈蕾，2013）。不同于传统胚胎冷冻保存技术的分段降温和单一抗冻剂，玻璃化冷冻法要与高浓度玻璃化液的筛选相结合，玻璃化液一般是多种渗透性抗冻剂和非渗透性抗冻剂的复杂组合，要针对不同的鱼类胚胎和发育时间进行大量的筛选，才能配制出适宜的玻璃化液。玻璃化冷冻是将经过在玻璃化液中平衡处理的种质胚胎直接由 0℃以上温度快速浸入液氮中保存，避免了细胞内冰晶形成所致的化学和物理损伤（Fahy et al.，1984；Rall et al.，1985）。

二、低温冷冻的损伤效应

鱼类胚胎玻璃化冷冻的损伤效应主要体现在这三大方面：渗透脱水对胚胎的影响、温度改变对胚胎的影响、玻璃化液对胚胎的影响。

（一）渗透脱水对胚胎的影响

1. 脱水致畸

独眼畸形（部分和完全）是一种重要的发育效应，见于胚胎外包期。脱水可能影响视泡外凸，造成两侧视泡部分或完全融合，导致独眼或独眼畸形（Pei et al.，2009）。因此，在外包期进行脱水或者再水化似乎会影响中枢神经系统的发育，包括眼原基，其可能产生前神经管闭合缺陷或中线分叉间发育异常（Aquilina et al.，2007）。

2. 高渗应激

冷冻保存过程中涉及渗透压的变高，使胚体在受到强烈的内外因素刺激时出现非特异性全身反应。高渗应激可能导致 DNA 损伤或抑制 DNA 修复导致染色体畸变（Kültz et al.，2001）。①细胞收缩导致的离子强度增加、大分子拥挤和核物理变形，继而可能导致 DNA 刚度和弯曲度（曲率应力）的变化。这可能转化为在 DNA 染色质包装过于僵硬的区域中 DNA 分子的机械应变，并增强这些区域中 DNA

破损的可能性。②高渗应激可通过形成自由基而导致 DNA 双链断裂（Mccarthy et al.，2010）。这一机制是由几个自由基清除酶（包括过氧化氢酶、超氧化物歧化酶和谷胱甘肽过氧化物酶）在哺乳动物细胞中的高渗应激过程中被激活的事实所支持的（Kalweit et al.，1990）。③DNA 双链断裂可能是高渗应激过程中染色质致密性和 DNA 可及性的变化。这样的改变可能扰乱 DNA 修复和 DNA 损伤之间的平衡，或增加核酸酶或自由基与 DNA 的某些区域的接触次数。

（二）温度改变对胚胎的影响

1. 过冷休克

生物细胞在溶液中冷却时，当温度降到细胞和溶液的冰点以下，才发生冻结，即细胞和溶液均要处于过冷状态。当细胞处于过冷状态时，细胞膜上的脂类物质会从液态转变为固态，同时，细胞膜的不等收缩会导致机械性的膜破裂及膜表面结构的改变，从而导致细胞死亡（陈松林，2002）。

2. 冰晶损伤

冰晶损伤即胞内冰晶形成造成的损伤。在快速冷冻时，细胞内的水分来不及转移到细胞外，而在细胞内结冰，胞内冰晶会刺伤细胞内结构以及细胞膜，导致细胞破解死亡，冰晶损伤在 $-60 \sim -5℃$ 最易发生，一般冷却速率越快，冰晶损伤越大，它与冷却速率成正比。故在此温度区间，应以适宜速率快速通过（李纯等，2000）。

3. 溶质休克

慢速冷冻过程中，细胞外液的水分不断结晶，未冻的游离水减少，造成细胞内外渗透压不等，使得大量的水分由胞内向胞外渗出，逐渐导致细胞内渗透压升高，造成"溶质性损伤"（罗晓中等，2004），继而导致高渗应激，造成胚体损伤，导致胚胎死亡。

（三）玻璃化液对胚胎的影响

1. 抗冻保护剂的毒性作用

抗冻剂分为渗透性抗冻剂与非渗透性抗冻剂两类。渗透性抗冻剂能够渗透进胞内结合自由水提高胞液的黏稠度，降低冰晶形成的可能性；非渗透性抗冻剂不同于渗透性抗冻剂，它起到使溶液呈过冷状态的作用，通过使胞外溶液有较高的渗透压，吸收胞内的水分，达到保护胚胎的作用。虽然抗冻剂可以减少细胞内冰晶形成，减轻快速冷冻过程中造成的细胞损伤，但是高浓度的防冻剂也会造成细胞毒性和渗透损伤（Friedler et al.，1988）。

章龙珍等（1992）研究发现甘油、二甲基亚砜、乙二醇对草鱼胚胎都有毒性，毒性从大到小为甘油、乙二醇、二甲基亚砜，且抗冻剂浓度越高、平衡处理时间越长，毒性越大。田永胜等（2003）在鲈胚胎冷冻中发现六种渗透性抗冻剂的毒性排列为：PG<MeOH<Gly<DMF<EG<DMSO，非渗透性抗冻剂的毒性从大到小依次为聚乙烯吡咯烷酮、蔗糖和 D-果糖、葡聚糖和葡萄糖（刘本伟等，2007），同时实验证明混合抗冻剂能够降低单一抗冻剂的毒性。

2. 遗传物质的影响

研究表明，乙二醇会增加染色质的增色性、椭圆率和预熔斜率，破坏结合多肽的 DNA 高解链区、模型复合物与染色质的高级结构的区域稳定性（Schwartz et al.，2010），影响熔化温度并导致染色质从 B 形式向 C 形式转化（Nelson et al.，1970）；二甲基亚砜会导致 DNA 甲基化，DNA 和染色质的构象变化（Nelson et al.，1970），促进 DNA 断裂的双链修复成有可能的异染色质构象（Kashino et al.，2010）；丙二醇会增加 DNA 甲基化（Hu et al.，2012）；甘油会改变 DNA 构象，破坏稳定性并减少 T 熔化（Nakanishi et al.，1974）。

三、胚胎冷冻保存玻璃化液筛选

在玻璃化冷冻中首要解决的是玻璃化液的筛选问题。各种冷冻保护剂要达到玻璃化，浓度要达到

40％～60％，但是抗冻剂达到这样的浓度时毒性很强，将生物样本置于这样浓度的单一抗冻剂中会很快死亡。因此低毒、易玻璃化的抗冻剂配制和筛选是一个复杂的问题。目前常用的抗冻剂主要有小分子易渗透抗冻剂、低分子非渗透性抗冻剂及大分子非渗透性抗冻剂等。

1981 年 Fahy 提出，高浓度的低温保护剂可在较慢的冷却速率和高压条件下实现完全玻璃化。1985年 Rall 和 Fahy 研制了一种玻璃化液 VS1，实现了小鼠胚胎的冷冻保存。之后 Massip 等（1989）利用10％甘油＋20％丙二醇作为细胞内液抗冻剂，25％甘油和 25％丙二醇作为细胞外液抗冻剂对小鼠和牛晚期桑椹胚的冷冻移植获得成功。Kasai（1994）利用乙二醇、聚乙二醇、水溶性聚蔗糖、蔗糖设计了四种玻璃化液，并对其进行了筛选，认为 EFS 对小鼠、牛和兔胚胎的冷冻成活率都较高。朱士恩等（1997）利用乙二醇、丙三醇、聚蔗糖、蔗糖配制成 EFS40、GFS40 对小鼠扩张囊胚进行了冷冻保存研究，取得了 80％的孵化率。利用 EFS40 对羊早期胚胎进行了两步和一步处理冷冻，获得了 50％～80％的成活率（朱士恩等，2000）。EFS40 已成功应用于小鼠原核至扩张囊胚（Miyake at al.，1997）、家兔桑椹胚（Kasai et al.，1992）、牛体外受精囊胚（Tachikawa，et al.，1993）和马囊胚（Hochi et al.，1994）的冷冻保存，其他研究者在各种动物胚胎冷冻保存中应用的玻璃化液列于表 3-1-1。

哺乳动物胚胎玻璃化液的配制中主要使用的可渗透性抗冻剂有：DMSO、EG、Gly、PG、乙酰胺等；非渗透性抗冻剂有：蔗糖、聚乙二醇、聚蔗糖、海藻糖、聚乙烯吡咯烷酮（PVP）、葡聚糖等；添加的其他抗冻剂有：小牛血清、抗冻蛋白（AFGP）等。在哺乳动物玻璃化液中 DMSO 的使用浓度在15％～42.92％（2.096～6mol/L），乙二醇 15％～40％（2.68～7.16mol/L），甘油 25％～47.925％（3.39～6.5mol/L），1,2-丙二醇 6％～25％（1.068～3.402mol/L），蔗糖 0.25～1.0mol/L，聚乙二醇（PEG）6％，聚乙烯吡咯烷酮（PVP）5％～6％，乙酰胺 15％，聚蔗糖 10mg/mL。以上抗冻剂已用于小鼠、牛、山羊、马、猪、兔、人等哺乳动物胚胎的冷冻中，不同的作者用不同组成和不同浓度的玻璃化液在鱼类胚胎冷冻中取得了不同的成活率（表 3-1-2）。

在水生动物胚胎玻璃化冷冻方面，科研工作者在牡蛎（Chao et al.，1997a）、斑马鱼（Chao et al.，1997b）、泥鳅（章龙珍等，2002）、鲈（田永胜等，2004）、牙鲆（Chen and Tian，2005）、大菱鲆（田永胜等，2005）和云纹石斑鱼（Tian et al.，2018）的胚胎上进行了一定的研究。

在淡水鱼胚胎玻璃化冷冻保存方面，Zhang 等（1996）利用 2mol/L DMSO＋3mol/LPG＋0.5mol/L 聚乙二醇（DPP）、2mol/L 甲醇＋5mol/L PG＋0.15mol/L 聚乙二醇（MPP）、2mol/L 2,3-丁二醇＋3mol/L PG＋6％聚乙二醇分别对斑马鱼完整胚胎进行玻璃化冷冻，未得到成活胚胎；章龙珍等（2002）利用 15％甲醇＋20％PG 对泥鳅胚孔封闭胚胎进行了玻璃化冷冻保存，获得了复活胚胎，但胚胎未能孵化出鱼苗。

在海水鱼类胚胎玻璃化冷冻保存方面，田永胜等（2004）利用 PG、甲醇、DMSO、二甲基甲酰胺、乙二醇、甘油六种可渗透性抗冻剂，在 15％～30％几个浓度梯度上配制了多种混合抗冻剂，通过冷冻和解冻过程中玻璃化程度的选择，以及在 35～45℃不同水浴温度下解冻时玻璃化形成能力的研究，选择出了适合于鲈胚胎玻璃化冷冻保存的玻璃化液 VSD2，在牙鲆胚胎的冷冻中通过胚胎对玻璃化液适应能力的研究，不同浓度玻璃化液对胚胎成活率、孵化率和畸形率的影响研究，选择配制了适合于胚胎玻璃化冷冻保存的玻璃化液 FVS1～4（Chen and Tian，2005），在大菱鲆胚胎的冷冻中利用可渗透性和非渗透性抗冻剂选择配制了一种玻璃化液 PMP1（田永胜等，2005），在七带石斑鱼、云纹石斑鱼、驼背鲈胚胎冷冻保存中筛选研制出渗透性和非渗透性抗冻剂相结合的高浓度玻璃化液 PMG3S 和 PMG3T（Tian et al.，2015、2018），以及非渗透性抗冻剂蔗糖（1mol/L）（Zhang et al.，2020；Li et al.，2021），在以上几种海水胚胎玻璃化冷冻中共取得了较多的成活胚胎，并且孵化出正常的鱼苗，突破了海水鱼类胚胎冷冻保存成活并孵化出鱼苗的瓶颈。

表 3 - 1 - 1　玻璃化液的选择研究结果

编号	作者，年代	玻璃化液的组成	动物胚胎
1	Rall et al.，1985	20.0%DMSO＋15.5%乙酰胺（$C_8H_9O_2N$）＋10%PG＋6%PEG	小鼠胚胎
2	Kasai et al.，1996	40%EG＋30%Ficoll＋0.5mol/L 蔗糖	小鼠囊胚
3	Men et al.，1997	20%DMSO＋15.5%乙酰胺（$C_8H_9O_2N$）＋10%PG＋6%PEG	昆明小鼠卵母细胞
4	Ohboshi et al.，1997	40%EG＋6%PEG＋0.5mol/L 蔗糖	牛囊胚
5	朱士恩等，1997	20（30、40）%EG＋30%聚蔗糖＋0.5mol/L 蔗糖	小鼠胚胎
6	O'Neil et al.，1998	6mol/L DMSO＋1mg/mL AFGP	小鼠卵母细胞
7	Kaidi et al.，1998	25%Gly＋25%EG	牛囊胚
8	Donnay et al.，1998	25%Gly＋25%EG	牛囊胚
9	Kaidi et al.，1999	25%Gly＋25%EG	牛胚胎
10	Gal et al.，1999	25%Gly＋25%EG	牛卵母细胞
11	Booth et al.，1999	20%EG＋20%DMSO＋0.6mol/L 蔗糖	牛胚胎
12	Cseh et al.，1999	25%Gly＋25%PG；6.5mol/L Gly＋6%PG	小鼠胚胎
13	Berthelot et al.，2000	2.5mol/L DMSO＋3.2mol/L EG＋0.6mol/L 蔗糖	猪胚胎
14	Lazar et al.，2000	16.5%EG＋16.5%DMSO＋0.5mol/L 蔗糖	牛卵母细胞
15	Dhali et al.，2000	4.5mol/L EG＋3.4mol/L DMSO＋5.56mol/L 葡萄糖＋0.33mmol/L 丙酮酸钠（$C_3H_3O_3Na$）＋0.4%FBS＋磷酸缓冲液（DPBS）	牛卵母细胞
16	Nguyen et al.，2000	60%EG；39%EG＋0.7mol/L 蔗糖＋8.6%聚蔗糖	牛囊胚
17	Kong et al.，2000	16.5%EG＋16.5%DMSO	小鼠囊胚
18	Oberstein et al.，2001	16.5%EG＋16.5%DMSO＋0.5mol/L 蔗糖；17.5%DMSO＋17.5%EG＋1mol/L 蔗糖＋0.25μmol/L 聚蔗糖	马胚胎
19	Baril et al.，2001	25%Gly＋25%EG	羊胚胎
20	Tetsunori Mukaida et al.，2001	15%DMSO＋15%EG＋10mg/mL 聚蔗糖 70＋0.656mol/L 蔗糖	人囊胚
21	Silvestre et al.，2002	3.58mol/L（20%）EG＋2.82mol/L（20%）DMSO；0.25mol/L 蔗糖＋2.25mol/L EG＋2.25mol/L DMSO	兔胚组织和皮肤样品
22	柏学进等，2002	30%EG－0.3mol/L 蔗糖-m-PBS；30%EG－0.3mol/L 蔗糖＋5% 葡萄聚糖（T-500）-m-PBS；30%EG－0.3mol/L 蔗糖＋10% 葡萄聚糖（T-500）-m-PBS	牛胚胎
23	布赫等，2003	20%FCS＋20DMSO＋20%EG	牛胚胎
24	Begin et al.，2003	35%EG＋5%PVP＋0.4mol/L 海藻糖；20%DMSO＋20%EG＋10mg/mL 聚蔗糖＋0.65mol/L 蔗糖	山羊卵母细胞
25	Martinez et al.，1998	25%Gly＋25%PG；40%EG＋18%聚蔗糖＋0.3mol/L 蔗糖	羊胚胎
26	Chao et al.，1997a	2mol/L DMSO＋1mol/L 乙酰胺（$C_8H_9O_2N$）＋3mol/L PG＋Ringer's	斑马鱼胚胎
27	Chao et al.，1997b	5mol/L DMSO＋3mol/L EG＋6%PVP；	牡蛎晚期胚胎和早期幼虫
28	章龙珍等，2002	15%MeOH＋20%PG	泥鳅胚胎
29	田永胜等，2003	VSD2	鲈胚胎
30	Chen and Tian，2005	FVS1-4	牙鲆胚胎
31	田永胜等，2005	PMP1	大菱鲆胚胎
32	Tian et al.，2015	PMG3S，PMG3T	七带石斑鱼肌节、尾芽胚
33	Keivanloo et al.，2016	6 种 DMSO 为基础的玻璃化液	波斯鲟胚胎

（续）

编号	作者，年代	玻璃化液的组成	动物胚胎
34	Tian et al.，2017、2018	PMG3S，PMG3T	云纹石斑鱼肌节-尾芽胚
35	Zhang et al.，2020	1mol/L 蔗糖	云纹石斑鱼肌节、尾芽胚
36	Li et al.，2021	1mol/L S1T1（蔗糖＋海藻糖）	驼背鲈尾芽胚、心跳期胚胎

表 3-1-2　鱼类胚胎冷冻保存结果简表

作者，年代	鱼类或胚胎		抗冻剂	降温速率（℃/min）	保存温度（℃）	复活率（%）	孵化率（%）
Stoss et al.，1983	虹鳟 Salmo gairdnerii		1mol/L DMSO		−10	61.6	
	银大麻哈鱼 Oncorhynchus kisutch		1mol/L DMSO		−20	4.6	
芳我幸雄，1983	虹鳟 Salmo gairdnerii		1.4～2.1mol/L DMSO		−7 或−12		95 或 20
Zhang et al.，1989	鲤 Cyprinus carpio 尾芽胚				−30	13.4	
					−196	25	19
Zhang et al.，1993	斑马鱼 Brachydanio rerio 心跳胚		2mol/L MeOH＋1mol/L DMSO	0.3	−30～−10	0～94	
张克俭等，1997	泥鳅 Misgurnus anguillicaudatus 心跳胚		2.5mol/L DNSO＋0.2mol/L MeOH＋0.01mol/L Gly	分段快速降温 2～10	−10		25
					−100		10
					−196		5
章龙珍等，1994	团头鲂 Megalobrama amblycephala 出膜前胚		8%DMSO＋10%蔗糖		−40	14	
	青鱼 Mylopharyngodon piceus 心跳胚		1.4mol/L PG		−30	12.5	
章龙珍等，2002	泥鳅胚孔封闭胚胎		15%MeOH＋20%PG	快速降温	−196	26.7	
Kusuda et al.，2002	大麻哈鱼 Oncorhynchus keta 囊胚分裂球		10%DMSO＋10% FBS＋MEM10	−1℃/min to−30℃	−196	59.3±2.8	
Ahammad et al.，1998	露斯塔野鲮 Labeo rohita 胚胎		1～3mol/L MeOH＋0.5mol/L 蔗糖		4		57.5±5.24
	喀拉鲃 Catla catla 胚胎						47.5±5.24
	印鲮 Cirrhinus mrigala 胚胎						32.5±5.24
Calvi et al.，1998	虹鳟囊胚分裂球 Oncorhynchus mykiss	6A	1.4mol/L PG	慢速冷冻至−80℃	−196	53±9.3	
		6B				88±1.7	
		6C				95±0.5	
Calvi et al.，1999	鲤 Cyprinus carpio	桑椹胚	1.4mol/L PG＋FEM	快速降至−80℃	−196	89±1.6	
		早期囊胚				94±0.6	
		晚期囊胚				96±0.4	
Strüssmann et al.，1999	少鳞鳕 Sillago japonica	囊胚分裂球	9%～18% DMSO	快速或慢速	−196	19.9±10.1	
	牙银汉鱼 Odontesthes bonariensis					67.4±12.8	
	青鳉 Oryzias iatipes					34.1±8.5	

（续）

作者，年代	鱼类或胚胎		抗冻剂	降温速率 （℃/min）	保存温度 （℃）	复活率 （%）	孵化率 （%）
田永胜等，2003	鲈 *Lateolabrax japonicus*	尾芽胚 心跳胚 出膜前期胚	VSD2	玻璃化 冷冻	−196	3.33 2.13~5.88 4.76	20
Chen and Tian，2005	牙鲆 *Paralichthys olivaceus*	肌节胚- 出膜前期胚	FVS1-4	玻璃化 冷冻	−196	1.64~32.35	
田永胜等，2005	大菱鲆 *Scophthalmus maximus* 肌节胚		PMP1	玻璃化 冷冻	−196	20	
Tian et al.，2015	七带石斑鱼 *Epinephelus septemfasciatus* 肌节胚、尾芽胚		PMG3T， PMG3S	玻璃化 冷冻	−196	17.37	17.07
Keivanloo S and Sudagar M，2015	波斯鲟 *Acipenser persicus* 神经期胚胎		6 种 DMSO 为基础的 玻璃化液（V1-V6）	玻璃化 冷冻	−196	33.33 （20℃解冻） 24.74 （0℃解冻）	6.06~45.45 （20℃）， 13.63~ 37.87（0℃）
Tian et al.，2017，2018	云纹石斑鱼 *E. moara* 肌节胚、尾芽胚		PMG3T， PMG3S	玻璃化 冷冻	−196	12.2	29.00
Zhang et al.，2019	云纹石斑鱼 *E. moara* 肌节胚、尾芽胚		蔗糖	玻璃化 冷冻	−196	12.2~31.3	20.6
Li et al.，2021	驼背鲈尾芽胚、心跳期胚胎		1mol/L S1T1	玻璃化 冷冻	−196	2.11	

四、鱼类胚胎玻璃化冷冻保存的主要成果

在鱼类胚胎的冷冻方面，由于鱼卵体积大，大部分卵径在 1mm 左右，而且具有双层卵膜结构、大的卵间隙，含有大量的水分、丰富的卵黄和脂肪滴等特点，使鱼类胚胎的冷冻保存困难重重。有人认为主要有五方面因素给硬骨鱼胚胎的冷冻造成了困难（Rall，1993）：第一，鱼卵大的体积使卵表面积与体积比减小，限制了水分和抗冻剂的渗透；第二，相当大的细胞和丰富的卵黄增加了胞内冰晶形成而导致膜系统的破坏（Mazur，1984）；第三，分隔的胚盘和卵黄囊的渗透速度不同；第四，胚胎半透性膜系统可能限制了水分和抗冻剂在膜两边的渗透（Wallace and Selman，1990）；第五；潜在地对冷冻的敏感性制约了胚胎的冷冻保存（Stoss and Donaldson，1983；Zhang，1995）。另外，鱼类胚胎在渗透压的调节、冷冻保护剂的筛选、降温速率的选择、合适的冷冻胚胎阶段确定、合适的平衡和冷冻方式的筛选、复温速率的选择、洗脱液及洗脱方式的选择研究等方面，较其他动物胚胎和鱼类精子的冻存要困难得多，所涉及的学科领域广、技术难度大，所以鱼胚的冻存研究进展相对较慢。目前对于鱼完整胚胎能够安全渡过−60~−20℃冰晶形成区的报道不多。

将鱼类胚胎冷冻保存的成果列于表 3-1-2，至目前被研究的鱼类主要有虹鳟、河鳟、银大麻哈鱼、大马哈、溪红点鲑、斑马鱼、鲤、鲢、鳙、团头鲂、青鳉、泥鳅、露斯塔野鲮、喀拉鲃、印鲮、牙银汉鱼、鲈、牙鲆、大菱鲆、七带石斑鱼和云纹石斑鱼等。在不同鱼类胚胎的冷冻方法上，不同的作者采用了慢速降温、分段快速降温、快速降温、玻璃化冷冻方法。对于鱼类完整胚胎的冷冻，在−40℃以上，最低的复活率为 4.6%（银大麻哈鱼）（Stoss，1983），最高复活率为 94%（斑马鱼心跳胚）（Zhang，1993），但是能够孵化成活的个体很少。在鱼类早期胚胎细胞的冷冻方面，如桑椹胚、囊胚、原肠中期胚胎分裂球，单个细胞或多个细胞在−196℃的冷冻保存取得了较高的成活率，囊胚分裂球的冷冻成活率为 19.9%（Strüssmann，1999），晚期囊胚细胞的最高成活率为 96%（Calvi，1999）。

在鱼类胚胎超低温冷冻方面，利用程序化降温在－196℃冷冻保存鲤 16 个胚胎，解冻后有 4 个复活，其中 3 个孵化出鱼苗（Zhang，1989）。在泥鳅心跳胚的冷冻中，以分段快速降温方法获得 16 个成活胚，1 粒孵化出膜（张克俭等，1997）。利用 15％甲醇＋20％PG 对泥鳅胚孔封闭期胚冷冻中获得 4 粒成活胚，发育至肌节期后死亡（章龙珍等，2002）。

目前在鱼类完整胚胎的超低温冷冻保存方面，利用玻璃化冷冻方法取得了较好的成果，1937 年，Luyet 等（1937）首次提出用玻璃化冷冻法对生物材料进行低温保存，1985 年 Rall 和 Fahy 首次利用该方法对小鼠胚胎冷冻成功。近 20 年来，鱼类胚胎玻璃化保存被广泛研究，对牙鲆（Chen and Tian，2005）、美洲拟鲽（Rohles et al.，2005）、泥鳅（章龙珍等，2002）、鲈（田永胜等，2003）、大菱鲆（田永胜等，2005）、七带石斑鱼（Tian et al.，2015）、波斯姆（Keivanloo et al.，2016）、云纹石斑鱼（Tian et al.，2017、2018；Zhang et al.，2020）、驼背鲈（Li et al.，2021）、斑马鱼（Janik et al.，2000）、金头鲷（Edashige et al.，2006）、真鲷（丁福红，2004）、少鳞鱚（Rahman，2017）、鲤（El-Battawy et al.，2014）等鱼类胚胎进行了玻璃化冷冻保存研究。

利用玻璃化液 VSD2 在鲈尾芽胚、心跳胚和出膜前期胚冷冻中取得了成活胚胎，成活率在 2.13％～5.88％，并且孵化出一尾鱼苗，成活胚胎的培养成活时间在 42～73h（田永胜等，2005）。利用玻璃化液 FVS1～4 冷冻牙鲆肌节胚、尾芽胚、心跳胚和出膜前期胚取得了成活胚胎，冷冻 316 粒胚胎中有 21 粒胚胎成活，成活率在 1.64％～32.35％，其中有 14 粒胚胎孵化出了正常的鱼苗，胚胎的培养成活时间在 10～108h，实验结果具有重复性（Chen and Tian，2005）。利用玻璃化液 PMP1 冷冻大菱鲆 4～5 对肌节胚也获得了 1 粒成活胚胎，并且孵化出膜（田永胜等，2005）。石斑鱼胚胎冷冻保存方面，近年来主要利用两种玻璃化液 PMG3S 和 PMG3T 对从视囊形成期到胚体抽动期的七带石斑鱼和云纹石斑鱼胚胎进行大量冷冻保存，在已发表文章中累计冷冻成活胚胎 2 283 粒，成活时期主要集中在肌节期和尾芽期，总孵化鱼苗 659 尾。优化后的云纹石斑鱼胚胎冷冻成活率、孵化率分别达到 12.19％和 28.87％（Tian et al.，2015、2017、2018；Zhang et al.，2019）。可见利用玻璃化冷冻方法在海水鱼类完整胚胎的冷冻上取得了突破性进展。

五、鱼类胚胎玻璃化冷冻保存技术进展

近年来，有研究者对玻璃化冷冻法的传统技术和抗冻保护剂的作用机制提出了新的想法，并在传统的胚胎玻璃化冷冻法的基础上，研发了几种新技术。本研究将对 20 世纪 80 年代以来鱼类胚胎玻璃化冷冻保存技术进行分类总结，主要分为五大方面：胚体冷冻承载工具、抗冻保护剂的添加方式、抗冻保护剂的渗透方法、胚胎冷冻后的复苏技术、胚胎冷冻前后的检测技术，重点介绍玻璃化冷冻保存的新兴技术。

（一）胚体冷冻承载工具

近年来，从提高降温速率和复温速率的角度出发，发展了细管法（Rall et al.，1985）、微滴法（Landa et al.，1990）、电子显微镜铜网法（Steponkus et al.，1991）、开放式拉长塑料细管法（Vajta et al.，1997）、玻璃微细管法（Kong et al.，2000）、半细管法（Liebermann et al.，2002）、封闭式拉长塑料细管法（Chen et al.，2001）、固体表面玻璃化法（Dinnyés et al.，2000）、冷冻环法（Lane et al.，1999）、开放式载具和非渗透性抗冻剂冷冻法等。其中塑料细管在胚胎冷冻中应用较广泛。

目前鱼类胚胎冷冻保存普遍使用 0.25mL 细管为胚胎冷冻主要承载工具，含有高浓度混合抗冻剂的玻璃化溶液为冷冻保护剂，一般采用逐步添加玻璃化液的方式进行渗透处理。但由于细管作为载具，每管最多能盛装 20～25 枚胚胎，单位时间内胚胎冷冻数量有限，不能进行大批量冷冻实验，限制了鱼胚冷冻保存胚胎成活数量；而且一般冷冻保护剂要想形成玻璃化浓度至少达到 40％～60％，当胚胎暴露于高浓度抗冻剂时间过长时，会对胚胎结构和功能造成明显损害，导致胚胎成活率和孵化率降低，甚至导致玻璃化冷冻后成活胚胎因畸形而无法继续发育和培养。

为了提高胚胎冷冻保存效益和成活率，作者发明了一种"开放载具和非渗透性抗冻剂冷冻保存方法"，以下对其展开介绍。

（1）此方法使用的抗冻剂只有非渗透性的蔗糖、海藻糖或葡萄糖，成分简单、无毒性，不会对鱼类胚胎细胞造成"溶液损伤"。其他鱼类胚胎冷冻保存液中含有渗透性较强的小分子抗冻剂（二甲基亚砜、甲醇等），由于其毒性较强，不可避免地对胚胎造成"溶液损伤"，从而降低冷冻胚胎存活率。

（2）此方法可以冷冻保存胚胎 1 000 多粒，数量多，极大提高了冷冻保存效率。

（3）此方法降温和解冻速率快。上下贯通的胚胎载具（图 3-1-1）可以使胚胎表面直接与液氮接触，达到快速降温的效果；在解冻时也可以直接使胚胎与 25～35℃海水接触，克服了塑料麦管等冷冻载具导温效率低的缺点。

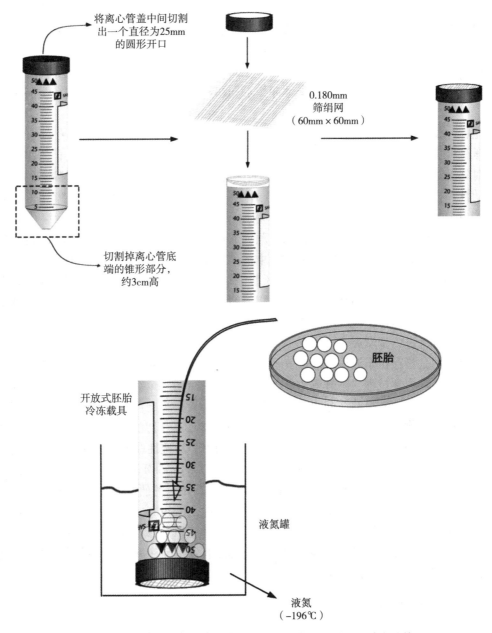

图 3-1-1　开放载具和非渗透性抗冻剂冷冻保存方法示意图（田永胜等，2020）

（4）此方法冷冻胚胎成活率和孵化率高。利用此方法冷冻保存云纹石斑鱼胚胎成活率可达到 31.30％，孵化率可达到 41.28％（Zhang et al.，2020）。

（二）抗冻保护剂的添加方式

分为一步法和多步法。传统的玻璃化冷冻法一般使用的玻璃化液浓度较高，对胚胎毒性作用大，在处理胚胎过程中，一般都是采用多步添加的方法，逐步渗透以降低高浓度渗透剂对胚胎的毒性。近来研究发现，在传统的胚胎玻璃化冷冻的基础上，使用蔗糖和无任何渗透性溶质对胚胎进行脱水，在玻璃化冷冻之前除去大部分的水分，再采用一步法添加玻璃化液，然后进行超快速激光加热复苏，可得到较高的胚胎成活率（Jin et al.，2014、2015；Seki et al.，2012）。但极限脱水对胚胎的后期发育存在致畸影响，具体机制尚未明确（Connolly et al.，2017），目前一步法应用较少。

（三）抗冻保护剂的渗透方法

传统的促进抗冻保护剂渗透到鱼胚中的方法，包括电穿孔（Rahman et al.，2013）、显微注射（Robles et al.，2006）、水通道蛋白处理（Jr et al.，2006）、正压或负压（Routray et al.，2002）以及去膜处理（Hagedorn et al.，1997）。其中的大多数已经促进抗冻剂渗透，但不足以实现成功的冷冻保存。随着研究的深入，研究者发现飞秒激光脉冲技术和超声波空化可以有效地提高鱼类胚胎对抗冻保护剂的渗透。

飞秒激光脉冲技术是利用大多数细胞在近红外波段是透明的，近红外飞秒激光对细胞的穿透深度深，当飞秒激光聚焦于透明材料时，聚焦处的光强非常高，足以引起非线性吸收，但聚焦处附近的热影响非常小，对邻近细胞几乎没有损坏。同时当激光束在膜上聚焦几毫秒时，产生了瞬态的小孔，由于细胞膜具有流动性，损伤的细胞膜会在短时间内得到修复，从而再次形成完整的屏障（王丽等，2010）。Kohli 等（2010b）在对狗肾细胞的研究中发现，利用飞秒激光脉冲技术对细胞进行穿孔不会造成细胞崩解、气泡形成等细胞形态变化，同时将抗冻剂蔗糖通过瞬态小孔成功地渗透进狗肾细胞中（Kohli et al.，2010a）。之后又有研究证明，飞秒激光脉冲技术能够成功地将异硫氰酸荧光素、DN（Simian-CMV-EGFP）等导入斑马鱼的未去膜和去膜的胚胎中（Kohli et al.，2010c）。传统的显微注射使用的纳米针都是入侵式的，容易对胚胎结构、胚胎中相邻细胞以及卵膜等造成破坏，飞秒激光技术更接近于无创导入。但飞秒激光技术存在着成本高昂、仪器庞大、可操作性差等问题。目前，其在鱼类低温冷冻领域的应用较少，有待进一步发展。

超声波空化作用是指存在于液体中的微气核（空化泡）在声波的作用下振动，当声压达到一定值时发生的生长和崩溃的动力学过程（陈辉等，2005）。Bart 和 Kindschi（2001）首先通过超声波空化作用成功地将钙黄绿素介导进入虹鳟的细胞中。之后 Bart 和 Kyaw（2015）在实验中也发现超声波空化在提高胚胎甲醇渗透性上是物理损伤最小的方法。Silakes 等（2010）研究了超声波对不同发育时期、不同去膜程度（完全去膜、卵膜软化、未去膜）斑马鱼胚胎的甲醇渗透性影响，发现超声波处理能明显提高胚胎的甲醇渗透性，且 90% 外包期最高达到了（85.3±8.1）μmol/L，但是仍远低于胚胎玻璃化所需浓度（10 mol/L）（Liu et al.，1998）。同时在 Wang 等（2008）的研究中也发现超声波空化技术在不影响斑马鱼胚胎存活率的同时还可以增加其对甲醇的渗透性。Rahman 等（2017）的研究发现利用超声波介导抗冻剂进入少鳞鳙肌节期胚胎，可提高胚胎对二甲基亚砜的渗透性。Guignot 等（2018）通过超声波空化作用成功将低温保护剂导入蜜蜂胚胎中，发现可有效提高冷冻后胚胎的成活率。目前，超声波空化技术在低温冷冻领域应用较广，值得进一步深入研究。

（四）胚胎冷冻后的复苏技术

鱼类胚胎玻璃化后复温时使用的仪器主要为恒温水浴锅和超快红外激光器（Seki et al.，2012）。在自然条件下，大多数鱼类胚胎对冷冻降温的敏感性高，这给鱼胚冷冻保存工作带来极大的不便，同时也影响了鱼类胚胎玻璃化研究的早期方向。早期鱼类胚胎玻璃化冷冻的研究重点一般放在如何降低玻璃化液的毒性和如何提高降温的速率。近年来，有学者提出玻璃化过程存活的更关键的决定因素是升温速率，而不是冷却速率（Seki et al.，2009）。恒温水浴锅加热作为传统的解冻方法，应用普遍，但升温较慢，人为因素影响较大，效果不稳定，无法实现大量可重复的冷冻保存。Jin 等（2015）研究发现，超快速红外激光加热技术可以有效提高胚胎解冻后的成活率，即使在仅含有正常溶质浓度的 1/3 的溶液中相对缓慢地冷却，只要它们被激光脉冲超快速地加热（$1 \times 10^7 \,°C/min$），超过 90% 的小鼠卵母细胞和胚胎都可以存活。激光加热技术作为近几年兴起的复温方法，效果稳定、应用前景广阔，但存在价格高昂、仪器结构复杂、可操作性差等问题。目前应用较少。

（五）胚胎冷冻前后的检测技术

在鱼类胚胎冷冻保存技术的检测方面，许多学者利用各个学科之间的相互交叉、紧密结合为冷冻前及冷冻后的检测方法进行了探索，提出了几种新技术。Zhang（2006）和 Wang（2006、2008）等应用电阻抗频谱测量法直接测定了冷冻保护剂向鱼类不同时期胚胎不同部分的渗透率，发现电阻抗频谱测量法可以实时监测鱼胚胎细胞膜对抗冻剂的渗透性，并能准确定量测定胚胎对不同抗冻剂的渗透率。Wessels 等（2017）开发了一种基于浮力预测胚胎存活率的无创胚胎评估技术（NEAT），能够有效识别胚胎在低温保存后的存活情况。

六、鱼类胚胎冷冻保存发展前景和存在问题

低温生物学是探索低温条件下生命现象，生物组织、细胞以至生物个体长期保存的科学，是借助于生物学、物理学、化学和工程技术发展而发展的一门边缘科学，是一门新兴的有生命力的科学。在超低温下（$-196\,°C$ 以下）生物细胞或精子、胚胎的生理代谢完全停止，生命可以在这种状态下长期保存。根据这一原理，前人在生命物质的低温保存方面进行大量的探索，并且已在哺乳动物精子和胚胎的保存上取得了显著的成就，鱼类胚胎含有鱼类个体发育的全部遗传物质，如能实现它的冷冻保存，可以将大量的鱼类个体贮存于一个很小的容器里，建立鱼类胚胎资源库，或者是基因资源库，为基因转载及品种的杂交提供方便，随时为科学研究提供鱼类遗传物质。发展鱼类胚胎冷冻或者被称为"种群保险"，一方面对保存遗传物质的多样性和自然水体中鱼类种群数量具有重要的意义（Ballou，1992；Wildt，1992），不管外界环境如何变化，被保存的鱼类个体可以随时用来补充自然界生物种群；另一方面鱼类的繁殖都要受自然环境中温度、水质、水流等多个因素的限制，一般一年中只能繁殖一次，胚胎冷冻技术的成功可以将冷冻胚胎在一年中任何时间复温成活，这样在某种意义上扩展了鱼类繁殖时间，给渔业生产带来新的商机（Hagedorn，1997）。

目前鱼类胚胎的玻璃化冷冻保存虽取得一些研究成果，但大多数冷冻技术效果不稳定，可重复性差，参考性低。鱼胚玻璃化保存研究最初主要集中在胚胎时期选择、玻璃化液的调配、冷冻平衡处理、降温速率等方面。由于不同种类的鱼最适的胚胎冷冻时期、抗冻液浓度、平衡处理时间各不相同，不同鱼种之间相互参考意义不大，造成科研工作者大量的精力浪费在重复冗余的前期工作上。近来，有研究者发现等容系统中玻璃化所需的冷冻保护液浓度显著低于等压系统中玻璃化所需的冷冻保护液浓度（Zhang et al.，2018），更有研究者推测在玻璃化和升温过程中胚胎存活的能力更多取决于在开始冷却之前从细胞中抽出的细胞液的比例，而不是进入细胞内部的冷冻保护剂的摩尔数（Jin et al.，2014），这为鱼类胚胎的玻璃化冷冻保存工作提供了新的突破口。

许多学者对鱼类胚胎的玻璃化冷冻保存进行了探索，并提供了几种新技术，虽然技术上仍然存在缺陷，但是相信随着对鱼类胚胎低温生物学基础研究的不断深入，科学技术的不断发展，各学科之间的相互交叉、紧密结合，鱼类胚胎玻璃化冷冻保存技术必将不断成熟与突破，玻璃化冷冻法在鱼类低温冷冻领域的应用前景将更为广阔。

第二节　七带石斑鱼胚胎超低温冷冻保存

七带石斑鱼是中大型雌雄同体鱼类，主要分布于我国南海和东海（孟庆闻，1995）。在中国沿海水域的 68 种石斑鱼中，七带石斑鱼生活在纬度最高的地区，是石斑鱼在黄海唯一分布的鱼种（成庆泰等，1981）。在 20 世纪 60 年代，只有少数关于七带石斑鱼的资料报道（王涵生，1997）。近年来，七带石斑鱼的相关研究逐渐增多，主要集中在繁殖生物学（Kline et al.，2008）、早期发育（Kitajima et al.，1991）、人工育苗（Teruya et al.，2008）、病毒性神经坏死病（Yamashita et al.，2009）、肌肉成分分析（程波等，2009）、群体遗传多样性（董秋芬等，2007）、染色体核型分析（钟声平等，2010）等方面，并且已经研发出了七带石斑鱼精子低温冷冻保存方法（Koh et al.，2010；Tian et al.，2013）。由于野生品种具有较高的经济价值（Kline et al.，2008），如今七带石斑鱼已成为日本海水鱼类繁育和海洋牧场增殖的热点（Kline et al.，2008；Sabate et al.，2009）。石斑鱼的病毒性神经坏死病是全世界水产养殖中最严重的疾病之一（Munday et al.，2002），它对石斑鱼养殖的影响很大。精子和胚胎的冷冻保存可以保证其遗传多样性和推进水产养殖业可持续发展，同时在杂交育种研究中有着重要的意义（Gwo，2000；Gwo et al.，2008）。本研究将探索七带石斑鱼胚胎的玻璃化冷冻保存方法。

一、亲鱼培育及胚胎收集

取七带石斑鱼雌鱼 30 尾和雄鱼 20 尾，体重在 3.4～4.8kg。通过挤压腹部，从亲鱼泄殖孔收集精液于 2mL 冷冻管中。使用相同的方法收集亲鱼未受精卵子于 2 L 塑料盆中。每 1mL 卵子加入 10μL 精液进行授精，将精液与未受精卵子混合 5min，加入 1mL 海水以激活精子活力。激活 10min 后，向受精卵中加入更多的海水（是其初始体积的 20 倍）。用过滤海水洗卵后，将受精卵置于 21～23℃孵化箱内进行孵化培育。当胚胎细胞分化发生时，正常的卵和胚胎漂浮于水面，而异常的卵或胚胎沉底。异常卵表现为胚体畸形、胚胎色素沉着或卵黄发白。其中，胚体畸形一般呈现为胚体肌节侧凸，形成半圆形，尾部变短、扭曲（章龙珍等，1992；章龙珍和刘宪亭，1989）；胚胎色素沉着是指整个胚胎颜色加深，其中胚体尾部的色素沉着与正常胚体相比十分明显。分离出漂浮于水面的发育良好的胚胎，然后置于 21～23℃孵化箱内继续培育，待胚胎发育至胚体形成期、肌节期和尾芽期时，用于毒性试验和玻璃化冷冻保存实验。

二、抗冻剂的制备

稀释剂 BS2（田永胜等，2005）由 24.72g/L NaCl、1.46g/L CaCl$_2$·2H$_2$O、0.865g/L KCl、4.86g/L MgCl$_2$·6H$_2$O、0.19g/L NaHCO$_3$ 配制，溶剂为蒸馏水。实验所用抗冻剂：1，2-丙二醇（PG）、乙二醇（EG）、二甲基亚砜（DMSO）、甲醇（MeOH）、甘油（Gly）、二甲基甲酰胺（DMF）、蔗糖、果糖、海藻糖、葡萄糖。实验中玻璃化液由抗冻剂与 BS2 配制，具体见表 3-2-1。

表 3-2-1　实验中所用各种玻璃化液配方

玻璃化液	组成
40% PG	40% PG+60% BS2
40% MeOH	40% MeOH+60% BS2
40% Gly	40% Gly+60% BS2

（续）

玻璃化液	组成
40% DMF	40% DMF+60% BS2
40% DMSO	40% DMSO+60% BS2
40% EG	40% EG+60% BS2
40% PM	24% PG+16% MeOH+60% BS2
40%PGly	24% PG+16% Gly+60% BS2
40% PDF	24% PG+16% DMF+60% BS2
40% PDO	24% PG+16% DMSO+60% BS2
40% PE	24% PG+16% EG+60% BS2
35% PM	21% PG+14% MeOH+65% BS2
30% PM	18% PG+12% MeOH+70% BS2
PMG1	10.5% PG+7% MeOH+17.5% Gly+65% BS2
PMG2	13.998% PG+9.332% MeOH+11.67% Gly+65% BS2
PMG3	15.75% PG+10.5% MeOH+8.75% Gly+65% BS2
PMG4	16.8% PG+11.2% MeOH+7% Gly+65% BS2
PMG3G	15.75% PG+10.5% MeOH+8.75% Gly+5%葡萄糖+60% BS2
PMG3S	15.75% PG+10.5% MeOH+8.75% Gly+5%蔗糖+60% BS2
PMG3F	15.75% PG+10.5% MeOH+8.75% Gly+5%果糖+60% BS2
PMG3T	15.75% PG+10.5% MeOH+8.75% Gly+5%海藻糖+60% BS2

三、单一渗透性抗冻剂对胚胎毒性实验

以 BS2 为基础液，将 PG、MeOH、Gly、DMF、DMSO 和 EG 六种渗透性抗冻剂分别按照体积比配制成 40% 的抗冻保存液（表 3-2-1），室温下将胚胎通过五步法（田永胜等，2004）平衡 30min 后（表 3-2-2），用 0.125mol/L 蔗糖洗脱液洗脱 15min，洗脱过程中逐渐加入 22℃ 的海水冲洗胚胎，然后用过滤海水在恒温培养箱内（22℃）培养至出膜，并统计孵化率。

表 3-2-2　胚胎玻璃化液五步法预处理

玻璃化液稀释倍数	平衡时间（min）
1/4 倍	6
1/3 倍	6
1/2 倍	6
2/3 倍	6
未稀释	6

利用以上六种抗冻剂对七带石斑鱼肌节期胚胎进行冷冻保存，解冻后各组孵化率分别为（15.96±1.72）%、（5.95±0.45）%、（3.62±0.33）%、（5.26±0.94）%、（4.03±0.17）% 和 0。结果表明，利用 40%PG 冷冻保存胚胎的孵化率最高，MeOH 次之，EG 最低，但各组均与对照组〔（83.81±3.23）%〕存在显著性差异（$P<0.05$）（图 3-2-1）。

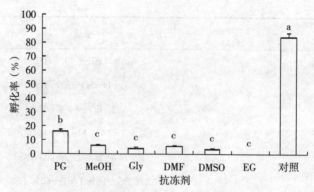

图 3-2-1　单一不同渗透性抗冻剂对冻前七带石斑鱼胚胎孵化率的影响

四、两种渗透性抗冻剂组合使用对胚胎毒性实验

以 BS2 为基础液，利用 PG 与其他五种抗冻剂以体积比 3∶2 配制成五种 40% 的溶液，即 PM、PGly、PDF、PDO 和 PE（表 3-2-1）。按照上述相同的方法进行平衡、洗脱、培养和统计各组孵化率，每组处理约 100 个胚胎。以上五种混合抗冻剂处理组，解冻后各组的孵化率分别为（33.80±8.27）%、（10.72±0.77）%、（26.15±4.39）%、（15.03±2.01）% 和（2.07±1.90）%，结果表明，利用 PM 冷冻保存的胚胎孵化率最高，PE 最低。但各组与对照组（83.81±3.23）% 相比，均存在显著性差异（$P<0.05$）（图 3-2-2）。

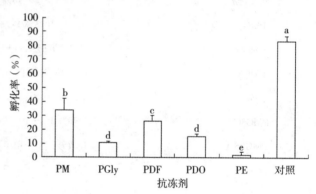

图 3-2-2　两种不同渗透性抗冻剂组合对冻前七带石斑鱼胚胎孵化率的影响

由以上实验得出 PG 和 MeOH（PM）联合使用时对胚胎的毒性最小。为了筛选出浓度更加适当的 PM，将 PG 和 MeOH 再一次以 3∶2 进行混合，与 BS2 基础液按照体积比配制成 40%、35%、30% 的抗冻剂溶液（表 3-2-1），利用上述相同的方法进行平衡、洗脱、培养和统计各组孵化率（$n=3$）。发现 40% PM 组与对照组差异显著（$P<0.05$），其他两组浓度与对照组均无显著性差异（$P>0.05$）（图 3-2-3）。

玻璃化溶液是胚胎冷冻保存中的媒介，选择合适的冷冻保护剂是冷冻保存过程中的关键步骤（田永胜等，2005）。冷冻保护剂一般处于高浓度，可能导致胚胎损伤。因此，应预先测试冷冻保护剂的毒性，确定适当的浓度（鲁栋梁等，2009）。七带石斑鱼胚胎用六种不同类型的冷冻保护剂（PG、MeOH、Gly、DMF、DMSO 和 EG）冷冻保存，这些冷冻保护剂是低分子量的小分子冷冻保护剂。它们可确保细胞及时脱水并降低溶液的冰点，从而使胚胎脱水更长时间，从而防止冰晶的形成（赵静等，2007）。研究结果表明，与其他冷冻保护剂相比，40% PG 处理的七带石斑鱼胚胎的存活率最高［（15.96±1.72）%］。该结果表明 PG 具有相对较低的毒性水平和较强的玻璃化能力，这与华泽钊等的研究一致

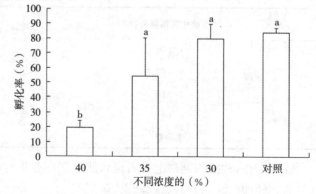

图 3-2-3　不同浓度 PM 对冻前七带石斑鱼胚胎孵化率的影响

第三章　海水鱼类胚胎超低温冷冻保存

（华泽钊和任禾盛，1994）。但是当玻璃化溶液只含有一种冷冻保护剂时，如果冷冻保护剂的浓度高于45%，则玻璃化程度相对较低（章龙珍等，1996）。通过在玻璃化溶液中使用两种不同的冷冻保护剂的组合，改善了这种情况，从而降低了每种冷冻保护剂的浓度（章龙珍等，1996）。发现 PG 和 MeOH 组合（PM）作为一种玻璃化溶液 [（33.80±8.27）%] 与单独用 PG 处理的那些相比，胚胎的存活率更高。在使用程序化冷冻方法冷冻保存牙鲆胚胎时，混合 PG 和 MeOH（PM）的毒性相对较低（王春花，2007）。此外，不同鱼胚对不同冷冻保护剂的耐受性也不同（陈松林，2007）。Kasai 等（1990）发现 97%～98% 的小鼠桑椹胚使用 EG 作为冷冻保护剂冷冻保存，解冻后能够继续发育。Zhu 等（1993）在用 10% 的 EG 预处理后，使用 EFS40 冷冻保存扩增小鼠胚泡，解冻后胚胎的发育率为 94%。而在本研究中，与其他冷冻保护剂相比，单一的 EG 玻璃化溶液和 EG 与 PG 组合玻璃化溶液对肌节期的胚胎毒性相对较高。

五、三种渗透性抗冻剂组合使用对胚胎毒性实验

利用 PM（PG : MeOH＝3 : 2）: Gly＝1 : 1、2 : 1、3 : 1、4 : 1 按照体积比与基础液 BS2 配制成总浓度为 35% 的四种混合抗冻剂，即为 PMG1、PMG2、PMG3 和 PMG4（表 3-2-1）。利用上述相同的方法进行平衡、洗脱、培养和统计各组孵化率。结果显示，3 : 1 和 4 : 1 组的孵化率分别为（50.10±34.47）% 和（23.37±3.69）%，与对照组有显著性差异（$P<0.05$）。而 1 : 1 和 2 : 1 组的孵化率分别为 0.00 和（8.98±3.82）%，与对照组差异极显著（$P<0.01$）（图 3-2-4）。

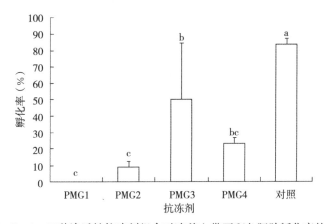

图 3-2-4　三种渗透性抗冻剂组合对冻前七带石斑鱼胚胎孵化率的影响

六、非渗透性抗冻剂对胚胎毒性实验

利用 PMG3 混合抗冻剂与葡萄糖、蔗糖、果糖和海藻糖四种非渗透性抗冻剂按照体积比配制成40% 的抗冻剂溶液，即 PMG3G、PMG3S、PMG3F 和 PMG3T（表 3-2-1），按照上述相同方法进行平衡、洗脱、培养和统计各组孵化率（$n=3$）。结果显示，用 PMG3G、PMG3S、PMG3T 和 PMG3F 处理的胚胎的孵化率分别为（24.38±10.76）%、（29.24±10.81）%、（27.01±3.39）% 和（20.43±8.97）%，各组与对照组之间均存在显著性差异（$P<0.05$）（图 3-2-5）。

用 PMG3S 和 PMGST 玻璃化液分别处理胚体形成期、肌节期和尾芽期的胚胎并冷冻保存胚胎孵化率分别为（60.11±29.55）%、（21.26±4.59）%、（29.24±10.81）% 和（64.93±20.65）%、（21.11±13.43）%、（27.01±3.40）%（图 3-2-6）。各处理组与对照组的孵化率之间均存在显著差异（$P<0.05$）。

高浓度的小分子冷冻保护剂对胚胎毒性非常大；低分子量的大分子冷冻保护剂，如葡萄糖、果糖、

· 105 ·

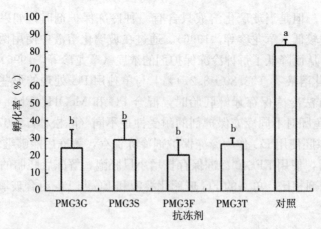

图 3-2-5　非渗透性抗冻剂对冻前七带石斑鱼胚胎孵化率的影响

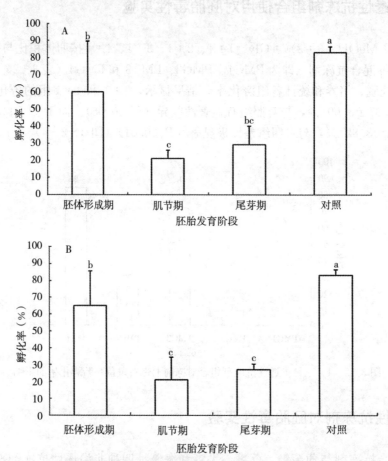

图 3-2-6　不同发育阶段胚胎在 PMG3S（A）和 PMG3T（B）处理后孵化率

蔗糖和海藻糖，在胚胎冷冻保存中起重要作用，保护细胞免受损伤。首先，糖有助于改善玻璃化溶液的渗透压，在该渗透压下，细胞可以完全脱水并且可以很好地保持其完整性。其次，添加糖后所需的冷冻保护剂减少，这可能会最大限度地降低溶液对胚胎的毒性。最后，糖作为渗透压缓冲剂，可降低细胞膨胀率，防止细胞在渗透过程中受损（赵静等，2007）。在这项研究中，用 PMG3T（35% PMG3＋5%海藻糖）进行玻璃化冷冻保存，洗脱和孵化后，12 个肌节期的胚胎复苏，其中 1 个发育成初孵仔鱼，另外 4 个胚胎从胚体形成期发育到肌节期。这表明在冷冻保存过程中海藻糖提供了潜在的保护作用。

七、玻璃化液 PMG3S 和 PMG3T 对胚胎体积的影响

七带石斑鱼胚胎发育到肌节期或尾芽期时，取 200 个胚胎（$n=3$），观察不同玻璃化溶液对胚胎体积的影响。将胚胎滤去海水后，采用五步法（表 3-2-2）分别用 PMG3S 和 PMG3T 溶液处理胚胎，在每个步骤之间使用软件（Scopephoto 3.0）在 BDS300 倒置显微镜（中国重庆光学仪器有限公司）下拍摄 30 个胚胎的图像，并且使用 Adobe Photoshop CS6 测量它们的直径。未经任何处理的七带石斑鱼胚胎作为对照组。使用公式 $V=(4/3)\pi R^3$（V 为胚胎体积；R 为胚胎半径）计算胚胎体积。通过对照组中胚胎体积的标准化获得相对体积，并在平衡过程中每个步骤比较玻璃化溶液对胚胎的渗透程度。

图 3-2-7A 所示，为两种玻璃化溶液处理肌节期胚胎 0～30min 的体积变化。将原始胚胎体积设定为对照，其为 1 ± 0.003。用 PMG3S 和 PMG3T 处理 6min 后，胚胎收缩，并且体积分别显著降低至 0.934 ± 0.002 和 0.946 ± 0.002（$P<0.05$）。胚胎在 12min 后开始恢复，其体积为 0.967 ± 0.002（PMG3S 处理）和 0.979 ± 0.002（PMG3T 处理）。胚胎用 PMG3S 处理 18、24 和 30min 时胚胎体积显著增加至 1.029 ± 0.003、1.051 ± 0.003 和 1.062 ± 0.003（$P<0.05$）。胚胎用 PMG3T 处理 18、24 和 30min 时，胚胎体积显著增加至 1.048 ± 0.002、1.051 ± 0.002 和 1.057 ± 0.004（$P<0.05$）。以上结果表明当胚胎处于肌节期时，PMG3S 和 PMG3T 处理的胚胎体积变化趋势一致，均在 6min 内收缩最多，12min 后逐渐恢复至原始体积，18～30min 体积显著增加（$P<0.05$）。

图 3-2-7B 所示，为两种玻璃化溶液处理尾芽期胚胎 0～30min 的体积变化。将原始胚胎体积设定为对照，其为 1 ± 0.003。用 PMG3S 和 PMG3T 处理 6min 后，胚胎收缩最多，其体积分别显著减少至 0.925 ± 0.002 和 0.927 ± 0.002（$P<0.05$）。当胚胎用 PMG3S 处理 12、18、24 和 30min 时，胚胎体积依次为 0.972 ± 0.001、0.983 ± 0.001、0.993 ± 0.001、0.994 ± 0.004。胚胎体积在 24min 或 30min 与对照之间没有显著差异（$P>0.05$）。当胚胎用 PMG3S 处理 12、18、24 和 30min 时，胚胎体积依次为 0.961 ± 0.002、0.972 ± 0.002、0.9972 ± 0.002、0.998 ± 0.002。胚胎体积在 24min 或 30min 与对照之间没有显著差异（$P>0.05$）。所有这些变化趋势与用 PMG3S 和 PMG3T 处理的肌节期胚胎相似。采用五步法处理后，胚胎体积与对照无显著差异（$P>0.05$）。

实验中发现，当胚胎被冷冻保护剂溶液处理时，其体积会发生变化。Pedro 等（2005）通过使用几种冷冻保护剂，如丙二醇、二甲基亚砜、乙酰胺和乙二醇，比较了不同发育阶段的小鼠卵母细胞和胚胎渗透性和体积的变化，随着培育时间的延长，卵母细胞或胚胎渗透性增加，并且不同冷冻保护剂的渗透速率也不同。然而，丙二醇的渗透性在卵母细胞或胚胎的发育过程中并没有明显变化。关于去卵膜的斑马鱼胚胎

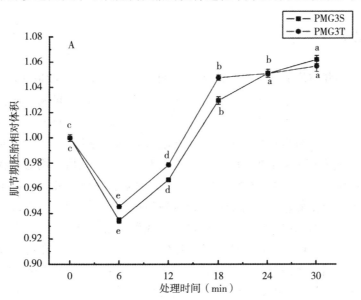

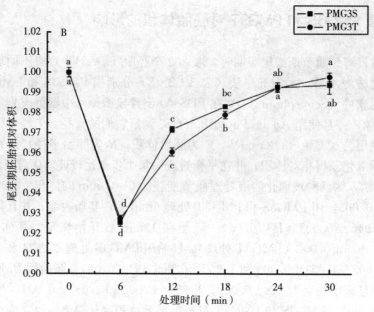

图 3-2-7 肌节期（A）和尾芽期（B）胚胎在玻璃化液 PMG3S 和
PMG3T 处理下 0～30min 的胚胎体积变化

对水和甲醇的渗透性的研究表明，在胚胎发育过程中，水渗透性保持稳定而甲醇渗透性有所降低（Zhang et al.，1998）。随后在斑马鱼卵母细胞发育过程中，测试了不同冷冻保护剂的导水率（Lp）和溶质（冷冻保护剂）渗透性（Ps）（Zhang et al.，2005），结果显示，Ⅲ期卵母细胞膜的渗透性低于哺乳动物卵母细胞，但高于海胆卵和其他鱼胚。在本节研究中，测量了两种组合玻璃化溶液 PMG3S 和 PMG3T 分别处理七带石斑鱼肌节期和尾芽期胚胎的体积变化。结果显示，PMG3S 和 PMG3T 对同一发育阶段胚胎的体积变化影响相似。当用 1/4 倍稀释的玻璃化溶液处理 6min 时，肌节期胚胎迅速收缩，水从细胞中扩散出去，细胞体积减小；用 1/3 倍稀释的玻璃化溶液再处理 6min 后，随着溶液渗透到细胞中，胚胎体积逐渐恢复；在 18min 内用 1/2 倍稀释的玻璃化溶液处理时，肌节期的胚胎比对照组膨胀得更大。然而，尾芽期的胚胎在用 2/3 倍稀释的玻璃化溶液处理 24min 后，体积恢复至初始。这表明肌节期胚胎和尾芽期胚胎对玻璃化溶液的渗透性不同。在玻璃化溶液处理过程中，所有胚胎首先迅速收缩，然后逐渐恢复，表明溶液可渗入细胞并有效保护胚胎。

八、胚胎玻璃化冷冻保存

七带石斑鱼胚胎发育到胚体形成期、肌节期和尾芽期时，每个发育阶段取 100～150 个胚胎。用玻璃化液 PMG3S 和 PMG3T 五步法处理样本胚胎，将胚胎与玻璃化溶液一起吸入麦管中，玻璃化溶液的总体积达到 2/3 麦管（250mL）。然后用酒精灯密封吸管的两端，立即将其浸入装有液氮（LN）的 800mL 保温箱中至少 30min。冷冻保存后，使用 37℃水浴锅将麦管解冻 30～50s。将解冻的胚胎转移到含有 0.125mol/L 蔗糖洗脱液的培养皿中，并在 22℃下培养 15min。然后，用滤网除去蔗糖洗脱液，并将胚胎在海水（22℃）中温和地冲洗 2～3 次以除去残留的蔗糖洗脱液。最后，将 10～15mL 海水加入培养皿中，并将胚胎置于恒温培养箱中进行培养。记录每组的胚胎孵化率（$n=3$）。同时，收集相同量的未经任何处理的受精卵作为对照组，用相同条件培养，观察并测量孵化率。

当使用玻璃化溶液 PMG3S 和 PMG3T 时，有胚胎在冷冻保存后存活。在用 PMG3T 冷冻保存的 78 个肌节期胚胎中，解冻后获得 6 个漂浮的胚胎。其中一些胚胎与未经处理的胚胎没有差异（图 3-2-8 Ⅰ）；一些胚胎在尾芽期停止发育、出现畸形，例如色素沉着增加（图 3-2-8 Ⅵ）。6 个漂浮的胚胎中有 2 尾发育成具有正常心跳的初孵仔鱼，存活 13h。其中一条初孵仔鱼在发育形态上与对照组相同（图 3-2-8Ⅱ），而另一条脊索侧凸、尾部畸形（图 3-2-8Ⅲ）。在用 PMG3T 冷冻保存的 102 个尾芽期胚胎中，8 个胚胎漂浮，发育至心跳期后，存活 11h。在用 PMG3S 冷冻保存的 247 个胚体形成期胚胎中，观察到 68 个漂浮的胚胎。其中 4 个漂浮的胚胎发育到肌节期后，存活 7h，在显微镜下清楚地观察到胚胎的肌节（图 3-2-9）。

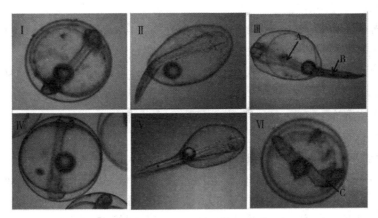

图 3-2-8　PMG3T 冷冻保存解冻后成活的七带石斑鱼胚胎和稚鱼

Ⅰ. 刚解冻的肌节期胚胎，其晶状体和肌节清晰可见，形态与对照组胚胎（Ⅳ）无明显差异　Ⅱ. 冻存胚胎在解冻后发育 13h 后孵化出的正常仔鱼，其脊柱无侧凸，尾部无色素沉着，与对照组的仔鱼（Ⅴ）无差异　Ⅲ. 冷冻保存后孵化出的畸形仔鱼，其脊柱侧凸（A），尾部色素沉着（B），与正常稚鱼（Ⅴ）明显不同　Ⅳ. 无试剂处理的肌节期胚胎　Ⅴ. 无试剂处理的发育 13h 后的仔鱼　Ⅵ. 刚解冻的胚胎，胚体直，色素沉着增多（C）

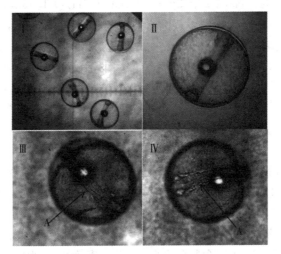

图 3-2-9　PMG3S 冷冻保存解冻后成活的七带石斑鱼胚胎

Ⅰ 和 Ⅱ. 冷冻保存成活的胚体形成期的胚胎　Ⅲ 和 Ⅳ. 解冻 7h 后发育至肌节期的胚胎（A 为胚胎的肌节）

第三节　云纹石斑鱼冷冻精子受精胚胎在不同温度冷冻保存

胚胎冷冻保存对于长期保存鱼类全基因组遗传信息具有重要的意义。但是自从 20 世纪 70 年代 Blaxter's 首次进行鱼类配子冷冻保存实验至今（Hagedorn et al.，1997a），多年来鱼类胚胎冷冻保存仍然是低温生物学领域巨大的挑战，在 −196℃ 能够获得成活胚胎的例子依然很少。

云纹石斑鱼是主要的经济鱼类，主要分布在北太平洋西部，在中国主要分布在东海和南海海域，适温范围较广（5～32℃），是自然捕捞和养殖的珍贵水产资源，同时也是进行种质保存、遗传分析和杂交育种的研究对象。本研究介绍了首次利用冷冻精子受精获得的云纹石斑鱼不同发育时期的胚胎为材料，在不同低温下对其进行冷冻保存，研究不同时期胚胎对低温的适应性、冷冻保存液对胚胎的保护性能及对胚胎渗透性的影响。

一、云纹石斑鱼精子、胚胎及冷冻保存液准备

1. 精子冷冻保存

4—5月云纹石斑鱼达到性成熟，从养殖池中挑选达到性成熟的雄性亲鱼，采用挤压腹部法采集精液，用玻璃吸管吸取精液，注入10mL的干燥玻璃瓶中，避免海水和尿液混入。

事先配制EM1-2精子冷冻保存液（齐文山等，2014），在其中加入20%DMSO配制成精子冷冻保存液，以1∶1的比例稀释精液，分装在2mL的冷冻管，每管1.5mL，以两步法投入液氮中冷冻保存，在授精时采用37℃水浴解冻。

2. 云纹石斑鱼胚胎的准备

云纹石斑鱼达到性成熟时，选择发育良好的雌性亲鱼（体重5～10kg，体长40～60cm），利用绒毛膜促性腺激素（HCG）200～300IU/kg和促排卵激素类似物（LHRH-A₃）5μg/kg进行肌肉注射催产，催产后24h人工挤压腹部采卵，接着利用解冻的云纹石斑鱼精子以精卵比1∶200的比例授精。受精卵经过盐度为35的海水漂洗，分离上浮的受精卵，放入500L网箱中，海水温度24℃、盐度30、溶解氧6～10mg/L条件下进行孵化，随时观察胚胎发育进程，待发育到16～22对肌节期（受精后21～23h）、尾芽期（受精后27h）时，进行冷冻保存实验。

3. 胚胎冷冻保存液配制

配制BS2基础液，成分为：NaCl 24.72g/L，CaCl₂·2H₂O 1.46g/L，KCl 0.865g/L，MgCl₂·6H₂O 4.86g/L和NaHCO₃ 0.19g/L。利用蒸馏水溶解配制（Tian et al.，2005）。

以BS2为稀释液配制成玻璃化液PMG3T，成分为：1，2-丙二醇（PG）13.78%（v/v），甲醇（MeOH）9.19%，甘油（Gly）7.66%和海藻糖（T）4.37%。再利用BS2以1/4、1/3、1/2、2/3倍稀释成梯度液。另外在BS2中加入0.125mol/L蔗糖配制成胚胎洗脱液（Tian et al.，2015）。

二、胚胎在4℃和−25.7℃冷冻保存

当胚胎发育至16～22对肌节期和尾芽期时，收集1mL胚胎（1 200粒左右），盛入培养皿中，将海水过滤干，利用五步平衡法处理胚胎（Tian et al.，2005）：在胚胎中分别依次序加入1/4、1/3、1/2、2/3和1倍的PMG3T玻璃液，胚胎在每个梯度液中浸泡6min。取200粒胚胎加入0.125mol/L蔗糖液洗脱10min，加入24℃海水培养5h，统计成活率。其他的胚胎利用移液枪将胚胎和玻璃化液一起吸入250μL的麦管中，每管中吸入200μL，含胚胎20～30粒，麦管两端利用酒精灯加热，用镊子加压封口。后将麦管分别放入4℃和−25.7℃冰箱中冷冻保存0～60min，分别在冷冻10、15、30、45、60min时

取出5支麦管，在37℃水浴中解冻，将解冻胚胎盛入培养皿中，加入0.125mol/L蔗糖洗脱10min，加入24℃海水培养5h，统计成活率。另外取200粒发育到相应时期的胚胎直接利用海水培养作为对照组。

云纹石斑鱼16～22对肌节胚胎4℃处理0、30、60min的成活率分别为（84.93±0.19）%、（43.19±3.77）%和（19.91±9.17）%，随着处理时间的延长，成活率显著降低（P<0.05），均显著低于对照组成活率（93.59±1.65）%（P<

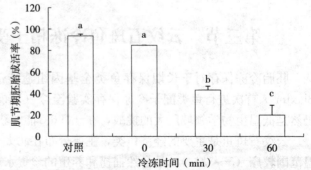

图3-3-1 16～22对肌节胚胎在4℃处理不同时间的成活率

0.05)（图 3-3-1）。

尾芽期胚胎在 4℃处理 0、15、30、60min 的成活率分别为（79.93±4.61)％、（74.72±11.05)％、（54.55±7.87)％和（1.30±1.13)％，处理 0min 与 15min 无显著性差异（$P>0.05$），处理 30min 后胚胎成活率显著降低（$P<0.05$），对照组成活率为（93.59±1.65)％（图 3-3-2）。

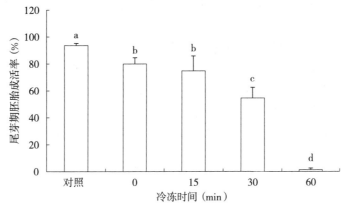

图 3-3-2 尾芽期胚胎在 4℃处理不同时间的成活率

16～22 对肌节胚胎-25.7℃冷冻保存 0、10、30min 的成活率分别为（84.93±0.19)％、（54.23±13.09)％和（7.89±2.99)％，不冷冻组与对照组无显著差异（$P>0.05$），处理 10min 后成活率显著降低（$P<0.05$），60min 后胚胎全部死亡（图 3-3-3）。

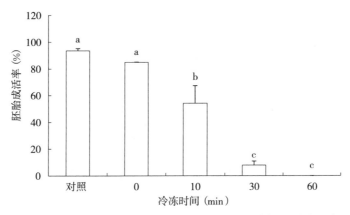

图 3-3-3 16～22 对肌节胚胎-25.7℃处理不同时间的成活率

尾芽期胚胎在-25.7℃处理 0、15、30、45min 的成活率分别为（79.93±4.61)％、（79.09±5.62)％、（56.10±19.83)％和（22.37±4.68)％，不冷冻组与冷冻 15min 的成活率与对照组无显著差异（$P>0.05$），冷冻 30min 后成活率显著下降（$P<0.05$），冷冻 60min 后胚胎全部死亡（图 3-3-4）。

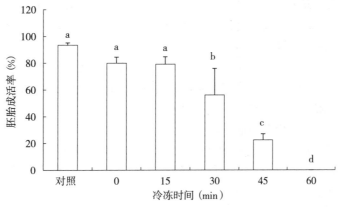

图 3-3-4 尾芽期胚胎在-25.7℃处理不同时间的成活率

三、胚胎在－140℃冷冻保存

事先利用低温温度计测量确定液氮罐蒸气的温度，将温度计固定在－140℃位置。当胚胎发育至16～22对肌节时，取 1mL 胚胎于培养皿中，利用五步法平衡处理胚胎，当用 1 倍的 PMG3T 处理 6min 后，取 200 粒胚胎加入 0.125mol/L 蔗糖液洗脱 10min，加入 24℃海水培养 5h，统计成活率。大部分胚胎分装到麦管后，集中装在用纱布制成的网袋中，吊入液氮蒸气中－140℃位置冷冻保存，分别当冷冻到 5、10、15、20min 时，从液氮蒸气中取出 5 支麦管，在 37℃水浴中解冻，将解冻胚胎盛入培养皿中，加入 0.125mol/L 蔗糖液洗脱 10min，加入 24℃海水培养 5h，统计成活率。另外取 200 粒 16～22 肌节胚直接利用海水培养作为对照组。

16～22 肌节胚在－140℃冷冻 0、5、10、15、20min 的成活率分别为 (84.93±0.19)%、(23.96±34.80)%、(25.88±36.60)%、(11.08±15.67)% 和 (1.95±2.76)%，不冷冻组与对照组成活率无显著差异 ($P>0.05$)，冷冻 5min 后成活率显著降低 ($P<0.05$)，冷冻 20min 以后只有极低的成活率（图 3-3-5）。

在－140℃共冷冻成活胚胎 340 粒，冷冻 5～20min 的平均成活率 15.71%，解冻后 4h 孵化鱼苗 24 尾，成活胚胎 249 粒，解冻 27h 后成活鱼苗 12 尾（表 3-3-1）。

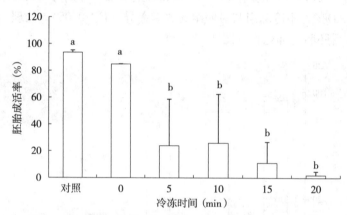

图 3-3-5 16～22 肌节胚在－140℃处理不同时间成活率

四、胚胎在－196℃冷冻保存

当胚胎发育至尾芽期时，取 3mL 胚胎盛入培养皿中，利用五步平衡法处理胚胎，处理后胚胎装入麦管，直接投入液氮（－196℃）中冷冻保存，冷冻 2h 后，将麦管从液氮中取出，直接投入 37℃水浴中解冻，解冻后将胚胎盛入培养皿中，加入 0.125mol/L 蔗糖液洗脱 10min，加入 24℃海水培养 5h，统计成活率和孵化率。另外取 PMG3T 处理后的胚胎 200 粒，不经过冷冻，加入 0.125mol/L 蔗糖洗脱后海水培养，再取 200 粒尾芽期胚直接利用海水培养作为对照组。

在－196℃冷冻保存 20 对肌节期胚胎 45 粒，解冻后成活 1 粒胚胎，解冻后 4h 孵化出鱼苗 1 尾。冷冻尾芽期胚胎 2 400 粒，解冻后成活胚胎 233 粒，成活率 9.71%，解冻后 4h 孵化出鱼苗 149 尾，解冻后 27h 成活鱼苗 192 尾，解冻后 48h 成活鱼苗 180 尾（表 3-3-1）。

未冷冻的肌节期胚胎和尾芽期胚胎肌节清晰，卵间隙分明，卵和胚胎的透明度较高（图 3-3-6A、B），冷冻后胚胎的透明度下降，肌节的清晰度降低，卵黄中有黑色素沉积（图 3-3-6C、D）。冷冻成活的大部分胚胎出膜正常，能孵化出正常的鱼苗（图 3-3-6E、G），但发现在冷冻成活的胚胎中有少数胚胎尾部畸形，不能正常孵化，少数孵化鱼苗尾部短小（图 3-3-6F、I）。大部分成活鱼苗发育正常，与正常鱼苗无明显区别（图 3-3-6H），发育到 27h 后体长伸长，卵黄囊吸收变小，背鳍、臀鳍和尾鳍褶分化清晰。

表 3 - 3 - 1　在－140℃和－196℃冷冻成活胚胎和鱼苗数量

冷冻温度	胚胎时期	冷冻胚胎数量（粒）	麦管数量（支）	解冻后成活数量（粒）	平均成活率（%）	解冻后 4h		解冻后 15h		解冻后27h鱼苗（尾）	解冻后48h鱼苗（尾）
						鱼苗（尾）	胚胎（粒）	鱼苗（尾）	胚胎（粒）		
－140℃	16~22对肌节	1 149	60	340	15.71	24	249	33	107	12	
－196℃	20对肌节	45	3	1		1				1	
－196℃	尾芽期	2 400	120	233	9.71	149	84			192	180

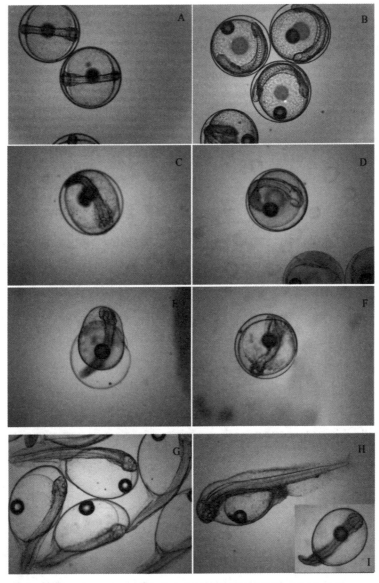

图 3 - 3 - 6　在－196℃冷冻成活云纹石斑鱼胚胎和孵化鱼苗
A. 正常的肌节期胚胎　B. 正常的尾芽期胚胎　C. 冷冻成活的肌节期胚胎　D. 冷冻成活的尾芽期胚胎
E. 正在孵化的冷冻成活鱼苗　F. 冷冻成活但发育畸形的胚胎　G. 解冻后 4h 孵化出的正常鱼苗　H. 解冻后
27h 正常发育的鱼苗　I. 冷冻成活但尾部短小的鱼苗

五、玻璃化液对胚胎体积的影响

利用 PMG3T 五步法分别处理云纹石斑 12～14 对肌节胚胎和尾芽期胚胎，在每步处理 6min、加入 0.125mol/L 蔗糖洗脱 10min 及加入海水培养 10min 时，每一阶段采集 20～30 粒胚胎，在显微镜下拍照（目镜 10 倍，物镜 4 倍），利用 Photoshop 软件测量胚胎半径 R，根据球体体积公式 $V=(4/3)\pi R^3$ 计算其胚体体积。但在实验过程中，有部分胚胎经过玻璃化液处理之后，出现失水凹瘪的现象，形成球缺。对于失水胚体，不但需测量胚胎半径 R，还需测球缺的高度 h（图 3-3-8B），根据球缺体积公式 $V=\pi h^2(R-h/3)$ 计算其球缺体积，最后用胚体体积减去球缺体积即为失水胚胎体积。同时测量未经处理胚胎体积作为对照，利用胚胎体积与对照组体积的比值作为相对体积，来分析胚胎经玻璃化液处理过程中体积变化规律。

利用玻璃化液 PMG3T 五步法处理 12～14 对肌节胚时，胚胎在依次进入 1/4、1/3、1/2、2/3、1 倍的玻璃化液中处理时，胚胎出现逐渐脱水，体积变小，当胚胎进入 1 倍的 PMG3T 时，体积与对照组相比显著变小（$P<0.05$），当胚胎进入 0.125mol/L 蔗糖洗脱时，体积开始恢复，处理后胚胎进入海水培养时，体积与对照组已无显著差异（$P>0.05$）（图 3-3-7A）。

利用玻璃化液处理尾芽胚胎时，体积的变化与 12～14 对肌节胚的变化趋势基本相吻合（图 3-3-7B）。

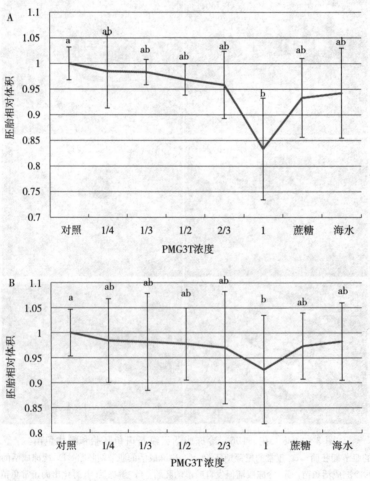

图 3-3-7　云纹石斑鱼 12～14 对肌节期（A）和尾芽期（B）胚胎
在 PMG3T 五步法处理中体积的变化

在显微镜下 4×10 倍观察胚胎体积的变化，对照组胚胎呈球形，当胚胎依次利用 PMG3T 玻璃化液五步法处理时，部分胚胎体积开始脱水，在胚胎一侧出现一个球缺，随着玻璃化液浓度的升高，出现球缺的胚胎数量增加。当利用 0.125mol/L 蔗糖液进行洗脱时，胚胎吸水，出现球缺的胚胎数量减少，进入海水培养时胚胎形状恢复（图 3-3-8）。

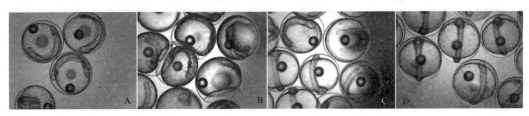

图 3-3-8　云纹石斑鱼尾芽期胚胎（A）在 PMG3T 玻璃化液五步法处理（B），并经 0.125mol/L 蔗糖洗脱后（C）进入海水培养（D）（图 B 中 R 为胚胎半径，h 为脱水后球缺高度）

玻璃化液对胚胎具有保护作用，但高浓度的渗透性和非渗透性的抗冻剂对胚胎会产生渗透和脱水损伤。不同品种的鱼类胚胎和不同发育时期的胚胎对抗冻剂的渗透率有很大的区别，不同种类的抗冻剂在同一胚胎中的渗透性能也完全不同，多种成分的玻璃化液处理胚胎时的渗透率也很难测量。另外，鱼类胚胎体积较小，胚胎中水含量相对于目前的检测方法是相当微量的，因此利用不同种类的鱼类胚胎或不同方法测量得到的渗透率具有很大的差异。Zhang et al.（2006）使用阻抗光谱学研究鱼类胚胎膜透性，测量了不同浓度甲醇和二甲基亚砜在斑马鱼原肠中期胚胎中的渗透率；另外研究了不同抗冻剂二甲基亚砜、1，2-丙二醇和甲醇在斑马鱼卵母细胞和胚胎中的渗透系数（Lp）和 抗冻剂渗透率（Ps），认为第 Ⅲ 期斑马鱼卵母细胞的 Lp 和 Ps 值一般低于成功冷冻保存的哺乳动物卵母细胞，但却高于鱼胚和海胆卵（Zhang et al.，2005）；还对水和甲醇在斑马鱼 1 细胞期和 6 个肌节期中的渗透率进行研究，认为水的渗透性在斑马鱼胚胎不同时期相对稳定，抗冻剂甲醇的渗透率随着胚胎的发育而降低（Zhang et al.，1998）。利用 PMG3T 玻璃化液五步法处理胚胎、0.125mol/L 蔗糖洗脱，之后在海水中恢复培养，对各阶段胚胎体积进行测量，评估玻璃化液在胚胎中的渗透率和去除率，发现随着 PMG3T 梯度浓度的提高，胚胎体积逐渐缩小，大部分胚胎明显出现脱水后的"球缺"现象（图 3-3-8B）。0.125mol/L 蔗糖有利于去除胚胎中抗冻剂，有助于玻璃化液处理后胚胎体积的恢复（图 3-3-8C）。

第四节　玻璃化液对云纹石斑鱼胚胎冷冻保存成活率的影响

胚胎冷冻保存能够将物种全部的遗传信息保存起来，对于种质长期保存具有重要的意义。动物胚胎和配子冷冻保存概念的提出始于 1948 年 Chang 对兔子卵母细胞、受精卵和胚胎冷冻保存的研究（Chang，1948）。鱼类胚胎冷冻保存稍晚于哺乳动物，自从 1953 年 Blaxter's 对鱼类配子冷冻保存实验至今（Hagedorn et al.，1997a），在 -196℃ 能够获得成活胚胎的例子依然有限。限制鱼类胚胎成活的因素除胚胎自身的特点之外，冷冻保存液的组成、冷冻和解冻方法、应用材料等也有很大影响，其中"溶液损伤"和"冰晶损伤"依然是鱼类胚胎冷冻保存中需要解决的主要问题。

本研究利用云纹石斑鱼胚胎为材料，对不同发育时期胚胎对高浓度玻璃化液的适应性、不同种类和浓度玻璃化液对胚胎的影响、玻璃化液处理时间，以及不同时期胚胎超低温冷冻保存的成活率、发育率和畸形率等方面进行研究，探讨开展云纹石斑鱼胚胎冷冻的适宜发育时期，玻璃化液在胚胎冷冻保存中的适宜浓度、种类和渗透时间。

一、玻璃化液配制

利用稀释液 BS2（NaCl 24.72g/L、CaCl₂·2H₂O 1.46g/L、KCl 0.865g/L、MgCl₂·6H₂O

4.86g/L 和 NaHCO₃ 0.19g/L）（Tian et al.，2015）为稀释液，分别配制浓度为 35%、40% 和 45% 的玻璃化液 PMG3T 和 PMG3S（表 3-4-1），再利用 BS2 将两种玻璃化液以 1/4、1/3、1/2、2/3 倍稀释成梯度液。另外在 BS2 中加入 0.125mol/L 蔗糖配制成胚胎洗脱液。

表 3-4-1　玻璃化液 PMG3T 和 PMG3S 的组成（%）

组成	PMG3T			PMG3S		
	35	40	45	35	40	45
1，2-丙二醇 PG	13.78	15.75	17.72	13.78	15.75	17.72
甲醇 MeOH	9.19	10.50	11.81	9.19	10.50	11.81
甘油 Gly	7.66	8.75	9.84	7.66	8.75	9.84
海藻糖	4.37	5.00	5.63			
蔗糖				4.37	5.00	5.63
BS2 (v/v)	65	60	55	65	60	55

二、不同时期胚胎对玻璃化液的适应性

在云纹石斑鱼胚胎发育至 10 对肌节期、18 对肌节期、22 对肌节期、尾芽期、胚体抽动期和出膜前期时，每个阶段取 3 个重复样本，每个样本量平均在 500 粒胚胎，利用 40%PMG3T 的梯度液进行"五步法"渗透处理（Tian et al.，2015），即分别在 1/4、1/3、1/2、2/3 和 1 倍的 PMG3T 中处理 7min，然后利用 0.125mol/L 蔗糖洗脱 10min，在洗脱时逐步加入 24℃海水，最后利用海水冲洗胚胎一次，加入海水培养，在出膜前在显微镜下观察并统计胚胎的成活率、正常发育率和畸形率。成活率为成活胚胎占全部胚胎的百分数，正常发育率为正常发育胚胎占全部胚胎的百分数，畸形率为发育畸形胚胎占全部胚胎的百分数。

从 10 对肌节期到出膜前期的 6 个胚胎时间，经过玻璃化液 PMG3T 处理后，胚胎成活率、正常发育率和畸形率的变化呈抛物线型。胚胎成活率 10 对肌节期最低 [（25.11±12.18）%]，尾芽期最高 [（69.99±17.21）%]，18 对肌节期、22 对肌节期、尾芽期和胚体抽动期成活率差异不显著，但 10 对肌节期和出膜前期成活率显著降低（P<0.05）。胚胎正常发育率出膜前期最低 [（3.14±2.30）%]，胚体抽动期最高 [（46.33±22.39）%]，尾芽期和胚体抽动期正常发育率无显著差异，但 10 对肌节期、18 对肌节期、22 对肌节期和出膜前期正常发育率显著降低（P<0.05）。胚胎发育的畸形率 10 对肌节期最低 [（9.44±2.45）%]，22 对肌节期最高 [（41.76±11.12）%]（P<0.05），其他时期低于 22 对肌节期，且无显著性差异（图 3-4-1）。

三、PMG3S 和 PMG3T 两种玻璃化液处理效果比较

当云纹石斑鱼胚胎发育至尾芽期时，取 5~6 个重复样本进行处理，每个样本量平均在 250 粒，分别利用 40% 的 PMG3S 和 PMG3T 两种玻璃化液"五步法"渗透处理，然后利用 0.125mol/L 蔗糖洗脱、在 24℃海水中培养，出膜前期统计胚胎的成活率、正常发育率和畸形率。PMG3S 处理胚胎的成活率和正常发育率分别为（63.36±19.94）%、（25.36±14.65）%，显著高于 PMG3T [（43.93±19.17）%、（5.57±6.20）%]（P<0.05），胚胎畸形率无显著差异 [（38.00±8.31）%、（38.35±22.05）%]（图 3-4-2）。

玻璃液化处理后胚胎卵黄囊明显收缩，卵间隙与未处理胚胎（图 3-4-3A）相比明显扩大（图 3-4-3B)，胚胎颜色加深。孵化鱼苗中出现畸形，脊椎弯曲，尾部不能伸直（图 3-4-3C），孵化出的正常鱼苗脊椎和肌节清晰，尾部长度约为身体一半，晶体和耳囊发育清晰（图 3-4-3D)。

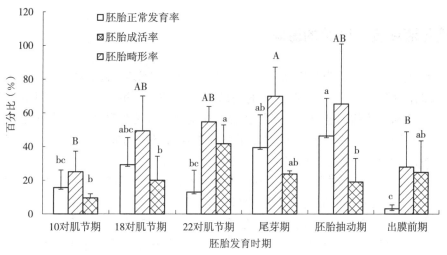

图 3-4-1　利用玻璃化液 PMG3T 分别处理不同时期胚胎的正常发育率、成活率和畸形率（$P<0.05$）（$n=3$）

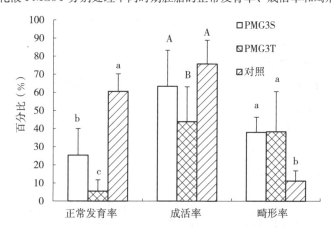

图 3-4-2　利用 PMG3S 和 PMG3T 两种玻璃化液处理云纹
石斑鱼尾芽期胚胎（$P<0.05$，$n=5\sim6$）

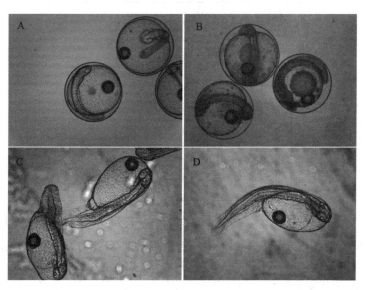

图 3-4-3　利用 40％PMG3T "五步法" 逐步渗透处理尾芽期胚胎

A. 未处理尾芽期胚胎　B. 处理 30min 后卵黄收缩、卵间隙明显增加　C. 玻璃化液处理胚胎孵化后出现畸形鱼苗，尾椎弯曲　D. 玻璃化液处理后体型正常的鱼苗

四、玻璃化液浓度对胚胎的影响

当胚胎发育到尾芽期时，分别利用35％、40％和45％的PMG3S和PMG3T两种玻璃化液"五步法"处理胚胎，即分别将35％、40％和45％的玻璃化液PMG3S和PMG3T利用BS2稀释，配制成1/4、1/3、1/2、2/3和1倍的梯度液，逐步将胚胎在梯度液中渗透处理，每个梯度处理7min，然后利用0.125mol/L蔗糖洗脱、在24℃海水中培养，出膜前期统计胚胎的成活率、正常发育率和畸形率。每个处理样本量平均为400粒，重复3～7次。

分别利用35％、40％和45％的PMG3S处理尾芽期胚胎，胚胎成活率随着玻璃化液浓度的提高而显著降低（$P<0.05$），35％组处理后的成活率最高 [（72.05±17.33）％]，40％组次之 [（63.36±19.94）％]，45％组最低 [（36.79±24.01）％]，平均成活率为57.49％。35％和40％处理组的正常发育率无显著差异，分别为（31.5±7.06）％和（25.26±14.65）％，45％处理组正常发育率显著降低（$P<0.05$），平均正常发育率为21.27％。三个处理组的畸形率无显著差异，平均为36.13％（图3-4-4A）。

分别利用35％、40％和45％的PMG3T处理尾芽期胚胎，胚胎成活率也是随着玻璃化液浓度的提高而降低（$P<0.05$），成活率分别为（55.18±12.24）％、（43.93±19.17）％和（37.11±16.75）％，平均为45.41％。胚胎正常发育率无显著差异，平均为11.04％。35％和40％处理组的畸形率无显著差异，但45％组的畸形率显著降低（$P<0.05$）（图3-4-4B），胚胎畸形率平均为31.04％。

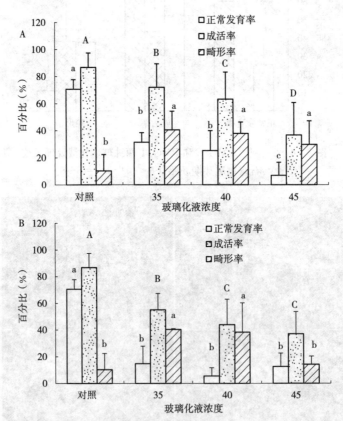

图3-4-4 分别利用35％、40％和45％的PMG3S（A）和PMG3T（B）处理云纹石斑鱼尾芽胚的正常发育率、成活率、畸形率（$P<0.05$，$n=3\sim7$）

五、玻璃化液处理时间对胚胎的影响

当胚胎发育到肌节期时，利用40％PMG3S"五步法"处理胚胎，每步的处理时间分别为6、7、8、

9 和 10min，五步处理的总体时间分别为 30、35、40、45、50min，然后利用 0.125mol/L 蔗糖洗脱、在 24℃海水中培养，出膜前期统计胚胎的成活率、正常发育率和畸形率。每个处理样本的胚胎数量平均为 320 粒，重复 3 次。

利用 40％的 PMG3S 处理肌节期胚胎 35～40min 成活率最高［（86.07±0.11）％、 （89.39±1.72）％］且无显著差异；30min 和 45min 显著降低［(75.00±2.57)％、(65.25±5.06)％］，但二者无显著差异；50min 成活率最低［（53.90±11.15)％］（$P<0.05$）（图 3-4-5）。

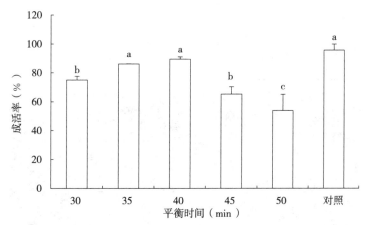

图 3-4-5　利用 40％PMG3S "五步法" 处理云纹石斑鱼肌节期胚胎不同时间的成活率（$P<0.05$，$n=3$）

六、胚胎在－196℃冷冻保存

当胚胎发育到不同肌节期、尾芽期、胚体抽动期和出膜前期，分别利用 35％、40％和 45％的 PMG3S 和 PMG3T 两种玻璃化液 "五步法" 处理，每步处理时间为 7min，处理到第五步时将胚胎吸入麦管中，每管吸 10～20 粒胚胎，将麦管两端用热压封口，直接投入液氮（－196℃）中冷冻保存，冷冻 2～4h 后，将麦管从液氮中取出，快速插入 37℃水浴中解冻，解冻后胚胎利用 0.125mol/L 蔗糖洗脱 10min，并逐步加入 24℃海水，然后利用海水冲洗一次，加入海水培养，出膜前期统计胚胎的成活率、正常发育率和畸形率。

分别利用 PMG3S 和 PMG3T 两种玻璃化液处理发育至不同时期的云纹石斑鱼胚胎，在 16 对肌节期、尾芽期、胚体抽动期获得了成活的胚胎（表 3-4-2），尾芽期胚胎冷冻保存成活率最高，肌节期和胚体抽动期成活率较低，在肌节期之前和胚体抽动期之后未发现成活胚胎。胚胎成活率在 0.78％～12.15％，胚胎平均成活率为 5.15％，成活胚胎中正常发育胚胎平均为 1.31％，畸形胚胎平均为 3.66％。从冷冻保存的 3 097 粒卵中获得成活卵 190 粒，孵化出正常发育鱼苗 44 尾，畸形胚胎 146 粒。孵化鱼苗培养 15d 后由于培养环境不适宜而逐渐死亡。

冷冻成活的尾芽期胚胎肌节清晰，卵黄囊和油球完整，晶状体清晰（图 3-4-6A、图 3-4-6B3）。冷冻成活的畸形胚胎在尾芽期表现为尾部发育不完整、胚体组织分散、肌节不清（图 3-4-6A1、图 3-4-6A2、图 3-4-6C4）。不能继续发育和孵化，冷冻死亡的胚胎卵黄囊收缩，卵间隙明显扩大，胚体色素加深，失去浮力，沉入水底（图 3-4-6C5、图 3-4-6C6、图 3-4-6C7）。发育正常胚胎在出膜前期尾部伸长，胚胎包围卵黄囊的 3/5 左右，晶状体、耳石清晰可见（图 3-4-6D）。孵化第 1 天鱼苗卵黄囊呈椭圆形，纵轴约为体长的一半，头部紧贴在卵黄囊的背面，吻部未超过卵黄囊（图 3-4-6E）；孵化第 2 天卵黄囊明显缩小，头部超出卵黄囊前端，肠为直管状，排泄孔形成，鳍膜发达，椎体和肌节分明（图 3-4-6F），与正常鱼苗无显著差异（图 3-4-6H）。孵化的畸形鱼苗尾部脊椎弯曲，不能伸直，漂浮于水面，游动能力差（图 3-4-6G）。

表 3-4-2　利用玻璃化液 PMG3S 和 PMG3T 冷冻保存成活的云纹石斑鱼胚胎

玻璃化液		胚胎发育阶段	孵化数量（粒）	畸形数量（粒）	成活数量（粒）	未成活数量（粒）	总数（粒）	正常发育率（%）	成活率（%）	畸形率（%）
PMG3S	35.0%	16 对肌节期	2	2	4	200	208	0.98	1.96	0.96
	40.0%	16 对肌节期	1	2	3	246	252	0.40	1.20	0.79
	45.0%	16 对肌节期	0	2	2	254	258	0	0.78	0.78
PMG3T	45.0%	16 对肌节期	5	20	25	237	287	1.91	9.54	6.97
	40.0%	尾芽期	6	59	65	470	600	1.12	12.15	9.83
	45.0%	尾芽期	28	51	79	590	748	4.19	11.81	6.82
	40.0%	胚体抽动期	1	7	8	270	286	0.36	2.88	2.45
	45.0%	胚体抽动期	1	3	4	450	458	0.22	0.88	0.66
总计/均值			44	146	190	2 717	3 097	1.31	5.15	3.66

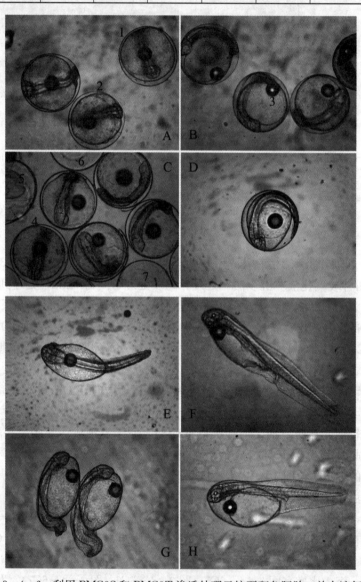

图 3-4-6　利用 PMG3S 和 PMG3T 渗透处理云纹石斑鱼胚胎，并在液氮中
（-196℃）冷冻保存后成活胚胎和孵化鱼苗

A. 利用 PMG3S 处理和冷冻保存成活尾芽期胚胎，其中部分胚胎肌节发育不清晰（1，2）　B. 尾芽期胚胎利用 PMG3T 处理并冷冻保存成活，油球完整、晶体清晰（3）　C. 尾芽期胚胎利用 PMG3T 处理并冷冻保存成活，其中部分胚胎肌节不清（4），死亡胚胎卵黄和胚胎皱缩不清，卵间隙极度扩大（5，6，7）　D. 冷冻保存成活胚胎发育至出膜前期，肌节清晰，胚胎尾部明显伸长，头部结构完整　E. 冷冻成活胚胎孵化出正常鱼苗　F. 孵化 2d 的冷冻成活鱼苗　G. 冷冻成活胚胎孵化出的畸形鱼苗，尾部出现弯曲　H. 正常胚胎孵化出的鱼苗

七、高浓度玻璃化液对胚胎的保护和损伤机制分析

鱼类胚胎的质量对于冷冻保存处理具有重要的影响，筛选受精率和孵化率高的胚胎进行冷冻实验有利于获得成活的胚胎。不同发育时期的胚胎对于抗冻剂渗透性、冷冻温度的敏感性也具有较大区别。牙鲆原肠中期到心跳期 6 个时期胚胎在玻璃化液中以"五步法"处理 40～60min，4～5 对肌节期、15～20 对肌节期和尾芽期胚胎的成活率最高，对玻璃化液具有较强的适应性，早期胚胎和后期胚胎的成活率较低（Tian et al.，2005；Chen and Tian，2005）。七带石斑鱼胚体形成期、肌节期和尾芽期 3 个时期胚胎分别在 PMG3T 和 PMG3S 两种玻璃化液中处理，胚体形成期胚胎的成活率较高（Tian et al.，2015）。丁鱥（Tinca tinca）四个发育期胚胎（11h、17h、23h 和 29h）分别利用 10％ 和 20％ 甲醇和甘油处理，发育 29h 胚胎孵化率较高（El-Battaway et al.，2009）。斑马鱼发育早期胚胎较晚期胚胎对于抗冻剂更敏感（Lahnsteiner，2008）。云纹石斑鱼 6 个发育时期胚胎经玻璃化液 PMG3T"五步法"处理，同样表现出前期和后期胚胎对玻璃化液的适应性较差，22 对肌节期和胚体抽动期具有较强的适应性。淡水鱼类和海水鱼类胚胎对渗透压的调节能力完全不同，即使同一种鱼，不同时期胚胎对渗透压的调节能力也有较大的差别，因此利用相同的玻璃化液处理不同鱼类胚胎或者同种鱼类的不同发育时期胚胎，其成活率都会有较大的差别，但大量的实验提示，鱼类胚胎发育到肌节期以后至心跳期之前，对于抗冻剂敏感性较低，有利于处理胚胎成活率的提高。

抗冻剂发生水合作用后能够降低溶液的冰点，在低温下能够对细胞发挥保护作用，但是高浓度的抗冻剂会对细胞产生"溶液损伤"（Stachecki et al.，1998）。为了降低溶液损伤对细胞带来的不良影响，很多研究者对抗冻剂的种类、浓度及处理时间进行了大量的筛选研究。在大菱鲆胚胎冷冻保存中对 6 种渗透性抗冻剂毒性进行了比较，毒性大小顺序为：1，2-丙二醇＜甲醇＜甘油＜二甲基甲酰胺＜乙二醇＜二甲基亚砜（Tian et al.，2005）。斑马鱼卵母细胞在 −5℃ 冷冻保存后的成熟率、受精率和孵化率结果显示，1，2-丙二醇、二甲基亚砜和甲醇毒性较低，甘油和乙二醇毒性较高，但是甲醇形成玻璃化的效果不如 1，2-丙二醇，因此可在玻璃化液的配制中利用 1，2-丙二醇部分置换甲醇（Seki et al.，2011）。斑马鱼囊胚分裂细胞在不同玻璃化液中冷冻保存成活率为：二甲基亚砜（93.4％）＞1，2-丙二醇（87.7％）＞乙二醇（82.8％）＞甘油（73.9％），二甲基亚砜在囊胚期显示出较高的成活率。以上研究结果提示，1，2-丙二醇、二甲基亚砜和甲醇 3 种抗冻剂对鱼类胚胎的毒性较低，有利于胚胎冷冻保存。

但是要实现在超低温下溶液玻璃化，单种抗冻剂要达到极高的浓度，这样会对胚胎产生致命的损伤，因此将多种抗冻剂联合使用，一方面可降低高浓度产生的溶液损伤，另一方面可以提高玻璃化效果。在鲈、牙鲆和大菱鲆胚胎玻璃化冷冻保存研究中，将 1，2-丙二醇和甲醇以 3∶2 的比例在稀释液 BS2 中配制成 35％～40％ 的玻璃化液，获得了冷冻保存成活的胚胎和鱼苗（Tian et al.，2003、2005a、2005b；Chen and Tian，2005）。利用 30％PG＋20％DMF 冷冻保存中华绒螯蟹（Eriocheir sinensis）前无节幼体和原溞状幼体期胚胎，获得了 15 个成活的胚胎（Huag et al.，2013）。在波斯姆神经期胚胎冷冻保存中利用渗透性抗冻剂（二甲基亚砜、乙二醇、1，2-丙二醇、甲醇、乙酰胺和甘油）和 3 种非渗透性抗冻剂（蔗糖、蜂蜜和聚乙烯吡咯烷酮），配制玻璃化液 V1～V6，进行胚胎的冷冻保存，冷冻 10min 后获得了 45.45％ 的成活胚胎（Keivanloo et al.，2016）。在七带石斑鱼和云纹石斑鱼的胚胎冷冻保存中，利用毒性较低的渗透性抗冻剂 1，2-丙二醇、甲醇、甘油及非渗透性抗冻剂蔗糖和海藻糖按一定的比例配制了玻璃化液 PMG3S 和 PMGST，在长时间冷冻中获得了 9.7％ 成活胚胎（Tian et al.，2015、2017），目前还没有发现利用单一抗冻剂冷冻保存成活鱼类胚胎的报道。本文用 PMG3S 和 PMGST 两种玻璃化液处理胚胎，对胚胎成活率、发育率和畸形率进行比较，两种玻璃化液都获得了冷冻成活的胚胎，但 PMG3S 体现出了较好的效果。

确定玻璃化液的浓度主要考虑其在一定的时间内能够有效达到对胚胎脱水的作用，又不至于大量致死胚胎；另外在超低温下能够有效形成玻璃化，达到对胚胎的保护作用。30％ 1，2-丙二醇＋20％ 甲醇

的玻璃化率达到 77.8%，在 37～43℃ 解冻时能保持 63%（Tian et al.，2003），40%PMG3S 和 PMG3T 的玻璃化率分别为 56.67% 和 66.67%，在 37℃ 解冻时的玻璃化率分别为 41.67%、36.67%（Tian et al.，2015）。利用 20% 二甲基亚砜＋10% 1，2-丙二醇＋10% 甲醇处理真鲷（*Pagrus major*）胚胎 10min 或 15min 可以维持较低的毒性（Ding et al.，2007），本文利用 35%～45% 的 PMG3S 和 PMG3T 处理云纹石斑鱼胚胎可维持 36.79%～72.05% 的成活率，但随着浓度的升高，成活率降低，处理时间在35～40min 时，可保持较高的成活率。胚胎在玻璃化液中的处理时间与玻璃液的浓度和胚胎的发育时期有密切的关系，一般浓度高处理时间短，浓度低处理时间长；前期胚胎和后期胚胎对抗冻剂易于渗透，处理时间相对短，发育到中期的胚胎对抗冻剂的耐受力较强，不易渗透，处理时间长。

高浓度玻璃液产生的"溶液损伤"和低温引起的"冰晶损伤"会导致胚胎发育畸形或死亡，斑马鱼原肠胚在 2mol/L 蔗糖中处理，30%～70% 胚胎出现发育迟缓、水肿、躯干弯曲现象（Connolly et al.，2017）。巴西鲷（*Brycon orbignyanus*）胚孔封闭期胚胎利用蔗糖、甲醇、乙二醇和 DMSO 组成的抗冻剂在冷冻保存实验中，成活的胚胎和鱼苗的头部、尾部、卵黄囊、脊椎和眼不同程度地出现了畸形（Paes et al.，2014）。在鲈、牙鲆和七带石斑鱼不同时期胚胎冷冻保存过程中同样发现玻璃化液导致胚胎发育畸形的现象（Tian et al.，2005a、2005b、2015）。本节利用 35%～45%PMG3S 和 PMG3T 两种玻璃化液处理和冷冻保存云纹石斑鱼不同时期胚胎，在成活的胚胎和鱼苗中总是有一定比例的畸形，在不同的实验中胚胎的畸形率并不一致，但畸形率随着成活率的升高而升高。畸形主要表现为胚体组织分散、肌节不清、尾不能形成，孵化鱼苗脊椎弯曲、尾部不能伸展等特征。对于胚胎冷冻损伤原因的深入研究揭示，冷冻能够引起斑马鱼胚胎细胞质酶乳酸脱氢酶和葡萄糖-6-磷酸脱氢酶活性下降（Robles et al.，2004），导致胚胎 *sox2*、*sox3* 基因的显著下调表达及解冻后 *sox2*、*sox3*、*sox19a* 基因的显著补偿式上调表达（Desai et al.，2011）。冷冻保存可能引起斑马鱼发育关键基因和转录本分子结构的改变，从而干扰胚胎的正常发育（Riesco et al.，2013）。

鱼类胚胎冷冻保存技术仍然存在难于突破的瓶颈，在超低温下获得成活胚胎的数量和种类相当有限。至目前仅在鲤、泥鳅、鲈、牙鲆、大菱鲆、七带石斑鱼、云纹石斑鱼和波斯鲟等 8 种鱼类获得了成活胚胎或鱼苗。本研究通过对云纹石斑鱼 10 对肌节期到出膜前期 6 个时期胚胎对玻璃化液适应性的研究及玻璃化液浓度和处理时间的筛选，利用 35%～45% 的 PMG3S 和 PMG3T 冷冻保存 16 对肌节期、尾芽期和胚体抽动期胚胎，获得了 0.78%～12.15% 的成活胚胎，其中 0.66%～9.83% 为畸形，成活胚胎的孵化率为 23.16%，其中 78.84% 的成活胚胎由于胚体畸形不能继续发育或者培养环境不适宜而死亡。Hagedorn 等（1997）将导致鱼类胚胎冷冻保存难于成活的原因主要归结为胚胎体积大、卵膜层次多，卵黄膜和胚胎膜的渗透速度不同，导致水和抗冻剂难于渗入和渗出；卵黄细胞膜容易造成冰晶损伤，胚胎对低温的潜在敏感性等。除胚胎复杂结构导致冷冻保存困难之外，选择和配制适宜的冷冻保存液、筛选适宜的胚胎发育时期、利用适当的冷冻保存和解冻方法也是鱼类胚胎冷冻成活的关键。最近发现将金纳米棒（GNRs）应用到斑马鱼胚胎的解冻中，可以迅速提高胚胎的解冻速度，防止冰晶再生造成的损伤，从而获得成活的胚胎（Khosla et al.，2017）。

鱼类胚胎冷冻保存相对于哺乳动物胚胎来说是艰难的，本节介绍的云纹石斑鱼胚胎冷冻保存中已经重复获得了成活胚胎和鱼苗，说明我们研制的 PMG3S 和 PMG3T 两种玻璃化液及冷冻保存方法是有效的，但胚胎的成活率较低，成活胚胎中畸形率难于避免，因此还需对冷冻保存过程中的各种影响因素进行深入的研究。

第五节　非渗透性抗冻剂冷冻保存斑石鲷胚胎

斑石鲷（*Oplegnathus punctatus*），属于鲈形目（Perciformes）、石鲷科（Oplegnathidae）、石鲷属（*Oplegnathus*），主要分布在朝鲜半岛、日本、夏威夷及中国台湾等地，栖息在沿海岩礁上，以底栖动物为食，繁殖期为 4—7 月（Kinoshita，1988；Kim et al.，2005；Oh et al.，2007）。随着人工育种技术的突破，斑石鲷在日本和中国可以进行规模化养殖，斑石鲷成为一种重要的经济鱼类。良好的口感和高的营养价值吸引着消费者（LIU et al.，2019）。

超低温冷冻保存是在超低温（−196℃）条件下保存生物材料（如细胞、配子、胚胎，甚至个体），抑制其代谢过程并保持静止状态，直至室温条件下全部或部分恢复代谢的一种技术。其中玻璃化冷冻被广泛用于鱼类胚胎保存。抗冻剂作为冷冻保存的关键材料，分为渗透性和非渗透性两种类型。抗冻剂在保护细胞的同时，也不可避免地具有毒性。渗透性抗冻剂 MeOH 对斑马鱼（*Brachydanio rerio*）和印度鲤（*Labeo rohita*、*Catla catla* 和 *Cirrhinus mrigala*）胚胎的毒性比 DMSO 大（Zhang et al.，1993；Ahammad et al.，1998）。大菱鲆胚胎可以耐受的 DMSO 浓度高于 MeOH 和 EG（Cabrita et al.，2003a），这意味着 DMSO 对大菱鲆胚胎的毒性较小。Zhang 等（2005）的研究结果表明，5 种抗冻剂对牙鲆胚胎的毒性顺序为：PG＜MeOH＜DMSO＜Gly＜EG（$P<0.05$）。与 DMSO、EG、Gly 和 MeOH 相比，PG 是对红鲷胚胎毒性最小的渗透性抗冻剂（Xiao et al.，2008）。DMSO 对斑马鱼胚胎的毒性最低，其次是 PG 和 Gly（Lahnsteiner，2008）。毒性测试的标准并不一致，上述毒性测试结果是基于处理后胚胎的成活率或孵化率判断的。

非渗透性抗冻剂也有毒性，但通常低于渗透性抗冻剂（Cabrita et al.，2003a；Elliott et al.，2017；Raju et al.，2021）。用非渗透性抗冻剂蔗糖处理过的红鲷胚胎的孵化率与对照组无显著差异（Xiao et al.，2008）。15% PVP 处理过的尾芽期和尾芽游离期的大比目鱼胚胎的孵化率为 100%（Cabrita et al.，2003）。1mol/L 蔗糖相比于同等浓度的海藻糖、葡萄糖、乳糖和果糖，对云纹石斑鱼胚胎的毒性最小（Zhang et al.，2020a）。蔗糖和海藻糖对驼背鲈胚胎的毒性比葡萄糖和果糖小（Li et al.，2022）。在上述云纹石斑鱼和驼背鲈胚胎的毒性测试中加入了胚胎的正常发育率和畸形率作为测试指标。本研究以胚胎长期发育指标（包括成活率、孵化率、幼苗异常率、胚胎异常率、游泳率）为判断依据，测定了非渗透性抗冻剂蔗糖对斑石鲷胚胎的毒性。

一、材料、试剂和标准

斑石鲷亲鱼在大小为 6.85m×6.85m×2 m 的水泥池中培育。使用尼龙网装置从水泥池中收集自然受精的胚胎。将收集到的受精卵置于 2 L 的无菌塑料桶中，在盐度为 35 的海水中静置 5min。取漂浮在水面的优质受精卵，至 8 L 培养水箱中培养（330mm×240mm×180mm），水温为 23～24℃，盐度为 30，溶解氧 6～10mg/L。

本节实验中所使用的所有化学品均为试剂级，购自中国 Solarbio® 公司。非渗透性抗冻剂蔗糖用 BS2 配制。

死亡、存活和异常胚胎或幼苗的判定标准如下。没有明显的肌节或是皱缩在一起为黑色的胚胎被认为是死亡胚胎。具有清晰的体节且没有可视的细胞膜损伤的胚胎为正常胚胎。不能按时孵化的胚胎，为异常胚胎。尾巴发育不完全的幼苗，为异常幼苗。幼苗躯体为白色时被认为死亡。存活率＝成活胚胎数和幼苗数/处理总胚胎数；孵化率＝孵化幼苗数/处理总胚胎数；自由游动率＝自由游动的幼苗数/处理总胚胎数；异常率＝异常胚胎和幼苗数/存活胚胎和幼苗数；幼苗异常率＝异常幼苗数/存活胚胎和幼苗数；胚胎异常率＝异常胚胎数/存活胚胎和幼苗数。

二、不同浓度的蔗糖对胚胎的影响

分别于受精后 16 h（4～6 对肌节期）、19 h（尾芽期）、22 h（心脏形成期）和 25 h（心脏跳动期）收集胚胎。在显微镜下检查胚胎，确保其有正常形态，并处于相应的发育阶段。室温 26℃条件下，将发育正常胚胎分置于 7 个 90mm×15mm 培养皿中，用浓度为 0.5、1、1.5、2、2.5、3mol/L 蔗糖溶液和 BS2（对照组）处理胚胎 1 h。处理后，分 3 步加海水进行复水，依次在培养皿中加入 2、4、8mL 海水，每步平衡 10min。复水结束后，将培养皿中的胚胎用 0.180mm 筛网收集，并轻轻转移到 1 000mL 玻璃杯中（Φ120mm，H157mm）继续培养。海水温度（25±1）℃，盐度 30，溶解氧 6～10mg/L。1 h 海水培养后，统计实验组和对照组胚胎的成活率。每次处理使用相同批次的胚胎进行。实验重复 3 次。重复实验使用不同日期收集的胚胎。

0.5mol/L 蔗糖处理的 4～6 对肌节期的胚胎的成活率与对照组差异不显著，其他浓度蔗糖处理的肌节期胚胎的成活率显著低于对照组（$P<0.05$）（图 3-5-1）。2.5mol/L 和 3mol/L 蔗糖处理的心脏形成期和心脏跳动期胚胎的成活率显著低于对照组（$P<0.05$）。尾芽期胚胎各处理组与对照组间无显著差异。2mol/L 蔗糖被选为后续实验的抗冻剂。

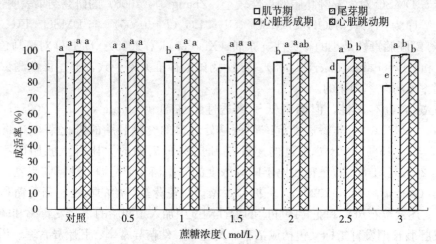

图 3-5-1　不同浓度的非渗透性抗冻剂蔗糖对肌节期、尾芽期、心脏形成期和心脏跳动期的斑石鲷胚胎成活率的影响
注：字母不同代表不同处理间差异显著（$P<0.05$）。

三、2mol/L 蔗糖处理不同时间对胚胎的影响

根据不同浓度非渗透性抗冻剂蔗糖对胚胎影响的结果，采用 2mol/L 非渗透性抗冻剂蔗糖处理三个时期（尾芽期、心脏形成期和心脏跳动期）的胚胎，并对其发育参数进行统计。室温 25℃ 条件下，胚胎在培养皿（90mm×15mm）中处理 30、60、90、120、150 或 180min（Connolly et al.，2017）。对照组用 BS2 处理。处理后进行复水和培养。复水后 10min 及 1、2、3、4d 统计成活率。复水后 1d 统计孵化率、幼苗异常率和胚胎异常率。在复水后 2、3、4d 评估游泳率。实验重复一次，单次重复约 100 枚胚胎。三个时期的胚胎采集于不同天。

复水 10min 后，2mol/L 蔗糖处理 150min 和 180min 的 3 个时期的胚胎成活率比对照组下降 20% 以上（图 3-5-2）。复水 1d 后，处理 120min 及以上的尾芽期和心脏形成期胚胎的成活率急剧下降 20% 以上。复水 2、3、4d 后，处理 90min 及以上的尾芽期和心脏形成期胚胎的成活率与对照组相比，均急剧下降 20% 以上。复水 1、2、3、4d 后，蔗糖处理 60min 及以上的心脏跳动期胚胎的成活率与对照组相比，均下降 20% 以上。

处理 120min 及以上的尾芽期和心脏期胚胎的孵化率分别低于 40% 和 11%（图 3-5-3）。处理 90min 及以上的自由游动率与对照相比下降了 20%。处理 60min 及以上的心脏跳动胚胎的孵化率和自由游动率明显下降。

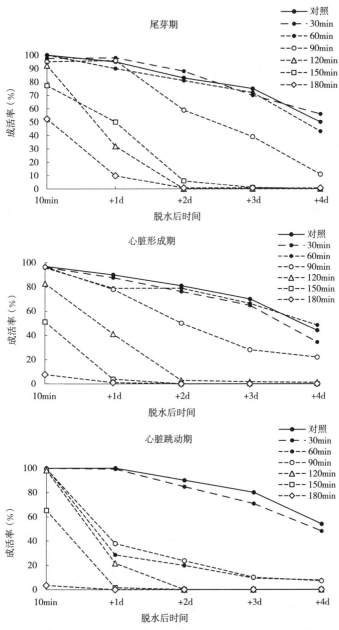

图 3-5-2　2mol/L 蔗糖不同处理时间对胚胎成活率的影响

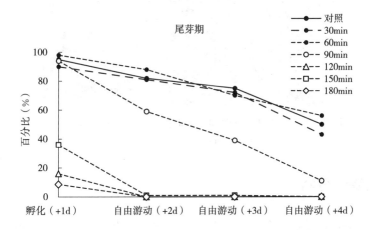

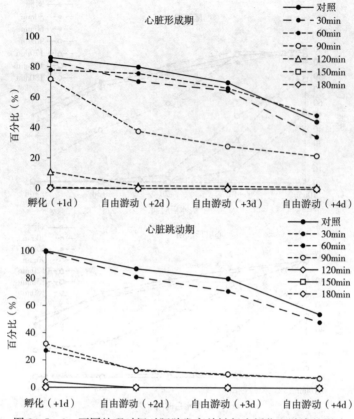

图 3-5-3 不同处理时间对胚胎发育关键行为孵化和游泳的影响

未按时孵化但仍存活的胚胎认为是异常胚胎（图 3-5-4）。卵周隙随处理时间的延长而增大。孵化后尾发育不完全的幼苗为异常幼苗（图 3-5-5）。尾发育不完全主要表现为短尾和粗尾，色素分布更为密集。尾长方面，尾长受处理时间的影响。处理 120min 及以上的胚胎的异常率为 100%。处理时间越长，尾芽期胚胎的幼苗异常率越高（图 3-5-6）。处理的心脏形成期和心脏跳动期胚胎的幼苗异常率和胚胎异常率随处理时间的增加而增加，150、180min 处理后胚胎均为异常胚胎。

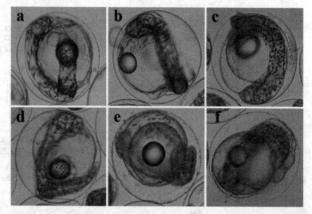

图 3-5-4 处理不同时间后未能按时出膜的心脏形成期胚胎
a. 30min b. 60min c. 90min d. 120min e. 150min f. 180min

四、相关研究综述分析

鱼类胚胎的低温冷冻保存是保存鱼类种质和遗传多样性，提高鱼类资源量的重要方法（Martínez-

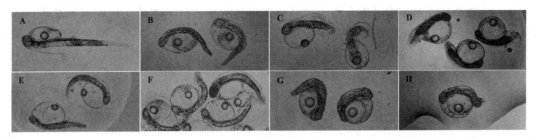

图 3 − 5 − 5　畸形幼苗和对照

A. 对照　B、C 和 D 由处理 60、120、180min 的尾芽期胚胎孵化　E、F　由脱水 90、120min 的心脏形成胚胎孵化　G、H. 由脱水 90、120min 的心脏形成胚胎孵化

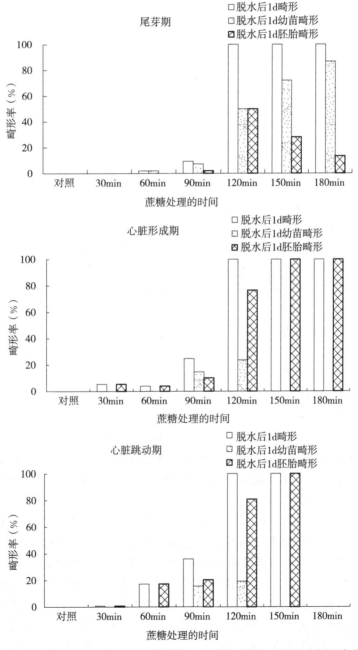

图 3 − 5 − 6　2mol/L 蔗糖处理不同时间对尾芽期、心脏形成期和心脏跳动期胚胎畸形率的影响

Páramo et al.，2017）。合适的抗冻剂是决定冷冻保存成功的一个特别重要的因素。抗冻剂分为渗透性

和非渗透性。渗透性抗冻剂是通过进入胞内并结合胞内自由水，减少冰晶的形成（杜文敬，2010）；非渗透性抗冻剂是利用胞外溶液在细胞周围形成渗透压差，使细胞中水分脱出，减少冰晶的形成（沈蔷，2013）。一些研究表明，对于胚胎的玻璃化冷冻保存，脱水可能比渗透性抗冻剂进入更重要（Connolly et al.，2017）。

非渗透性抗冻剂已成功地保存胚胎。仅用蔗糖处理后冻存的小鼠胚胎，胚胎的成活率超过90%（Jin and Mazur，2015）。使用蔗糖处理后冻存的云纹石斑鱼胚胎的最高存活率为31%（Zhang et al.，2020a）。用抗冻剂 SIT1（蔗糖＋海藻糖）获得冷冻成活的斑石鲷胚胎（Li et al.，2022）。蔗糖和海藻糖是典型的非渗透性抗冻剂，同时具有保护作用和毒性，但毒性较小。使用10%、15%和20%蔗糖（约等于0.28、0.42和0.56mol/L）处理2min，并未降低处于尾芽期大菱鲆胚胎的孵化率（Cabrita et al.，2003）。在不同浓度非渗透性抗冻剂对斑石鲷胚胎的毒性测试中，0.5mol/L 和1mol/L 蔗糖处理的尾芽期、心脏形成期和心脏跳动期斑石鲷胚胎的成活率与对照组无显著差异（$P < 0.05$）。1mol/L 蔗糖对驼背鲈尾芽期和心脏跳动期胚胎成活率的影响也不显著（$P > 0.05$）（Li et al.，2022）。

胚胎对抗冻剂的耐受具有时期特异性（Cabrita et al.，2003；宋妮妮，2016）。1mol/L 蔗糖处理的4～6对肌节期胚胎的存活率开始显著下降（$P < 0.05$）（图3-1），这与云纹石斑鱼胚胎对蔗糖的毒性试验结果一致（Zhang et al.，2020a）。心脏形成期和心脏跳动期胚胎在2.5mol/L 和3mol/L 蔗糖处理后，成活率受显著影响。抗冻剂浓度对尾芽期胚胎影响不显著。

为研究不同处理时间对胚胎的影响，选择尾芽期、心脏形成期和心脏跳动期作为处理时期（肌节期耐受浓度阈值较低），最大耐受浓度2mol/L 作为后续实验浓度。从胚胎复水后10min的成活率来看，最大耐受处理时间为120min，处理后的胚胎存活率比对照组低20%以上。在相同条件下，心跳开始前后阶段的斑马鱼胚胎没有受180min处理的影响（Connolly et al.，2017）。

为了进一步观察非渗透性抗冻剂脱水时间对胚胎的影响，我们对复水后的胚胎进行了4d的观察。在除成活率外，选取孵化、游泳等发育重要节点进行统计。渗透性脱水耐受极限被定义为孵化率或自由游动率比对照组低20%以上的时间点。尾芽期和心脏形成期胚胎的阈值为60min，心脏跳动期胚胎的阈值为30min。这些结果与复水10min后胚胎成活率的阈值不一致，表明长期观察对评估非渗透性抗冻剂毒性的必要性。

孵化是胚胎向幼苗转变的节点行为。统计孵化率时，发现有一定数量的胚胎未能按时孵化，但仍存活。这一现象和幼苗发育不完全都被归为畸形并加以统计。同一处理时间（60、90、120、150、180min）胚胎异常率依次为心跳期≥心脏形成期＞尾芽期。心脏形成期和心脏跳动期胚胎的异常率与处理时间呈正相关。脱水也会影响幼苗的尾部发育。处理的尾芽期胚胎孵化出的幼苗异常率与处理时间呈正相关。处理时间越长，尾越短。

总的来说，脱水持续时间对胚胎发育有不同程度的影响。尾芽期进行脱水处理对幼苗尾部发育影响较大，心脏形成期和心脏跳动期处理对幼苗孵化影响较大。尾芽期胚体的尾部开始从卵黄囊分离（Chen，2014）。心脏形成期和心脏跳动期更接近于前孵化阶段。在此期间，膜内的胚状体不自觉地、间歇地扭动和颤抖。这是破膜的关键行为（王雨福，2015）。

以上分析均基于处理时间为60min及以上的实验结果，30min处理对三个时期胚胎的畸形率均无明显影响。这表明，处理30min的胚胎是可复水恢复的。然而，用蔗糖进行冷冻保存胚胎中孵化出的云纹石斑鱼幼苗的尾巴发育也不完全（萎缩或弯曲）。用1mol/L 蔗糖处理5、6或7min后冻存，解冻后存活胚胎的畸形率为58.72%～94.92%，猜测是脱水/复水或冻融造成的。脱水分为冷冻前脱水和冷冻中脱水。冷冻前脱水是在冷冻前用抗冻剂处理，在细胞内外形成渗透应力，造成细胞脱水。冷冻中脱水也是由有效渗透应力引起的，这种应力形成于冰晶生长过程中细胞外溶质浓度的增加（在正常冷却条件下，首先在细胞外介质中结晶）（Fuller，2004）。如果因冷冻前脱水而尾部发育不完全，则可以经复水后一段时间的培养看出。在本节的研究中，胚胎处理30min复水30min内全部恢复，畸形率低于5.43%。在Zhang的研究中，未冷冻的胚胎暴露于非渗透性抗冻剂溶液5、6或7min后，均未发现异常形态（Zhang et al.，2020a）。

尽管渗透脱水可能会损害细胞，包括影响双层结构和改变蛋白质构象（Wolfe and Bryant，2001；Gao and Critser，2000），但至少渗透前脱水不是造成这种畸形的直接原因。尾部发育不完全的异常现象仍然存在，这可能是由于冷冻过程中膜结构的变化，胚胎不能在规定的时间内恢复，或由冷冻引起的其他原因直接造成的。冷冻脱水会导致一系列的破坏，包括膜结构的改变和细胞器的破坏（Mazur et al.，2004；Wolffe and Bryant，2001）。而 Wolfe 和 Bryant 认为虽存在一定程度的冷冻脱水，但在快速冷却过程中没有足够的时间导致严重脱水（Wolfe and Bryant，2001）。冰晶也可能在冻结过程中对细胞造成机械损伤（Mazur et al.，2004）。2、3、4d 的游泳率与存活率差值为 0～12.28%，平均差值为4.21%。游泳对存活率无显著影响。

斑石鲷尾芽期胚胎对非渗透性抗冻剂蔗糖的耐受性优于 4～6 对肌节期、心脏形成期和心脏跳动期。用 2mol/L 蔗糖处理 1 h，对尾芽期、心脏形成期和心脏跳动期胚胎的成活率没有显著影响。根据长期发育指标（复水 4d 后胚胎的发育指标），尾芽期和心脏形成期胚胎对 2mol/L 蔗糖的最长耐受时间为60min，心脏跳动期为 30min。根据短时间观察指标（复水后 10min 成活率），最长耐受时间为 120min。建议将长期发育指标作为毒性测试的标准，至少在复水后应观察 2d。处理 120min 以上，畸形率 100%。尾芽期胚胎处理后幼苗的异常率受处理时间影响较大。随着处理时间的增加，心脏形成期和心脏跳动期胚胎未能及时孵化的情况增加。2mol/L 蔗糖处理 30min 对斑石鲷胚胎发育无显著影响。这些结果为蔗糖作为非渗透性抗冻剂进行冻存提供了参考。

第六节　驼背鲈胚胎冷冻保存

冷冻保存是在超低温（－196℃）条件下保存生物材料（如细胞、配子、胚胎，甚至个体），抑制其代谢过程并保持静止状态，直至室温条件下全部或部分恢复代谢的一种技术。

玻璃化冷冻保存技术被广泛用于鱼类胚胎保存。其中冷冻保护剂是一个关键因素，其分为渗透性和非渗透性两种类型。常用的渗透性冷冻保护剂包括 1，2-丙二醇（PG）、甲醇（MeOH）、甘油（Gly）、二甲基甲酰胺（DMF）、乙二醇（EG）和二甲基亚砜（DMSO）。非渗透性冷冻保护剂包括蔗糖、海藻糖、葡萄糖、半乳糖、黄芪多糖等低相对分子质量非渗透性抗冻剂，以及聚乙烯吡咯烷酮（PVP）、聚乙烯醇（PVA）、聚乙二醇（PEG）、白蛋白、羟乙基淀粉（HES）、葡聚糖和其他大分子非渗透性冷冻保护剂。在鱼类胚胎成功保存的案例中，抗冻剂普遍以渗透性冷冻保护剂为主，非渗透性试剂为辅助。例如云纹石斑鱼胚胎在用 PMG3T 抗冻剂（15.75% PG＋10.5%MeOH＋8.75% Gly＋5% 海藻糖＋60%碱溶液 Ⅱ）处理后，在液氮中储存 2 h，解冻后成活率为 9.7%（Tian et al.，2017）。然而，使用非渗透性试剂进行冷冻保存也可以获得高的成活率。小鼠胚胎冷冻保存时，仅用蔗糖作为冷冻保护剂，没有任何渗透性保护剂，通过使用激光加热实现快速解冻后，成活率超过 90%（Jin and Mazur，2015）。在云纹石斑鱼的胚胎冷冻保存中，使用 1mol/L 蔗糖作为抗冻剂，成活率为 12.6%～31.3%，最长存活时间为 9 d（Zhang et al.，2020b）。所以，渗透脱水可能是在玻璃化时维持细胞结构的关键（Connolly et al.，2017）。

驼背鲈（*Cromileptes altivelis*）属于鲈形目（Perciformes）、鮨科（Serranidae）、驼背鲈属（*Cromileptes*）。驼背鲈广泛分布于日本南部到澳大利亚北部，在南海也有分布（Qu et al.，1999）。它通常栖息在环礁湖和临海的珊瑚礁（Heemstra and Randall，1993）。驼背鲈具有观赏价值和食用价值，是一种重要的商业鱼类（Chen et al.，2017）。但是其数量稀少，在 IUCN 红色名录中被列为濒危物种。

在本研究中，我们比较了单种非渗透性抗冻剂和组合型非渗透性抗冻剂作为抗冻剂的区别，对驼背鲈胚胎冷冻保存的适宜发育阶段、解冻温度和处理时间进行了筛选。

一、实验材料收集

驼背鲈亲鱼 200 尾，平均重量为 3.5kg，培养在水泥池（6.85m×6.85m×2m）中，雌雄比例为 5∶1。繁殖期水温为 25～26℃。自然光。每天喂两次。使用尼龙网装置从水泥池中收集自然受精的胚胎，将受精卵置于 2 L 无菌塑料桶中，在盐度为 35 的海水中静置 5min。优质受精卵漂浮在水面，将漂浮的受精卵转移到 8 L 培养水箱中培养（330mm×240mm×180mm），温度为 24℃，盐度为 30，溶解氧 6～10mg/L。在体节期（受精后 14 h）、尾芽期（受精后 22 h）和心跳期（受精后 24 h）分别收集胚胎。每个实验使用相同批次的胚胎进行。

二、不同单种非渗透性抗冻剂对胚胎的影响

在三个发育阶段（肌节期、尾芽期和心跳期）统计五种非渗透性冷冻保护剂对胚胎存活率、正常发育率和畸形率的影响。首先在显微镜下检查胚胎以确保它们正常且处于正确的发育阶段。然后，胚胎用五种 1mol/L 的非渗透性冷冻保护剂（乳糖、果糖、葡萄糖、蔗糖和海藻糖）在培养皿中（90mm×15mm）中处理（室温 26℃）。对照组用基础溶液 Ⅱ（BS2：24.72g/L NaCl、1.46g/L CaCl$_2$ • 2H$_2$O、0.865g/L KCl、4.86g/L MgCl$_2$ • 6H$_2$O 和 0.19g/L NaHCO$_3$，pH＝7.8）处理。处理 1h 后，在培养皿中加入 2mL 海水。10min 后，将 4mL 海水加入培养皿中。再 10min 后，将 8mL 海水加入培养皿中。10min 后，将培养皿中的卵使用 0.180mm 筛网轻轻转移到 1 000mL 玻璃烧杯（Φ120mm，H157mm）中在（26±1）℃海水中培养，盐度 30，溶解氧 6～10mg/L。复水的时间是连续的，总共 30min。1 h 海水培养后，对实验组和对照组的成活率、正常发育率和畸形率进行统计。结果显示，用蔗糖、海藻糖和乳糖处理过的胚胎的成活率在三个阶段均显著高于果糖和葡萄糖（图 3-6-1）。蔗糖、海藻糖和乳糖处理过的肌节期胚胎的正常发育率和畸形率与对照组没有显著差异（$P＞0.05$）。用蔗糖、海藻糖和乳糖处理过的尾芽期胚胎的畸形率与对照组无显著差异（$P＞0.05$）。蔗糖和海藻糖处理过的胚胎正常发育率显著低于对照组（$P＜0.05$）。蔗糖、海藻糖、乳糖处理过的心脏跳动期胚胎的正常发育率和对照组没有显著差别（$P＞0.05$）。乳糖处理过的胚胎的畸形率显著高于蔗糖和海藻糖处理过的胚胎（$P＜0.05$）。乳糖、蔗糖、海藻糖处理过的胚胎和对照组胚胎的畸形率分别为（2.60±0.27）%、（1.57±0.26）%、（1.47±0.09）%、（0.57±0.20）%。

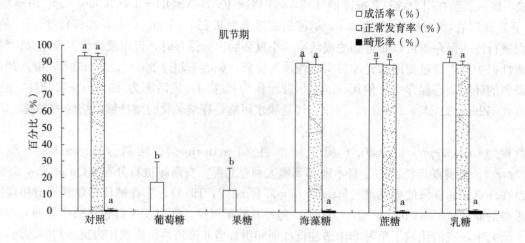

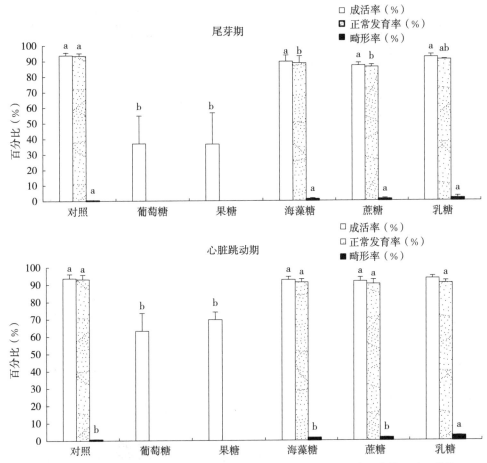

图 3-6-1　五种非渗透性抗冻剂（葡萄糖、果糖、海藻糖、蔗糖和乳糖）对肌节期、
尾芽期和心脏跳动期的驼背鲈胚胎的影响

注：字母不同代表不同处理间差异显著（P＜0.05）。

三、不同比例的组合型非渗透性抗冻剂对胚胎的影响

通过单种非渗透性抗冻剂对胚胎影响试验，筛选出蔗糖和海藻糖进行不同比例的组合，进行组合型非渗透性抗冻对胚胎影响的实验。组合比例为 1∶1（S1T1）、1∶3（S1T3）和 3∶1（S3T1），总浓度为 1mol/L 处理时期同为肌节期、尾芽期和心脏跳动期。处理步骤与单种非渗透性抗冻剂对胚胎影响实验相同。在三个处理时期中，S1T1、S1T3 和 S3T1 处理过胚胎的成活率和正常发育率没有显著差别（P＞0.05）（图 3-6-2）。胚胎的成活率和正常发育率在三个时期的顺序均为：S1T1＞S1T3＞S3T1。处于心脏跳动期的胚胎，有最高的成活率（91.94%～95.18%）和正常发育率（89.55%～92.88%），其畸形率为 0.22%～0.32%，显著高于对照组（0.08%）（P＜0.05）。单一和组合非渗透性冷冻保护剂比较，用 S1T1、蔗糖和海藻糖处理心跳期胚胎存活率分别为（93.86±4.17）%、（91.58±3.15）% 和（92.79±2.45）%（图 3-6-3），胚胎畸形率分别为（2.35±0.36）%、（1.59±0.37）% 和（1.46±0.13）%，S1T1 处理的胚胎畸形率显著高于蔗糖和海藻糖处理胚胎（P＜0.05）。

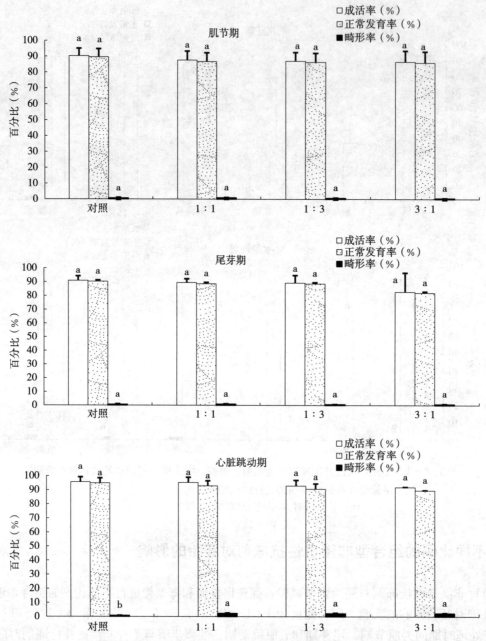

图 3-6-2 不同比例（1∶1、1∶3、3∶1）的组合型抗冻剂（蔗糖∶海藻糖）对肌节期、
尾芽期和心脏跳动期的驼背鲈胚胎的影响

注：字母不同代表不同处理间差异显著（$P<0.05$）。

四、处理时间和解冻温度的筛选

组合型非渗透性抗冻剂 S1T1 被选为后续实验抗冻剂。心脏跳动期被选为后续实验处理时期。抗冻剂处理时间时间设置为 2、3、4、5、6、7、8、9 和 10min。9 组重复，每组重复 200～500 个胚胎。胚胎被处理后，放入冷冻管中。该冷冻管为 50mL 离心管（Thermo Scientific™）和 0.180mm 的丝网组装而成（Zhang et al.，2020b）。然后将管直接投入液氮中。30min 后，样品在 500mL 玻璃烧杯中解冻。解冻条件设置为 24℃海水中解冻 20s、37℃海水中解冻 10s 和 60℃海水中解冻 1.5s。每组进行三个重复。解冻后复水。第一步向 2mL 的 S1T1 加 2mL 海水中平衡 10min。后续操作如之前所述。胚胎放

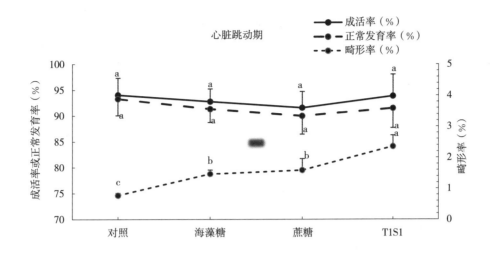

图 3-6-3　单种非渗透性抗冻剂海藻糖、蔗糖和组合型非渗透性抗冻剂 S1T1
（蔗糖∶海藻糖＝1∶1）对心脏跳动期的驼背鲈胚胎的影响
注：字母不同代表不同处理间差异显著（$P<0.05$）。

置在海水中培养（1 000mL 玻璃烧杯）3d。每天两次加入新鲜海水。第 4 天后向玻璃烧杯中添加轮虫。结果显示，只有 26℃解冻的部分胚胎存活下来，另外两个解冻温度无法生存。存活胚胎处理时间为 2、3、4、8 和 10min（表 3-6-1）。在所有实验中，6 个处理获得了 21 个成活胚胎，其中 16 个孵化，最长的存活时间为 5d。最佳处理时间为 3~4min。心脏跳动期胚胎在冻融过程中表现较好。处于肌节期的胚胎，用 S1T1 处理 3min，获得最大存活率（7.55%）和孵化率（5.66%）（表 3-6-2）。冷冻和解冻后存活的 20 个胚胎显示出正常形态（图 3-6-4a~f），1 个胚胎有脊柱畸形（图 3-6-4g、h）。

表 3-6-1　在不同处理时间和解冻温度下心脏跳动期胚胎的存活情况

解冻温度（℃）	平衡时间（min）								
	2	3	4	5	6	7	8	9	10
26	＋	＋	＋	－	－	－	＋	－	＋
37	－	－	－	－	－	－	－	－	－
60	－	－	－	－	－	－	－	－	－

注：＋代表该处理下有 1 个以上胚胎存活；－代表该处理下没有成活胚胎。

表 3-6-2　使用组合型非渗透性抗冻剂 S1T1 冷冻保存驼背鲈胚胎及解冻后的成活情况

项目	肌节期处理 3min	尾芽期处理 2min	心脏跳动期			
			处理 2min	处理 4min	处理 8min	处理 10min
处理胚胎数（个）	106	305	204	206	234	473
死亡的胚胎数（个）	97	304	203	197	233	472
成活的胚胎数（个）	8	1	1	9	1	1
畸形的胚胎数（个）	0	0	0	1	0	0
孵化数（个）	6	0	1	7	1	1

（续）

项目	肌节期 处理 3min	尾芽期 处理 2min	心脏跳动期			
			处理 2min	处理 4min	处理 8min	处理 10min
成活率（%）	7.55	0.33	0.49	4.37	0.43	0.21
正常发育率（%）	7.55	0.33	0.49	3.88	0.43	0.21
畸形率（%）	0.00	0.00	0.00	0.49	0.00	0.00
孵化率（%）	5.66	0.00	0.49	3.40	0.43	0.21
最长存活时间（d）	4	—	3	5	3	5

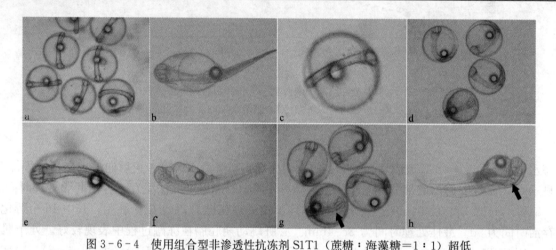

图 3-6-4 使用组合型非渗透性抗冻剂 S1T1（蔗糖∶海藻糖＝1∶1）超低
温冷冻保存驼背鲈胚胎，解冻后获得成活胚胎和幼苗

a. 解冻后获得的肌节期胚胎 　b. 解冻后获得的肌节期胚胎孵化鱼苗 　c. 解冻后获得的尾芽期胚胎
d. 解冻后获得的心脏跳动期胚胎 　e～f. 解冻后心脏跳动期胚胎孵化后 1d 　g～h. 解冻后畸形的心脏跳动期胚胎和幼苗

五、非渗透性抗冻剂利用分析

鱼类胚胎的冷冻保存是用于保护种质和遗传多样性的一种重要方法（Martínez-Paramo 等，2017）。冷冻保存的典型方法包括玻璃化冷冻保存和程序化冷冻保存。十几种鱼类胚胎已被冷冻保存，但保存成功的标准有所不同。比如解冻后立即出现生命迹象或持续的胚胎发育，或生长到成年和产卵。心脏跳动期的鲈胚胎使用抗冻剂 VSD2（30%PG＋20%MeOH）进行冷冻保存，胚胎解冻后加入 0.5mol/L 蔗糖洗脱 15min，获得 2 个有生命迹象的胚胎（Tian et al.，2003）。有研究中斑马鱼胚胎冻融后长成能够正常繁殖的成鱼，该保存方法是将冷冻保护剂（CPA）和金纳米棒（GNR）注射到卵黄中，使卵周空间脱水，通过激光复温（Khosla et al.，2020）。本研究的结果是胚胎解冻后持续发育 3～5 d。

影响鱼胚胎成功保存的因素包括保存时期、解冻温度、冷却速度、冷冻保护剂和处理时间。冷冻保护剂是其中一种特别重要的因素，它的作用是减少冰晶造成的细胞损伤。冷冻保护剂分为渗透性和非渗透性冷冻保护剂。渗透性冷冻保护剂可以渗透细胞并与游离水结合，降低冰晶形成的可能性（Du，2010）。非渗透性冷冻保护剂是具有高渗透压的细胞外溶液，从细胞内部吸收水分，以此降低冰晶形成的可能性（Shen，2013）。

渗透性冷冻保护剂通常用于早期玻璃化保存。有研究对 11 种玻璃化溶液（由 5 种渗透性冷冻保护剂 DMSO、Gly、EG、PG 和 MeOH 混合而成）在不同浓度对鲢胚胎的存活率的影响进行了研究（Zhang et al.，1996）。七带石斑鱼胚胎用三种渗透性抗冻剂（PG、MeOH 和 Gly）和一种非渗透性冷冻保护剂（蔗糖或海藻糖）组合的抗冻剂进行保存，获得 82 粒上浮卵和 2 粒孵化卵（Tian et al.，

2015)。波斯姆胚胎用 5mol/L DMSO＋3mol/L 乙酰胺＋5mol/L Gly＋6mol/L MeOH＋20％蔗糖＋20％蜂蜜＋10％ PVP 进行保存，成活率最高为 45.45％（Keivanloo 和 Sudagar，2016）。

单独使用非渗透性冷冻保护剂也可达到充分脱水的目的。使用非渗透性抗冻剂冷冻保存的小鼠胚胎的存活率高于 90％（Jin 和 Mazur，2015）。使用非渗透性冷冻保护剂蔗糖处理石斑鱼胚胎，最高存活率为 31％（Zhang et al.，2020b）。表明使用非渗透性抗冻剂冷冻保存胚胎是可行的。

因此，本研究选择不同阶段的驼背鲈胚胎，用五种浓度为 1mol/L 的非渗透性冷冻保护剂进行处理比较。从成活率来看，蔗糖、海藻糖和乳糖对胚胎的毒性要低于果糖和葡萄糖，而且这三种冷冻保护剂处理过胚胎的成活率和正常发育率没有显著差异。日本鳕鱼的胚胎，用 1mol/L 蔗糖或者海藻糖处理 30min 后，成活率与对照均无显著差别（Rahman et al.，2011），这与本研究的结果一致。然而，从处理过的心脏跳动期胚胎的畸形率来看，蔗糖和海藻糖优于乳糖。不同时期的鱼胚胎对抗冻剂有不同的耐受性。例如鲈胚胎在心跳期对玻璃化液的耐受性更强（田永胜等，2003）。斑马鱼胚胎冷冻保存的最佳时期为心脏跳动期（Zhang，1993）。云纹石斑鱼胚胎在 16 对肌节期和尾芽期适合用非渗透性抗冻剂处理（Zhang et al.，2020b）。驼背鲈胚胎的心跳期对使用的非渗透性抗冻剂的耐受性优于肌节期和尾芽期，用单一非渗透性冷冻保护剂处理心跳期胚胎的成活率与正常发育率高于肌节期和尾芽期（$P >$ 0.05）。

在以前的研究中，用几种低浓度的冷冻保护剂进行组合，以达到适宜进行玻璃化的总浓度，并通过减少单种抗冻剂成分的毒性，降低整体毒性。比如，Zhao 等（2005）用 3mol/L DMF 和 1mol/L 甲醇处理的胚胎成活率显著高于 4mol/L DMF 处理组（$P < 0.05$），分别用 2mol/L DMSO 和 PG 处理的胚胎成活率显著高于 4mol/L DMSO 处理组（$P < 0.05$）。本研究中，选用非渗透性冷冻保护剂蔗糖和海藻糖组合并进行毒性比较，不同比例组合之间没有显著差异，用组合型抗冻剂 S1T1 处理过的心脏跳动期胚胎成活率和正常发育率高于蔗糖和海藻糖单独处理组。这些结果为组合使用非渗透性冷冻保护剂进行冷冻保存提供了参考。

比较了单种非渗透性抗冻剂、不同比例组合型非渗透性抗冻剂和组合型抗冻剂对胚胎的影响后，进一步筛选了处理时间和解冻温度。仅在 26℃ 解冻温度条件下获得了成活胚胎，获得成活胚胎的处理时间为 2、3、4、8 和 10min，一些成活的胚胎有脊柱畸形。其他研究中部分用非渗透性抗冻剂处理后的斑马鱼胚胎也存在躯干缩短或卷曲（Connolly et al.，2017）。用单一非渗透性抗冻剂处理的云纹石斑鱼胚胎，在解冻后也表现出骨骼异常。一些研究结果表明，渗透性脱水可能会改变神经外胚层中的基因表达，导致中胚层在原肠期的迁移（Blader and Strahle，1998）。畸形率在心脏跳动期明显高于其他时期。幼体孵化后存活时间短可能与高渗压有关。高渗压力可能导致 DNA 损伤或抑制 DNA 修复，导致染色体畸变（Kültz and Chakravarty，2001）。

总的来说，我们发现驼背鲈胚胎对单一的非渗透性冷冻保护剂蔗糖、海藻糖耐受性优于乳糖、果糖和葡萄糖。非渗透性组合型冷冻保护剂 S1T1 对驼背鲈胚胎的毒性低于 S1T3 和 S3T1。处于心跳期的胚胎更适合冷冻保存，但畸形率较高。获得冻融后的成活胚胎的处理为：抗冻剂 S1T1 处理肌节期和心脏跳动期胚胎 2、3、4 和 9min，然后在 26℃ 下解冻 10 s。最高的存活率是 7.55％，最长存活时间为 5d，部分脊柱畸形。这些发现表明，使用组合型非渗透性抗冻剂保存胚胎是可行的。未来应着力于保存条件优化以提高成活率。

第七节　低温对云纹石斑鱼胚胎基因表达的影响

胚胎冷冻保存广泛用于农学、水产养殖学和生物医学中遗传信息的保存。该技术可用于储存哺乳动物胚胎，包括人（Loutradi et al.，2008）、小鼠（Rall et al.，1985）、牛（Dobrinsky et al.，1991）和猪（Dobrinsky and Johnson et al.，1994）。相比之下，鱼胚胎的体积大、卵黄含量高、对低温敏感，故其胚胎冷冻保存更具挑战性（Zhang et al.，1995）。在首次报道鱼类配子冷冻保存之后，一些鱼类获得了冷冻保存后的成活胚胎，包括牙鲆（Chen et al.，2005）和七带石斑鱼（Tian et al.，2015）。

冷冻保存会导致胚胎的细胞和生化特性发生巨大变化，从而导致结构变化、形态损伤、代谢活性降低和离子紊乱（Alvarez et al.，1992；Fahy et al.，1986）。最近的研究已经聚焦到冷冻保存造成的生化和分子效应。玻璃化对小鼠卵母细胞或人类细胞系转录组的影响可以忽略不计（Gao et al.，2017；Guillaumet-Adkins et al.，2017）。在玻璃化保存的兔胚胎的转录组和蛋白质组中检测到变化，怀疑是解冻过程的影响。然而，在冷冻保存和解冻后的人类胚胎，TSC2 mRNA 的表达模式发生了改变（Tachataki et al.，2003）。在低温或冷冻的应激条件下，贝克酵母中的基因表达模式会发生变化（Takekawa and Saito，1998）。在硬骨鱼中，由于胚胎从冷冻保存中恢复的存活率较低，因此对胚胎转录组的转录组学研究很少。相反，研究人员专注于线粒体 DNA 的突变和冷却过程中某些单个基因的表达。如斑马鱼卵裂球的冷冻保存会增加线粒体 DNA 突变的频率（Kopeika et al.，2005）；在对斑马鱼胚胎进行低温处理后，*Pax* 和 *Sox* 的表达发生了改变（Desai et al.，2011；Livak and Schmittgen，2001）。

本研究进行了 RNA-seq 分析，以揭示云纹石斑鱼在低温处理下胚胎中的基因表达变化。

云纹石斑鱼 16～22 对肌节期（受精后 21～23h）胚胎，尾巴仍附着在卵黄囊上，心脏运动活跃，已发育视囊，体细长，体节增加。4℃ 处理 30min，胚胎存活率为（43.2±3.8）%；－25.7℃ 处理 30min，胚胎存活率为（7.9±3.0）%，均显著低于对照组的生存率（$P<0.05$），即（93.57±1.65）%（Tian et al.，2017）。4℃ 或－25.7℃ 处理 60min 的胚胎存活率显著下降（$P<0.05$）（Tian et al.，2017）。为了更好地了解暴露于这些低温条件下引起的分子变化，本研究收集了从不同低温处理中恢复的胚胎，以进行比较转录组分析；使用实时定量 PCR（qPCR）分析验证基因表达变化；还检查了选定基因的表达谱，以测试它们是否参与低温反应（图 3-7-1）。本研究结果提供了低温下石斑鱼胚胎存活率降低的分子机制，有助于探索可能参与冷应激反应的分子调控机制。

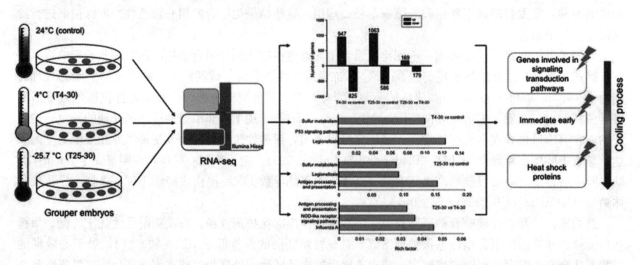

图 3-7-1　不同低温对云纹石斑鱼转录组影响分析技术路线

一、胚胎准备和降温

通过对云纹石斑鱼雌鱼和雄鱼（体重 5～10kg，体长 40～60 cm）注射激素，促进获取卵子和精子。在雌鱼胸鳍基部注射 LHRH-A$_3$（2μg/kg）和 HCG（200IU/kg），雄性注射两倍剂量（Tian et al.，2019）。注射激素 48h 后，轻轻按压雌性腹部挤卵，收集于烧杯中。雄鱼获得的精子以 1∶200（v/v）的比例与卵混合，干法授精（Tian et al.，2015）。收集漂浮受精卵放入 1 000 L 的烧杯中，24℃海水（盐度 34）、6～10mg/L 溶解氧下培养。显微镜下观察，收集 16～22 对肌节期（受精后 21～23h）胚胎，用 PMG3T 玻璃化液［13.78%（v/v）1，2-丙二醇、9.19%甲醇、7.66%甘油、4.37%海藻糖］（Tian et al.，2017）处理，降温至 4℃（T4-30）和－25.7℃（T25-30）保存 30min。洗脱后在 24℃海水中缓冲 15min。存活胚胎通体透明、浮于水面，收集提取 RNA。胚胎冷却至 4℃和－25.7℃保存 60min（T4-60 和 T25-60 组），清洗、回收，收集 40～50 个胚胎作为一个样本提取 RNA。正常培养的胚胎为对照组，PMG3T 溶液处理的胚胎为 PMG3T 处理组（PT）。

二、cDNA 文库的制备、测序和组装

使用 Trizol 试剂从每个样本中提取总 RNA。构建对照、T4-30 和 T25-30 组的 cDNA 文库，每组 3 个生物重复。采用 Qubit2.0、Agilent Bioanalyzer 2100 和 qPCR 检测 cDNA 文库质量。使用 Illumina/Hiseq-2500 平台对 9 个 cDNA 文库进行测序。

原始数据经过滤，通过 Trinity（Grabherr et al.，2011）从头组装成 Unigenes，通过 Corset 组装成簇（Davidson and Oshlack，2014）。通过 Nr、Nt、Pfam、KOG/COG、SwissProt、KEGG 和 GO 蛋白数据库对比，进行蛋白功能注释。为了预测编码序列（CDS），利用 BLAST 技术在 Nr 和 Swiss-Prot 蛋白数据库中搜索所有 Unigenes。如果使用上述搜索方法无法确定一个 Unigene 的开放阅读框，则使用 ESTScan（3.0.3）进行预测（http：//estscan. sourceforge. net/）。

原始测序 reads 筛选过滤后，从 9 个库中收集了 390 万～490 万个读数（表 3－7－1），共 58.18Gb 的 过 滤 数 据，Q20 为 95.57%。所 有 过 滤 后 数 据 都 保 存 在 NCBI 数 据 库 中（https：//www. nicbi. nlm. nih. gov/bioproject），登录号 PRJNA557583。这些序列被组装成 142 701 个 Unigenes，平均长度为 916bp，N50 为 1 991bp。Unigenes 的长度分布为 37 245 个（26.10%）在 200～500bp，40 882 个（28.65%）在 500～1 000bp，31 079 个（21.78%）在 1 000～2 000bp，33 495 个（23.47%）超过 2 000bp。

表 3－7－1 转录组映射数据统计

样本	Raw reads	Clean reads	Clean bases	Error（%）	Q20（%）	Q30（%）	GC（%）
Covtrol1	46 033 790	43 903 470	6.59Gb	0.02	96.73	91.82	48.25
Control2	46 088 230	44 654 946	6.7Gb	0.02	96.79	91.96	48.40
Control3	46 292 136	44 909 428	6.74Gb	0.02	96.64	91.65	48.33
T4-30-1	51 900 928	49 372 908	7.41Gb	0.02	96.63	91.70	48.46
T4-30-2	42 479 668	39 847 738	5.98Gb	0.02	95.98	90.31	48.03
T4-30-3	43 637 670	41 157 160	6.17Gb	0.02	96.26	90.86	48.41
T25-30-1	42 165 612	39 470 726	5.92Gb	0.02	95.57	89.43	48.41
T25-30-2	47 503 054	43 986 796	6.6Gb	0.02	95.96	90.27	49.22
T25-30-3	43 410 850	40 447 086	6.07Gb	0.02	96.20	90.75	48.39

三、Unigenes 的功能注释

在 142 701 个组装的 Unigenes 中，96 434 个至少在一个数据库（Nr、Nt、KEGG、SwissProt、

Pfam、GO 或 KOG）中进行了注释（表 3-7-2）。使用 NR 数据库注释了 71 476 个 Unigenes，其中 50 669 个长度超过 1 000bp。共预测了 124 282 个 CDS，其中蛋白质数据库中注释了 62 360 个 CDS，ESTscan 注释了 61 922 个 CDS。

表 3-7-2　在数据库（Nr、Nt、KEGG、SwissProt、Pfam、GO 和 KOG）中注释基因数量

注释	数值	百分比（%）
Nr	71 476	50.08
Nt	84 478	59.19
KO	27 297	19.12
SwissProt	60 876	42.65
Pfam	59 638	41.79
GO	59 731	41.85
KOG	28 960	20.29
All	142 701	100

　　GO 注释后，将 59 731 个 Unigenes 分为三类共 55 个功能组。最重要 GO 术语是具有 36 056 个 Unigenes（60.36%）的"细胞结构"，其次是具有 35 450 个 Unigenes（59.35%）的"生物学过程"和具有 35 040 个 Unigenes（58.66%）的"分子功能"（图 3-7-2）。

　　KOG 分析表明，28 960 个 Unigenes 被分为 26 个 KOG 类别（A-Z）。最具代表性的 KOG 术语是具有 5 275 个 Unigenes（18.21%）的信号转导机制，其次是仅一般功能预测术语（4 420 个 Unigenes，15.26%），以及翻译后修饰、蛋白质转换和分子伴侣术语（2 857 个 Unigenes，9.9%）（图 3-7-3）。

　　KEGG 分析将 27 297 个 Unigenes 分类为 231 个途径。信号转导途径中的 Unigenes 4 537 个（16.62%），内分泌系统中的 Unigenes 2 251 个（8.25%），细胞群落中的 Unigenes 1 936 个（7.09%）（图 3-7-4）。

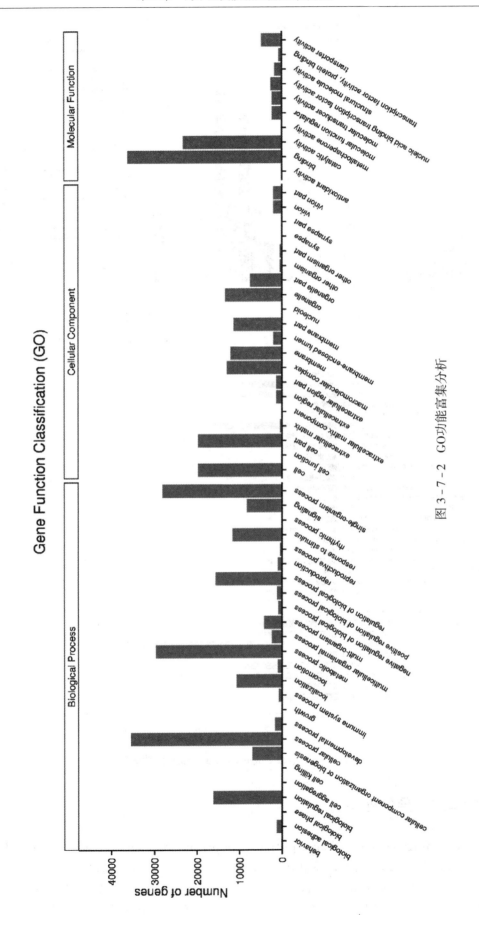

图 3-7-2　GO功能富集分析

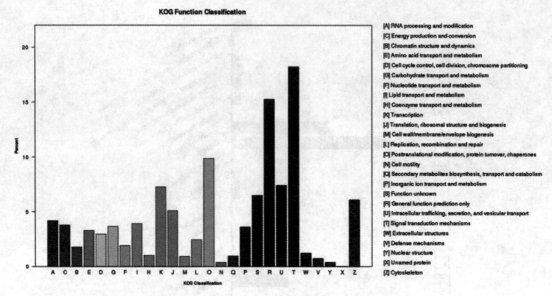

图 3-7-3　真核直系同源蛋白聚类（KOG）分析

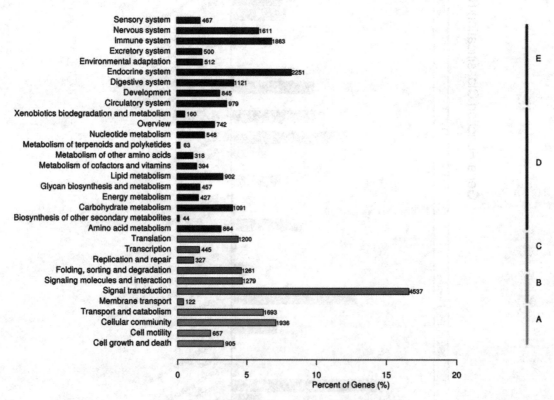

图 3-7-4　组装 Unigenes KEGG 通路的功能分类

四、转录组差异分析

根据 FPKM（fragments per kilobase of transcript per million mapped reads），将每个基因的表达水平标准化（Trapnell et al.，2010），采用 Pearson 相关系数（r）评价生物过程（Schulze et al.，2012）之间的重复性，采用 DESeq（Anders and Huber，2010）测定基因表达差异，采用 $\log_2$FoldChange >1 和 p-adjusted（padj）<0.05 检测对照组、T4-30 和 T25-30 组间差异表达基因（DEGs）。所有 DEGs 进

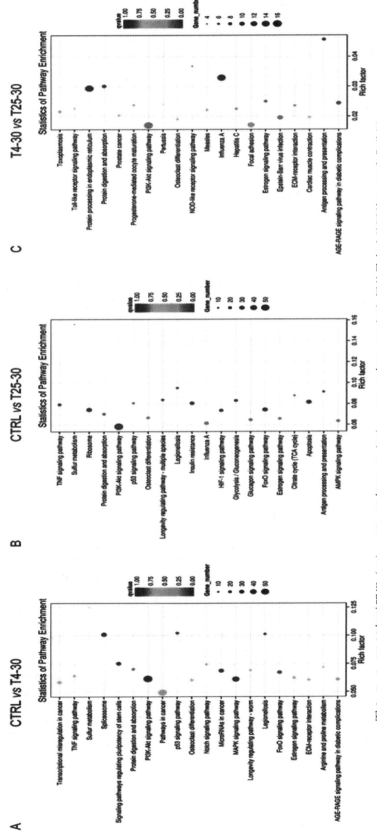

图 3 - 7 - 5　T4-30 与对照组（A）、T25-30 与 T4-30（B）、T25-30 与 T4-30（C）间差异表达基因的 KEGG 富集分析

行 KEGG 和 GO 富集分析。Pearson 相关系数 $r>0.84$ 表明每个温度处理组的三个重复的重复性适用于 DEGs 分析。与对照组相比，T4-30 组有 947 个基因上调，825 个基因下调。T25-30 组中有 1 063 个上调基因和 586 个下调基因。T4-30 组的 DEG 数量与 T25-30 组的 DEG 数量大致相似。根据 GO 分析，对照组和 T4-30 组之间的 DEG 富集在"杂环化合物结合""有机环状化合物结合"和"生物合成过程"，对照组和 T25-30 组之间的 DEG 在"代谢过程""氮化合物代谢过程"和"初级代谢过程"中富集。KEGG 富集分析显示，硫代谢是两组对比中 DEG 最显著富集的途径（图 3-7-5A 和 B）。

比较 T4-30 和 T25-30 组时，DEG 较少，包括 169 个上调基因和 179 个下调基因。这表明在从 24℃ 到 4℃ 的冷却过程中，更多的基因被激活或抑制，而当胚胎从 4℃ 过渡到 −25.7℃ 时，受到影响的基因较少。GO 功能富集分析表明，仅富集了生物过程中的三个 GO："信号转导的负调控""细胞通讯的负调控"和"信号的负调控"。KEGG 富集到"抗原加工和呈递""NOD 样受体信号通路"和"甲型流感"（图 3-7-5C）。

五、低温处理影响基因表达的分析

为了进一步鉴定受冷却过程影响的基因，我们比较了对照组、T4-30 和 T25-30 组的基因表达。有两个基因在 T4-30 中的表达至少比对照高 2 倍，在 T25-30 中的表达至少比 T4-30 组高 2 倍（T25-30＞T4-30＞对照；$P<0.05$，图 3-7-6）。这两个基因编码早期生长反应蛋白 1 和一种未鉴定的蛋白。这些基因的表达水平在冷藏过程中显著下调，表明它们的表达对低温敏感。

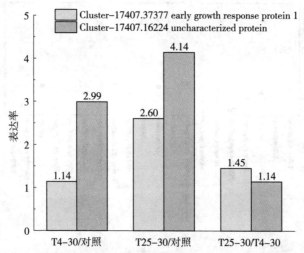

图 3-7-6　T4-30 组的基因表达量比对照组高 2 倍以上，T25-30 组的
基因表达量比 T4-30 组高 2 倍以上（$P< 0.05$）

注：early growth response protein 早期生长应答蛋白，uncharacterized protein 不典型蛋白。

表 3-7-3　9 个基因的 RNA-seq 分析用于后续的 qPCR 检测

（引自 Chen et al. , 2020）

基因 ID	基因注释	count 值			count 比值					
		control	T4-30	T25-30	T4-30/对照		T25-30/对照		T25-30/T4-30	
					log₂Fold	P	log₂Fold	P	log₂Fold	P
Cluster-17407.37377	early growth response protein 1	92.11	202.94	530.82	1.14	0.000	2.60	0.000	1.45	0.000
Cluster-17407.56016	proto-oncogene protein c-Fos	470.16	3 296.2	3 944.13	2.81	0.000	3.15	0.000	0.33	0.001

（续）

基因 ID	基因注释	count 值			count 比值					
		control	T4-30	T25-30	T4-30/对照		T25-30/对照		T25-30/T4-30	
					log₂ Fold	P	log₂ Fold	P	log₂ Fold	P
Cluster-17407.97423	early growth response protein 1	1.58	44.23	51.63	4.80	0.000	5.10	0.000	0.29	0.435
Cluster-17407.37890	transcription factor AP-1	497.84	1 633.81	1 589.51	1.71	0.000	1.75	0.000	0.03	0.786
Cluster-17407.41215	immediate early response gene 2 protein	539.52	1 350.87	1 460.78	1.32	0.000	1.51	0.000	0.18	0.118
Cluster-17407.62983	heat shock 70kDa protein	1 568.19	2 277.75	57 678.57	0.54	0.000	5.23	0.000	4.69	0.000
Cluster-17407.11219	growth arrest and DNAdamage-inducible protein GADD45 gamma	69.84	284.78	269.83	2.03	0.000	2.03	0.000	−0.01	0.948
Cluster-17407.43355	growth arrest and DNA damage-inducible protein GADD45 alpha	65.99	204.51	131.39	1.63	0.000	1.07	0.019	−0.57	0.014
Cluster-17407.12628	growth arrest and DNA damage-inducible protein GADD45 beta	30.43	280.44	234.08	3.2	0	3.02	0	−0.19	0.361

　　与对照相比，有 358 个基因在 T4-30 和 T25-30 中的表达至少高出 2 倍，但在 T4-30 和 T25-30 之间没有显著差异（T25-30～T4-30＞对照）。几种转录因子被上调，包括与 Fos 和 Jun 家族相关的转录因子，如 Jun-B、Jun-D 和 AP-1。一些即早反应基因或早期生长反应基因的表达水平升高。响应环境压力的基因，例如生长停滞和 DNA 损伤诱导蛋白 GADD45 和 GADD34，以及 DNA 损伤诱导转录 3/4 蛋白白样，也被上调。同时，与对照组相比，T4-30 和 T25-30 组有 171 个基因显著下调（$P<0.05$），但在 T4-30 和 T25-30 组之间表达差异无统计学意义（T25-30～T4-30＜对照）。转录因子 Sox，HES，$TFIID$ 的表达被压制了。作为肌球蛋白重/轻链蛋白的肌肉运动相关基因和作为延伸因子的蛋白质合成相关基因均被下调。当 4℃ 时，这些基因的表达水平显著下降，但随着温度持续降低至 −25.7℃，没有显著变化。因此，这些基因可能在冷却过程的早期阶段更加敏感。有趣的是，当温度降至 4℃，然后降至 −25.7℃（T25-30＜T4-30＜对照）时，没有发现任何显著下调超过 2 倍的基因。

六、实时荧光定量 PCR 检测分析

　　用于实时荧光定量 PCR 分析的引物采用 Primer3（Rozen and Skaletsky，2000）和本研究生成的石斑鱼转录组序列结果设计。以 GADPH 作为内参基因。real-time PCR 反应如上所述进行。基于2-ΔΔCt方法计算相对表达模式。表达模式的显著差异，通过单因素方差分析（one-way ANOVA）和 Tukey 事后检验评估，在 95% 置信水平（$P<0.05$）确定。

　　为了验证 RNA-seq 实验的基因表达谱，选择了 9 个基因用于随后的实时荧光定量 PCR（qPCR）分析。为了确认基因表达水平受到不同温度而不是 PMG3T 溶液的影响，PMG3T 溶液（PT）处理的胚胎同时进行 qPCR 测定。此外，还设置另外两组，即胚胎于 4℃ 保存 60min 然后恢复（T4-60）、胚胎于 −25.7℃ 保存 60min 然后恢复（T25-60），检查延长处理时间的效果。结果如表 3 - 7 - 3 和图 3 - 7 - 7 所示，显示 RNA-seq 和 qPCR 分析中的表达模式之间存在正相关。

　　将胚胎与 PMG3T 混合不会显著影响所选基因的表达。当胚胎于 4℃ 保存 30min 时，九个候选基因上调 4.07～67.19 倍（$P<0.05$）。当冷却时间延长至 60min 时，除早期生长反应蛋白 1a（Egr-$1a$）、

转录因子 AP-1（*AP-1*）和热休克 70ku 蛋白外，其他 6 个基因均显著下调（$P<0.05$）。四个基因在暴露于-25.7℃时持续上调，包括 *Egr-1a*、原癌基因蛋白 c-Fos（*c-Fos*）、*Hsp70*、生长停滞和 DNA 损伤诱导蛋白 GADD45β（*GADD45β*）。同时，AP-1 和 *GADD45α* 下调，但不显著。胚胎冷却至-25.7℃ 60min 后，*Egr-1a*、*Fos*、*GADD45α* 和 *GADD45β*4 个基因显著上调（$P<0.05$）。

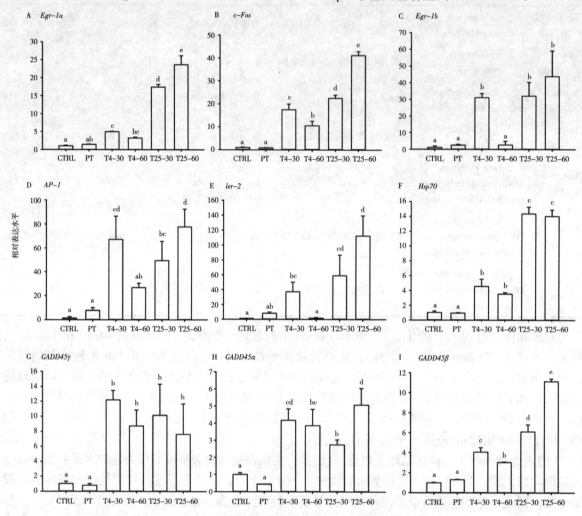

图 3-7-7　样本中 9 种基因的实时荧光定量 PCR 结果

（引自 Chen et al.，2020）

七、参与信号转导途径的基因

在哺乳动物中，胚胎冷冻保存技术已经相当成熟，冻融后胚胎的存活率很高。玻璃化冷冻导致人和小鼠卵母细胞发生轻微变化或没有变化，而在解冻后人类胚胎干细胞的转录组中观察到参与细胞凋亡、胚胎形态发生、骨化的基因表达增加（Wagh et al.，2011）。鱼胚胎的冷冻保存更具挑战性，在不到 10 个物种中取得了成功，且存活率均较低。冷却是冷冻保存过程的第一步，因此，识别冷却过程中基因表达谱的变化可以提高在分子水平上对冷却和冷冻保存对鱼类胚胎影响的理解。

信号转导在本研究的差异表达基因中显著富集的途径，包括 TNF、PI3K-Akt、p53、MAPK、Notch、estrogen、HIF-1、glucagon、FoxO 和 AMPK 信号通路（图 3-7-7A 和 B）。在 MAPK 通路中，*c-Fos*、*c-Jun*、*JunD*、*GADD45* 和 *MKP* 在处理组 T4-30 和 T25-30 中均上调。作为环境胁迫诱导的通路，MAPK 通路参与了斑马鱼幼苗（Long et al.，2013）和牙鲆成鱼（Hu et al.，2006）的冷适

应。MAPK、JNK、细胞因子信号通路在南极鱼中富集（Bilyk et al.，2018）。但我们没有从云纹石斑鱼、斑马鱼、牙鲆或南极鱼之间的 MAPK 途径中发现相同的 DEG。这一比较表明，在较低温度下，这些物种之间可能会触发 MAPK 途径的不同调节。

MAPK 信号通路诱导的 c-Fos（Kamakura et al.，1999），是一种在本研究的转录组分析中差异表达的原癌基因。与对照相比，c-Fos 在 T4-30 中上调 17.47 倍，在 T25-30 中上调 22.53 倍，在 T25-60 中被持续诱导表达（图 3 - 7 - 7B）。作为与神经活动相关的基因，c-Fos 的诱导表明该基因可能参与了石斑鱼胚胎在冷却过程中的大脑活动。FosB 和 fos 相关抗原 2 在 T4-30 和 T25-30 中也上调，进一步表明 Fos 基因家族可能在冷冻保存过程中调节石斑鱼胚胎的神经激活。在包括鼠、斑马鱼和青鳉在内的脊椎动物中，c-Fos 是暴露于刺激后神经激活的标志物（Bullitt，1990；Diptendu et al.，2015；Tian et al.，2015）。咖啡因暴露会诱导斑马鱼大脑中更多的细胞表达 c-FOS（Diptendu et al.，2015）。在青鳉交配过程中，c-Fos 表达在 30min 达到峰值，并在 90min 显著下降（Okuyama et al.，2011）。

通常，FOS 与 JUN 家族蛋白一起作为异二聚体形成转录因子激活蛋白 1（AP-1）。参与这一过程的基因，如 JunB、JunD 和其他激活转录因子，在 T4-30 和 T25-30 中显著上调。AP-1 基因参与细胞转化、增殖、分化和凋亡（Ameyar et al.，2003）。它对于组织修复和细胞存活也是必不可少的（Hu et al.，2014）。在本研究中，RNA-seq 和 qPCR 分析发现 AP-1 在暴露于低温（4℃和－25.7℃）的胚胎中被诱导表达，并且在－25.7℃处理延长至 60min 后，其表达水平仍然很高。细胞暴露在低温下会经历一系列事件才能存活，而 AP-1 可能在此过程中参与维持细胞的存活。然而，AP-1 是否通过调节增殖、凋亡或细胞恢复来促进生存，还需要进一步研究。

生长停滞和 DNA 损伤 45 复合物 GADD45 由 GADD45α、GADD45β 和 GADD45γ 组成。GADD45 蛋白与几种激酶或激酶抑制剂相互作用以激活基因表达、DNA 修复、细胞周期调节和细胞凋亡（Moskalev et al.，2012）。石斑鱼胚胎转录组中有 3 个 GADD45 基因（GADD45α、GADD45β 和 GADD45γ）被注释，所有 GADD45 基因在 T4-30 和 T25-30 组均上调。qPCR 分析的结果与 RNA-seq 分析相似。当胚胎暴露于低温 60min 时，这些基因的表达水平仍然很高。这些结果表明 GADD45 基因可能参与保护细胞免受冷却过程的影响。通过触发 p38/JNK 通路，当暴露于环境压力引起的 DNA 损伤剂或抗有丝分裂细胞因子时，GADD45 被迅速激活（Tachataki et al.，2003）。果蝇 GADD45（D-GADD45）是由压力环境条件诱导的，例如百草枯、热疗和饥饿（Moskalev et al.，2012）。D-GADD45 在神经系统中的过度表达增加了细胞损伤的修复和抗应激能力（Moskalev et al.，2012）。在草鱼中，当受到嗜水气单胞菌的攻击时，GADD45aa 和 GADD45ab 上调，并且两个基因的过表达诱导了 MAPK 家族基因的表达（Fang et al.，2018）。此外，GADD45β1 和 GADD45β2 参与斑马鱼体节分割，这两个基因的敲降导致体节分割缺陷（Kawahara et al.，2005）。在这项研究中，GADD45 基因可能被上调以确保体节分割可以在冷处理后的石斑鱼胚胎中进行。

八、即刻早期基因

除了上述快速响应冷却过程的基因外，在云纹石斑鱼转录组中还注释了两个早期生长反应蛋白 1（Egr-1a 和 b）。它们的表达模式相似（图 3 - 7 - 7A 和 C）。与对照组相比，T4-30 和 T25-30 组均显著上调，T4-60 中 Egr-1b 显著下调（$P < 0.05$）。Egr 基因编码一种高度保守的锌指蛋白，可调节各种发育过程。例如，它调节单核细胞/巨噬细胞通路的分化，以及大脑发育过程中的突触可塑性（Li et al.，2005）。Egr1 缺陷胚胎有异常的眼发生（Healy et al.，2013）。作为 Egr 家族的一员，Egr1 是受多种兴奋剂影响的早期基因之一。在硬骨鱼 Astatotilapia burtoni 中，当用自然和药理刺激处理时，Egr1 在大脑的不同区域表达，在药理刺激后 30min 检测到其表达峰值（Burmeister et al.，2005）。在云纹石斑鱼中，Egr1s 在低温下 30min 内表达水平的增加表明它们对低温的敏感性以及它们参与了石斑鱼胚胎对冷却过程的初始反应。

作为即时早期基因的另一个成员，即时早期反应基因 2（*IER2*）调节细胞对外部刺激的反应。它参与多种信号通路，包括丝裂原活化蛋白激酶（MAPK）信号通路（Chung et al.，1998）。*IER2* 在不同类型的肿瘤细胞中过度表达（Neeb et al.，2011）。当小鼠暴露于神经毒素时，大脑中的 *IER2* 表达下调（Ryan et al.，2010）。尽管已经对 *IER2* 进行了几项分子研究，但其功能仍然未知。在本研究中，*IER2* 在 T4-30 和 T25-30 组中显著上调。然而，其在对照组和 T4-60 组之间的表达水平相似，并且在 T25-60 组中保持上调（图 3-7-7E）。在 -25.7℃ 下处理 60min，石斑鱼胚胎的存活率显著降低（Tian et al.，2017）。*IER2* 表达在人类细胞系中诱导细胞运动（Neeb et al.，2011）。*IER2* 在石斑鱼胚胎中是否具有相似的功能及其与低温处理下成活率降低的相关性需要进一步研究来验证。

九、热休克蛋白家族

热休克蛋白的快速合成是细胞应对压力环境的有效防御机制。当细胞冷却时，会触发应激反应途径以激活细胞凋亡并去除受损细胞以防止炎症。此外，表达热休克蛋白以防止细胞损伤（Beere et al.，2004；Bilyk et al.，2018）。在石斑鱼胚胎转录组中，我们将 129 个 Unigenes 注释为 *Hsps*，这表明热休克系统在冷却的胚胎中被激活。在 129 个 *Hsp* 中，注释为 *Hsp70* 和 *Hsp75* 的 Unigenes 在 T4-30 和 T25-30 中上调。相反，注释为 *Hsp20*、*Hsp70-4* 和 *Hsp90* 的 Unigenes 在 T4-30 和 T25-30 中下调。该分析表明，热休克蛋白在暴露于低温的胚胎中发挥不同的生物学作用。根据 RNA-seq 分析得知在 T25-30 中表达的 *Hsp70* 比 T4-30 和对照高 36.7 倍。qPCR 结果显示，*Hsp70* 在 4℃ 下被诱导 4.5 倍，胚胎在 4℃ 下 30～60min 后其表达水平保持相似。当胚胎冷却至 -25.7℃ 时，*Hsp70* 表达被诱导 14.37 倍，其水平在 30min 和 60min 处理中保持相似。这表明 *Hsp70* 可能会阻止级联激活和细胞凋亡的诱导，这可能由胚胎暴露的温度触发，而不是治疗时间的长短。热休克蛋白基因（*Hsp*）的诱导可保护细胞免受压力下的有害后果。冷冻保存会触发斑马鱼生殖脊中 *Hsp70* 和 *Hsp90* 的上调（Riesco et al.，2013）。当动物暴露于低温时，小鼠棕色脂肪组织中会诱导 *Hsp70* 表达。诱导与热休克转录因子和 DNA 的结合有关，类似于热处理后发生的细胞反应（Matz et al.，1995）。Hsp 家族的其他成员，例如血红蛋白加氧酶 1（*Hsp32*），在兔肾冷藏中表达（Balogun et al.，2002）。

在本研究中，我们利用 4℃ 和 -25.7℃ 处理的云纹石斑鱼胚胎转录组来研究基因表达的变化。我们使用 RNA 序列和 qPCR 来识别可能参与细胞对冷却过程反应的候选基因。信号转导通路在 DEGs 中高度富集。胚胎冷却至 4℃ 和 -25.7℃ 30min 时，*Egr-1a*、*Ier-2*、*c-Fos*、*AP-1*、*Hsp70* 和 *GADD45α/β/γ* 显著上调，冷却至 60min 时仍保持高表达。这些基因在温度处理后快速激活和转录，可能分别参与神经激活、细胞凋亡、增殖、分化、恢复和胚胎发育。这些基因的共同作用可能提高石斑鱼胚胎对低温的耐受性。然而，需要进一步的研究来验证它们的生物学功能，这将有助于确定在低温保存条件下维持石斑鱼胚胎存活的分子机制。

第八节　超低温对冷冻成活云纹石斑鱼胚胎孵化鱼苗的转录组影响

2004 年，Gracey 等以鲤为模型第一次在转录组水平上开展鱼类低温胁迫研究（Gracey et al.，2004），研究发现从单细胞到多细胞生物的低温耐受机制存在保守性。其他研究者在对革首南极鱼（Shin et al.，2012）、头带冰鱼（Shin et al.，2012）、侧纹南极鱼（Shin et al.，2012）、短头壮绵鳚（Windisch et al.，2014）和斑马鱼幼鱼（Long et al.，2012）转录组测序时，发现在低温胁迫下不同适应温度下的鱼类的信号通路变化存在相似性。然而，通过对南极美露鳕（王金凤等，2016）、斑马鱼（Chen et al.，2008）、草鱼（王金凤等，2016）和罗非鱼（王金凤等，2016）等鱼类的相关基因和信号通路研究，发现不同鱼类适应低温胁迫的分子机制依然存在明显的种间差异。即使同一品种鱼类，胚胎发育阶段的环境温度不同，低温胁迫时也会表现出转录组差异。由于鱼类种群庞大，具体揭示鱼类低温耐受机制，仍需大量基础性研究工作。近年来，鱼类低温耐受相关功能基因的研究，主要集中在 AFP、AFGP、Hsp70、CIRP、AQP 等蛋白和 SCD1、GSTM 等酶的相关基因上（Place et al.，2005）。截至目前，利用转录组测序技术对冷冻成活鱼类胚胎和鱼苗进行测序分析在国际上仅有少数报道。

目前，尽管在鱼类低温胁迫研究中发现了一些与低温耐受相关的基因，但是这些基因在不同物种、组织间的特异性与低温胁迫下的特征表达谱尚不完善，这些基因在低温胁迫响应机制中的作用尚不明确，挖掘鱼类低温耐受相关功能基因及其应用，仍待进一步研究。

转录组学是指对特定细胞、组织或有机体中特定发育阶段或生理条件下的完整转录集的研究（Wang et al.，2009），与相对稳定的基因组不同，转录组随发育时期、生理条件和外界环境等因素而变化，因而是分析基因型和表型之间关系的有力工具，有助于更好地理解控制细胞命运、发育和疾病进展的潜在途径和机制（Qian et al.，2014）。

近年来，现代分子生物学和仪器设备领域发展迅速，转录组学研究手段也不断推陈出新。高通量测序技术的出现彻底打破了以往测序方法的局限性，市场测序成本持续降低。在过去的几年中，RNA-seq 已用于涉及各种鱼类的许多研究中，彻底革新鱼类转录组学研究（Collins et al.，2012；Liu et al.，2012；Sarropoulou et al.，2012；Palstra et al.，2013）。

鉴于在之前云纹石斑鱼胚胎玻璃化冷冻保存研究中，冻存胚胎孵化鱼苗普遍出现存活时间短、无法发育至成鱼的现象。本研究中我们采用高通量测序技术对之前实验中保存的冻存胚胎孵化 1d 后鱼苗和对照组孵化 1d 后鱼苗的转录组进行测序，获得了云纹石斑鱼冻存胚胎孵化鱼苗和对照组鱼苗的转录组，并基于 GO 和 KEGG 数据库对所有测得的 Unigene 进行了功能和表达量注释及表达差异基因分析等操作（图 3-8-1）。本节旨在通过分析云纹石斑鱼冷冻成活胚胎孵化鱼苗与正常鱼苗的转录组差异，更好地了解冷冻保存对鱼类胚胎的影响作用，从而更好地保存水生种质资源。作为首次在鱼类中比较了正常和冷冻保存的胚胎孵化鱼苗的转录组，本节结果可为探索鱼类胚胎冷冻损伤的分子机制提供有价值的参考。

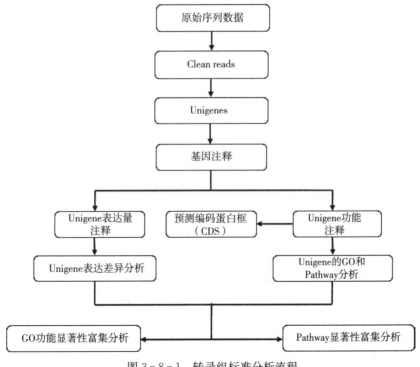

图 3-8-1 转录组标准分析流程

一、样本准备、cDNA 文库制备和测序

本章转录组测序所用的实验样本均来自冷冻保存成活云纹石斑鱼胚胎孵化 1d 的鱼苗和对照组鱼苗。用 RNAwait 试剂将对照组（BC）和胚胎冷冻保存组（FL）的存活鱼苗分别保存在 1.5mL 离心管中（100mg/mL），每组 3 个重复，每个重复 3 尾鱼苗。用 Trizol 试剂从样本中分离 RNA，并用 NanoDrop™分光光度计测定浓度和纯度。

制备好的样品利用 Illumina Hiseq™ 4000 高通量测序仪完成。本研究中产生的所有序列都保存在国家生物技术信息中心（NCBI）中，并可在 SRA 数据库中访问，读取号为 PRJNA607917。

二、转录组测序数据质控

原始测序 reads 筛选过滤后，总共生成了 3.33×10^8 个高质量 reads（4.33Gb）（表 3-8-1），每个样品的 Q20 和 Q30 均分别高于 98.4% 和 95.5%（表 3-8-2）。

表 3-8-1　转录组 Read 过滤统计

样本	过滤前 Reads	过滤后 Reads 及其占比	Reads 长度	GC 含量	Adapter 及其占比	Low quality 及其占比
BC-1	47 982 266	46 480 240 (96.87%)	150	47.75%	125 282 (0.26%)	1 373 940 (2.86%)
BC-2	53 033 160	51 281 504 (96.7%)	150	47.76%	138 106 (0.26%)	1 610 592 (3.04%)
BC-3	81 254 538	78 951 498 (97.17%)	150	48.05%	207 008 (0.25%)	2 091 350 (2.57%)
FL-1	54 992 492	54 060 544 (98.31%)	150	49.70%	117 060 (0.21%)	811 818 (1.48%)
FL-2	53 866 944	52 526 352 (97.51%)	150	49.64%	141 202 (0.26%)	1 196 202 (2.22%)
FL-3	50 717 732	49 307 502 (97.22%)	150	48.24%	125 864 (0.25%)	1 281 400 (2.53%)

注：BC 为空白对照组三个重复样本；FL 为胚胎冷冻保存组三个重复样本。

表 3-8-2　过滤前后碱基信息统计

样本	过滤前			过滤后		
	Data (bp)	Q20 占比	Q30 占比	Data (bp)	Q20 占比	Q30 占比
BC-1	7 197 339 900	96.83%	93.18%	6 814 350 433	98.55%	95.79%
BC-2	7 954 974 000	96.73%	92.90%	7 519 814 872	98.47%	95.55%
BC-3	12 188 180 700	96.99%	93.48%	11 579 411 634	98.62%	95.95%
FL-1	8 248 873 800	97.51%	94.44%	7 940 806 216	98.75%	96.27%
FL-2	8 080 041 600	97.18%	93.84%	7 708 838 431	98.70%	96.13%
FL-3	7 607 659 800	97.11%	93.69%	7 239 851 208	98.65%	96.03%

注：BC 为空白对照组三个重复样本；FL 为胚胎冷冻保存组三个重复样本。

通过对云纹石斑鱼对照组鱼苗和胚胎冷冻保存组鱼苗的转录组进行测序，得到碱基含量和质量分布图（图 3-8-2）。由碱基含量分布可知，测序结果中两样本碱基 A-T、C-G 含量都基本对应重合，说明碱基组成稳定平衡，测序质量高。由碱基质量分布可知，两样本碱基质量稳定在 40% 左右，低质量碱基比例小，说明测序质量较好。

通过对云纹石斑鱼对照组鱼苗和胚胎冷冻保存组鱼苗的转录组进行测序，得到各样品测序饱和度曲线图（图 3-8-3）。由样品测序饱和度曲线可知，各组样品检测到的基因数增长曲线均趋于平缓，说明检测到的基因数趋于饱和。

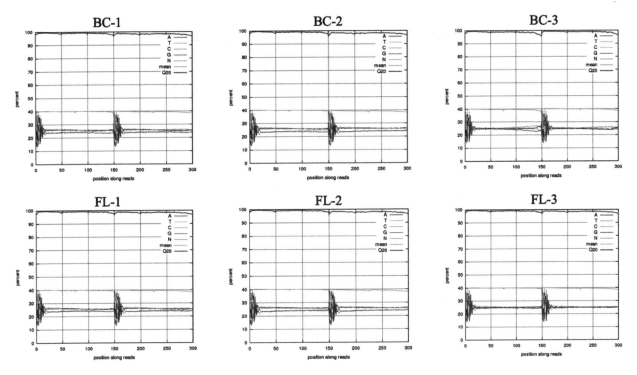

图 3-8-2　过滤后碱基含量和质量分布图

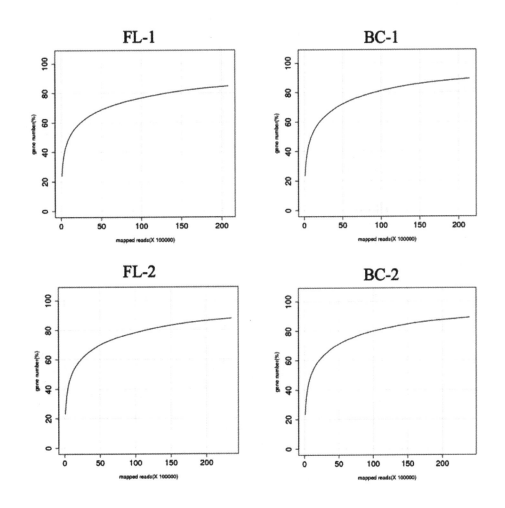

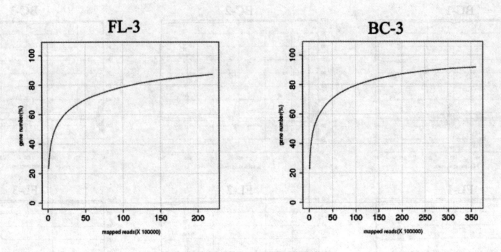

图 3-8-3　饱和度曲线图

　　根据 reads 在参考基因上的分布情况评价 mRNA 打断的随机程度。如图 3-8-4 所示，reads 在基因各部分分布得比较均匀，可用于后续数据分析。

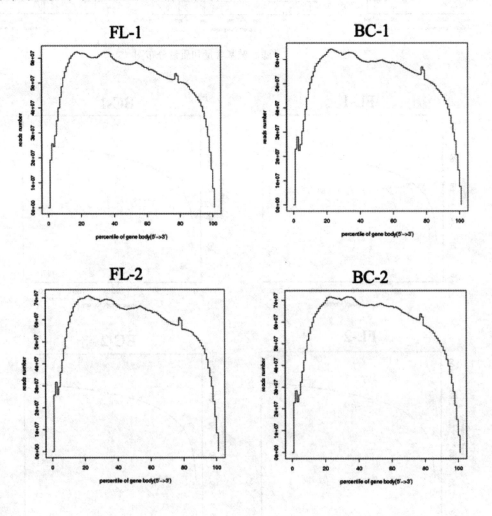

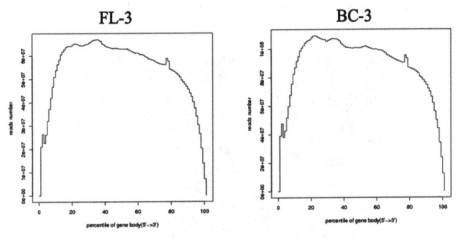

图 3-8-4　样品测序随机性分析

根据基因覆盖度对测序结果的质量进行判断，如图 3-8-5 所示，各样品测序基因覆盖度 20% 以下的序列数占比均小于 0.8%，覆盖度 80% 以上的序列数占比均大于 60%，可以说明测序结果满足转录组数据分析的要求。

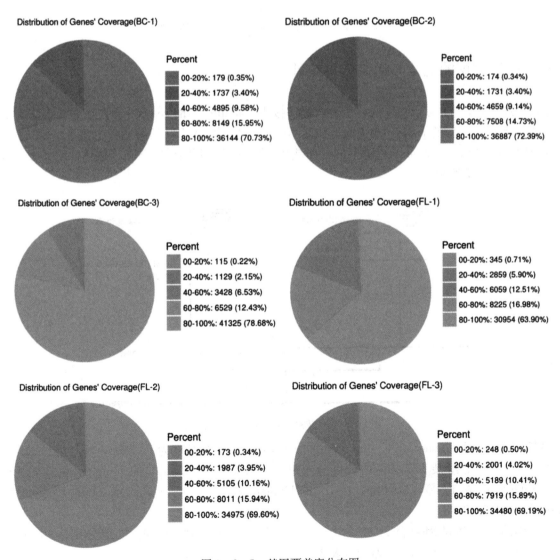

图 3-8-5　基因覆盖度分布图

最后，对样品间的重复性进行检验，根据相关性分析的结果（图 3-8-6）可获得实验设计的可靠性和样本选择合理性高的评估。

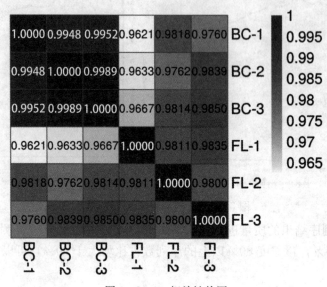

图 3-8-6 相关性热图

注：两个样本组之间的相关性越接近 1，相关性越显著。

三、原始数据的过滤与组装结果统计

原始数据过滤处理的步骤如下：①去除含测序接头（adaptor）的 reads；②去除 N（无法确定碱基信息）的占比大于 10% 的 reads；③去除低质量 reads（质量值 Q≤20 的碱基数占整个 read 的 40% 以上）；④获得高质量 clean reads。过滤后的数据是利用短 reads 组装软件 Trinity 软件 2.4.0 版进行从头组装，如图 3-8-7 所示。

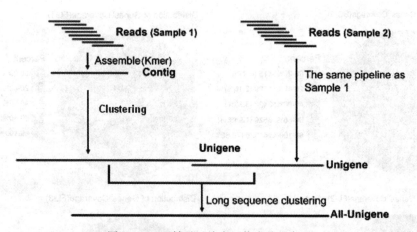

图 3-8-7 转录组从头组装步骤示意图

共有 57 157 个 Unigene（201～11 794bp）被从头组装，平均长度为 1 216bp，N50 为 2 136bp，GC 百分率为 45.49%。组装 Unigene 的长度分布显示，大多数（59.4%）的 Unigene 在 200～999bp，20.2% 的 Unigene 在 1 000～2 000bp，11.2% 的 Unigene 在 2 000～3 000bp，9.2% 的 Unigene 长度超过 3 000bp（图 3-8-8）。

全部样品的表达基因数目为 57 013 个（99.75%），其中 BC 组和 FL 组分别表达 56 218 个（98.4%）和 55 108 个（96.4%）基因（表 3-8-3）。

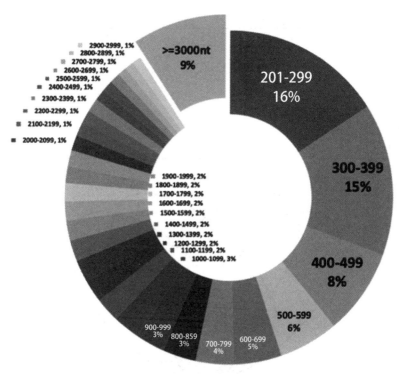

图 3 - 8 - 8　云纹石斑鱼 Unigene 长度分布图

表 3 - 8 - 3　各样品表达基因数目统计结果

样本	各样品表达的基因数目	表达的基因数目/参考基因总数
BC-1	50 015	87.50%
BC-2	49 910	87.32%
BC-3	51 570	90.23%
FL-1	47 113	82.43%
FL-2	49 130	85.96%
FL-3	48 603	85.03%

注：参考基因总数为组装好的 unigene 数量（57 157 个）。

四、Unigene 功能注释

Unigenes 的基本注释步骤如下：通过 BLASTx 将 Unigene 序列比对到 Nr、SwissProt、KEGG 和 KOG 蛋白数据库（Evalue<0.000 01），选择跟已知 Unigene 序列相似性最高的蛋白，为该 Unigene 的蛋白功能注释信息。

通过在公共数据库中搜索所有云纹石斑鱼组装 Unigenes 序列，尝试对全部 Unigene 进行功能注释（表 3 - 8 - 4）。结果显示，在 Nr、SwissProt、COG 和 KEGG 数据库中有 31 283 个（54.73%）Unigene 被至少一个数据库注释，其中 15 388 个（26.92%）可以在所有数据库中注释（图 3 - 8 - 9）。约 25 874 个（45.3%）Unigene 未能在任何数据库中注释。

表 3 - 8 - 4　四大数据库注释统计表

数据库	数量	百分比（%）
总基因数	57 157	100
Nr	31 144	54.488 51

（续）

数据库	数量	百分比（%）
SwissProt	26 320	46.048 60
KOG	21 005	36.749 65
KEGG	18 868	33.010 83
注释基因	31 283	54.731 70
未注释基因	25 874	45.268 3

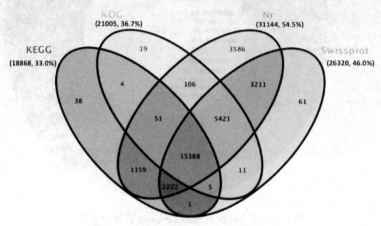

图 3-8-9 四大数据库注释韦恩图

接下来，我们分析了与四大数据库（主要为 Nr 数据库）匹配的 Unigene 的 E 值分布、相似性分布和物种分布。E 值分布表明，87.6%~92.2% 的 Unigene 具有较高的同源性（e-value<1e^{-20}）（表 3-8-5，图 3-8-10）。

表 3-8-5 E 值分布统计表

E-value	(e^{-20}, e^{-5}]	(e^{-50}, e^{-20}]	(e^{-100}, e^{-50}]	(e^{-150}, e^{-100}]	(0, e^{-150}]
KOG	2 596	3 364	4 672	3 161	7 212
SwissProt	2 983	4 309	5 941	3 945	9 142
KEGG	1 479	2 161	3 414	2 516	9 298
Nr	3 422	4 273	5 755	3 933	13 761

与 Nr 数据库匹配的 Unigene 的相似性分布分析显示，多数云纹石斑鱼的 Unigene （71.2%）的相似性大于 80%（图 3-8-11）。物种分布分析显示，带注释的云纹石斑鱼的 Unigene 与 *Lates calcarifer* 具有最大的相似性，共有 6 555 个（32.9%）匹配基因（图 3-8-12）。

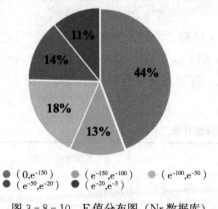

● (0, e^{-150}) ● (e^{-150}, e^{-100}) ● (e^{-100}, e^{-50})
● (e^{-50}, e^{-20}) ● (e^{-20}, e^{-5})

图 3-8-10 E 值分布图（Nr 数据库）

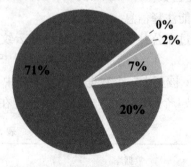

● (0%, 20%] ● (20%, 40] ● (40%, 60%]
● (60%, 80%] ● (80%, 100%]

图 3-8-11 相似性分布图（Nr 数据库）

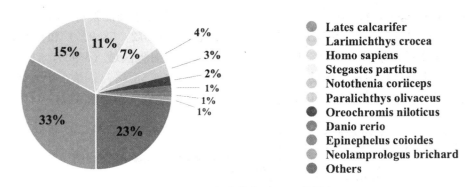

图 3 - 8 - 12 物种分布图（Nr 数据库）

五、转录组差异分析

Unigene 表达量的计算使用 RPKM 法（Mortazavi et al.，2008）。两组样本的原始表达量使用 EdgeR 软件包进行统计分析，筛选条件为 FDR<0.05 和 | $\log_2$FC |>1。随后对鉴定出的差异表达基因（DEGs）进行 GO 和 KEGG 富集分析。

通过与 KOG 数据库的比对，共获得 14 796 个云纹石斑鱼 Unigene 的同源序列（图 3 - 8 - 13）。这些同源序列被分为 25 个主要的 KOG 类别条目；最显著富集的 KOG 条目与"信号转导机制"（8 113，38.62%）相关，其次是"普通功能预测"（7 486，35.64%）、"翻译后修饰，蛋白质转换，伴侣"（4 358，20.75%）、"转录"（2 928，13.94%）、"细胞内运输、分泌和囊泡转运"（2 551，12.14%）和"功能未知"（2 390，11.38%）。

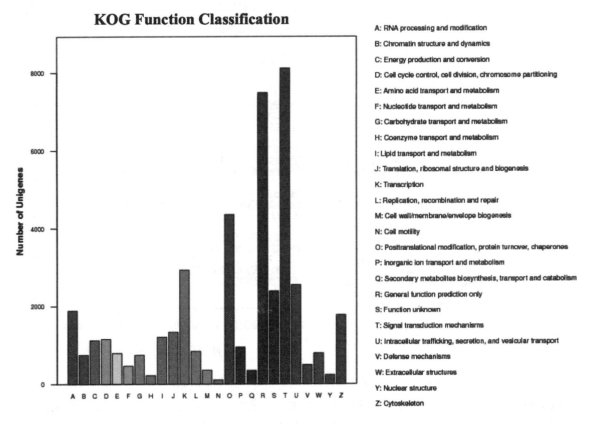

图 3 - 8 - 13 云纹石斑鱼 Unigene 的 KOG 分类

根据 GO 数据库比对结果分析，对所有组装的云纹石斑鱼 Unigene 进行功能预测和分类。结果显示，共有 13 355 个 Unigene 被富集到 56 个 GO 条目，包括 12 个分子功能条目、21 个细胞组分条目和 23 个生物过程条目。其中，分子功能最富集的条目是结合（7 872，58.9%）和催化活性（4 810，36.0%）；细胞组分中最富集的条目是细胞（6 905，51.7%）、细胞区域（6 905，51.7%）和细胞器（6 037，45.2%）；生物过程中最富集的条目是细胞过程（7 826，58.6%）、单个生物体过程（7 001，52.4%）、代谢过程（6 071，45.5%）和生物调节（5 071，38.0%）。详见图 3-8-14。

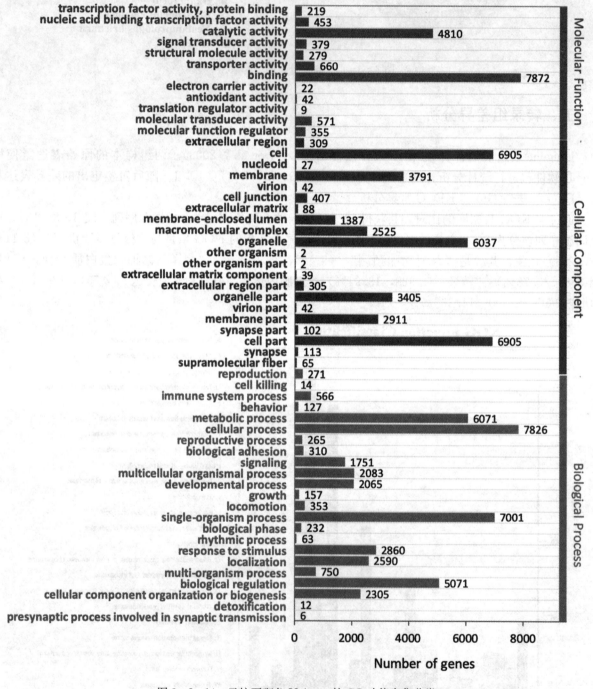

图 3-8-14　云纹石斑鱼 Unigene 的 GO 功能富集分类

　　通过 KEGG pathway 数据库对所有基因进行注释，预测生物学功能。共 9 033 个基因富集定位到 33 个通路分类（图 3-8-15）和 232 个途径中，这些途径主要包含在细胞过程、环境信息处理、遗传信息处理、新陈代谢和组织系统等五大类中。

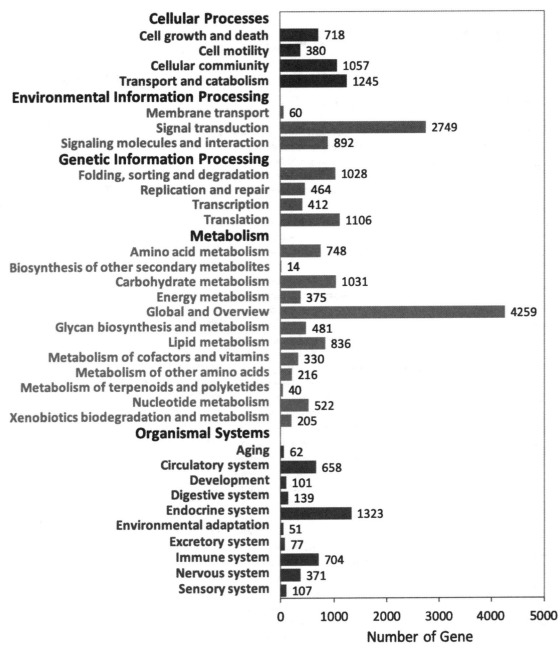

图 3 - 8 - 15 云纹石斑鱼 Unigene 的 KEGG 信号通路富集分类

六、差异表达基因的鉴定

利用 edgeR 分析 BC 和 FL（BCvsFL）中存在的所有基因后，鉴定出 1 815 个差异表达基因（DEGs），其中包含 1 165 个显著上调的基因和 650 个显著下调的基因（图 3 - 8 - 16）。在已鉴定出的 DEGs 中，有 379 个 Unigene 与现有任何基因都不匹配，其中 148 个 Unigene 差异表达量大于 8 倍，即 $|\log_2 \text{Ratio}| > 3|$ 且 $FDR < 0.05$。

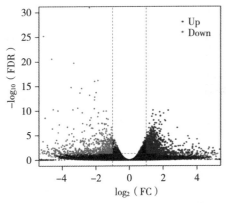

图 3 - 8 - 16 BCvsFL 的差异表达基因火山图

七、差异表达基因的功能注释和分析

通过对 DEGs 的 GO 功能注释分析，我们发现从冷冻保存成活胚胎中孵化出的鱼苗的转录组在分子功能、生物过程和细胞组分这三大方面发生的一些变化（图 3-8-17）。

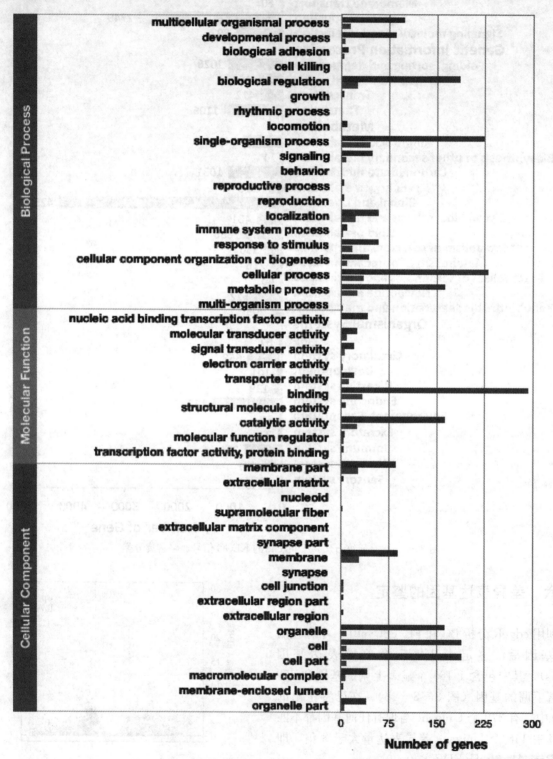

图 3-8-17　差异表达基因的 GO 功能富集分类

　　在生物过程方面，大多数的条目的上调基因的数量高于下调基因。DEGs可显著富集到胚胎形态发生（GO：0048598）、基因表达调控（GO：0010468）、感觉器官发育（GO：0007423）、动物器官发育（GO：0048513）和神经发育（GO：0021675）等条目。其中，感觉器官发育条目中的DEGs以眼发育（GO：0001654）条目为主；神经发育条目中的DEGs以颅神经发育（GO：0021545）条目为主。然而，与生物体接收感觉光刺激的神经过程和跨膜运输相关的条目，如光刺激的感觉知觉（GO：0050953）和感觉知觉（GO：0007600），以及离子转运（GO：0006811），下调基因数明显高于上调基因数（图3-8-18）。

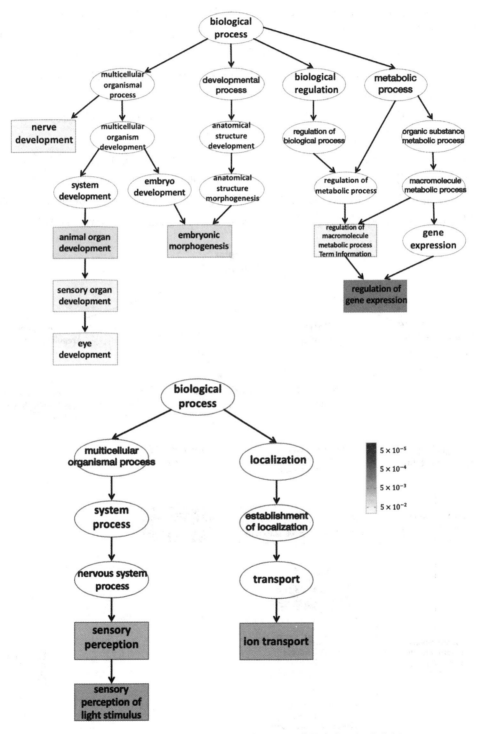

图3-8-18　差异表达基因GO生物过程显著性富集可视化分析

在分子功能方面，大多数的条目的上调基因的数量同样高于下调基因。上调基因主要富集为两大类功能条目：一类与 DNA 转录有关，包括 DNA 结合（GO：0003677）和 DNA 结合转录因子活性（GO：0003700）；另一类与能量代谢中 ATP 转化为 ADP 的催化反应显著相关，包括蛋白激酶活性（GO：0004672）、磷酸转移酶活性、磷酸转移酶活性-醇基为受体（GO：0016773）、蛋白酪氨酸激酶活性（GO：0004713）、激酶活性（GO：0016301）、跨膜受体蛋白激酶活性（GO：0019199）、跨膜受体蛋白酪氨酸激酶活性（GO：0004714）和转移酶活性-转移含磷基团（GO：0016772）。值得注意的是，下调基因同样又显著富集在与感光刺激和跨膜运输相关的条目，如被动跨膜转运蛋白活性（GO：0022803）、转运蛋白活性（GO：0005215）、通道活性（GO：0015267）、离子跨膜转运蛋白活性（GO：0015075）、信号受体活性（GO：0004872）、跨膜信号受体活性（GO：0004888）、跨膜转运蛋白活性（GO：0022857）、配体门控离子通道活性（GO：0015276）和配体门控通道活性（GO：0022834），以及分子传感器活性（GO：0060089）。除此，还有与膜相关的条目，如脂蛋白颗粒结合（GO：0071813）、蛋白-脂质复合物结合（GO：0071814）（图 3-8-19）。

在细胞组分方面，基因主要显著富集在 3 个下调基因条目中，即膜的固有成分（GO：0031224）、细胞膜（GO：0016020）和细胞-细胞连接（GO：0005911）（图 3-8-20）。

通过 KEGG pathway 分析，共有 358 个（19.7%）Unigene 被富集定位到 134 条通路中，其中有 10 条显著富集。按显著度（Pvalue）排序，依次为光转导通路（Phototransduction，ko04744）、Notch 信号通路（Notch signaling pathway，ko04330）、黏附连接通路（Adherens junction，ko04520）、黑素生成通路（Melanogenesis，ko04916）、Wnt 信号通路（Wnt signaling pathway，ko04310）、ErbB 信号通

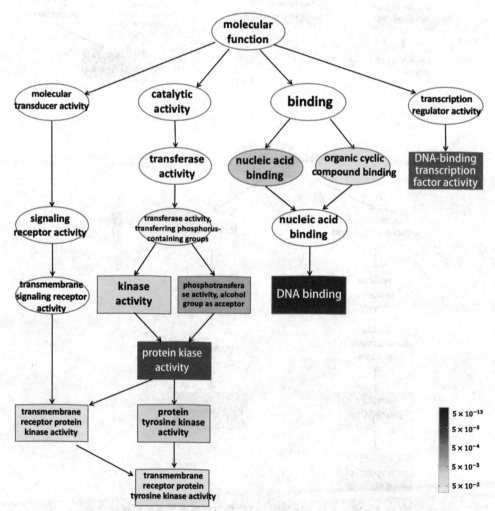

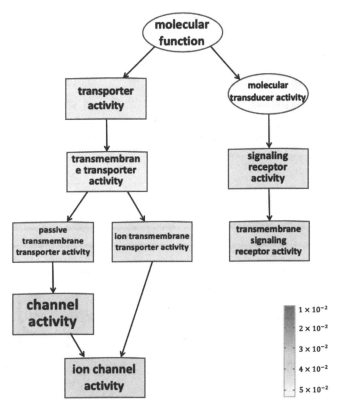

图 3 - 8 - 19　差异表达基因 GO 分子功能显著性富集可视化分析

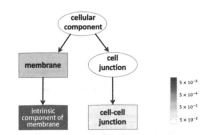

图 3 - 8 - 20　差异表达基因 GO 细胞组成显著性富集可视化分析

路（ErbB signaling pathway，ko04012）、背腹轴形成通路（Dorso-ventral axis formation，ko04320）、细胞因子-细胞因子受体相互作用通路（Cytokine-cytokine receptor interaction，ko04060）、FoxO 信号通路（FoxO signaling pathway，ko04068）和黏着斑通路（Focal adhesion，ko04510）（表 3 - 8 - 6）。

其中，光转导途径（图 3 - 8 - 21）富集程度最高，冷冻组鱼苗相比对照组鱼苗大部分 DEGs 下调表达。其余显著富集途径的大部分 DEGs 均上调表达。

表 3 - 8 - 6　差异表达基因通路显著性富集分析

ID	Pathway	上调基因	下调基因	全部基因（9033）	Pvalue	Qvalue
ko04744	Phototransduction	2	11	56（0.62%）	0.000 01	0.001 303
ko04330	Notch signaling pathway	13	0	113（1.25%）	0.000 508	0.034 036
ko04520	Adherens junction	16	0	191（2.11%）	0.003 758	0.140 766
ko04916	Melanogenesis	13	1	159（1.76%）	0.004 202	0.140 766
ko04310	Wnt signaling pathway	17	1	236（2.61%）	0.005 883	0.157 655
ko04012	ErbB signaling pathway	10	2	139（1.54%）	0.009 04	0.201 902

（续）

ID	Pathway	上调基因	下调基因	全部基因（9033）	Pvalue	Qvalue
ko04320	Dorso-ventral axis formation	4	1	37（0.41%）	0.014 601	0.279 504
ko04060	Cytokine-cytokine receptor interaction	7	7	188（2.08%）	0.017 241	0.288 079
ko04068	FoxO signaling pathway	16	2	267（2.96%）	0.019 349	0.288 079
ko04510	Focal adhesion	21	2	385（4.26%）	0.032 118	0.430 375

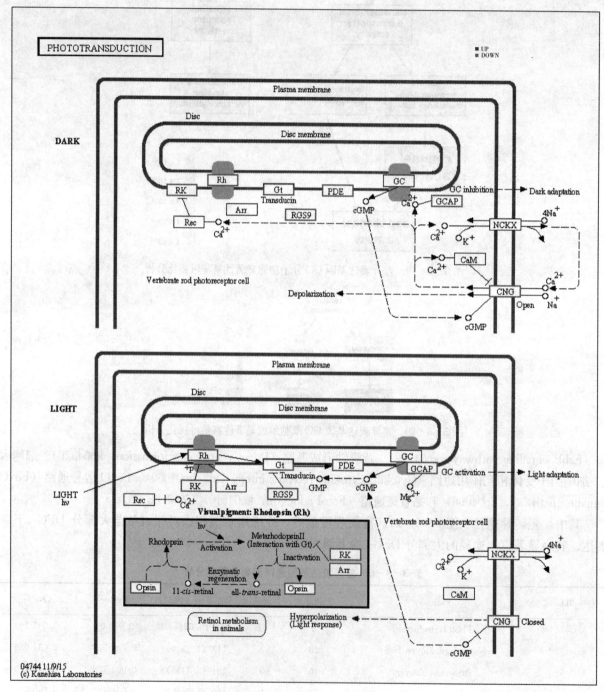

图 3 - 8 - 21　差异表达基因光转导通路富集分析

八、鱼类低温耐受机制与功能基因研究相关分析

本研究共有 57 157 个 Unigene 从转录组测序数据中获得。其中只有 31 283 个（54.73%）Unigene 可以在至少一个公共数据库中注释。以前研究中也观察到注释基因的比例很低的现象，当分别从脾脏、肝脏和性腺组织获得转录体时，只有 54.75% 的 Unigene 在至少一个公共数据库中被注释（Wang et al.，2019）。这表明云纹石斑鱼的基因组和转录组数据是缺乏的，甚至在整个石斑鱼家族中也是如此。在本节鉴定出的 1 815 个 DEGs 中，379 个 Unigene 与现有任何基因都不匹配，其中有 148 个 Unigene 差异表达量大于 8 倍，我们认为这些 DEGs 值得进一步研究，完善基因注释。

在之前研究中，我们发现经过冷冻保存的胚胎解冻后存活时间普遍很短，无法发育至成鱼，部分鱼苗在仔鱼期甚至出现严重的异常发育现象。但由于鱼类胚胎冷冻保存的存活数量普遍太少，并没有其他团队在鱼胚冷冻保存研究中发现过类似的异常现象，无法进一步分析。值得庆幸的是，在本节中当评估冷冻成活胚胎孵化鱼苗与对照组鱼苗转录本差异时，我们发现基于 GO 和 KEGG 数据库对 DEGs 的功能注释和途径分析可以给出合理的解释。

根据 GO 富集的生物过程分析，我们发现许多与眼发育和颅神经发育相关的基因表达异常，同时多个与接收感觉光刺激 [如 cnga3（Biel et al.，1999）、mtco1（Bjørn-Yoshimoto et al.，2016）] 和神经递质运输相关的基因表达显著下调。加之根据 KEGG pathway 富集分析，定位到光转导通路中的大多数差异表达基因（如 grk7a、opn1mw2、opn1mw4、cnga3、guca1b、pde6g 和 rgs9）以及多种感光蛋白编码基因 [如 OPN5（Tarttelin et al.，2003；Buhr et al.，2015）、opn1mw2（Wang et al.，2016）] 在胚胎冷冻保存组鱼苗中显示出降低的表达量。这表明冷冻保存过程中脱水/再水化或冻融可能损害了包括眼原基在内的中枢神经系统的发育（Aquilina-Beck et al.，2007）。其中，mtco1 基因表达的减少会间接引起小鼠的视神经病变和视觉障碍（Bjørn-Yoshimoto et al.，2007）。cnga3 的基因失活则直接导致视锥介导的光反应的选择性丧失（Biel et al.，1999），并伴随视杆外段膜结构的紊乱、视锥蛋白的下调和定位错误，以及其他外节蛋白的下调的变化，最终导致视锥细胞死亡（Michalakis et al.，2005），并且这些负面变化在视锥细胞发育完成前（即晶体形成前）就变得明显，一段时间后将导致腹侧锥体几乎完全缺失（Michalakis et al.，2010），致使部分鱼苗的眼部晶体发育异常。而 glrb（Chung et al.，2013）、gabrd（Dibbens et al.，2004）、cacng3（Everett et al.，2007）、gabra6（Surendran et al.，2003）等与中枢神经系统的主要抑制作用相关的基因表达量下降会直接或间接地导致脑神经元突发性非正常放电，脑皮层兴奋性异常，引起神经外胚层的基因表达的改变。考虑到 Wnt 信号通路、Notch 信号通路、背腹轴形成通路在早期发育过程中起作用，因此它们的失调可能是导致大脑皮层异常兴奋性的一个因素。此外，上述通路中基因表达量异常，也可能致使前索板中胚层的错误迁移，继而造成胚胎冷冻组鱼苗后躯干的畸形（Richman et al.，2016）。

在 GO 分子功能方面上，下调基因明显富集为跨膜信号转导受体活性、离子通道活性、蛋白质-脂质复合物结合三个方面。钙离子被认为是有机体发育的重要生物元素。Ca^{2+} 不仅与膜极性的形成和信号转导有关，而且通过蛋白酪氨酸磷酸化对脂质相的改变产生影响，进而影响精子的运动（Okuno and Morisawa et al.，1989），并通过调节膜的超极化促进精子的获能（Chavez et al.，2013；Bhoumik et al.，2014）。精子受精后，受精卵被一系列细胞内 Ca^{2+} 振荡激活，这对于胚胎发育至关重要（Saunders et al.，2002）。本节研究中发现许多下调的基因与钙离子结合有关，如 Ca^{2+} 结合蛋白（cabp1、cabp4）、EF 手型钙结合域内蛋白（efcab2）以及钙信号传导途系统（camk2a、cd38、phka1、itpr3），这与在鱼类精子（Yang et al.，2019）和小鼠卵母胚胎（Bonte et al.，2020）研究中结果一致。其中，Ca^{2+} 结合蛋白（cabp1）能够通过 EF 手型结构（efcab2）与细胞内过剩的 Ca^{2+} 结合（Wingard et al.，2005），以维持细胞中钙的正常含量，防止因游离的 Ca^{2+} 增多造成脑皮层过度兴奋而导致神经元的死亡，保护神经细胞免受胞内钙水平的影响。同时 Ca^{2+} 结合蛋白（cabp1、cabp4）还能通过与钙的结合而调节钙

调素依赖性蛋白激酶（camk2a）的活性（Li et al.，1998）。钙调素作为真核细胞内最重要的钙受体蛋白，是 Ca^{2+} 信号传导系统的重要组成部分。同时在本研究中，许多与 Ca^{2+} 信号传导有关的基因也出现表达量降低。其中，钙调素依赖性蛋白激酶（camk2a）的表达量下调最为显著。Camk2a 能够参与细胞增殖，促进细胞的增殖分裂，对细胞骨架（Eroglu et al.，1998）、酶活性和细胞运动也有一定的调控作用（Wingard et al.，2005；Seidenbecher et al.，2004）。KEGG pathway 分析显示，黏着连接通路、黏着斑通路、ErbB 信号通路和 FoxO 信号通路中相关基因表达量也出现显著差异，据此推测，这些基因的下调可能影响细胞结构和细胞增殖分化、引起细胞凋亡异常，进而导致鱼苗发育异常，包括神经系统的发育异常。此外，钙离子浓度的失调会破坏鱼苗正常的生长和发育功能、扰乱生理代谢及基因表达，最终导致鱼苗死亡。

在 GO 细胞成分方面，差异基因主要富集在膜的固有成分、细胞膜和细胞-细胞连接三个条目中。其中 slc1a7、tln2（Gusareva et al.，2018；Morgan et al.，2004）等编码保护神经元免受胞外高浓度神经递质的毒性影响的蛋白的基因表达量出现显著下降，再次说明了冷冻保存对孵化鱼苗中枢神经系统发育的不利影响，对鱼苗发育异常的起因给出了合理的解释。slc1a7 是溶质载体家族中的高亲和力谷氨酸转运蛋白（EAAT5）的编码基因（Kanai et al.，2004）。EAAT5 是位于神经元和胶质细胞的细胞膜上介导 L-Glu、L-Asp 和 D-Asp 的转运的转运蛋白（Wersinger et al.，2006），在视网膜处直接参与突触传递过程。L-Glu 是中枢神经系统兴奋性突触传递的主要神经递质（Schneider et al.，2014）。由于胞外不存在谷氨酸代谢酶，EAAT5 对 L-Glu 的转运是胞外谷氨酸清除的主要途径（Uger et al.，2000）。EAAT5 能够将谷氨酸逆浓度梯度转运到细胞中。此功能在保护神经元免受中枢神经系统中谷氨酸兴奋性毒性的影响中起着至关重要的作用。在本研究中 slc1a7 表达量的减少，即谷氨酸转运体的表达降低，导致了 Glu 在突触间隙中的堆积，继而损害中枢神经元，造成冷冻组鱼苗不可逆的脑损伤，进而扰乱其正常的生理发育调控及行动能力（类似中风）。这也合理地解释了为什么异常发育的孵化鱼苗在受到刺激后仍不能正常游动。

由此可见，目前玻璃化冷冻保存技术对云纹石斑鱼胚胎乃至其孵化鱼苗造成的损害是多方面而且严峻的。胚胎解冻后存活时间普遍不长，即其孵化鱼苗不能发育至成鱼，很可能是玻璃化冷冻保存改变了胚胎的遗传物质的表达，加之鱼胚的培养环境不干净或者鱼苗变态期致死导致的。因此，我们认为可以将本节研究中 DEGs 的基因表达变化当作未来新型云纹石斑鱼胚胎冷冻保存方法效果的判断依据，把降低 BC 与 FL（即冷冻组与对照组）的差异表达基因数当作未来新冷冻保存技术研究的初步目标。

本节首次开展了冷冻成活胚胎孵化鱼苗与对照组鱼苗转录本差异的低温生物学研究，希望本研究结果能有助于更好地了解冷冻保存对云纹石斑鱼胚胎的影响，为探索鱼类胚胎冷冻损伤的分子机制提供有价值的参考。

第九节　星斑川鲽胚胎冷冻保存

星斑川鲽在我国主要分布在图们江和绥芬河河口区沿海区域以及黄海北部海域，对水温、盐度的变化具有较强的耐受力，是一种经济价值很高的寒温性大型鲽类，它的自然种群资源量在我国分布很稀少，另外由于无序利用，自然资源已濒临枯竭。2006 年突破了星斑川鲽工厂化育苗技术（郑春波等，2007），由于没有严格的生产规划以及优良品种的保护，在星斑川鲽养殖生产中出现因近亲繁殖造成的种质衰退等问题。近年来，国内外研究者主要对星斑川鲽胚胎发育（王波等，2008）、染色体核型（徐冬冬等，2008）和雌核发育（段会敏等，2017）等进行了研究。本研究对适宜于星斑川鲽胚胎冷冻保存的玻璃化液、胚胎时期，以及低温处理胚胎的受精力等方面进行研究，以期为星斑川鲽胚胎冷冻保存技术的建立及种质的长期保存提供实验数据。

一、亲鱼与胚胎获取

挑选健康、体形正常的星斑川鲽作亲鱼，通过条件控制，促进其性腺成熟。亲鱼培育水温为6～8℃，pH7.8～8.6，盐度为29～32，溶解氧5mg/L以上。待性腺发育接近成熟时注射促黄体素释放激素类似物（LHRH-A$_2$）10μg/kg催熟，48h后进行星斑川鲽人工挤卵，干法授精，然后加海水静置20min，然后对受精卵进行冲洗，再静置数分钟，将上浮的质量较好的受精卵布于孵化池中培养，孵化水温为11～14℃，盐度为29～32，溶解氧5mg/L以上，光照控制在1 000lx以下，每天换水两次，每次三分之二，严格控制水温与水质，每隔一定的时间取少许胚胎进行观察，取发育至囊胚期、原肠中期、胚孔封闭期、12～18对肌节期、尾芽期、心跳期和出膜前期胚胎进行实验。

二、适宜玻璃化液的筛选

糖类的性质不同，其对胚胎的保护与损伤作用均不同。为研究葡萄糖、果糖、蔗糖和海藻糖对胚胎的影响，利用以NaCl（24.72g/L）、KCl（0.865g/L）、CaCl$_2$·2H$_2$O（1.46g/L）、MgCl$_2$·6H$_2$O（4.86g/L）、NaHCO$_3$（0.19g/L）配制而成的BS2基础液（田永胜等，2013）和渗透性或非渗透性抗冻剂，配制浓度为40%的PMG3S、PMG3T、PMG3G和PMG3F四种玻璃化液（表3-9-1），室温下采用玻璃化液五步法（姜静，2014）处理星斑川鲽的尾芽期胚胎30min（表3-9-2）。每组平衡处理星斑川鲽胚胎40粒，不经冷冻直接用浓度为0.125mol/L的蔗糖溶液（BS2为溶剂配制）洗脱10min，然后用吸管吸出胚胎置于14℃无菌海水恒温培养箱中培养，6h后统计胚胎的成活率，继续培养，每隔3h换一次水，观察统计孵化率。星斑川鲽同期胚胎作对照，相同环境下培养（$n=3$）。

表3-9-1　4种玻璃化液配方

玻璃化液	渗透性抗冻剂（%）			非渗透性抗冻剂（%）				BS2（%）
	1，2-丙二醇	甲醇	甘油	D-葡萄糖	蔗糖	果糖	海藻糖	
PMG3G				5				
PMG3S	15.75	10.5	8.75		5			60
PMG3F						5		
PMG3T							5	

表3-9-2　玻璃化液五步法平衡处理胚胎

玻璃化液的稀释倍数	平衡时间（min）
1/4倍	6
1/3倍	6
1/2倍	6
2/3倍	6
1倍	6

经PMG3S、PMG3T、PMG3G和PMG3F四种玻璃化液处理的星斑川鲽尾芽期胚胎，培养6h后的成活率分别为（55.83±8.12）%、（75.00±5.43）%、（32.50±3.81）%和（21.67±5.64）%（图3-9-1），经PMG3T处理的尾芽期胚胎的成活率最高（$P<0.05$），PMG3F处理的最低，对照组为（94.00±2.47）%。孵化率分别为（39.17±6.71）%、（50.00±4.53）%、（23.33±6.32）%和（14.23±5.76）%，经PMG3T混合抗冻剂处理的星斑川鲽的尾芽期胚胎孵化率最高，与其他实验结果差异显著（$P<0.05$），经PMG3F处理的孵化率最低，对照组的孵化率为（74.17±3.21）%（图3-9-1）。由此

可以得出，在这四种混合抗冻剂中，PMG3T 混合抗冻剂的毒性最低，对胚胎的保护效果较好，适宜用于胚胎冷冻保存实验。经玻璃化液处理前后尾芽期胚胎与孵化出膜鱼苗见图 3-9-2。

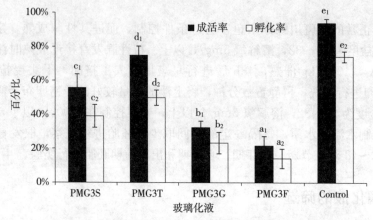

图 3-9-1　4 种混合抗冻剂对星斑川鲽尾芽期胚胎成活率与孵化率的影响（$n=3$）

注：不同系列字母均表示差异显著（$P<0.05$）。

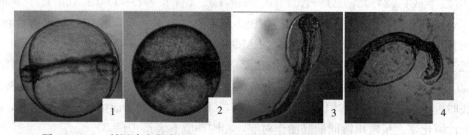

图 3-9-2　利用玻璃化液（PMG3T）处理前后尾芽期胚胎与孵化出膜鱼苗

1. 未处理的尾芽期胚胎　2. 经玻璃化液处理后尾芽期胚胎
3. 经玻璃化液处理后胚胎孵化出苗（正常）　4. 经玻璃化液处理后胚胎孵化出苗（畸形）

在进行胚胎的冷冻保存中，玻璃化液中的渗透性抗冻剂可以渗透进入胚胎内代替水分，在快速降温时提高细胞质黏稠度，使细胞液冰点降低，达到在低温下保护细胞的作用，因此，玻璃化液的筛选对胚胎冷冻保存的成功有着重要意义。在鲈胚胎的玻璃化冷冻保存中应用了玻璃化液 VSD2（田永胜等，2003），在大菱鲆胚胎的玻璃化冷冻保存中应用了玻璃化液 PMP1（田永胜等，2005b），在小鼠胚胎的冷冻中利用了玻璃化液 EFS40（朱士恩等，1998），在羊胚胎冷冻中利用 PBS 液配制成含有 25％甘油和25％乙二醇的玻璃化液（Baril et al.，2001）。本实验利用基础液 BS2 配制含有渗透性抗冻剂与非渗透性抗冻剂成分的玻璃化液进行玻璃化冷冻保存，研究了 4 种非渗透性保护剂糖类对胚胎的保护作用，发现含有海藻糖的玻璃化液处理胚胎的效果较好，优于其他三种糖类。海藻糖具有很好的玻璃化特性，经海藻糖处理后，溶液玻璃化温度接近−30℃，远优于传统渗透性保护剂的玻璃化温度（−65℃）（贾晓明等，2008）。研究海藻糖的抗低温机制中发现，经 0.5mol/L 海藻糖与二甲基亚砜组处理的皮肤与二甲基亚砜-丙二醇组的相比，皮肤的基底膜完整、密度正常、连续性好，半桥粒结构清晰可见、分布均匀，与新鲜组相似。这四种糖类中的羟基能结合蛋白质分子表面部分，达到保护蛋白质的作用，与蔗糖、果糖和葡萄糖相比，海藻糖的分子较小，易于以分子形式填充到蛋白质分子的空隙中，限制蛋白质分子结构发生变化，避免膜蛋白变性失活，加入海藻糖的保护液不仅提高了冷冻细胞的发育能力、解冻后复活能力，而且提高了细胞的可移植潜力（Sasnoor et al.，2005）。另外，海藻糖能稳定细胞膜的分子结构，减少细胞膜因其他因子改变而产生的损伤，而且海藻糖能够抑制 *Bax* 基因的表达，抑制细胞凋亡信号的发生，从而达到保护细胞的作用（齐战等，2005）。

虽然抗冻剂可以减少细胞内冰晶形成，减少快速冷冻过程中造成的细胞损伤，但是高浓度抗冻剂的毒性也会造成细胞生理与渗透损伤。研究发现甘油、二甲基亚砜、乙二醇和甲醇对草鱼胚胎都有毒性，毒性从大到小为甲醇、甘油、乙二醇和二甲基亚砜，且抗冻剂浓度越高、平衡处理时间越长，毒性越大（章龙珍等，1992）。在大菱鲆胚胎冷冻保存中对 6 种渗透性抗冻剂的毒性进行了比较，发现毒性从小到大排序为 1，2-丙二醇、甲醇、甘油、二甲基甲酰胺、乙二醇和二甲基亚砜（田永胜等，2005b）。在牙鲆胚胎对抗冻剂毒性耐受性研究中，发现单一渗透性抗冻剂对牙鲆胚胎的毒性随着抗冻剂浓度的升高、平衡时间的延长而提高，混合抗冻剂能够通过对胚胎的综合作用减免单一种抗冻剂的毒性，总体积分数一定的情况下，PG、MeOH 与 DMSO 体积比为 9∶6∶5 的混合抗冻剂对牙鲆尾芽期胚胎毒性最低（刘本伟等，2007）。因此，适宜的抗冻剂种类、玻璃化液组成和玻璃化液各组分的比例的筛选对鱼类胚胎冷冻保存成功发挥着极其重要的作用。在进行星斑川鲽胚胎冷冻保存中选用的 PG、MeOH 与 DMSO 体积比为 9∶6∶5 时，取得较佳结果。

三、适宜胚胎发育时期的筛选

星斑川鲽囊胚期胚胎、原肠中期胚胎、胚孔封闭期胚胎、12～18 对肌节期胚胎、尾芽期胚胎、心跳期胚胎和出膜前期胚胎经玻璃化液 PMG3T 处理 30min，每组实验处理胚胎 50 粒，然后用蔗糖溶液洗脱 10min，最后再加入无菌海水于 14℃恒温培养箱中培养，每隔 3h 换水一次。培养 6h 后的成活率分别为 $(7.33\pm2.01)\%$、0、$(4.67\pm2.14)\%$、$(8.00\pm2.5)\%$、$(69.33\pm4.63)\%$、$(72.67\pm3.94)\%$ 和 $(31.33\pm3.66)\%$（图 3-9-3）。星斑川鲽的尾芽期胚胎、心跳期胚胎对抗冻剂的承受能力较强，优于其他胚胎时期（$P<0.05$）。原肠中期胚胎对玻璃化液耐受能力最差。从原肠中期到心跳期，对抗冻剂的耐受能力逐渐增强，心跳期之后，逐渐减弱。对照组胚胎成活率为 $(85.33\pm5.82)\%$。

继续培养统计孵化率，分别为 0、0、$(2.32\pm1.52)\%$、$(6.67\pm2.74)\%$、$(48.67\pm4.86)\%$、$(65.33\pm3.91)\%$ 和 $(26.00\pm4.21)\%$，星斑川鲽心跳期胚胎的孵化率最高，与其他时期胚胎孵化率差异显著（$P<0.05$），对照组孵化率为 $(78.00\pm3.95)\%$（图 3-9-3）。

虽然经抗冻剂处理后，尾芽期胚胎、心跳期胚胎成活率都比较高，差异不显著（$P>0.05$），但由于心跳期胚胎经抗冻剂处理后的孵化率较尾芽期高，因此，选择心跳期胚胎进行星斑川鲽胚胎冷冻保存实验。

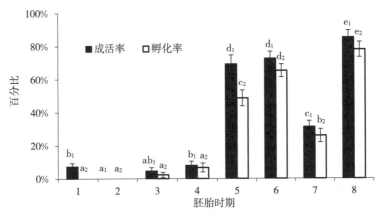

图 3-9-3　星斑川鲽不同时期胚胎经玻璃化液 PMG3T 五步法处理后的成活率与孵化率（$n=3$）

1. 囊胚期　2. 原肠中期　3. 胚孔封闭期　4.12～18 对肌节期　5. 尾芽期　6. 心跳期　7. 出膜前期　8. 对照组

胚胎的不同发育时期对玻璃化液以及低温的适应能力不同，每一种类生物适应玻璃化液并耐低温冷冻保存的最佳胚胎发育时期也不同。鱼类不同于哺乳动物，哺乳动物多是使用早期阶段的胚胎进行冷冻保存，如使用牛囊胚期胚胎（Paul et al.，2018）、羊桑椹期胚胎或囊胚期胚胎（Bhat et al.，2015）、小鼠二细胞期胚胎（Mochida et al.，2011）进行胚胎的冷冻保存。而进行鱼类胚胎冷冻保存时，各时期胚胎均有采用。在研究斑马鱼不同发育时期胚胎对冷冻的耐受性时，发现早期发育阶段胚胎对冷冻最脆弱，心跳期胚胎对低温的耐受力最强（Zhang et al.，2020）。鲈神经胚耐受能力最低，心跳胚耐受能力最强，出膜前期胚次之（田永胜等，2003）。文昌鱼原肠中期胚胎较其他时期对抗冻液的耐受力更强（孙毅等，2007）。云纹石斑鱼的尾芽期胚胎相较于其他时期对玻璃化液的耐受能力更高（Zhang et al.，2020）。牙鲆尾芽期胚胎较其他时期耐受能力强（赵燕等，2005）。大菱鲆肌节胚对玻璃化液的耐受能力较强，在40min以内，具有比其他发育时期更高的成活率，尾芽期胚次之，出膜前期胚最低（田永胜等，2005b）。星斑川鲽胚胎在水温13～14℃发育历经100h（段会敏等，2017），不同发育时期的胚胎对玻璃化液以及低温的耐受能力不同。从星斑川鲽胚胎经PMG3T处理后的成活率与孵化率得出，尾芽期胚胎以前对玻璃化液的适应能力较差，尾芽期胚胎之后适应能力较强，但心跳期胚胎适应能力最强，适合进行低温冷冻保存。不同种类胚胎的细胞结构不同，对抗冻剂以及低温的耐受能力不同，因此，适宜胚胎发育时期的选择对于胚胎冷冻保存的成功至关重要。

四、利用玻璃化法对星斑川鲽胚胎超低温冷冻保存

利用筛选出来的玻璃化液借助五步法平衡处理筛选出的心跳期胚胎30min，然后将胚胎和玻璃化液一起吸进6个麦管，每个麦管吸入10粒，酒精灯加热封口，将麦管快速投入液氮中。超低温冷冻保存6h后再取出，用37℃水浴对其解冻直到玻璃化去除，然后用蔗糖溶液洗脱10min，再加新鲜过滤海水于14℃的恒温箱中培养，每隔2h进行换水，统计成活率。

60粒胚胎中有7粒浮于液面，具有发育迹象，其他皆下沉，显为乳白色。上浮胚胎在光学显微镜下观察发现多数胚胎卵膜有不同程度的损伤，而且胚体有弥散现象，胚体发育1h后，胚体各部均呈"肥大"状态，胚胎心包清晰，胚体和卵黄透明，胚体上黑色素点分布清晰，在14℃恒温箱中继续培养24h，但均未孵出仔鱼。上浮较完整胚胎见图3-9-4。

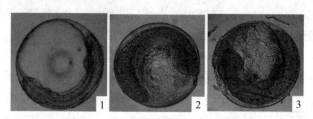

图3-9-4 未处理心跳期胚胎（1）与利用PMG3T处理、冷冻保存并解冻后上浮胚胎（2，3）

自1950年英国学者Blaxter首次成功冷冻保存大西洋鲱精集以来，各国学者对鱼类配子与胚胎的冷冻保存进行了大量的实验研究，并取得很大进展。对大菱鲆胚胎进行冷冻保存实验，获得了1粒复活的胚胎并孵化出膜（田永胜等，2005b）。对鲈心跳期胚胎进行冷冻保存，解冻后获得2粒成活胚胎并孵化出膜（田永胜等，2003）。在对牙鲆胚胎的玻璃化冷冻保存研究中，获得了5粒成活胚胎，其中有4粒孵化出膜（田永胜等，2005a）。对鲤胚胎进行冷冻保存研究，复温解冻后16个胚胎中有4个复活，其中有3粒胚胎孵出鱼苗（张新生等，1987）。在众多的海水鱼胚胎冷冻保存中，仅有云纹石斑鱼胚胎冷冻保存较为成功，分别孵化出44和212尾仔鱼（Tian et al.，2018；Zhang et al.，2020），最长存活16d。而哺乳动物的胚胎冷冻成活率较高，牦牛的胚胎经冷冻处理后成活率达73.3%（Paul et al.，2018），羊的囊胚期胚胎冷冻后孵化率可达65.8%。观察解冻的星斑川鲽胚胎发现，大多数胚胎比较完整，膜损伤较小，猜测胚胎受冰晶损伤的可能性很小，未孵化出膜的主要原因是溶液损伤效应。

和哺乳动物相比，水生生物胚胎的冷冻保存还未完全突破，冷冻胚胎成活率低，且实验结果不能重复，鱼类胚胎冷冻保存成功率低的原因主要在于鱼卵自身的结构，鱼卵径比哺乳动物的卵径大得多，一般为1～6mm（陈松林，2002），而且鱼卵具有双层膜结构，膜通透性较差，另外鱼卵内含有大量的卵黄，鱼卵内的水分不易脱出，抗冻保护剂不易渗透入胚胎内，限制了水分与抗冻保护剂在膜内外的渗透，易形成冰晶对鱼卵造成损伤（Mazur，1984）。通过移除少量卵黄可增加耐冷冻的能力，将经冷冻保存的移除少量卵黄的原始生殖细胞移入囊胚泡中，有七粒胚胎成活，提高了冷冻生殖细胞复活的可能

性（Higaki et al.，2013）。通过新技术如微流控制方法，可减免在添加玻璃化液与洗脱玻璃化液步骤中玻璃化液对卵的渗透压力损伤，提高冷冻成活率（Guo et al.，2019）。利用封闭的北里玻璃化液（Closed-Kitasato Vitrification System）系统控制胚胎对玻璃化液的吸收量，可达到最佳的保护作用（Momozawa et al.，2019）。冷冻保存技术的发展与具体操作的完善，对星斑川鲽胚胎的冷冻保存研究有一定的启发作用。

五、星斑川鲽卵子的低温冷冻和授精效果

为验证卵子对低温的耐受能力，选取刚挤出的 200mL 优质卵子，分成两份，各 100mL，一份直接置于 -20℃ 的冰箱中，分别在冷冻 5、10、15、20、30、50 和 70min 后取出 10mL 适量卵子，先于 14℃ 水中复温，然后对其授精，添加少量新鲜过滤海水，静置 5min，加适量新鲜过滤海水，静置 10min，取上浮卵于 14℃ 恒温箱中培育，6h 后取胚胎进行观察，统计受精率、畸形率；一份直接授精作为对照（$n=3$）。

卵子经冷冻处理 5、10、15、20、30、50 和 70min，其受精率分别为（89.83±6.51）%、（85.33±4.15）%、（79.67±5.56）%、（77.00±4.57）%、（32.67±3.50）%、（15.73±3.45）% 和（3.71±1.27）%，对照组为（93.73±5.52）%（图 3-9-5）。结果显示，随着冷冻时间的延长，卵的受精能力越来越低，冷冻 5 与 10min 的相对较高，两者差异不显著，但与其他结果差异显著（$P<0.05$），冷冻 70min 的最低。随着冷冻时间的延长，受精卵不能正常分裂与发育，发育畸形率也逐渐提高，分别为（8.77±4.54）%、（11.75±3.50）%、（22.67±4.82）%、（28.33±5.51）%、（72.00±7.38）%、（91.67±5.68）% 和 100%（图 3-9-5）。冷冻 5、10min 的卵受精后的畸形率较低，两者之间差异不显著，但与其他结果差异显著（$P<0.05$）。冷冻 70min 的已全部畸形，不能正常发育，对照组为（2.33±0.88）%。显微观察结果见图 3-9-6。

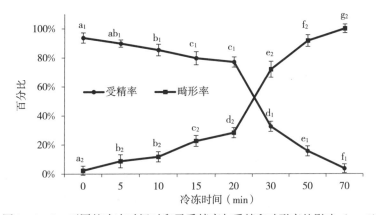

图 3-9-5　不同的冷冻时间对卵子受精率与受精卵畸形率的影响（$n=3$）

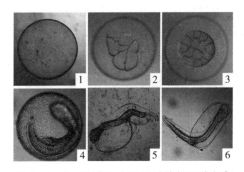

图 3-9-6　冷冻后卵子的受精与胚胎发育
1. 未受精的卵　2. 畸形细胞期胚胎　3. 正常 16 细胞期胚胎　4. 发育畸形胚胎　5. 发育畸形鱼　6. 发育正常鱼

未受精卵暴露于低温环境中，由于卵自身没有抵抗低温的保护机制，长时间的冷冻处理，会影响卵的质量、卵的受精能力以及受精卵的畸形率。研究了星斑川鲽卵子对低温的耐受能力，随着冷冻处理时间的延长，卵的受精能力越来越低，经过低温冷冻处理，虽然看似能够受精，但是低温冷冻处理对卵的影响不仅只是影响其受精能力，而且会影响受精卵的生长发育情况。经过低温冷冻处理，随着冷冻时间的延长，胚胎的畸形率逐渐升高，70min时已经全部畸形，说明在－20℃的低温下，冷冻70min为星斑川鲽卵子的极限时间，为完善对星斑川鲽胚胎生物学的认识提供了科学依据。

第十节　牙鲆胚胎低温处理下相关基因表达分析

牙鲆（*Paralichthys olivaceus*）隶属于鲽形目（Paleuronectiformes）、鲆科（Bothidoe）、牙鲆属（*Paralichthys*），是名贵的海水鱼类，也是重要的海水养殖鱼类。除我国的一些沿海地区有分布外，朝鲜、日本、俄罗斯等国也有分布。自然繁殖期为每年的4—6月，繁殖水温为10～17℃（田永胜等，2005）。目前，牙鲆胚胎的成功冷冻和复苏已见报道，筛选合适的胚胎时期、抗冻剂、冷冻保存和复活方法是研究的关键点，而胚胎成活率是评价的主要指标（田永胜等，2005；王春花等，2007）。但是，尚未有过冷冻成功的相关机理研究。Lin等（2009b）对斑马鱼胚胎冷冻后内参基因进行了筛选，发现冷冻会改变内参基因的表达模式。也有学者认为低温也会改变斑马鱼胚胎转录因子 *Sox*（Sry related HMG box）基因、配对盒基因 *Pax*（Paired box）基因和热休克蛋白 *Hsp*（Heat shock protein）基因等的表达模式（Lin et al.，2009a；Desai et al.，2011）。

大多数鱼类无法维持体温不变，也无法对变化的外界环境温度产生相对的适应性变异，因此，为了承受一定范围内温度变化带来的胁迫效应，减少个体压力并维持机体正常运作，鱼类已经具备多种调节机制来减少环境温度变化对机体的影响。在低温对斑马鱼胚胎影响的研究中，发现发育至27h和40h的胚胎在0℃处理10～18h后存活率可达（55.6±7.6)%～（100±1.5)%（Zhang，Rawson，1995）。王春花等（2007）用程序降温法在－12℃处理牙鲆胚胎5min，存活率可达70%～94.13%。在低温处理的牙鲆转录组中，低温胁迫、细胞修复再生、能量产生和细胞膜构建等通路的基因呈现出表达量的显著变化（Hu et al.，2014）。低温胁迫下，黄姑鱼的抗氧化酶、Na^+/K^+-ATP酶及 Hsp70 蛋白含量随着处理时间延长呈现不同趋势变化，可作为其低温胁迫应答的标志物（罗胜玉等，2017）。在斑马鱼胚胎低温处理前后，*Sox* 基因家族、*Pax* 基因家族的基因表达量均存在显著差异变化，说明鱼体内存在低温抗损修复机制（Lin et al.，2009a；Desai et al.，2011）。

冷诱导 RNA 结合蛋白 CIRP（cold-inducible RNA-binding protein）具有介导冷诱导细胞生长抑制作用，是冷诱导的标志基因。而 Hsp70 属于热激蛋白家族，作为分子伴侣对机体起到保护作用，提高机体对应激反应的耐受性。本研究对牙鲆尾芽期胚胎进行 0℃ 低温处理，探究低温对 *CIRP* 和 *Hsp*70 基因表达量的影响，检测牙鲆胚胎的抗应激能力。在进行实时荧光定量 PCR 检测之前，首先需要采用合适且稳定的内参基因，校正可能存在的数据误差，标准化实验数据。在不同组织器官中、不同处理条件下，理想内参基因的表达量都应保持稳定（Zhong et al.，2008；Zhang et al.，2013），而关于牙鲆胚胎低温处理过程中内参基因表达稳定性的研究未见报道，所以本研究先对牙鲆胚胎低温处理下不同内参基因的稳定性进行分析，筛选出合适的内参基因，再对 *CIRP* 和 *Hsp*70 基因表达量进行检测，探索牙鲆胚胎在低温下调节和适应的分子机理。

一、内参基因的建立

（一）总 RNA 的提取及 cDNA 的合成

用于 RNA 提取的胚胎样品为：①正常培养温度16.5℃海水中发育的各时期胚胎（肌节期、尾芽期和心跳期），放入1.5mL离心管内，去除海水，迅速投入液氮备用；②0℃低温下，用胚胎冷冻保存液

VS1［60％ BS2（NaCl 24.72 g/L，CaCl$_2$ · 2H$_2$O 1.46 g/L，KCl 0.865 g/L，MgCl$_2$ · 6H$_2$O 4.86 g/L，NaHCO$_3$ 0.19 g/L）＋24％ 1，2-丙二醇＋16％甲醇（v/v）］（田永胜等，2005），采用五步平衡法（田永胜等，2005）处理过的各时期胚胎，处理 60min 的肌节期胚胎、处理 120min 的尾芽期胚胎、处理 180min 的心跳期胚胎；③0℃低温用冷冻保存液 VS1 处理后又在 16.5℃海水中恢复培养的尾芽期胚胎分别 0℃处理 30min 和 60min 后，又在 16.5℃培养 60min 和 120min。用 RNA 提取试剂盒对胚胎样品进行总 RNA 的提取。随后，分别用紫外分光光度计和 1.5％的琼脂糖凝胶电泳检测 RNA 样品的纯度、浓度、完整性的。

1.5％的琼脂糖凝胶电泳结果显示清晰的 28S 和 18S 两条带处于 750～2 000bp 处，尾部没有明显降解（图 3-10-1），且所有 RNA 样品的 A260/A280 的比值均在 1.8～2.0。综合以上两个结果，各个 RNA 样品的质量较好，可以用于后续的普通 PCR 和实时荧光定量 PCR 分析。

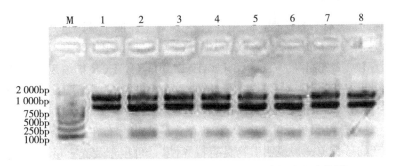

图 3-10-1　牙鲆不同胚胎总 RNA 琼脂糖凝胶电泳检测

1. 16.5℃海水中正常发育的肌节期胚胎　2. 16.5℃海水中正常发育的尾芽期胚胎　3. 16.5℃海水中正常发育的心跳期胚胎　4. 在 0℃低温处理的肌节期（60min）胚胎　5. 在 0℃低温处理的尾芽期（120min）胚胎　6. 在 0℃低温处理的心跳期（180min）胚胎　7. 在 0℃低温下处理 30min 又在 16.5℃海水中升温培养 60min 的尾芽期胚胎　8. 在 0℃低温下处理 60min 又在 16.5℃海水中升温培养 120min 的尾芽期胚胎

取 800ng RNA 样品，按照 PrimeScript™ RT reagent Kit with gDNA Eraser（Perfect Real Time）试剂盒（TAKARA，大连）提供的操作步骤，将 RNA 反转录成 cDNA，放入－20℃冰箱中保存。

（二）内参基因的选择

根据 Zheng 等（2011）和 Zhang 等（2013）研究，选取了四个基因进行筛选：真核翻译延伸因子 1α（$EF1\alpha$）、甘油醛-3-磷酸脱氢酶（$GAPDH$）、β-肌动蛋白（$ACTB$）、18S 核糖体 RNA（$18S\ rRNA$），并从参考文献和 NCBI 数据库中找到相应基因的序列（表 3-10-1）。

表 3-10-1　实验中所用的内参基因及功能

基因	基因全称	基因的功能	NCBI 序列号	参考文献
$18S\ rRNA$	18S 核糖体 RNA	参与核糖体组成	EF126037	Zhong et al.，2008
$ACTB$	β-Actin	细胞骨架结构蛋白	EU090804	Aoki et al.，2007
$GAPDH$	甘油醛-3-磷酸脱氢酶	糖酵解过程中的酶	AB029337	Shin et al.，2006
$EF1\alpha$	真核翻译延伸因子 1α	参与蛋白质合成	AB240552	Zhong et al.，2008

（三）内参基因 qRT-PCR 引物的设计

参考荧光定量 PCR 引物设计原则，利用 Primer Premier 5.0 软件设计候选基因的引物（序列见表 3-10-2）。

表 3 - 10 - 2　内参基因的荧光定量 PCR 引物

基因	引物序列（5′-3′）	退火温度（℃）	扩增产物长度（bp）
18S rRNA	F: GGTCTGTGATGCCCTTAGATGTC	57	107
	R: AGTGGGGTTCAGCGGGTTAC	56	
ACTB	F: CGCTGCCTCCTCCTCATC	55	135
	R: ATACCACAAGACTCCATTCCAAG	53	
GAPDH	F: CGGCGACACTCACTCCTC	55	170
	R: TCTGATTGGTTGGTTGGTTGG	52	
EF1α	F: CTACAAGTGCGGAGGAATCG	54	200
	R: GTCCAGGAGCGTCAATGATG	54	

（四）普通 PCR 检测内参基因扩增产物

为了检验扩增引物的特异性和准确性，先用普通 PCR 对上述四个基因进行扩增，反应体系为 15 μL，包括 1.0μL 的 cDNA 模板、1.5 μL 的 10×PCR Buffer、0.8μL 的 dNTP（2.5mmol/L）、各 0.2 μL 的上下游引物（10pmol/μL）、0.3 μL 的 rTaq（5 U/μL）、ddH$_2$O。PCR 扩增反应的程序为：94℃预变性 5min；按照 94℃变性 30 s；60℃退火 30 s；72℃延伸 30 s，进行 35 个循环；72℃终延伸 10min。置于 4℃保存。PCR 扩增产物用 1.5%的琼脂糖凝胶电泳检测。

1.5%的琼脂糖凝胶电泳结果显示，4 个 PCR 扩增产物条带分布在 100bp 到 250 bp（图 3 - 10 - 2），符合预期设计且扩增产物条带单一，说明引物具有特异性，，可用于荧光定量 PCR 分析。

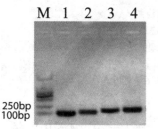

M　1　2　3　4

250bp
100bp

图 3 - 10 - 2　牙鲆内参基因普通
PCR 产物的检测

M. DL2000　1. *18S rRNA*　2. *ACTB*
3. *GADPH*　4. *EF1α*

（五）内参基因的荧光定量 PCR 分析及数据分析

利用上述设计的引物在 ABI 7500 fast Real-Time PCR 仪（Applied Biosystems，USA）上使用 SYBR Green 法进行荧光定量 PCR 分析，每个样品重复三次。反应体系为 20μL，包括 1.0μL 的 cDNA 模板、10.0μL 的 SYBR Premix Ex Taq（2×）、各 0.4μL 的上下游引物（10 pmol/μL）、0.4μL 的 ROX Reference Dye Ⅱ（50×）、ddH$_2$O。PCR 扩增反应程序为：95℃预热变性 30s；95℃变性 5s，60℃退火加延伸 34s，共 40 个循环，在扩增反应的退火过程中采集样品的荧光信号；95℃ 15s，60℃ 1min，95℃ 15s，在此熔解曲线分析过程中连续采集样品的荧光信号。

反应结束后，先将不同样品的候选基因表达量标准化，即设定某一样品的候选基因 *Ct* 值为 1，此时，各个候选基因的相对表达量为 $Q=2^{-\triangle\triangle Ct}$（Livak，Schmittgen，2001），将处理数据按格式导入 GeNorm 和 NormFinder 软件进行内参基因稳定性的分析。其中 GeNorm 主要利用各候选基因的平均表达稳定值 *M* 的大小对候选基因稳定性大小进行排序，*M* 值越小说明候选基因越稳定，并通过计算配对变异值的比值（V_n/V_{n+1}）判断最适内参基因的数量；NormFinder 的计算原理类似，根据候选基因表达的稳定性值和样品之间的变异，对候选基因进行排序，稳定值最小的为最适合的内参基因（Vandesompele et al.，2002；Andersen et al.，2004）。

荧光定量 PCR 的熔解曲线显示，4 个基因扩增片段的熔解曲线为单峰，不存在非特异性扩增的情况，荧光定量 PCR 的数据准确可信。各个处理样品的 *Ct* 值列于表 3 - 10 - 3。

表 3 - 10 - 3　牙鲆胚胎内参基因在不同处理条件中 *Ct* 值比较

胚胎时期	处理温度（℃）	处理时间（min）	*18S rRNA*	*ACTB*	*GAPDH*	*EF1α*
肌节期	16.5	0	14.14±0.03	26.91±0.03	26.91±0.03	20.91±0.02
	0	60	14.85±0.73	27.06±0.05	30.08±0.24	21.40±0.04

（续）

胚胎时期	处理温度（℃）	处理时间（min）	*18S rRNA*	*ACTB*	*GAPDH*	*EF1α*
尾芽期	16.5	0	14.8±0.09	25.90±0.03	28.84±0.13	21.41±0.01
	0	120	14.79±0.04	26.03±0.15	28.71±0.21	21.60±0.01
心跳期	16.5	0	14.62±0.07	26.70±0.02	28.38±0.15	22.05±0.02
	0	180	14.62±0.05	26.72±0.07	28.94±0.07	22.10±0.06
尾芽期	0，16.5	30，60	14.51±0.05	25.83±0.01	28.44±0.13	21.47±0.05
	0，16.5	60，120	14.13±0.04	25.64±0.07	28.66±0.09	21.29±0.06

通过 GeNorm 软件分析，内参候选基因 *GAPDH*、*ACTB*、*EF1α*、*18S rRNA* 在不同发育时期、不同温度处理下平均稳定值 M 分别为 0.585、0.526、0.353、0.353。M 值越小说明基因表达稳定性越高，因此 *18S rRNA* 和 *EF1α* 的表达量较 *ACTB* 和 *GAPDH* 更为稳定（图 3-10-3）。

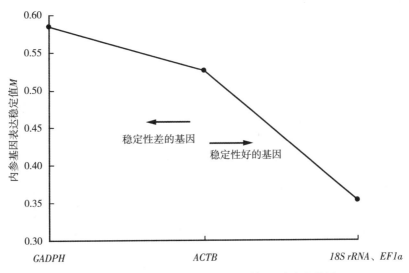

图 3-10-3 利用 GeNorm 分析牙鲆胚胎内参基因

通过 NormFinder 软件分析，在不同胚胎发育时期、不同处理条件下，内参候选基因 *GAPDH*、*ACTB*、*EF1α*、*18S rRNA* 表达的稳定性排序为 *18S rRNA*＞*ACTB*＞*EF1α*＞*GAPDH*（稳定性值见表 3-10-4），表明 *18S rRNA* 的表达量在 4 个候选基因中最稳定。

因此，综合 GeNorm 和 NormFinder 的分析结果，我们最终选定 *18S rRNA* 作为本研究实时荧光定量 PCR 实验中的内参基因。

表 3-10-4 利用 NormFinder 分析牙鲆胚胎内参基因

内参基因名称	稳定性值
18S rRNA	0.118
ACTB	0.165
GAPDH	0.243
EF1α	0.216

二、低温处理下尾芽期胚胎中 *CIRP* 和 *Hsp70* 的表达变化研究

前期的牙鲆胚胎冷冻保存研究结果显示，尾芽期胚胎在超低温冷冻复活后成活率较高，因此本研究选

择尾芽期胚胎进行低温处理下相关基因的表达量变化分析。低温 0℃下，分别将尾芽期胚胎处理 30、60、120 和 180min，并同时将 16.5℃海水中培养的胚胎设置为对照组，分别于 30、60、120 和 180min 采样，去除海水后投入液氮中保存备用，总 RNA 提取和 cDNA 合成的方法同上。

（一）CIRP 和 Hsp70 基因荧光定量 PCR 引物的设计及扩增序列验证

根据荧光定量 PCR 引物设计规则，分别设计 CIRP 和 Hsp70 基因的定量引物，见表 3-10-5。

表 3-10-5　CIRP 和 Hsp70 基因荧光定量 PCR 的引物

基因	引物序列	退火温度（℃）	扩增产物长度（bp）
CIRP	F：ACGCAATGAACGGCAAGACT	52	254
	R：GCCACTACCAAAGTTCCTCTCG	57	
Hsp70	F：TCATCAACGAACCCACAGCA	52	184
	R：TCAAAGTCCTCCCCACCAAG	54	

为了保证引物的特异性扩增以及扩增产物大小的准确性，首先使用普通 PCR 扩增对上述定量引物进行检测。用 1.5% 的琼脂糖凝胶电泳对 PCR 扩增产物的质量进行检测，并将目的条带切胶回收。将回收的产物与 PMD-18T 载体连接，10μL 的反应体系如下：4.5μL 的 DNA 样品、5μL 的 Solution I、0.5μL 的 PMD-18T 载体。反应溶液混匀后，置于 16℃进行 30min 的连接反应。将连接后的载体转化到大肠杆菌（Escherichia coli）Top10 感受态细胞，涂板后 37℃培养 12h。将阳性克隆的菌液进行测序反应。测序结果将和 NCBI 数据库中的 CIRP 和 Hsp70 基因序列进行比对，确认引物扩增的准确性。

（二）实时荧光定量 PCR 检测 CIRP 和 Hsp70 的基因表达量

用上述引物对 CIRP 和 Hsp70 基因进行荧光定量 PCR 扩增，反应体系的配制和程序设置同上，设置三个平行重复。根据 $2^{-\triangle\triangle C_t}$ 法计算 CIRP 和 Hsp70 基因在低温处理下的相对表达水平（Livak，Schmittgen，2001），利用 SPSS19.0 软件进行单因素方差分析，并用 SigmaPlot 12.0 和 Adobe Illustrator CC 2017 软件进行作图。

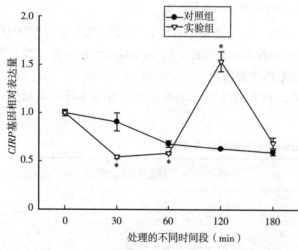

图 3-10-4　低温对牙鲆胚胎 CIRP 表达的影响
（＊，$P<0.05$）

CIRP 在整个对照组中的表达相对稳定，随着处理时间的增加，表达量缓慢下降。而在低温 0℃处理牙鲆尾芽期胚胎的过程中，CIRP 的表达量在 0~30min 下降幅度较大，处理 30min 时已显著低于对照组（$P<0.05$）；在 30~60min，基因表达量有小幅度上升，但仍低于对照组；60~120min 表达量逐渐升高，于 120min 时达到峰值，显著高于此时的对照组（$P<0.05$）；随着低温处理时间延长至 180min，CIRP 表达量又回落至原有水平，和对照组相比无显著性差异（$P>0.05$，图 3-10-4）。

在 0~180min 内，对照组和低温处理组中的 Hsp70 表达量趋势基本一致，在 0~30min，对照组和低温处理组中的 Hsp70 表达量逐渐减少，低温处理组的下降趋势稍缓；在 30~60min，对照组的 Hsp70 表达量无变化，而低温处理组的 Hsp70 表达量逐渐升高；在 60~120min，对照组和低温处理组的 Hsp70 表达量开始上升，并在 120min 达到最大值，又都于 120~180min 回落。在整个处理的过程中，低温处理组的 Hsp70 表达量均比对应的对照组高，并且存在显著性差异（$P<0.05$）（图 3-10-5）。

实时荧光定量 PCR 技术已经成为检验基因表达量的重要平台，是分子生物学研究不可或缺的重要工具。在实验过程中，RNA 的提取、cDNA 的合成、聚合酶的扩增效率、引物的设计、合适内参基因的筛选都是相当重要的环节。由于内参基因通常在细胞功能结构中起到重要的作用，许多研究表明，内参基因的表达量在细胞处于特定的条件下相对稳定（Suzuki et al.，2000；Boxus et al.，2005）。在低温处理过程中，斑马鱼若干候选的内参基因就呈现表达上升的趋势（Lin et al.，2009b）。本研究选了 4 个常用的内参基因作为候选，进行表达量分析。在不同发育时期的胚胎样本和不同处理条件下的胚胎样本中，GeNorm 和 NormFinder

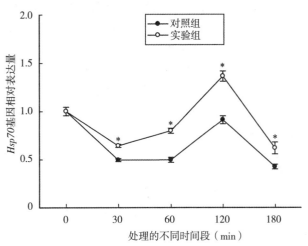

图 3 - 10 - 5　低温对牙鲆胚胎 *Hsp70* 基因表达的影响（＊：$P<0.05$）

软件的分析结果均显示 *18S rRNA* 的稳定性较其他三个候选基因强，说明 *18S rRNA* 的转录水平不会随着胚胎发育时期的不同或低温处理发生显著变化。由于本研究旨在讨论低温 0℃ 处理过程中功能基因的表达量变化，因此通过比较 4 个内参候选基因的稳定性，得出 *18S rRNA* 为低温处理牙鲆不同时期胚胎过程中最适的内参基因。Zhong 等（2008）对正常温度培养的牙鲆各个发育时期胚胎的内参候选基因进行检测，GeNorm 和 NormFinder 软件分析结果得出 *18S rRNA* 是最适合的内参基因，这一结果与本研究得出的结论一致。在不同的生物体中，即使都是低温处理，得到的最适内参基因也会不同。Shan 等（2015）在检测玻璃化法冷冻小鼠卵巢对基因表达量的影响时，首先利用 GeNorm 和 NormFinder 软件分析和筛选了内参候选基因，结果显示，*RPL4* 和 *ACTB* 为稳定性最好的两个基因。Lin 等（2009b）对斑马鱼胚胎进行低温处理并恢复培养时，筛选出最适合的内参基因为 *ACTB* 和 *EF1α*。

冷诱导 RNA 结合蛋白 CIRP 是一种典型的冷休克蛋白，温度降低的情况下其表达水平升高，造成细胞分裂 G1 期延长，使得细胞的生长和代谢受到抑制（Hamid et al.，2003）。在鲤的研究中，学者发现了在低温处理时 CIRP 的表达量会出现大幅度上升（Long et al.，2013）。在亚低温 32℃ 和低温 29℃ 下处理大鼠海马神经元 12h，CIRP 表达量较 37℃ 下培养的对照组明显升高（李静辉等，2014）。本研究的结果显示，低温处理过程中，尾芽期胚胎的 CIRP 表达量出现"下降-上升-下降"的趋势，即在 120min 表达量最高，又于 180min 时表达水平回落接近对照组，说明 CIRP 可能参与了牙鲆胚胎抵抗和适应低温的过程。随着处理时间延长，CIRP 表达水平下降，与对照组无显著差异，可能是牙鲆胚胎暂时适应了低温应激刺激的结果。在低温处理牙鲆鱼苗后，CIRP 基因在肌肉和肝脏中都分别出现了表达量大幅升高，到达顶峰后又下降（胡金伟等，2015）。在大黄鱼中，急性低温胁迫 0.5h 时，脑和肝脏中的 CIRP 基因表达量上调，2~4h 后逐渐回落（苗亮等，2017）。这两个实验结果均与本研究的结果相似。

Hsp70 属于热激蛋白家族，作为分子伴侣，起到调节细胞的生理功能，在应激条件下，提高细胞对应激反应的耐受性，从而对机体起到保护作用。在研究斑马鱼胚胎发育时，利用 Northern Blot 技术发现了 *Hsp70* 的同源性基因——*Hsc70* 的存在，其表达量在神经胚期及肌节形成期的胚胎中较高（Santacruz et al.，1997）。Liu 等（2003）也发现热激蛋白家族 *Hsp78* 和 *Hsp86* 基因的表达量在低温保存的小鼠卵巢组织中有上升的趋势。在应激条件下，果蝇不同发育时期的胚胎内同样检测到小分子热激蛋白，如 *Hsp22*、*Hsp23*、*Hsp26* 和 *Hsp27* 的表达量出现升高的现象（Michaud et al.，1997）。在本研究中，*Hsp70* 的表达量在低温处理组和对照组中的变化趋势一致，但在低温环境下，*Hsp70* 的表达变化更大，说明牙鲆胚胎对低温产生了一定的应激反应，而先下降后上升的表达趋势可能是由于在初受应激条件基因转录水平下降时，机体做出补偿反应，以维持机体内基因转录水平的稳定。120min 后 $Hsp70$ 的表达量恢复，相似的基因表达变化趋势也在冷冻处理的老鼠受精卵中发现，在受精卵冷冻复苏后 3h，$Hsp70$、$Trp53$ 等基因表达量提高了 33 倍，冷冻复苏 7h 后，基因表达又降低到正常水平（Boonkusol et al.，2006）。

本研究通过 0℃低温及 16.5℃正常温度来处理牙鲆的不同时期胚胎，通过实时荧光定量 PCR 结果和软件分析发现，$18S\ rRNA$ 在整个低温处理和温度回复培养过程中最稳定，可以作为实时荧光定量 PCR 的内参基因，这为之后研究低温处理胚胎过程中分子水平的变化奠定了基础。之后利用荧光定量 PCR 技术分析了 $CIRP$ 和 $Hsp70$ 在 0℃低温处理的胚胎中表达情况：$CIRP$ 的表达量随着低温处理时间增加而增多，在 120min 时表达量升到最大值；$Hsp70$ 的表达量在低温处理期间先下降后回升，120min 达到最大值后回落，与对照组有显著性差异（$P<0.05$）。研究结果表明两个基因均参与了牙鲆胚胎对低温的调节和适应，这为牙鲆胚胎耐低温的分子机理研究提供了理论依据。在牙鲆胚胎复温培养的过程中，$CIRP$ 和 $Hsp70$ 基因的表达变化还有待进一步的研究。

参 考 文 献

柏学进，董雅娟，吴胜权，等，2002. 牛胚胎玻璃化超快速冷冻一步法移植实验 [J]. 中国兽医学报，22（4）：356-358.

布赫，乌兰，廛洪武，等，2003. 无血清培养的牛体外受精胚胎超快速玻璃化冷冻 [J]. 高技术通讯，4：24-27.

陈辉，强颖怀，葛长路，2005. 超声波空化及其应用 [J]. 新技术新工艺，7：63-65.

陈松林，2002. 鱼类配子和胚胎冷冻保存研究进展和前景展望 [J]. 水产学报，26（2）：161-168.

陈松林，2007. 水产生物技术研究的回顾、最新进展及前景展望 [J]. 水产学报，31（6）：825-840.

陈松林，刘宪亭，1991. 鱼卵和胚胎冷冻保存研究进展 [J]. 淡水渔业，1：44-46.

陈松林，田永胜，李军，等，2007. 鱼类精子和胚胎冷冻保存理论与技术 [M]. 北京：中国农业出版社.

陈田飞，吴大洋，李春峰，2004. 冷冻保存对家蚕精液乳酸脱氢酶活性的影响 [J]. 西南农业大学学报（自然科学版），26（6）：764-768.

陈亚坤，2005. 超低温保存对真鲷精子质量的影响 [D]. 青岛：中国科学院研究生院（海洋研究所）.

成庆泰，杨文华，1981. 中国鲉科鱼类地理分布的初步研究 [C]. 鱼类学论文集，第一辑：1-8.

程波，陈超，王印庚，2009. 七带石斑鱼肌肉营养成分分析与品质评价 [J]. 渔业科学进展，30（5）：51-57.

邓岳松，林浩然，1999. 鱼类精子活力研究进展 [J]. 生命科学研究，3（4）：271-278.

丁福红，2004. 真鲷精子胚胎冷冻保存研究 [D]. 青岛：中国科学院研究生院（海洋研究所）.

董秋芬，刘楚吾，郭昱嵩，2007.9 种石斑鱼遗传多样性和系统发生关系的微卫星分析 [J]. 遗传，29（7）：837-843.

段会敏，田永胜，李文龙，等，2017. 星斑川鲽雌核发育二倍体、单倍体与普通二倍体及杂交胚胎发育的比较 [J]. 中国水产科学，24（3）：477-487.

方嘉禾，2001. 中国生物种质资源保护现状与行动建议 [J]. 中国农业科技导报，3（1）：77-80.

芳我幸雄，1987. 鱼类受精卵的低温保存方法 [J]. 特许公报，482：69-73.

郭丰，王军，苏永全，等，2006. 云纹石斑鱼染色体核型研究 [J]. 海洋科学，30（8）：1-3.

郭明兰，苏永全，陈晓峰，等，2008. 云纹石斑鱼与褐石斑鱼形态比较研究 [J]. 海洋学报，30（6）：106-114.

胡金伟，尤锋，王倩，等，2015. 牙鲆耐寒相关基因 CIRP、HMGB1 的克隆及表达特征分析 [J]. 海洋科学，39（1）：29-38.

华泽钊，任禾盛，1994. 低温生物医学技术 [M]. 北京：科学出版社.

黄晓荣，章龙珍，庄平，等，2008. 超低温冷冻对日本鳗鲡精子酶活性的影响 [J]. 海洋渔业，30（4）：297-302.

黄晓荣，章龙珍，庄平，等，2009. 超低温冷冻对长鳍篮子鱼精子中几种酶活性的影响 [J]. 海洋科学，33（7）：16-22.

黄晓荣，章龙珍，庄平，等，2010. 超低温冷冻对斑尾刺虾虎鱼卵中酶活性的影响 [J]. 海洋渔业，32（1）：48-53.

黄晓荣，章龙珍，庄平，等，2010. 超低温保存对罗氏沼虾胚胎中几种酶活性的影响 [J]. 海洋渔业，32（2）：166-171.

黄晓荣，章龙珍，庄平，等，2012. 超低温冷冻保存对大黄鱼精子酶活性的影响 [J]. 海洋渔业，34（4）：438-443.

黄晓荣，章龙珍，庄平，等，2009. 超低温冷冻对长鳍篮子鱼精子中几种酶活性的影响 [J]. 海洋科学，33（7）：16-22.

贾晓明，马彩虹，2008. 海藻糖对低温储存皮肤 β1integrin 及活力的影响 [J]. 军医进修学院学报，29（3）：206-208.

姜静，2014. 几种海水鱼类种质超低温冷冻保存研究 [D]. 上海：上海海洋大学.

李纯，李军，薛钦昭，2000. 海洋生物种质细胞低温保存与机理 [J]. 海洋科学，24（4）：12-15.

李广武，郑从义，唐兵，1998. 低温生物学 [M]. 长沙：湖南科学技术出版社.

李合生，孙群，赵世杰，等，2000. 植物生理生化实验原理和技术 [M]. 北京：高等教育出版社.

李静辉，孟宇，李云龙，等，2014. CIRP 对低温下大鼠海马神经元的细胞保护作用研究 [C] //中国生理学会第24届全国会员代表大会暨生理学学术大会论文汇编.

李思忠，王惠民，1995. 中国动物志 硬骨鱼纲 鲽形目 [M]. 北京：科学出版社：251-253.

李炎璐，王清印，陈超，等，2012. 云纹石斑鱼（♀）×七带石斑鱼（♂）杂交子一代胚胎发育及仔稚幼鱼形态学观察 [J]. 中国水产科学，19（5）：821-832.

李振通，田永胜，唐江，等，2019. 云龙石斑鱼与云纹石斑鱼、珍珠龙胆石斑鱼的生长性状及对比分析 [J]. 水产学报，43（4）：1-13.

梁友，倪琦，王印庚，等，2011. 云纹石斑鱼规模化人工繁育技术研究 [J]. 渔业现代化，38（5）：31-34.

林浩然，2012. 石斑鱼类养殖技术体系的创建和石斑鱼养殖产业持续发展的思考 [J]. 福建水产，34（1）：1-10.

林金杏，阎萍，郭宪，等，2007. 冷冻保存对野牦牛精子酶活性的影响 [J]. 中国草食动物，27（2）：10-12.

刘本伟，2007. 牙鲆（*Paralichthys olivaceus*）胚胎玻璃化冷冻保存方法及冷冻损伤机理 [D]. 青岛：中国海洋大学.

刘本伟，陈松林，田永胜，等，2007. 不同抗冻剂对牙鲆胚胎毒性研究以及玻璃化颗粒冷冻保存方法的应用 [J]. 中国水产科学，14（5）：733-742.

刘清华，2012. 海洋鱼类种质资源冷冻保存及其利用 [C] //中国海洋湖沼学会，中国科学院海洋研究所. 中国海洋湖沼学会第十次全国会员代表大会暨学术研讨会论文集.

刘新富，庄志猛，孟振，等，2010. 七带石斑鱼人工繁育技术研究进展 [J]. 中国水产科学，17（5）：1128-1137.

柳凌，Otomar Linhart，危起伟，等，2007. 计算机辅助对几种鲟鱼冻精激活液的比较 [J]. 水产学报，31（6）：711-720.

鲁栋梁，邓显忠，陈在贤，2009. 两种玻璃化液冻存小鼠2细胞胚胎效果分析 [J]. 川北医学院学报，24（1）：23-25.

罗胜玉，徐冬冬，楼宝，等，2017. 低温胁迫对黄姑鱼（*Nibea albiflora*）抗氧化酶、Na^+/K^+-ATP 酶及 Hsp70 蛋白含量的影响 [J]. 海洋通报，36（2）：189-194.

罗晓中，杨志明，2004. 组织工程化组织的低温冷冻保存研究 [J]. 中国组织工程研究，8（17）：3327-3329.

吕明毅，1989. 石斑鱼类的生殖生物学 [J]. 中国水产，437：41-52.

孟庆闻，苏锦祥，缪学祖，1995. 鱼类分类学 [M]. 北京：中国农业出版社.

苗亮，李明云，陈莹莹，等，2017. 大黄鱼冷诱导结合蛋白（CIRP）基因 cDNA 克隆及低温胁迫对其时空表达的影响 [J]. 水产学报，41（4）：481-489.

潘德博，许淑英，叶星，1999. 广东鲂精子主要生物学特性的研究 [J]. 中国水产科学，6（4）：111-113.

浦蕴惠，许星鸿，高焕，等，2013. 超低温冷冻对脊尾白虾精子几种酶活性的影响 [J]. 水产学报，37（1）：101-108.

齐文山，姜静，田永胜，等，2014. 云纹石斑鱼精子冷冻保存 [J]. 渔业科学进展，35（1）：26-33.

齐战，王勇杰，王善政，等，2005. 海藻糖在气管低温储存中的保护机制 [J]. 中国海洋药物杂志，24（1）：17-20.

任俊玲，马恒东，李和平，2013. 猪精液冷冻过程中的脂质过氧化损伤 [J]. 繁殖生理，49（3）：31-33.

沈蔷，2013. 玻璃化冻存对鲫鱼卵细胞的影响 [D]. 杭州：浙江农林大学.

苏德学，严安生，田永胜，等，2004. 钠、钾、钙和葡萄糖对白斑狗鱼精子活力影响 [J]. 动物学杂志，39（1）：16-20.

孙毅，张秋金，王义权，2007. 文昌鱼胚胎的程序化冷冻保存 [J]. 动物学报，53 (3): 524-530.

唐江，田永胜，李振通，等，2018. 云纹石斑鱼和鞍带石斑鱼及其杂交后代遗传性状分析 [J]. 农业生物技术学报，26 (5): 819-829.

唐学玺，张培玉，2000. 蒽对黑鲷超氧化物歧化酶活性的影响 [J]. 水产学报，24 (3): 217-220.

田永胜，2004. 三种海水鱼类胚胎玻璃化冷冻保存研究 [D]. 武汉：华中农业大学.

田永胜，陈松林，季相山，等，2009. 半滑舌鳎精子冷冻保存 [J]. 渔业科学进展，30 (6): 96-102.

田永胜，陈松林，刘本伟，等，2006. 大西洋牙鲆冷冻精子×褐牙鲆卵杂交胚胎的发育及胚后发育 [J]. 水产学报，30 (4): 433-444.

田永胜，陈松林，邵长伟，等，2008. 鲈鱼冷冻精子诱导半滑舌鳎胚胎发育 [J]. 海洋水产研究，29 (2): 1-9.

田永胜，陈松林，严安生，2004. 大菱鲆胚胎玻璃化方法研究 [J]. 中国水产科学，11 (2): 166-169.

田永胜，陈松林，严安生，等，2003. 鲈鱼胚胎的玻璃化冷冻保存 [J]. 动物学报，49 (6): 843-850.

田永胜，陈松林，严安生，2005. 牙鲆胚胎玻璃化冷冻技术研究 [J]. 高技术通讯，15 (3): 105-110.

田永胜，陈松林，于过才，等，2005. 大菱鲆胚胎的玻璃化冷冻保存 [J]. 水产学报，9 (2): 275-280.

田永胜，陈张帆，段会敏，等，2017. 鞍带石斑鱼冷冻精子与云纹石斑鱼杂交家系建立及遗传效应 [J]. 水产学报，41 (12): 1817-1828.

田永胜，段会敏，唐江，等，2017. 石斑鱼杂交种"云龙石斑鱼"与亲本的表型数量性状判别分析 [J]. 上海海洋大学学报，26 (6): 808-817.

王波，刘振华，孙丕喜，等，2008. 星斑川鲽胚胎发育的形态观察 [J]. 海洋学报，30 (2): 130-136.

王春花，陈松林，田永胜，2007. 牙鲆胚胎程序化冷冻保存研究 [J]. 渔业科学进展，28 (3): 57-63.

王大鹏，曹占旺，谢达祥，等，2012. 石斑鱼的研究进展 [J]. 南方农业学报，43 (7): 1058-1065.

王涵生，1997. 石斑鱼 Epinephelus 人工繁殖研究的现状与存在问题 [J]. 大连水产学院学报，12 (3): 44-51.

王金凤，胡鹏，牛虹博，等，2016. 低温胁迫对鱼类 PI3K/AKT/GSK-3β 信号通路的影响 [J]. 生物学杂志，33 (6): 24-28.

王丽，邱建荣，2010. 飞秒激光在生物学领域的应用 [J]. 激光与光电子学进展，47 (1): 10-22.

王民生，2001. 日本七带石斑鱼和云纹石斑鱼苗种批量生产成功 [J]. 中国渔业经济，6: 54.

徐冬冬，尤锋，王波，等，2008. 星斑川鲽染色体核型分析 [J]. 海洋科学进展，26 (3): 377-380.

徐瑞成，张敏，2004. Na$^+$/K$^+$-ATP 酶抑制引起的细胞凋亡和杂交性细胞凋亡 [J]. 细胞生物学杂志，26: 467-470.

闫秀明，张小雪，2011. 超低温冷冻对黄鳝精子中几种酶活性的影响 [J]. 水生生物学报，35 (5): 882-886.

张克烽，张子平，陈云，等，2007. 动物抗氧化体系中主要抗氧化酶基因的研究进展 [J]. 动物学杂志，42 (2): 153-160.

张克俭，楼允东，张饮江，等，1997. 三种淡水鱼类胚胎低温保存及其降温和复温速率的研究 [J]. 水产学报，21 (4): 36-372.

张新生，华泽钊，赵林，等，1987. 鲤鱼胚胎冷却至-196℃的试验 [J]. 上海理工大学学报，9 (2): 86-93.

张轩杰，1996. 冷冻保存对鱼类胚胎 DNA、LDH 和 G6PD 的影响 [J]. 湖南师范大学自然科学学报，19 (2): 77-81.

章龙珍，江琪，庄平，等，2009. 超低温对俄罗斯鲟鱼精子抗氧化酶活性的影响 [J]. 大连水产学院学报，24 (6): 504-508.

章龙珍，刘宪亭，1989. 二甲基亚砜 (DMSO) 对草鱼胚胎毒性作用初报 [J]. 淡水渔业，4: 24-26.

章龙珍，刘宪亭，1992. 鱼类胚胎冷冻保存前几个因子对其成活率影响的研究 [J]. 淡水渔业，1: 20-24.

章龙珍，刘宪亭，鲁大椿，等，1994. 鱼类胚胎低温冷冻保存降温速率研究 [J]. 淡水渔业，24: 3-5.

章龙珍，刘宪亭，鲁大椿，等，1996. 玻璃化液对鲢鱼胚胎成活的影响 [J]. 淡水渔业，26 (5): 7-10.

章龙珍，鲁大椿，柳凌，等，2002. 泥鳅胚胎玻璃化液超低温冷冻保存研究 [J]. 水产学报，26 (3): 213-218.

赵峰，庄平，章龙珍，等，2006. 盐度驯化对史氏鲟鳃 Na$^+$/K$^+$-ATP 酶活性、血清渗透压及离子浓度的影响 [J]. 水产学报，30 (4): 444-449.

赵静，孟轲音，王宏志，2007. 哺乳动物胚胎冷冻保存研究进展 [J]. 动物医学进展，28 (10): 95-97.

赵燕，陈松林，孔晓瑜，等，2005. 几种因素对牙鲆胚胎玻璃化冷冻保存的影响 [J]. 动物学报，51 (2): 320-326.

郑春波，姜启平，2007. 星斑川鲽工厂化养殖技术 [J]. 水产科技情报，34 (3)：142-144.

钟声平，陈超，王军，等，2010. 七带石斑鱼染色体核型研究 [J]. 中国水产科学，17 (1)：150-156.

朱冬发，成永旭，王春琳，等，2005. 环境因子对大黄鱼精子活力的影响 [J]. 水产科学，24 (12)：4-6.

朱士恩，曾申明，安晓荣，2000. 绵羊体内外受精胚胎玻璃化冷冻保存 [J]. 中国兽医学报，20 (3)：302-305.

朱士恩，曾申明，张忠诚，1997. 液氮气熏蒸法玻璃化冷冻小鼠扩张囊胚的研究 [J]. 农业生技术学报，7 (2)：163-167.

朱士恩，曾申明，张忠诚，1998. 小鼠胚胎玻璃化冷冻保存及保存时间对其体内外发育的影响 [J]. 中国畜牧杂志，34 (6)：12-14.

Ahammad MM, Bhattacharyya D, Jana BB, 1998. Effect of different concentrations of cryoprotectant and extender on the hatching of indian major carp embryos (Labeo rohita, Catla catla, and Cirrhinus mrigala) stored at low temperature [J]. Cryobiology, 37：318-324.

Ahammad MM, Bhattacharyya D, Jana BB, 2003a. Hatching of common carp (Cyprinus carpio L.) embryos stored at 4 and -2 degrees C in different concentrations of methanol and sucrose [J]. Theriogenology, 60：1409-1422.

Ahammad MM, Bhattacharyya D, Jana BB, 2003b. Stage-dependent hatching responses of rohu (Labeo rohita) embryos to different concentrations of cryoprotectants and temperatures [J]. Cryobiology, 46：2-16.

Ahn JY, Park JY, Lim HK, 2018. Effects of different diluents, cryoprotective agents, and freezing rates on sperm cryopreservation in Epinephelus akaara [J]. Cryobiology, 83：60-64.

Aitken RJ, Baker MA, 2004. Oxidative stress and male reproductive biology [J]. Reproduction, Fertility and Development, 16 (5)：581-588.

Aline F SDC, Ramos SE, Ts GDC, et al., 2014. Efficacy of fish embryo vitrification protocols in terms of embryo morphology -A Systematic Review [J]. Cryo Letters.

Alvarez JG, Storey BT, 1992. Evidence for increased lipid peroxidative damage and loss of superoxide dismutase activity as a mode of sublethal cryodamage to human sperm during cryopreservation [J]. J Androl, 13：232-241.

Alvarez JG., Storey BT, 1989. Role of glutathione peroxidase in protecting mammalian spermatozoa from loss of motility caused by spontaneous lipid peroxidation [J]. Gamete Research, 23 (1)：77-90.

Ameyar M, Wisniewska M, Weitzman JB, 2003. A role for AP-1 in apoptosis: the case for and against [J]. Biochimie, 85：747-752.

Amstislavsky S, Brusentsev E, Kizilova E, et al., 2014. Embryo cryopreservation and in vitro culture of preimplantation embryos in Campbell's hamster (Phodopus campbelli) [J]. Theriogenology, 83 (6)：1056-1063.

Anders S, Huber W, 2010. Differential expression analysis for sequence count data [J]. Genome Biol, 11：106.

Andersen CL, Jensen JL, Ørntoft TF, 2004. Normalization of real-time quantitative reverse transcription-PCR data: a model-based variance estimation approach to identify genes suited for normalization, applied to bladder and colon cancer data sets [J]. Cancer Research, 64 (15)：5245-5250.

Aoki K, Okamoto M, Tatsumi K, et al., 1997. Cryopreservation of medaka spermatozoa [J]. Zool Sci, 14 (4)：641-644.

Aoki T, Naka H, Katagiri T, et al., 2007. Cloning and characterization of glyceraldehyde-3-phosphate dehydrogenase cDNA of Japanese flounder Paralichthys olivaceus [J]. Revista Chilena De Literatura, CLXXXIII (724)：277-293.

Aquilina-Beck A, Ilagan K, Liu Q, et al., 2007. Nodal signaling is required for closure of the anterior neural tube in zebrafish [J]. BMC Developmental Biology, 7 (1)：126.

Auger C, Attwell D, 2000. Fast removal of synaptic glutamate by postsynaptic transporters [J]. Neuron, 28 (2)：547-558.

Babiak I, Glogowski J, Goryczko K, et al., 2001. Effect of extender composition and equilibration time on fertilization ability and enzymatic activity of rainbow trout cryopreserved spermatozoa [J]. Theriogenology, 56 (1)：177-192.

Ball BA, Gravance CG, Medina V, et al., 2000. Catalase activity in equine semen [J]. American Journal of Veterinary Research, 61 (9)：1026-1030.

Ballou JD, 1992. Potential contribution of cryopreserved germ plasm to the preservation of genetic diversity and conservation of endangered species in captivity [J]. Cryobiology, 29：9-25.

Balogun E, Foresti R, Shurey C, et al., 2002. The role of heme oxygenase-1 (HO-1) during cold storage and renal autograft transplantation in rabbits, Abstract of papers and posters presented at the thirty-ninth annual meeting of the society for cryobiology [J]. Cryobiology, 45, 265-266.

Baril G, Traldi A-L, Cognie Y, 2001. Successful direct transfer of vitrified sheep embryos [J]. Theriogenology, 56 (2): 299-305.

Bart AN, Kindschi GA, Ahmed H, et al., 2001. Enhanced transport of calcein into rainbow trout, *Oncorhynchus mykiss*, larvae using cavitation level ultrasound [J]. Aquaculture, 196 (1): 189-197.

Bart AN, Kyaw HA, 2015. Survival of zebrafish, *Brachydanio rerio* (*Hamilton-Buchanan*), embryo after immersion in methanol and exposure to ultrasound with implications to cryopreservation [J]. Aquaculture Research, 34 (8): 609-615.

Beere HM, 2004. "The stress of dying": the role of heat shock proteins in the regulation of apoptosis [J]. J Cell Sci, 117: 2641-2651.

Begin IS, Bhatia B, Baldassarre H, et al., 2003. Cryopreservation of goat oocytes and in vivo derived 2-to 4-cell embryos using the cryoloop (CLV) and solid-surface vitrification (SSV) methods [J]. Theriogenology, 59: 1839-1850.

Beitinger TL, Bennett WA, Mccauley RW, 2000. Temperature tolerances of North American freshwater fishes exposed to dynamic changes in temperature [J]. Environmental Biology of Fishes, 58 (3): 237-275.

Berthelot F, Martinat-Botte F, Locatelli A, et al., 2000. Piglets born after vitrification of embryos using the open pulled straw method [J]. Cryobiology, 41: 116-124.

Bhat MH, Sharma V, Khan FA, et al., 2015. Open pulled straw vitrification and slow freezing of sheep IVF embryos using different cryoprotectants [J]. Reproduction, Fertility and Development, 27, 1175-1180.

Bhoumik A, Saha S, Majumder GC, et al., 2014. Optimum calcium concentration: a crucial factor in regulating sperm motility in vitro [J]. Cell biochemistry and biophysics, 70 (2): 1177-1183.

Biel M, Seeliger M, Pfeifer A, et al., 1999. Selective loss of cone function in mice lacking the cyclic nucleotide-gated channel CNG3 [J]. Proceedings of the National Academy of Sciences, 96 (13): 7553-7557.

Bilodeau JF, Blanchette S, Gagnon IC, et al., 2001. Thiols prevent H_2O_2-mediated loss of sperm motility in cryopreserved bull semen [J]. Theriogenology, 56 (2): 275-286.

Bilodeau JF, Chatterjee S, Sirard MA, et al., 2000. Levels of antioxidant defenses are decreased in bovine spermatozoa after a cycle of freezing and thawing [J]. Molecular Reproduction Development, 55 (3): 282-288.

Bilyk KT, Vargas-Chacoff L, Cheng CHC, 2018. Evolution in chronic cold: varied loss of cellular response to heat in Antarctic notothenioid fish [J]. BMC Evol Biol, 18: 143.

Bjørn-Yoshimoto WE, Underhill SM, 2016. The importance of the excitatory amino acid transporter 3 (EAAT3) [J]. Neurochemistry international, 98: 4-18.

Blader P, Strähle U, 1998. Ethanol impairs migration of the prechordal plate in the zebrafish embryo [J]. Dev Biol, 201 (2): 185-201.

Blaxter J H S, 1953. Sperm storage and cross-fertilization of spring and autumn spawning herring [J]. Nature, 172: 1189-1190.

Bonte D, Thys V, De Sutter P, et al., 2020. Vitrification negatively affects the Ca^{2+}-releasing and activation potential of mouse oocytes, but vitrified oocytes are potentially useful for diagnostic purposes [J]. Reproductive biomedicine online, 40 (1): 13-25.

Boonkusol D, Gal AB, Bodo S, et al., 2006. Gene expression profiles and in vitro development following vitrification of pronuclear and 8-cell stage mouse embryos [J]. Molecular Reproduction and Development, 73: 700-708.

Booth PJ, Vajta G, Høj A, et al., 1999. Full-term development of nuclear transfer calves produced from open-pulled straw (OPS) viteified cytoplasts: work in progress [J]. Theriogenology, 51: 999-1006.

Buhr ED, Yue WWS, Ren X, et al., 2015. Neuropsin (OPN5)-mediated photoentrainment of local circadian oscillators in mammalian retina and cornea [J]. Proceedings of the National Academy of Sciences, 112 (42): 13093-13098.

Bullitt E, 1990, Expression of C-fos-like protein as a marker for neuronal activity following noxious stimulation in the rat [J]. J Comp Neurol, 296: 517-530.

Burmeister SS, Fernald RD, 2005. Evolutionary conservation of the egr-1 immediateearly gene response in a teleost [J]. J Comp Neurol, 481: 220-232.

Cabrita E, Engrola S, Conceição LEC, et al., 2009. Successful cryopreservation of sperm from sex-reversed dusky grouper, *Epinephelus marginatus* [J]. Aquaculture, 287: 152-157.

Cabrita E, Robles V, Chereguini O, et al., 2003. Dimethyl sulfoxide influx in turbot embryos exposed to a vitrification protocol [J]. Theriogenology, 60 (3): 463-473.

Cabrita E, Robles V, Chereguini O, et al., 2003. Effect of different cryoprotectants and vitrificant solutions on the hatching rate of turbot embryos (*Scophthalmus maximus*) [J]. Cryobiology, 47 (3): 204-213.

Calvi L S, Maisse G, 1998. Cryopreservation of rainbow trout (*Oncorhynchus mykiss*) blastomeres: influence of embryo stage on postthaw survival rate [J]. Cryobiology, 36: 255-262.

Calvi S L, Maisse G, 1999. Cryopreservation of carp (*Cyprinus carpio*) blastomeres [J]. Aquat Living Resour, 12 (1): 71-74

Campos-Chillòn LF, Suh TK, Barcelo-Fimbres M, et al., 2009. Vitrification of early-stage bovine and equine embryos [J]. Theriogenology, 71 (2): 349-354.

Cardiner RW, 1978. Utilisation of extracellular glucose by spermatozoa of two viviparous fishes [J]. Comp Biochem Physiol, 59A: 165-168.

Cardona-Costa J, Garcia-Ximenez F, 2007. Vitrification of zebrafish embryo blastomeres in microvolumes [J]. Cryo letters, 28 (4): 303-309.

Castelo-Branco T, Batista AM, Guerra MMP, et al., 2015. Sperm vitrification in the white shrimp *Litopenaeus vannamei* [J]. Aquaculture, 436: 110.

Chang MC, 1948. The effects of low temperature on fertilized rabbit ova in vitro, and the normal development of ova kept at low temperature for several days [J]. J Gen Physiol, 31 (5): 385-410.

Chao NH, Chen YR, Hsu HW, et al., 1997a. Pretreatment and cryopreservation of zebra fish embryos [J]. Crobiology, 35 (4): 340.

Chao NH, Lin TT, Chen YJ, et al., 1997b. Cryopreservation of late embryos and early larvae in the oyster and hard clarm [J]. Aquaculture, 155: 31-44.

Chao NH, Tsai HP, Liao IC, 1992. Short and long-term cryopreservation and sperm suspension of the grouper, *Epinephelus malabaricus* [J]. Asian Fish Sci, 5: 103-116.

Chavez JC, José L, Escoffier J, et al., 2013. Ion permeabilities in mouse sperm reveal an external trigger for SLO3-dependent hyperpolarization [J]. PloS one, 8 (4).

Chen C, Kong XD, Li YL, et al., 2014. Embryonic and Morphological Development in the Larva, Juvenile, and Young Stage of *Epinephelus fuscoguttatus* (♀) ×*E. lanceolatus* (♂) [J]. Progress in fishery sciences, 35 (5): 135-144.

Chen JX, Ye ZF, Wang J, et al., 2017. The complete mitochondrial genome of the hybrid grouper (*Cromileptes altivelis* ♀ × *Epinephelus lanceolatus* (♂) with phylogenetic consideration [J]. Mitochondrial DNA B, 2 (1): 171-172.

Chen SL, Ji XS, Yu GC, et al., 2004. Cryopreservation of sperm from turbot (*Scophthalmus maximus*) and application to large-scale fertilization [J]. Aquaculture, 236: 547-556.

Chen SL, Tian YS, 2005. Cryopreservation of flounder (*Parlichthys olivaceus*) embryos by vitrification [J]. Theriogenology, 63: 1207-1219.

Chen SL, Tian YS, Yang JF, et al., 2009. Artificial gynogenesis and sex determination in half-smooth tongue sole (*Cynoglossus semilaevis*) [J]. Mar Biotechnol (NY), 11: 243-251.

Chen SU, Lien YR, Cheng YY, et al., 2001. Vitrification of mouse oocytes using closed pulled straws (CPS) achieves a high survival and preserves good patterns of meiotic spindles, compared with conventional straws, open pulled straws (OPS) and grids [J]. Human Reproduction, 16 (11): 2350-2356.

Chen YK，Liu QH，LiJ，et al.，2010. Effect of long-term cryopreservation on physiological charateristics，antioxidant activities and lipid peroxidation of red seabream (*Pagrus major*) sperm [J] . Cryobiology，61：189-193.

Chen Z，Cheng CHC，Zhang J，et al.，2008. Transcriptomic and genomic evolution under constant cold in Antarctic notothenioid fish [J] . Proceedings of the National Academy of Sciences，105 (35)：12944-12949.

Chen ZF，Tian YS，Wang PF，et al.，2018. Embryonic and larval development of a hybrid between kelp grouper *Epinephelus moara* ♀×giant grouper *E. lanceolatus* (♂ using cryopreserved sperm [J] . Aquacult Res，49：1407-1413.

Choi YH，Velez IC，Riera FL，et al.，2011. Successful cryopreservation of expanded equine lastocystsp [J] . Theriogenology，76 (1)：143-152.

Chung KC，Gomes I，Wang D，et al.，1998. Rosner，Raf and fibroblast growth factor phosphorylate elk1 and activate the serum response element of the immediate early gene *pip*92 by mitogen-activated protein kinase-independent as well as -dependent signaling pathways [J] . Mol Cell Biol，18：2272-2281.

Chung SK，Bode A，Cushion TD，et al.，2013. GLRB is the third major gene of effect in hyperekplexia [J] . Human molecular genetics，22 (5)：927-940.

Collins JE，White S，Searle SMJ，et al.，2012. Incorporating RNA-seq data into the zebrafish Ensembl genebuild [J] . Genome research，22 (10)：2067-2078.

Connolly MH，Paredes E，Mazur P，2017. A preliminary study of osmotic dehydration in zebrafish embryos：Implications for vitrification and ultra-fast laser warming [J] . Cryobiology，78：106-109.

Cossins A R，Crawford D L，2005. Fish as models for environmental genomics [J] . Nature Reviews Genetics，6 (4)：324-333.

Cseh S，Horlacher W，Brem G，et al.，1999. Vitrification of mouse embryos in two cryoprotectant solutions [J] . Theriogenology，52：103-113.

Desai K，Spikings E，Zhang T，2011. Effect of chilling on *sox2*，*sox3* and *sox19a* gene expression in zebrafish (*Danio rerio*) embryos [J] . Cryobiology，63 (2)：96-103.

Dhali A，Mamik R S，Das S K，et al.，2000. Vitrification of buffalo (*Bubalus bubalis*) oocytes [J] . Theriogenology，53 (6)：1295-1303.

Dibbens LM，Feng HJ，Richards MC，et al.，2004. GABRD encoding a protein for extra-or peri-synaptic GABAA receptors is a susceptibility locus for generalized epilepsies [J] . Human molecular genetics，13 (13)：1315-1319.

Ding FH，Xiao ZZ，Li J，2007. Preliminary studies on the vitrification of red sea bream (*Pagrus major*) embryos [J] . Theriogenology，68 (5)：702-710.

Dinnyés A，Dai YP，Jiang S，et al.，2000. High developmental rates of vitrified bovine oocytes following parthenogenetic activation，in vitro fertilization，and somatic cell nuclear transfer [J] . Biology of Reproduction，63 (2)：513-518.

Diptendu C，Steven T，Soaleha S，et al.，2015. A simple method for immunohistochemical staining of zebrafish brain sections for c-fos protein expression [J] . Zebrafish，12：414-420.

Dobrinsky JR，Hess FF，Duby RT，et al.，1991. Cryopreservation of bovine embryos by vitrification [J]. Theriogenology，35：194.

Dobrinsky JR，Johnson LA，1994. Cryopreservation of porcine embryos by vitrification：a study of in vitro development [J] . Theriogenology，42：25-35.

Donnay I，Auquier Ph，Kaidi S，et al.，1998. Vitrification in vitro produced bovine blastocysts：methodological studies and developmental capacity [J] . Animal Reproduction Science，52：93-104.

Dreanno C，Sequet M，Quemener L，et al.，1997. Cryopreservation of turbot (*Scophthalmus maximus*) spermatozoa [J] . Theriogenology，48：589-603.

Edashige K，Valdez DM，Hara T，et al.，2006. Japanese flounder (*Paralichthys olivaceus*) embryos are difficult to cryopreserve by vitrification [J] . Cryobiology，53 (1)：96-106.

El-Battawy KA，Linhart O，2009. Preliminary studies on cryopreservation of common tench (*Tinca tinca*) embryos [J] . Reproduction in domestic animals，44 (4)：718-723.

El-Battawy, Linhart O, 2014. Cryopreservation of Common Carp (*Cyprinus carpio*) Embryos using Vitrification [J]. Middle East J Appl Sci, 4 (4): 1155-1160.

Elliott GD, Wang SP, Fuller BJ, 2017. Cryoprotectants: a review of the actions and applications of cryoprotective solutes that modulate cell recovery from ultra-low temperatures [J]. Cryobiology, 76: 74-91.

Eroglu A, Toth TL, Toner M, 1998. Alterations of the cytoskeleton and polyploidy induced by cryopreservation of metaphase Ⅱ mouse oocytes [J]. Fertility and sterility, 69 (5): 944-957.

Eugenio-Gonzaliz MA, Padilla-Zarate G, Oca CMD, et al., 2009. Information Technologies supporting the operation of the germplasm Bank of aquatic species of Baja California, Mexico [J]. Reviews in Fisheries Science, 17 (1): 8-17,

Everett KV, Chioza B, Aicardi J, et al., 2007. Linkage and association analysis of CACNG3 in childhood absence epilepsy [J]. European journal of human genetics, 15 (4): 463-472.

Fahy GM, 1981. Prospects for vitrification of whole organs [J]. Cryobiology, 18: 617.

Fahy GM, 1986. The relevance of cryoprotectant "toxicity" to cryobiology [J]. Cryobiology, 23: 1-13.

Fahy GM, Macfarlane DR, Angell CA, et al., 1984. Vitrification as an approach to cryopreservation [J]. Cryobiology, 21 (4): 407-426.

Fang Y, Xu XY, Shen Y, et al., 2018. Molecular cloning and functional analysis of growth arrest and DNA damage-inducible 45 aa and ab (*Gadd45 aa* and *Gadd45 ab*) in *Ctenopharyngodon idella* [J]. Fish Shellfish Immunol, 77: 187-193.

Fields PA, 2011. Proteins and temperature [M] //Farrel AP. Encyclopedia of Fish Physiology: Energetics, interactions with the environment, lifestyles, and applications. London: Academic Press: 1703-1708.

Fornari DC, Ribeiro RP, Streit D, et al., 2014. Effect of cryoprotectants on the survival of cascudo preto (*Rhinelepis aspera*) embryos stored at -8 degrees C [J]. Zygote, 22: 58-63.

Friedler S, Giudice LC, Lamb EJ, 1988. Cryopreservation of embryos and ova [J]. Fertility & Sterility, 49 (5): 743-764.

Fuller, B. J, 2004. Cryoprotectants: the essential antifreezes to protect life in the frozen state [J]. Cryo Letters, 25 (6): 375-388.

Gal FL, Massip A, 1999. Cryopreservation of cattle oocytes: effects of meiotics stage cycloheximide treatment, and vitrification procedure [J]. Cryobiology, 38: 290-300.

Gao DC, Critser JK, 2000. Mechanisms of cryoinjury in living cells [J]. ILAR J, 41: 187-196.

Gao L, Jia G, Li A, 2017. RNA-Seq transcriptome profiling of mouse oocytes after in vitro maturation and/or vitrification [J]. Sci Rep, 7: 13245.

Garcia-Garcia RM, Gonzalez-Bulnes A, Dominguez V, et al., 2006. Survival of frozen-thawed sheep embryos cryopreserved at cleavage stages [J]. Cryobiology, 52 (1): 108-113.

Glamuzina, B, Glavic, V, Kozul, V, et al., 1998. Induced sex reversal of the dusky grouper, *Epinephelus marginatus* (Lowe, 1834) [J]. Aquaculture Research, 29 (8): 563-568.

Grabherr MG, Haas BJ, Yassour M, et al., 2011. Full-length transcriptome assembly from RNA-Seq data without a reference genome [J]. Nat Biotechnol, 29: 644-652.

Gracey AY, E Jane F, Weizhong L, et al., 1995. Coping with cold: An integrative, multitissue analysis of the transcriptome of a poikilothermic vertebrate [J]. Proceedings of the National Academy of Sciences, 78 (2): 1004-1007.

Gracey AY, Fraser EJ, Li W, et al., 2004. Coping with cold: an integrative, multitissue analysis of the transcriptome of a poikilothermic vertebrate [J]. Proceedings of the National Academy of Sciences, 101 (48): 16970-16975.

Guignot F, Fortini D, Grateau S, et al., 2018. Early steps of cryopreservation of day one honeybee (*Apis mellifera*) embryos treated with low-frequency sonophoresis [J]. Cryobiology, 83: 27-33.

Guillaumet-Adkins A, Rodríguez-Esteban G, 2017. Single-cell transcriptome conservation in cryopreserved cells and tissues [J]. Genome Biol, 18: 45.

Guo M, Wang S, Su Y, et al., 2014. Molecular cytogenetic analyses of *Epinephelus bruneus* and *Epinephelus moara* (Perciformes, Epinephelidae) [J]. PeerJ, 2: e412.

Guo YY, Yang Y, Yi XY, et al., 2019. Microfluidic method reduces osmotic stress injury to oocytes during cryoprotectant addition and removal processes in porcine oocytes [J]. Cryobiology, 90: 63-70.

Gusareva ES, Twizere JC, Sleegers K, et al., 2018. Male-specific epistasis between WWC1 and TLN2 genes is associated with Alzheimer's disease [J]. Neurobiology of aging, 72: 188.

Gwo C, 2000. Cryopreservation of sperm of some marine fishes [M] //Cryopreservation in Aquatic Species: 138-160.

Gwo JC, 1993. Cryopreservation of black grouper *Epinephelus malabaricus* spermatozoa [J]. Theriogenology, 39: 1331-1342.

Gwo JC, 2000. Cryopreservation of aquatic invertebrate semen: a review [J]. Aquac Res, 31: 259-271.

Gwo JC, Ohta H, 2008. Cryopreservation of grouper semen [M] //Methods in Reproductive Aquaculture Marine and Fresh-water Species: 469-474.

Hagedorn M, Hsu E, Kleinhans FW, et al., 1997a. New approaches for studying the permeability of fish embryos: toward successful cryopreservation [J]. Cryobiology, 34 (4): 335-347.

Hagedorn M, Kleinhans FW, Wildt DE, et al., 1997b. Chill sensitivity and cryoprotectant permeability of dechorionated zebrafish embryos, *Brachydanio rerio* [J]. Cryobiology, 34 (3): 251-263.

Hagedorn M, Peterson A, Mazur P, et al., 2004. High ice nucleation temperature of zebrafish embryos: slow-freezing is not an option [J]. Cryobiology, 49: 181-189.

Hamid AA, Mandai M, Fujita J, et al., 2003. Expression of cold inducible RNA-binding protein in the normal endometrium, endometrial hyperplasia and endometrial carcinoma [J]. International Journal of Gynecological Pathology, 22 (3): 240-247.

He S, Woods LC, 2004. Effects of plasma membranes and mitochondria to striped bass (*Morone saxatilis*) sperm [J]. Cryobiology, 48: 254-262.

Healy S, Khan P, Davie JR, 2013. Immediate early response genes and cell transformation [J]. Pharmacol Therapeut, 137: 64-77.

Herrid M, Vajta G, Skidmore JA, 2017. Current status and future direction of cryopreservation of camelid embryos [J]. Theriogenology, 89: 20-25.

Higaki S, Kawakami Y, Eto Y, et al., 2013. Cryopreservation of zebrafish (*Danio rerio*) primordial germ cells by vitrification of yolk-intact and yolk-depleted embryos using various cryoprotectant solutions [J]. Cryobiology, 67: 374-382.

Hochi S, Fujimoto T, Choi Y H, et al., 1994. Pregnancies following transfer of equine embryos cryopreserved by vitrification [J]. Theriogenolog, 42: 483-488.

Holt WV, 2000. Basic aspect of frozen storage of semen [J]. Anim Reprod Sci, 62 (1-3): 3-22.

Hu CY, Yang CH, Chen WY, et al., 2006. *Egr*1 gene knockdown affects embryonic ocular development in zebrafish [J]. Mol Vis, 12: 1250-1258.

Hu J, You F, Wang Q, et al., 2014. Transcriptional responses of olive flounder (*Paralichthys olivaceus*) to low temperature [J]. PLoS ONE, 9 (10): e108582.

Hu W, Marchesi D, Qiao J, et al., 2012. Effect of slow freeze versus vitrification on the oocyte: an animal model [J]. Fertility & Sterility, 98 (3): 752-760.

Imaizumi H, Hotta T, Ohta H, 2005. Cryopreservation of kelp grouper *Epinephelus bruneus* sperm and comparison of fertility of fresh and cryopreserved sperm [J]. Aquaculture Sci, 53 (4): 405-411.

Janik M, Kleinhans FW, Hagedorn M, 2000. Overcoming a permeability barrier by microinjecting cryoprotectants into zebrafish embryos (*Brachydanio rerio*) [J]. Cryobiology, 41 (1): 25-34.

Ji XS, Chen SL, Tian YS, et al., 2004. Cryopreservation of sea perch (*Lateolabrax japonicus*) spermatozoa and feasibility for production-scale fertilization [J]. Aquaculture, 241: 517-528.

Jin B, Kleinhans FW, Mazur P, 2014. Survivals of mouse oocytes approach 100% after vitrification in 3-fold diluted media and ultra-rapid warming by an IR laser pulse [J]. Cryobiology, 68 (3): 419-430.

Jin B, Mazur P, 2015. High survival of mouse oocytes/embryos after vitrification without permeating cryoprotectants followed by ultra-rapid warming with an IR laser pulse [J]. Scientific Reports, 5: 9271.

Jr VD, Hara T, Miyamoto A, et al., 2006. Expression of aquaporin-3 improves the permeability to water and cryoprotectants of immature oocytes in the medaka (*Oryzias latipes*) [J]. Cryobiology, 53 (2): 160-168.

Kaidi S, Donnay I, Van Langendonckt A, et al., 1998. Comparison of two co-culture systems to assess the survival of in vitro produced bovine blastocysts after vitrification [J]. Animal Reproduction Science, 52: 39-50.

Kaidi S, Van Langendonckt A, Massip A, et al., 1999. Cellular alteration after dilution of cryoprotective solutions used for the vitrification of in vitro-produced bovine embryos [J]. Theriogenology, 52: 515-525.

Kalweit S, Nowak C, Obe G, 1990. Hypotonic treatment leads to chromosomal aberrations but not to sister-chromatid exchanges in human lymphocytes [J]. Mutation Research, 245 (1): 5-9.

Kanai Y, Hediger MA, 2004. The glutamate/neutral amino acid transporter family SLC1: molecular, physiological and pharmacological aspects [J]. Pflügers Archiv, 447 (5): 469-479.

Kasai M, 1994. Cryopreservation of mammalian embryos by vitrification [J]. Frontiers in Endocrinology, 4: 481-487.

Kasai M, Hamaguchi Y, Zhu S E, et al., 1992. High survival of rabbit morulae after vitrification in an ethylene glycol based solution by a simple method [J]. Biol Reprod, 46: 1042-1046.

Kasai M, Komi JH, Takakamo A, et al., 1990. A simple method for mouse embryo cryopreservation in a low toxicity vitrification solution, without appreciable loss of viability [J]. J Reprod Fertil, 89: 91-97.

Kasai M, Zhu S E, Pedro P B, et al., 1996. Fracture damage of embryos and its prevention during vitrification and warming [J]. Cryobiology, 33: 459-464.

Kashino G, Liu Y, Suzuki M, et al., 2010. An Alternative Mechanism for Radioprotection by Dimethyl Sulfoxide: Possible Facilitation of DNA Double-strand Break Repair [J]. Journal of Radiation Research, 51 (6): 733-740.

Kawahara A, Che YS, Hanaoka R, et al., 2005. Zebrafish GADD45beta genes are involved in somite segmentation [J]. Proc Natl Acad Sci, 102: 361-366.

Kawakami Y, Saito T, Fujimoto T, et al., 2012. Technical note: viability and motility of vitrified/thawed primordial germ cell isolated from common carp (*Cyprinus carpio*) somite embryos [J]. J Anim Sci, 90 (2): 495-500.

Keivanloo S, Sudagar M, 2016. Cryopreservation of persian sturgeon (*Acipenser persicus*) embryos by dmso-based vitrificant solutions [J]. Theriogenology, 85 (5): 1013-1021.

Kenji M, Atsushi M, Yukio T, et al., 2019. A new vitrification device that absorbs excess vitrification solution adaptable to a closed system for the cryopreservation of mouse embryos [J]. Cryobiology, 88: 9-14.

Khosla K, Wang Y, Hagedorn M, et al., 2017. Gold nanorod induced warming of embryos from the cryogenic state enhances viability [J]. ACS nano, 11 (8): 7869-7878.

Kiriyakit A, Gallardo WG, Bart AN, 2011. Successful hybridization of groupers (*Epinephelus coioides*×*Epinephelus lanceolatus*) using cryopreserved sperm [J]. Aquaculture, 320: 106-112.

Kitajima C, Takaya M, Tsukashima Y, et al., 1991. Development of eggs, larvae and juveniles of the grouper, *Epinephelus septemfasciatus* reared in the laboratory [J]. Ichthyol Res, 38 (1): 47-55.

Kline R J, Khan I A, Soyano K, et al., 2008. Role of follicle-stimulating hormone and androgens on the sexual inversion of seven-band grouper *Epinephelus septemfasciatus* [J]. North American Journal of Aquaculture, 70 (2): 266-272.

Koh I C C, Yokoi K I, Tsuji M, et al., 2010. Cryopreservation of sperm from seven-band grouper, *Epinephelus septemfasciatus* [J]. Cryobiology, 61 (3): 0-267.

Kohli V, Acker JP, Elezzabi AY, 2010a. Reversible permeabilization using high-intensity femtosecond laser pulses: applications to biopreservation [J]. Biotechnology & Bioengineering, 92 (7): 889-899.

Kohli V, Elezzabi AY, Acker JP, 2010b. Cell nanosurgery using ultrashort (femtosecond) laser pulses: Applications to membrane surgery and cell isolation [J]. Lasers in Surgery & Medicine, 37 (3): 227-230.

Kohli V, Robles V, Cancela ML, et al., 2010c. An alternative method for delivering exogenous material into developing zebrafish embryos [J]. Biotechnology & Bioengineering, 98 (6): 1230-1241.

Kong IK, Lee SI, Cho SG, et al., 2000. Comparison of open pulled straw (OPS) vs glass micropipette (GMP) vitrification in mouse blastocysts [J]. Theriogenology, 53 (9): 1817-1826.

Kopeika J, Zhang T, Rawson DM, et al. , 2005. Effect of cryopreservation on mitochondrial DNA of zebrafish (*Danio rerio*) blastomere cells [J], Mutat Res Fund Mol M, 570: 49-61.

Kültz D, Chakravarty D, 2001. Maintenance of genomic integrity in mammalian kidney cells exposed to hyperosmotic stress [J]. Comparative Biochemistry and Physiology Part A: Molecular & Integrative Physiology, 130 (3): 421-428.

Kurokura H, Hirano R, Tomita M, et al. , 1984. Cryopreservation of carp sperm [J]. Aquaculture, 37: 267-273.

Kusuda S, Teranishi T, Koide N, 2002. Cryopreservation of chum salmon blastomeres by the straw method [J]. Cryobiology, 45: 60-67.

Kuwayama M, 2007. Highly efficient vitrification for cryopreservation of human oocytes and embryos: the Cryotop method [J]. Theriogenology, 67 (1): 73-80.

Labbe C, Crowe LM, Crowe JH, 1997. Stability of the lipid component of trout sperm plasma membrane during freeze-thawing [J]. Cryobiology, 34 (2): 176-182.

Lahnsteiner F, 2008. The effect of internal and external cryoprotectants on zebrafish (*Danio rerio*) embryos [J]. Theriogenology, 69 (3): 384-396.

Landa V, Teplá O, 1990. Cryopreservation of mouse 8-cell embryos in microdrops [J]. Folia Biologica, 36 (3-4): 153.

Lane M, Schoolcraft WB, Gardner DK, 1999. Vitrification of mouse and humanblastocysts using a novel cryoloop container-less technique [J]. Fertility & Sterility, 72 (6): 1073-1078.

Lazar L, Spak J, David V, 2000. The vitrification of invitro fertilized cow blastocysts by the open pulled straw method [J]. Therigenology, 54: 571-578.

Li C, Li J, Xue QZ, 2001. Cryopreservation of spermatozoa of red sea bream *Pagrosomus major* [J]. Mar Sci, 25: 6-8.

Li HJ, Jae HB, Won SE, et al. , 2001. Transduction of human catalase mediated by an HIV-1 TAT protein basic domain and arginine-rich peptides into mammalian cells [J]. Free Radical Bionogy and Medicine, 31 (11): 1509-1519.

Li L, Carter J, Gao X, et al. , 2005. Tourtellotte, The neuroplasticityassociated arc gene is a direct transcriptional target of early growth response (*Egr*) transcription factors [J]. Mol Cell Biol, 25: 10286-10300.

Li LL, Tian YS, Li ZT, et al. , 2022. Cryopreservation of embryos of humpback grouper (*Cromileptes altivelis*) using combinations of non-permeating cryoprotectants [J]. Aquaculture, 548: 737524.

Li Y, Musacchio M, Finkelstein R, 1998. A homologue of the calcium-binding disulfide isomerase CaBP1 is expressed in the developing CNS of Drosophila melanogaster [J]. Developmental genetics, 23 (2): 104-110.

Liebermann J, Tucker MJ, 2002. Effect of carrier system on the yield of human oocytes and embryos as assessed by survival and developmental potential after vitrification [J]. Reproduction, 124 (4): 483-489.

Lin C, Spikings E, Zhang T, et al. , 2009. Effect of chilling and cryopreservation on expression of Pax genes in zebrafish (*Danio rerio*) embryos and blastomeres [J]. Cryobiology, 59 (1): 42-47.

Liu HC, He Z, Rosenwaks Z, 2003. Mouse ovarian tissue cryopreservation has only a minor effect on *in vitro* follicular maturation and gene expression [J]. Journal of Assisted Reproduction & Genetics, 20 (10): 421-431.

Liu QH, Lu G, Che K, et al. , 2011. Sperm cryopreservation of the endangered red spotted grouper, *Epinephelus akaar*a, with aspecial emphasis on membrane lipids [J]. Aquaculture, 318: 185-190.

Liu QH, Xiao ZZ, Wang XY, et al. , 2016. Sperm cryopreservation in different grouper subspecies and application in interspecific hybridization [J]. Theriogenology, 85: 1399-1407.

Liu S, Zhang Y, Zhou Z, et al. , 2012. Efficient assembly and annotation of the transcriptome of catfish by RNA-Seq analysis of a doubled haploid homozygote [J]. BMC genomics, 13 (1): 595.

Liu XB, Li XM, Du XX, et al. , 2019. Spotted knifejaw (*Oplegnathus punctatus*) MyD88: Intracellular localization, signal transduction function and immune responses to bacterial infection [J]. Fish & Shellfish Immunology, 89: 719-726.

Liu XF, Wu YH, Wei SN, et al. , 2018. Establishment and characterization of a kidney cell line from kelp grouper *Epinephelus moara* [J]. Fish Physiol Biochem, 44: 87-93.

Liu XH, Zhang TT, Rawson DM, 1998. Feasibility of vitrification ofzebrafish (*Danio rerio*) embryos using methanol [J]. Cryo Letters, 19 (5): 309-318.

Liu YH, Zhang YZ, Zhong YP, et al., 2016. Morphological observation on the larva, juvenile and young of *Epinephelus moara* [J]. Journal of Applied Oceanography, 35 (4): 514-522.

Livak KJ, Schmittgen TD, 2001. Analysis of relative gene expression data using realtime quantitative PCR and the 2-$\Delta\Delta$CT method [J]. Methods, 25: 402-408.

Long Y, Li L, Li Q, et al., 2012, Transcriptomic characterization of temperature stress responses in larval zebrafish [J]. PloS one, 7 (5): e37209.

Long Y, Song G, Yan J, et al., 2013. Transcriptomic characterization of cold acclimation in larval zebrafish [J]. BMC Genom, 14: 612.

Loutradi KE, Kolibianakis EM, Venetis CA, et al., 2008. Cryopreservation of human embryos by vitrification or slow freezing: a systematic review and meta-analysis [J]. Fertil Steril, 90: 186-193.

Lu LJ, Chen C, Ma AJ, et al., 2011. Studies on the feeding behavior and morphological developments of *Epinephelus moara* in early development stages [J]. Oceanol Limnol Sinica, 42: 822-829.

Luyet BJ, 1937. The vitrification of organic colloids and of protoplasm [J]. Biodynamica, 29 (29): 1-14.

Lynch PT, Siddika A, Johnston J W, et al., 2011. Effects of osmotic pretreatments on oxidative stress, antioxidant profiles and cryopreservation of olive somatic embryos [J]. Plant Science, 181: 47-56.

Martinez AG, Matkovic M, Pessi HD, et al., 1998. Cryopreservation of ovine embryos: slow freezing and vitrification [J]. Theriogenology, 49: 1039-1049.

Martínez-Páramo S, Horváth Ákos, Labbé C, et al., 2017. Cryobanking of aquatic species [J]. Aquaculture, 472: 156-177.

Massar B, Dey S, Dutta K, 2011. An electron microscopic analysis on the ultra structural abnormalities in sperm of the common carp *Cyprinus carpio* L. inhabiting a polluted lake, Umiam (Meghalaya, India) [J]. Microsc Res Tech, 74: 998-1005.

Massip A, Van Der Zwalmen P, Scheffen B, et al., 1989. Some significant steps in the cryopreservation of mammalian embryos with a note on a vitrification procedure [J]. Anim Reprod Sci, 19: 117-129.

Matz JM, Blake MJ, Tatelman HM, et al., 1995. Characterization and regulation of cold-induced heat shock protein expression in mouse brown adipose tissue [J], Am J Physiol Reg I, 269: R38-R47.

Mazur P, 1984. Freezing of living cells: Mechanism and implications [J]. Am J Physiol, 247: 125-142.

Mccarthy MJ, Baumber J, Kass PH, et al., 2010. Osmotic Stress Induces Oxidative Cell Damage to Rhesus Macaque Spermatozoa [J]. Biology of Reproduction, 82 (3): 644.

Men HS, Chen JC, Ji WZ, et al., 1997. Kunming mouse oocytes using slow cooling, ultrarapid cooling and vitrification protocols [J]. Theriogenology, 47: 1423-1431.

Meryman HT, 1971. Cryoprotective agents [J]. Cryobiology, 8 (2): 173-183.

Michalakis S, Geiger H, Haverkamp S, et al., 2005. Impaired opsin targeting and cone photoreceptor migration in the retina of mice lacking the cyclic nucleotide-gated channel CNGA3 [J]. Investigative ophthalmology & visual science, 46 (4): 1516-1524.

Michalakis S, Mühlfriedel R, Tanimoto N, et al., 2010. Restoration of cone vision in the CNGA3-/- mouse model of congenital complete lack of cone photoreceptor function [J]. Molecular therapy, 18 (12): 2057-2063.

Michaud S, Marin R, Tanguay R M, 1997. Regulation of heat shock gene induction and expression during drosophila development [J]. Cellular & Molecular Life Sciences Cmls, 53 (1): 104-113.

Miyak K, Nakano S, Ohta H, et al., 2005. Cryopreservation of kelp grouper *Epinephelus moara* sperm using only a trehalose solution [J]. Fish Sci, 71: 457-458.

Miyake T, Kassi M, Zhe S E, et al., 1993. Vitrification of mouse oocytes and embryos at various stage of development in ethylene glycol-based solution by a simple method [J]. Theriogenology, 40: 121-134.

Mochida K, Hasegawa A, Taguma K, et al., 2011. Cryopreservation of Mouse Embryos by Ethylene Glycol-Based Vitrification [J]. Journal of Visualized Experiments (57): e3155.

Momozawa K, Matsuzawa A, Tokunaga Y, et al., 2017. Efficient vitrification of mouse embryos using the Kitasato Vitrification System as a novel vitrification device [J]. Reprod Biol Endocrinol, 15 (1): 29.

Morgan JR, DiPaolo G, Werner H, et al., 2004, A role for talin in presynaptic function [J]. The Journal of cell biology, 167 (1): 43-50.

Mortazavi A, Williams B A, McCue K, et al., 2008. Mapping and quantifying mammalian transcriptomes by RNA-Seq [J]. Nature methods, 5 (7): 621.

Moskalev A, Plyusnina E, Shaposhnikov M, et al., 2012. The role of D-GADD45 in oxidative, thermal and genotoxic stress resistance [J]. Cell Cycle, 11: 4222-4241.

Moskalev A, Smit-McBride Z, Shaposhnikov MV, et al., 2012. Gadd45 proteins: relevance to aging, longevity and age-related pathologies [J]. Ageing Res Rev, 11: 51-66.

Mukaida T, Oka C, 2012. Vitrification of oocytes, embryos and blastocysts [J]. Best Pract Res Clin Obstet Gynaecol, 26: 789-803.

Munday BL, Kwang J, Moody N, 2002. Betanodavirus infections of teleost fish: a review [J]. J Fish Dis, 25: 127-142.

Nakanishi S, Adhya S, Gottesman M, et al., 1974. Activation of transcription at specific promoters by glycerol [J]. Journal of Biological Chemistry, 249 (13): 4050-4056.

Neeb A, Wallbaum S, Novac N, et al., 2011. The immediate early gene Ier2 promotes tumor cell motility and metastasis, and predicts poor survival of colorectal cancer patients [J]. Oncogene, 31: 3796.

Nelson RG, Jr JW, 1970. Conformation of DNA in ethylene glycol [J]. Biochemical & Biophysical Research Communications, 41 (1): 211-216.

Nguyen B X, Sotomaru Y, Tani T, et al., 2000. Efficient cryopreservation of ovine blastocysts derived from nuclear transfer with somatic cells using partial dehydration and vitrification [J]. Theriogenology, 53 (7): 1439-1448.

O' Neil L, Paynter S J, Fuller B J, et al., 1998. Vitrification of mature mouse oocytes in a 6 M Me$_2$ SO solution supplemented with antifreeze glycoproteins: The effect of temperature [J]. Cryobiology, 37: 59-66.

Oberstein N, O'Donovan MK, Bruemmer JE, et al., 2001. Cryopreservation of equine embryos by open pulled straw, cryoloop, or conventional slow cooling methods [J]. Theriogenology, 55: 607-613.

Oh DJ, Kim JY, Lee JA, et al., 2007. Complete mitochondrial genome of the rock bream *Oplegnathus fasciatus* (Perciformes, Oplegnathidae) with phylogenetic considerations [J]. Gene, 392 (1-2): 174-180.

Oh SR, Lee CH, Kang HC, et al., 2013. Evaluation of fertilizing ability using frozen thawed sperm in the Longtooth Grouper, *Epinephelus bruneus* [J]. Animal Science Journal, 17 (4): 345-351.

Ohboshi S, Fujihara N, Yoshida T, et al., 1997. Usefulness of polyethylene glycol for cryopreservation by vitrification of on vitro-derived bovine blastocysts [J]. Animal Reproduction Science, 48: 27-36.

Okuno M, Morisawa M, 1989. Effects of calcium on motility of rainbow trout sperm flagella demembranated with triton X-100 [J]. Cell motility and the cytoskeleton, 14 (2): 194-200.

Okuyama T, Suehiro Y, Imada H, et al., 2011. Induction of c-fos transcription in the medaka brain (*Oryzias latipes*) in response to mating stimuli [J]. Biochem Bioph Res Co, 404: 453-457.

PaesMdo C, da Silva R C, do Nascimento N F, et al., 2014. Hatching, survival and deformities of piracanjuba (*Brycon orbignyanus*) embryos subjected to different cooling protocols [J]. Cryobiology, 69 (3): 451-456.

Palstra AP, Beltran S, Burgerhout E, et al., 2013. Deep RNA sequencing of the skeletal muscle transcriptome in swimming fish [J]. PloS one, 8 (1).

Partyka A, Łukaszewicz E, Niżański W, 2012. Effect of cryopreservation on sperm parameters, lipid peroxidation and antioxidant enzymes activity in fowl semen [J]. Theriogenology, 77: 1497-1504. Paul A K, Liang Y, Srirattana K, et al., 2018. Vitrification of bovine matured oocytes and blastocysts in a paper container [J]. Animal Science Journal, 89, 307-315.

Peatpisut T, Bart AN, 2010. Cryopreservation of sperm from natural and sex-reversed orange-spotted grouper (*Epinephelus coioides*) [J]. Aquaculture Research, 42: 22-30.

Pedro PB, Yokoyama E, Zhu SE, et al., 2005. Permeability of mouse oocytes and embryos at various developmental stages to five cryoprotectants [J]. J Reprod Dev, 51：235-246.

Pei W, Feldman B, 2009. Identification of common and unique modifiers ofzebrafish midline bifurcation and cyclopia [J]. Developmental Biology, 326 (1)：201-211.

Pessoa NO, Galvao JA, De Souza Filho FG, et al., 2015. Cooling of pirapitinga (*Piaractus brachypomus*) embryos stored at -10 masculinec [J]. Zygote, 23 (3)：453-462.

Philpott M, 1993. The dangers of disease transmission by artificial insemination and embryo transfer [J]. Br Vet J, 149：339-369.

Place SP, Hofmann GE, 2005. Constitutive expression of a stress-inducible heat shock protein gene, *hsp70*, in phylogenetically distant Antarctic fish [J]. Polar Biology, 28 (4)：261-267.

Qian X, Ba Y, Zhuang Q, et al., 2014. RNA-Seq technology and its application in fish transcriptomics [J]. Omics：a journal of integrative biology, 18 (2)：98-110.

Rahman SM, Majhi SK, Suzuki T, et al., 2008. Suitability of cryoprotectants and impregnation protocols for embryos of japanese whiting *Sillago japonica* [J]. Cryobiology, 57 (2)：170-174.

Rahman SM, Strüssmann, CA, Majhi SK, et al., 2011. Efficiency of osmotic and chemical treatments to improve the permeation of the cryoprotectant dimethyl sulfoxide to Japanese whiting (*Sillago japonica*) embryos. Theriogenology, 75 (2)：248-255.

Rahman SM, Strüssmann CA, Suzuki T, et al., 2013. Electroporation enhances permeation of cryoprotectant (dimethyl sulfoxide) into Japanese whiting (*Sillago japonica*) embryos [J]. Theriogenology, 79 (5)：853-858.

Rahman SM, Strüssmann CA, Suzuki T, et al., 2017. Effects of ultrasound on permeation of cryoprotectants into Japanese whiting *Sillago japonica* embryos [J]. Cryobiology, 77：19-24.

Raju R, Bryant SJ, Wilkinson BL, et al., 2021. The need for novel Cryoprotectants and cryopreservation protocols：Insights into the importance of biophysical investigation and cell permeability [J]. BBA-General Subjects, 1865：129749.

Rall WF, 1987. Factors affecting the survival of mouse embryos cryopreserved by vitrification [J]. Cryobiology, 24：387-402.

Rall WF, 1993. Recent advances in the cryopreservation of salmonid fishes [M] //Genetic Conservation of Salmonid Fishes. New York：Plenum.

Rall WF, Fahy GM, 1985. Ice-free cryopreservation of mouse embryos at −196℃ by vitrification [J]. Nature, 313：573-575.

Richardson GF, Wilson CE, Crim LW, et al., 1999. Cryopreservatin of yellowtail flounder (*Pleuronectes ferrugineus*) semen in large straws [J]. Aquaculture, 174：89-94.

Richman TR, Spåhr H, Ermer JA, et al., 2016. Loss of the RNA-binding protein TACO1 causes late-onset mitochondrial dysfunction in mice [J]. Nature communications, 7 (1)：1-14.

Riesco MF, Robles V, 2013. Cryopreservation causes genetic and epigenetic changes in zebrafish genital ridges [J]. PloS One, 8：e67614.

Robles V, Barbosa V, Herráez MP, et al., 2007. The antifreeze protein type Ⅰ (AFP Ⅰ) increases seabream (*Sparus aurata*) embryos tolerance to low temperatures [J]. Theriogenology, 68 (2)：284-289.

Robles V, Cabrita E, Anel L, et al., 2006. Microinjection of the antifreeze protein type Ⅲ (AFP Ⅲ) in turbot (*Scophthalmus maximus*) embryos：Toxicity and protein distribution [J]. Aquaculture, 261 (4)：1299-1306.

Robles V, Cabrita E, de Paz P, et al., 2004. Effect of a vitrification protocol on the lactate dehydrogenase and glucose-6-phosphate dehydrogenase activities and the hatching rates of Zebrafish (*Danio rerio*) and Turbot (*Scophthalmus maximus*) embryos [J]. Theriogenology, 61 (7-8)：1367-1379.

Robles V, Cabrita E, Fletcher GL, et al., 2005. Vitrification assays with embryos from a cold tolerant sub-arctic fish species [J]. Theriogenology, 64：1633-1646.

Robles V, Cabrita E, Paz PD, et al., 2004. Effect of a vitrification protocol on the lactate dehydrogenase and glucose-6-phosphate dehydrogenase activities and the hatching rates of Zebrafish (*Danio rerio*) and Turbot (*Scophthalmus maximus*) embryos [J]. Theriogenology, 61 (7-8)：1367-1379.

Routray P，Suzuki T，Strüssmann CA，et al.，2002. Factors affecting the uptake of DMSO by the eggs and embryos of medaka, Oryzias latipes [J] . Theriogenology，58 (8)：1483-1496.

Rozen S，Skaletsky H，2000. Primer3 on the WWW for general users and for biologist programmers [J] . Methods Mol Biol，132：365-386.

Ryan JC，Morey JS，Bottein M-YD，et al.，2010. Gene expression profiling in brain of mice exposed to the marine neurotoxin ciguatoxin reveals an acute anti-inflammatory, neuroprotective response [J] . BMC Neurosci，11：107.

Sabate S，Sakakura Y，Shiozaki M，et al.，2009. Onset and development of aggressive behaviour in the early life stages of the seven-band grouper Epinephelus septemfasciatus [J] . Aquaculture，290：97-103.

Sansone G，Fabbrocini A，Ieropoli S，et al.，2002. Effects of extender composition, cooling rate, and freezing on the motility of sea bass (Dicentrarchus labrax L.) spermatozoa after thawing [J] . Cryobiology，44：229-239.

Santacruz H，Vriz S，Angelier N，1997. Molecular characterization of a heat shock cognate cDNA of zebrafish, HSC70, and developmental expression of the corresponding transcripts [J] . Developmental Genetics，21 (3)：223-233.

Sarropoulou E，Galindo-Villegas J，García-Alcázar A，et al.，2012. Characterization of European sea bass transcripts by RNA SEQ after oral vaccine against V. anguillarum [J] . Marine biotechnology，14 (5)：634-642.

Sarter K，Papadaki M，Zanuy S，et al.，2006. Permanent sex inversion in 1-year-old juveniles of the protogynous dusky grouper (Epinephelus marginatus) using controlled-release 17α-methyltestosterone implants [J] . Aquaculture，256：443-456.

Sasnoor LM，Kale VP，Limaye LS，et al.，2005. Prevention of apoptosis as apossible mechanism behind improved cryoprotection of hematopoietic cells by catalase and trehalose [J] . Transplantation，80 (9)：1251-1260.

Saunders CM，Larman MG，Parrington J，et al.，2002. PLCζ: a sperm-specific trigger of Ca^{2+} oscillations in eggs and embryo development [J] . Development，129 (15)：3533-3544.

Schneider N，Cordeiro S，Machtens JP，et al.，2014. Functional properties of the retinal glutamate transporters GLT-1c and EAAT5 [J] . Journal of Biological Chemistry，289 (3)：1815-1824.

Schulze SK，Kanwar R，Golzenleuchter M，et al.，2012. SERE: single-parameter quality control and sample comparison for RNA-Seq [J] . BMC Genom，13：524.

Schwartz AM，Fasman GD，2010. Thermal denaturation of chromatin and lysine copolymer-DNA complexes. Effects of ethylene glycol [J] . Biopolymers，18 (5)：1045-1063.

Seidenbecher CI，Landwehr M，Smalla KH，et al.，2004. Caldendrin but not calmodulin binds to light chain 3 of MAP1A/B: an association with the microtubule cytoskeleton highlighting exclusive binding partners for neuronal $Ca2^+$-sensor proteins [J] . Journal of molecular biology，336 (4)：957-970. Seki S，Kouya T，Tsuchiya R，et al.，2011. Cryobiological properties of immature zebrafish oocytes assessed by their ability to be fertilized and develop into hatching embryos [J] . Cryobiology，62 (1)：8-14.

Seki S，Mazur P，2009. The dominance of warming rate over cooling rate in the survival of mouse oocytes subjected to a vitrification procedure [J] . Cryobiology，59 (1)：75-82.

Seki S，Mazur P，2012. Ultra-Rapid Warming Yields High Survival of Mouse Oocytes Cooled to −196℃ in Dilutions of a Standard Vitrification Solution [J] . Plos One，7 (4)：e36058.

Selman C，MclLaren JS，Himanka MJ，et al.，2000. Effect of long-term cold exposure on antioxidant enzyme activities in a small mammal [J] . Free Radical Biology and Medicine，28 (8)：1279-1285.

Seraydarian MW，Abbot BC，1976. The role of the creatine—phosphokinase system in muscle [J] . Journal Mol Cell Cardiol，8 (10)：741-746.

Shan Y，Su Q，Xu R，et al.，2015. Reference gene selection for real-time quantitative PCR analysis on ovarian cryopreservation by vitrification in mice [J] . Journal of Assisted Reproduction & Genetics，32 (8)：1-8.

Shein NL，Takushima M，Nagae M，et al.，2003. Molecular cloning of gonadotropin cDNA in sevenband grouper, Epinephelus septemfasciatus [J] . Fish Physiology and Biochemistry，28 (1-4)：107-108.

Shin J，Oh D，Sohn Y C，2006. Molecular characterization and expression analysis of stanniocalcin-1 in turbot (Scophthalmus maximus) [J] . General & Comparative Endocrinology，147 (2)：214-221.

Shin SC, Kim SJ, Lee JK, et al., 2012. Transcriptomics and comparative analysis of three Antarctic notothenioid fishes [J]. PloS one, 7 (8): e43762.

Shogo Higaki, Yutaka Kawakam, 2013. Cryopreservation of zebrafish (*Danio rerio*) primordial germ cells by vitrification of yolk-intact and yolk-depleted embryos using various cryoprotectant solutions [J]. Cryobiology, 67: 374-382.

Sikka SC, 2004. Role of oxidative stress and antioxidants in andrology and assisted reproductive technology [J]. Journal of Andrology, 25 (1): 5-18.

Silakes S, Bart AN, 2010. Ultrasound enhanced permeation of methanol into zebrafish, *Danio rerio*, embryos [J]. Aquaculture, 303 (1): 71-76.

Silvestre MA, Saeed AM, Escribá MJ, et al., 2002. Vitrification and rapid freezing of rabbit fetal tissues and skin samples from rabbits and pigs [J]. Theriogenology, 58: 69-76.

Stachecki JJ, Cohen J, Willadsen S, 1998. Detrimental effects of sodium during mouse oocyte cryopreservation [J]. Biology of reproduction, 59 (2): 395-400.

Steponkus P L, Myers S P, Lynch D V, et al., 1991. Cryobiology of Drosophila Melanogaster Embryos [M] // Insects at Low Temperature. Berlin: Springer.

Stoss J, Donaldson E N, 1983. Studies oncryoproservation of eggs from rainbow trout and coho salmon [J]. Aquaculture, 31: 51-61.

Strüssmann CA, Nakatsugawa H, Takashima F, et al., 1999. Cryopreservation of isolated fish blastomeres: Effects of cell stage, cryoprotectant concentrion, and cooling rate on postthawing survival [J]. Cryobiology, 39: 252-261.

Sun Y, Oberley LW, Li Y, 1988. A simple method for clinical assay of superoxide dismutase [J]. Clinical Chemistry, 34: 497-500.

Sun YY, Yin Y, Zhang JF, et al., 2007. Bioaccumulation and ROS generation in liver of freshwater fish, goldfish Carassius auratus under HC Orange No. 1 exposure [J]. Environmental Toxicology, 22 (3): 256-263.

Surendran S, Rady PL, Michals-Matalon K, et al., 2003. Expression of glutamate transporter, GABRA6, serine proteinase inhibitor 2 and low levels of glutamate and GABA in the brain of knock-out mouse for Canavan disease [J]. Brain research bulletin, 61 (4): 427-435.

Suzuki T, Higgins PJ, Crawford DR, 2000. Control selection for RNA quantitation [J]. Biotechniques, 29 (29): 332-337.

Tachataki M, Winston RML, Taylor DM, 2003. Quantitative RT-PCR reveals tuberous sclerosis gene, TSC2, mRNA degradation following cryopreservation in the human preimplantation embryo [J]. Mol Hum Reprod, 9: 593-601.

Tachikawa S, Otoi T, Kondo S, et al., 1993. Successful vitrification of bovine blastocysts, derived by in vitro maturation and fertilization [J]. Mol Repred dev, 34: 266-271.

Takekawa M, Saito H, 1998. A family of stress-inducible GADD45-like proteins mediate activation of the stress-responsive MTK1/MEKK4 MAPKKK [J]. Cell, 95: 521-530.

Tanaka S, Zhang H, Horie N, et al., 2002. Long-term cryopreservation of sperm of Japanese eel [J]. Journal of Fish Biology, 60: 139-146.

Tarttelin EE, Bellingham J, Hankins MW, et al., 2003. Neuropsin (Opn5): a novel opsin identified in mammalian neural tissue [J]. FEBS letters, 554 (3): 410-416.

Teruya K, Yoseda K, Oka M, et al., 2008. Effects of photoperiod on survival, growth and feeding of seven band grouper *Epinephelus septemfaciatus* larvae [J]. Nippon Suisan Gakkaishi, 74 (4): 645-652.

Tetsunori Mukaida MD, Sanae Nakamura BS, Tatsuhiro Tomiyama MD, et al., 2001. Successful birth after transfer of vitrified human blastocysts with use of a cryoloop container technique [J]. Fertility and Sterility, 3: 618-620.

Thuwanut P, Chatdarong K, Johannisson A, et al., 2010. Cryopreservation of epididymal cat spermatozoa effects of in vitro antioxidative enzymes supplementation and lipid peroxidation induction [J]. Theriogenology, 73: 1076-1087.

Tian YS, Chen SL, Ji XS, et al., 2008. Cryopreservation of spotted halibut (*Verasper variegatus*) sperm [J]. Aquaculture, 284: 268271.

Tian YS, Chen ZF, Tang J, et al., 2017. Effects of cryopreservation at various temperatures on the survival of kelp grouper (*Epinephelus moara*) embryos from fertilization with cryopreserved sperm [J]. Cryobiology, 75: 37-44.

Tian YS, Jiang J, Song LN, et al., 2015. Effects of cryopreservation on the survival rate of the seven-band grouper (*Epinephelus septemfasciatus*) embryos [J]. Cryobiology, 71 (3): 499-506.

TianYS, Jiang J, Wang N, et al., 2015. Sperm of the giant grouper: cryopreservation, physiological and morphological analysis and application in hybridizations with red-spotted grouper [J]. Journal of Reproduction and Development, 61 (4): 333-339.

Tian YS, Qi WS, Jiang J, et al., 2010. Sperm cryopreservation of sex-reversed seven-band grouper, *Epinephelus septemfasciatus* [J]. Animal Reproduction Science, 137 (3-4): 230-236.

Tian YS, Zhang JJ, Li ZT, et al., 2018. Effect of vitrification solutions on survival rate of cryopreserved, *Epinephelus* moara, embryos [J]. Theriogenology, 113: 183-191.

Trapnell C, Williams BA, Pertea G, et al., 2010. Pachter, Transcript assembly and quantification by RNASeq reveals unannotated transcripts and isoform switching during cell differentiation [J]. Nat Biotechnol, 28、511.

Vajta G, Booth PJ, Holm P, et al., 1997. Use of vitrified day 3 embryos as donors in bovine nuclear transfer [J]. Cryo-letters, 18 (6): 355-358.

Vajta G, Kuwayama M, Van der Zwalmen P, 2007. Disadvantages and benefits of vitrification [M] //Michael T, Juergen L. Vitrification in assisted reproduction: a user's manual and trouble-shooting guide. Boca Raton: CRC Press.

Vandesompele J, Preter K D, Pattyn F, et al., 2002. Accurate normalization of real-time quantitative RT-PCR data by geometric averaging of multiple internal control genes [J]. Genome Biology, 3 (7): research0034.

Wagh V, Meganathan K, Jagtap S, 2011. Effects of cryopreservation on the transcriptome of human embryonic stem cells after thawing and culturing [J]. Stem Cell Rev, 7: 506-517.

Wai-sum O, Chen H, Chow P H, 2006. Male genital antioxidant enzymes-their ability to preserve sperm DNAintegrityv [J]. Molecular Cellular Endocrinology, 250 (1-2): 80-83.

Wallace R A, Selman K, 1990. Ultrastructural aspects of oogenesis and oocyte growth in fish and amphibians [J]. Journal of Electron Microscopy Technique, 16 (3): 175-201.

Wang C, Hosono K, Kachi S, et al., 2016. Novel OPN1LW/OPN1MW deletion mutations in 2 Japanese families with blue cone monochromacy [J]. Human genome variation, 3: 16011.

Wang CH, Chen SL, Tian YS, et al., 2007. Study on the cryopreservation of Japanese flounder (*Paralichthys olivaceus*) embryos by a programmed freezing method [J]. Marine Fisherrees Research, 28 (3): 57-64.

Wang LN, Tian YS, Cheng ML, et al., 2019. Transcriptome comparative analysis of immune tissues from asymptomatic and diseased *Epinephelus moara* naturally infected with nervous necrosis virus [J]. Fish & shellfish immunology, 93: 99-107.

Wang RY, Guan M, Rawson DM, et al., 2008. Ultrasound enhanced methanol penetration of zebrafish (*Danio rerio*) embryos measured by permittivity changes using impedance spectroscopy [J]. European Biophysics Journal, 37 (6): 1039-1044.

Wang RY, Zhang T, Bao Q, et al., 2006. Study on Fish Embryo Responses to the Treatment of Cryoprotective Chemicals Using Impedance Spectroscopy [J]. European Biophysics Journal, 35 (3): 224-230.

Wang Z, Gerstein M, Snyder M, 2009. RNA-Seq: a revolutionary tool for transcriptomics [J]. Nature reviews genetics, 10 (1): 57-63.

Wersinger E, Schwab Y, Sahel JA, et al., 2006. The glutamate transporter EAAT5 works as a presynaptic receptor in mouse rod bipolar cells [J]. The Journal of physiology, 577 (1): 221-234.

Wessels C, Penrose L, Ahmad K, et al., 2017. Noninvasive embryo assessment technique based on buoyancy and its association with embryo survival after cryopreservation [J]. Theriogenology, 103: 169-172.

Wildt DE, 1992. Genetic resource banking for conserving wildlife species: Justification, examples and becoming organized on a global basis [J]. Anim Reprod Sci, 28: 247-257.

Windisch HS, Frickenhaus S, John U, et al., 2014. Stress response or beneficial temperature acclimation: transcriptomic signatures in A ntarctic fish (*Pachycara brachycephalum*) [J]. Molecular ecology, 23 (14): 3469-3482.

Wingard JN, Chan J, Bosanac I, et al., 2005. Structural analysis of Mg^{2+} and Ca^{2+} binding to CaBP1, a neuron-specific regulator of calcium channels [J]. Journal of Biological Chemistry, 280 (45): 37461-37470.

Withler FC, Lim LC, 1982. Preliminary observations of chilled and deep-frozen storage of grouper *Epinephelus tauvina* sperm [J], Aquaculture, 27: 289-392.

Wolfe J, Bryant G, 2001. Cellular cryobiology: thermodynamic and mechanical effects [J]. International Journal of Refrigeration, 24 (5): 438-450.

Wu GQ, Quan GB, Shao QY, et al., 2016. Cryotop vitrification of porcine parthenogenetic embryos at the early developmental stages [J]. Theriogenology, 85 (2): 434-440.

Xiao ZZ, Zhang LL, Xu XZ, et al., 2008. Effect of cryoprotectants on hatching rate of red seabream (*Pagrus major*) embryos [J]. Theriogenology, 70 (7): 1086-1092.

Yamashita H, Mori K, Nakai T, 2009. Protection conferred against viral nervous necrosis by simultaneous inoculation ofaquabirnavirus and inactivated betanodavirus in the seven-band grouper, *Epinephelus septemfasciatus* (Thunberg) [J]. J Fish Dis, 32 (2): 201-210.

Yang S, Wang L, Zhang Y, et al., 2011. Development and characterization of 32 microsatellite loci in the giant grouper *Epinephelus lanceolatus* (Serranidae) [J]. Genet Mol Res, 10: 4006-4011.

Yang Y, Liu D, Wu L, et al., 2019. Comparative transcriptome analyses reveal changes of gene expression in fresh and cryopreserved yellow catfish (*Pelteobagrus fulvidraco*) sperm and the effects of Cryoprotectant Me_2SO [J]. International journal of biological macromolecules, 133: 457-465.

Youm HS, Choi JR, Oh D, et al., 2017. Closed versus open vitrification for human blastocyst cryopreservation: Ameta-amalysis [J]. Cryobiology, 77: 64-70.

Youngs CR, 2011. Cryopreservation of preimplantation embryos of cattle, sheep, and goats [J]. Journal of Visualized Experiments, 54: e2764.

Yurchuk T, Petrushko M, Fuller B, 2018. Science of cryopreservation in reproductive medicine-Embryos and oocytes as exemplars [J]. Early Hum Dev, 126: 6-9.

Yusoff M, Hassan BN, Ikhwanuddin M, et al., 2018. Successful sperm cryopreservation of the brown-marbled grouper, *Epinephelus fuscoguttatus*, using propylene glycol as cryoprotectant [J]. Cryobiology, 81: 168-173.

Zhang J, Hu Y H, Sun B G, et al., 2013. Selection of normalization factors for quantitative real time RT-PCR studies in Japanese flounder (*Paralichthys olivaceus*) and turbot (*Scophthalmus maximus*) under conditions of viral infection [J]. Veterinary Immunology & Immunopathology, 152 (3-4): 303-316.

Zhang JJ, Tian YS, Li ZT, et al., 2019. Optimization of vitrification factors 1 for embryo cryopreservation of kelp grouper (*Epinephelus moara*) [J]. Theriogenology, 142: 390-399.

Zhang JJ, Tian YS, Li ZT, et al., 2020. Cryopreservation of kelp grouper (*Epinephelus moara*) embryos using non-permeating cryoprotectants [J]. Aquaculture, 519: 734939.

Zhang JM, Wang HC, Wang HX, et al., 2013. Oxidative and activities of caspase-9, -9, and -3 are involved in cryopreservation-induced apoptosis in granulosa cells [J]. European Journal of Obstetrics & Gynecology and Reproductive Biology, 166: 52-55.

Zhang T, 1993. Cryopresevation of prehatch embryos of zebrafish [J]. Aquat Living Resour, 6: 145-153.

Zhang T, Isayeva A, Adams SL, et al., 2005. Studies on membrane permeability of zebrafish (*Danio rerio*) oocytes in the presence of different cryoprotectants [J]. Cryobiology, 50: 285-293.

Zhang T, Rawson DM, 1995. Studies on chilling sensitivity ofzebrafish (*Brachydanio rerio*) embryos [J]. Cryobiolog, 32 (3): 239-246.

Zhang T, Rawson DM, 1998. Permeability ofdechorionated one-cell and six-somite stage zebrafish (*Brachydanio rerio*) embryos to water and methanol [J]. Cryobiology, 37: 13-21.

Zhang T, Wang RY, Bao QY, et al., 2006. Development of a new rapid measurement technique for fish embryo membrane permeability studies using impedance spectroscopy [J]. Theriogenology, 66 (4): 982-990.

Zhang TT, Chao C, Shi ZH, et al., 2016. Effects of temperature on the embryonic development and larval activity of *Epinephelus moara* [J]. Progress in Fishery Sciences, 37 (3): 28-34.

Zhang TT, Rawson DM, 1996. Feasibility studies on vitrification of intactzebrafish (*Brachydanio rerio*) embryos [J]. Cryobiology, 33: 1-13.

Zhang XS, Zhao L, Hua TC, et al., 1989. A study on the cryopreservation of common carp *Cyprinus carpio* embryos [J]. Cryo Letters, 10: 271-278.

Zhang Y, Ukpai G, Grigoropoulos A, et al., 2018. Isochoric vitrification: An experimental study to establish proof of concept [J]. Cryobiology, 83: 48-55.

Zhang YZ, Zhang SC, Liu XZ, et al., 2003. Cryopreservation of flounder (*Paralichthys olivaceus*) sperm with a practical methodology [J]. Theriogenology, 60: 989-996.

Zhang YZ, Zhang SC, Liu XZ, et al., 2005. Toxicity and protective efficiency of cryoprotectants to flounder (*Paralichthys olivaceus*) embryos [J]. Theriogenology, 63 (3): 763-773.

Zheng W, Sun L, 2011. Evaluation of housekeeping genes as references for quantitative real time RT-PCR analysis of gene expression in Japanese flounder (*Paralichthys olivaceus*) [J]. Fish & Shellfish Immunology, 30 (2): 638-645.

Zhong QW, Zhang QQ, Wang ZG, et al., 2008. Expression profiling and validation of potential reference genes during *Paralichthys olivaceus* embryogenesis [J]. Marine Biotechnology, 10 (3): 310-318.

（田永胜，张晶晶，姜静，黎琳琳，李振通）

第四章

淡水鱼类精子冷冻保存

第一节　淡水鱼类精子冷冻保存概述

　　种质资源是水产养殖生产、优良品种培育及水产养殖业可持续发展的重要物质基础。利用超低温技术，将重要经济鱼类和濒危珍稀鱼类精子长期保存，可避免因长期养殖近亲交配导致的种质退化和变异，防止因栖息环境被破坏等造成的鱼类物种灭绝，解决因雌雄性成熟不同步和性比例失调等给人工繁殖带来的困难，并为遗传育种提供材料，对鱼类种质资源开发与改良有着重要应用价值和理论意义（陈松林，2002）。

一、淡水鱼类种质资源现状概述

　　我国拥有世界上最丰富的淡水鱼类资源，据不完全统计，全国内陆水域鱼类共 1 000 余种，包括纯淡水鱼类 900 余种，洄游性、河口性鱼类 80 余种，其中绝大部分属真骨鱼类，包括鲤形目 6 科 170 属 740 种（占总数一半以上），鲱形目 1 科 3 属 5 种，鲑形目 6 科 17 属 32 种，鳗鲡目 1 科 1 属 2 种，鲇形目 10 科 27 属 110 种，鳉形目 2 科 3 属 4 种，颌针鱼目 1 科 1 属 4 种，鳕形目 1 科 1 属 1 种，刺形目 1 科 2 属 2 种，鲻形目 1 科 3 属 7 种，合鳃鱼目 1 科 1 属 1 种，鲈形目 12 科 51 属 110 种，鲉形目 1 科 4 属 8 种，鲽形目 3 科 3 属 5 种，鲀形目 1 科 2 属 6 种。其余还有圆口类（仅七鳃鳗属 3 种）、软骨鱼类（赤虹）、软骨硬鳞鱼类（鲟科 2 属 8 种）等。我国淡水鱼类不仅种类繁多，地理分布也很广泛，涵盖长江、黄河、珠江、松花江、淮河、海河、辽河等流域，总体呈现自东至西北减少趋势。其中长江为我国横贯东西的最长河流，流经 11 个省级行政区，涵盖多种生境，拥有丰富的淡水鱼类资源，据不完全统计，长江共有淡水鱼类 424 种，包括中华鲟、达氏鲟、胭脂鱼、川陕哲罗鲑等国家重点保护野生动物，圆口铜鱼、岩原鲤、长薄鳅等特有物种，及"四大家鱼"、鳊、鳜、黄颡鱼等重要经济鱼类。黄河为我国第二长河，流经 9 个省份，据不完全统计，共有淡水鱼类 130 种，包括秦岭细鳞鲑、北方铜鱼等濒危种类。珠江为我国第三长河，流经 6 个省份，据不完全统计，共有淡水鱼类 425 种，包括中华鲟、花鳗鲡、金钱鲃等国家重点保护动物，南方波鱼、海南异鱲等约 200 种特有鱼类。松花江为我国七大河之一，是东北地区最重要的河流，已知有淡水鱼类 81 种，包括濒危物种施氏鲟、达氏鳇，及大麻哈鱼、乌苏里白鲑、日本七鳃鳗、细鳞鲑、哲罗鲑、黑龙江茴鱼、花羔红点鲑等珍稀冷水性鱼类。淮河，已知有淡水鱼类 115 种，包括胭脂鱼等国家重点保护动物，淮河鲤、江黄颡鱼等特有物种，及鳜、鲂、鳊、鲌、湖鲚、银鱼等重要经济鱼类。海河，是华北地区最大水系，据不完全统计，共有鱼类 100 余种，包括细鳞鲑、中华九刺鱼、瓦氏雅罗鱼等濒危种类，及黄颡鱼、乌鳢、鳜等重要经济鱼类。辽河，是中国东北地区南部最大河流，已知有淡水鱼类 53 种，包括鲂、鲤、鲫、乌鳢、辽河刀鲚、乔氏新银鱼、东北雅罗鱼等重要经济鱼类。我国淡水鱼类产量巨大，丰富的资源有效促进了水产养殖业蓬勃发展，2020 年全国淡水鱼类养殖产量 2 586.38 万 t，占全国水产养殖总产量 49.5%。

　　然而，由于栖息地丧失或破碎化、资源过度利用、水环境污染、外来物种入侵、近亲繁殖严重等，部分淡水鱼类濒危程度加剧，种质资源衰退，遗传多样性减少，生长速度、品质、抗病能力下降，成为影响我国淡水渔业可持续发展的突出问题。因此，淡水鱼类种质资源保护迫在眉睫，而鱼类精子冷冻保存是重要保护途径之一，不仅可长期保存珍稀濒危及重要经济鱼类基因资源，还能通过人工交配，使不同繁殖期或地理间隔的品系扩大杂交组合范围，有效保护遗传多样性，同时，在人工诱导雌核、雄核发育，克服水产养殖中近亲繁殖、雌雄亲本不同步成熟问题，扩大苗种生产水平等方面也具有重要意义。

二、冷冻保存总体现状、种类

鱼类精子低温冷冻保存研究始于 20 世纪 50 年代初，英国学者 Blaxter（1953）首次使用干冰（−79℃）直接冷冻保存太平洋鲱精巢，在复苏后获得 80％的受精率。之后的几十年，国内外学者就鱼类精子冷冻保存技术开展了大量研究。

淡水鱼类精液冷冻保存技术研究相对海水鱼类起步较晚，我国相关研究工作始于 20 世纪 60 年代，早期主要针对青鱼、草鱼、鲢、鳙、鲤、鲫、鳊、鲮等常见鲤科鱼类的精液冷冻技术进行了研究。1963 年郑恩绥等报道了干冰冷冻保存鲤精液试验；1978 年广西水产研究所报道了液氮保存草鱼（Ctenopharynodon idellus）精液试验；1980 年吉林通化地区水产技术推广站报道了液氮保存鲤精子试验。1981 年卢敏德等冷冻保存了草鱼、鲢（Hypophthalmichthys molitrix）、鳙（Aristichthys nobilis）三种鱼的精液，分别获得 23.9％、50％和 80.5％的冻精受精率；1984 年王祖昆等用草鱼、鲢、鲮（Cirrhina molitorella）、鳙的冷冻精液保存 60～90d 后进行授精试验，冻精平均受精率分别为 44.21％、32.55％、31.03％ 和 16.55％；1991 年张轩杰等对草鱼、鲢、青鱼（Mylopharyngodon piceus）的超低温冷冻精液进行授精试验，获得 80％左右的冻精受精率；1992 年陈松林等保存草鱼、鲢、鲤、团头鲂（Megalobrama amblycephala）的精液，冻精受精率可达 85％。

近年来，冷冻保存种类逐步扩展。2001 年连晋等开展了大银鱼冷冻精液授精试验，获得 73.9％的平均受精率，授精效果与新鲜精液无明显差异。2006 年柳凌等冷冻保存了中华鲟（Acipenser sinensis）精子，获得 83.8％的受精率。2008 年赵钦等用黄颡鱼（Pelteobagrus fulvidraco）在 0℃短期冷冻的精液进行授精试验，受精率达 90.9％，与新鲜精液的授精效果相当；苟兴能在 0～4℃保存的黄鳝（Monopterus albus）精子解冻后活力达 80％。2009 年丁淑燕等开展了翘嘴鳜（Siniperca chuatsi）冷冻精液授精试验，获得 66.01％的受精率；史东杰等超低温冷冻保存了缺帘鱼（Brycon cephalus）精子，解冻后精子活力为 35.2％。2012 年王晓爱等冷冻保存软鳍新光唇鱼（Neolissochilus benasi）精子，解冻后活力为 27.67％。2014 年周磊等对斑鳜（Siniperca scherzeri）冷冻精液进行了授精试验，获得 39.7％的受精率。2015 年王明华等冷冻保存了西伯利亚鲟（Acipenser baerii）、暗纹东方鲀（Fugu obscurus）、美洲鲥（Alosa sapidissima）等珍稀鱼类精子，精子活力分别为 48.3％、58.5％、78.5％。2016 年丁淑燕等冷冻保存的兴国红鲤（Cyprinus carpio var. singuonensis）精液成活率达 83％以上。2018 年程顺等冷冻保存的河川沙塘鳢（Odontobutis potamophila）精子激活率为 78.67％。2020 年刘光霞等冷冻保存的圆口铜鱼（Coreius guichenoti）精子活率达 70％以上。

经过多年探索与研究，淡水鱼类精子冷冻保存技术日趋成熟。目前，我国已对 80 余种淡水经济鱼类、濒危鱼类及观赏鱼类精子开展了冷冻保存，如：鲤科的青鱼、草鱼、鲢、鳙、鲤、鲫、鳊、鲮、花鲭、翘嘴鲌、赤眼鳟、金线鲃、圆口铜鱼、暗色唇鱼、软鳍新光唇鱼等，鲿科的黄颡鱼、长吻鮠等，鲇科的怀头鲇、兰州鲇等，胡子鲇科的尖齿胡鲇等，鮰科的斑点叉尾鮰等，沙塘鳢科的沙塘鳢等，鳅科的泥鳅等，鮨科的斑鳜等，真鲈科的翘嘴鳜等，合鳃鱼科的黄鳝等，丽鱼科的罗非鱼等，太阳鱼科的大口黑鲈等，银鱼科的大银鱼等，鳗鲡科的日本鳗鲡等，鳀科的刀鲚等，鲀科的暗纹东方鲀等，鲑科的虹鳟等，鲱科的美洲鲥等，鲟科的中华鲟、施氏鲟、西伯利亚鲟等，长吻鲟科的匙吻鲟等，杜父鱼科的松江鲈等，胭脂鱼科的胭脂鱼等，花鳉科的剑尾鱼、孔雀鱼等，并从 20 世纪 90 年代起建立了多个冷冻精液库及低温种质库，对淡水鱼类精液进行批量冷冻保存，鲤科等种类的精子冻存技术已达生产应用水平。但我国作为淡水渔业资源大国，淡水鱼类种类繁多，不同鱼类生理生态及精子内外部特征（如pH、渗透压、化学成分等）差异巨大，其冷冻方式（如稀释液、抗冻剂、冷冻降温程序、解冻方法等）亦存在很大差别，目前并未找到一种通用的方法（周磊等，2014）。因此，淡水鱼类精液冷冻保存技术研究任重而道远，仍需进一步扩大保存种类，加强生产应用，建立保存体系。未来随着研究手段不断进展、研究工作不断深入，该技术将日臻完善，极大促进淡水鱼类种质资源保护与优良种质培育。

鱼类精子冷冻保存，是在鱼类精子中按适当比例加入稀释剂和抗冻剂，达到精子内外渗透压平衡的状态，降低冰点，抑制精子活动，使精子处于休眠状态，同时保持结构完整，需要时解冻并激活使用。冷冻保存过程中，如果细胞结构没有遭到破坏，经过合适的解冻速率将休眠状态的精子复苏激活，其仍可保持原有的代谢活性和功能性（李景春等，2019）。精子冷冻保存的常见流程是采集精液→镜检确保活力高于80%→加入稀释液和抗冻剂→分步降温→放入液氮中长期保存→解冻复苏→镜检活力情况→授精。其中添加稀释液、抗冻剂和冻融步骤是冷冻保存是否成功的决定性因素。

三、精子稀释液

（一）常见稀释液

精子在精巢中处于静止状态，排出体外后，由于环境变化、营养消耗、能量代谢等原因，精子存活时间缩短，进而死亡。因此，需要一种没有毒性，对精子也没有激活效果的溶液维持精子在体外的生理状态。稀释液是与精子直接接触的第一个外来成分，是精子保存液的渗透压、pH、代谢、能量来源的主要"阀门"（陈松林，2007），稀释液可以使精子保持静止状态，不受损伤地进入冻结程序，延长其寿命，还可以稀释下一步添加的抗冻剂，降低抗冻剂对精子的毒害。

稀释液的配制是鱼类精液冷冻保存中关键的一步。稀释液的选择直接影响保存的结果。目前，已有D-15、D-17、D-20、D-1、L-1、CCSE2、TS-2、MPRS、鱼用任氏液、Hank's液、HBSS、Ringer液等多种可用于鱼类精液冷冻保存的稀释液。但由于不同种类鱼类的精子生理特性具有很大差异性，到目前为止没有通用的稀释液，一般认为在合适的范围内，其成分越简单越好。稀释液的用量须在试验的基础上确定，适当的稀释比例能保持精子活力的稳定性。绝大多数淡水鱼类的精液与稀释液的比例一般在1∶（2～10）（张崇英等，2020）。已用过的鱼类精液保存稀释液成分很多，主要有盐类（如碳酸氢钠、氯化钠、碳酸氢钾、柠檬酸钠等）、糖类（如葡萄糖、果糖、蔗糖等）、脂类（主要是磷脂）和蛋白质（如卵黄、牛奶、小牛血清等）以及其他添加剂（如维生素、甘氨酸、抗生素等）。淡水鱼的稀释液一般以氯化钠和氯化钾为主，还可能添加少量氯化钙、氯化镁、碳酸氢钠和葡萄糖。

（二）稀释液中离子的作用

稀释液的品种和浓度对鱼类精子的存活时间和运动时间有很大影响，一般认为，低渗环境可以激活淡水鱼类精子：在100～150mOsmol/L渗透压条件下，淡水鱼类的精子具有最大活力，精子寿命较长，快速运动时间也较长，随着浓度的上升，鱼类精子的活力会逐渐受到抑制，直至死亡（邓岳松和林浩然，1999；徐敏等，2014）。Na^+、K^+、Ca^{2+}、Mg^{2+}等无机离子是鱼类精液的重要组成部分，也是形成精液渗透压的主要离子，对渗透压维持起到了重要作用。不同离子在不同鱼类中所起的作用各有不同，对鱼类精子的运动诱导效果也不同。5.0g/L的NaCl溶液中，兴国红鲤精子快速运动的时间和寿命最长（黄辨非和罗静波，2000），齐口裂腹鱼和鲫在使用0.5% NaCl稀释液时，精子运动活力最好（魏开金等，1996；顾正选和丁诗华，2017）；李飞等认为胭脂鱼精子在0.6% NaCl中运动时间和寿命都具有较佳的效果（李飞和万全，2009）。K^+能抑制多种鱼类的精子运动，但有Na^+、Ca^{2+}、Mg^{2+}存在时，能降低K^+的这种抑制作用。鲑鳟类中K^+起着抑制精子活力的作用，但在鲤科鱼类中却能提高精子运动速度、延长精子活力时间（Morisawa and Suzuki，1980；Morisawa et al.，1983；苏天凤和艾红，2004）。此外，Ca^{2+}、Mg^{2+}也是调节鱼类精子活力的重要因子。Ca^{2+}会使泥鳅精子出现聚集现象，对精子活力起到抑制作用，但对乌原鲤精子的研究发现，Ca^{2+} 浓度为 $0\sim37.8mmol/L$ 时，乌原鲤精子的寿命和快速运动时间随着 Ca^{2+} 浓度增加而上升（胡一中，2010；吴清毅等，2011），添加 Mg^{2+} 时，中华鲟、施氏鲟、西伯利亚鲟和匙吻鲟冷冻精子的运动速度均显著提高（柳凌等，2007）。

（三）稀释液的 pH

pH 也是精子抑制和激活的调节因子之一。稀释液的 pH 很关键，且需具有一定的缓冲能力，将 pH 维持在一定范围内。王祖昆等发现，在 pH 最适范围内，精子强烈运动时间长，寿命也较长（王祖昆等，1984）。不同 pH 对不同鱼精子的寿命活力起到了不一的效果。一般来说，鱼类精子在中性或偏碱性（pH 为 $7.3\sim8.5$）的环境中活力最好，酸性或强碱性环境容易破坏精子细胞结构，使精子活力下降，甚至失活，但也有部分鱼类精子对酸碱耐受性较强，在较宽的酸碱范围内都可以保持运动活力。草鱼、鲤、乌鳢等淡水鱼类精子在 pH 为 $7.5\sim9.0$ 时活力最强；胭脂鱼精子对酸碱的耐受能力较强，在 pH $4\sim10$ 范围内都可以快速运动，在 pH 为 8 时活力最强（李飞和万全，2009）；黄颡鱼的精子在 pH 为 $7\sim9$ 时活力最好（杨彩根等，2003）；瓦氏黄颡鱼精子适应的 pH 范围广，在 $3.93\sim10.01$ 的范围内都有一定的活力，且精子快速运动时间和寿命都较长，pH 为 $5.53\sim8.44$ 时，精子活力在 90% 以上（汪亚媛等，2014）；齐口裂腹鱼精子适应的 pH 范围在 $5\sim9$，pH 为 7 时精子的活力较好，精子寿命和快速运动时间较长（顾正选和丁诗华，2017）；禾花鱼精子在 pH 为 7 时活力最强（孙翰昌等，2012）。pH 为 $7.0\sim8.5$ 时，河川沙塘鳢精子质量较好，其中 pH 为 7.5 时精子激活率、运动时间及寿命均达到最大值（程顺等，2018）。

（四）稀释液的选择

鱼类精子自身贮存的能量物质有限，但有些鱼类精子能利用环境中的小分子单糖等补偿自身的能量消耗，延长精子寿命。不同种类鱼类的精子对不同单糖的吸收和利用能力也不相同，如葡萄糖能有效延长彩鲫、丁鱥和乌原鲤等鱼类精子的寿命，对大鳞鲃的精子活力激活能力较小（杨彩根等，2003；苏德学等，2004；李飞和万全，2009；宋勇等，2009；胡一中，2010；丁辰龙等，2018）；添加麦芽糖时，黄颡鱼冻精活力最高（夏良萍等，2013）。

因此稀释液的配制要根据鱼类不同选择适合的试剂，以达到提高精子冷冻效果的目的。总的来说，稀释液的选择和配制应遵守以下原则：①稀释液不能含有对精子有害的物质；②稀释液对精子不能有激活效果，精液稀释后，精子需保持原来的静止状态；③稀释液能为精子提供适宜的环境和适宜的 pH，有增强精子抗冻能力的作用；④在保证精子生存环境的前提下，稀释液的成分尽量简单（Horton and Ott，1976）。

四、抗冻剂

在细胞冻融过程中，胞内和胞间容易产生冰晶，使精子膜结构破损，引起精子膜、线粒体膜破裂，细胞内酶类及其他蛋白质流失，导致细胞功能丧失。冷冻前添加抗冻剂则可以大大减轻这种冷冻损伤。抗冻剂通过结合水分子，发生水合作用，提高精子渗透压，降低冰点，抑制冰晶的形成，从而阻止冰晶对精子造成不可逆的机械损伤，达到保护细胞的目的。抗冻剂的选择决定了精子在冻存中的生死存亡。

（一）常用抗冻剂

常用的抗冻剂一般有两类：一类是渗透性抗冻剂，如甘油（Gly）、二甲基亚砜（DMSO）、甲醇（MeOH）、乙二醇（EG）、丙二醇（PG）、二甲基乙酰胺（DMA）等；另一类是非渗透性抗冻剂，如多糖、二糖、单糖和聚合物等。目前常用的抗冻剂多为渗透性抗冻剂。当细胞转移到低温保存溶液中时，由于胞外溶液的渗透压较高，细胞会脱水，体积缓慢减小，渗透性抗冻剂扩散到细胞内，与细胞内水分结合，提高胞内渗透压，降低冰点，减少冰晶的形成。若添加的是非渗透性保护剂，细胞也会脱水并保持脱水状态，只是抗冻剂不进入细胞内。渗透性抗冻剂和非渗透性抗冻剂可以单独使用，也可以组合使用。对于不同的物种，保护剂的种类和浓度选择也有所不同。

甘油已广泛应用于家畜和海水鱼类精液的冷冻保存，并被证明是一种有效的抗冻剂，但其对于淡水鱼类精液的冷冻保存的保护效果不佳。淡水鱼类精液冷冻保存一般用 DMSO 作抗冻剂。它是一种无色的极性溶剂，具有渗透力强、能快速通过细胞膜降低原生质冰点等特性，是目前发现的最有效的淡水鱼类精液冷冻抗冻剂，广泛应用于多种鱼类精子冷冻（陈松林等，1992；章龙珍和刘宪亭，1994）。

（二）抗冻剂的选择

冻融过程中，精子细胞内及胞间极易产生冰晶，引起膜结构破裂、线粒体丢失等功能性损伤。但在冷冻保存过程中加入适宜的抗冻剂，可提高精子渗透压、降低冰点，有效减少冰晶损伤，达到超低温保存精子的最佳效果。不同鱼类的精子对抗冻剂的适应性和敏感性各不相同，因此抗冻剂的选择具有明显的物种特异性（郝忱等，2014）。在穗须原鲤精子的超低温冻存试验中，EG 的保护效果不如 MeOH（Chew et al.，2010），在缺帘鱼精子的液氮保存中，EG 和 Gly 几乎没有保护作用，不如 DMSO 和 MeOH（史东杰等，2009），但在翘嘴鲌精子超低温冻存中 EG 的保护效果最好（程顺等，2019）。在暗色唇鱼精子冷冻保存中，甲醇对冻精的保护效果最好，DMSO 和甘油效果并不理想（王晓爱等，2012a）。DMSO 对西伯利亚鲟精子的保存效果优于 MeOH（周洲等，2021），对胭脂鱼冻精的保护效果优于 Gly 和 MeOH（张崇英等，2020），对兰州鲇冻精的保护效果也高于二甲基甲酰胺（DMF）和 MeOH（邢露梅等，2021）。但姜仁良等发现 DMF 对团头鲂、鲤、草鱼、鲢、鳙等淡水鱼类精子冷冻保存具有明显效果，冻精授精效果优于 DMSO（姜仁良等，1992），在冻存圆口铜鱼精子时，Gly 和 DMF 的抗冻保护效果也明显不如 DMSO（刘光霞等，2020），除此之外，采克俊等还发现乙二醇甲醚对长吻鮠精子具有较好的冷冻保护效果（采克俊等，2015）。

抗冻剂在保护精子免受冷冻伤害的同时，可能也对精子有毒性效应，何斌等研究表明 MeOH、EG、DMSO 等抗冻剂浓度的增加会导致鱼精子的活力减弱和运动时间缩短（何斌等，2017），这种毒性与鱼类的品种有关，也受到平衡时间和温度的影响，因此需要筛选适合的抗冻剂品种和添加浓度，在对冻存精子的抗冻效果与精子的活力之间找到平衡点。一般而言，抗冻剂适宜浓度范围在 6%～12%。Horton 等通过对虹鳟、大鳞大麻哈鱼精液冷冻研究后指出，10%DMSO 是一个非常有效的浓度，既能起到良好的抗冻作用，又不会因为浓度过高而导致精子中毒（Horton and Ott，1976），陈松林等对鲢、鲤、团头鲂和草鱼精液冷冻保存的研究证实了这一点（陈松林等，1992）。闫秀明等采用 -80℃ 超低温冷冻方法对黄鳝精液进行冷冻保存时发现，10%DMSO 作为抗冻保护剂效果最好（闫秀明等，2011），周磊、采克俊等研究也发现，10% DMSO 作为抗冻剂，可用于斑鳜、花𩾌（*Hemibarbus maculates*）等精液的超低温冷冻保存（采克俊等，2013；周磊等，2014）。张崇英等研究表明，8% DMSO 对胭脂鱼精子的冷冻保存效果显著优于其他浓度（张崇英等，2020）。刘光霞等研究表明，12.5% DMSO、甲醇、二甲基甲酰胺抗冻保护剂中，几乎没有精子存活，但 10%甲醇可以获得较好的保存效果（刘光霞等，2020）。王明华等发现，体积分数为 10%的甲醇对西伯利亚鲟、美洲鲥、暗纹东方鲀的精子保存效果较好，其中美洲鲥精子存活率可超过 80%，但当其体积分数超过 15%时会导致美洲鲥精子死亡（王明华等，2015a，2015b）；在河川沙塘鳢、黄颡鱼、瓦氏黄颡鱼等物种的精子冷冻保存试验中，10%甲醇也表现出较好的保护效果，解冻激活后精子的受精率及孵化率与鲜精相比均无显著性差异，能正常用于人工繁殖（Pan et al.，2008；夏良萍等，2013；汪亚媛等，2014；程顺等，2018），10%乙二醇乙醚和 10% DMSO 在长吻鮠精子冷冻中起到了较好的保护效果（采克俊等，2015），13% DMF 作为抗冻剂，团头鲂、鲤、草鱼、鲢、鳙等 5 种淡水鱼类冻精解冻后的受精能力与鲜精相比无显著差异。也有部分鱼类的超低温冷冻保存抗冻剂适宜浓度达到 15%以上（史东杰等，2009；周洲等，2021）。

为充分发挥抗冻剂的冷冻保护作用，并尽可能降低其对精子的毒性效应，选择抗冻剂时，应优先考虑低毒性低浓度的抗冻剂，尽量缩短抗冻剂在常温下与精子接触的时间；配制抗冻剂时，可将渗透性抗冻剂和非渗透性抗冻剂联合使用，尽量保持细胞膜的完整性；在添加抗冻剂时，也可采用分步多次添加，以降低其对细胞的毒性，达到最佳的冷冻保护效果（陈松林等，1987；汪小锋和樊廷俊，2003；周洲等，2019）。

五、冷冻保存方法及载体

（一）常用保存方法

在－196℃的超低温状态下，精子的物质代谢几乎完全停滞，生命活动处于静止状态，但结构完整，可以避免细胞遗传性状的改变和遗传漂变。因此，使精子保持结构完整达到超低温状态，成为精液超低温保存的关键问题。

在冻融过程中，冷冻降温和解冻复苏都会因冰晶形成、渗透压变化和抗冻剂毒性等给细胞造成多种胁迫并对细胞结构造成损害，严重时甚至杀死细胞。因此，冻融方法的选择对超低温冷冻的效果影响很大。保存容器要求直径小、表面积大、器壁薄、热传导快，使保存样品易迅速升温和降温。容器选择和温度的下降程序，应尽可能减少胞内冰晶的出现，让胞内流动的水通过渗透压差的存在尽可能流出胞外。目前鱼类精子冷冻保存采用的方法按保存容器可分为 4 种：小丸颗粒冷冻法、玻璃安瓿瓶冷冻法、麦细管冷冻法和塑料离心管冷冻法。冷冻方法的选择受到实验条件和技术手段的限制，结果也各有优劣，已有研究表明冷冻保存容器对鱼类精子冷冻保存效果有明显影响。小丸颗粒冷冻法是将混合好的精液直接滴入干冰内或者用液氮蒸气快速冷冻形成精液颗粒，迅速收集后转入液氮中保存的方法。该方法冷冻量小，在解冻时需要专门的解冻液，解冻和精子激活同时进行。解冻和授精时间间隔稍长，冻精受精率就会明显下降，实用性较差，目前使用较少。其他 3 种冷冻法均可避免精液与冷冻剂的直接接触，其中麦细管冷冻法受温快而均匀，降温速率易控制，冷冻保存效果较好，操作相对简单，但保存量相对较小。玻璃安瓿瓶法精液保存量大，但瓶口封口操作较麻烦，降温速率难以准确控制，解冻后精子活力不够稳定，且质量不好的安瓿瓶在解冻时会爆裂，故其使用受到限制（廖馨等，2006）。塑料离心管冷冻法优势较为明显，该方法精液保存量大，冻精活力高，冷冻效果明显优于玻璃安瓿瓶，且操作简单、快速，降温速度易于控制、存放安全，长期保存的精液活力与短期保存的基本没有差别，因此在鱼类精子冷冻保存研究及精子库的构建中展现出良好的应用前景（陈松林等，1992）。

（二）常见降温步骤

冷冻降温时，细胞的低温损伤易发生在－60～0℃的范围内，这个温度范围被称为"危险温度区"，在这段范围内需采用适合的降温速度，使细胞越过这段温度范围，－60℃以下，温度可以迅速降到－196℃，直接浸入液氮中实现超低温保存，或平衡一段时间后再浸入液氮中（史东杰等，2009；丁淑燕等，2015）。冷冻过程中是否需要平衡尚未有定论，理论上讲，平衡一段时间有利于抗冻剂更好地发挥作用，使精子在冷冻前降低代谢活动，对低温冷冻有一个逐渐适应的过程（于海涛等，2004）。

对于特定的鱼类精子而言，存在着特异性的最适冷却速度，降温速度过快或过慢都会导致细胞损伤，降低精子存活率。细胞内部降温冻结产生冰晶是低温保存的关键损伤因素。针对冷冻过程中因降温速度造成的冷冻损伤，Mazur 提出了"双因素假说"：一是降温速度过慢产生"溶质损伤"（solute damage），或称"溶液损伤"（solution damage）。精子在高浓度溶液中暴露时间过长，为达到细胞内外的浓度平衡，细胞大量失水，剧烈收缩，引起胞内原生质和细胞器的受损。降温速度越慢，损伤越大。二是降温速度过快产生"胞内冰损伤"（intracellar ice damage），即胞外溶液中形成大量冰晶，造成浓度快速提升，但细胞膜的渗透率有限，胞内水分还未渗出或渗出甚少，冻结形成的冰晶会对细胞膜结构、细胞骨架等产生机械压迫和刺伤，导致细胞死亡。冰晶是鱼类精子冷冻保存过程中最大的危害因素，温度下降的快慢直接决定形成冰晶的大小。因此，筛选最佳的降温速率对提高冷冻保存效果至关重要。

不同类型的细胞，对温度下降的速度要求不一样。冷冻方法一般遵循慢冻速融的原则。按降温速率和降温步骤，一般可分为三种冷冻方法：慢速降温、二步降温、三步降温（Chen et al.，2003）。资料显示，在鱼类精液冷冻保存中，大都采用慢速分段降温的方法，以利于精子的适应，即添加抗冻剂后，先以一定速率缓慢降温，在达到某一低温（−76℃、−150℃等）后，快速置于液氮中。Fabbrocini 等对降温速率进行了对比试验，认为与15℃/min 的降温速率相比，10℃/min 的下降速率在维持精子游动性方面更好。需要注意的是，精子冻存期间，须定期检查液氮容量，定期添加，确保罐内储存的冷冻精液始终在液氮液面以下，且液氮容量不少于2/3。不同种鱼类的精液冷冻保存的最适降温速率不同，需要对鱼类精子细胞的生物学特性，如细胞膜的透性、细胞体积与表面积之间的关系等进行更深入的研究（汪小锋和樊廷俊，2003；于海涛等，2004）。

冷冻过程中，将细胞从冰箱转移到存储液氮罐需要快速操作，避免细胞可能因迅速升温而导致冷冻保护剂融化，从而导致细胞损伤。技术人员的熟练程度不同，使实验室的常规操作难以做到标准化和精准化，可以通过使用程序降温仪来实现细胞环境稳定幅度的降温。便携式鱼类精子冷冻降温仪（刘滨等，2013）与传统台式程序降温仪相比，便携性强，在倒入液氮后可单独携带使用，更适合对野外采样的鱼类精子样品进行两步法冷冻，给精子冷冻保存工作带来很大便利。

六、解冻技术

解冻复苏是降温冷冻的逆过程，指将冰态的精子升温融解，使精子复苏的过程。在解冻复苏阶段，水从低渗溶液迅速移动到高渗溶液，渗透性抗冻剂反方向移动，细胞体积增大，达到胞内胞外渗透压平衡状态。但精子冷冻后，膜的渗透率会发生变化，如果复苏方法选择不当，细胞可能因为渗透压的过度变化，导致解冻过程中出现细胞溶解、细胞膜破裂，或因精子细胞内水分形成重结晶而导致细胞受损死亡（陈松林，2002）。

解冻的关键因素是解冻液和解冻速度。采用小丸颗粒法冷冻的精子必须用解冻液，淡水鱼类一般用体积分数0.65%～0.7%氯化钠溶液作为解冻液；而用玻璃安瓿瓶法、麦细管法和塑料离心管法冷冻保存的精液，可以在液氮蒸气中平衡5min 后，将瓶或管置于室温自然解冻或浸入30～40℃的水中快速解冻，后者是目前常用的方法。近年来，我国学者探索了多种鱼类解冻的方法，如刀鲚、西伯利亚鲟、暗纹东方鲀和美洲鲥的精子在液氮口平衡5min 后，在37℃水浴中解冻（丁淑燕等，2015；王明华等，2015b）；兴国红鲤精子在37℃水浴条件下解冻100s（丁淑燕等，2016）；翘嘴鲌等精子在37℃条件下水浴解冻（程顺等，2019）；西伯利亚鲟、中华鲟、匙吻鲟和施氏鲟精子在38～40℃水浴条件下解冻8s 等（柳凌等，2007）。解冻的关键是使精子迅速升温至37℃左右，快速通过危险温度区，实现最大的存活率。

解冻速度与解冻液的初始温度、冻精与解冻液的比例、冻精的体积和水浴的温度均有密切关系，故解冻速度难以准确测定和控制。解冻基本准则是要确保精子细胞安全度过−60～0℃的温度范围，以保持精子的活力。解冻后的细胞活力取决于解冻过程中细胞内和细胞外冰晶的数量和大小，因为胞内外的冰晶能直接刺破细胞膜和胞内亚器官，导致细胞死亡。一般而言，如果冷却速率较快，那么相应的复温速率也要快（表4-1-1）。

表4-1-1　部分淡水鱼类精子超低温冷冻保存常用的稀释液、抗冻剂、稀释比例和解冻条件

物种	稀释液	抗冻剂（浓度）	稀释比例	解冻条件	参考文献
草鱼（*Cenophoryngodon idellus*）	0.3%NaCl、6.6%～6.8%葡萄糖（G）、0.05% NaHCO$_3$	DMSO（10%）	1∶3	38℃	张轩杰和刘筠，1991

（续）

物种	稀释液	抗冻剂（浓度）	稀释比例	解冻条件	参考文献
鲢	0.3%NaCl、6.6%～6.8%葡萄糖（G）、0.05% NaHCO$_3$	DMSO（10%）	1:3	38℃	张轩杰和刘筠，1991
青鱼	0.3%NaCl、6.6%～6.8%葡萄糖（G）、0.05% NaHCO$_3$	DMSO（10%）	1:3	38℃	张轩杰和刘筠，1991
中华鲟	75mmol/L 蔗糖、20mmol/L Tris-HCl、0.5mmol/L KCl（pH 8）	甲醇（8%～10%）	1:3	38～40℃ 8s	柳凌等，2007
施氏鲟	75mmol/L 蔗糖、20mmol/L Tris-HCl、0.5mmol/L KCl（pH 8）	甲醇（8%～10%）	1:3	38～40℃ 8s	柳凌等，2007
匙吻鲟	100mmol/L 蔗糖、20mmol/L Tris-HCl、0.5mmol/L KCl（pH 8）	甲醇（8%～10%）	1:3	38～40℃ 8s	柳凌等，2007
黄颡鱼	Ringer 液	甲醇（10%）	1:3	37℃ 60s	Pan et al.，2008
黄鳝	（—80℃冷冻保存）	DMSO（10%）	1:3	55℃	闫秀明等，2011
软鳍新光唇鱼	D-15	甲醇（10%）或乙二醇（15%）	1:7	37℃ 30s	王晓爱等，2012b
斑鳜	D-17	DMSO（10%）	1:3	37℃	周磊等，2014
瓦氏黄颡鱼	NaCl 7.8g/L、KCl 0.2g/L、CaCl$_2$ 0.21g/L、NaHCO$_3$ 0.021g/L（pH 7.53）	甲醇（10%）	1:6	37 ℃ 60s	汪亚媛等，2014
西伯利亚鲟	鱼用任氏液	甲醇（10%）	1:2	37℃	王明华等，2015b
美洲鲥	鱼用任氏液	甲醇（10%）	1:3	37℃	王明华等，2015b
暗纹东方鲀	鱼用任氏液	甲醇（10%）	1:2	37℃	王明华等，2015b
兴国红鲤	Ringer 液	DMSO（8%）		37℃ 100s	丁淑燕等，2016
光唇鱼	D-15	DMSO（10%）	1:5	37℃	王鑫伟等，2017
暗色唇鱼	D-15	甲醇（5%）或乙二醇（5%）			王晓爱等，2012a
河川沙塘鳢	HBSS	甲醇（10%）	1:5	40℃	程顺等，2018
圆口铜鱼	D1	甲醇（10%）	1:1	37℃ 12～15s	刘光霞等，2020
兰州鲇	柠檬酸三钠 34mmol/L、葡萄糖 146.5mmol/L、KCl 4mmol/L、NaHCO$_3$ 23.80mmol/L、青霉素 80 万 IU/L 和链霉素 100 万 IU/L）	DMSO（10%）	1:8	40℃	邢露梅等，2021
刀鲚	D-15	DMSO（10%）	1:2	37℃	丁淑燕等，2015
长吻鮠	HBSS	乙二醇甲醚（10%）或 DMSO（10%）	1:2	37℃ 6s	采克俊等，2015

（续）

物种	稀释液	抗冻剂（浓度）	稀释比例	解冻条件	参考文献
翘嘴鳜	D-15	DMSO（10%）	1∶3	37℃ 60s	Ding et al.，2009
翘嘴鲌	D-15	乙二醇（10%）	1∶3		程顺等，2019

七、精子收集方式及相关生物学特性

（一）亲鱼的选择和采精

亲鱼必须选择经过鱼类种质鉴定、符合种质鉴定标准，体质健壮、形态正常、无病无伤、达到性成熟年龄的雄性亲鱼。精液采集可采用轻压鱼腹采精法或者解剖性腺采集法。

轻压鱼腹采精法。 性成熟的雄性亲鱼大多数可以直接挤出精液。在生殖季节，选择健康状况良好、体表无伤、无病且性成熟的雄性亲鱼，以轻压亲鱼腹部，有乳白色的精液流出，遇水即散者为佳。采集精液前，可按常规方法注射催产药剂或不注射。催产药剂为绒毛膜促性腺激素（HCG）、促黄体素释放激素（LRH-A$_2$）、鱼类垂体等。药物配比和注射剂量视鱼的种类、亲鱼体重而定。采集精液时，先用毛巾或纸巾擦干雄鱼腹部和生殖孔区域水分，轻压腹部排出粪便和尿液。用蒸馏水冲洗后再次擦干。轻轻挤压鱼体腹部两侧，使精液流出，并用干燥洁净的玻璃容器接取精液；也可用干燥洁净的吸管从生殖孔处吸取精液，再移入容器中。

解剖性腺采集法。 适用于具有储精囊结构致使精液难以挤出的品种，如鲇形目的一些鱼类（如黄颡鱼、斑点叉尾鮰）和鲈形目的虾虎鱼（如沙塘鳢）等。挑选健康状况良好、体表无伤、无病且性成熟的雄性亲鱼。采集精液前，按常规方法注射催产药剂，如 HCG、LRH-A$_2$、鱼类垂体等，促进其精子成熟。药物配比和注射剂量视鱼的种类、亲鱼体重而定。采集精子时需先剪断雄鱼鳃动脉放血，避免血液污染精巢，剖开雄鱼腹腔后迅速将整个精巢取出，在干燥洁净的培养皿中剪碎研磨。

精液采集和运输过程应避免接触水、避免阳光直射。保存精液的包装上须明确标明品种、采集（冻存）日期、精子存活率。不同个体的精液不要混放。

（二）精子质量评价指标

采集到的精液应呈乳白色、较黏稠，无尿、血、粪、黏液污染。挑取少许鲜精置于载玻片上，用显微镜或倒置显微镜检查。鱼类精子质量的评价指标有多种，如精子活力、运动时间、密度、形态、受精率和生理功能等。受精率是精子质量的最直接反映，但目前尚未有鱼类精子质量评价指标能准确预测受精率。质膜完整性、线粒体功能、染色质结构完整性等可体现精子的质量，但测定方法较烦琐。一般综合精子形态、精子活力等对精子质量进行评价。

精子形态是评价精液质量的一个较重要参数。鱼类精子是一种高度特化的细胞，极小而活泼，由头部、中段和尾部三个部分组成，大小一般为 $30\sim35\mu m$。头部较大，为圆球形；中段含有线粒体，为精子供能；尾部又称为鞭毛，是精子的运动器官。精浆中主要含有钠、钾、锌、钙、镁等金属元素，其中钠和钾占总金属元素的 $99.7\%\sim99.8\%$，起着稳定渗透压和抑制精子的作用。鱼精液的 pH 在 $7.3\sim8.5$，偏碱性，其密度和浓度受季节的影响（鲁大椿等，1992；苏天凤和艾红，2004；季相山等，2007）。

精子的形态经普通染料或荧光染料染色后在相差（荧光）显微镜下即可观察，一般的形态异常均能被发现。精子的膜结构完整时，对分子和离子具有选择透过性，因此当精子处于低渗溶液中时，由于渗透压的影响，水分子会进入精子内部，使精子发生肿胀，体积增大。精子尾部肿胀发生时间早、易于观察，常表现为尾全部肿胀、粗短肿胀、弯曲肿胀等。而膜结构破损的精子不会发生肿胀。根据此原理，Jeyendran 等设计了低渗肿胀（HOS）实验以评估精子膜的完整性。季相山等认为该方法花费少、设备要求低、是一种适合推广应用的精子质量评价方法（季相山等，2007）。

精子活力是评价精子质量优劣的重要指标，与精液受精率呈显著正相关。精子活力是指精子群体运动时间和寿命长短，是精子受精、精子保存等的基础，一般通过观察精子运动的激烈程度、精子激活率和精子运动时间等方面确定。按照精子运动的激烈程度，大致可以分为4个等级。A级：快速前向运动——精子向前运动，速度很快。B级：慢速或呆滞前向运动——能看清精子向前运动，呈直线或曲线运动，速度较慢。C级：非前向运动——精子摇摆运动，方向不规律。D级：极慢或不动——精子在原地摇动或颤动（周磊等，2014）。快速运动的精子具有较强的受精能力，慢速运动的精子受精能力明显降低，摇摆运动和颤动、摇动的精子受精能力很差。精子与激活液混合后，应立即于显微镜下观察同一视野中激烈运动精子的数量占全部精子数量的百分比，即精子激活率。精子被激活开始至90%精子原地颤动为止所经历的时间为运动时间。影响精子活力的因素很多，水温、pH、渗透压、无机离子及其他营养物质都会影响精子的活力。精子活力越高，受精能力越强。在试验中，一般选择活力大于80%的精子进行超低温保存（舒德斌等，2018）。需注意的是，具有双头、双尾等畸形的精子和膜结构不完整的精子可能也具有运动能力，但受精能力较弱，冷冻保存时使用的抗冻剂也可能导致精子形态发生改变，使精子质量下降，在分析评价时需综合考虑。

（三）精子活力分析方法

精子运动活力分析分为传统的显微镜观察和计算机辅助精子分析等。

传统的显微镜观察，一般将精液稀释到固定浓度（$25 \times 10^6 \sim 50 \times 10^6$ 个/mL）后，与激活液混合，立即在倒置显微镜（40×10 倍）下观察分析视野中运动精子占全部精子的百分比。混匀后的精液在载玻片上应呈一薄层，其厚度应适中，太厚或太薄都不利于观察。为避免人为主观因素的影响，每个样品应观察、统计3次以上。显微镜观察法优势明显：操作简便，对设备要求低，在生产实践中易于推广使用。但精子被激活后运动速度快、寿命短且视野受限，其观察结果受主观因素影响较大，故显微镜观察法的准确性在一定程度上依赖于观察者的技术水平和熟练程度。

计算机辅助精子分析（Computer assisted sperm analysis，CASA）是20世纪80年代发展起来的新技术，与显微镜观察法相比更直接、清楚、准确，特别是计算机辅助细胞活力分析仪，已有学者开发了专门的鱼类精子彩色图文分析系统，可以对鱼类精子进行活力检测（柳凌等，2007）。CASA技术采用显微录像技术和先进的图像处理技术，能对精子的动（静）态图像进行全面量化分析，能较准确地测定精子成活率（Percentage of motile sperm，MOT）、平均移动角度（Mean angular displacement，MAD）、平均鞭打频率（Beating cross frequency，BCF）、平均路径速率（Averagepath velocity，VAP）、侧摆幅度（Amplitude oflateral head displacement，ALH）、曲线运动速率（Curvilinear velocity，VCL）和直线运动速率（Straightline velocity，VSL）等参数。CASA的准确度高、可靠性强、重复性好，其测定的MOT、VCL等参数能较准确地预测鱼类精子受精率，已在鱼类精子质量评价工作中推广使用。需注意的是，图像处理软件分析的是精子激活20s后的图像，而鱼类精子激活后运动时间较短，因此精子激活后要立即进行观察（季相山等，2007；柳凌等，2007；郝忱，2009；周洲等，2021），但在短时间内检测出各项指标存在一定难度。周磊等的研究表明，配合使用显微镜观察和CASA比使用单一检测方法得出的结果更具说服力（周磊等，2014）。

八、冷冻库的建立

中国水产科学研究院长江水产研究所从20世纪80年代开始鱼类精液冷冻保存工作，经过数十年的努力，完成了我国主要淡水养殖鱼类，如青鱼、草鱼、鲢、鳙、兴国红鲤、镜鲤、团头鲂，以及大口鲇、长吻鮠和中华鲟等鱼类基础生物学的多项研究，建成我国第一座淡水鱼类冷冻精液库。以液氮保存的方式冻存了草鱼、青鱼、鲢、鳙、团头鲂、翘嘴鲌、荷包红鲤、兴国红鲤、大口鲇、翘嘴鳜、罗非鱼、岩原鲤、胭脂鱼、日本鳗鲡、彭泽鲫、中华鲟、长江鲟、西伯利亚鲟、施氏鲟、匙吻鲟等20余种鱼类精液，保存量5~10mL/尾，成活率60%~92%。冷冻精液的解冻复活率、解冻后受精率和孵化率分别达到60%~75%、80%~95%和75%~90%，可在生产实践中应用。

江苏省淡水水产研究所自2004年筹建江苏主要淡水水生生物低温种质库，主持完成江苏省重要经济鱼类低温种质库建设，目前库藏青鱼、草鱼、鲢、鳙、团头鲂、兴国红鲤、黄颡鱼、翘嘴鳜、斑鳜、刀鲚等多种鱼类精液，解冻后精子复活率达80%左右。目前承担江苏省农业种质资源保护与利用平台重要经济鱼类低温种质库项目，每年持续不断向省级以上原良种场提供精子资源的共享和种质检测服务（图4-1-1至图4-1-3）。

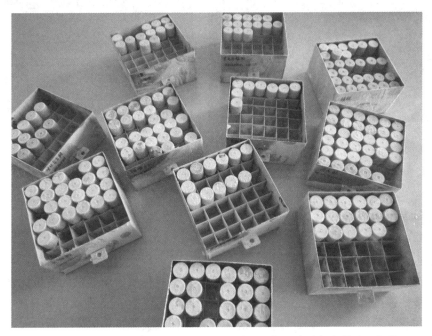

图4-1-1 江苏省淡水水产研究所鱼类精子超低温冷冻保存样品（部分）

图4-1-2 江苏省淡水水产研究所鱼类精子超低温冷冻保存库设备

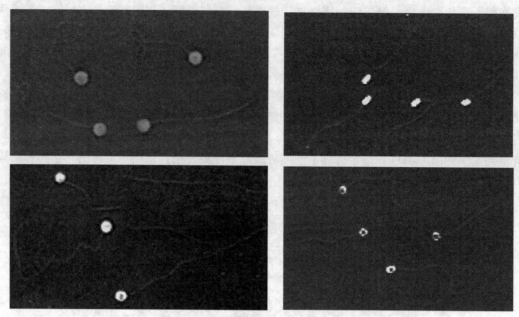

图 4 - 1 - 3　部分冷冻保存精子照片
左上：兴国红鲤　左下：黄颡鱼
右上：暗纹东方鲀　右下：翘嘴鳜

九、冷冻种质的应用

种质资源是水产养殖生产、优良品种培育的重要物质基础。我国渔业历史悠久，资源丰富，经过自然进化和人工选择，形成了许多宝贵而独特的种质资源。这些种质资源蕴藏的大量优异基因，是育种的基础。但随着经济快速发展，水域生态环境破坏日趋严重，自然生态下种质资源种类与数量持续减少，一些地方特色种和濒危珍稀物种，如长江鲥、松江鲈等的种质资源丧失风险不断加大，稀有鱼种已面临取样难的现实困难；对已有种质资源的挖掘利用也不够充分，鱼类种质资源收集的种类少、存量少，鉴定评价相对滞后，资源保护与开发利用脱节，资源优势尚未有效转变为产业发展优势，亟须摸清家底、进一步加强种质资源的创新研究和开发利用。

近年来，国家陆续出台了一系列政策，强化种质资源的保护和利用。2020 年，国务院办公厅印发《关于加强农业种质资源保护与利用的意见》，聚焦种质资源保护利用；2021 年中央 1 号文件也明确指出要加强水产资源调查收集，建立健全资源保护利用体系。精子冷藏技术和冷冻精子库的构建是加强资源保护利用的重要途径之一。超低温冷冻的精液不需要复杂的温度和湿度调节，长期保存不发生变异，是渔业发展中人工授精的关键环节，在防止鱼类物种灭绝和种质退化等方面有巨大的应用潜力，对于鱼类种质资源保护、遗传改良以及水产养殖业可持续发展有着重要应用价值和理论意义。主要有以下方面的优势：

1. **遗传育种研究方面**

鱼类精子的超低温冷冻保存能够实现种质的长距离运输，摆脱时间和空间限制，实现跨地域、跨物种杂交，使不同繁殖期或地理间隔的种系得以交配，克服杂交育种不能自然交配的困难，扩大杂交组合的范围；能够使性转换的个体得以自交；还能够长期不间断地为品种选育工作提供实验材料，在鱼类的雌核发育、雄核发育、性别控制以及以精子作载体生产转基因鱼等方面具有应用价值，可提高品种改良速度。

2. **养殖产业发展方面**

鱼类精子的超低温冷冻保存，可节约大量的用于饲养活体动物的人力、物力、财力；可有效减少外界环境因素对实验对象种质资源的干扰，避免动物源性疾病的传播；可避免因长期人工繁殖、近缘交配产生的种质退化、遗传多样性降低、抗病抗逆性能降低或遗传变异的现象，达到提纯复壮、提高养殖产量的目的。此外，冷冻保存的精液也有助于解决雌雄性腺发育不同步、性别比例失调、自然交配受精率低等问题，可提高雄性亲鱼利用率，为产业化育苗提供技术资料，提高规模化繁殖效率，推动养殖产业加速发展。

3. 种质资源保护方面

通过鱼类精子的超低温冷冻保存技术，可建立鱼类冷冻精子库，长期保存重要经济鱼类品种和珍稀、濒危鱼种的精液，避免由于过度捕捞、生态环境破坏或环境污染造成的物种灭绝、基因资源丢失；也可以作为鱼类种质资源保护的新途径，有效降低活体保种中可能出现的世代间隔、基因丢失、遗传漂变等风险。

第二节　刀鱼精子冷冻保存及应用

刀鱼，中文正式名是刀鲚（Coilia ectenes），为江海洄游性鱼类。刀鱼生活在水体的中上层，以桡足类、枝角类、小鱼、小虾为食。其体形狭长、侧薄，颇似尖刀，呈银白色。刀鱼肉质细嫩、鲜肥，深受人们的喜爱，是长江中下游主要经济鱼类之一，与长江鲥、河鲀并称为"长江三鲜"，具有很高的经济价值。长江口曾是我国刀鲚最大的河口渔场，20世纪70年代长江下游刀鲚最高产量达3 945t，后来由于高强度捕捞、航道建设和水质污染等原因，刀鲚自然资源逐年减少，已不能形成渔汛，资源每况愈下，已到了岌岌可危的地步（黄晋彪和张雪生，1989；高成洪，2000），因此保护刀鲚种质资源、防止物种灭绝势在必行。

超低温保存是一种有效的并能长期保存鲜精的方法，而关于刀鲚精子的超低温保存研究却鲜有报道，本节对刀鲚精液超低温冷冻保存方法进行研究，对冷冻保存稀释液成分、抗冻剂种类和浓度、稀释比例等进行了筛选，初步建立了一套适合刀鲚精子超低温冷冻保存的方法，为刀鲚繁殖生物学、遗传育种、种质资源保护等提供技术支持。

一、精子采集及冷冻保存方法

本研究选择的刀鱼样品形态正常、生长良好、无疾病、达到性成熟。于2014年洄游期间采自长江南京段潜州江段。因刀鱼出水即死，所以离水就解剖并取精巢采集精子。精巢在4℃冰箱中预冷的干净研钵中剪碎，所采集的精液乳白色，无血污、粪便污染。先用细口吸管吸一滴水于载玻片上，对准视野，然后用针尖挑取上述精液立即于显微镜下边搅匀边观察其活力，选择精子活力大于80%的用于冷冻保存。

选择鱼用任氏液、Kurokura-1、D-15、D-20 4种稀释液，将采集的刀鱼精液与稀释液按一定比例混合，4℃平衡后，轻微吸打，取上清液与含有抗冻剂的同种稀释液等体积混合并分装，接着进行冷冻。冷冻方法：将精子冷冻管放入小纱布袋中，放入液氮罐，在液氮蒸汽（-80～-60℃）中平衡10min，接着在液氮面上平衡5min，最后投入液氮中（-196℃），冷冻保存一周。

解冻前将精子冷冻管从液氮中取出，在液氮口处平衡5min，再于37℃水浴中快速摇晃解冻，直至融化。之后利用针尖蘸取解冻精液，涂抹在载玻片上，滴加SM液激活，并立即放入显微镜视野下，观察并记录精子活力、快速运动时间和寿命。精子活力为视野中运动精子占全部精子的百分比，快速运动时间为精子激活到转入慢速运动的时间，精子寿命为从精子激活开始运动到全部停止运动的时间。

二、精子冷冻保存条件筛选

（一）不同抗冻剂对刀鱼精子冷冻保存效果的影响

用Kurokum-1作稀释液，比较了甘油（Gly）、二甲基亚砜（DMSO）和甲醇（MeOH）三种常用抗冻剂对刀鱼精子的冷冻保存效果，并对每种抗冻剂的浓度进行筛选，发现抗冻剂浓度在8%～10%时，冷冻保存效果相对较好，其中利用10%的DMSO作为抗冻剂，解冻后精子成活率在60%左右，冷冻保存效果显著高于甘油和甲醇（表4-2-1）。

表4-2-1　不同抗冻剂对刀鱼冻精成活率的影响

抗冻剂浓度（%）	冻精成活率（%）		
	DMSO	Gly	MeOH
4	20	20	20
6	30	20	20
8	40	50	30
10	60	50	40
12	50	40	30
14	40	30	20

抗冻剂是精子冷冻保存液中不可缺少的成分，不同鱼类精子对抗冻剂种类的适应性不同。DMSO常被用于大菱鲆、海鲈、黑石斑鱼、美洲黄盖鲽等精子的冷冻保存（Chen et al.，2003）。本节针对3种抗冻剂——甘油（Gly）、二甲基亚砜（DMSO）和甲醇（MeOH）进行了筛选，发现DMSO比Gly和MeOH更适合刀鱼精子的冷冻保存。DMSO对精子有毒性但防冻效果较好，因此筛选适宜的使用浓度，既能起到良好的抗冻作用，又不会导致精子损伤。杨爱国等发现浓度8%～10%的DMSO对扇贝的精子保护效果最好（杨爱国等，1999）。本试验表明，浓度10%的DMSO对刀鱼精子有较好的抗冻保护作用。

（二）不同平衡时间和稀释倍数对刀鱼冷冻保存效果的影响

用Kurokura-1作稀释液，10%的DMSO作抗冻剂，在4℃平衡不同时长，比较平衡时间对精子成活率的影响，筛选出冷冻后精子活力高、寿命长的平衡时间，发现在4℃平衡时间为20～30min时，解冻后精子成活率最高，可达到60%。

用Kurokura-1作稀释液，10%的DMSO作抗冻剂，筛选适宜的稀释倍数，试验结果显示，当精液和保护液按1∶2稀释时，解冻后精子成活率最高，达到65%左右（表4-2-2）。

表4-2-2　精液稀释倍数对刀鱼精子冷冻保存效果的影响

精液∶稀释液（$v∶v$）	冻精成活率（%）
1∶2	65
1∶5	60
1∶10	50
1∶20	40

DMSO渗透性强，容易渗透到精子内部，因此通常冻前不平衡比平衡效果好。但本节针对添加抗冻剂之前，在4℃的平衡时间进行了比较，发现在4℃平衡20～30min时，冷冻保存效果比不平衡时要好，既可以降低温度速降带来的损伤，又能使抗冻剂充分渗透。不同的稀释倍数对精子的保存效果不同（余祥勇等，2005）。本节也针对不同的稀释倍数（1∶2、1∶5、1∶10、1∶20）对精子的保存效果进行了测定，发现稀释倍数较低时，会出现絮状凝结，经显微镜下观察，为不活动的精子聚集而成。较高稀释倍数下保存效果较好，但稀释倍数越大，精子活力降低越明显。

（三）不同稀释液对刀鱼精子冷冻保存效果的影响

应用上述四种冷冻稀释液对刀鱼精子进行冷冻保存验证，将新采集的精液立即和稀释液按 1∶2 混合稀释，4℃平衡 20min，加入 10％体积的 DMSO，混匀后在液氮蒸汽中平衡 10min，接着在液氮面上平衡 5min，最后投入液氮中保存。一周后，将保存在四种稀释液中的刀鱼精子解冻，其中用 D-15 的解冻后成活率最高，达到 70％，鱼用任氏液、Kurokura-1 和 D-20 的解冻后成活率分别为 50％、60％ 和40％，因此刀鱼精子冷冻保存的最适稀释液为 D-15。

稀释液能为精子提供适宜的生理环境，延长其体外的存活时间，并防止精子被激活。合适的稀释液是成功保存鱼类精子的重要因子之一。四种稀释液被用来比较刀鱼精子的超低温冷冻保存效果，D-15 对草鱼和白鲢的精子冷冻保存非常有效，D-20 比较适合鲤精子的超低温冷冻保存（陈松林等，1992），鱼用任氏液被广泛用于淡水鱼类精子的冷冻保存，Kurokura-1 也被用于中国鲤精子的冷冻保存（Linhart et al.，2000）。实验结果显示，D-15 比其他三种稀释液更适合刀鱼精子的超低温冷冻保存，说明 D-15 能为其提供营养和最佳的生理环境。

第三节　黄颡鱼精子超低温冷冻保存

黄颡鱼（*Pelteobagrus fulvidraco* Richardson）隶属于鲇形目、鮠科，是淡水中常见的小型经济鱼类，主要分布于亚洲。黄颡鱼肉质细嫩、味道鲜美、营养丰富、肌间刺少，深受消费者喜爱。近年来，由于自然资源减少，市场价格一路攀升，黄颡鱼已成为名特优水产品重点开发对象之一（Kim and Lee，2004），出口量逐年增加，全国各地也相继开展了黄颡鱼的人工养殖和人工繁殖。人工繁殖需要大量优质精液，但黄颡鱼的精液很难挤出，一般需杀鱼取精，剪碎研磨，并加稀释液稀释，如处理不当会影响其精子活力，降低受精率，影响苗种生产。本节以黄颡鱼精液为研究对象，对其超低温冷冻保存后的精子活力、受精率和孵化率进行了研究，初步建立了一套适合黄颡鱼精子超低温冷冻保存的方法。

一、精子采集和冻前质量检测

本节选择的黄颡鱼样品购自南京本地市场，形态正常、体质健壮、体表光滑无伤，雄性样品体重范围为每尾 120～200g，暂养在流速 0.2L/s、水温 25℃ 的流水槽中。

采集精液前，向黄颡鱼腹腔注射人绒毛膜促性腺激素（HCG）和促黄体素释放激素（LHRH-A）进行催产，注射剂量分别为每千克体重 1 500 IU 和 25μg，效应时间 24h 后取精。先用干毛巾擦干鱼身，剖腹取 8 尾黄颡鱼的精巢，在吸水纸上吸去水分，去除乳白色精巢上黏附的组织，剔除血污，把精巢放在预冷的研钵里，用剪刀剪碎，压取精液，并立即取样观察其活力。

选择 3 种稀释液，将采集的精液随机分为三份，按 1∶6 与稀释液混合，精子悬浮液浓度约为 2.0×10^8 细胞/mL。用细口吸管吸一滴纯水作为激活液滴在载玻片上，调整并对准视野，用解剖针针尖挑取约 0.5μL 精液，立即在清水中激活，在 200 倍显微镜下搅匀，并观察其活力，选择精子活力大于 80％的用于后续超低温冷冻保存（表 4-3-1）。

表 4-3-1　用于黄颡鱼精子冷冻保存的三种稀释液成分

稀释液成分	NaCl (g/L)	KCl (g/L)	CaCl$_2$ (g/L)	NaHCO$_3$ (g/L)	葡萄糖 (g/L)	pH	渗透压 (mOsmol/kg)	备注
A	7.8	0.2	0.21	0.021	—	7.53	260	Ringer 稀释液
B	7.5	0.2	0.16	0.2	—	8.33	250	Kurokura-1 稀释液
C	8	0.5	—	—	15	6.50	363	D-15 稀释液

二、精子的冷冻、复苏及活力测定

稀释后的精液在 4℃ 平衡 30min，轻微吸打，加入抗冻剂（8% 的 DMSO，10% 的甲醇或 12.5% 的甘油）混匀，分装至 2mL 的冻存管中。用三步降温法冷冻降温：冻存管转移到装有液氮的带盖泡沫箱，在液氮蒸汽中（液氮面上约 6cm，约 −80℃）平衡 10min，随后在液氮面上平衡 5min，最后投入液氮中保存。保存 11d 后，从液氮中取出冷冻保存的冻存管，在液氮口处平衡 5min 后，放至 37℃ 的水浴中快速解冻，直至融化，并立即取样在 200 倍显微镜下观察复苏后精子的活力。在载玻片上滴加 SM 激活液（SM = 45mmol/L NaCl + 5mmol/L KCl + 20mmol/L Tris-HCl，pH 8.0），挑取少许解冻后的精液在激活液中混匀，立刻观察快速向前运动精子并计算其百分比。

在新鲜采集的黄颡鱼精子样本中，快速向前运动的精子平均百分比可达（90±5）%。在本节试验中，用三种不同的稀释液（Ringer、Kurokura-1 和 D-15）和三种抗冻保护剂（8%DMSO、12.5%Gly 和 10%MeOH）配成 9 个组合，并比较不同组合对黄颡鱼精子冷冻保存的影响。在液氮中冷冻保存 11d 后，采用稀释液 A（Ringer）和 10%MeOH 的组合，精子活力最高，达到 65%，显著高于稀释液 B（Kurokura-1）与 10%MeOH 的组合（解冻后精子活力 40%）（$P < 0.05$）。另外 7 个组合解冻后的精子活力都低于 10%，显著低于前述两个组合，且组间差异不显著（表 4-3-2）。

表 4-3-2　黄颡鱼精子冷冻保存方法

稀释液	稀释率	平衡温度（℃）	平衡时间（min）	抗冻剂	抗冻剂体积比（%）	降温方法	解冻温度（℃）	解冻时间（s）	解冻后精子活力（%）
A	1：6	4	30	DMSO	8	三步	35	60	4.0±2.5[a]
A	1：6	4	30	Gly	12.5	三步	35	60	4.0±2.5[a]
A	1：6	4	30	MeOH	10	三步	35	60	65±5.0[c]
B	1：6	4	30	DMSO	8	三步	35	60	9.3±2.5[a]
B	1：6	4	30	Gly	12.5	三步	35	60	9.3±2.5[a]
B	1：6	4	30	MeOH	10	三步	35	60	40±5.0[b]
C	1：6	4	30	DMSO	8	三步	35	60	2.0±0.0[a]
C	1：6	4	30	Gly	12.5	三步	35	60	2.0±0.0[a]
C	1：6	4	30	MeOH	10	三步	35	60	4.0±2.5[a]

注：每个处理重复实验 3 次（n=3），用不同上标字母标记的行间均值差异显著（a，b，c；$P < 0.05$）。

三、受精率和孵化率检测

通过人工授精试验检查解冻后精子的受精率。将 200 枚卵放入直径为 15cm 的培养皿中，以精子计数（10 000：1）进行授精，比较冷冻精液与新鲜精液的受精率。滴加 SM 激活液 1mL，倾斜培养皿并轻轻搅动使精卵充分接触，约 2min 后，将卵转移到 25℃ 条件下孵育。试验重复进行三次。试验中剔除未受精或不透明的死卵，计算原肠胚早期受精率（F_r），即原肠胚胚数（E_1）占初始卵数（E_t）的百分比。

$$F_r = (E_1/E_t) \times 100\%$$

孵化出幼苗（H_t）与初始卵数（E_t）的比值为孵化率（H_r）。

$$H_r = (H_t/E_t) \times 100\%$$

试验结果显示，冷冻精子解冻后可使新鲜卵子受精，其中采用 Ringer 稀释液与 10%MeOH 的组合，解冻后受精率和孵化率最高，冻精的受精率为（90.47±3.67）%，与鲜精受精率（97.55 ±

2.74)%无显著差异（$P<0.05$）。冻精和鲜精的孵化率无显著差异，分别为（88.00±4.00)%和（92.00±5.00)%（$P<0.05$）（图4-3-1）。

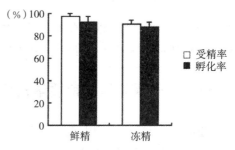

图4-3-1　黄颡鱼冷冻精液与新鲜精液受精率和孵化率的比较（$n=3$）

四、稀释液对黄颡鱼精子冷冻保存效果的影响

精子超低温保存技术是一种有效且可靠的技术，对种质资源保存、遗传多样性保护、新品种选育和人工繁殖的推动等方面均具有重要意义。本研究比较了 Ringer、Kurokura-1 和 D-15 三种不同稀释液和甘油（Gly）、二甲基亚砜（DMSO）和甲醇（MeOH）三种常用抗冻剂搭配的九个组合对黄颡鱼精子的冷冻保存效果，特别是对精子活力和受精能力的影响，成功开发了黄颡鱼精子超低温保存技术。试验结果显示，在液氮中冷冻保存后解冻的黄颡鱼精子可用于人工繁殖。

精子释放后所处的液体环境中，离子浓度（Na^+、K^+、Ca^{2+}等）、渗透性和 pH 等三个因素至关重要。这三个因素可使细胞膜去极化，可能影响精子的运动能力（Morisawa and Suzuki，1980；Morisawa et al.，1983）。稀释液是鱼类精子冷冻保存的重要因素，可为精子提供适宜的存活环境和营养，降低低温损伤，延长其在体外的存活时间（Purdy，2005）。目前已有多种不同稀释液被成功用于不同种类淡水鱼类的精子低温保存，这些稀释液的离子浓度、渗透压和 pH 各不相同（Linhart et al.，2000；Ji et al.，2004）。Ringer 稀释液常用于稀释淡水鱼精子（李晶等 1994），Kurokura-1 稀释液对中国鲤精子的冷冻保存效果较好，D-15 稀释液对草鱼和白鲢精子的冷冻保存效果良好（陈松林等，1992）。

三种稀释液的效果存在显著差异，D-15 稀释液不适用于黄颡鱼精子的冷冻保存，其与不同抗冻剂的组合，冷冻保存的精子解冻后的存活率都极低；采用 Ringer 稀释液或 Kurokura-1 稀释液与10%甲醇的组合时，冷冻保存的精子解冻后活力分别为65%和40%。比较而言，Ringer 稀释液更适合黄颡鱼精子的超低温保存。

五、抗冻剂对黄颡鱼精子冷冻保存效果的影响

抗冻剂可减少冷冻和解冻过程中冰晶对精子结构的损伤，延长精子寿命，但保护效果因物种而异。(Horváth et al.，2003；Zhang et al.，2003；Velasco-Santamaría et al.，2006)。本节选用了三种常用的渗透性冷冻剂：DMSO、甘油和甲醇。有研究表明甘油是一种常用且效果良好的抗冻剂（Young et al.，1992），DMSO 对大菱鲆精子的保护效果较好（Chen et al.，2003），甲醇可为鲤精子冷冻保存提供有效保护（Horváth et al.，2003）。黄颡鱼精子仅在含有10%甲醇的冷冻保护剂组合中存活，在另外两种冷冻保护剂（DMSO 和甘油）组合中活力极低。

采用 Ringer 稀释液和10%甲醇的组合，对黄颡鱼精子冷冻保存效果最好，黄颡鱼冷冻精液的受精率［（90.47±3.67)%］和孵化率［（88.00±4.00)%］与新鲜精液［（97.55±2.74)%，（92.00±5.00)%）］无显著差异，精子解冻后的活力也最高，说明这个组合可用于黄颡鱼的生产性精液冷冻保存。

第四节　翘嘴鳜精子冷冻保存

翘嘴鳜（*Siniperca chuatsi*）是中国广泛养殖的水产品种，也是深受国人喜欢的淡水鱼品种之一（Tao et al.，2007）。但寄生虫、细菌和病毒等引起的疾病给翘嘴鳜的养殖造成了巨大的经济损失，在极端情况下，患病鱼的死亡率可高达100%（He et al.，2002）。此外，由于过度开发和环境污染，野

生鳜的存量正急剧下降。因此，保护翘嘴鳜的种质资源，防止物种灭绝已成为亟待解决的问题。超低温冷冻保存是一项长期有效保存重要经济鱼类和濒危珍稀鱼类精子的技术，已在部分物种中达到生产应用水平（Scott and Baynes，1980；Horváth et al.，2003）。

一、精子采集和冻前质量检测

翘嘴鳜样品采自中国南京的秦淮河，为 3 龄鱼，形态正常、体质健壮、生长良好，体重范围为每尾 750～900g，样品暂养在室外的流动水槽（5m×2m×0.5m）中，流速 1L/s，水温 25℃。每周投喂 3～4 次体长 5～10cm 的鲤。精液采集前，向雄鱼腹腔注射脑垂体（PG）和促黄体素释放激素（LHRH-A）进行催产，注射剂量分别为每千克体重 3mg 和 200μg。

使用尼康 Eclipse 80i 显微镜，在 200 倍下放大观察采自不同雄鱼的精子活力。用细口吸管吸一滴纯水作为激活液滴在载玻片上，调整并对准视野，用牙签挑取约 0.5μL 精液，立即混匀激活，观察其活力（Chen et al.，2003），并对进行向前运动的精子进行计数（在原位震颤的精子不计数）。选择精子活力大于 95％的用于后续冷冻保存，精子浓度用血细胞计数板测定。

二、冷冻保存稀释液筛选

试验选择了 4 种稀释液：Kurukura-1、Ringer、D-15 和 D-20。将采集到的翘嘴鳜精液与不同稀释液分别按 1:3 的比例进行稀释（Pan et al.，2008）。稀释后的精液在 4℃平衡 30min，轻微吸打后，添加 10％的甲醇作为抗冻剂混匀，分装至 2mL 的冷冻管中，每组试验重复 3 次。用三步降温法进行冷冻降温：即先在液氮蒸汽中（液氮面上 6cm，约−80℃）平衡 10min，随后在液氮面上平衡 5min，最后投入液氮中保存。冷冻精子在液氮中保存 2h 后解冻，并测定其活力。

结果显示 4 种稀释液对翘嘴鳜精子的冷冻保存效果存在显著差异，使用 D-15 时，解冻后的精子活力为（88.33±2.89)％，显著高于 Ringer、Kurukura-1 和 D-20 [分别为（78.33±2.89)％、（76.67±2.89)％和（60.00±5.00)％]（图 4-4-1）。因此，D-15 稀释液更适用于翘嘴鳜精子的超低温冷冻保存。

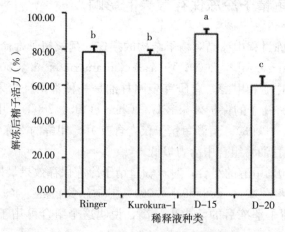

图 4-4-1　稀释液对冷冻精子活力的影响

注：试验结果以均数±标准差形式表示，用不同字母标记的组间均值差异显著（a，b，c；$P < 0.05$）。

三、抗冻剂及其浓度筛选

用 D-15 作稀释液，比较甲醇、甘油和二甲基亚砜 3 种常用抗冻剂对翘嘴鳜精子的冷冻保存效果，并对每种抗冻剂的浓度进行筛选。精液在稀释液 D-15 中按 1:3（精液:稀释液）的比例稀释，稀释后的精液在 4℃平衡 30min，轻微吸打后，分别添加最终浓度（v/v）分别为 8%、10%和 12%的甲醇、甘油或 DMSO 混匀，分装至 2mL 冷冻管中，每组试验重复 3 次。按前述三步冷冻法进行冷冻保存。冷冻精子在液氮中保存 2h 后解冻，并测定其活力。

结果显示，使用 DMSO 作抗冻剂时，解冻后精子的运动能力显著高于甲醇和甘油（$P<0.05$），DMSO 浓度不同时，组间差异无统计学意义（$P>0.05$）。在另外两种抗冻剂（甲醇和甘油）的组合中，翘嘴鲌精子的运动活力较低（见表 4-4-1）。因此，DMSO 更适用于翘嘴鲌精子的超低温冷冻保存。

表 4-4-1 抗冻剂对冷冻精子运动能力的影响（$n=3$）

抗冻剂	抗冻剂浓度（%）	激活后运动能力评分（%）
DMSO	8	83.33±2.89[a]
	10	91.00±1.73[a]
	12	83.33±2.89[a]
甘油	8	3.33±2.89[d]
	10	31.67±5.77[c]
	12	8.33±5.77[d]
甲醇	8	61.67±5.77[b]
	10	65.00±10.00[b]
	12	55.00±10.00[b]

注：用不同上标字母标记的组间均值差异显著（a，b，c；$P<0.05$）。

四、冷冻精子受精率检测

精子冻存管在液氮蒸汽中平衡 5min（Lahnsteiner et al.，2000），在 37℃水浴中快速摇晃解冻 60s，立即取样，在 200 倍显微镜下观察复苏后精子的活力。向洁净干燥的载玻片上滴加约 50μL SM 激活液（SM=45mmol/L NaCl+5mmol/L KCl+20mmol/L Tris-HCl，pH 8.0），用牙签挑取少许解冻后的精液（约 0.5μL）在激活液中混匀，立刻放入显微镜视野下，观察并记录进行向前运动的精子百分比，在原位震颤的精子不计数。

通过人工授精方法对冷冻复苏后的精液和新鲜精液的受精率和孵化率进行比较，试验所用鱼卵采自同一尾鱼。将约 200 枚卵放入直径为 15cm 的培养皿中，分别滴加 2μL、4μL、10μL、20μL 的冷冻精液（$1×10^6$个/mL）或 0.5μL、1μL、2.5μL、5μL 的新鲜精液（$4×10^6$个/mL），在培养皿中滴加 1mL SM 液，倾斜培养皿并轻轻搅动，使卵子与精子充分接触，约 2min 后，将卵转移到 25℃条件下进行孵育，试验过程中剔除未受精或不透明的死卵，并比较冻精和鲜精在不同精卵比时的受精率和孵化率。

（一）不同精卵比对受精率和孵化率的影响

选用稀释液 D-15 和 10% DMSO 的组合用于精子冷冻保存，并用解冻后精子的受精率和孵化率评价该组合对翘嘴鲌精子冷冻保存的效果。人工授精结果表明，冷冻复苏的精子可以使新鲜卵子受精。当精卵比从 100 000∶1 下降到 20 000∶1 时，冷冻精液的受精率和孵化率明显随之下降（$P<0.05$），而新鲜精液的受精率和孵化率随精卵比变化幅度不大（$P>0.05$）。精卵比不同时，冷冻精液和新鲜精液的孵化率差异不显著（$P>0.05$），但受精率则不同。当精卵比为 10 000∶1 和 20 000∶1 时，冻精的受精率显著低于鲜精（$P<0.05$），而当精卵比升高，达到 50 000∶1 和 100 000∶1 时，冻精与鲜精的受精率无显著性差异（$P>0.05$）（表 4-4-2）。

表4-4-2　在不同的精卵比下，冷冻精液和新鲜精液的受精率和孵化率（$n=3$）

精卵比	新鲜精液		冷冻精液	
	受精率（%）	孵化率（%）	受精率（%）	孵化率（%）
10 000 : 1	54.91±4.95[a,A]	44.18±5.13[a,A]	38.76±4.25[c,B]	32.16±7.14[c,A]
20 000 : 1	59.39±8.16[a,A]	48.94±8.79[a,A]	42.81±2.23[c,B]	36.15±3.14[c,A]
50 000 : 1	69.06±15.70[a,A]	59.40±17.26[a,A]	56.50±2.10[b,A]	45.50±2.31[b,A]
100 000 : 1	69.42±8.11[a,A]	59.82±5.27[a,A]	66.01±5.14[a,A]	54.76±4.40[a,A]

注：用不同字母标记的组间均值差异显著（$P<0.05$），小写字母标识行间数据比较，大写字母标识列间数据比较。

（二）不同冷冻保存时长对受精率和孵化率的影响

通过人工授精方法比较冷冻保存不同时长的冷冻精液和新鲜精液的受精率和孵化率，在精卵比为 10 000 : 1时，以前述同样的操作流程和孵化条件，进行冷冻保存不同时长（1周和1年）解冻精液与新鲜精液的受精率和孵化率的对比试验。

当精卵比为 100 000 : 1时，新鲜精液的受精率和孵化率最高，分别为（69.42±8.11）%和（59.82±5.27）%。在液氮中冷冻保存1周的精液，其受精率和孵化率与新鲜精液接近（$P>0.05$），分别为（66.01±5.14）%和（54.76±4.40）%；当冷冻保存时间延长到1年时，冷冻精液的受精率和孵化率分别为（62.97±14.28）%和（52.58±11.17）%，与新鲜精液相比差异仍不显著（$P>0.05$）（图4-4-2）。

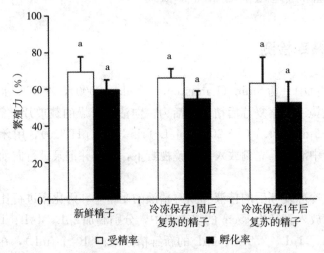

图4-4-2　冷冻保存不同时长精子的受精率和孵化率（$n=3$）
注：用相同字母标记的组间均值差异不显著（$P>0.05$）。

（三）冷冻保存对翘嘴鳜精子受精率和孵化率的影响

鱼类精子冷冻保存的效果通常可用解冻后精子的受精率和孵化率评价。在自然环境下，鱼类的受精发生在水中，但水通常不是冷冻精液的最佳激活液（Lahnsteiner et al.，2002）。本节研究选择SM液作为激活液，以提高冷冻精液的活力和受精率。在人工授精试验中，需剔除死卵，以防其阻碍其他卵的发育。如图4-4-2所示，虽然低温保存后复苏的翘嘴鳜精子运动率降低，但其受精率与新鲜精液相差不大。冷冻精子较低的运动率可被较高的精卵比所补偿（Lahnsteiner et al.，1996；Lahnsteiner，2000）。在本节研究中，当精卵比为 10 000 : 1和 20 000 : 1时，冷冻精液的受精率低于新鲜精液，当精卵比提高到 50 000 : 1和 100 000 : 1时，冷冻精液的受精率与新鲜精液接近。超低温保存是一种可长期有效保存精子的方法

（Yao et al.，2000）。在精卵比为 100 000∶1 时，保存时长为 1 年时，冷冻精液的受精率和孵化率与保存时长为 1 周时差异不显著。

综上所述，本节成功地使用添加 10% DMSO 的 D-15 冷冻保存了翘嘴鳜精子，当精卵比较高时，冷冻精液的受精率和孵化率与新鲜精液接近，具有潜在的商业应用前景。

第五节　西伯利亚鲟、美洲鲥和暗纹东方鲀精子冷冻保存

西伯利亚鲟（*Acipenser baerii*）属鲟形目、鲟科、鲟属，具有生长速度快、适应性强、肉质好、鱼子酱品质高等优点，是大型、珍贵的淡水经济鱼类，已成为主要的鲟养殖品种。在人工繁殖的过程中，由于近亲交配产生种质退化、遗传多样性降低、抗病抗逆性能下降等现象，直接影响到鲟养殖业的可持续发展。美洲鲥（*Alosa sapidissima*）属鲱形目、鲱科，因其具有肉细脂厚、味道鲜美、营养丰富等优点，成为集约化养殖的优良品种。美洲鲥和中国长江鲥的肉味和外形基本一致，因为长江鲥的野生资源遭到破坏，濒临灭绝，恢复长江鲥资源已经很难，因此 2003 年美洲鲥被引进到中国。作为长江鲥的替代品，美洲鲥养殖在中国的市场前景广阔。暗纹东方鲀（*Fugu obscurus*）属硬骨鱼纲、鲀形目、鲀科、东方鲀属，为长江特产的江海性鱼类，因其肉质细嫩、肉味腴美、营养丰富，被誉为"长江三鲜"之一。近年来，由于水环境污染和过度捕捞等原因，暗纹东方鲀资源量急剧减少，这必然会对暗纹东方鲀种质资源的保护和利用产生不利影响。

从降低人工繁殖成本和减少种鱼用量角度考虑，本节对西伯利亚鲟、美洲鲥和暗纹东方鲀 3 种珍稀鱼类的精液进行了超低温冷冻保存技术研究，为更好地保存和保护利用优良种质资源、提高遗传育种效率等提供了数据支撑。

一、精液的来源及冻前质量检测

西伯利亚鲟精液样品由大连鲟养殖场提供，用塑料瓶低温保存，2014 年 4 月空运至江苏省淡水水产研究所禄口基地，直接进行冷冻保存；暗纹东方鲀精液样品采集于江苏海安中洋河鲀庄园，为南通龙洋水产有限公司养殖的亲本，个体健壮无疾病，发育达到性成熟；美洲鲥精液样品采集于江苏海安中洋河鲀庄园，为南通龙洋水产有限公司养殖的亲本，生长良好、形态正常、无疾病且达到性成熟。暗纹东方鲀和美洲鲥的精液样品在养殖现场采取挤压法采集，所采集的精液为乳白色，无血液、粪便污染。采集的精液于 4℃冰箱中暂存备用。

用细口吸管吸一滴纯水作激活液滴于载玻片上，调整并对准视野，用解剖针针尖在装有精液的培养皿中挑取，立即在载玻片上的激活液中搅匀观察，并计算激活后的精子活力。为确保数据的准确性，镜检工作由一人操作，每个样本重复试验 3 次并取平均值。选择精子活力大于 90% 的用于保存。

二、精子冷冻保存和解冻

在纯水激活镜检后，选择精子活力大于 90% 的精液与稀释液（表 4-5-1）按一定比例混合，于 4℃ 预冷，轻微吸打，取上清液与含有抗冻剂的同种稀释液等体积混合，分装至 2mL 塑料冻存管，每管样品体积为 1mL。分装后的精液先在液氮面上方 6cm 处平衡 10min，接着在液氮面上平衡 5min，最后投入液氮中保存。

打开液氮罐，将冷冻保存的冻存管从液氮中取出，在液氮口处平衡 5min 后，再放至 37℃ 水浴中快速解冻，直至融化，并立即取样放入显微镜视野下用纯水激活，观察其活力。

表4-5-1　用于3种珍稀鱼类精子超低温冷冻保存的稀释液成分

稀释液成分	葡萄糖	柠檬酸钠	NaCl	CaCl$_2$	KCl	NaHCO$_3$	青霉素	pH	备注
配方1	29g/L	10g/L			0.3g/L	2g/L	5×10^4 U	8.0	
配方2			7.8g/L	0.21g/L	0.2g/L	2g/L		8.0	鱼用任氏液

三、不同抗冻剂浓度与稀释液对3种珍稀鱼类冷冻保存效果的影响

以配方2为稀释液，选用甲醇、甘油2种抗冻剂的3种不同体积分数（5%、10%、15%）溶液配制6种不同抗冻保护剂，并比较其对西伯利亚鲟精子冷冻保存的效果。结果显示：采用配方2稀释液与10%甲醇的组合时，西伯利亚鲟冻精解冻后的活力最高，冻精存活率为（48.3±1.35）%。用甘油作抗冻剂的保存效果较差，冻精活力明显低于用甲醇作抗冻剂的组合。

在西伯利亚鲟的试验中，用甘油作为抗冻剂的保护效果不理想，因此后续在暗纹东方鲀精子冷冻保存试验中对抗冻剂和稀释液的组合进行调整，采用10%的甲醇作抗冻剂，分别以配方1、配方2为稀释液，比较各组合对暗纹东方鲀精子的冷冻保存效果。结果显示：配方2稀释液与10%甲醇的组合效果最好，解冻后冻精活力最高，冻精存活率为（58.5±2.23）%。

根据暗纹东方鲀试验结果，在对美洲鲥的精子冷冻保存试验中也以配方2为稀释液，分别配制了3种不同体积分数的甲醇作抗冻剂，并比较其冷冻保存的效果。结果显示：配方2稀释液与10%甲醇的组合效果最好，冻精存活率达到（78.5±3.09）%。

选用配方2稀释液与10%甲醇组合抗冻剂在3种珍稀鱼类的精子冷冻保存中都起到了较好的冷冻保护效果，其中美洲鲥的冻精复苏效果最好（表4-5-2）。

表4-5-2　稀释液与抗冻剂组合对3种珍稀鱼类冷冻精液活力的影响

保存品种	抗冻剂种类	抗冻剂浓度（%）	稀释液配方	冻精存活率（%）
西伯利亚鲟	甲醇	5	配方2	14.9±2.34
		10	配方2	48.3±1.35
		15	配方2	25.2±3.42
	甘油	5	配方2	10.5±1.37
		10	配方2	20.7±3.18
		15	配方2	15.2±1.36
暗纹东方鲀	甲醇	10	配方1	39.5±3.38
		10	配方2	58.5±2.23
美洲鲥	甲醇	5	配方2	35.2±2.96
		10	配方2	78.5±3.09
		15	配方2	50.00±5.00

四、不同精液稀释比例对3种珍稀鱼类冷冻保存效果的影响

选用配方2稀释液和10%甲醇的组合，对不同精液稀释液比例下精子活力的影响进行测定，结果显示西伯利亚鲟精液在稀释比例为1∶2时，解冻后的精子活力最高，存活率达到（45.0±5.0）%。暗纹东方鲀精液按1∶2稀释时，冻精活力也最高，存活率达（60.5±2.69）%。美洲鲥精液稀释比例为1∶3时，冻精活力最高，存活率达（80.3±2.58）%（图4-5-1）。

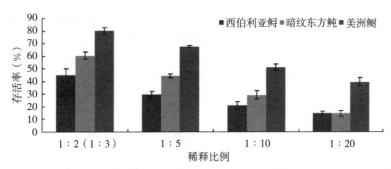

图 4-5-1　不同稀释比例对 3 种珍稀鱼类保存效果的影响

五、3 种珍稀鱼类冻精保存效果分析

抗冻剂能降低冰点、减少冰晶形成，避免细胞内水分渗出造成细胞皱缩，从而起到保护细胞作用。不同种类动物精子适用的抗冻保护剂不同。在黄颡鱼精子冷冻保存研究中，潘建林等认为 10% 甲醇对黄颡鱼有较好的冷冻保护效果（Pan et al.，2008），这点得到夏良萍等实验的证明（夏良萍等，2013）。王晓爱等认为甲醇是暗色唇鱼精子冷冻保存潜在的渗透性抗冻剂，10% 甲醇保护效果最好（王晓爱等，2012a）。甘油也是一种被广泛应用于家畜和海水鱼类精液冷冻保存的抗冻剂，并已被证明可起到有效的保护作用，在花鲈（洪万树等，1996）和大黄鱼（林丹军和尤永隆，2002）等精子冷冻保存中效果良好，但对另一些淡水鱼类精液冷冻保存效果不太理想（于海涛等，2004）。

本节选用了两种常用的抗冻剂——甲醇和甘油，并对其不同体积分数的保护效果进行比较。在西伯利亚鲟精液的冷冻保存中，发现 10% 的甲醇作为抗冻剂能起到较好的保护效果，在暗纹东方鲀和美洲鲥 2 种鱼类的精液冷冻保存中效果也很好。刘鹏等也认为甲醇更适合作为淡水鱼类精子超低温冷冻保存的抗冻剂，与本节试验结果吻合（刘鹏等，2007）。

稀释液能降低抗冻剂的毒性，为精子提供合适的生理环境，延长其在体外的存活时间，并防止精子被激活。合适的稀释液是鱼类精子成功保存的重要因子。本节中的稀释液参考鱼、虾、贝等精子冷冻保存的常用稀释液配制而成。任氏液（配方 2）被广泛用于淡水鱼类精子的稀释，在 3 种珍稀鱼类超低温冷冻保存中效果较好，对美洲鲥精液的保存效果最好。本节还比较了配方 1 和配方 2 两种稀释液对暗纹东方鲀精子的超低温冷冻保存效果，结果显示，配方 2 的效果更好，说明配方 2 能为暗纹东方鲀精子提供更多的营养和更好的生理环境。

对鱼类和哺乳动物来说，稀释倍数过大会导致精子活力下降。张崇英等认为多数淡水鱼类精液与稀释液的最佳稀释比例为 1 :（2～10）（张崇英等，2020）。于海涛等则认为精液与稀释液的比例多在 1 :（3～9）（于海涛等，2004）。本节试验结果表明 3 种珍稀鱼类精子冷冻的最适稀释比例在 1 :（2～3），在此范围内可获得最佳保存效果。受试验条件限制，激活后精子的受精、孵化能力如何，还有待进一步的研究。

参 考 文 献

采克俊，周志金，曹访，等，2015. 长吻鮠精子超低温冷冻保存 [J]. 江苏农业科学，43（10）：290-291.

陈松林，2002. 鱼类配子和胚胎冷冻保存研究进展及前景展望 [J]. 水产学报，26（2）：161-168.

陈松林，2007. 鱼类精子和胚胎冷冻保存理论与技术 [M]. 北京：中国农业出版社.

陈松林，刘宪亭，鲁大椿，等，1992. 鲢、鲤、团头鲂和草鱼精液冷冻保存的研究 [J]. 动物学报，38（4）：413-424.

陈松林，章龙珍，郭锋，1987. 抗冻剂二甲基亚砜对家鱼精子生理特性影响的初步研究 [J]. 淡水渔业 (5)：17-20.

程顺，迟美丽，顾志敏，等，2018. 河川沙塘鳢精子质量的影响因素及其精子超低温冷冻 [J]. 中国畜牧杂志，54 (6)：69-74.

程顺，顾志敏，刘士力，等，2019. 翘嘴鲌精子生理特性及超低温冷冻的研究 [J]. 江苏农业科学，47 (7)：175-179.

邓岳松，林浩然，1999. 鱼类精子活力研究进展 [J]. 生命科学研究，3 (4)：271-278.

丁辰龙，王宣朋，李康，等，2018. NaCl、KCl 和葡萄糖对大鳞鲃精子活力的影响 [J]. 天津师范大学学报 (自然科学版)，38 (6)：32-35，57.

丁淑燕，李跃华，黄亚红，等，2015. 刀鲚精子超低温冷冻保存技术的研究 [J]. 水产养殖，36 (1)：32-34.

丁淑燕，严维辉，郝忱，等，2016. 兴国红鲤精液超低温冷冻保存及效果分析 [J]. 江苏农业科学，44 (2)：277-279.

高成洪，2000. 长江刀鱼资源亟待保护 [J]. 中国水产 (3)：16-17.

苟兴能，2008. 黄鳝精子保存液的初步研究 [J]. 科学养鱼 (11)：40-41.

顾正选，丁诗华，2017. pH 值及不同百分浓度 NaCl 溶液对齐口裂腹鱼精子活力的影响 [J]. 西南大学学报 (自然科学版)，39 (7)：72-76.

郝忱，2009. 两种淡水经济鱼类精子超低温冷冻保存技术的研究 [D]. 南京：南京农业大学.

郝忱，严维辉，丁淑燕，等，2014. 鱼类精子超低温冷冻保存技术及其应用 [J]. 水产养殖，35 (7)：48-52.

何斌，陈彦伶，龙治海，等，2017. 几种抗冻剂对达氏鲟精子活力及运动时间的影响 [J]. 西南农业学报，30 (4)：962-968.

洪万树，张其永，许胜发，等，1996. 花鲈精子生理特性及其精液超低温冷冻保存 [J]. 海洋学报 (中文版) (2)：97-104.

胡一中，2010. Na$^+$、K$^+$、Ca^{2+}、葡萄糖及渗透压对泥鳅精子活力的影响 [J]. 金华职业技术学院学报，10 (3)：69-72.

黄辨非，罗静波，2000. 氯化钠溶液对兴国红鲤精子活力的影响 [J]. 湖北农学院学报，20 (1)：62-64.

黄晋彪，张雪生，1989. 长江口刀鲚资源试析 [J]. 水产科技情报 (6)：173-175.

季相山，陈松林，赵燕，等，2007. 鱼类精子质量评价研究进展 [J]. 中国水产科学，14 (6)：1048-1054.

姜仁良，赵维信，张饮江，1992. 一种新抗冻剂 DMF 在淡水鱼类精液超低温保存上的应用 [J]. 上海水产大学学报，1 (1-2)：27-32.

李飞，万全，2009. 环境因子对胭脂鱼精子活力影响的研究 [J]. 淡水渔业，39 (4)：22-28.

李晶，李莹，赵晓祥，等，1994. 精子作载体的转基因鱼研究 [J]. 生物技术，4 (3)：20-22.

李景春，柯文杰，杨虹，等，2019. 超低温冷冻技术应用于鱼精子保存的研究进展 [J]. 江苏农业科学，47 (18)：66-69.

连晋，雷普勋，刘忠松，2001. 精子保存方法在大银鱼人工繁殖中的应用研究 [J]. 科学养鱼 (1)：34.

廖馨，严维辉，唐建清，等，2006. 淡水鱼类精子的冷冻与保存 [J]. 生物学通报，41 (8)：16-17.

林丹军，尤永隆，2002. 大黄鱼精子生理特性及其冷冻保存 [J]. 热带海洋学报 (4)：69-75.

刘光霞，吴兴兵，何勇凤，等，2020. 圆口铜鱼精子超低温冷冻保存 [J]. 中国水产科学，27 (1)：44-52.

刘鹏，庄平，章龙珍，等，2007. 人工养殖西伯利亚鲟精子超低温冷冻保存研究 [J]. 海洋渔业 (2)：120-127.

柳凌，Linhart O，危起伟，等，2007. 计算机辅助对几种鲟鱼冻精激活液的比较 [J]. 水产学报 (6)：711-720.

卢敏德，胡文善，林雅英，等，1981. 家鱼精液冷冻技术的探讨 [J]. 新疆农垦科技 (3)：26-33.

鲁大椿，刘宪亭，方建萍，等，1992. 我国主要淡水养殖鱼类精浆的元素组成 [J]. 淡水渔业 (2)：10-12.

潘英焘，1981. 鱼类精液冷冻保存的若干问题 [J]. 水产科技情报 (1)：17-20.

史东杰，孙砚胜，孙向军，等，2009. 缺帘鱼精子超低温保存的初步研究 [J]. 吉林农业大学学报，31 (4)：467-471.

舒德斌，刘雪清，张建明，等，2018. 超低温冷冻保存中华鲟 F$_1$ 精子授精方法研究 [J]. 水产科学，37 (4)：484-488.

宋勇，朱晨晨，陈生熬，2009. 不同浓度的 NaCl、KCl 和葡萄糖对彩鲫精子活力的影响 [J]. 塔里木大学学报，21 (3)：5-9.

苏德学，严安生，田永胜，等，2004. 阳离子、葡萄糖及渗透压对丁鲅精子活力的影响［J］. 水利渔业，24（1）：7-8.

苏天凤，艾红，2004. 鱼类精子活力及其超低温保存研究综述［J］. 上海水产大学学报，13（4）：343-347.

孙翰昌，李云瑶，吴清毅，2012. 不同浓度 NaCl 溶液及 pH 值对禾花鱼精子活力的影响［J］. 黑龙江畜牧兽医（上半月）（2）：140-142.

汪小锋，樊廷俊，2003. 鱼类精子冷冻保存的研究进展［J］. 海洋科学（7）：28-31.

汪亚媛，张国松，李丽，等，2014. 瓦氏黄颡鱼精子的生理特性及其超低温冷冻保存的初步研究［J］. 海洋渔业，36（1）：29-34.

王明华，陈友明，丁淑燕，等，2015a. 美洲鲥鱼精子超低温冷冻保存技术初探［J］. 江苏农业科学（7）：250-251.

王明华，钟立强，陈友明，等，2015b. 3 种长江珍稀鱼类精子超低温冷冻保存的初步研究［J］. 中国农学通报，31（5）：55-58.

王晓爱，杨君兴，陈小勇，等，2012a. 4 种渗透性抗冻剂对暗色唇鱼精子冷冻保存的影响［J］. 水生态学杂志，33（5）：88-93.

王晓爱，杨君兴，陈小勇，等，2012b. 软鳍新光唇鱼精子的超低温冷冻保存［J］. 动物学研究，33（3）：283-289.

王鑫伟，史应学，竺俊全，等，2017. 光唇鱼精子的超低温冷冻保存及酶活性检测［J］. 农业生物技术学报，25（4）：639-649.

王祖昆，邱麟翔，陈魁候，等，1984. 草鱼、鲢鱼、鳙鱼、鲮鱼冷冻精液授精试验［J］. 水产学报，8（3）：255-257.

魏开金，王汉平，林加敬，等，1996. 氯化钠浓度对鲫鱼精子活力影响的初步观察［J］. 淡水渔业（4）：9-10.

吴清毅，孙翰昌，李云瑶，2011. 不同浓度的 K^+、Ca^{2+} 和葡萄糖对乌原鲤精子活力的影响［J］. 水产科学，30（4）：202-205.

夏良萍，陈梦婷，陈悦萍，等，2013. 黄颡鱼精子超低温冷冻保存技术［J］. 江苏农业科学（10）：196-198.

邢露梅，肖伟，李兰兰，等，2021. 兰州鲇精液超低温冷冻保存技术研究及细胞损伤检测［J］. 水生生物学报，45（3）：547-556.

徐敏，杨建，姜海峰，等，2014. NaCl 盐度和 $NaHCO_3$ 碱度对鲤、鲫和大鳞鲃的精子活力及其受精率的影响［J］. 中国水产科学（4）：720-728.

闫秀明，张林达，张小雪，2011. 黄鳝精液−80℃超低温冷冻保存试验［J］. 四川动物，30（2）：207-211.

杨爱国，王清印，孔杰，等，1999. 扇贝精液超低温冷冻保存技术的研究［J］. 海洋与湖沼（6）：624-628.

杨彩根，宋学宏，王永玲，2003. pH 及不同浓度 NaCl 溶液对黄颡鱼精子活力的影响［J］. 水利渔业，23（3）：10-11.

于海涛，张秀梅，陈超，2004. 鱼类精液超低温冷冻保存的研究展望［J］. 海洋湖沼通报（2）：66-72.

余祥勇，王梅芳，陈钢荣，等，2005. 马氏珠母贝精子低温保存主要影响因素的研究［J］. 华南农业大学学报（3）：96-99.

张崇英，陈脊宇，周亚，等，2020. 胭脂鱼（*Myxocyprinus asiaficus*）精液超低温冷冻保存及酶活性测定［J］. 基因组学与应用生物学，39（4）：1556-1564.

张轩杰，刘筠，1991. 家鱼精液超低温冷冻保存研究 I. 防冻稀释液的筛选［J］. 湖南师范大学自然科学学报（3）：255-259.

章龙珍，刘宪亭，1994. 二甲基亚砜对几种淡水鱼精子渗透压及成活率影响的研究［J］. 水生生物学报，18（4）：297-302.

赵钦，陈校辉，潘建林，2008. 黄颡鱼精子低温保存方法的初步研究及应用［J］. 水产科学，27（12）：615-618.

周磊，罗渡，卢薛，等，2014. 斑鳜精液超低温冷冻保存及其效果分析［J］. 中国水产科学（2）：250-259.

周洲，孔杰，赵凤，等，2019. 鱼类精子超低温冷冻保存技术研究进展［J］. 贵州农业科学，47（3）：89-92.

周洲，李世凯，赵飞，等，2021. 不同抗冻剂对西伯利亚鲟精子冷冻保存的影响. 西南农业学报，34（6）：1347-1350.

Chen S L，Ji X S，Yu G C，et al.，2003. Cryopreservation of sperm from turbot (*Scophthalmus maximus*) and application to large-scale fertilization［J］. Aquaculture，236（1）：547-556.

Chew P C，Hassan R，Rashid Z A，et al.，2010. The current status of sperm cryopreservation of the endangered *Probarbus jullieni* (Sauvage) in Malaysia［J］. Journal of Applied Ichthyology，26（5）：797-805.

Ding S Y, Ge J C, Hao C, et al. , 2009. Long-term cryopreservation of sperm from Mandarin fish *Siniperca chuatsi* [J] . Animal Reproduction Science, 113 (1/4): 229-235.

He J G, Zeng K, Weng S P, et al. , 2002. Experimental transmission, pathogenicity and physical—chemical properties of infectious spleen and kidney necrosis virus (ISKNV) [J] . Aquaculture, 204 (1): 11-24.

Horton H F, Ott A G, 1976. Cryopreservation of Fish Spermatozoa and Ova [J] . Journal of the Fisheries Board of Canada, 33 (4): 995-1000.

Horváth Á, Miskolczi E, Urbányi B, 2003. Cryopreservation of common carp sperm [J] . Aquatic Living Resources, 16 (5): 457-460.

Ji X S, Chen S L, Tian Y S, et al. , 2004. Cryopreservation of sea perch (*Lateolabrax japonicus*) spermatozoa and feasibility for production-scale fertilization [J] . Aquaculture, 241 (1-4): 517-528.

Kim L O, Lee S-M, 2004. Effects of the dietary protein and lipid levels on growth and body composition ofbagrid catfish, *Pseudobagrus fulvidraco* [J] . Aquaculture, 243 (1-4): 323-329.

Lahnsteiner F, 2000. Semen cryopreservation in the Salmonidae and in the Northern pike [J] . Aquaculture Research, 31 (3): 245-258.

Lahnsteiner F, Berger B, Horvath A, et al. , 2000. Cryopreservation of spermatozoa in cyprinid fishes [J]. Theriogenology, 54 (9): 1477-1498.

Lahnsteiner F, Berger B, Weismann T, et al. , 1996. Physiological and Biochemical Determination of Rainbow Trout, *Oncorhynchus mykiss*, Semen Quality for Cryopreservation [J] . Journal of Applied Aquaculture, 6 (4): 47-73.

Lahnsteiner F, Mansour N, Weismann T, 2002. The cryopreservation of spermatozoa of the burbot, *Lota lota* (Gadidae, Teleostei) [J] . Cryobiology, 45 (3): 195-203.

Linhart O, Rodina M, Cosson J, 2000. Cryopreservation of Sperm in Common Carp *Cyprinus carpio*: Sperm Motility and Hatching Success of Embryos [J] . Cryobiology, 41 (3): 241-250.

Liu L, Wei Q W, Guo F, et al. , 2006. Cryopreservation of Chinese sturgeon (*Acipenser sinensis*) sperm [J]. Journal of Applied Ichthyology, 22: 384-388.

Morisawa M, Suzuki K, 1980. Osmolality and potassium ion: their roles in initiation of sperm motility in teleosts [J]. Science, 210 (4474): 1145-1147.

Morisawa M, Suzuki K, H. Shimizu, et al. , 1983. Effects of osmolality and potassium on motility of spermatozoa from freshwater cyprinid fishes. [J] . The Journal of experimental biology, 107: 95-103.

Pan J L, Ding S Y, Ge J C, et al. , 2008. Development of cryopreservation for maintaining yellow catfish *Pelteobagrus fulvidraco* sperm [J] . Aquaculture, 279 (1-4): 173-176.

Purdy P H, 2005. A review on goat sperm cryopreservation [J] . Small Ruminant Research, 63 (3): 215-225.

Scott A P, Baynes S M, 1980. A review of the biology, handling and storage of salmonid spermatozoa [J] . Journal of Fish Biology, 17 (6): 707-739.

Tao J J, Gui J F, Zhang Q Y, 2007. Isolation and characterization of a rhabdovirus from co-infection of two viruses in mandarin fish [J] . Aquaculture, 262 (1): 1-9.

THS B, 1953. Sperm Storage and Cross-Fertilization of Spring and Autumn Spawning Herring [J] . Nature, 172 (4391): 1189-1190.

Velasco-Santamaría Y M, Medina-Robles V M, Cruz-Casallas P E, 2006. Cryopreservation of yamú (*Brycon amazonicus*) sperm for large scale fertilization [J] . Aquaculture, 256 (1): 264-271.

Yao Z, Crim L W, Richardson G F, et al. , 2000. Motility, fertility and ultrastructural changes of ocean pout (*Macrozoarces americanus* L.) sperm after cryopreservation [J] . Aquaculture, 181 (3): 361-375.

Young J A, Capra M F, Blackshaw A W, 1992. Cryopreservation of summer whiting (*Sillago ciliata*) spermatozoa [J] . Aquaculture, 102 (1-2): 155-160.

Zhang Y Z, Zhang S C, Liu X Z, et al. , 2003. Cryopreservation of flounder (*Paralichthys olivaceus*) sperm with a practical methodology [J] . Theriogenology, 60 (5): 989-996.

（赵沐子，丁淑燕，葛家春）

第五章

淡水鱼类胚胎冷冻保存研究进展

全世界的鱼类大约有 32 500 种，其中淡水鱼类超过 15 000 种，而淡水仅占全球水资源量的 0.3%，淡水环境具有极高生产力。我国的淡水鱼资源非常丰富，不仅种类繁多，数量也巨大。渔业是我国农业经济发展不可或缺的部分。而在渔业发展中占比例最大的是淡水养殖（徐仁杰，2017）。但是近些年淡水鱼资源大幅减少，甚至部分淡水鱼濒临灭绝（董琳等，2018），如中华鲟、白鲟等。除了从改善环境生态、调整产业结构、优化经济发展模式等方面努力，以期达到可持续发展的目标，也应该重视淡水鱼类种质资源的保存。而胚胎超低温冷冻保存作为一种有效的种质资源保存手段，也应该被重视。

在超低温（−196℃）条件下，生物材料（如生物细胞、配子、胚胎，甚至个体）的新陈代谢过程受到抑制而处于一种停滞的状态，但生物材料的活性只是暂时失去了活力或者活力降低，当恢复至常温就有可能全部或部分恢复活力。超低温冷冻保存就是基于该原理发展起来的一种技术。目前常用的超低温冷冻方法主要有程序化冷冻保存和玻璃化冷冻保存。

一、主要研究成果

（一）程序化冷冻保存

目前，淡水鱼类中，人们对鲑（*Oncorhynchus*）、鲤（*Gyprinus carpio*）、鲢（*Hypophthalmichthys molitrix*）、鳙（*Aristichthys nobilis*）、鲫（*Carassius auratus*）、草鱼（*Ctenopharyngodon idellus*）、团头鲂（*Megalobrama amblycephala*）、青鳉（*Oryzias latipes*）、泥鳅（*Misgurnus anguillicaudatus*）、斑马鱼（*Danio rerio*）和少鳞鱚（*Sillago japonica*）等鱼的胚胎进行了胚胎超低温冷冻的尝试。Zell 在 1978 年使用程序化降温法保存鲑受精卵时，以 5℃/min 的速率降至−50℃，获得 70% 的成活率，但是受精卵在最低温度不到 5min，样品内部可能未达到所记录的最低温度（Zell et al.，1978）。Zhang 采用慢降温速率，以 2℃/min 降至−4℃，经诱导结冰后，以 0.05℃/min 降至−60℃，再以 2℃/min 降至−90℃，然后投入液氮，在保存的 16 颗鲤胚胎中有 1 个成活，但是该试验不具备重复性（Zhang et al.，1989）。章龙珍等采用程序化降温的方法，保存了鲢、鳙、草鱼、团头鲂和青鳉胚胎，探究了不同降温速率对胚胎的影响，以慢降温速率（0.2～0.5℃/min）降至−40℃以下，脱膜前的胚胎获得 20% 以上的成活率，脱膜后的胚胎获得了 90.5% 的复活率。

（二）玻璃化冷冻保存

章龙珍等利用 DMSO、甘油、乙二醇、1,2-丙二醇、甲醇 5 种抗冻剂组合了 55 种不同浓度的抗冻剂，筛选出了 11 种玻璃化液，对鲢胚胎成活率的影响进行了研究（章龙珍等，1996）。利用两种渗透性抗冻剂组合（15%甲醇＋20%1,2-丙二醇）对泥鳅的胚孔封闭期和胚体转动期胚胎进行了保存，获得了复活胚胎，但胚胎未能孵化出鱼苗（章龙珍等，2002）。秦杰等对不同时期青鳉胚体对 EFS40（40% EG＋FS）和 EFS60（60%EG＋FS）的耐受性进行试验，24 肌节期的耐受力最强，EFS60 的毒性高于 EFS40（秦杰，2010）。沈蕾等使用 VS4（1,2-丙二醇＋二甲基亚砜＋甲醇＋乙酰胺＋蔗糖＋聚乙二醇）

和 VSd（1,2-丙二醇＋甲醇＋海藻糖＋聚乙二醇）对鲫的胚胎进行保存，比较两种玻璃化液保存效果，发现海藻糖可能更适合作为玻璃化液及保护剂（沈蔷，2013）。

在尝试过胚胎冷冻的鱼类当中，人们对斑马鱼和少鳞鳠胚胎研究比较多。Liu 等（2001）对 64 细胞期、囊胚中期、6 对肌节期的斑马鱼胚胎进行 0℃ 或 -5℃ 程序化低温冷冻保存，采用了慢速（0.3℃/min 或 1℃/min）、中速（30℃/min）和快速（300℃/min）降温，26℃ 解冻 5s，没有获得成活胚胎。Robles 将渗透剂分步处理后的高囊胚期和肌节期胚胎直接投入液氮。第一步：2mol/L 二甲基亚砜（5min）；第二步：3mol/L 二甲基亚砜（5min）；第三步：5mol/L 二甲基亚砜，2mol/L 甲醇和 1mol/L 乙二醇（2min）；第四步：5mol/L 二甲基亚砜，2mol/L 甲醇，1mol/L 乙二醇和 10% 蔗糖（2min）。前两步在室温下进行，后两步在 4℃ 下进行，以减少对胚胎的毒性影响。处理后胚胎被吸到 0.5mL 的吸管中，直接投入液氮，在冰水混合物（0℃）中解冻 7s，没有获得成活胚胎（Robles et al.，2004）。

（三）显微注射法的尝试

Kopeika 则是采用显微注射的方法尝试胚胎冷冻，采用原肠中期的胚胎，显微注射 5.2mol/L 的甲醇或者 1.3mol/L 的蔗糖进入卵黄区，达到最终的浓度为 2.0mol/L 或者 0.5mol/L，注射体积为 33.5nL。注射后 2h 或 24h，将胚胎置于含有 3mol/L 甲醇＋0.5mol/L 的蔗糖中，室温处理 30min。然后以 2℃/min 冷却至 0℃；1℃/min 冷却至 -7.5℃，在该温度保持 10min；0.3℃/min 冷却至 -20℃。胚胎在 -20℃ 保存 10min 后，在 130℃/min 进行解冻。然后用 Hank's 液室温下洗涤胚胎 3h，没有获得成活胚胎。但是该试验发现显微注射过程本身对胚胎是有害的，不加冷冻保护剂的 Hank's 培养基的引入对胚胎的存活有显著影响。在冷冻过程中，在卵黄中添加高浓度的冷冻保护剂可能会对胚胎发育产生不利影响（Kopeika et al.，2006）。Alam 等尝试用显微注射的方法增加抗冻剂的作用，对显微注射量、抗冻剂（CPA）类型及浓度、载体（稀释剂）、适宜的注射阶段等条件进行了筛选。肌节期和尾巴伸长期胚胎的卵周隙和卵黄的耐受量分别为 2.1nL 和 15.6nL。所有发育阶段的胚胎对乙二醇都有良好的耐受性，1,2-丙二醇只适用于早期胚胎阶段。Yamamoto solution 作为显微注射基础溶液的效果略好于 Fish Ringer 和磷酸盐缓冲溶液。所有发育阶段的胚胎在经过干法穿刺细胞膜和卵黄多核层后，都没有显著降低生存能力。显微注射 CPA 后，胚胎中冰晶成核温度降低，胚胎对冷耐受性提高（Alam et al.，2018）。

（四）静水压法的尝试

Faragó 等尝试用静水压增加胚胎的耐冷性，一定量的胚胎和海水被吸入 2mL 鲁尔锁定注射器（B. Braun Melsungen AB，Melsungen，Germany），用塑料鲁尔锁定帽锁定。然后将 PTAT（压力触发的耐受激活，以前被称为 HHP 或 HP 治疗）系统的注射器放入计算机控制的可编程高压静压装置的压力室（GBOX 2010，Applied Cell Technology Ltd.，Budapest，Hungary）。该装置被设置为 5 MPa（1Pa，在 25℃ 下的静水压力处理 90min）。腔室的压力增加和减压至大气压力设置为 6s/10 MPa。实验结果显示，①与未处理对照组相比，经 PTAT 处理的斑马鱼胚胎在存活、发育或形态上没有差异。②PTAT 预处理显著提高了 26 肌节期或 Prim-5 期的斑马鱼胚胎的耐冷性。此外，PTAT 处理对增加正常形态的幼虫比例有明显的有益作用。③PATA 预处理和冷冻胚胎发育的鱼保留了它们的生育潜力，能够产生健康的后代。由于冷冻鱼的后代发育速度正常，形态正常，认为 PTAT 是一种安全的处理方法（Faragó et al.，2017）。

（五）金纳米棒（GNRs）解冻法

Khosla 等首次获得冷冻保存胚胎解冻后成活的斑马鱼苗，鱼苗生长发育到繁殖阶段。其将抗冻剂（CPAs）和金纳米棒（GNRs）（CPA：PG＋MeOH）注入处于高囊胚期胚胎的卵黄中，恢复 2h 后（这一步是用来让膜愈合防漏），将注射过的胚胎置于预冷液中 5min，使卵黄周液脱水。随后，胚胎被放置在一种叫作冷冻顶的聚丙烯条上，并被放入液氮中。解冻时，将胚胎置于激光下加热。复温后将胚胎置于洗脱槽中复水，从卵黄周液中去除 CPA，置于胚培养液中，置于 28℃培养箱中保存（图 5-1-1）。定期监测胚胎发育至第 5 天。282 个胚胎（占 40%）在 1h 内结构完整，3h 后继续发育（22%），24h 后胚体活动（11%），48h 后孵化（9%），第 5 天后游泳率（3%）。最后，存活到第 5 天的鱼苗有 2 尾，成长到成年并发育产卵（Khosla et al.，2020）。

Castro 等（2021）在 22～24 肌节期到达前 1h，将斑马鱼胚胎的绒毛膜去除，依次用 0、25%、50%、75%、100% 的抗冻剂处理胚胎，各处理 5min，然后立即放入 0.5mL 吸管中，并投入泡沫盒中的液氮中，20s 后，样品转移到液氮（-196℃）中保存一周。26℃解冻 8s。解冻后在 100%、75%、50%、25% 和 0 玻璃化溶液中复水，其中加入 0.1mol/L 蔗糖以减少渗透休克，但没有获得成活胚胎。

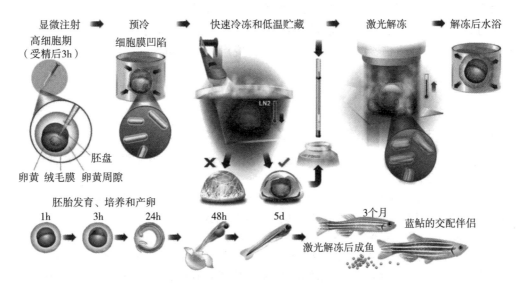

图 5-1-1　低温保存和激光加热过程（Khosla et al.，2020）

（六）电穿孔法应用

Rahman 等（2011）在使用渗透性冷冻保护剂 DMSO 处理少鳞鱚胚胎前，先用非渗透性的 1mol/L 海藻糖和蔗糖处理 2～6min，发现 DMSO 的吸收提升了 45%。在此处理的基础上，在 DMSO 的基础液中加入 0.125～0.25mol/L $MgCl_2$ 和 $CaCl_2$，发现 DMSO 的吸收比对照组（单纯用海水配置，不用非渗透预处理）提升了 91%。而后探究了利用电穿孔法将冷冻保护剂加入少鳞鱚胚胎的相对效率和冷冻后电穿孔胚胎在 DMSO 中的存活率。将日本白鱚（*Sillago japonica*）肌节期胚胎在 10%DMSO 预处理 20min，然后借助单个 300V 电脉冲的电介导将 30% 的 DMSO 抗冻剂注入胚胎；注入抗冻剂后的胚胎装入 0.25mL 的管中，直接投入液氮，保存 40min 以上；40℃解冻 5s，没有恢复发育的胚胎。电穿孔法将冷冻保护剂加入胚胎的方法增强了鱼胚胎对 DMSO 的吸收，但仅通过该程序获得的浓度显然不足以防止在冷却和解冻期间内部结冰（Rahman et al.，2013）。在 2017 年，Rahman 又采用尾芽期的胚胎，抗冻剂为 20%PG+10%MeOH；胚胎依次用 20%、40%、60%、80% 和 100% 的抗冻剂处理，各处理 3min；注入抗冻剂后的胚胎装入 0.25mL 的管中，直接投入液氮，保存 40min 以上。40℃解冻 5s，经冻融处理后，部分胚胎与未处理胚胎相比，形态特征明显正常。然而，大多数卵黄有明显的损害，如斑点、卵黄团的缺失或突起、卵黄周间隙增加和破裂的膜。CPA 溶液中的胚胎在超声处理后，冻融胚胎形态完整的百分比略高，但没有一个胚胎恢复发育（Rahman et al.，2017）。

（七）渗透性和非渗透性抗冻剂的结合

Desai 等（2015）利用渗透性混合非渗透性抗冻剂进行胚胎保存，原肠中期的胚胎用 0.05mol/L、

0.2mol/L、0.5mol/L 或 1mol/L 的甲醇（MeOH）混合 0.05mol/L 或者 0.1mol/L 蔗糖，在 0℃碎冰中保存 18h。每 3mL 的 CPA 放 20 个胚胎，27℃解冻，并在 27℃水中培养。比较用不同浓度甲醇和蔗糖处理过的胚胎的孵化率，0.5mol/L 甲醇＋0.1mol/L 蔗糖和 1mol/L 甲醇＋0.1mol/L 蔗糖处理过胚胎的孵化率分别增加（45±10）％ 和（56±5）％。0.05mol/L 蔗糖＋不同浓度的甲醇处理的胚胎之间孵化率没有差异。

二、存在问题及展望

虽然淡水鱼类的胚胎冷冻保存有一定的尝试，但是近 10 年国内的研究进展很少。对于我国特有的濒危鱼类并没有相关的保存实验，因为没有相关的实验基础数据。国外已经有模式生物斑马鱼胚胎成功保存且成活至可繁育下一代。面对濒危物种灭绝数量不断增加的境况，我国淡水鱼类胚胎冷冻保存种质资源的技术发展迫在眉睫。应借鉴已成功案例，迅速探究濒危淡水鱼类的胚胎冷冻保存的方法，以期建立冷冻保存技术。

参 考 文 献

刘本伟，2007. 牙鲆（*Paralichthys olivaceus*）胚胎玻璃化冷冻保存方法及冷冻损伤机理研究［D］. 青岛：中国海洋大学.

秦洁，2010. 青鳉胚胎发育培养以及冷冻保存［D］. 保定：河北农业大学.

沈蔷，2013. 玻璃化冻存对鲫鱼卵细胞的影响［D］. 杭州：浙江农林大学.

董琳，李莎莎，2018. 淡水鱼资源的保护与渔业经济的可持续发展［J］. 南方农业，12（32）：74-75.

章龙珍，刘宪亭，1996. 玻璃化液对鲢鱼胚胎成活的影响［J］. 淡水渔业（5）：7-10.

章龙珍，刘宪亭，鲁大椿，等，1994. 鱼类胚胎低温冷冻保存降温速率研究［J］. 淡水渔业，24（2）：3-5.

章龙珍，鲁大椿，柳凌，等，2002. 泥鳅胚胎玻璃化液超低温冷冻保存研究［J］. 水产学报，26（3）：213-217.

徐仁杰，2017. 淡水鱼资源可持续发展的实现战略分析与讨论［J］. 农业与技术，37（2）：115.

Alam MA，Rahman SM，Yamamoto Y，et al.，2018. Optimization of protocols for microinjection-based delivery of cryoprotective agents into Japanese whiting *Sillago japonica* embryos［J］. Cryobiology，85：25-32.

Castroa PL. Ferrazb LJ. Patilc G，et al.，2022. Use of melatonin as an inhibitor of apoptotic process for cryopreservation of zebrafish（*Danio rerio*）embryos［J］. Brazilian journal of biology，82，e241081.

Desai K，kings E，Zhang TT，2015. Short-term chilled storage of zebrafish（*Danio rerio*）embryos in cryoprotectant as an alternative to cryopreservation［J］. Zebrafish，12（1）：111-120.

Faragó B，Kollár T，Szabó K，et al.，2017. Stimulus-triggered enhancement of chilling tolerance in zebrafish embryos［J］. PLoS One. 12（2）：e0171520.

Khosla K，Kangas J，Liu YL，et al.，2020. Cryopreservation and Laser Nanowarming of Zebrafish Embryos Followed by Hatching and Spawning［J］. Advanced Biosystems，4，2000138.

Kopeika J，Zhang TT，Rawson D，2006. Preliminary study on modification of yolk sac of Zebrafish embryos（*Danio rerio*）using microinjection［J］. Cryo Letters，27（5）：319-328.

Liu XH，Zhang T，Rawson DM，2001. Effect of cooling rate and partial removal of yolk on the chilling injury in zebrafish（*Danio rerio*）embryos. Theriogenology，55（8）：1719-31.

Rahman SM，Strüssmann CA，Suzuki T，et al.，2013. Electroporation enhances permeation of cryoprotectant（dimethyl sulfoxide）into Japanese whiting（*Sillago japonica*）embryos［J］. Theriogenology，79（5）：853-858.

Rahman SM，Strüssmann CA，Suzuki T，et al.，2017. Effects of ultrasound on permeation of cryoprotectants into Japanese whiting *Sillago japonica* embryos［J］. Cryobiology，77：19-24.

Robles V，Cabrita E，Paz PD，et al.，2004. Effect of a vitrification protocol on the lactate dehydrogenase and glucose-

6-phosphate dehydrogenase activities and the hatching rates of Zebrafish（*Danio rerio*）and Turbot（*Scophthalmus maximus*）embryos［J］. Theriogenology，61（7-8）：1367-1379.

Zell SR，Bamford MH，1978. Cryopreservation of gametes and embryos of salmonid fishes［J］. Am. biol. anim. biochem. biophys，18（4）：1089-1099.

（黎琳琳，田永胜）

第六章

虾类精子和胚胎冷冻保存

水生生物种质资源是水产养殖生产、优良品种培育及水产养殖业可持续发展的基础。低温保存技术是保存种质资源的有效方法与手段，可以实现对种质资源的长期和永久保存，目前已广泛应用于医学、农业和畜牧业。在水产养殖领域，已有多种经济鱼类、贝类的精子低温保存技术获得成功，并被应用于生产（陈松林，2007；张岩等，2004）。虾类属于十足目甲壳动物的一个类群，由于其生殖细胞结构特殊，精子没有鞭毛，不能运动（Clark et al.，1987；Griffin and Clark，1990；Hinsch，1991），精子质量的好坏及活力判断缺少直观的标准和可靠的依据，因此，保存和评价精子质量较为困难。近年来，尽管虾类的养殖品种越来越多，养殖范围也越来越广，但其精子和胚胎冷冻保存种类依然较少（Chow，1985；Anchordoguy et al.，1988；Simon et al.，1994；柯亚夫等，1996；廖馨等，2008；浦蕴惠，2013；王文琪等，2017）。本章对虾类精子和胚胎冷冻保存技术进行了综述。

第一节　虾类精子冷冻保存

一、精子采集

虾类精子团包于精荚，成熟的精子一般从输精管、体外的精荚或纳精囊中获得，采用机械研磨和酶消化两种方法。Chow 等（1985）直接从交配后的罗氏沼虾（*Macrobrachium rosenbergii*）胸板获取精荚用于受精研究。Anchordoguy 等（1988）采用组织研磨器研磨锐脊单肢虾（*Sicyona ingentis*）输精管或纳精囊，释放精子或精子团，然后离心分离出精子。颜跃弟等（2015）首次采用 0.8％胰蛋白酶消化处理日本沼虾（*Macrobrachium nipponense*）精荚 10min，处理温度 40℃，获得了较多数量的存活游离精子。从纳精囊中获得的精子的完整性高于酶消化和机械法，酶处理的精子状态波动较大，且对精子有刺激作用，易于诱导精子顶体反应。此外，酶处理精荚释放的精子，冷冻时更容易受损。因此一般采用从纳精囊中获得游离精子或机械研磨精荚获得精子用于冷冻保存（管卫兵等，2002）。

杨春玲等（2013）研究了胰蛋白酶浓度和消化时间对南美白对虾（*Penaeus vannamei*）精子存活率的影响，设置 1.00g/L、1.25g/L、1.50g/L、2.00g/L、2.50g/L 5 个梯度的胰蛋白酶浓度，分别置于 5.0mL 离心管中，每个离心管中加入 3.0mL 胰蛋白酶溶液和 3 个精荚，37℃水浴消化 5min 后，加入 1.0mL 的 15％胎牛血清终止消化反应，500r/min 离心 10min，收集上清液，平均分装于 3 个 1.5mL 的离心管中，2 000r/min 离心 5min，弃上清，每管加入 1.0mL 灭菌天然海水轻轻吹打均匀，统计精子存活率，结果如表 6-1-1。

表 6-1-1　不同胰蛋白酶浓度对南美白对虾精子存活率的影响（杨春玲等，2013）

项目	胰蛋白酶浓度				
	1.00g/L	1.25g/L	1.50g/L	2.00g/L	2.50g/L
鲜精存活率（％）	93.83±0.93[a]	94.98±1.44[a]	90.57±3.85[ab]	88.02±2.12[b]	83.41±2.49[c]

（续）

项目	胰蛋白酶浓度				
	1.00g/L	1.25g/L	1.50g/L	2.00g/L	2.50g/L
复苏后精子存活率（%）	71.63±0.35[a]	67.87±3.15[a]	60.11±2.06[bc]	63.25±4.07[b]	55.58±1.13[c]

注：同行不同字母表示相互间有显著性差异（$P<0.05$）。

以 1.00～1.50g/L 胰蛋白酶消化精荚 5min 对鲜精存活率的影响不显著（$P>0.05$），但显著优于 2.00～2.50g/L 胰蛋白酶消化精荚的效果（$P<0.05$）。在精子复苏存活率上，整体表现为精子复苏存活率随胰蛋白浓度的增加而降低，其中以 1.00g/L 胰蛋白酶消化处理的精子复苏成活率最高，达（71.63±0.35）%。结果表明，选用 1.00g/L 胰蛋白酶作为消化精荚的最适浓度。

以 1.00g/L 的胰蛋白酶于 37℃ 水浴消化精荚，分别于消化 5min、10min、15min 和 20min 时取出消化所得精子悬液少许，其他操作同前。精子存活率见表 6-1-2。消化精荚 5min 和 10min 对鲜精存活率无显著影响（$P>0.05$），但随着消化时间的延长，鲜精存活率逐渐降低，消化 15min 和 20min 的鲜精存活率显著低于消化 5min 和 10min 的处理。胰蛋白酶的消化时间对冻存后精子复苏存活率的影响显著，随消化时间的延长，精子复苏存活率逐渐降低，各处理组间差异显著（$P<0.05$）。1.00g/L 的胰蛋白酶消化精荚的适宜时间为 5min。

表 6-1-2　胰蛋白酶消化时间对南美白对虾精子存活率的影响（杨春玲等，2013）

项目	消化时间			
	5min	10min	15min	20min
鲜精存活率（%）	94.86±0.49[a]	94.02±0.63[a]	90.79±1.01[b]	86.47±2.07[c]
复苏后精子存活率（%）	64.68±1.02[a]	59.07±0.72[b]	49.05±0.32[c]	39.83±1.73[d]

注：同行不同字母表示相互间有显著性差异（$P<0.05$）。

二、稀释液和抗冻剂

使用稀释液适当降低精子保存密度可有效降低精子代谢率，减轻代谢产物对精子的毒性损伤，延长精子的寿命。过高的密度则会增加精子碰撞的概率，诱导顶体反应而使精子存活率下降（Van and Couturier，1958）。对甲壳动物稀释液筛选试验结果表明，以无钙离子人工海水适用范围较广，稀释的天然或人工海水已被广泛地用于虾类精子冷冻研究中（Bray and Lawrence，1998；Anchordoguy et al.，1988；柯亚夫等，1996）。Bray 和 Lawrence（1998）发现海水和无钙离子的人工海水都可以作为缓冲介质。用于中国对虾（*Fenneropenaeus chinensis*）的稀释液中则不能缺少钙、镁、钾离子中的任何一种，Ca^{2+} 浓度不能超过 0.7mol/L（柯亚夫等，1996）。青虾（*Macrobrachium nipponense*）精子采用任氏液作为稀释液获得了较好的保存效果（廖馨等，2008）。日本对虾（*Marsupenaeus japonicus*）、中国对虾（*Fenneropenaeus chinensis*）和南美白对虾精子均采用天然海水作为稀释液冷冻保存效果最佳（王文琪等，2017）。廖馨等（2008）开展了青虾（*Macrobrachium nipponense*）精子超低温冷冻保存研究，精子稀释液成分见表 6-1-3。

表 6-1-3　稀释液成分（廖馨等，2008）

稀释液	配方
任氏液	NaCl 7.8g/L，KCl 0.2 g/L，$CaCl_2$ 0.21 g/L，$NaHCO_3$ 0.021 g/L
Kurokura extender	NaCl 7.5g/L，KCl 0.2 g/L，$CaCl_2$ 0.16 g/L，$NaHCO_3$ 0.02 g/L
D-20	NaCl 8.0g/L，KCl 1.0g/L，Glu 15 g/L

选取 8% DMSO、12.5%Gly 和 10%MeOH 作为抗冻剂，空白对照中直接加稀释液，不添加抗冻剂。将稀释的精液混匀后分装于 2mL 的冻存管中，每管 200 μL，在冻存管中分别滴加等量的三种抗冻保护剂 16%DMSO、25%Gly 和 20%MeOH，至浓度为 8% DMSO、12.5%Gly 和 10%MeOH，边加边混匀，迅速将冻存管置于纱布袋中，先在 4℃ 平衡 30min，然后在 −20℃ 平衡 15min，最后在 −80℃ 平衡 15min 后投入液氮中保存。分别于第 1 天、第 7 天、第 14 天、第 28 天取出不同条件下的冷冻精子，在液氮面上静置 5min 后，将冻存管浸入 55℃ 水浴中解冻 10～15s 至半融状态。

精子活力检测采用台盼蓝染色法（管卫兵等，2003），取 20μL 解冻精子与 0.1% 的台盼蓝溶液按 1∶10 混合（管卫兵等，2002），10min 后用血球计数板显微镜下观察计数，结果见表 6-1-4。

表 6-1-4　不同抗冻剂对青虾精子活力影响（廖馨等，2008）

时间	抗冻剂	任氏液	Kurokura extender	D-20
第 1 天	8%DMSO	62%	58%	60%
	12.5%Gly	70%	68%	68%
	10%MeOH	60%	62%	60%
	稀释液	10%	7%	7%
第 7 天	8%DMSO	60%	35%	54%
	12.5%Gly	47%	38%	44%
	10%MeOH	20%	12%	18%
	稀释液	0	0	0
第 14 天	8%DMSO	58%	35%	50%
	12.5%Gly	27%	20%	28%
	10%MeOH	4%	10%	0
	稀释液	0	0	0
第 28 天	8%DMSO	58%	30%	45%
	12.5%Gly	16%	12%	18%
	10%MeOH	0	1%	0
	稀释液	0	0	0

精子保存 1d 后，三种稀释液和三种抗冻剂的不同组合下，精子的存活率在 58%～70%，对照组只有极少量精子存活。随着时间的延长，第 1 天到第 7 天的时间内，精子存活率均逐渐下降，7d 后精子的活力则基本稳定。

分别以三种稀释液和 8% 的 DMSO 组合形成冷冻保护液，研究了精子在不同保存时间下的活力变化，结果见图 6-1-1。

用任氏液稀释的精子活力基本维持在 60% 左右，且随着保存时间的延长，青虾精子活力基本稳定。用 D-20 和 Kurokura extender 稀释后的精子经超低温冷冻后活力较低，且随着保存时间的延长，精子的活力均呈缓慢下降的趋势。由此可见，任氏液是青虾精子超低温冷冻保存的最适稀释液。

以任氏液作为稀释液，分别配制 8%DMSO、10%MeOH 和 12.5%Gly 作为抗冻液，研究了这 3 种抗冻剂和不添加抗冻剂的稀释液对青虾精子活力的影响，结果见图 6-1-2。

12.5% 的 Gly 作为抗冻剂在短时间内保存精子后，精子活力相对较高，随着保存时间的延长，8% DMSO 作为抗冻剂保存的精子的活力稳定在 60% 左右，12.5%Gly、10%MeOH 和无抗冻剂的稀释液组精子活力均逐渐下降，其中无抗冻剂组精子活力最低。

杨春玲等（2013）研究了 4 种基础液对南美白对虾精子存活率的影响，结果见表 6-1-5。

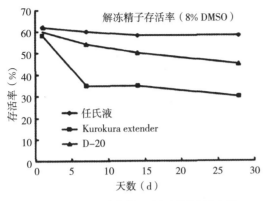

图 6-1-1　不同时间下青虾精子活力的
变化（廖馨等，2008）

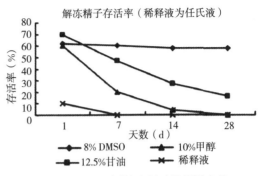

图 6-1-2　不同抗冻剂对精子活力的
影响（廖馨等，2008）

表 6-1-5　4 种基础液对南美白对虾精子存活率的影响（杨春玲等，2013）

项目	灭菌天然海水	无钙人工海水	3%等渗 NaCl 溶液	0.9%生理盐水
鲜精存活率（%）	92.90±0.88[a]	92.04±1.47[a]	90.06±0.76[a]	55.28±2.26[b]
平衡后精子存活率（%）	91.96±0.38[a]	84.30±1.51[c]	87.19±1.23[b]	53.09±1.47[d]
复苏后精子存活率（%）	53.97±1.47[a]	43.81±0.95[b]	28.72±0.29[c]	13.96±1.77[d]

注：同行不同字母表示相互间有显著性差异（$P<0.05$）。

由上表可知，灭菌天然海水、无钙人工海水、3%等渗 NaCl 溶液对鲜精存活率的影响不显著，以 0.9%生理盐水处理后鲜精存活率最低，平均为（55.28±2.26）%。在精液中加入抗冻剂平衡 30min 后，4 种基础液中精子存活率均呈不同程度的下降趋势，其中以灭菌天然海水的下降幅度最小。冻存复苏后精子存活率显著下降，且 4 种基础液中精子存活率差异显著，其中灭菌天然海水的复苏精子存活率显著高于其他 3 种基础液。因此，选用灭菌天然海水作为冷冻保存南美白对虾精子的基础液。

加入不同抗冻剂于 4℃平衡 30min 后，各组精子存活率均呈不同程度的下降趋势，且降幅随着抗冻剂浓度的增加而增大（表 6-1-6），表明抗冻剂对精子有一定的毒性作用。由表 6-1-6 可见，单一抗冻剂对精子的保护作用以 10%DMSO 和 10%甲醇的效果较好，其复苏后精子存活率均在 35%以上，且显著高于其他处理组。

表 6-1-6　单一抗冻剂对南美白对虾精子存活率的影响（杨春玲等，2013）

项目	DMSO			甘油			甲醇			对照组
	5%	10%	15%	5%	10%	15%	5%	10%	15%	CK
鲜精存活率（%）	94.08±0.45			93.84±0.90			94.49±0.50			94.49±0.50
平衡后精子存活率（%）	91.58±0.30[bc]	88.78±2.17[efg]	86.69±1.63[g]	92.42±0.61[ab]	90.04±0.53[cde]	87.79±1.96[fg]	90.93±0.70[bcd]	88.25±1.75[fg]	86.68±0.56[g]	94.01±0.71[a]
复苏后精子存活率（%）	17.63±1.46[d]	35.06±0.73[a]	30.28±3.06[b]	11.12±2.05[e]	5.87±2.29[f]	2.44±0.63[fg]	28.53±2.80[b]	38.56±0.53[a]	22.31±3.91[c]	0.00[g]

注：同行不同字母表示相互间有显著性差异（$P<0.05$）。

浦蕴惠（2013）采用 7 种稀释液制备成 10^6 个/mL 的脊尾白虾（*Exopalaemon carinicauda*）精子悬浮液，稀释液的配方见表 6-1-7。

表 6-1-7　稀释液成分（浦蕴惠等，2013）

稀释剂	化学成分及含量
稀释剂 I（任氏液）	NaCl 7.8 g，KCl 0.2g，CaCl₂ 0.21g，NaHCO₃ 0.021g
稀释剂 II	NaCl 7.5g，KCl 0.2g，CaCl₂ 0.16g，NaHCO₃ 0.021g
稀释剂 III	NaCl 8g，KCl 1.0g，Glu 15g
稀释剂 IV	NaCl 21.63g，NaOH 0.19g，KCl 1.12g，MgSO₄·7H₂O 4.93g，H₃BO₃ 0.53g
稀释剂 V	NaCl 25.0g，Na₂SO₄ 3.9g，KCl 0.37g，MgCl₂·6H₂O 10.7g，NaHCO₃ 0.23g
稀释剂 VI	NaCl 25.0g，KCl 0.6g，CaCl₂ 0.25g，MgCl₂ 0.35g，NaHCO₃ 0.2g
稀释剂 VII	NaCl 8.7g，KCl 7.2g，CaCl₂ 0.23g，MgCl₂ 0.1g，NaHCO₃ 1.0g，NaH₂PO₄ 0.3g，Glu 1g

将精子悬浮液放置于4℃保存，分别于第0、1、2、3、4天测定精子存活率。分别从各试验组取1滴精子悬浮于干净载玻片上，涂片，用2%曙红B染色液（天然海水配制）染色3～4min，显微镜观察，死精子染成红色，活精子不着色或部分轻微着色，每次随机计数200个精子，分4个随机计数点，每个点约计50个精子，统计精子存活率。不同稀释液对低温保存后精子存活率的影响见表6-1-8。4℃下保存30min后，除稀释液II和稀释液VII外，其余稀释液精子存活率均在85%以上，其中任氏液保存精子的存活率最高，达到89.63%（表6-1-8）。

表 6-1-8　不同稀释液对低温保存的脊尾白虾精子存活率的影响（浦蕴惠等，2013）

组别	存活率（%）					
	初始	4℃平衡30min	冷冻1d	冷冻2d	冷冻3d	冷冻4d
I	93.18±0.46	89.63±0.62	82.85±0.18	80.53±1.17	73.69±0.60	71.50±0.57
II	93.18±0.46	82.11±1.12	67.77±0.86	63.98±0.84	56.61±0.73	53.70±1.00
III	93.18±0.46	87.74±0.70	68.76±0.42	64.77±0.80	61.60±0.68	55.88±0.69
IV	93.18±0.46	87.16±0.69	71.61±0.88	67.29±1.06	63.78±1.00	56.39±1.16
V	93.18±0.46	88.95±0.40	78.66±0.60	77.54±1.23	66.79±1.03	61.44±0.93
VI	93.18±0.46	88.42±0.69	76.83±0.39	75.31±0.57	64.08±0.11	59.05±1.03
VII	93.18±0.46	76.86±1.63	65.83±0.49	62.95±1.15	53.01±0.80	51.47±0.69

研究了不同稀释液对脊尾白虾精子超低温冷冻保存的影响，在上述7种稀释液中每组添加10% DMSO作为抗冻剂，对照组不添加抗冻剂，以低温保存下最佳稀释液作为对照组的稀释液，分别于超低温冷冻0d、1d、2d后测定精子存活率，结果见表6-1-9。精子初始存活率为92.54%，随着处理时间的延长，各组精子存活率出现差异。4℃平衡后，除对照组外，其余各组稀释液的精子存活率均在85%以上，其中稀释液I的存活率最高，达到90.23%，稀释液VII最低，为86.53%，1d后各组存活率持续下降，稀释液I下的存活率仍为最高。2d后，稀释液I下精子存活率最高，达到83.50%，对照组最低，降至55.66%。从降幅来看，以稀释液I最小，其次为稀释液VI和V，稀释液VII降幅达到最大，达18.63%。

表 6-1-9　不同稀释液对脊尾白虾精子超低温冷冻后存活率的影响（浦蕴惠等，2013）

组别	存活率（%）				总降幅（%）
	初始	4℃平衡后	冷冻1d	冷冻2d	
对照组	92.54±0.53	83.23±4.38	73.45±2.92	55.66±3.20	36.88
I	92.54±0.53	90.23±1.39	87.52±1.62	83.50±1.08	9.04
II	92.54±0.53	87.37±1.49	86.52±1.84	75.68±4.54	16.86
III	92.54±0.53	87.61±2.76	85.07±1.55	76.74±2.51	15.80

（续）

组别	存活率（%）				总降幅（%）
	初始	4℃平衡后	冷冻 1d	冷冻 2d	
Ⅳ	92.54±0.53	88.09±1.93	85.37±4.48	76.90±1.72	15.64
Ⅴ	92.54±0.53	89.16±2.60	83.05±4.86	77.13±2.98	15.41
Ⅵ	92.54±0.53	88.44±1.46	81.89±1.87	77.71±0.93	14.83
Ⅶ	92.54±0.53	86.53±1.35	79.40±2.65	73.91±1.69	18.63

在－196℃的超低温冷冻保存中，在温度下降至－50～－15℃时，细胞中形成的冰晶会造成致命损伤，加入抗冻剂能减少冰晶的形成，维持细胞冷冻后的活力（汪小锋和樊延俊，2003）。抗冻剂主要分为3类：低分子质量可渗透物质，如甲醇、乙二醇、丙二醇、甘油等；低分子质量不可渗透物质，如葡萄糖、半乳糖、蔗糖等糖类；高分子质量不可渗透物质，如聚乙烯吡咯烷酮、羟乙基淀粉等其他聚合物（阎斌伦等，2012）。不同甲壳动物适宜的抗冻剂种类及浓度不同，其中二甲基亚砜（DMSO）和甘油是最常用的两种。Anchordoguy 等（1988）研究了不同抗冻剂对锐脊单肢虾精子的冷冻效果，发现DMSO是一种比甘油、果糖、脯氨酸、海藻糖更有效的抗冻剂，其中5%的DMSO效果最好，高浓度下结果不稳定。10%的甘油被成功用于罗氏沼虾精荚冷冻保存（Chow et al.，1985）。柯亚夫等（1996）用含有10%DMSO和5%～10%甘油的稀释液冷冻中国对虾精子，成活率可达60%。采用8%的DMSO作为抗冻剂，任氏液为稀释液，青虾精子冷冻后活力为60%（廖馨等，2008）。

浦蕴惠等（2013）以DMSO和甘油（Gly）作为抗冻剂，设置10个组合：实验Ⅰ～Ⅳ组分别含Gly（v/v）5%、10%、15%、20%；实验Ⅴ～Ⅷ组分别含DMSO（v/v）5%、10%、15%、20%；实验Ⅸ组含DMSO和Gly各10%；实验Ⅹ组含DMSO和Gly各20%。对照组不添加抗冻剂，各组精子与稀释液混合后放置于4℃冰箱平衡30min，然后投入液氮中保存。解冻时，从液氮罐中取出样品迅速放入40℃水浴中解冻。不同抗冻剂对精子超低温保存后存活率的影响见表6-1-10。15%的DMSO为脊尾白虾精子的最佳抗冻剂，冷冻2d后精子存活率为81.32%。

表6-1-10　不同抗冻剂对脊尾白虾精子存活率的影响（浦蕴惠等，2013）

组别	初始存活率（%）	平衡后存活率（%）	冷冻 1d 存活率（%）	冷冻 2d 存活率（%）	总降幅（%）
对照组	92.36±0.72	83.14±0.87	54.10±0.44	42.84±0.63	49.52
Ⅰ	92.36±0.72	86.63±0.85	59.97±1.71	56.40±1.22	35.96
Ⅱ	92.36±0.72	86.29±1.17	78.01±1.41	73.84±0.61	18.52
Ⅲ	92.36±0.72	89.51±0.67	78.29±1.57	74.59±0.90	17.77
Ⅳ	92.36±0.72	85.78±2.05	74.71±1.63	71.08±1.19	21.28
Ⅴ	92.36±0.72	86.59±0.30	80.56±0.82	76.45±1.45	15.91
Ⅵ	92.36±0.72	87.93±0.68	81.18±2.93	77.81±0.66	14.55
Ⅶ	92.36±0.72	89.78±0.78	85.11±0.78	81.32±2.01	11.04
Ⅷ	92.36±0.72	87.49±1.59	77.81±1.22	71.42±0.79	20.94
Ⅸ	92.36±0.72	86.55±1.01	80.23±1.03	76.33±0.52	16.03
Ⅹ	92.36±0.72	83.49±0.43	62.23±1.39	57.97±2.18	34.39

抗冻剂的联合使用可以产生较好的效果。单独使用海藻糖时，对锐脊单肢虾精子有较弱的保护作用，但和DMSO联合使用时，精子存活率显著提高（Anchordoguy et al.，1988）。柯亚夫等（1996）单独使用甘油或DMSO冷冻中国对虾精子时效果不佳，同时加入甘油和DMSO，能大大提高精子的存活率。用含有10%DMSO和5%～10%甘油的抗冻剂保存精子，精子存活率可达60%以上（表6-1-11）。

表 6-1-11　不同组成的抗冻剂对中国对虾精子冷冻存活率的影响（柯亚夫等，1996）

分组	1	2	3	4	5	6	7	8	9	10	11
DMSO (%)(v/v)	10	10	10	10	10	10	10	7.5	5	2.5	0
Gly (v/v)	0	2.5	5	7.5	10	12.5	15	10	10	10	10
存活率 (%)	34.2± 3.4	47.3± 4.3	67.0± 15.9	72.0± 13.6	65.0± 3.9	14.4± 7.8	13.7± 3.7	39.0± 13.6	33.8± 8.0	23.5± 4.0	20.2± 8.4

注：稀释液为 ASW，平衡 20min，第一次预冷 30min，第二次预冷 5min，冷冻体积为 0.5mL，35℃解冻保存 30min 以上。

　　杨春玲等（2013）研究了联合抗冻剂对南美白对虾精子存活率的影响，结果发现，在 DMSO、甘油和甲醇中添加 0.25%mol/L 海藻糖能显著提高冻存精子的存活率，其中以 10%DMSO 和 0.25mol/L 海藻糖联合使用的效果最佳，南美白对虾精子超低温冷冻保存后的复苏存活率达到（54.06±2.62）%，显著高于其他处理组（表 6-1-12）。

表 6-1-12　联合抗冻剂对南美白对虾精子存活率的影响（杨春玲等，2013）

项目	组别								
	1	2	3	4	5	6	7	8	9
DMSO (%)	5	10	15	—	—	—	—	—	—
甘油 (%)	—	—	—	5	10	15	—	—	—
甲醇 (%)	—	—	—	—	—	—	5	10	15
海藻糖 (mol/L)	0.25	0.25	0.25	0.25	0.25	0.25	0.25	0.25	0.25
鲜精存活率 (%)		94.79± 0.94			95.80± 0.93			94.98± 0.71	
平衡后精子存活率 (%)	93.65± 0.38[a]	92.73± 0.48[ab]	90.67± 0.13[bcd]	91.54± 0.36[abc]	90.47± 0.30[bcd]	88.80± 1.89[de]	91.27± 1.83[abc]	89.21± 1.65[cd]	86.56± 2.51[e]
复苏后精子存活率 (%)	35.24± 0.60[d]	54.06± 2.62[a]	49.08± 1.11[b]	17.23± 0.53[e]	9.53± 3.54[f]	7.82± 0.81[f]	36.03± 3.68[d]	46.96± 1.90[b]	39.85± 0.99[c]

注：同行不同字母表示相互间有显著性差异（$P<0.05$）。

三、精子冷冻保存方法

　　目前采用的冷冻方法主要有 4 种：小丸颗粒冷冻法、安瓿瓶冷冻法、麦细管冷冻法和塑料离心管冷冻法（廖鑫等，2006）。相对前 3 种冷冻方法，塑料离心管冷冻量适中，操作简便，适于生产中大量使用。

　　精子的降温速度直接影响精子的冷冻保存效果，速度过慢，细胞脱水充分，但当稀释液中的水结冰时，细胞内的水还未冻结，造成细胞内外的盐浓度不平衡，使细胞在高浓度的溶液中时间过长而遭到损伤；降温速度过快，细胞内的水分来不及转送到细胞外，在细胞内形成冰晶，破坏细胞结构（Mazur，1977）。程序降温仪可以准确控制温度下降速度，目前大都采用分步降温法。

　　不同种类精子冷冻保存的适宜降温速度不尽相同，用于青虾精子的降温程序为：4℃平衡 30min，−20℃平衡 15min，−80℃平衡 15min 后投入液氮（廖馨等，2008）。Anchordoguy 等（1988）认为冷冻速率对冷冻复苏锐脊单肢虾精子存活起重要作用，研究发现 1℃/min 有最高的存活率。Dumont 等（1992）发现以 1.6℃/min 的速度冷冻南美白对虾精子比 0.3℃/min 和 1.8℃/min 有更好的效果。青虾精子按照以下程序进行冷冻保存：4℃平衡 30min，−20℃平衡 15min，−80℃平衡 15min 后投入液氮中保存（廖馨等，2008）。王文琪等（2017）对日本对虾、中国对虾、南美白对虾三种精子分别采用了三种降温程序进行冷冻保存（表6-1-13）。

表6-1-13　冷冻降温程序（王文琪等，2017）

名称	程序
A-1	4℃平衡20min，以−2℃/min降温至−40℃，−40℃平衡10min，以−15℃/min降温至−150℃，然后投入液氮
A-2	4℃平衡20min，以−5℃/min降温至−40℃，−40℃平衡10min，以−15℃/min降温至−150℃，然后投入液氮
A-3	4℃平衡20min，以−10℃/min降温至−40℃，−40℃平衡10min，以−15℃/min降温至−150℃，然后投入液氮

结果发现，采用A-2作为降温程序保存三种精子效果均最好（表6-1-14）。

表6-1-14　各个降温程序下的存活率（王文琪等，2017）

组别	存活率（%）		
	日本对虾	中国对虾	南美白对虾
A-1	15.11±3.25[b]	11.54±4.45[b]	3.25±0.15[c]
A-2	43.11±6.88[a]	33.35±6.51[a]	11.02±1.12[a]
A-3	15.38±5.12[b]	11.22±3.98[b]	5.45±0.04[b]

注：同行不同字母表示各组间差异显著（$P<0.05$）。

杨春玲等（2013）以灭菌天然海水、无钙人工海水和3%等渗NaCl溶液为基础液，以10%DMSO和0.25mol/L海藻糖为抗冻剂，分别设定了4种不同的降温程序冷冻保存南美白对虾精子，冷冻程序如表6-1-15。

表6-1-15　南美白对虾精子冷冻降温程序（杨春玲等，2013）

程序编码	降温程序
P-1	4℃平衡30min，以−5℃/min的速度降至−20℃，−20℃平衡5min，以−10℃/min的速度降至−80℃，−80℃平衡5min，然后置于液氮中保存
P-2	4℃平衡30min，以−0.5℃/min的速度降至−32℃，然后置于液氮中保存
P-3	4℃平衡30min，以−2℃/min的速度降至−80℃，然后置于液氮中保存
P-4	4℃平衡30min，以−1℃/min的速度降至−35℃，−35℃平衡5min，然后置于液氮中保存

不同降温程序冷冻后南美白对虾精子存活率见图6-1-3。4种降温程序下均以天然灭菌海水为基础液的冻存精子存活率较高，显著高于其他两种基础液的精子存活率。P-1程序下3种基础液中均能获得较高的精子存活率，显著高于其他降温程序下对应基础液的精子存活率，其中以天然灭菌海水为基础液的最高〔（54.60±2.02）%〕。因此，选用P-1作为冷冻保存南美白对虾精子的冷冻降温程序。

以灭菌天然海水为基础液，以10%DMSO和0.25mol/L海藻糖为抗冻剂，在P-1降温程序下冷冻保存南美白对虾精子，在液氮中保存24h后取出，以不同温度进行精子复苏，复苏后精子的存活率如图6-1-4所示。在27℃室温流水下复苏的精子存活率最低，为（53.48±1.19）%，在37℃水浴中复苏的精子存活率最高，为（57.58±0.82）%，两者间有显著差异。随着复苏温度的升高，精子存活率呈先上升后下降的变化趋势，其中以37℃水浴中复苏效果最佳。

冷冻保存时间对南美白对虾精子存活率的影响见图6-1-5，超低温冷冻保存前鲜精的存活率为

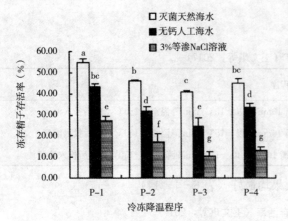

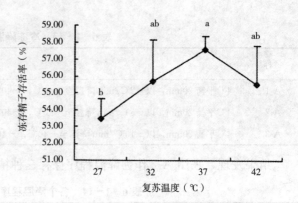

图6-1-3　不同冷冻降温程序对南美白对虾精子
存活率的影响（杨春玲等，2013）

注：同组间不同字母表示有显著性差异（$P<0.05$）。

图6-1-4　不同复苏温度对南美白对虾精子
存活率的影响（杨春玲等，2013）

注：不同字母表示各组间有显著性差异（$P<0.05$）。

（95.78±1.42）％，冷冻保存30d后复苏精子
的存活率为（66.71±5.67）％，与鲜精的差
异显著。冷冻保存150d和270d后复苏的精子
存活率分别为（57.44±0.78）％和（53.87±
1.59）％，相互间差异不显著，但与冷冻保存
30d的精子存活率有显著差异，表明随着冷冻
保存时间的延长，冷冻精子的存活率有所
下降。

精子冷冻平衡时间也很重要，多数学者认
为，精子冷冻前的0～4℃必须平衡一段时间，有
利于抗冻剂更好地发挥作用（管卫兵等，2002）。
Chow等（1985）将罗氏沼虾（*Macrobrachium
rosenbergii*）精荚在自来水和10％甘油的混合物

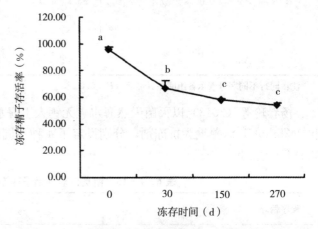

图6-1-5　冻存精子存活率的比较（杨春玲等，2013）

注：不同字母表示各组间有显著性差异（$P<0.05$）。

中平衡15～30min，在液氮中预冷5～10min，获得最佳的保存效果。Anchordoguy等（1988）研究表
明，锐脊单肢虾冷冻到－30℃再放入液氮中的精子存活率很稳定，预冷不到－30℃则存活率不理想。中
国对虾精子在0～4℃平衡20～30min后效果较好，精子未发生顶体反应（柯亚夫等，1996）。

四、精子的解冻方法

冷冻精液一般在15～30℃水浴中解冻，解冻速度越快，精子存活率越高。中国对虾的精子解
冻，在20～40℃较好，而以35～40℃最佳（柯亚夫等，1996）。锐脊单肢虾在0℃、22℃和37℃
的水浴中复苏的存活率无显著差异（Anchordoguy et al.，1988）。脊尾白虾精子采用40℃水浴快
速解冻后获得了较好的存活率（浦蕴惠等，2013）。青虾冷冻精子在液氮面上静置5min后，将冷
冻管浸入55℃水浴中解冻10～15s至半融状态，解冻后精子活力较好（廖馨等，2008）。杨春玲
等（2013）分别采用27℃、32℃、37℃、42℃水浴解冻，结果发现经37℃水浴复苏后精子存活
率最高（图6-1-6）。

五、精子活力评价方法

甲壳动物精子为非鞭毛型，不能运动，因此无法采用常规的运动型指标判断精子活力（管卫兵等，2002）。受精是评价动物冷冻复苏精子质量的最终标准，但对于十足目甲壳动物现阶段的研究并不现实，主要是因为很难获得十足目未受精且成熟度一致的卵子。目前，评价甲壳动物精子质量的方法有生物染色、低渗外吐试验、精卵相互作用、生化分析及精子顶体反应诱导等。

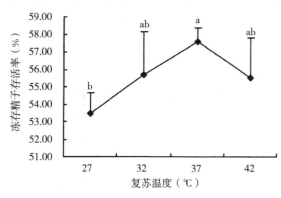

图 6-1-6　不同复苏温度对南美白对虾精子存活率的影响（杨春玲等，2013）
注：不同字母表示各组间有显著性差异（$P<0.05$）。

（一）精子数目和形态

Leung-Trujillo 和 Lawrence（1987）研究的根据精子数目和精子细胞形态评价对虾繁殖潜力的方法，已被用于多种虾类研究，如白对虾（*Penaeus setiferus*）、凡纳滨对虾、斑节对虾（*Penaeus monodon*）和蓝对虾（*Penaeus stylirostris*）。精子形态和数量指标常用于评价影响精子活力或质量的各种因素，如养殖温度、激素、切除眼柄等。温度对凡纳滨对虾亲体精子质量有很大影响，饲养 42d 后，在 26℃条件下精子数量最高，异形率最低，32℃时无精子细胞（Perez-Velazquez et al.，2001）。Gomes 和 Honculada-Primavera（1993）以精子数目、形态、头部的大小及棘的长度为依据，比较了单侧眼柄切除和未切除眼柄的雄性斑节对虾的繁殖性能，发现在流水池中饲养 6 周后，切除眼柄的雄虾精子数目较高、异形精子较少且精子头更大、棘更长。Lin 和 Ting（1986）认为眼柄切除后雌斑节对虾繁殖能力的下降，与其纳精囊缺乏精子有关。

（二）生物染色

生物染色法最常用的是台盼蓝染料排斥实验。正常的精子能排斥染料，不被台盼蓝染色；质量差、活力弱或细胞膜完整性被破坏后，台盼蓝就会弥散入细胞。除台盼蓝外，常用的还有伊红、曙红和苯胺黑等。

近年来，染色法已被广泛用于评价虾类精子活力，柯亚夫等（1996）采用台盼蓝和曙红 B 染色对冷冻保存的中国对虾精子进行了评价。采用伊红-苯胺黑染色法评价南美白对虾精子效果优于台盼蓝染色法和伊红染色法（杨春玲等，2013）。Wang 等（1985）比较了观察南美白对虾精子形态、台盼蓝染色、亚丁醇染色及卵水诱导顶体反应这 4 种技术，发现观察精子形态和亚丁醇染色之间有较好的相关性。有时将台盼蓝和吉姆萨联合使用，可同时达到区分精子死活、鉴别精子顶体反应的目的。总体来说，染料排斥实验是一种粗略估算精子活力的方法，无法区分 10%～20% 的存活力差异。生物染色可能过高估计了活精子的比例，这可能与精荚和精子膜的通透能力及不同色素的通透能力之间存在着差异有关。

（三）生化分析

该方法主要根据精子物质和能量代谢的酶活力检验精子质量和活力，是一种间接的评价方法。冯北元等（1995）报道了中国对虾精子存在有 Na^+/K^+-ATP 酶及 Mg^{2+}-ATP 酶活力，对不同季节雌虾纳精囊中精子的两种 ATP 酶活力进行了测定。结果发现，处于不同生理状态下的两种精子均含有明显的 Na^+/K^+-ATP 酶和 Mg^{2+}-ATP 酶，但春季虾（获能后）的 ATP 酶活力略高于秋季虾（获能前）。浦蕴惠等（2013）研究了不同抗冻剂对脊尾白虾精子顶体酶活性的影响，结果表明，实验组 Ⅶ（15% DMSO）的顶体酶活力最高，其次是实验组Ⅲ（15% Gly）和实验组Ⅵ（10% DMSO）。1d 后，各组精子顶体酶活力均下降，但仍以实验组Ⅶ的顶体酶活力最高（图6-1-7）。

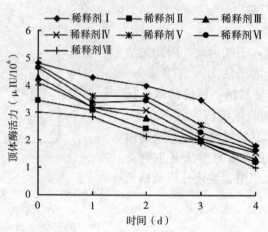

图6-1-7 不同抗冻剂对脊尾白虾精子顶体酶活力的影响（浦蕴惠等，2013）

（四）低渗外吐试验（HOST）

低渗外吐试验是在低渗溶液中评价精子膜完整性的方法，具有敏感、可重复的特点，与其他膜完整性测试方法相结合，是一种检测质量和活力低下精子群体的有效方法。Bhavanishankar和Subramoniam（1997）首次将HOST方法应用到甲壳动物精子活力评价中。但Soderquist等（1997）认为HOST是一种不准确的方法，不足以检验精子冷冻复苏前后顶体和膜功能的细微变化，但和荧光法检验有显著相关性（$r=0.49$），这表明HOST和其他方法都可用于评价同样的膜特征，只是部位不一样，HOST主要用于评价顶体后部和尾部的膜。

（五）精卵相互作用

十足目甲壳动物的体外受精率是评价精子活力的良好指标。体外受精率的高低与受精卵的质量及操作方法有关，采用受精卵评价精子质量的关键在于有一个发育成熟的未受精卵，但甲壳动物未受精的成熟卵较难获得。蔡难儿等（1997）首先采用精子毒杀法、生殖孔堵塞法及解剖采卵法，获得了中国对虾的未受精卵。龙虾精子可以有效围绕小的卵母细胞，但不能透过膜和卵子受精，而从滤泡中切割分离大的卵母细胞可以和输精管中的精子相结合，又可以和纳精囊中的精子结合，完成受精（Tabot et al.，1991），这进一步表明卵成熟度对受精率有很大影响。不同授精方法也影响最终的受精率。柯亚夫等（1996）采用干法人工授精，以受精率和孵化率为指标对中国对虾精子的超低温冷冻保存进行了研究。蔡难儿等（1997）对中国对虾受精生物学进行研究，发现中国对虾精子入水3h还有受精能力，而卵子入水1min内最高受精率只有62.7%，低温保存的纳精囊中的精子受精率则更低。王清印等（1989）采用受精率评价了冷冻保存的中国对虾输精管中的精子活力，结果发现冷冻保存后的精子具有73.6%的受精率。总体而言，采用体外受精能力评价甲壳动物精子质量和活力要得出可靠的结果必须采用成熟卵巢中的同一批次的卵，因此有必要建立一个科学的评价卵成熟度的指标体系，以利于选择成熟的卵用于精子质量评价。

（六）精子顶体反应诱导

精子和卵子接触发生顶体反应的比例可以作为评价精子活力和质量的一个有用的指标。通过光学显微镜下观察顶体状态来确定和计数发生顶体反应的精子数目。反应的精子和未反应的精子形态上有很大的差异，发生顶体反应的虾精子失去棘，产生顶体丝（Pochon-Masson，1983）。Griffin等（1987）首先采用卵水对锐脊单肢虾精子进行了顶体诱导反应，分析了卵水内活性物质的成分，这项技术已成功地用于冷冻后锐脊单肢虾精子活力的评价。Pratoomchat等（1993）和Wang等（1995）分别将卵水诱导顶体反应应用于斑节对虾（*Penaeus monodon*）和南美白对虾精子质量的评价中。孙修涛等（2000）研究了交尾期及产卵期中国对虾腹部的精荚或纳精囊中精子对卵水的应答开始时间、必要的反应时间以及精子的存活期等，发现由于精子成熟度的差异，用卵水判断精子质量时，存在离散性较大和不同时期精子有迟延差异的问题。

六、精子冷冻损伤

超低温保存种质细胞通常会导致细胞失去活力、细胞结构（特别是膜系统）不完整甚至破裂，导致胞内酶系统功能失调。Mazur 等（1977）提出冷冻损伤的两因素假说，此假说认为造成冷冻损伤有两个独立的因素：一是胞内冰损伤的形成，这是由于降温速度过快，细胞内的水分来不及转送到细胞外，而逐渐冷却，最后在细胞内形成冰晶，破坏细胞膜，从而导致细胞死亡。二是"溶质损伤"或"溶液损伤"，这是由于降温速度过慢产生的。在这种情况下，细胞可以充分脱水，但当培养液中的水结冰时，细胞内的水还未冻结，造成细胞内外的盐浓度不平衡，使细胞在高浓度的溶液中暴露的时间过长而遭损伤（陈松林，2007）。精子冷冻损伤主要表现在以下几个方面：

（一）细胞及超微结构的变化

精子冷冻保存后，损伤主要表现为形态结构和生化上的变化，其中包括细胞体积变化、细胞质膜氧化、细胞膜选择性渗透机制破坏等，这些通常会造成细胞功能紊乱（Sandra et al.，2006）。细胞质膜和顶体膜是精子中最敏感的部分，受损膜系统主要包括顶体膜、核膜、质膜、内切沟膜、线粒体嵴膜、鞭毛外膜。细胞膜不仅是细胞结构上的边界，使细胞具有一个相对稳定的内环境，同时在细胞与环境之间进行物质、能量的交换及信息传递过程中也起着决定性的作用（Tsvetkova et al.，1996）。杨春玲等（2013）研究了南美白对虾精子冷冻前后形态和超微结构的变化，结果发现，超低温冷冻处理及升温复苏后受损精子棘突脱落，顶体囊泡化，精子细胞膜皱缩、肿胀、膜间腔增大，损伤严重者，顶体脱落，核变形，核膜破裂，核出现空泡化。超低温冷冻对精子顶体和膜造成损伤，导致精子成活率下降。

（二）能量代谢酶的变化

精子顶体酶是精子顶体部特有的胰蛋白酶，在顶体反应、精子和卵子透明带的结合及穿透中起重要作用，它以酶原的形式合成并储存在顶体内，在受精过程中能够水解卵细胞的透明带，使精子和卵细胞融合（Baba et al.，1989）。精子线粒体是维持精子正常生理功能的能量来源，ATP 酶可催化 ATP 水解生成 ADP 及无机磷的反应，这一反应放出大量能量，以供生物体进行各需能生命过程。ATP 酶存在于组织细胞及细胞器的膜上，是生物膜上的一种蛋白酶，机体在缺氧等状态下，ATP 酶受到损伤，活力下降。乳酸脱氢酶（LDH）是一种糖酵解酶，是体内能量代谢过程中的一个重要酶，广泛存在于机体组织内。琥珀酸脱氢酶（SDH）是反映精子能量代谢的关键酶之一。浦蕴惠等（2013）研究了超低温冷冻对脊尾白虾精子几种酶活性的影响，结果表明，经过超低温冷冻后，顶体酶、Na^+/K^+-ATP 酶、乳酸脱氢酶、琥珀酸脱氢酶活性均显著下降，且未添加抗冻剂组下降最为明显。表明超低温冷冻对精子酶活性有显著影响，抗冻剂对精子有一定程度的保护作用。

（三）抗氧化酶活性的变化

需氧生物在氧化还原循环中往往产生大量的超氧阴离子自由基、羟自由基、过氧化氢等活性氧。此外，酶促反应、电子传递及小分子自身氧化等细胞正常的代谢过程也会产生活性氧。抗氧化系统包括非酶类抗氧化剂和酶类抗氧化剂。非酶类抗氧化剂包括谷胱甘肽、一氧化氮、维生素 E、维生素 C 等；酶类抗氧化剂，主要有超氧化物歧化酶（SOD）、过氧化氢酶（CAT）、谷胱甘肽过氧化物酶（GSH-PX）等。SOD、CAT 和 GSH-PX 具有清除氧自由基、保护细胞免受氧化损伤的作用。谷胱甘肽还原酶

（GR）在缓解因冷胁迫所产生的活性氧危害方面具有重要的功能。浦蕴惠等（2013）研究了超低温冷冻对脊尾白虾精子中几种抗氧化酶活性的影响，结果表明，经过超低温冷冻后，除 GR 外，精子中 SOD、LDH 和 CAT 的活性均显著下降，添加 15%DMSO 组酶活性均高于同期其他各组，表明 15%DMSO 对精子内酶活性保护作用较好。

（四）DNA 损伤

精子是遗传物质的直接载体，其 DNA 损伤情况将直接影响精子的质量及其下一代的生长发育。在精子发生过程中，从精原细胞一直到成熟的精子细胞，其染色体发生了很大的变化，精子发育为具有高度凝集的核并呈种属特异的形状。在制作冷冻精液的过程中，精液的稀释、离心及冷冻保护剂的添加等都可能使精子 DNA 受到损伤。精子 DNA 的损伤情况是检测精子质量的一个重要依据。单细胞凝胶电泳（single cell gel electrophoresis，SCGE），又称彗星试验（comet assay），是一种在单细胞水平上检测真核细胞 DNA 损伤与修复的方法。由于其快速、简便和灵敏，已广泛应用于检测人和动物细胞的 DNA 损伤。浦蕴惠（2013）运用 SCGE 技术对超低温冷冻后脊尾白虾精子 DNA 损伤进行了研究，结果表明，鲜精的彗星细胞比例为 6.67%，冷冻后精子 DNA 受到不同程度的损伤，其中对照组细胞 DNA 损伤率达到 40%，添加 15%抗冻剂组细胞 DNA 损伤最低。

第二节　虾类胚胎冷冻保存

甲壳动物含有大量的卵黄物质，卵黄是甲壳动物胚胎发育过程中的营养物质，它不仅为胚胎发育提供蛋白质、脂类和矿物质，而且还为胚胎提供能量。因为卵黄含量较大，细胞的透水性差，抗冻剂进入细胞内的速度很慢，因此冷冻保存的效果差，难度也更大。迄今为止，有关甲壳动物胚胎超低温保存的报道较少，虾类胚胎冷冻保存的研究更少。虾类胚胎冷冻保存研究主要集中在以下几个方面：

一、胚胎时期的选择

选取适宜的胚胎发育阶段，是进行成功冷冻保存的基础。不同发育阶段的鱼类胚胎对抗冻剂的耐受力及对抗冻剂的敏感性是不一样的。鱼类胚胎不同于哺乳类胚胎，哺乳类胚胎一般都用早期胚胎（大多为囊胚）进行冷冻保存（何万红等，2002），而鱼类胚胎冷冻保存多采用心跳期胚胎，但也有学者认为用尾芽期及胚孔封闭期胚胎较好，至今意见还不一致。Verapong 等（2005）研究了斑节对虾不同时期胚胎对抗冻剂和温度的敏感性，结果表明晚期胚胎比早期胚胎对抗冻剂和温度的耐受性强。浦蕴惠（2013）研究了脊尾白虾眼点期胚胎的超低温冷冻保存，冷冻后胚胎用 2%曙红 B 染色液染色 5min，统计胚胎存活率。结果表明，10%甘油为脊尾白虾超低温保存的最佳抗冻剂，冷冻 10d 后的存活率为 78.94%。

二、抗冻剂的筛选

目前常用的抗冻剂主要有三种类型：①小分子易渗透型抗冻剂：甘油（Glycerol）、二甲基亚砜（DMSO）、乙二醇（EG）、1,2-丙二醇（PG）、二甲基甲酰胺（DMF）、甲醇（MeOH）等。这些小分子物质渗透速度快，能轻易地渗透到细胞内，使细胞脱水，在溶液中易结合水分子发生水合作用，使溶液的黏性增加，从而弱化水的结晶过程，达到抗冻保护的目的。②低分子非渗透性抗冻剂，葡萄糖、蔗糖、海藻糖和半乳糖等。③大分子非渗透性的抗冻剂，聚乙二醇（PEG）、聚乙烯吡咯烷酮（PVP）、聚乙烯醇（PVA）、羟乙基淀粉（HES）、白蛋白（Albumin）、聚乙二醇（PEG）、聚蔗糖（Ficoll400）和葡聚糖（Dextran）等。在慢速冷冻时，非渗透性抗冻剂可降低细胞外溶质浓度，减少溶质渗入细胞的量，降低溶质损伤的程度。与渗透性抗冻剂相比，非渗透性抗冻剂毒性小，混合添加可减少细胞毒性，增加总的抗冻剂浓度，更好地保护细胞免受损伤。甲壳动物胚胎渗透性差，抗冻剂进入细胞缓慢，为了使抗冻剂充分进入胚胎内，降低冰点，须在冷冻保存前将胚胎放在高浓度的抗冻保护剂中平衡一段时间。由于大多数抗冻剂都有毒性，且毒性作用与抗冻剂及生物种类有关（陈松林，2002），浓度越高毒性越大，对细胞的毒害作用越强，因此筛选适宜的抗冻剂和浓度是胚胎冷冻保存的关键。Gwo 和 Lin（1998）认为 DMSO 是日本对虾胚胎和幼体保存中毒性最强的抗冻剂。Preston 和 Coman（1998）研究发现，相比 DMSO 和乙醇而言，甲醇对澳洲对虾（*Penaeus esculentus*）胚胎毒性最小。Verapong 等（2005）研究结果则表明，甲醇对斑节对虾早期、中期和晚期胚胎均有较强的毒性。以上研究表明，不同种类的胚胎适宜使用的抗冻剂不同。马明辉（1996）对中国对虾胚胎及无节幼体低温保存进行了初步研究，结果发现，当冷冻速度为 1℃/min 时，解冻后，胚胎的完好率最高，达到 84.5%。不同浓度的 DMSO 作为抗冻剂，以上述速度在液氮中进行冷冻保存后，其存活率均很低。浦蕴惠（2013）比较了不同抗冻剂对脊尾白虾胚胎冷冻保存效果的影响（表 6-2-1），结果表明，胚胎初始存活率为 96.19%，平衡后各组存活率发生了变化，但降幅都较小。保存 1d 后，实验组和对照组的存活率均出现了显著性差异，其中对照组和实验组 12 的存活率均下降到 60% 左右，实验组 6 的存活率最高，达到 90.78%，其次为实验组 2 和 7。3d 后的最高存活率为实验组 2，达 86.07%，对照组存活率显著下降，降至初始存活率一半以下。保存 5d 后，对照组存活率仍为最低，实验组 2、6 存活率接近，分别为 82.99% 和 82.85%。10d 后，对照组存活率仅剩 27.07%，实验组 2 的存活率仍为最高，达到 78.02%，除对照组外实验组 8 的存活率最低，为 61.47%。综合分析而言，三种抗冻剂对胚胎毒性由大到小依次为 1，2-丙二醇、DMSO、甘油，甘油的保存效果优于 DMSO 和 1,2-丙二醇。

表 6-2-1 不同抗冻剂对胚胎超低温保存的影响（浦蕴惠，2013）

存活率（%）	组别												
	CK	1	2	3	4	5	6	7	8	9	10	11	12
初始	96.19±0.15	96.19±0.15	96.19±0.15	96.19±0.15	96.19±0.15	96.19±0.15	96.19±0.15	96.19±0.15	96.19±0.15	96.19±0.15	96.19±0.15	96.19±0.15	96.19±0.15
平衡后	91.99±0.49	94.16±1.32	94.47±1.02	93.32±1.52	93.96±0.36	94.2±0.18	95.04±0.26	93.83±0.68	92.13±1.46	94.48±0.32	94.57±0.48	95.64±0.95	92.56±0.35
冷冻 1d 后	62.96±3.07	89.18±1.34	90.58±1.81	81.85±0.77	81.32±0.99	87.76±1.06	90.78±0.78	90.31±0.82	83.59±1.02	81.68±2.47	87.96±0.90	82.51±1.65	65.86±0.93
冷冻 3d 后	46.18±0.79	80.25±1.85	86.07±0.47	79.86±2.01	77.19±2.60	83.08±1.25	84.80±1.45	82.49±1.69	80.66±1.20	79.08±2.09	84.75±0.66	75.12±1.26	64.92±4.02
冷冻 5d 后	38.83±2.49	77.24±1.31	82.99±0.99	77.57±1.81	75.11±0.58	80.51±2.15	82.85±0.99	81.86±0.88	78.27±1.40	72.12±1.91	79.87±2.14	72.37±0.69	59.74±3.29
冷冻 10d 后	27.07±2.63	71.97±0.68	78.02±2.48	75.54±2.40	70.86±1.10	77.64±1.01	78.94±0.44	77.78±2.17	61.47±3.54	70.03±0.27	76.77±2.68	71.14±1.66	57.37±1.48
总降幅	69.12	24.22	18.17	20.65	25.33	18.25	17.25	18.41	34.72	26.19	19.42	25.05	38.82

三、超低温冷冻对胚胎的影响

低温技术是一把双刃剑，应用得当时，低温可以长期保存生命；应用不当时，低温又可以产生严重损伤甚至杀死生物。因此，要想利用低温技术有效保存生物细胞，必须了解低温损伤的机理，根据生物材料的性质和类型，制定相应的冷冻保存方法，尽量减少冷冻损伤造成的危害。在关于冷冻对胚胎影响的研究方面，Mazur（1984）认为细胞外溶液未冻水分减少，从而形成细胞损伤。Meryman（1968）认为细胞膜脱水收缩达到最小临界体积时，细胞膜渗透率会发生不可逆的变化，原来不能透过膜的溶质变得可以渗透，引起细胞死亡。Lovelock（1957）认为过慢冷冻会造成电解质浓度的升高，导致细胞膜脂蛋白复合体的破坏和膜的分解。总体而言，生物材料在冷冻降温和解冻复温过程中的冷冻损伤主要包括过冷休克、冰晶损伤、高渗损伤和抗冻剂毒性等几个方面。在胚胎酶活性方面，黄晓荣等（2010）研究了超低温冷冻对罗氏沼虾（*Macrobrachium rosenbergii*）前溞状幼体期胚胎中 4 种能量代谢酶活性的影响，结果如图 6-2-1 所示。

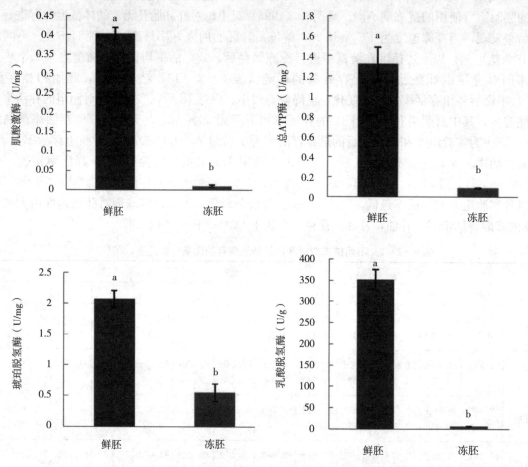

图 6-2-1　超低温冷冻对胚胎能量代谢酶活性的影响（黄晓荣等，2010）
注：不同字母表示各组间有显著性差异（$P<0.05$）。

　　罗氏沼虾鲜胚中 CK 的平均活性为（0.404 ± 0.015）U/mg，超低温冷冻后，酶平均活性降至（0.010 ± 0.002）U/mg。鲜胚中总 ATP 酶平均活性为（1.322 ± 0.162）U/mg，超低温冷冻后，平均活性降至（0.087 ± 0.003）U/mg。超低温冷冻对罗氏沼虾胚胎内肌酸激酶和总 ATP 酶活性均有显著性影响（$P<0.05$）。

　　罗氏沼虾鲜胚中 SDH 的平均活性为（2.067 ± 0.139）U/mg，超低温冷冻后，胚胎中酶的活性显著下降，平均酶活性降至（0.552 ± 0.138）U/mg。鲜胚中 LDH 的平均活性为（352.225 ± 23.214）U/g，超低温冷冻后，胚胎中平均活性下降到（5.890 ± 0.658）U/g。超低温冷冻对罗氏沼虾胚胎中 SDH 和 LDH 活性均有显著性影响（$P<0.05$）。

　　同时，黄晓荣等（2010）也开展了超低温冷冻保存后罗氏沼虾前溞状幼体期胚胎中抗氧化酶活性的变化研究，结果见图 6-2-2。

　　罗氏沼虾鲜胚中 SOD 的平均活性为（19.217 ± 0.677）U/mg，超低温冷冻后，SOD 活性显著下

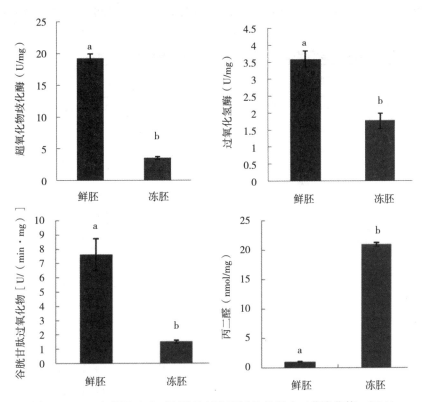

图 6-2-2　超低温冷冻对胚胎抗氧化酶活性的影响（黄晓荣等，2010）
注：不同字母表示各组间有显著性差异（$P<0.05$）。

降，平均活性降至（3.579 ± 0.234）U/mg。鲜胚中 CAT 的平均活性为（3.587 ± 0.233）U/mg，经超低温冷冻保存后，CAT 活性下降，平均活性降至（1.773 ± 0.227）U/ mg。超低温冷冻对罗氏沼虾胚胎中 SOD 和 CAT 活性均有显著性影响（$P<0.05$）。

罗氏沼虾鲜胚中 GSH-Px 活性较高，平均为（7.626 ± 1.106）U/（min·mg），超低温冷冻后，GSH-Px 活性显著下降，平均活性降至（1.524 ± 0.096）U/（min·mg）。鲜胚中 MDA 平均活性为（1.015 ± 0.038）nmol/mg，经超低温冷冻保存后，MDA 活性上升，平均活性升至（20.937 ± 0.320）nmol/mg。超低温冷冻对罗氏沼虾胚胎中 GSH-Px 和 MDA 活性均有显著性影响（$P<0.05$）。

总体而言，经过超低温冷冻后，罗氏沼虾胚胎中 4 种能量代谢酶和 3 种抗氧化酶活性显著下降，丙二醛（MDA）活性显著升高，表明超低温冷冻导致胚胎能量代谢下降，活性氧增加，对细胞造成了损伤。

在胚胎营养成分方面，浦蕴惠（2013）研究了超低温冷冻对脊尾白虾胚胎脂肪酸含量的影响（表 6-2-2）。对照组（CK）不加抗冻剂，实验组 1 和 2 分别加入 10% 的 DMSO 和 10%Gly。研究发现，脊尾白虾胚胎中主要含有 29 种脂肪酸，碳链长度主要是在 C14～C24，其中饱和脂肪酸（SFAs）有 9 种，占 37.94%，单不饱和脂肪酸（MUFAs）有 8 种，占 30.091%，多不饱和脂肪酸（PUFAs）有 9 种，占 30.763%。经过超低温冷冻后，饱和脂肪酸中 C15：0 和 C17：0 含量明显下降，且对照组与实验组间差异显著（$P<0.05$），但实验组间差异不显著（$P>0.05$）。C16：0 和 C18：0 的含量显著上升，新鲜胚胎与其余各组间差异显著，实验组 2 的 C16：0 含量与其他各组差异显著，对照组 C18：0 的含量与其他组有显著差异（$P<0.05$）。冷冻后对照组 C16：1 含量显著上升，实验组 1 和 2 则显著下降，且与新鲜胚胎、对照组间均有显著差异（$P<0.05$）。冷冻后胚胎中 C18：1n9c（顺）显著上升，且各组间均有显著差异（$P<0.05$）。冷冻后，多不饱和脂肪酸 C18：2n6c 的含量方面，对照组显著下降，其余实验组则上升，且各组间存在显著差异。C20：5n3（即 DHA）和 C22：6n3（即 EPA）含量冷冻后均显著下降（$P<0.05$），对照组下降幅度最明显。Cn-3/Cn-6 冷冻后也呈下降趋势，对照组下

降幅度高于实验组 1 和 2。整体分析来看，添加抗冻剂的 2 个实验组间无显著差异，但与对照组差异显著。

表 6 - 2 - 2　超低温冷冻对脊尾白虾胚胎脂肪酸的影响（浦蕴惠，2013）

脂肪酸	新鲜胚胎	CK	10%DMSO	10%Gly
C14：0	3.816±0.079[a]	5.126±0.162[bc]	5.309±0.077[c]	4.875±0.234[b]
C14：1	0.115±0.043[a]	0.315±0.045[b]	0.338±0.006[b]	0.318±0.011[b]
C15：0	3.577±0.078[b]	1.253±0.032[a]	1.163±0.022[a]	1.156±0.028[a]
C15：1	0.169±0.008[a]	0.321±0.089[a]	0.092±0.001[a]	0.092±0.018[a]
C16：0	20.492±0.545[a]	26.854±0.348[c]	27.180±0.153[c]	25.629±0.679[b]
C16：1	9.314±0.240[b]	15.101±0.339[c]	0.408±0.077[a]	0.450±0.044[a]
C17：0	2.315±0.039[c]	1.875±0.036[b]	1.694±0.041[a]	1.712±0.038[a]
C17：1	3.579±0.199[b]	1.835±0.206[a]	1.882±0.094[a]	1.849±0.267
C18：0	6.768±0.158[a]	9.108±0.113[c]	8.602±0.030[b]	8.560±0.216[b]
C18：1n9t（反）	0.185±0.077[a]	0.093±0.010[a]	0.111±0.025[a]	/
C18：1n9t（顺）	14.840±0.381[a]	20.050±0.143[b]	22.150±0.433[c]	27.519±0.759[d]
C18：2n6t	0.841±0.041[b]	0.379±0.031[a]	0.347±0.034[a]	0.348±0.064[a]
C18：2n6c	6.573±0.130[b]	5.214±0.200[a]	8.008±0.039[d]	7.382±0.121[c]
C18：3n6	0.285±0.010[a]	0.194±0.006[a]	0.301±0.003[d]	0.267±0.008[b]
C20：0	0.239±0.020[a]	0.582±0.021[c]	0.519±0.007[b]	0.532±0.004[b]
C20：1	1.577±0.050[d]	0.875±0.076[a]	1.426±0.014[c]	1.252±0.012[b]
C20：2	0.857±0.184[b]	0.346±0.032[a]	0.372±0.065[a]	0.349±0.054[a]
C20：3	0.556±0.180[b]	0.440±0.022[b]	0.781±0.034[c]	0.145±0.007[a]
C20：4	0.483±0.010[b]	0.387±0.011[a]	0.566±0.006[c]	0.591±0.016[d]
C20：5	0.161±0.007[c]	0.094±0.003[a]	0.131±0.001[b]	0.124±0.008[b]
C22：0	0.169±0.007[a]	—	0.239±0.004[b]	0.233±0.006[b]
C20：3n3	2.700±0.077[c]	—	2.158±0.025[a]	2.291±0.038[b]
C204n6	0.083±0.010[a]	—	0.082±0.006[a]	—
C23：0	0.117±0.016[b]	0.083±0.007[a]	0.084±0.004[a]	
C22：2	0.046±0.011			
C20：5n3（DHA）	10.299±0.115[d]	4.624±0.617[a]	9.009±0.126[c]	8.202±0.114[b]
C24：0	0.455±0.104[c]	0.300±0.154[ab]	0.188±0.033[c]	0.162±0.015[a]
C24：1	0.312±0.041[a]	0.164±0.092[a]	0.252±0.043[a]	0.284±0.058[a]
C22：6n3（EPA）	9.079±1.568[c]	4.389±0.331[a]	6.611±0.297[b]	5.270±0.280
SFA	37.948	45.181	44.978	43.269
MUFA	30.091	38.754	26.659	31.764
PUFA	30.763	15.146	26.888	24.109
EPA+DHA	19.378	9.013	15.620	13.472
n-3HUFA	22.078	9.013	17.778	15.763
n-6HUFA	7.782	5.787	8.738	7.997
C_{n-3}/C_{n-6}	2.837	1.557	1.788	1.685

参 考 文 献

蔡难儿，林峰，陈本楠，等，1997. 中国对虾受精生物学的研究 [J]. 海洋与湖沼，28（3）：271-277.

陈松林，2002. 鱼类配子和胚胎冷冻保存研究进展及前景展望 [J]. 水产学报，26（2）：161-168.

陈松林，2007. 鱼类精子和胚胎冷冻保存理论与技术 [M]. 北京：中国农业出版社.

冯北元，徐幕禹，朱谨钊，等，1995. 中国对虾（*Penaeus chinensis*）精子 ATP 酶活力与生殖关系的探讨 [J]. 海洋科学，2：33-36.

管卫兵，王桂忠，李少菁，2002. 十足目甲壳动物精子冷冻保存 [J]. 淡水渔业，32（3）：50-53.

何万红，万五星，张国红，2002. 哺乳动物胚胎冷冻技术研究进展 [J]. 河北师范大学学报，26（1）：85-89.

黄晓荣，章龙珍，庄平，等，2010. 超低温保存对罗氏沼虾胚胎几种酶活性的影响 [J]. 海洋渔业，32（2）：166-171.

柯亚夫，蔡难儿，1996. 中国对虾精子超低温保存的研究 [J]. 海洋与湖沼，27（2）：187-193.

廖馨，葛家春，丁淑燕，等，2008. 青虾精子超低温冷冻保存技术的研究 [J]. 南京大学学报（自然科学版），44（4）：421-426.

廖鑫，严维辉，唐建清，等，2006. 淡水鱼类精子的冷冻与保存 [J]. 生物学通报，41（8）：16-17.

马明辉，魏玉银，1996. 中国对虾胚胎及无节幼体低温贮存的初步研究 [J]. 大连水产学院学报，11（1）：54-58.

浦蕴惠，2013. 脊尾白虾精子和胚胎体外保存的研究 [D]. 南京：南京农业大学.

浦蕴惠，许星鸿，高焕，等，2013. 超低温冷冻对脊尾白虾精子几种酶活性的影响 [J]. 水产学报，37（1）：101-108.

王清印，杨丛海，麻次松，等，1989. 对虾输精管用于人工授精的研究 [J]. 海洋水产研究，10：69-72.

王文琪，杨敬昆，徐世宏，等，2017. 3 种对虾精子超低温冷冻保存技术研究 [J]. 海洋科学，41（9）：81-86.

汪小锋，樊延俊，2003. 鱼类精子冷冻保存的研究进展 [J]. 海洋科学，27（7）：28-31.

阎斌伦，浦蕴惠，许星鸿，等，2012. 甲壳动物配子及胚胎的低温保存技术 [J]. 水产科学，31（9）：564-567.

颜跃弟，傅洪拓，乔慧，等，2015. 酶解制备日本沼虾游离精子方法的研究 [J]. 中国农学通报，31（2）：107-111.

杨春玲，陈秀荔，赵永贞，等，2013. 南美白对虾精子超低温保存前后形态和超微结构的研究. [J]. 水生态学杂志，34（3）：62-66.

杨春玲，赵永贞，陈秀荔，等，2013. 南美白对虾精子超低温冷冻保存技术研究 [J]. 南方农业学报，44（8）：1382-1389.

张岩，陈四清，于东祥，等，2004. 海洋贝类配子及胚胎的低温冷冻保存 [J]. 海洋水产研究，25（6）：73-78.

Anchordoguy T，Crowe JH，Griffin FJ，et al.，1988. Cryopreservation of sperm from the marine shrimp *Sicyonia ingentis* [J]. Cryobiology，25（3）：238-243.

Baba T，Kashiwabara S，Watanabe K，et al.，1989. Activation and maturation mechanisms of boar acrosin zymogen based on the deduced primary structure [J]. Journal of Biochemical，264（20）：11920-11927.

Bhabvanishankar S，Subramoniam T，1997. Cryopreservation of spermatozoa of the edible mud crab *Scylla serrata* (Forskal) [J]. J. Exp. Zool，277：326-336.

Bray WA，Lawrence AL，1998. Male viability determinations in *Penaeus vannamei* evaluation of short-term storage of spermatophores up to 36h and comparison of Ca^{2+}-free saline and seawater as sperm homogenate media [J]. Aquaculture，160（1-2）：63-67.

Chow S，Tam Y，Ogasawara Y，1985. Cryopreservation of spermatophore of the fresh water shrimp *Macrobrachium rosenbergii* [J]. Biol. Bul，168（3）：471-475.

Dumont P，Levy P，Simon C，1992. Freezing of sperm ball of the marine shrimp *Penaeus vannameri*. Abstract from the workshop on gamete and embryo storage and cryopreservation of Aquatic organisms [M]. Marry Le Rol，France.

Gomes LA，Honculada-Primavera J，1993. Reproductive quality of male *Penaeus mondon*. [J]. Aquaculture，112：157-164.

Griffin FJ，Wallis JR，Crowe JH，et al.，1987. Intracelluar pH decreases during in vitro induction of acrosome reaction in the sperm of *Sicyonia ingentis* [J]. Biol. Bull，173：311-323.

Griffin FJ, Clark WH, Jr MG, 1990. Induction of acrosomal filament formation in the sperm of *Scicyonia ingentis* [J] . J. Exp. Zool, 25: 296-304.

Gwo JC, Lin CH, 1998. Preliminary experiments on the cryopreservation of penaeid shrimp (*Penaeus japonicus*) embryos, nauplii and zoea [J] . Theriogenology, 49: 1289-1299.

Hinsch GW, 1991. Structure and chemical content of the spermatophores and seminal fluid of reptantian decapods. In: Bauer. RT & Martin JW. et. al. Crustacean sexual biology [M] . New York: Columbioa University Press, 290-307.

Leung-Trujillo JR, Lawrence AL, 1987. Observation on the decline in sperm quality of *Penaeus setiferus* under laboratory conditions [J] . Aquaculture, 5: 363-370.

Lin MN, Ting YY, 1986. Spermatophore transplantation and artificial fertilization in grass shrimp [J] . Bull Jap. Soc. Sci. Fish, 52: 585-589.

Lovelock JE, 1957. The denaturation oflipidprotein complexes as a cause of damage by freezing. [J] . Proc. Roy. Soc. Ser. B, 147 (929): 427-433.

Mazur P, 1977. The role of intracellular freezing in the death of cells cooled at supraoptimal rates. [J] . Cryobiology, 14 (3): 251-272.

Mazur P, 1984. Freezing of living cells: Mechanism and implications [J] . Am. J. Physiol, 247 (3): 125-142.

Meryman HT, 1968. Modified model for the mechanism of freezing injury in erythrocytes [J] . Nature, 218 (5139): 313-336.

Perez-Velazquez M, Bray WA, Lawrence AL, 1987. Effect of temperature on sperm quality of *Penaeus setiferus* under laboratory conditions [J] . Aquaculture, 65: 363-370.

Pratoomachat B, Piyatiratitivorakul S, Menasveta P, 1993. Sperm quality of pondreared and wild-caught *Penaeus monodon* in Thailand [J] . J. World. Aquacult. Soc, 24 (4): 530-540.

Sandra P, Martin B, 2006. Structure of mammalian spermatozoa in respect to viability, fertility and cryopreservation [J] . Micron, 37 (7): 597-612.

Simon C, Dumont P, Cuende FX, et al. , 1994. Determination of suitable freezing media for cryopreservation of *Penaeus indicus* embryos [J] . Cryobiology, 31 (3): 245-253.

Soderquist L, Madrid-Bury N, Rodriguez-Martinez H, 1997. Assessment of ram sperm membrane integrity following different thawing procedures [J] . Theriogenology, 48 (7): 1115-1125.

Talbot P, Poolsanguan W, Poolsanguan B, et al. , 1991. In vitro fertilization of lobster oocytes [J] . J. Exp. Zool, 258: 104-112.

Tsvetkova LI, Cosson J, Linhart O, et al. , 1996. Motility and fertilizing capacity of fresh and frozen-thawed spermatozoa in sturgeons *Acipenser baeri* and *A. ruthenus* [J] . Journal of Applied Ichthyology, 12 (1): 107-112.

Van DN, Couturier LR, 1958. Flow dialysis as a mean preservingboving semen at room temperature [J] . J. Dairy. Sci, 41 (4): 530-536.

Verapong V, Boonprasert P, Subuntith N, 2005. Effects of cryoprotectant toxicity and temperature sensitivity on the embryos of black tiger shrimp (*Penaeus monodon*) [J] . Aquaculture, 246 (1-4): 275-284.

Wallis HC, Maurice GK, Ashley IY, 1981. An acrosome reaction innatantian sperm [J]. J. Exp. Zool, 218: 279-291.

Wang QY, Misamore M, Jiang CQ, et al. , 1995. Egg water induced reaction and biostain assay of sperm from marine shrimp *Penaeus vannamei*: dietary effects on sperm quality [J] . J. World. Aquacult. Soc, 26: 261-271.

（黄晓荣）

第七章

蟹类精子和胚胎冷冻保存

蟹类属于十足目甲壳动物，与虾类精子一样，其精子也没有鞭毛，不能运动，其精子传输方式为大部分产生精荚，黏于雌体腹部或通过交接器输到纳精囊中。精子质量评价方法可以参考虾类精子。目前，尽管蟹类的养殖品种越来越多，但关于蟹类精子和胚胎的冷冻保存研究仍较少（陈东华等，2008；周帅等，2007；许星鸿，2010；黄晓荣，2011；Bhavanishankar and Subramoniam，1997），本章主要对蟹类精子和胚胎的冷冻保存进行总结。

第一节　蟹类精子冷冻保存

一、精子采集

对蟹类而言，精子团由中段和后段输精管分泌的精液所包围，交配时精子团转移到雌性纳精囊，精子在雌体中贮存一段时间才会产卵。Bhavanishankar 和 Subramoniam（1997）和王艺磊等（2001）采用1%蛋白酶消化及机械方法，释放锯缘青蟹（*Scylla serrata*）精荚中的精子，结果表明，从纳精囊中获得的精子的完整性高于酶消化和机械法，酶处理的精子状态波动较大，且对精子有刺激作用，易于诱导精子顶体反应。酶处理精荚释放的精子，冷冻时更易受损，因此一般采用纳精囊中游离精子或进行机械研磨精荚获得精子用于冷冻实验。马强等（2006）比较了胰蛋白酶消化法和匀浆法获得中华绒螯蟹（*Eriocheir sinensis*）游离精子，发现酶消化法获得游离精子的方法明显优于机械匀浆法，匀浆法从单位精荚中获得的精子数量为 3.33×10^8 个/g，显著少于酶消化法得到的精子量，精子的死亡率为 27%，显著高于酶消化法（表 7 - 1 - 1）。陈东华等（2008）采用胰蛋白酶消化法获得中华绒螯蟹游离精子，用于冷冻保存研究。周帅等（2007）和许星鸿等（2010）分别采用研磨后离心的方法获取三疣梭子蟹（*Portunus trituberculatus*）和日本蟳（*Charybdis japonica*）精子沉淀用于实验研究。

表 7 - 1 - 1　两种方法的比较（马强等，2006）

方法	精子量（$\times 10^8$ 个/g）	死亡率（%）	顶体反应率（%）
酶消化法	7.41±0.07	4.75±1.71	62.30±3.39
机械匀浆法	3.33±0.04	27.00±2.16	64.50±2.61

刘翠玲等（2020）比较了胰蛋白酶消化法、搓洗法和机械研磨法 3 种方法对获得日本蟳精子的效果，结果发现 3 种精子获取方法中以搓洗法的效果最好，胰蛋白酶消化法效果次之，最差的是机械研磨法。选择不同目数的筛绢进行精荚的破碎，获得游离精子的实验结果见表 7 - 1 - 2。结果最好的是 500 目的筛绢，精子浓度达到 3.84×10^{12} 个/mL，其次是 450 目的筛绢，精子浓度达 3.05×10^{12} 个/mL，效果最差的是 300 目的筛绢，精子浓度为 1.01×10^{12} 个/mL。

表 7-1-2　不同筛绢目数处理后精子的浓度（刘翠玲等，2020）

筛绢目数	300	350	400	450	500
精子浓度（个/mL）	1.01×10^{12}	1.06×10^{12}	1.03×10^{12}	3.05×10^{12}	3.84×10^{12}

选用不同浓度的胰蛋白酶消化日本蟳精荚 5min 和 10min，实验结果见表 7-1-3。0.05% 的胰蛋白酶消化 5min，精子的死亡率为 12.16%，其次是 0.012 5% 的胰蛋白酶消化 5min，效果最差的是 0.2% 的胰蛋白酶消化 10min，精子的死亡率高达 83.78%，其次是 0.2% 的胰蛋白酶消化 5min。

表 7-1-3　不同浓度胰蛋白酶处理精荚后精子的死亡率（刘翠玲等，2020）

组别	1	2	3	4	5	6	7	8	9	10	11	12
浓度（%）	0.012 5	0.012 5	0.025	0.025	0.05	0.05	0.1	0.1	0.15	0.15	0.2	0.2
时间（min）	5	10	5	10	5	10	5	10	5	10	5	10
死亡率（%）	12.86	24.72	18.62	13.25	12.16	20.48	19.98	28.94	22.42	64.55	76.67	83.78

二、稀释液和抗冻剂

对于甲壳动物稀释液的筛选试验结果表明，无钙离子的人工海水适用范围较广。研究发现，添加适量葡萄糖等糖类物质，能有效维持哺乳动物和鱼类精子的低水平代谢，延长精子寿命。在蟹类精子稀释液中添加葡萄糖、蛋黄等成分的效果不佳，可能是哺乳动物和鱼类的精子均为鞭毛型，运动需要消耗较多的能量，而蟹类精子为非鞭毛型，不能运动，精子的代谢率相对较低，对糖类等能量物质需求较少。许星鸿等（2010）研究了不同稀释液对日本蟳精子存活率的影响（表 7-1-4），精子初始存活率为 91.82%，平衡 30min 后，用稀释液 Ⅰ、Ⅱ、Ⅴ、Ⅵ 保存精子的存活率超过 80%，其中稀释液 Ⅱ 组最高，为 89.67%；用稀释液 Ⅲ、Ⅳ、Ⅶ 保存精子的存活率均低于 80%，其中稀释液 Ⅳ 组精子存活率最低，仅为 70.16%。在冷冻保存 24 h 后，稀释液 Ⅱ 组解冻后精子存活率最高，达 82.49%，其次为稀释液 Ⅴ 和 Ⅰ 组，解冻后精子存活率高于 70%，稀释液 Ⅳ 组精子存活率最低，仅为 7.25%。

表 7-1-4　不同稀释液对冷冻保存日本蟳精子存活率的影响（许星鸿等，2010）

组别	初始存活率（%）	平衡后存活率（%）	冷冻24h存活率（%）	总降幅（%）
Ⅰ	91.82±1.53	84.82±1.74	74.42±1.70	17.4
Ⅱ	91.82±1.53	89.67±1.19	82.49±1.24	9.33
Ⅲ	91.82±1.53	72.85±3.19	20.67±3.05	71.15
Ⅳ	91.82±1.53	70.16±2.16	7.25±2.08	84.57
Ⅴ	91.82±1.53	87.43±1.94	77.73±1.30	14.09
Ⅵ	91.82±1.53	80.48±2.62	62.78±3.39	29.04
Ⅶ	91.82±1.53	75.72±1.51	31.44±2.69	60.38

DMSO 和甘油是常用的 2 种甲壳动物精液抗冻剂，Bhavanishankar 和 Subramoniam（1997）发现甘油中冷冻的拟穴青蟹精子比在 DMSO 中冷冻的有更高的存活率，拟穴青蟹精子对甘油比 DMSO 和乙烯甘油（EG）有更强的忍受能力，在 12.5% 甘油中精子的存活率最高。Jeyalectumie 等（1989）认为甘油能成功用于蟹类精子的冷冻，可能是由于甘油也是蟹类脂肪代谢的中间产物。在三个不同的温度下（15℃、20℃ 和 23℃），甲醇对拟穴青蟹精子的毒性小于 DMSO、EG 和甘油（Bhavanishankar and Subramoniam，1997）。在不添加抗冻剂的情况下，中华绒螯蟹精子在 4℃ 保存 6d，存活率仍高达 92.19%，三疣梭子蟹精子 4℃ 保存 236h 后的存活率为 25%（表 7-1-5），可见 4℃ 冷藏保存甲壳动物

精子时，抗冻剂不是必要成分。－196℃超低温冷冻保存中，在温度下降到－50～－15℃时，细胞中形成的冰晶会对细胞造成致命的损伤，加入抗冻剂能减少冰晶的形成，维持细胞冻存后的活力。

表7-1-5　几种蟹类精子的低温和超低温冷冻保存（阎斌伦等，2012）

种名	保存温度（℃）	稀释液	抗冻剂	保存时间及存活率
三疣梭子蟹	4	无钙离子人工海水		236h，25％
中华绒螯蟹	4	无钙离子人工海水		6d，92.19％
拟穴青蟹	4	无钙离子人工海水	5％DMSO	24h，58.7％
中华绒螯蟹	－196	无钙离子人工海水	12.5％甘油	8h，62.6％
日本蟳	－196	稀释液Ⅱ	15％ DMSO	24h，83.76％

陈东华等（2008）研究了抗冻剂对中华绒螯蟹精子存活率的影响（表7-1-6）。在加入抗冻剂平衡30min后，各组精子存活率均出现不同程度的下降。在单纯添加DMSO的实验组（1～4组）中，随添加量的增加，精子存活率的降幅不断增大。在单纯添加Gly的实验组（5～8组）中，精子存活率的总体降幅相对较小。对照1组和对照2组未添加任何保护剂，精子存活率无变化。刘翠玲等（2020）研究发现，采用去钙人工海水作为稀释液，5％DMSO作为抗冻剂冷冻保存日本蟳精子后，获得了最高的存活率，1，2-丙二醇（PG）的保存效果次之，甘油（Gly）的保存效果最差。已有研究表明，不同抗冻剂按一定比例混合，其冷冻保存效果更占优势（华泽钊等，1994）。对中华绒螯蟹精子的研究发现，"5％Gly＋5％ DMSO"及"10％Gly＋10％ DMSO"实验组精子的存活率为（15.00±1.57）％和（6.78±5.80）％，明显低于12.5％ Gly作为抗冻剂，对抗冻剂的最佳组合还需进行深入研究。

表7-1-6　不同冷冻保护剂对精子存活率的影响（陈东华等，2008）

组别	DMSO（％）	Gly（％）	初始存活率（％）	平衡后存活率（％）	降幅（％）	冷冻后存活率（％）	总降幅（％）
1	5	0	95.59±1.83	90.87±1.91	4.94	53.10±4.90	44.45
2	10	0	95.59±1.83	89.96±6.57	5.89	47.64±5.66	50.20
3	12.5	0	95.59±1.83	83.62±2.73	12.52	31.53±2.52	67.05
4	15	0	95.59±1.83	78.94±4.31	17.42	3.50±0.78	96.34
5	0	5	95.59±1.83	94.97±2.15	0.93	37.32±4.66	60.98
6	0	10	95.59±1.83	92.67±3.75	3.05	46.71±5.67	51.15
7	0	12.5	95.59±1.83	91.76±1.75	4.01	62.60±2.47	34.51
8	0	15	95.59±1.83	91.01±2.76	4.79	43.70±5.12	54.28
9	10	10	95.59±1.83	91.11±3.19	4.69	15.00±1.57	84.31
10	5	5	95.59±1.83	90.87±2.97	4.94	6.78±0.58	92.99
对照1	0	0	95.59±1.83	95.59±1.83	0.00	95.52±1.53	0.0
对照2	0	0	95.59±1.83	95.42±2.60	0.18	4.07±0.73	95.82
对照3	—	10	95.59±1.83	—		80.14±3.40	16.16

刘翠玲等（2020）研究了不同抗冻剂对日本蟳精子超低温冷冻保存的影响，结果见图7-1-1。不同的精子冷冻保护剂中，冻精复苏效果最好的为5％DMSO，精子冻后存活率为89.24％；其次是5％PG，冻后存活率为83.71％；效果较差的是5％Gly和15％Gly，但冻后精子的存活率仍可达70％以上。综合分析来看，DMSO是3种抗冻剂中最优的冷冻保护剂，且随着浓度的增加，精子冷冻保存效果随之减弱。PG的效果次之，Gly的抗冻保护效果最差。

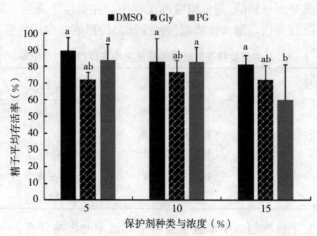

图 7-1-1　抗冻剂种类对日本蟳精子超低温冷冻保存的影响（刘翠玲等，2020）
注：不同字母表示各组间有显著性差异（$P<0.05$）。

三、精子冷冻方法

蟹类精子冷冻大都采用分步降温法。拟穴青蟹精子和精荚不同，不能耐受快速的冷冻率，采用 5℃/min 的降温速率比 7℃/min 的降温速率能获得更好的冷冻效果，精子在−30℃和−50℃浸入液氮中的存活率无差异（Bhavanishankar and Subramoniam，1997）。日本蟳精子样品先于 4℃ 冰箱中平衡 30min 后，再经 2 次预冷；第 1 次样品距液氮表面 5cm，预冷 20min，第 2 次样品于液氮表明预冷 5min，然后放入液氮中保存（许星鸿等，2010）。三疣梭子蟹精子样品在液氮蒸气中缓慢下降（10min 以内）直至投入液氮中（周帅等，2007）。陈东华等（2008）研究了不同预冷时间对中华绒螯蟹精子存活率的影响，发现随着预冷时间的延长，精子存活率呈现递增的趋势，其中预冷 5min 时存活率最低，仅为 5.90%，预冷 40min 时存活率最高，达 49.38%，但与预冷 30min 时差异不显著（表 7-1-7）。

表 7-1-7　不同预冷时间对中华绒螯蟹精子存活率的影响（陈东华等，2008）

组别	1	2	3	4	5
预冷时间（min）	5	10	20	30	40
存活率（%）	5.90±0.47	33.09±3.83	44.17±2.20	48.73±1.56	49.38±0.54

许星鸿等（2010）研究了不同预冷时间对日本蟳精子存活率的影响，结果表明，将降温平衡 30min 后的样品置于液氮表面 5cm 处，分别以 5min、15min、25min、35min、45min 5 个时间梯度进行第一次预冷，精子冷冻与解冻方法同上。在预冷的 5～25min 里，随着预冷时间的增加，精子存活率也逐渐增加（表 7-1-8）。当预冷时间超过 35min 后，精子存活率显著降低。

表 7-1-8　不同预冷时间对精子存活率的影响（许星鸿等，2010）

组别	1	2	3	4	5
预冷时间（min）	5	15	25	35	45
存活率（%）	26.22	40.19	47.53	31.28	30.41

刘翠玲等（2020）研究了不同平衡时间对日本蟳精子超低温冷冻保存的影响，结果见图 7-1-2。平衡 20min 的实验组冷冻保存效果最好，精子的冻后存活率达 83.25%；其次是平衡 30min、40min，精子冻后存活率分别为 69.33% 和 68.08%；效果最差的是没有经过平衡的对照组，存活率仅为 51.09%。最适平衡时间是 20min，超过或短于 20min 都会降低精子冷冻保存的存活率，且超过或短于

20min 的时间越长，精子的冻后存活率越低。

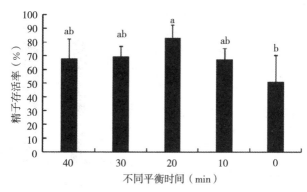

图 7 - 1 - 2　不同平衡时间对日本蟳精子超低温冷冻保存的影响（刘翠玲等，2020）
注：不同字母表示各组间有显著性差异（$P<0.05$）。

刘翠玲等（2020）设置了不同降温程序（表 7 - 1 - 9），研究了不同降温程序对日本蟳精子超低温冷冻后存活率的影响。

表 7 - 1 - 9　不同降温程序（刘翠玲等，2020）

项目	降温程序
程序 1	−2℃/min 降至−20℃，−20℃平衡 5min，−10℃/min 降至−80℃，−80℃平衡 5min，−20℃/min 降至−180℃，然后放置于液氮中
程序 2	−5℃/min 降至−20℃，−20℃平衡 5min，−15℃/min 降至−80℃，−80℃平衡 5min，−20℃/min 降至−180℃，然后放置于液氮中
程序 3	−5℃/min 降至−20℃，−20℃平衡 5min，−10℃/min 降至−80℃，−80℃平衡 5min，−20℃/min 降至−180℃，然后放置于液氮中
程序 4	−5℃/min 降至−80℃，−80℃平衡 5min，−20℃/min 降至−180℃，然后放置于液氮中
程序 5	−10℃/min 降至−80℃，−80℃平衡 5min，−20℃/min 降至−180℃，然后放置于液氮中
程序 6	−5℃/min 降至−80℃，−80℃平衡 5min，−40℃/min 降至−180℃，然后放置于液氮中

研究结果发现，程序 1 的冷冻保存效果最好，达到 84.53%；其次为程序 3 和程序 2，精子的冻后存活率分别为 83.13% 和 82.41%；效果最差的为程序 4，精子冻后存活率仅为 63.23%（图 7 - 1 - 3）。

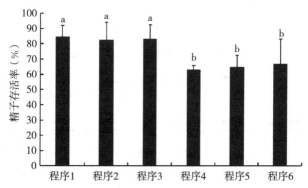

图 7 - 1 - 3　不同降温程序对日本蟳精子超低温冷冻保存的影响（刘翠玲等，2020）
注：不同字母表示各组间有显著性差异（$P<0.05$）。

四、精子解冻方法

蟹类冷冻精液一般采用水浴法解冻，解冻速度越快，精子存活率越高。拟穴青蟹和中华绒螯蟹的冷冻精液均在 55℃ 水浴 10～15s（管卫兵等，2002；陈东华等，2008），日本蟳的冷冻精液在 40℃ 水浴解冻（许星鸿等，2010）。刘翠玲等（2020）研究了不同复苏温度对日本蟳精子解冻后存活率的影响，结果表明不同复苏温度下，冻精存活效果最好的是水浴 37.5℃，精子存活率可达 87.83%，其次是 35℃ 水浴解冻，存活率为 85.45%，效果最差的是 24℃ 室温条件下解冻，存活率为 78.20%（图 7-1-4）。

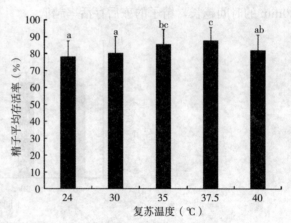

图 7-1-4　不同复苏温度对日本蟳精子超低温
冷冻保存的影响（刘翠玲等，2020）
注：不同字母表示各组间有显著性差异（$P < 0.05$）。

五、精子活力评价方法

与虾类精子一样，蟹类精子也为非鞭毛型，无法采用常规的运动型指标判断精子活力。目前检测蟹类精子活力的方法主要有染色法、顶体反应诱导、体外受精率分析及酶学分析。管卫兵等（2002）采用台盼蓝和曙红 B 染色法分别检测了拟穴青蟹冷冻精子活力，结果表明台盼蓝不能用于甘油作抗冻剂的精子活力评价，曙红 B 则不能用于 DMSO 作为抗冻剂的精子活力评价，可能与甘油和台盼蓝及曙红 B 与 DMSO 之间的亲和力有关。刘翠玲等（2020）采用曙红 Y 染色法检测日本蟳精子的存活率，发现存活精子形态正常、结构完整且不被染色，死精子被染成红色。成本低廉的卵水曾成功用于诱导中华绒螯蟹、三疣梭子蟹及日本蟳等的顶体反应（堵南山等，1987；朱冬发等，2004；许星鸿等，2010），但诱导效果不够稳定，需要进一步对精子顶体反应和受精成功率之间的相关性进行研究，以改进精子质量评价。Bhavanishankar 和 Subramoniam（1997）证实色素外吐技术不能用于评价拟穴青蟹精子的存活，因为精荚和精子膜通透性不同且不同染液的选择性通透性存在差异。Wang 等（1995）也认为生物染色和形态评价对精子的理化状况提供的信息有限，生物染色技术有可能过高地估计了活精子的比例。

周帅等（2007）采用钙离子载体 A23187 诱导顶体反应判断三疣梭子蟹精子活力，结果表明，以 Ca^{2+} FASW 作为基础液在低温下保存精子，随着保存时间的延长，对照组精子的顶体反应率基本维持在 10% 左右，保存时间为 236 h 时，精子的顶体反应率为 0。随保存时间的延长，添加离子载体的诱导组精子顶体反应率呈逐渐下降的趋势，当保存时间为 236 h 时，精子顶体反应率下降到 30% 左右（图 7-1-5）。

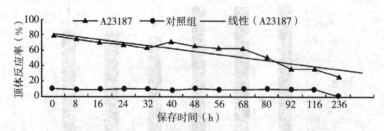

图 7-1-5　4℃ Ca^{2+} FASW 保存精子顶体反应率的变化（周帅等，2007）

钙离子载体 A23187 诱导日本蟳精子顶体反应虽然取得了较好的效果，但 A23187 价格昂贵，不适于生产上大规模使用。关于蟹类人工授精有少量报道，如中华绒螯蟹精子入水后 20min 内，受精率可达 74%～88%（陈立侨等，1996），但甲壳动物未受精的成熟卵很难获得，因此采用受精率评价精子活力的方法有较大的局限性。刘强等（2009）发现，早熟的中华绒螯蟹精子顶体酶活力及抗氧化能力远低于正常蟹。Jeyalectumie 等（1991）发现拟穴青蟹的精液和精荚富含蛋白质、糖类和脂肪，精荚显著高于精液。甲壳动物精子在成熟前后的生化组成及酶活性变化规律尚有待深入研究。

六、精子冷冻损伤

有关蟹类精子冷冻损伤的报道较少。陈东华等（2008）研究了超低温冷冻对中华绒螯蟹精子DNA损伤的影响，采用单细胞凝胶电泳（SCGE）检测了各组精子冷冻保存后的DNA损伤程度，结果见表7-1-10。鲜精组的4项指标均显著低于其他各实验组，在所选择的4个实验组中，10%DMSO实验组的拖尾长度达到237.84，其损伤程度最大，而10%Gly组各项指标均低于其他实验组，表明其对精子的保存效果相对较好。

表7-1-10　中华绒螯蟹精子冷冻前后DNA损伤的彗星分析（陈东华等，2008）

组别	L-tail	Tail-DNA	TM	OTM
对照	21.35±11.33	4.03±2.51	0.64±0.25	1.48±0.31
10%Gly	130.23±48.68	8.41±4.39	3.75±2.07	3.89±1.99
10%DMSO	237.84±86.05	16.09±3.61	9.45±3.66	7.51±2.47
5%Gly+5%DMSO	148.07±42.51	11.53±1.99	8.92±4.76	6.67±2.65
10%Gly+10%DMSO	193.03±71.63	14.08±2.88	9.88±5.79	7.21±4.43

注：L-tail指拖尾长度，Tail-DNA指彗星尾部DNA的相对含量，TM指尾动量，OTM指Olive尾动量。

不同预冷时间对中华绒螯蟹精子冷冻后DNA的损伤结果见表7-1-11。从拖尾长度来看，随着预冷时间的增加，其拖尾长度呈现下降趋势，其中预冷5min组拖尾长度达到87.36，显著高于其他各组；预冷10min和20min组分别为42.91和47.36，相互间无显著差异；预冷30min和40min组分别为16.93和17.18，两者间也无显著差异，但都显著低于其他各实验组。

表7-1-11　不同预冷时间下冷冻保存中华绒螯蟹精子DNA彗星分析（陈东华等，2008）

预冷时间（min）	L-tail	Tail-DNA	TM	OTM
5	87.36±10.49	7.97±0.99	3.31±0.46	1.83±0.24
10	42.91±4.76	6.96±0.76	1.28±0.13	1.89±0.19
20	47.36±3.49	5.97±0.69	1.31±0.26	1.83±0.14
30	16.93±2.25	5.97±0.48	0.18±0.02	0.79±0.08
40	17.18±1.63	4.73±0.35	1.11±0.18	1.58±0.19

注：表注同表7-1-10。

第二节　蟹类胚胎冷冻保存

与虾类胚胎一样，蟹类胚胎由于体积大，且具有双层膜结构，卵间隙大，含有大量的水分以及丰富的卵黄和脂肪滴，使蟹类胚胎的冷冻保存难度很大。目前仅见中华绒螯蟹胚胎冷冻保存的研究报道（黄晓荣，2011）。中华绒螯蟹胚胎冷冻保存的研究主要集中在以下几个方面：

一、胚胎发育时期与生物学特性

黄晓荣等（2011）报道中华绒螯蟹胚胎发育共分为9个时期，分别为受精卵期、卵裂期、囊胚期、原肠期、前无节幼体期、后无节幼体期、原溞状幼体期、出膜前期和孵化期，各个时期的生物学特性如下：

受精卵：受精卵为圆形，卵径（367±6）μm，含卵黄较多，受精卵内部的卵质和卵膜贴得很紧，卵质颜色较深，在这一时期卵膜的颜色始终是透明的。随着时间的推移，一部分卵质开始和卵膜分离（图7-2-1，1）。

卵裂期：随着时间的推移，胚胎进一步发育。卵裂首先在动物极出现缢痕，不久即分裂成两个大小不等的分裂球，由于分裂是不等分裂，二分裂球后相继出现4、8、16、32细胞期，发育至64细胞期后，分裂球的大小已不易区分，胚胎进入多细胞期。整个卵膜内的卵质都在收缩，其体积较受精卵期的明显缩小，最后整个卵质表面都呈现成大小不等的裂块，为典型的表面卵裂（图7-2-1，2～6）。

囊胚期：中华绒螯蟹的受精卵不具有常见形式的囊胚腔，发育到囊胚期时，先是受精卵的一部分发生隆起，而另一部分仍在卵裂期。分裂开始变快，细胞增加很多，这些细胞都呈圆形或椭圆形，排列在胚胎的周围，组成一层薄的囊胚腔，囊胚层下的囊胚腔则全被卵黄颗粒所填充，也称卵黄囊（图7-2-1，7～8）。

原肠期：随着胚胎的发育，胚胎以内移方式形成原肠胚，胚胎的一端出现一个透明区域，在卵的一侧出现一块新月形的透明区，从而与黄色的卵巢块区别开来。随着分裂的加速，细胞越来越小，胚胎前端的大部分形成细胞密集的区域，称为胚区，而后端的一小部分则形成胚外区。在胚区的后端还另有一小区，称为原口或胚孔。随着原口的出现，在胚区前端两侧形成一对密集的细胞群，这对细胞群初呈盘状，后呈球状，突露于胚胎上，称为视叶原基。随后胚区左右各侧又出现拱桥状的增厚细胞带，称为似桥细胞群（图7-2-1，9～10）。

前无节幼体期：无色透明区继续向下凹陷，占整个卵面积的1/5～1/4，胚区似桥细胞群形成3对附肢原基，同时视叶原基明显增大，成为视叶（图7-2-1，11）。

后无节幼体期：透明区已占整个卵面积的2/5左右，这期幼体的附肢增加到5对，最终甚至达到7对，胚胎左右两侧各出现一条纵走的隆起，这就是头胸甲原基（图7-2-1，12）。

原溞状幼体期：头胸甲原基不断生长，左右相连，成为头胸甲。透明区继续扩大，占1/2～2/3，在胚体头胸部前下方的两侧出现橘红色的眼点，呈扁条状，后来条纹逐渐增粗而呈星芒状，复眼的发育基本完成，复眼色素形成后，眼点部分色素加深变黑，眼直径扩大，复眼已呈大而显眼的椭圆形，复眼内各单眼分界逐渐分明，呈放射状排列。胚胎上可见多数棕黑的色素条纹，这些条纹逐渐变粗而呈星芒状。卵黄收缩呈蝴蝶状，卵黄囊的背方开始出现心脏原基，不久心脏开始跳动（图7-2-1，13～14）。

出膜前期：随着胚胎进一步发育，心跳频率继续增加，间歇次数减少，并且趋于稳定，节律性增加，心跳次数增加至170～200次/min。胚胎腹部的各节间相继出现黑色素，胚体在卵膜内转动（图7-2-1，15）。

孵化期：受精后978 h，有效积温10758 h·℃。胚胎发育完全后，借尾部的摆动破膜而出，即为第一幼体（图7-2-1，16）。初孵幼体体形与成体基本相同，全长1.6～1.79mm，头胸甲长0.7～0.76mm，腹部长1.1～1.18mm，腹部卷曲，活动能力很弱，以卵黄作为营养物质，附着在母体腹足上生活。

研究了不同发育时期胚胎中乳酸脱氢酶（LDH）、总腺苷三磷酸酶（ATPase）和苹果酸脱氢酶（MDH）活性的变化，结果分别见图7-2-2、图7-2-3和图7-2-4。从图7-2-2可见，LDH的活性随胚胎发育的进行呈现出先升高后下降的趋势，在囊胚期酶的活性达到最高值，前无节幼体活性最低，除原肠期和原溞状幼体期酶活性无显著差异外（$P > 0.05$），其他各时期LDH的活性都有显著性差异。

从卵裂期到囊胚期的发育过程中，总ATPase酶的活性微弱上升（图7-2-3）。发育到原肠期后，总ATPase酶的活性急剧下降到0.075 U/mg，此后酶活性又开始显著升高，到原溞状幼体期时，总

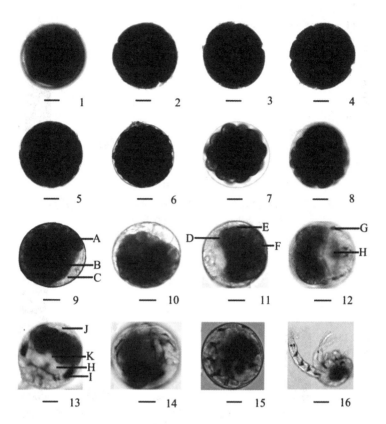

图 7-2-1 中华绒螯蟹胚胎发育（图中标尺均为 100 μm）（黄晓荣等，2011）

1. 受精卵 2. 2 细胞 3. 4 细胞 4. 8 细胞 5. 16 细胞 6. 32 细胞 7、8. 囊胚期 9、10. 原肠期
11. 前无节幼体期 12. 后无节幼体期 13. 原溞状幼体期 14. 溞状幼体 15. 出膜前期 16. 孵化期
　A. 胚区 B. 原口 C. 胚外区 D. 视叶原基 E. 似桥细胞群 F. 腹板原基 G. 视叶 H. 头胸甲
原基 I. 复眼 J. 心脏 K. 口道

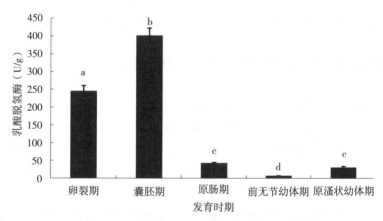

图 7-2-2 不同发育时期乳酸脱氢酶活性的变化（黄晓荣等，2011）
注：不同字母表示各组间有显著性差异（P<0.05）。

ATPase 酶活性快速升高到 13.26 U/mg，显著高于其他发育时期（P<0.05）。

　　在卵裂期，MDH 的平均活性为 0.17U/mg，发育到囊胚期后，酶活性急剧下降到 0.006U/mg，此后随发育时期的变化，MDH 的活性呈逐渐升高的趋势，发育到原溞状幼体期时，MDH 的活性达到最高，平均为 0.30U/mg，显著高于其他发育时期（P<0.05）（图 7-2-4）。

　　总体而言，中华绒螯蟹不同时期胚胎三种酶的活性含量存在差异，其中 LDH 含量在囊胚期最高，

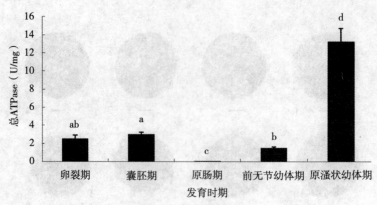

图 7-2-3　不同发育时期总 ATPase 活性的变化（黄晓荣等，2011）
注：不同字母表示各组间有显著性差异（$P<0.05$）。

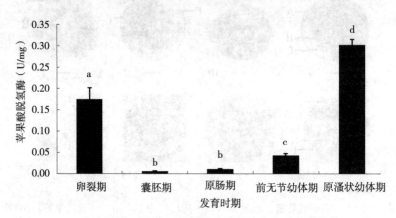

图 7-2-4　不同发育时期苹果酸脱氢酶活性的变化（黄晓荣等，2011）
注：不同字母表示各组间有显著性差异（$P<0.05$）。

总 ATPase 活性和 MDH 活性均在原溞状幼体期最高。田华梅等（2002）研究发现中华绒螯蟹胚胎发育过程中蛋白质含量降低了 23.2%，脂类和碳水化合物无明显变化，水分含量显著上升。由于不同时期胚胎生化成分的不同，不同时期胚胎对抗冻剂和低温的耐受性也不一样。

二、单因子抗冻剂对不同时期胚胎成活率的影响

Huang 等（2011）研究了中华绒螯蟹不同发育时期（卵裂期、囊胚期、原肠期、前无节幼体期和原溞状幼体期）分别在 10%、15% 和 20% 的二甲基亚砜（DMSO）、甲醇（MeOH）、1,2-丙二醇（PG）、二甲基甲酰胺（DMF）四种抗冻剂中处理 30min 后胚胎的成活率。结果发现，中华绒螯蟹卵裂期胚胎对抗冻剂的耐受性较差，对 10%、15% 和 20% 的四种抗冻剂都非常敏感，结果见图 7-2-5。胚胎分别在 10% 的 MeOH、PG、DMSO 和 DMF 中处理后，成活率都低于 20%，显著低于对照组成活率（45.4±4.5）%（$P<0.05$）。四种抗冻剂对胚胎表现出不同的毒性，其中 DMSO 对胚胎毒性最强，PG 毒性最低。在 15% 和 20% 的 MeOH 和 DMSO 中处理后，胚胎都不能成活，在 20% 的 PG 和 DMF 中处理后，胚胎也不能成活。随抗冻剂浓度的增加，胚胎的成活率逐渐下降，最高浓度的抗冻剂表现出最强的毒性，最低浓度的抗冻剂表现出最低的毒性，就四种抗冻剂而言，PG 和 DMF 对胚胎的毒性相对较小，DMSO 和 MeOH 的毒性相对较强。

中华绒螯蟹囊胚期胚胎对抗冻剂的耐受性较差，对浓度为 20% 的四种抗冻剂较为敏感（图 7-2-6）。胚胎分别在 10% 的 MeOH、PG、DMSO 和 DMF 中处理后，胚胎的成活率都低于 20%，显著低于对照组成活率（58.5±2.6）%（$P<0.05$）。胚胎在 10% 和 15% 的 PG 中处理后，胚胎的成活率显著高于相

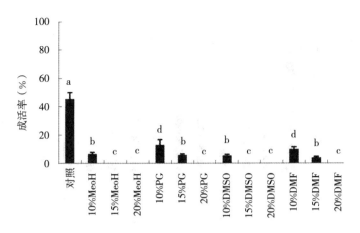

图 7 - 2 - 5　不同浓度抗冻剂对卵裂期胚胎的毒性（Huang et al.，2011）

注：不同字母表示各组间有显著性差异（$P < 0.05$）。

同浓度的其他三种抗冻剂处理后的成活率（$P < 0.05$），胚胎在 20％的 MeOH 和 DMSO 中处理后都不能成活。对同一种抗冻剂而言，随抗冻剂浓度的增加，胚胎的成活率逐渐下降，15％和 20％的 PG 处理后，胚胎成活率间无显著性差异（$P > 0.05$），但显著低于 10％PG 处理后的成活率（$P < 0.05$）；胚胎在 15％和 20％DMF 中处理后，成活率也无显著差异（$P > 0.05$），但显著低于 10％ DMF 处理后的成活率（$P < 0.05$）。

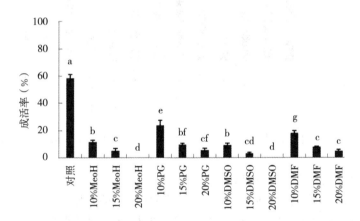

图 7 - 2 - 6　不同浓度抗冻剂对囊胚期胚胎的毒性（Huang et al.，2011）

注：不同字母表示各组间有显著性差异（$P < 0.05$）。

中华绒螯蟹原肠期胚胎分别在 10％的 MeOH、PG、DMSO 和 DMF 中处理后，胚胎的成活率都低于 50％，与对照组胚胎的成活率（70.6±6.8）％存在显著性差异（$P < 0.05$）（图 7 - 2 - 7）。胚胎在 20％的四种抗冻剂中处理后都能成活，但成活率都低于 10％浓度抗冻剂处理后的成活率，其中，胚胎在 10％、15％和 20％的 DMSO 中处理后，成活率间无显著性差异（$P > 0.05$）。对同一种抗冻剂而言，在 10％和 15％的四种抗冻剂中处理后，胚胎间成活率也无显著性差异（$P > 0.05$）。四种抗冻剂中，PG 对胚胎的毒性最小，10％的 PG 处理后胚胎获得了最高的成活率（41.95±4.74）％，DMF 对胚胎表现出最强的毒性，10％DMF 处理后胚胎平均成活率为（24.55±4.74）％。

中华绒螯蟹前无节幼体期胚胎分别在 10％的 MeOH、PG、DMSO 和 DMF 中处理后，胚胎的成活率接近 60％，但仍显著低于对照组胚胎成活率（83.9±8.1）％（$P < 0.05$），结果如图 7 - 2 - 8 所示。胚胎分别在 10％的四种抗冻剂处理后，相互间成活率没有显著性差异（$P > 0.05$）；在 15％的四种抗冻剂中处理后，MeOH、PG 和 DMF 处理组的成活率间无显著性差异（$P > 0.05$），但都显著高于 MeOH 处理组的成活率；在 20％的四种抗冻剂中处理后，PG 处理组成活率最高，且显著高于其他三种抗冻剂处理后的成活率（$P < 0.05$），三种不同浓度的 PG 处理后，胚胎间成活率无显著性差异（$P > 0.05$）。

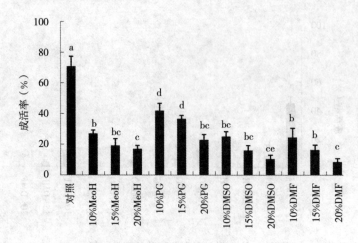

图 7-2-7　不同浓度抗冻剂对原肠期胚胎的毒性（Huang et al.，2011）
注：不同字母表示各组间有显著性差异（$P<0.05$）。

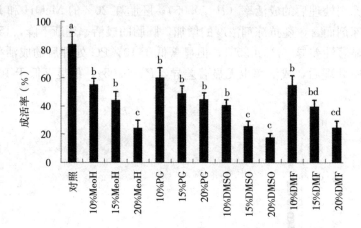

图 7-2-8　不同浓度抗冻剂对前无节幼体期胚胎的毒性（Huang et al.，2011）
注：不同字母表示各组间有显著性差异（$P<0.05$）。

原溞状幼体期胚胎对抗冻剂的耐受性结果见图 7-2-9。胚胎在 10％的四种抗冻剂中处理后，除 10％的 DMSO 组外，其他三个处理组胚胎的成活率与对照组间都无显著性差异（$P>0.05$）。随抗冻剂浓度的增加，胚胎的成活率逐渐下降，经过相同浓度的四种抗冻剂处理后，PG 和 DMF 处理组胚胎的成活率相对较高，DMSO 处理组胚胎的成活率最低，表明 DMSO 对这个时期的胚胎毒性最强，胚胎在 20％的四种抗冻剂中处理后成活率集中在 34.5％～51.5％。

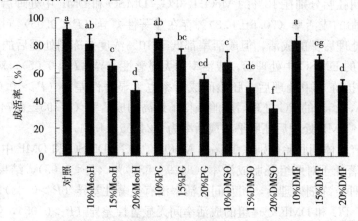

图 7-2-9　不同浓度抗冻剂对原溞状幼体期胚胎的毒性（Huang et al.，2011）
注：不同字母表示各组间有显著性差异（$P<0.05$）。

三、玻璃化液对不同时期胚胎成活率的影响

在进行超低温冷冻保存时，必须在细胞或组织中加入一定浓度的抗冻剂，才能达到在低温下长期保存的目的。抗冻剂的作用原理是当其渗入细胞内后，能增加整个细胞液的黏度和细胞内的溶质浓度，干扰水分子的空间排列方向，使冰晶生长的驱动力减弱，晶体生长速度降低，从而降低细胞外液和细胞内容物的冰点，降低冰晶的形成速度（关静等，2004）。传统的抗冻剂可分为渗透型和非渗透型两类（徐振波等，2004）。渗透型抗冻剂主要为小分子物质，多易溶于水，与水分子结合能力强，稀释未结冰溶液中电解质的浓度，减少溶质损伤，同时使溶液的黏性增加，弱化水的结晶过程，达到保护目的。渗透型抗冻剂主要有甘油（Gly）、二甲基亚砜（DMSO）、1,2-丙二醇（PG）、乙二醇（EG）等。这几种抗冻剂对鱼类胚胎都有毒性，浓度越高，处理时间越长，毒性就越大。由于甲壳类胚胎体积大，含有大量的卵黄和水分，在冷冻保存过程中胚胎内水分如果没有充分脱除就会形成胚内冰晶，对胚胎造成损伤。如果在一般浓度的抗冻剂中，脱除水分需要较长时间，时间延长，抗冻剂的毒性增强，会造成胚胎的畸形和死亡（章龙珍等，1996）。

为了能在短时间内充分脱除胚胎内的水分，减少胚内和胚外冰晶的形成，一种称为玻璃化液的抗冻剂在哺乳动物胚胎冷冻保存中获得成功（Rail and Fahy，1985）。"玻璃化"是一个物理学上的概念，是指当水或溶液快速降温达到 $-110 \sim -100℃$，或低于 $-110℃$ 时，形成一种具有高黏度的介于液态和固态之间的、非晶体态的、杂乱无章的、透明的玻璃状态，它不能像液态那样流动，但可以像晶体一样保持自己的形状。使溶液玻璃化有两条途径，一条是极大地提高冷却速率，另一条是增加溶液的浓度。溶液在冷冻过程中黏稠度增高，相变后转变成固态时，不形成或只形成对细胞结构无损伤的极小冰晶，高黏性使分子的弥散受到极度抑制（胡军祥，2005）。玻璃态的物理性能与晶体态不同，是一种既可以避免或减轻冷冻细胞、组织的损伤，又可长期保存细胞、组织的良好方法。应用玻璃化方法保存胚胎，首先要找出对胚胎损伤小、容易玻璃化的抗冻剂，其次是提高冷却速率。单独使用渗透型抗冻剂，玻璃化所需的浓度为 $40\% \sim 60\%$，这样的浓度会产生很大的毒性作用，许多生物无法承受。将常用的抗冻剂组合后，可使单独使用的毒性得到部分中和与抵消，降低玻璃化液的毒性作用，提高保存效果。玻璃化液作为一种比较理想的低温保护剂，在哺乳动物如鼠、牛、羊等胚胎冷冻保存上取得了很大成功（Rall，1987；Tachikawa et al.，1993；朱士恩等，2002）。

无脊椎动物尤其是甲壳动物胚胎玻璃化液研究方面的报道较少。Huang 等（2013）报道了 6 种玻璃化液配方对中华绒螯蟹胚胎成活率影响研究，玻璃化液的组成与配方见表 7 - 2 - 1。

表 7 - 2 - 1　中华绒螯蟹胚胎的玻璃化组成与配方（%）（Huang et al.，2013）

组成	A	B	C	D	E	F
PG	30		30	30	30	
MeOH		30	20	10		30
DMSO					20	20
DMF	20	20		10		

不同时期胚胎分别采用二步法、三步法、五步法在 $4℃$ 中平衡 40min，平衡后胚胎不经液氮冷冻，直接利用 0.25mol/L 蔗糖洗脱 10min，逐次加入 $16℃$ 的海水在培养皿中培育一段时间，显微镜下观察记录胚胎的发育情况。不同玻璃化液对卵裂期胚胎成活率影响见图 7 - 2 - 10。卵裂期胚胎对玻璃化液的耐受性较差，对 6 种玻璃化液都很敏感，二步法处理后胚胎都不能成活，三步法处理后，胚胎在 F 号玻璃化液中处理后不能成活。在 6 种玻璃化液中采用五步法处理后，胚胎的成活率都高于三步法和两步法处理后的成活率，其中在 D 号玻璃化液中经过五步平衡后胚胎获得了最高的成活率，平均成活率为 $(9.7 \pm 1.7)\%$，但仍显著低于对照组成活率。

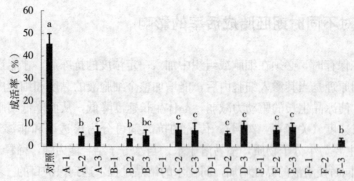

图 7-2-10　不同玻璃化液对卵裂期胚胎成活率的影响（Huang et al.，2013）
注：图中 1、2、3 分别表示二步法、三步法、五步法，不同字母表示各组间有显著性差异（$P<0.05$）。

不同玻璃化液和不同平衡方法对中华绒螯蟹囊胚期胚胎的成活率影响见图 7-2-11。与卵裂期胚胎相似，囊胚期胚胎对玻璃化液的耐受性也较差，对玻璃化液也较为敏感。经过二步平衡后，胚胎在 6 种玻璃化液中都不能成活，经过三步处理后，胚胎在 F 号玻璃化液中也不能成活。除 A 号玻璃化液外，胚胎在 B、C、D 和 E 号玻璃化液中经过三步处理和五步处理后，同组玻璃化液间胚胎的成活率都无显著性差异（$P>0.05$）。经过五步平衡处理后，胚胎在 A 号玻璃化液中获得了最高的成活率，平均成活率为（12.8 ± 3.4）%，显著高于胚胎在 B、C 和 F 号玻璃化液中处理后的成活率（$P<0.05$），但与 D 号玻璃化液处理后的成活率无显著性差异（$P>0.05$）。采用三步法和五步法平衡后，胚胎在 A 号和 D 号玻璃化液中处理后的成活率相对较高，在 B 号和 F 号玻璃化液中处理后的成活率相对较低。

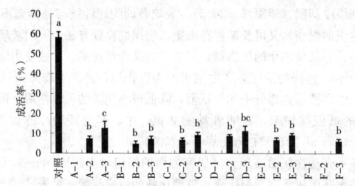

图 7-2-11　不同玻璃化液对囊胚期胚胎成活率的影响（Huang et al.，2013）
注：不同字母表示各组间有显著性差异（$P<0.05$）。

不同玻璃化液和不同平衡方法对中华绒螯蟹原肠期胚胎的成活率影响见图 7-2-12。与卵裂期和囊胚期胚胎相比，中华绒螯蟹原肠期胚胎对玻璃化液的耐受性相对增强。胚胎在 B 号和 F 号玻璃化液中经过二步平衡后不能成活，经过五步平衡后，胚胎在 A 号、D 号和 E 号玻璃化液中处理后的成活率无显著性差异（$P>0.05$），都能获得约 40% 的成活率，但仍显著低于对照组胚胎的成活率（70.6 ± 6.8）%（$P<0.05$）。在 A 号、C 号、D 号和 E 号玻璃化液中采用二步平衡法后分别获得（26.85 ± 2.62）%、（14.1 ± 2.4）%、（24.35 ± 1.48）% 和（21.85 ± 2.05）%的成活率。B 号玻璃化液处理，三步和五步平衡后胚胎成活率有显著性差异（$P<0.05$）；其余 5 种玻璃化液处理，三步和五步平衡后各组间成活率都无显著性差异（$P>0.05$）。

中华绒螯蟹前无节幼体期胚胎在玻璃化液中处理后的成活率变化见图 7-2-13。与前面三个时期相比，前无节幼体期胚胎对玻璃化液的耐受性显著增强，在 6 种玻璃化液中经过二步处理后，胚胎都能成活，但 A 号玻璃化液处理后的成活率显著高于其他 5 种玻璃化液处理后的成活率。采用五步平衡后，胚胎在 A 号、D 号和 E 号玻璃化液中的成活率无显著性差异（$P>0.05$），但都显著高于在 B 号、C 号和 F 号玻璃化液中处理后的成活率（$P<0.05$）。对各处理而言，五步法处理后胚胎成活率普遍高于二

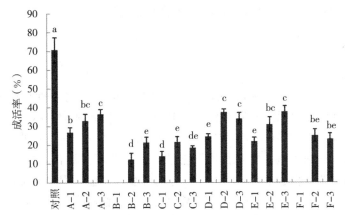

图 7-2-12　不同玻璃化液对原肠期胚胎成活率的影响（Huang et al.，2013）

注：不同字母表示各组间有显著性差异（$P<0.05$）。

步法和三步法。胚胎在 A 号玻璃化液中采用三种不同的平衡方法后获得的成活率均高于在其他几种玻璃化液中处理后的成活率，但仍显著低于对照组胚胎的成活率（$P<0.05$），在 B 号玻璃化液中分步处理后，胚胎的成活率均低于其他几种玻璃化液处理后的成活率，表明 B 号玻璃化液对这个时期的胚胎毒性较强。

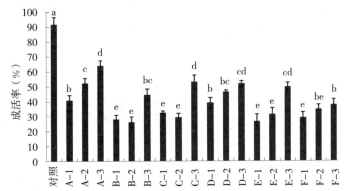

图 7-2-13　不同玻璃化液对前无节幼体期胚胎成活率的影响（Huang et al.，2013）

注：不同字母表示各组间有显著性差异（$P<0.05$）。

中华绒螯蟹原溞状幼体期胚胎在玻璃化液中处理后的成活率变化见图 7-2-14。与前面 4 个时期相比，原溞状幼体期胚胎对玻璃化液表现出很高的耐受性，经过二步法平衡后，胚胎在 A 号玻璃化液中处理后的成活率显著高于在其他几种抗冻剂中处理后的成活率。各玻璃化液间，胚胎在五步法中的成活率高于二步法和三步法。胚胎在 A 号、B 号、C 号、D 号、E 号和 F 号玻璃化液中经过五步平衡后分别获得（63.95±3.46）%、（44.5±3.96）%、（53.15±4.45）%、（51.9±1.83）%、（49.7±2.97）%和

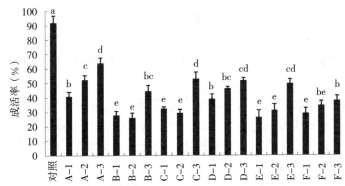

图 7-2-14　不同玻璃化液对原溞状幼体期胚胎成活率的影响（Huang et al.，2013）

注：不同字母表示各组间有显著性差异（$P<0.05$）。

(37.85±3.46)%的成活率，但仍显著低于对照组胚胎的成活率。

四、冷冻保存方法

水生生物胚胎的低温保存方法主要有两种，一种是"二步法"，另一种是快速冷冻的玻璃化法。两步法是先将生物细胞、胚胎或组织慢速降温至某一中间温度，防止细胞内冰晶的形成和不使细胞内水分过少，然后将生物细胞和组织直接放入液氮中，其相应的冷冻速率较高，目的是使细胞中未冻水溶液实现非晶态固化。实现二步法的措施主要是程序降温法，利用程序降温仪，根据不同生物胚胎的生理特点，经过对降温程序的筛选，将适合于胚胎冷冻保存的降温程序输入程序降温控制仪，然后将经过在冷冻保存液中平衡过的胚胎吸入麦管，并固定在降温盘上，开启程序降温仪进行降温冷冻。根据不同的种类采取了不同的降温程序，可分为分段慢速和分段快速降温，这两种方法在生物材料的冷冻保存中被广泛应用。

利用玻璃化方法对生物材料的玻璃化冷冻保存研究起步较晚，Rall 和 Fahy（1985）首次利用玻璃化法成功冷冻小鼠胚胎，推动了玻璃化法在胚胎冷冻上的应用，在哺乳动物方面利用玻璃化法成功进行了牛、马、猪、小鼠等胚胎的冷冻保存。在甲壳动物胚胎冷冻保存研究上，Huang 等（2013）首次利用玻璃化液开展了中华绒螯蟹不同时期胚胎的冷冻保存研究，将中华绒螯蟹不同时期的胚胎（卵裂期、原肠期、前无节幼体期和原溞状幼体期）在室温下利用五步法在玻璃化梯度液中逐步平衡，不经冷冻，直接利用 0.25mol/L 的蔗糖洗脱液洗脱 10min，统计胚胎发育情况。各期胚胎在 A 号玻璃化液中处理后成活率结果见图 7-2-15。

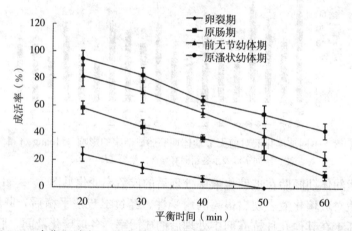

图 7-2-15　各期胚胎在 A 号玻璃化液中平均成活率的变化（Huang et al.，2013）

卵裂期胚胎在 A 号玻璃化液中的平衡时间较短，耐受性较低，平衡 20min 后经蔗糖洗脱培养，平均成活率为 (22.15±5.16)%，平衡 50min 后经洗脱培养，胚胎全部死亡。

中华绒螯蟹原肠期胚胎在 A 号玻璃化液中采用五步法分别平衡 20min、30min、40min、50min 和 60min 后，培养成活率分别为 (59.8±4.81)%、(42.5±5.23)%、(36.45±3.62)%、(24.45±5.59)% 和 (7.9±3.25)%，原肠期胚胎较卵裂期胚胎在玻璃化液中的平衡时间加长，相同平衡时间内的成活率也大幅提高。

中华绒螯蟹前无节幼体期胚胎在 A 号玻璃化液中采用五步法分别平衡 20min、30min、40min、50min 和 60min 后，培养成活率分别为 (81.9±8.06)%、(70.1±8.06)%、(55±3.11)%、(38.55±5.59)% 和 (22.1±5.23)%。与前面 2 个时期相比，前无节幼体期胚胎对 A 号玻璃化液的适应能力明显增强，处理 60min 后成活率提高至 (22.1±5.23)%。

原溞状幼体期胚胎在 A 号玻璃化液中采用五步法分别平衡 20min、30min、40min、50min 和 60min 后，培养成活率分别为 (94.55±5.59)%、(82.4±5.37)%、(63.95±3.46)%、(54.05±

6.58)％、（42±5.94)％，与早期和中期胚胎相比，原溞状幼体期胚胎对玻璃化液有较强的耐受能力，处理 60min 后成活率提高至（42±5.94)％。

中华绒螯蟹胚胎在 A 号玻璃化液中随着平衡时间的延长，其成活率逐渐下降，前无节幼体期和原溞状幼体期胚胎在玻璃化液中的适应时间最长。卵裂期胚胎在玻璃化液中的耐受能力最低，较适宜的平衡时间为 20～30min，成活率为 13.35％～22.15％，随胚胎发育的进行，胚胎在玻璃化液中的适宜平衡时间逐渐增加，发育至原溞状幼体期时，胚胎的适宜平衡时间为 40～60min，成活率为 42.00％～63.95％。

玻璃化液具有高浓度的特点，对胚胎的毒性作用较大，因此，在处理胚胎的过程中一般都采用多步添加的方法，逐步渗透以降低高浓度玻璃化液对胚胎的毒性。Rall（1987）认为在 4℃ 下采用二步法添加抗冻剂，可以防止抗冻剂产生化学毒性和限制抗冻剂的过度渗透。在牛胚胎的冷冻保存中，不同的学者对抗冻剂分别采用了不同的分步添加方法，如一步法、二步法、三步法、五步法和六步法（Fahning and Garcia，1992）。一步法是将胚胎直接放入终浓度的抗冻剂中平衡处理，多步法是将胚胎依次放入从低到高浓度的抗冻剂中，使胚胎逐步渗透平衡。Huang 等（2017）分别采用二步平衡法、三步平衡法和五步平衡法研究了不同时期胚胎在玻璃化液中的成活率情况，结果表明，各玻璃化液间，胚胎在五步平衡法中的成活率高于二步平衡法和三步平衡法处理后的成活率，二步平衡法处理后各期胚胎的成活率最低。

胚胎经过玻璃化液冷冻后必须迅速脱除体内外的抗冻剂，使胚胎恢复到冻前状态，这个过程需要经过细胞外培养液和抗冻剂的交换，如果直接将细胞放入培养液中，会因为抗冻剂的过度渗透导致细胞死亡。在抗冻剂的脱除上，主要采用蔗糖法和分步法两种，蔗糖法是利用 0.25mol/L、0.5mol/L 或 1.0mol/L 的蔗糖一步或几步脱除，分步法则是将细胞中的抗冻剂从高浓度向低浓度逐步稀释脱除。在人囊胚的冷冻保存研究中，采用二步法平衡胚胎后，分别用 0.25mol/L 和 0.125mol/L 蔗糖洗脱胚胎（Tetsunori et al.，2001）。Kasai 等（1994）利用含 0.5mol/L 蔗糖的 PB1 液洗脱 EFS 抗冻剂 5min，许厚强等（1999）在冷冻牛和小鼠胚胎的研究中，采用 0.5mol/L 蔗糖-PBS 液洗脱抗冻剂 VS1 和 VS2。朱士恩等（1997）采用二步法在细管中平衡小鼠胚胎后，用含有 0.5mol/L 蔗糖的 PBS 液一步洗脱抗冻剂。总结以上研究结果，对于低浓度的抗冻剂或高浓度玻璃化液的添加方法，大多数作者采用了多步法，而在抗冻剂的脱除研究上，大部分哺乳动物的胚胎保存过程中都采用 0.15～0.5mol/L 的蔗糖一步或几步洗脱。

黄晓荣等（2013）研究了不同洗脱时间对中华绒螯蟹胚胎成活率的影响，结果见图 7-2-16。将中华绒螯蟹前无节幼体期胚胎在 A 号玻璃化液中采用五步法平衡 40min 后，0.25mol/L 的蔗糖分别洗脱 5min、10min、15min、20min 后，培养成活率分别为（41.40±6.93)％、（55.00±3.11)％、（50.00±5.94)％和（44.00±5.37)％，洗脱 10min 时胚胎的成活率最高。

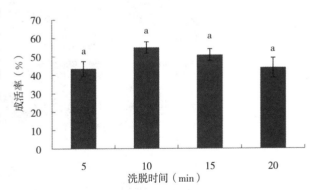

图 7-2-16　中华绒螯蟹前无节幼体期在不同洗脱
时间下的成活率（黄晓荣等，2013）
注：相同字母表示各组间无显著性差异（P＞0.05)。

黄晓荣等（2013）对中华绒螯蟹胚胎开展了超低温冷冻保存研究，冷冻保存结果如表 7-2-2 所示。卵裂期胚胎在 A 号玻璃化液中平衡 30min，在 −196℃ 冷冻 40min 后，胚胎透明率为（3.25±1.24)％；原肠期胚胎在 A 号玻璃化液中分别平衡 30min、40min、50min、60min 后，在 −196℃ 冷冻 20min、25min、35min、42min 后，胚胎进入盐度 15 的海水培养时保持透明上浮率分别为（4.30±1.60)％、（15.60±3.50)％、（9.40±2.80)％、（8.20±3.40)％；前无节幼体期胚胎在 A 号玻璃化液中分别平衡 40min、50min、60min，在 −196℃ 冷冻 40min、48min、56min，透明上浮率分别为（9.30±2.50)％、（5.60±1.80)％和（2.80±2.60)％；原溞状幼体期胚胎在 A 号玻璃化液中分别平衡

40min、50min、60min，在－196℃冷冻35min、45min、72min后，胚胎透明上浮率分别为（11.30±3.60）%、（8.90±2.40）%和（4.20±1.80）%。

表7-2-2　中华绒螯蟹胚胎玻璃化冷冻结果（黄晓荣等，2013）

胚胎时期	平衡时间（min）	冷冻时间（min）	总样本数	透明胚率（%）	成活胚数	成活率（%）	成活时间（d）
卵裂期	30	40	45	3.25±1.24			
原肠期	30	20	36	4.30±1.60			
	40	25	47	15.60±3.50			
	50	35	56	9.40±2.80			
	60	42	38	8.20±3.40			
前无节幼体期	40	40	86	9.30±2.50			
	50	48	52	5.60±1.80	8	9.30±2.50	4
	60	56	62	2.80±2.60			
原溞状幼体期	40	35	62	11.30±3.60			
	50	45	56	8.90±2.40	7	11.30±3.60	7
	60	72	43	4.20±1.80			

卵裂期和原肠期胚胎经过不同时间的平衡和冷冻后，胚胎能保持一定比例的透明率，但未能成活。前无节幼体期胚胎在A号玻璃化液中平衡40min，－196℃冷冻40min后解冻，经0.25mol/L蔗糖洗脱10min，在盐度15的海水中培养，共有8个胚胎成活，成活率为（9.30±2.50）%，在显微镜下观察，胚胎发育正常（图7-2-17，A），培养2d后心跳出现，心跳频率为56次/min（图7-2-17，B），与对照组胚胎相比，冻后胚胎卵膜表面较粗糙，冻后胚胎培养96h后至原溞状幼体前期，心跳正常，胚体转动，但浮力有所下降，身体稍有发白，卵膜边缘模糊（图7-2-17，C）。

原溞状幼体期胚胎在A号玻璃化液中平衡40min，－196℃冷冻35min后解冻，经蔗糖洗脱海水培养，共有7个胚胎成活，成活率为（11.30±3.60）%，显微镜下观察，冻后培养第2天胚胎卵膜表面光滑完整，与对照组胚胎外形上无明显区别（图7-2-17，D）；培养第3天，胚胎体内黑色素增加，外部形态完整（图7-2-17，E）；培养至第4天时，胚胎内卵黄物质减少，复眼明显变大，外部形态保

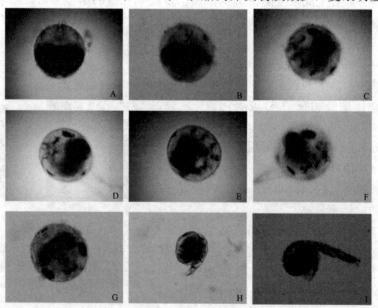

图7-2-17　超低温冷冻后中华绒螯蟹胚胎发育（黄晓荣等，2013）

A. 前无节幼体期胚胎在A号玻璃化液中平衡处理40min，在－196℃冷冻40min，洗脱培养第2天　B. 前无节幼体期胚胎冷冻后第3天　C. 前无节幼体期胚胎冷冻后第4天　D. 原溞状幼体期胚胎在A号玻璃化液中平衡处理40min，在－196℃冷冻35min后，洗脱培养第2天　E. 原溞状幼体期胚胎冷冻后第3天　F. 原溞状幼体期胚胎冷冻后第4天　G. 原溞状幼体期胚胎冷冻后第5天　H. 原溞状幼体期胚胎冷冻后第6天，尾部出膜后弯曲　I. 原溞状幼体期胚胎冷冻后第7天，胚胎孵化出膜

持完整（图7-2-17，F）；培养至第5天时，胚胎细胞膜变得稍有模糊，胚体颜色加深，心跳频率达到150次/min（图7-2-17，G）；培养至第6天，胚体尾部从膜中脱出，身体弯曲成一团（图7-2-17，H），尾部可以活动；培养至第7天，胚胎完全孵化出膜，附肢可以自由活动，但与对照组出膜幼体相比，幼体颜色发黑，表面较为模糊，幼体全长1.5mm左右（图7-2-17，I）。出膜后幼体成活1天，解冻后总计培养至第8天时死亡。

五、胚胎冷冻损伤研究

（一）胚胎形态结构损伤

在降温过程中如果降温速度过快，细胞外溶液冰晶大量形成，溶质浓度急速升高，胞内外产生浓度差，导致细胞脱水，因细胞膜的渗透率有限，水分子来不及渗出，造成细胞内形成大量冰晶，破坏细胞膜及细胞器等结构，导致细胞死亡。从量上讲，细胞外水分明显大于胞内，大的冰晶主要在胞外形成，水变成冰，其体积可增大9%~10%，这也会压迫、刺伤细胞膜等结构导致致命损伤。因此，细胞内外形成的冰晶都有可能对细胞产生致命损伤。黄晓荣等（2012）研究了超低温冷冻对中华绒螯蟹胚胎形态结构的影响，将不同分步法处理后的胚胎和冻后胚胎分别采用显微观察、扫描电镜和投射电镜观察后，胚胎显微结构和超微结构如图7-2-18和图7-2-19，胚胎外部形态变化如下：

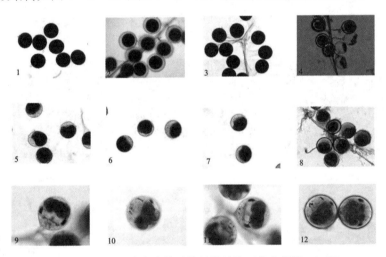

图7-2-18 胚胎冷冻前后的显微结构（黄晓荣等，2012）
1. 卵裂期胚胎（×100）　2. 二步平衡处理后卵裂期胚胎（×100）　3. 三步平衡处理后卵裂期胚胎（×100）　4. 冷冻后卵裂期胚胎（×100）　5. 原肠期胚胎（×100）　6. 二步平衡处理后原肠期胚胎（×100）　7. 三步平衡处理后原肠期胚胎（×100）　8. 冷冻后原肠期胚胎（×100）　9. 原溞状幼体期胚胎（×200）　10. 二步平衡处理后原溞状幼体期胚胎（×200）　11. 三步平衡处理后原溞状幼体期胚胎（×200）　12. 冷冻后原溞状幼体期胚胎（×200）

卵裂期：卵裂期胚胎为圆形或椭圆形，卵径（367±6）μm，外部形态规则，卵膜表面较为光滑，内部物质排列致密（图7-2-18，1）。在玻璃化液中经过二步平衡处理后，胚胎吸水膨大，在细胞膜和细胞质间形成一环形空腔，胚胎卵径达到（382±4）μm（图7-2-18，2），经过三步平衡处理后，处理后胚胎与对照组胚胎在外部形态上无明显区别（图7-2-18，3）。经过超低温冷冻后，细胞膜颜色变深，细胞膜和细胞质分界清晰可见，卵黄物质破裂，部分胚胎破裂呈空壳状，内部物质完全溶解（图7-2-18，4）。

原肠期：胚胎的一端出现一个透明区域，外部形态规则，卵膜表面光滑（图7-2-18，5）。扫描电镜下，胚胎表面较为光滑，表皮细胞平整，相邻细胞交界处略微隆起，界线连续完整清晰，细胞表面的嵴（一种条纹状结构）呈波纹状（图7-2-19，1）。胚胎在玻璃化液中经过二步法和三步法处理后，与对照组相比，胚胎的外部形态都无明显变化（图7-2-19，6~7）。但在扫描电镜下观察，胚胎的表面变得粗糙，部分胚胎的细胞表皮起皱成沟壑状，形成一层网状结构（图7-2-19，2），经过冷冻保存后，胚胎内部颜色由浅黄色变为粉红色，细胞由原来的透明变成不透明，细胞膜边缘模糊，形成绒毛状物质，胚体内部分卵黄物质碎裂成颗粒状（图7-2-19，8）。扫描电镜下，与对照组相比，胚胎表皮细胞从平展变得皱缩，周缘下陷，与处理组相比，胚胎表面的褶皱加深，细胞表面的部分嵴断裂，细胞变形和破损明显（图7-2-19，3）。

原溞状幼体期：胚胎的透明区继续扩大，占1/2～2/3，复眼的发育基本完成，卵黄收缩呈蝴蝶状，卵黄囊的背部开始出现心脏原基，不久心脏开始跳动（图7-2-18，9）。扫描电镜下，表皮细胞排列紧密，体表有均匀分布的小孔，外表光滑完整（图7-2-19，4），胚胎在玻璃化液中经过二步和三步平衡处理后，与对照组相比，胚胎外部形态无明显变化（图7-2-18，10～11）。扫描电镜下，胚胎外表保持光滑完整，表皮上的小孔清晰可见，细胞上的嵴未见明显破损，整个胚胎与对照组胚胎在外部形态上基本保持一致（图7-2-19，5）。经过超低温冷冻后，胚体内原本透明的结构变得模糊，部分组织呈弥散状，部分卵黄物质碎裂成颗粒状（图7-2-18，12）。扫描电镜下，大部分胚胎表皮凹陷皱缩，但未见明显破损，少数胚胎表面保持光滑完整（图7-2-19，6）。

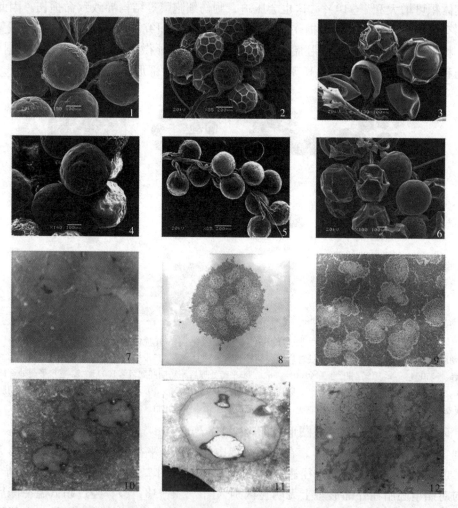

图7-2-19 胚胎冷冻前后超微结构（黄晓荣等，2012）

1. 扫描电镜下原肠期胚胎 2. 扫描电镜下抗冻剂处理后原肠期胚胎 3. 扫描电镜下冷冻后原肠期胚胎 4. 扫描电镜下原溞状幼体期胚胎 5. 扫描电镜下抗冻剂处理后原溞状幼体期胚胎 6. 扫描电镜下冷冻后原溞状幼体期胚胎 7. 透射电镜下原肠期胚胎（×20 000） 8～9. 透射电镜下抗冻剂处理后原肠期胚胎（×17 000） 10～12. 透射电镜下冷冻后原肠期胚胎（×8 000），10中箭头示空泡，11中箭头示冰腔，12中箭头示线粒体溶解

胚胎显微观察表明，卵裂期胚胎在玻璃化液中用二步平衡法处理后吸水膨胀明显，三步平衡后胚胎形态无明显变化，超低温冷冻后，卵黄物质从细胞中溢出，细胞破损严重；原肠期胚胎在玻璃化液中用

二步平衡法处理后，外部形态与鲜胚无明显差异，经过冷冻后，所有胚胎内部变成粉红色，胚体由原来的透明变成不透明状，细胞膜边缘模糊似绒毛状。原溞状幼体期胚胎经过玻璃化液处理后，外部形态与鲜胚间无明显区别。经过扫描电镜和投射电镜观察后，胚胎内部结构变化如下：

原肠期胚胎：这个时期胚层分化完成，各器官也逐步分化。胚胎纵切面可以看到，胚胎表皮细胞排列紧密，彼此界线清晰，细胞内卵黄为颗粒状，有膜包被，周缘光滑，彼此分离（图7-2-20，1）。透射电镜下观察，胚胎细胞排列整齐，边缘光滑，细胞间分界清晰（图7-2-19，7）。经过玻璃化液处理后，透射电镜下观察，胚胎细胞内出现白色不规则团块，细胞边缘变得粗糙有突起（图7-2-19，8~9）。经过超低温冷冻后，通过组织切片观察，胚胎细胞外面的膜脱落破损，胚层内有大小不一的冰腔，细胞内出现明显的空洞（图7-2-20，2~3）。透射电镜下，细胞内形成冰腔清晰可见，胚胎内出现黑色斑点和小空泡，部分线粒体和内质网解体，细胞损伤明显（图7-2-19，10~12）。

原溞状幼体期：这个时期的胚胎，器官进一步分化定型。冷冻前胚胎内细胞排列较为紧密，彼此界线清晰（图7-2-20，4）。经过超低温冷冻后，胚胎的细胞膜破碎脱落，胚层内出现很多冰腔和空泡，胚胎内破裂清晰可见（7-2-19，5~6）。

扫描电镜观察发现，玻璃化液处理后的所有原肠期胚胎表面褶皱呈沟壑状，形成一层网状结构；透射电镜观察，处理后胚胎细胞内出现白色团块，细胞边缘变得粗糙有突起，细胞内冰腔清晰可见，空泡形成，80%以上线粒体解体，细胞破裂明显。原溞状幼体期胚胎经过超低温冷冻后，95%以上胚胎组织呈弥散状，部分卵黄物质碎裂成颗粒状，胚胎的细胞膜脱落，胚层内出现大量冰腔和空泡，90%胚胎表面皱缩凹陷，但仍有10%的胚胎表面保持光滑完整，表明原溞状幼体期胚胎是适合进行冷冻保存的时期。

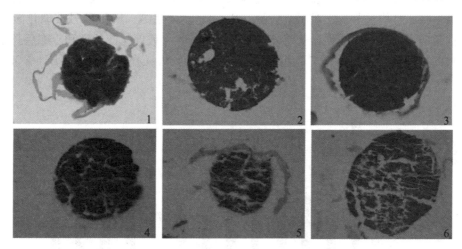

图7-2-20　胚胎冷冻前后的组织结构（黄晓荣等，2012）

（二）胚胎酶活性损伤

冷却时，温度一般先降到细胞和培养液的冰点以下，然后才发生冻结，即细胞和培养液均要处于过冷状态。过冷状态也会对生物材料产生损伤，即冷休克。冷休克主要是由生物材料在从10℃到-16℃的冷冻过程中，细胞膜上的脂质从液相变为固相引起，膜脂相的变化改变了膜的渗透率。处于过冷状态的溶液是不稳定的，随时都会自发结冰，并且会形成大的冰块刺伤细胞膜。Mazur（1963）认为最佳的冷冻速率由细胞体积，细胞膜对水分和抗冻剂的渗透性、冷冻的敏感性，以及细胞中水分含量等因素决定。有研究表明，冷冻会引起细胞结构的破坏，导致细胞和生化水平的变化，如酶失活、离子紊乱、自由基攻击等（Fahy，1986；Alvarez and Storey，1992）。黄晓荣（2011）研究了中华绒螯蟹不同时期胚胎经过玻璃化液处理和超低温冷冻后几种酶活性的变化，其中玻璃化液处理和冷冻对中华绒螯蟹卵裂期胚胎乳酸脱氢酶（LDH）活性影响见图7-2-21。经过玻璃化液处理后，胚胎中酶活性都显著下降，除B号玻璃化液处理组与对照组间无显著差异外（$P > 0.05$），其余各组间与对照组都存在显著性差异

（$P<0.05$），用 A、B 和 E 号玻璃化液处理后胚胎间酶活性无显著性差异（$P>0.05$），用 C、D 和 F 号玻璃化液处理后胚胎间酶活性也无显著性差异（$P>0.05$）。经过超低温冷冻后，各组胚胎中酶活性都显著下降，且与对照组和相应的处理组间都有显著性差异（$P<0.05$），用 C、D 和 F 号玻璃化液处理和冷冻后胚胎中酶活性显著低于用 A、B 和 E 号玻璃化液处理和冷冻后胚胎中酶的活性（$P<0.05$）。

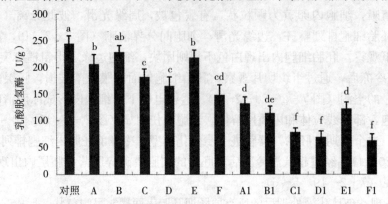

图 7-2-21　玻璃化液对中华绒螯蟹卵裂期胚胎 LDH 活性的影响（黄晓荣，2011）

注：A~F 表示各玻璃化液处理组，A1~F1 表示各玻璃化液冷冻组，不同字母表示各组间有显著性差异（$P<0.05$）。

玻璃化液处理和冷冻对中华绒螯蟹原溞状幼体期胚胎 LDH 活性的影响见图 7-2-22。经过玻璃化液处理后，各组胚胎中酶活性显著下降，与对照组间都有显著性差异（$P<0.05$），用 D 号玻璃化液处理后胚胎中酶活性显著高于其他几种玻璃化液处理后的活性（$P<0.05$）。胚胎经过超低温冷冻后，胚胎中酶活性显著下降，且均显著低于对照组胚胎（$P<0.05$），用 A、B 和 C 号玻璃化液处理和冷冻后胚胎中的酶活性与各自的处理组间无显著差异，用 D、E 和 F 号玻璃化液处理和冷冻后胚胎中的酶活性都显著低于各自的处理组（$P<0.05$），各组胚胎冷冻后的酶活性无显著性差异（$P>0.05$）。

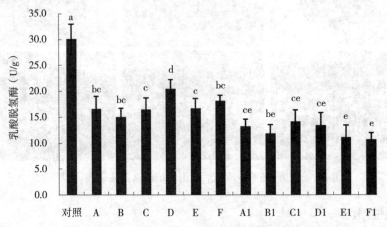

图 7-2-22　玻璃化液对中华绒螯蟹原溞状幼体期胚胎
LDH 活性的影响（黄晓荣，2011）

注：不同字母表示各组间有显著性差异（$P<0.05$）。

中华绒螯蟹卵裂期胚胎经过玻璃化液处理和超低温冷冻后总 ATPase 活性的变化见图 7-2-23。从图中可知，经过 6 种玻璃化液处理后，胚胎中的酶活性显著下降，且与对照组均有显著性差异（$P<0.05$）。不同的处理组间，除 B 号玻璃化液处理组与其他处理组间有显著性差异外（$P<0.05$），其他处理组间都无显著性差异（$P>0.05$）。经过超低温冷冻后，胚胎中总 ATPase 活性与对照组相比均显著下降，除 D 号玻璃化液处理和冷冻保存组与相应的处理组无显著性差异外（$P>0.05$），其他各组与对应的处理组间都有显著性差异（$P<0.05$）。

中华绒螯蟹原溞状幼体期胚胎在玻璃化液中处理和经过超低温冷冻后总 ATPase 活性变化如图 7-2-24 所示。胚胎在玻璃化液中处理后酶活性下降，但下降幅度不大，C 号和 E 号玻璃化液处理组与对照组间

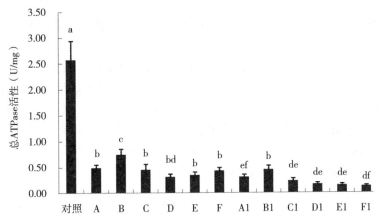

图 7-2-23　玻璃化液对中华绒螯蟹卵裂期胚胎总 ATPase 活性的影响（黄晓荣，2011）

注：不同字母表示各组间有显著性差异（$P<0.05$）。

酶活性无显著性差异（$P>0.05$），各处理组间，除 C 和 D 号玻璃化液处理组间有显著性差异外（$P<0.05$），其他各组间都无显著差异（$P>0.05$）。经过冷冻保存后，除用 C 和 F 号玻璃化液处理和冷冻后胚胎间酶活性有显著差异外（$P<0.05$），其余各组间均无显著性差异（$P>0.05$）。

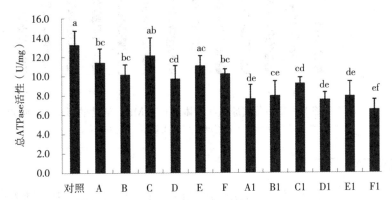

图 7-2-24　玻璃化液对中华绒螯蟹原溞状幼体期胚胎总 ATPase 活性的影响（黄晓荣，2011）

注：不同字母表示各组间有显著性差异（$P<0.05$）。

玻璃化液处理和冷冻保存对中华绒螯蟹卵裂期胚胎 MDH 活性的影响见图 7-2-25。经过各组玻璃化液处理后，胚胎中酶活性显著下降，且均显著低于对照组（$P<0.05$），其中，经过 C、E 和 F 号玻璃化液处理后胚胎间酶活性无显著性差异（$P>0.05$），D、E 和 F 号玻璃化液处理后胚胎间酶活性也无显著性差异。超低温冷冻后，各组胚胎中酶活性与对照组相比大幅度下降，且有显著性差异（$P<$

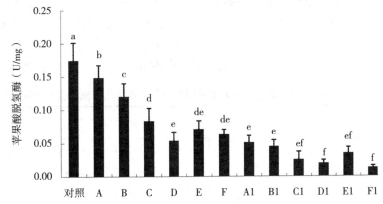

图 7-2-25　玻璃化液对中华绒螯蟹卵裂期胚胎 MDH 活性的影响（黄晓荣，2011）

注：不同字母表示各组间有显著性差异（$P<0.05$）。

0.05），除 E 号玻璃化液处理和冷冻组与各处理组间酶活性无显著差异外，其余各组间均有显著性差异（P＜0.05）。用 A、B、C 和 E 号玻璃化液处理和冷冻后胚胎间酶活性无显著差异，D 和 F 号玻璃化液处理和冷冻后酶活性间也无显著差异（P＞0.05）。

中华绒螯蟹原溞状幼体期胚胎在玻璃化液中处理和经过超低温冷冻后 MDH 活性的变化如图 7-2-26 所示。在 6 种玻璃化液中处理后，胚胎中的酶活性与对照组间都无显著性差异（P＞0.05），各玻璃化液处理组间也无显著性差异（P＞0.05）。经过超低温冷冻后，胚胎中酶活性有所下降，其中采用 A、B、D、E 和 F 号玻璃化液处理和冷冻后，胚胎中酶活性相互间无显著性差异（P＞0.05），但都高于用 C 号玻璃化液处理和冷冻后胚胎中酶活性，用 E 号玻璃化液处理和冷冻后的胚胎中酶活性相对最高，C 号玻璃化液处理和保存后的胚胎中酶活性最低。

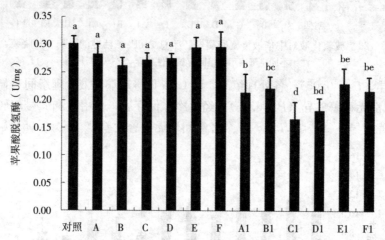

图 7-2-26　玻璃化液对中华绒螯蟹原溞状幼体期胚胎 MDH 活性的影响（黄晓荣，2011）
注：不同字母表示各组间有显著性差异（P＜0.05）。

（三）胚胎线粒体 DNA 损伤

超低温冷冻保存的过程包含了很多可能影响胚胎成活的因子，这些因子随着细胞类型和冷冻方法的不同而发生变化。在超低温冷冻保存的过程中细胞容易受到多方面压力的影响，如特定抗冻剂和非特定抗冻剂、渗透压力的改变、离子组成的重新分配、pH 的改变、细胞脱水、冰晶形成的机械负载、晶体间的电压、增加的静水力学压力等，以上影响因子会潜在地引起 DNA 的损害，表现之一就是产生大量的自由基。增加的自由基也可能引起基因位点的突变，不同碱基的修正也会因为错配导致某些位点的突变（Richter，1995）。除了自由基的因素外，在复制过程中也能引起突变，线粒体 DNA 分子在很短的时间内可以随机复制（Bogenhagen and Clayton，1977）。黄晓荣等（2014）研究了超低温冷冻对中华绒螯蟹胚胎线粒体 DNA 的影响，分别取中华绒螯蟹卵裂期新鲜胚胎、玻璃化液处理和冷冻后的胚胎，各组胚胎提取总 DNA，根据 NCBI 上中华绒螯蟹的线粒体基因组全序列（登录号为 FJ455507），用软件设计用于扩增 Cytb 和 COI 基因全序列的引物和测序引物，引物信息见表 7-2-3。

表 7-2-3　Cytb 和 COI 基因全序列的扩增引物和测序引物信息（黄晓荣等，2014）

引物名称	引物序列
Cytb-F	5′- TTCATCCCTTTCAACATCATCA-3′
Cytb-R	5′- CTAATCCAATTCAAGCTCCAAA -3′
COI -F1	5′-TCCTCCTTCAACTTTTTTGGTCTT-3′
COI -R	5′-TTAAATACGCTCATGTTGCCATA-3′
COI -F2	5′-CTCTACATCTTGCCGGAGTT-3′

　　对中华绒螯蟹胚胎基因组进行了 DNA 提取，结果如图 7-2-27。扩增后的 PCR 产物经回收后进行双向测序，测序结果经比对、校正后，获得 10 条中华绒螯蟹胚胎的 *Cytb* 基因全序列，长度为 1 135bp。序列中间无插入/缺失，其中共有 5 个核苷酸变异位点。4 种核苷酸在密码子中的使用频率如表 7-2-4 所示。在密码子第一位，4 种核苷酸的使用频率相差不大，但在密码子第二位和第三位上有较大差异，在密码子第二位和第三位上表现出对碱基 T 偏好，其使用频率分别达到 43.0% 和 40.0%；在密码子第三位碱基 G 的使用频率仅为 4.2%。1 135bp 的 *Cytb* 基因序列一共编码 378 个氨基酸残基，从 ATG 第一位起始密码子开始到第 1 140 位终止，编码的氨基酸无变异。

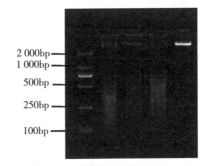

图 7-2-27　中华绒螯蟹胚胎基因组 DNA 电泳检测图谱（黄晓荣等，2014）

表 7-2-4　*Cytb* 基因序列各密码子位点平均碱基组成（黄晓荣等，2014）

密码子	碱基频率（%）			
	A	T	G	C
第一位	26.6	30.0	24.5	19.3
第二位	19.0	43.0	13.2	24.6
第三位	37.6	40.0	4.2	18.4
平均	27.8	37.5	14.0	20.8

　　扩增后的 PCR 产物经回收、测序等得到 *CO I* 基因序列。测序结果经比对、校正后，获得 10 条中华绒螯蟹 *CO I* 一致序列，序列长 1 534bp，为 *CO I* 全序列。序列中无插入/缺失，其中共有 6 个核苷酸变异位点。4 种核苷酸在密码子中的使用频率如表 7-2-5 所示。在密码子第一位，4 种核苷酸的使用频率相差不大，但在密码子第二位和第三位上有较大差异，在密码子第二位上表现出对碱基 T 偏好，其使用频率均达到 41.0%；在密码子第三位碱基 A 和 T 使用频率分别为 38.4% 和 41.0%，而碱基 G 的使用频率仅为 4.1%。1 534bp 的 *CO I* 基因序列一共编码 511 个氨基酸残基，从 ATG 第一位密码子开始到到 1 533 位终止。

表 7-2-5　*CO I* 基因序列各密码子位点平均碱基组成（黄晓荣等，2014）

密码子	碱基频率（%）			
	A	T	G	C
第一位	26.8	26.0	28.7	18.4
第二位	17.8	41.0	15.5	25.2
第三位	38.4	41.0	4.1	16.2
平均	27.7	36.3	16.1	20.0

　　在处理组和冷冻组胚胎的 *Cytb* 和 *CO I* 基因序列上，11 个位点的碱基转换中有 9 次均发生在密码子第三位上，其余 2 次发生在密码子第一位上，这些变异均未引起相应氨基酸残基的变异，两种碱基的变异信息如表 7-2-6 所示。

表 7-2-6　线粒体基因 *Cytb* 和 *CO I* 碱基变异信息（黄晓荣等，2014）

Cytb			*CO I*		
变异位置	碱基变异类型	变异发生的密码子位置	变异位置	碱基变异类型	变异发生的密码子位置
501	G→A	密码子第三位	204	A→G	密码子第三位

（续）

Cytb			COI		
变异位置	碱基变异类型	变异发生的密码子位置	变异位置	碱基变异类型	变异发生的密码子位置
946	C→T	密码子第一位	369	A→G	密码子第三位
1 056	G→A	密码子第三位	583	C→T	密码子第一位
1 098	C→T	密码子第三位	738	G→A	密码子第三位
1 125	T→C	密码子第三位	1 143	A→G	密码子第三位
			1 182	G→A	密码子第三位

在中华绒螯蟹胚胎线粒体 DNA 上发生的碱基变异中存在 4 种类型，即 G→A、A→G、C→T 和 T→C，变异只有转换发生，没有颠换发生。其中 G 和 A 之间的转换占绝大多数，达到 63.63%，T 和 C 间的转化占 36.36%。这一结果表明玻璃化液处理和超低温冷冻都能增加线粒体 DNA 的突变水平，但发生突变的碱基变异中只有转换发生，没有颠换发生，这些突变都没有引起相应氨基酸残基的变异，即均不影响细胞功能蛋白的变异。

参 考 文 献

陈东华，李艳东，贾林芝，等，2008. 冷冻保护剂及预冷时间对河蟹精子体外冷冻保存的影响 [J]. 水生生物学报，32 (4)：579-585.

陈立侨，王玉凤，赵云龙，1996. 中华绒螯蟹人工授精和体外培养的实验研究 [J]. 淡水渔业（增刊），26：143-147.

堵南山，赖伟，薛鲁征，1987. 中华绒螯蟹精子顶体反应的研究 [J]. 动物学报，33 (1)：8-13.

关静，龚承元，崔占峰，2004. 玻璃化冷冻保存细胞、组织研究进展 [J]. 国外医学生物医学分册，27 (4)：252-256.

管卫兵，王桂忠，李少菁，2002. 锯缘青蟹精子低温冷藏及精子活力的染色法评价 [J]. 台湾海峡，20 (2)：457-463.

胡军祥，赵玉勤，姜玉新，等，2005. 动物胚胎的玻璃化冻存 [J]. 科技通报，26 (6)：679-682.

华泽钊，任禾盛，1994. 低温生物医学技术 [M]. 北京：科学出版社.

黄晓荣，2011. 中华绒螯蟹胚胎超低温冷冻保存及冷冻损伤机理研究 [D]. 上海：上海海洋大学.

黄晓荣，章龙珍，庄平，等，2014. 超低温冷冻对中华绒螯蟹胚胎线粒体 DNA 的影响 [J]. 海洋渔业，36 (5)：437-444.

黄晓荣，庄平，章龙珍，等，2011. 中华绒螯蟹胚胎发育及几种代谢酶活性的变化 [J]. 水产学报，35 (2)：192-199.

黄晓荣，庄平，章龙珍，等，2012. 超低温冷冻对中华绒螯蟹胚胎形态结构的影响 [J]. 水产学报，36 (11)：1717-1724.

黄晓荣，庄平，章龙珍，等，2013. 中华绒螯蟹胚胎的玻璃化冷冻保存 [J]. 中国水产科学，20 (1)：61-67.

刘翠玲，邹琰，吴莹莹，等，2020. 日本蟳精子获取和超低温冷冻保存技术研究 [J]. 中国海洋大学学报（自然科学版），50 (8)：87-93.

刘强，杨筱珍，成永旭，等，2009. 早熟和正常中华绒螯蟹精子形态、顶体酶活力和抗氧化能力的比较研究 [J]. 中国水产科学，16 (2)：183-191.

马强，王群，李恺，等，2006. 酶消化法和匀浆法获得河蟹游离精子的比较研究 [J]. 华东师范大学学报（自然科学版），2：82-87.

苏德学，严安生，田永胜，等，2004. 钠、钾、钙和葡萄糖对白斑狗鱼精子活力的影响 [J]. 动物学杂志，39 (1)：16-20.

田华梅，赵云龙，李晶晶，等，2002. 中华绒螯蟹胚胎发育过程中主要生化成分的变化 [J]. 动物学杂志，37 (5)：18-21.

王艺磊，张子平，谢芳靖，等，2001. 锯缘青蟹精子顶体反应的研究 [J]. 动物学报，147（3）：310-316.

许厚强，陈祥，刘若余，等，1999. 哺乳动物胚胎玻璃化冷冻实验 [J]. 山地农业生物学报，18（5）：305-308.

许星鸿，阎斌伦，徐加涛，等，2010. 体外诱导日本蟳精子顶体反应的形态变化与诱导条件 [J]. 水产学报，34（12）：1821-1828.

许星鸿，阎斌伦，徐加涛，等，2010a. 日本蟳精子超低温冷冻保存技术的研究 [J]. 水产科学，29（10）：601-604.

徐振波，李彦媚，弓松伟，等，2004. 新型冷冻保存剂在细胞低温冻存中的选择 [J]. 制冷，23（4）：19-24.

阎斌伦，浦蕴惠，许星鸿，等，2012. 甲壳动物配子及胚胎的低温保存技术 [J]. 水产科学，31（9）：564-567.

章龙珍，刘宪亭，鲁大椿，等，1996. 玻璃化液对鲢鱼胚胎成活的影响 [J]. 淡水渔业，26（5）：7-10.

周帅，朱冬发，王春琳，等，2007. 三疣梭子蟹精子保存研究 [J]. 海洋科学，31（7）：37-42.

朱冬发，王春琳，余红卫，等，2004. 三疣梭子蟹顶体反应过程中的形态和结构变化 [J]. 动物学报，50（5）：800-807.

朱士恩，曾申明，安晓荣，2000. 绵羊体内外受精胚胎玻璃化冷冻保存 [J]. 中国兽医学报，20（3）：302-305.

朱士恩，曾申明，张忠诚，1997. 液氮气熏法玻璃化冷冻小鼠扩张囊胚的研究 [J]. 农业生物技术学报，7（2）：163-167.

Alvarez JG，Storey BT，1992. Evidence for increased lipidperoxidative damage and loss of superoxide dismutase activity as a mode of sublethal cryodamage to human sperm during cryopreservation [J]. J. Androl，13（3）：232-241.

Bhavanishankar S，Subramoniam T，1997. Cryopreservation of spermatozoa of the edible mud crab *Scylla serrata* [J]. Journal of Experimental Zoology，277（4）：326-336.

Bogenhagen D，Clayton DA. Mouse L，1977. Cell mitochondrial DNA molecules are selected randomly for replication throughout the cell cycle [J]. Cell，11（4）：719-727.

Fahning MJ，Garcia MA，1992. Status of cryopreservation of embryos from domestic animals. [J]. Cryobiology，29：1-18.

Fahy GM，1986. The relevance of cryoprotectant "toxicity" to cryobiology [J]. Cryobiology，23（1）：1-13.

Huang XR，Zhuang P，Zhang LZ，et al.，2011. Effects of cryoprotectant toxicity on the embryos of Chinese mitten crab，*Eriocheir sinensis*（Decapoda，Brachyura）[J]. Crustaceana，84（3）：281-291.

Huang XR，Zhuang P，Zhang LZ，et al.，2013. Effects of different vitrificant solutions on the embryos of Chinese mitten crab *Eriocheir sinensis*（Decapoda，Brachyura）[J]. Crustaceana，86（1）：1-15.

Huang XR，Zhuang P，Feng GP，et al.，2017. Cryopreservation of Chinese mitten crab *Eriocheir sinensis* embryos by vitrification [J]. Crustaceana，90（14）：1765-1777.

Jeyalectumie C，Subramoniam T，1989. Cryopreservation of spermatophores and seminal plasma of the edible crab *Scylla serrate* [J]. Biol. Bull，177：247-253.

Jeyalectumie C，Subramoniam T，1991. Biochemistry of seminal secretion of the crab *Scylla serrata* with reference to sperm metabolism and storage in the female [J]. Mol. Reprod. Dev，30（1）：44-55.

Kasai M，1994. Cryopreservation of mammalian embryos by vitrification [M]. In：Mori T，Aono T，Tominaga T，Hiroi M，eds.，Perspectives on Assisted Reproduction. Frontiers in Endocrinoogy，Ares-Serono Symposia Publications，4：481-487.

Mazur P，1963. Kinetics of water loss from cells at subzero temperatures and the likelihood of intracellular freezing [J]. J. Gen. Physiol，47：347-369.

Rall WF，1987. Factors affecting the survival of mouse embryos cryopreserved by vitrification. [J]. Cryobiology，24：387-402.

Rail W F，Fahy GM，1985. Ice-free cryopreservation of mouse embryos at −196℃ by vitrification. [J]. Nature，313：573-575.

Richter C，1995. Oxidative damage to mitochondrial DNA and its relationship to ageing [J]. Int. J. Biochem. Cell. Biol，27（7）：647-653.

Tachikawa S，Otoi T，Kondo S，et al.，1993. Successful vitrification of bovine blastocysts，derived by in vitro maturation and fertilization [J]. Mol. Repred. Dev，34：266-271.

Tetsunori M, Sanae N, Tatsuhiro T, et al., 2001. Successful birth after transfer of vitrified human blastocysts with use of a cryoloop container technique [J]. Fertility and Sterility, 3: 618-620.

Wang QY, Misamore M, Jiang CQ, et al., 1995. Egg water induced reaction and biostain assay of sperm from marine shrimp *Penaeus vannamer*: dietary effects on sperm quality [J]. J. World. Aquacult. Soc, 26: 261-271.

（黄晓荣）

第八章

贝类精子和胚胎冷冻保存

第一节　贝类精子和胚胎冷冻保存进展

　　贝类的种质保存始于 1971 年的冷冻保存太平洋牡蛎（*Crassostrea gigas*）。贝类精子冷冻保存研究不断拓展，包括贻贝、鲍、扇贝和蛤蜊等，特别是对牡蛎（Dong et al.，2005a、2005b、2006、2007；Adams et al.，2008；Zhang et al.，2012）的精子冷冻保存研究较为深入。精子冷冻保存包括精子质量评估、精子收集、冷冻保护剂（CPA）制备、冷却、储存、解冻和解冻后精子评估。贝类种质保存研究主要集中在以精子活力为指标的稀释剂、CPA、冷却速度和解冻温度等冷冻保存因素的筛选，以及细胞器超微结构和形态、受精率以及完整性质量评估指标等（Adams et al.，2003；Gwo et al.，2003；Kang et al.，2004；Dong et al.，2005a；Salinas-Flores et al.，2005；Smith et al.，2012a、2012b；Zhang et al.，2012；Liu et al.，2014a、2014b）。

　　软体动物如双壳类动物，卵母细胞的大小通常很小（45～55μmm）并且胚胎的发育是完整的。与鱼类胚胎相比，贝类胚胎的体积更小，有利于水和低温保护剂的有效渗透，而且它们蛋黄含量低，发育中的胚胎有完整细胞分裂。这些特点使冷冻保存卵母细胞、胚胎和幼虫成为可能（Yang et al.，2009）。关于贝类胚胎冷冻保存的研究主要集中在具有较高经济价值的太平洋牡蛎上（Renard，1991；Gwo，1995；Usuki et al.，2002；Suquet et al.，2014）。

　　迄今为止，太平洋牡蛎（Chao et al.，1997；Paredes et al.，2013；Suquet et al.，2014）、东部牡蛎（*C. virginica*）（Paniagua-Chavez et al.，2001；Yang et al.，2012）、欧洲扁牡蛎（*Ostrea edulis*）（Vitiello et al.，2011；Horvath et al.，2012）、蓝贻贝（*Mytilus galloprovincialis*）（Paredes et al.，2012；Wang et al.，2011）、绿壳贻贝（*Perna canaliculus*）（Paredes et al.，2012）、悉尼岩牡蛎（*Saccostrea glomerata*）（Liu et al.，2008）、东方蛤（*Meretrix lusoria*）（Chao et al.，1997）、九孔鲍（*Haliotis diversicolor supertexta*）（Gwo et al.，2002）已有幼虫冷冻保存的报道。这些研究主要报道了冷冻保护剂的毒性，解冻后幼虫存活至 D 期及以后的发育时期（Paniagua-Chavez et al.，1998；Horvath et al.，2012；Paredes et al.，2012；Suquet et al.，2012、2013），太平洋牡蛎的解冻后幼虫甚至存活到成年期，且具有生殖能力并产生后代（Suquet et al.，2014）。

　　近年来，国内有学者进行了一系列贝类种质保存相关方面的研究，取得了比较不错的效果，部分成功应用到生产实践中（Gwo，1995；张岩等，2004）。从 20 世纪 90 年代开始，我国学者对重要海水养殖贝类牡蛎、鲍、扇贝等陆续开展了种质保存相关研究，如对太平洋牡蛎（李赟等，2002b）、香港牡蛎（*Crassostrea hongkongensis*）（丁兆坤等，2013）、栉孔扇贝（*Chlamys farreri*）（李纯等，2000）、九孔鲍（蔡明夷等，2008）、虾夷扇贝（*Patinopecteny essoensis*）（杨培民等，2007）、马氏珠母贝（*Pinctada martensi*）（余祥勇等，2005）等进行了超冷冻精子保存研究，先后建立了 10 多种海洋贝类的精子冷冻保存技术，成功将冷冻精子技术进行了推广和应用，对冻精生理活性、结构及功能、遗传稳定性等方面进行了初步探讨。但受到实验仪器等方面的限制，其降温过程大多采用在液氮面以上一定高度停留一段时间的办法控制降温速率进行降温，稳定性较差（Yankson et al.，1991；Usuki et al.，

2002；李赟等，2002b；Dong et al.，2006；Sahnas-Flores et al.，2008），加之解冻后精子的运动率、受精率、孵化率不高（Dong et al.，2007），冷冻方法仍待优化。有科学家系统研究了硬壳蛤担轮幼虫冷冻保存抗冻剂毒性、降温速率和解冻速率。硬壳蛤担轮幼虫以 DMSO 或丙二醇（最终浓度为 5% 或 10%）作为抗冻剂获得最好保护效果，幼虫装入 0.5mL 吸管中，平衡 15min，在程序降温仪中以 5℃/min 的预设冷却速率从 4℃ 到 −80℃ 冷却，最后浸入液氮中进行长期储存（Simon et al.，2018）。在 50℃ 解冻 6s 后，D 期幼虫存活率为（27±14）%。太平洋牡蛎的担轮幼虫冷冻保存使用的抗冻剂毒性、稀释液、稀释比例，降温速率、解冻速率等也被进行了系统的研究，并获得 70% 以上的复苏效果（韩龙江等，2014、2015）。

在配子保存中，卵子或胚胎比精子更难成功冷冻。主要原因是卵子体积大，在冷冻保存过程中会对冷冻保护剂的渗透和均匀冷却产生一定的干扰。有时具有大卵黄囊的卵子容易形成晶体，在冷冻时损害卵子。也有人指出，卵子中的染色体比精子中的染色体更容易受到损害。此外，在冷冻、解冻过程中，精子和卵子的膜完整性的丧失也是一个重要的损伤因素。最近的证据表明，细胞中的某些关键酶在冷冻时被改变、分解。所以需要进行更多的创新研究，特别是在不同冷冻溶液中卵、胚胎的膜通透性、冷冻对结构成分保留的影响、各种冷冻保护剂和抗冻蛋白的微注射，以及应用渗透和静水压力来提高冷冻溶液的通透性等领域。

第二节　太平洋牡蛎精液冷冻保存

牡蛎精液冷冻保存已有几十年的历史（Hughes，1973；Zell et al.，1979；Bougrier et al.，1986；Douillet et al.，1994）。近年来，国外有学者进行了一系列牡蛎种质保存相关方面的研究，取得了比较不错的效果，部分成功应用到生产实践中（Gwo，1995；Adams et al.，2004；张岩等，2004；Tervit et al.，2005；Adams et al.，2009；Song et al.，2009；Suquet et al.，2012）。已有研究大多采用在液氮面以上一定高度停留一段时间的办法控制降温速率进行降温，其稳定性较差（Yankson et al.，1991；Usuki et al.，2002；李赟等，2002b；Dong et al.，2006；Sahnas-Flores et al.，2008），另外，由于解冻后精液的运动率、受精率、孵化率较差（Dong et al.，2007），冷冻方法仍待优化。在我国，太平洋牡蛎主要分布于山东及辽宁地区，是我国养殖十分广泛的优良品种。近年来，随着养殖规模的不断扩大，对太平洋牡蛎种质的需求也不断提高（董晓伟等，2004；张跃环等，2012）。开展太平洋牡蛎精液的超低温冷冻保存技术的研究，建立健全我国太平洋牡蛎的种质库，对维持种质资源的稳定具有重要意义。太平洋牡蛎精液超低温保存可以使精液的长距离运输得以实现，有利于贝类的杂交、选育，有利于太平洋牡蛎优良性状的保持及其基因多样性的保护。本节研究成功筛选出了稳定可靠的太平洋牡蛎精液的冷冻保存方法，效果稳定可靠，尤其是通过将冻融后精液与卵子进行人工授精，测定其受精率、孵化率验证了结果的可靠性。通过实验，测定冷冻后精子受精率、孵化率可达到 90% 以上，与鲜精差异不显著，成功应用于 500 个大规模家系的构建实验等大型项目中，证明冷冻的太平洋牡蛎精液可以满足科研和生产的需要。

一、抗冻剂种类对太平洋牡蛎精液冷冻保存的影响

以 HBSS（Hanks，1975）和过滤海水（FSW）为基础液，分别稀释甘油（Gly）、二甲基亚砜（DMSO）、丙二醇（PG）、乙二醇（EG）、甲醇（MeOH）、二甲基乙酰胺（MDA）六种抗冻剂，配制成浓度 6%、8%、10%、12%、14%（v/v）的冷冻保存液，于 4℃ 冰箱内预冷备用。将收集到精液与预先配好的五种抗冻液按 1:4 的比例混装于 2mL 的冻存管中，装入程序降温仪（Kryo-360-1.7，UK）中，采用分步降温程序，然后将冻存管分装于冻存盒中保存，37℃ 水浴解冻后检测冻精活力。

在抗冻剂浓度 10% 的五种冷冻保存液中，10% DMSO 组精子运动率最高，达到（71.53±

1.00)％，显著高于其他抗冻剂种类（$P<0.05$），10％
Gly 次之，为（56.20 ± 5.77）％，以下依次为 PG
（32.13 ± 2.60）％、EG（27.93 ± 2.32）％、DMA
（22.73±3.61）％（图 8-2-1）。

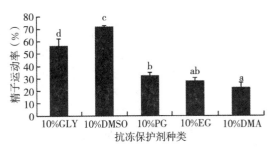

抗冻保护剂主要通过改变精液细胞耐渗透压能力及
细胞内离子浓度，保护精液免受温度变化过程中的损伤
（Dong et al.，2007）。不同的抗冻保护剂由于其渗透能
力、水活性等各不相同，对精液冷冻保存效果亦有差
异。贝类精液保存的抗冻保护剂常用的有 Gly、
DMSO、PG、EG、MeOH、MDA 等（Adams et al.，
2004；孙振兴等，2005）。DMSO 具有分子小、毒性低、

图 8-2-1 抗冻剂种类对太平洋牡蛎精液冷冻保存
效果的影响（韩龙江等，2014）
注：相同字母表示差异不显著（$P>0.05$），
不同字母表示差异显著（$P<0.05$），下同。

易渗入细胞、分布均匀等特征。有研究者发现 2.5％～15％的 DMSO 可以适度改进太平洋牡蛎精液的
运动率（Dong et al.，2007）；体积分数 10％～12％的 DMSO 可对马氏珠母贝的精液有较好的抗冻保护
作用（余祥勇等，2005）；DMSO 对虾夷扇贝精液的保护作用明显高于 Gly 和 MET（杨培民等，2007；
2008）。本研究用 10％ DMSO 冷冻保存太平洋牡蛎精液效果最好，精子存活率达 70％以上，表明在其
他因素一定的条件下，DMSO 是太平洋牡蛎最优抗冻保护剂。

二、抗冻剂浓度对太平洋牡蛎精液保存效果的影响

不同体积分数 DMSO 抗冻保护液的保存效果见图 8-2-2。在 6％、8％、10％、12％和 14％五种
浓度梯度中，不同体积分数的 DMSO 处理组，精子运
动率明显不同，当 DMSO 浓度为 6％时，超低温保存
精子运动率为（43.75±3.43）％，浓度为 8％时，精
子运动率为（47.77±2.45）％，10％浓度下冻存精子
运动率达到最高值（71.53±1.00）％，显著高于与其
他浓度下的精子运动率（$P<0.05$），但当浓度大于
10％时，冻存精子运动率开始明显下降，当浓度为
12％时，精子运动率为（60.47±1.80）％，当浓度为
14％时，精子运动率为（42.83±2.79）％。随着 DMSO
浓度的升高，精子活力呈现先升高后降低的趋势。

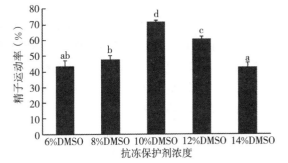

图 8-2-2 抗冻剂浓度对太平洋牡蛎精液保存
效果的影响（韩龙江等，2014）

不同贝类精液的最适抗冻剂浓度是不同的。抗冻
液通过增加细胞质的黏滞度和降低冰点等作用起到对精液的低温保护作用。随着抗冻液浓度的增加，对
精液的保护作用加强；但是抗冻液本身所具有的毒性又是其使用量的限制因子（Nascimento et al.，
2005）。例如栉孔扇贝精液在 5％～10％ DMSO 中具有很高活力，但浓度升高时精液活力大幅度下降
（李纯等，2000）。有研究表明，不同种类、不同浓度的抗冻剂对各个发育期胚胎的毒性不同（Usuki et
al.，2002）。本研究表明，冻存的太平洋牡蛎精子运动率随着浓度的上升呈现先上升后下降的趋势，低
浓度的 DMSO 由于其渗透作用差，因而精子运动率低；高浓度下 DMSO 随着浓度的增大毒害作用明显
增大。DMSO 对太平洋牡蛎精液既有抗冻保护作用又具一定的毒性，需要筛选出一个适宜浓度，既能起到
良好的抗冻作用，又不会导致精子损伤。研究显示，浓度为 10％的 DMSO 对精子冷冻的保护作用最好。

三、稀释液种类对太平洋牡蛎精液保存效果的影响

以人工海水（ASW）、过滤海水（FSW）、HBSS 溶液为稀释液冷冻保存太平洋牡蛎精液，不同稀

释液中的精子运动率差异显著（$P<0.05$）；其中，以 HBSS 溶液为稀释液的精子运动率最高，达到（71.53 ± 1.00）%，其次是过滤海水（47.43 ± 2.97）%，最后是人工海水，仅为（24.90 ± 3.35）%）（图 8-2-3）。

稀释液是保存精液的基础环境，不同物种所使用的稀释液不同。稀释液是否合适，不仅影响冷冻保存的效果，也会影响受精率、孵化率以及胚胎发育等。稀释液可分为天然的和人工配制的两种，贝类精液冷冻保存采用的天然稀释液一般为过滤海水，这是由于多数贝类受精过程是在海水中进行，海水符合大部分精细胞对渗透压、

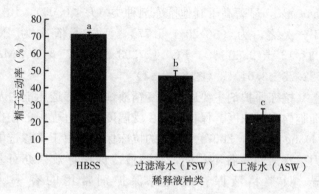

图 8-2-3 稀释液种类对太平洋牡蛎精液冷冻
保存效果的影响（韩龙江等，2014）

pH 的要求（丁兆坤等，2013）。但海水的理化性质随水域、季节甚至天气变化而变化，又考虑到精液原生质的 pH 和渗透压通常比海水低，目前人工配制的稀释液的应用日益广泛，HBSS 溶液和人工海水作为稀释液，在很多贝类物种取得了较好的保存效果（Yang et al.，2012）。本研究以过滤海水、HBSS溶液和人工海水为稀释液冷冻保存太平洋牡蛎精液，在筛选稀释液的过程中发现，以海水为稀释液的冻存精子活力普遍低，HBSS 溶液中精子运动率明显高于其他两种稀释液。HBSS 溶液对精液的保存效果明显好于其他两种稀释液，表明 HBSS 溶液为太平洋牡蛎精液冷冻保存最优稀释液。

四、不同稀释比例对太平洋牡蛎精液保存效果的影响

精液和抗冻液按 1∶1、1∶2、1∶4、1∶6 四种稀释比例中，随着精液浓度的降低，太平洋牡蛎精子的运动率呈现先上升后下降的趋势，各不同稀释比例之间差异显著：在 1∶1 的稀释比例时，精子运动率达到（22.93 ± 3.27）%；在 1∶2 的稀释比例时，精子运动率达到（49.60 ± 3.60）%；在 1∶4 的稀释比例时，精子运动率达到最大值（71.53 ± 1.00）%，与其他各组差异显著（$P<0.05$）；在 1∶6 的稀释比例时，精子运动率达到（59.60 ± 2.44）%（图 8-2-4）。

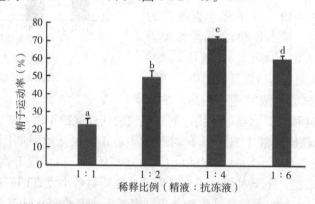

图 8-2-4 不同稀释比例对太平洋牡蛎精液冷冻保存效果的影响（韩龙江等，2014）

精液在抗冻液中的浓度对精液冷冻保存效果具有显著的影响。本研究结果表明，当精液与抗冻液按 1∶4 的比例稀释时，精液冷冻取得最好的效果。在此比例下，太平洋牡蛎精液既能充分渗透，又不会因精液浓度过稀而致毒死亡。

五、不同添加剂对太平洋牡蛎精液保存效果的影响

以 0.45mol/L 的葡萄糖、蔗糖、海藻糖作为添加剂的各处理组中，含 0.45mol/L 海藻糖组精子运动率最高，达到（71.53±1.00）%，显著高于蔗糖组（56.47±5.22）%和葡萄糖组（49.57±5.14）%（图 8-2-5）。

添加剂又称非渗透性抗冻剂，多为糖类或蛋白，特征是相对分子质量较大，不容易透过细胞膜，比较常见的有葡萄糖、海藻糖、聚乙烯吡咯烷酮、抗冻蛋白等。其作用主要是通过提高精子细胞外的渗透压以减少冰晶的形成（Sahnas-Flores et al.，2008）。贝类精液冻存中常会添加

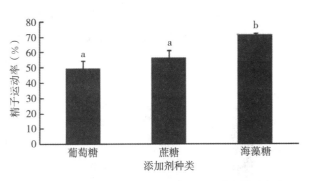

图 8-2-5　不同添加剂对太平洋牡蛎精液冷冻保存效果的影响（韩龙江等，2014）

海藻糖、葡萄糖、蔗糖等添加剂，有研究发现海藻糖对香港牡蛎精液冻存有正面作用（丁兆坤等，2013）。因此，本研究在抗冻剂中添加海藻糖、蔗糖、葡萄糖，以探究三种不同添加剂对牡蛎精液冻存效果的影响，结果发现海藻糖显著提高了精液冷冻保存成活率。

六、不同降温程序对太平洋牡蛎精液保存效果的影响

不同降温程序对太平洋牡蛎精液冷冻保存效果见图 8-2-6。采用分步降温程序 A、分步降温程序 B、分步降温程序 C 三种降温程序冷冻保存太平洋牡蛎精液，程序 B 精子运动率最高（71.53±1.00）%，与程序 A［（68.17±4.68）%］差异不显著（$P>0.05$），与程序 C［（53.93±7.41）%］差异显著（$P<0.05$）。

降温速率对太平洋牡蛎精液超低温保存具有显著影响（Choi et al.，2003）。不同物种之间精子细胞膜的渗透性、体积大小、生理特性及生态环境不同，致使其精液的抗逆性也不尽相同。过

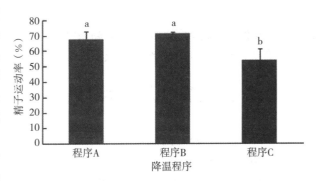

图 8-2-6　不同降温程序对太平洋牡蛎精液冷冻保存效果的影响（韩龙江等，2014）

慢或过快的冷却速率都会导致细胞损伤。当降温速度过慢时，细胞会由于长期处于高渗环境失去水分，产生渗透休克带来伤害；当降温速率过快时，细胞内水分来不及渗出，胞内容易形成冰晶，刺破细胞膜和细胞器致细胞破损死亡（张轩杰，1987）。适宜的降温速率既能避免细胞长时间处于高渗环境中又能使细胞适当脱水，提高渗透压，有效防止冰晶对精液细胞造成的损伤（Ieropoli et al.，2004）。降温速率控制多采用液氮面上一定距离停留一定时间来达到，该方法操作简便，费用低廉，应用十分广泛，但是由于液氮容器规格不同，该法无法取得精准的降温速率，数据间的可比性差，冷冻保存精液效果往往不理想。通过程序降温仪控制温度的变化，温度控制精确，可以有效地减少冰晶对细胞的损伤，并且试验有可重复性。本实验采用程序降温仪控制降温速率表明，在冰晶易生区（0~40℃），当降温速率在15℃/min 时，冻精活力最高；而 20℃/min 的降温速率对冻融精子运动率影响较大，10℃/min 的降温速率与 15℃/min 的降温速率差异不大。结果表明 10~15℃/min 的降温速率均为太平洋牡蛎精液的适宜降温速率。

七、太平洋牡蛎精液超低温保存对受精率和孵化率的影响

鲜精、冻存前和冻存后组精液与新鲜解剖的卵子进行受精实验（鲜精做对照），结果表明：经超低温保存的精液与未经超低温保存的精液相比，受精率和孵化率没有明显差异（$P>0.05$），表明经超低

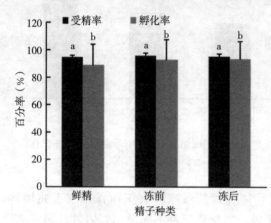

图 8-2-7　太平洋牡蛎精液超低温保存对受精率和孵化率的影响（韩龙江等，2014）

温保存的精液仍具有正常的受精能力。鲜精、冻存前和冻存后精液受精率达到 95% 左右，各组之间差异不显著（$P>0.05$），其中冷冻前精液受精率最高，达到（95.96 ± 2.15）%，其次是冷冻后精液，达到（95.04 ± 1.99）%，鲜精受精率为（94.90 ± 0.95）%；鲜精、冷冻前精液和冷冻后精液的孵化率达到 90% 左右，各组之间差异不显著（$P>0.05$），其中冷冻后精液孵化率最高，达到（93.33 ± 1.33）%，其次是冷冻前精液（92.67 ± 14.83）%，鲜精孵化率为（88.89 ± 15.16）%。受精能力和孵化率在各组之间无差异（$P<0.05$）（图 8-2-7）。

判定精液冷冻保存效果最重要的一个因素是通过授精实验检测其受精率、孵化率。有研究者发现冷冻 90d 内的虾夷扇贝精液活力没有发生显著变化，扇贝与栉孔扇贝之间无论是正交和反交均能正常受精，与各自交组无明显差别（杨培民等，2008）。本研究证实了太平洋牡蛎的冻存前精液、冻存后精液和鲜精与牡蛎卵子人工授精，受精率和孵化率间无显著差异，均能发育至 D 形幼虫。但是太平洋牡蛎精液的超低温保存导致精子运动能力的下降，超微结构分析表明，精液细胞膜和细胞器有一定损伤。因此，需要对太平洋牡蛎精液冷冻保存细胞膜及 DNA 的损伤进一步研究（Paniagua-Chavez et al.，2006）。

第三节　太平洋牡蛎精子超低温冷冻后超微结构损伤

检测精子超低温冷冻保存前后超微结构损伤已被应用于真鲷（*Pagrosomus major*）（陈亚坤，2010）、中华鲟（*Acipenser sinensis*）（厉萍，2007）、大黄鱼（*Pseudosciaena crocea*）（程顺等，2013）、太平洋牡蛎（Adams et al.，2004）、虾夷扇贝（*Patinopecten yessoensis*）（杨培民等，2008）、太平洋鳕（*Gadus macrocephalus*）（韩龙江等，2014）、香港巨牡蛎（朱豪磊，2013）等鱼、贝类。精子超低温冷冻保存不可避免地会造成其超微结构的损伤，而精子超微结构的完整与否又直接与精子活力相联系，进而影响精子的受精能力。因此，研究精子超低温冷冻保存前后超微结构损伤变化情况对于精子冷冻保存方法的改善具有重要意义。有关太平洋牡蛎精子的超低温冻存的研究已有报道，如使用渗透性抗冻保护剂超低温冻存太平洋牡蛎精子，复苏后得到了较高的运动率，并通过电子显微镜初步观察了其超微结构的变化（李赟等，2002）。以 2% 聚乙二醇（PEG）及两种不同抗冻保护剂间的组合作为抗冻剂冷冻保存太平洋牡蛎，研究者获得了最高的运动率及受精率（Dong et al.，2005a；Dong et al.，2006）。但上述报道的降温过程多以在液氮面以上一定高度来控制，稳定性差，复温解冻后精子运动率不高，其精子超微架构损伤较为严重，以程序降温仪精准控制降温程序超低温冷冻保存太平洋牡蛎精子，并采用扫描电镜和透射电镜观察其超微结构损伤的研究尚未见报道。本研究以无钙 HBSS 为稀释液，10% DMSO 为抗冻剂，添加 0.45mol/L 海藻糖，用程序降温仪精准控制分步降温超低温冷冻保存太平洋牡蛎精子，采用扫描电镜、透射电镜技术研究了太平洋牡蛎精子冻存前后超微结构损伤情况，探索超低温冻存及解冻过程对太平洋牡蛎精子损伤情况，以期为太平洋牡蛎精子超低温冻存技术的改进及冻精质量的评价提供参考。

一、太平洋牡蛎鲜精及冻精的运动率、受精率和孵化率

实验所用的太平洋牡蛎暂养于循环水系统的水族箱中，暂养期间水温控制在 16～18℃，每天上午 10 时换水一次，实验时选择性腺饱满的雄性太平洋牡蛎（壳高 8.8～10.5cm，壳宽 6.1～7.0cm），人工解剖取精液，解剖过程中尽量避免性腺组织的混入，纱网过滤后放入 50mL 离心管里，显微镜观察精子活力良好（运动率≥80%），置于 4℃冰箱中用于超低温冷冻保存。

将太平洋牡蛎精液用无钙 HBSS 溶液（Hanks et al.，1975）与抗冻剂 DMSO 混合配制成冷冻保存液（10% DMSO），按 1∶4 比例加入 1.8mL 冻存管中，并添加 0.45mol/L 的海藻糖，轻轻上下颠倒数次使其充分混匀，然后置于 4℃冰箱中预冷 20min。在此期间，打开程序降温仪，设定好降温程序（0℃开始，−15℃/min 降温至−60℃，停留 120s 后以−20℃/min 降温至−150℃，停留 300s），待程序降温仪运行稳定后，迅速将预冷过的冻存管装入程序降温仪中，开始降温。程序运行结束后，采用 37℃水浴锅水浴解冻，解冻期间用镊子轻轻摇晃冻存管使其受热均匀，解冻后检测冻精活力。结果表明，鲜精与解冻后精子的活力相比差异不显著（$P>0.05$）（表 8-3-1）。

表 8-3-1　太平洋牡蛎鲜精及冻精的运动率、受精率及孵化率（$n=3$）（韩龙江等，2017）

精子种类	运动率（%）	受精率（%）	孵化率（%）
鲜精	82.23±4.67	94.90±0.95	88.89±15.16
冻精	71.53±1.00	95.04±1.99	93.33±13.33

二、太平洋牡蛎鲜精及冻精的超微结构

扫描电子显微镜观察结果表明，鲜精中形态结构异常的精子占全部精子数量的 15.5%，形态结构正常的精子占全部精子的 84.5%；解冻后精子中形态结构异常的精子占全部精子数量的 27%，形态结构正常的精子占全部精子的 73%。太平洋牡蛎精子超微结构主要由头部和尾部两部分组成，精子全长约 32μm，颈部不明显；头部呈近似圆形，前端有一突出结构为顶体，头部下方线粒体紧邻头部很清晰，呈圆形，4 个紧密排列，围绕在鞭毛周围；精子的鞭毛细长，近头部较粗，主段均匀，尾端逐渐变细（图 8-3-1）。

超低温冷冻保存解冻对太平洋牡蛎精子超微结构的损伤主要表现在鞭毛脱落、弯折（图 8-3-2A），顶体消失，质膜皱缩，鞭毛脱落（图 8-3-2B）；线粒体变形、肿胀、移位脱落，头部表面膜凹凸不平（图 8-3-2C）。精子头部细胞膜破损凹陷，质膜间断破裂、脱落，线粒体外膜膨胀、破裂，内容物流出，尾部鞭毛肿胀（图 8-3-2D）。

太平洋牡蛎精子超微结构主要由头部和尾部组成，头部主要包含顶体、亚顶体腔、染色质、囊泡、中心体及线粒体等结构，鞭毛由质膜及微管组成（图 8-3-3A、图 8-3-3B）。头部的主要部分由染色质组成，中心体由近端中心粒和远端中心粒垂直排列构成，近端中心粒靠近染色质，远端中心粒靠近鞭毛向后延伸出轴丝，两中心粒呈垂直排列，囊泡镶嵌于染色质中（图 8-3-3B），4 个线粒体呈环形排列，内有大量致密嵴状结构，中心粒位于 4 个线粒体中间（图 8-3-3C），精子尾部为细长的鞭毛结构，呈现典型的"9+2"微管轴丝结构，外面包有质膜结构，轴丝由双连体和中央微管组成，9 组双连体微管均匀分布在外面，一组中央微管位于中间，二联体微管致密，结构清晰可辨（图 8-3-3D）。电镜观察显示，鲜精形态结构正常的精子表现为染色质结构完整、无破裂变形现象，质膜无膨胀破裂，中心粒结构正常，线粒体形态完整、嵴较发达，鞭毛结构完整、清晰（图 8-3-3）。

超低温冷冻对部分精子造成了严重的影响，具体表现为头部染色质的破裂变形，核变形、核内空泡

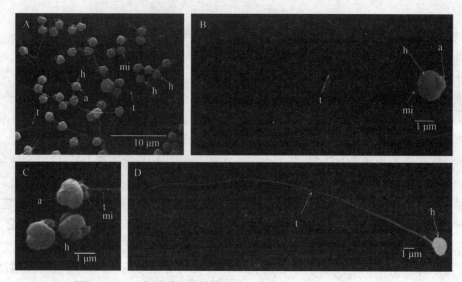

图 8-3-1　太平洋牡蛎鲜精扫描电镜观察（韩龙江等，2017）

A. 鲜精整体扫描电镜照片　B、D. 单个精子扫描电镜图，示精子头部近似圆形，顶体位于头部前方，部分
线粒体整齐排列，鞭毛细长　C. 示精子头部结构，顶体、头部、线粒体及鞭毛依次排列

h. 头；t. 鞭毛；a. 顶体；mi. 线粒体。

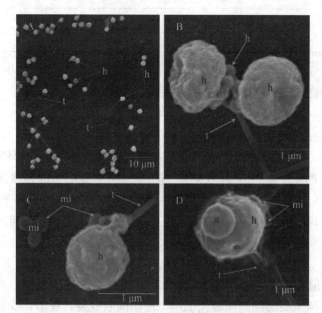

图 8-3-2　太平洋牡蛎冻精扫描电镜观察（韩龙江等，2017）

A. 冻精整体扫描电镜照片，示鞭毛脱落、折断　B. 两个精子扫描电镜图，示头部顶体
脱落，质膜皱缩变形　C、D. 单个精子扫描电镜图，示部分线粒体脱落、破损，质膜皱缩，
胞膜冻裂，细胞液外流

h. 头；a. 顶体；t. 鞭毛；mi. 线粒体。

增多，甚至整体分解，质膜破裂消失，头部顶体处质膜破损，头部核质膜破损缺失，核膜间断或局部破裂、脱落，褶皱增多且膜的连续性遭到破坏，线粒体肿胀、大小不一（图 8-3-4A），顶体结构受损伤、变松散、解体，质膜肿胀，头部质膜与内部间隙加大，线粒体破裂变形，鞘外质膜缺损，线粒体膜不完整，内部嵴结构损伤、疏松，球形的线粒体缺失、结构松散甚至脱落，内容物流出，尾部断裂及中心粒结构消失等（图 8-3-4B），太平洋牡蛎精子头部顶体内含多种酶类，对于精子入卵具有重要作用，顶体结构的损伤会对精子功能产生一定的影响。顶体结构的损伤甚至缺失，表明超低温冷冻过程一定程度上会对精子产生损伤，进而影响其生理功能。超微结构观察发现，超低温冷冻过程对太平洋牡蛎精子头部造成的损伤主要表现在顶体松散、变形，染色质缺失，核顶变形、染色质侧面出现凹陷，核表面不均匀，内部结构弥散，线粒体部分或全部脱落消失（图 8-3-4C）。冷冻对精子尾部损伤主要表现为：精子尾部肿胀变形，形状不规则，变形严重，二联微管解聚、弥散（图 8-3-4D）。

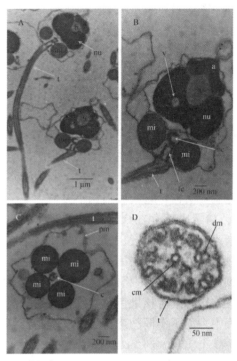

图 8-3-3　太平洋牡蛎鲜精透射电镜
观察（韩龙江等，2017）

　　A. 鲜精纵切，示单个精子整体纵切　B 鲜精头部纵切，示鲜精头部超微结构　C. 鲜精横切，示线粒体超微结构　D. 鲜精鞭毛横切，示鞭毛典型"9+2"结构

　　a. 顶体；b. 亚顶体腔；c. 中心体；t. 鞭毛；cm. 中央微管；dm. 双连体；pm. 质膜；mi. 线粒体；nu. 核。

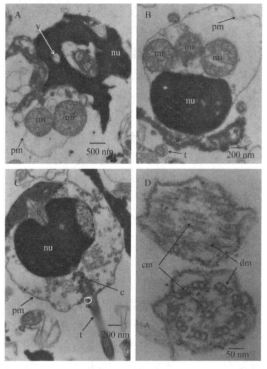

图 8-3-4　太平洋牡蛎冻精透射电镜结构观察
（韩龙江等，2017）

　　A. 冻精纵切，示胞膜破裂，染色质破损、变形，鞭毛脱落　B. 冻精斜切，示质膜肿胀，顶体解体，线粒体损伤　C. 鲜精纵切，示线粒体脱落，染色质破损　D. 冻精鞭毛横切，下部鞭毛示精子典型"9+2"，上部鞭毛示微管解聚，膜皱缩变形

　　a. 顶体；b. 亚顶体腔；c. 中心体；t. 鞭毛；cm. 中央微管；dm. 双连体；pm. 质膜；mi. 线粒体；nu. 核。

三、太平洋牡蛎精子超微结构损伤分析

　　用电子显微镜观察太平洋牡蛎精子冷冻前后的形态和超微结构发现，太平洋牡蛎精子主要由头部、中段和尾部组成。头部近似圆形，与大多数鱼类和贝类精子相似（Dong et al.，2005a）。头部顶端有顶体，向后依次为亚顶体腔、染色质、线粒体、中心粒和鞭毛。精子中段不明显，由 4 个线粒体围绕中心粒组成，与香港牡蛎等精子的超微结构相似（朱豪磊，2013）。超微结构观察发现，太平洋牡蛎精子尾部鞭毛细长，其长度与其他几种常见贝类精子长度相似，但与鸟类、鱼类和哺乳类精子鞭毛长度相差较大（Butts et al.，2011；Vidal et al.，2013）。鞭毛轴丝呈典型的"9+2"结构，与香港牡蛎、皱纹盘鲍和虾夷扇贝等精子相同（杨培民等，2008；朱豪磊，2013；Hassan et al.，2015），解冻后有一定比例的精子形态结构发生了不同程度的损伤，主要表现为顶体全部或部分消失，染色质破裂损伤甚至整体分解，核变形、质膜破裂损伤，线粒体结构弥散，内嵴结构破裂，膜内物质外流，嵴疏松变形甚至脱落。鞭毛肿胀、弯折，精子鞭毛中间位置膨胀、断裂，二联微管解聚等。太平洋牡蛎精子冻融后顶体结构破裂甚至缺失、精子细胞膜肿胀甚至破裂，线粒体破裂，体内嵴结构变形，膜结构破损、肿胀变形，内容物流出；鞭毛弯折、断裂（Butts et al.，2011）。与其他海洋动物精子超低温冷冻后超微结构的损伤基本一致。

四、精子结构损伤与精子功能分析

一般认为，冻精结构改变的主要原因是细胞内冰晶造成的损伤（Tiersch et al.，2007；陈东华等，2008）。虽然抗冻保护剂对精子超低温冷冻过程具有一定的保护作用，在一定程度上能够有效避免精子超微结构的损伤，但仍有部分精子不可避免地会发生结构上的变化，影响其生理功能，最终影响精卵识别与受精（Dai et al.，2012）。在实验过程中发现精子超微结构的变化主要有：精子内部染色质的变化，如染色质弥散或肿胀（Suquet et al.，2000；史应学等，2015）；细胞器的损伤，如线粒体消失、破损或内嵴损伤（Yao et al.，2000）；精子质膜的变化，如破裂、消失或肿胀；鞭毛结构的损伤，如鞭毛肿胀、轴丝断裂、微管解聚等（王小刚等，2013）。牡蛎精子的向前运动主要是由尾部鞭毛摆动完成，而精子鞭毛完成这一功能是由线粒体来提供能量的，线粒体是大多数动物细胞主要的供能细胞器。超微结构观察发现，解冻后有部分精子线粒体受损伤，其生理功能降低甚至丧失，表现为精子活力下降甚至完全失活，太平洋牡蛎精子线粒体及鞭毛是精子完成运动功能主要结构，它们的损伤不可避免地会造成精子功能的下降，进而影响精子入卵（Cabrita et al.，2009）。精子内部存在众多由膜包被而成的细胞器，发挥着重要的生理功能，由于精子内部膜结构主要由磷脂双分子层和镶嵌在其中的蛋白质组成，其结构的不稳定性也决定了其对外界温度变化比较敏感，加之冷冻、复温过程中冰晶的产生，致使其在超低温冷冻保存过程中极易受到损伤，精子冷冻及复温过程中细胞膜的损伤破坏了精子正常的生理结构，不可避免地造成精子功能的紊乱。与之相反的，精子的非膜性结构和细胞核染色质等结构在超低温冷冻过程中抗冻能力较强。不同学者在研究不同物种精子冻存过程中采用了不同的冻存方法，但超低温冻存过程对精子超微结构损伤研究主要集中在精子相对脆弱的膜系统上（Perez-Cerezales et al.，2009）。研究者在鲟精子超低温冻存研究中发现，超低温冻存对精子超微结构的损伤主要集中在精子细胞膜结构上，这改变了精子细胞内部特有的相对稳定的内环境，精子细胞膜上膜脂发生晶格化影响了精子细胞的功能，最终影响了精子活力，致使其受精能力的下降（章龙珍等，2008）。在以 Cortland 溶液为稀释液，10％ DMSO 为抗冻剂冷冻大黄鱼精子的研究中，有人发现大黄鱼精子在超低温冷冻及水浴复温过程中，鞭毛轴丝内结构并未发生明显改变，精子冷冻保存过程并未对轴丝结构产生大的影响（程顺等，2013）。研究者在对真鲷精子冷冻的研究中发现，复苏后的冻融精子中，超微结构观察发现 70％以上的精子具有相对完整的线粒体结构和完整且均匀的精子细胞膜结构，其余精子细胞不同程度上存在结构的变化和损伤，并指出真鲷精子超微结构的受损，尤其是相关功能蛋白结构的变化是导致精子活力及生理机能变化的重要原因（张莲蕾，2009）。还有研究以 10％ DMSO 为抗冻剂，采用距液氮面以上不同高度的方法控制降温速率冷冻保存太平洋牡蛎精子，并采用电子显微镜观察其超微结构损伤情况，结果表明，在解冻后的精子中有一部分超微结构发生了不同程度的变化，超低温冷冻和升温解冻对牡蛎部分精子的膜结构损伤严重，导致精子活力和受精能力下降（李赟等，2002b）。超低温冷冻保存也会对鞭毛造成一些不可逆的伤害，破坏许多功能蛋白的作用，对精子尾部的损伤造成轴丝结构破坏，从而引起精子运动功能的丧失。线粒体和鞭毛在精子运动过程中主要起着供能和提供向前动力的作用，线粒体通过消耗精子细胞内部的 ATP 为鞭毛摆动提供能量，鞭毛摆动给精子提供了向前的动力（Kudo et al.，1994）。研究表明，大部分鱼类精子在性腺中是不运动的，只有当精子受到外界的刺激（渗透压、离子、蛋白质）后，精子才能激活，鞭毛开始摆动并提供向前的动力（Kopeika et al.，2004）。有研究以 10％ DMSO 为抗冻剂，用分段冷冻法保存红鳍东方鲀精子，电镜观察发现鞭毛断裂或被膜膨胀脱落，导致精子活力下降（于海涛等，2007a）。因此在精子超低温冷冻保存过程中，多选择那些毒性低、渗透性较好的抗冻保护剂来保护精子，避免冻存过程中的损伤（于海涛等，2007b；Liu et al.，2015）。有报道称超低温冷冻及复温过程对太平洋鳕精子鞭毛结构的损伤多集中于精子鞭毛中段，并指出这可能是由鞭毛中段特殊结构造成的，膜结构的脆弱使其在冷冻过程中更易受到损伤（韩龙江等，2014）。在香港牡蛎精子冷冻过程中，有研究发现精子膜的损伤对保存精子的活力影响很大，精子超微结构异常主要表现为精子细胞膜及核膜的破损肿胀，线粒体缺失或破损，鞭毛弯折、断裂甚至脱落，染色质弥散解体等（朱豪磊，2013），与本研究观察到的太平洋牡蛎精子超微结构冷冻损伤情况基本一致。

本研究表明太平洋牡蛎精子冷冻保存前后运动率差异不显著，其受精能力亦无显著差异，解冻后太平洋牡蛎精子超微结构形态正常的占84.5%，说明以10% DMSO作为抗冻保护剂，添加海藻糖HBSS作为稀释液，对太平洋牡蛎精子具有较好的保护作用。在太平洋牡蛎受精实验中我们还发现，过多或者过少的精子围绕在卵子周围均对卵子的受精及孵化产生一定的影响。电子显微镜技术可以用于探索太平洋牡蛎精子超低温保存及复温过程中冷冻损伤情况，有助于筛选更加有效的精子冻存方法，推动精子超低温冷冻损伤机理的研究。今后可以采用流式细胞仪、单细胞凝胶电泳及高效色谱技术继续深入分析太平洋牡蛎精子冷冻前后膜结构、染色质及细胞内各生化成分的变化，以便探讨超低温冻存对精子细胞结构损伤的机制。

第四节　太平洋牡蛎担轮幼虫超低温保存

自1949年甘油在细胞低温保存中的抗冻作用被发现后（Polge et al.，1949），生物细胞和组织的低温冷冻保存研究迅速展开，形成了一门新兴学科——低温生物学。低温生物学是主要研究在超低温（-196℃）条件下生物的形态结构、生理生化等生命现象的变化规律以及细胞、组织、器官乃至整个生物体活性保存的一门边缘学科，其在贝类配子和胚胎冷冻保存中应用较为广泛。有关海产贝类精子的低温冷冻保存，自20世纪70年代初就有报道，目前在牡蛎、鲍等经济贝类上的研究已陆续开展，一些海产贝类的精子保存取得了比较好的效果，如太平洋牡蛎的精子、卵和胚胎的低温冷冻保存（Smith et al.，2001）。有研究称在牡蛎精子冷冻中，以无钙Hank's液作为稀释液时，10%的DMSO（二甲基亚砜）和PG（丙二醇）对精子冷冻保存效果最好（Yang et al.，2012）。还有人发现添加有0.45mol/L海藻糖的DMSO对太平洋牡蛎精液冷冻效果较好（Adams et al.，2004）。从20世纪90年代开始，我国学者对重要海水养殖贝类，如太平洋牡蛎（李赟等，2002b）、香港牡蛎（丁兆坤等，2013）、栉孔扇贝（李纯等，2000）、九孔鲍（蔡明夷等，2008）等进行了精子超低温保存研究，先后建立了10多种海洋贝类的精子冷冻保存技术，将冷冻精子技术进行了推广和应用，对冻精生理活性、结构及功能、遗传稳定性等方面进行了初步探讨（李赟等，2002a）。过去20多年贝类精子超低温保存研究工作的积累，为今后太平洋牡蛎胚胎冷冻保存技术的建立和应用，以及低温损伤机理的系统研究奠定了良好的科研基础（张岩等，2004）。贝类胚胎的保存特别是牡蛎早期幼虫的超低温保存的研究已有30多年的历史，在90年代就有科学家率先开展了对牡蛎胚胎的冷冻保存研究（Renard，1991；Chao et al.，1994；Chao et al.，1997）。随后科学家们陆续开展了超低温保存牡蛎幼虫的相关研究，并取得了较好的效果（Gwo，1995；Paniagua-Chavez et al.，2001；Smith et al.，2001）。

贝类配子、胚胎是海水养殖生产、优良品种培育及海洋渔业可持续发展的重要物质基础，随着海水养殖业的快速发展，贝类种质保护严重滞后的负面效应越来越严重。忽视贝类种质保护及品种选育工作会造成贝类种质退化、生长速度减缓、对病害和环境胁迫的防御能力降低，从而导致巨大的经济损失，因此优良贝类种质保存已成为我国海水养殖业中亟待解决的重要问题。开展贝类种质的超低温冷冻保存技术的研究、建立健全我国贝类种质库对于维持我国贝类种质资源的稳定、保护贝类遗传多样性、开展贝类遗传改良和生物技术育种都具有重要的意义（于海涛，2004；孙振兴等，2005）。本研究测定了不同浓度抗冻保护剂对太平洋牡蛎担轮幼虫的毒性作用及其对冷冻保存的影响，采用程序降温仪来严格控制降温速率，借助计算机辅助分析系统采集图像视频，测定了不同抗冻保护剂在三种浓度下对太平洋牡蛎担轮幼虫的毒性，并筛选出了一种太平洋牡蛎担轮幼虫的冷冻保存方法，对贝类种质保存具有重要的借鉴作用。

一、太平洋牡蛎担轮幼虫冷冻保存方法

将发育到担轮期的太平洋牡蛎幼虫用 200 目的筛绢过滤浓缩，装入 50mL 的离心管中备用，选取 6 种不同的抗冻保护剂 [PG、DMSO、EG、Gly、MeOH、DMA（二甲基乙酰胺）] 与混有浓缩过太平洋牡蛎担轮幼虫的天然海水配成三个不同的浓度（5％、10％、15％），置于 4℃冰箱预冷 20min 后检测太平洋牡蛎担轮幼虫活力，将活力作为抗冻保护剂毒性实验指标。将不同浓度抗冻保护剂中的太平洋牡蛎担轮幼虫吸入 0.25mL 的麦管中（法国 IMV 卡苏公司），封口后置于 4℃ 冰箱中平衡 20min，待抗冻保护剂充分渗入担轮幼虫体内后立即放入程序降温仪中（型号 Kryo-360-1.7），采用分步降温程序降温：1℃/min 的降温速率从 0℃降至−15℃，平衡 5min 后再以−3℃/min 的降温速率降至−40℃，平衡 2min，以 15℃/min 降至−80℃，后以 20℃/min 降至−180℃，再投入液氮中保存。2 周后取出，将存有太平洋牡蛎担轮幼虫的麦管直接放入 28℃水浴中解冻 5～10s，观察到麦管内液体呈透明状后立即取出，用剪刀剪开麦管使里面的液体完全流到载玻片上，置于显微镜下观察，采用 CASA 系统随机取三个视野采集太平洋牡蛎担轮幼虫运动状态，统计运动率。

二、不同浓度及种类抗冻保护剂对太平洋牡蛎担轮幼虫毒性作用

利用不同浓度及种类的抗冻保护剂对太平洋牡蛎担轮幼虫进行处理，当抗冻保护剂浓度为 5％（v/v）时，Gly、DMSO、PG 和 EG 四组抗冻保护剂中担轮幼虫的运动率均在 93 % 以上 [（94.50±1.32）％、（93.17±0.76)％、（93.00±1.00）％]，且差异不显著（$P>0.05$），但均显著高于 DMA 组（89.50±2.50）％（$P<0.05$），说明这四种抗冻保护剂对太平洋牡蛎担轮幼虫的毒性较小；MeOH 组运动率最低，仅为（83.50±1.50）％，显著低于其他抗冻保护剂种类（$P<0.05$），毒性作用最强。当抗冻保护剂浓度为 10％（v/v）时，Gly、DMSO、EG 和 MeOH 运动率分别达到（89.67±2.52）％、（80.33±5.51）％、（86.5±0.50）％、（80.00±2.00）％，各组之间差异不显著（$P>0.05$）。说明 10％浓度下 Gly、DMSO、EG 和 MeOH 对太平洋牡蛎担轮幼虫的毒性较小。其次为 PG 组，运动率达到（68.33±16.04)％，显著高于 DMA 组（33.17±5.62）％（$P<0.05$），但与 DMSO、MeOH 组差异不显著。当抗冻保护剂浓度为 15％（v/v）时，Gly 对太平洋牡蛎担轮幼虫的毒性较小，运动率达到（77.00±2.00）％，与 DMSO 组（73.67±1.53）％差异不显著（$P>0.05$）。EG 组次之，运动率达到（76.67±3.51）％，与 PG 组（32.13±2.60）％、MeOH 组（27.93±2.32）％差异不显著（$P>0.05$）。而 DMA 组在该浓度下，没有担轮幼虫存活。由图 8-4-1 可以看出，同一种抗冻保护剂随着其浓度上升，对太平洋牡蛎担轮幼虫的毒性逐渐增大。六种不同的抗冻保护剂在浓度 5％（v/v）时，对担轮幼虫的毒性作用最小，与 10％、15％（v/v）差异显著（$P<0.05$）。在 Gly、EG、DMA、MeOH 10％浓度下，担轮幼虫运动率与其在 15％浓度下差异显著（$P<0.05$），而在 DMSO、PG 两种浓度条件下差异不显著（$P>0.05$）（图 8-4-1）。

三、冷冻保护剂浓度及种类对太平洋牡蛎担轮幼虫超低温保存的影响

利用不同浓度及种类的抗冻保护剂对太平洋牡蛎担轮幼虫超低温保存，当抗冻保护剂浓度为 5％时，Gly、DMSO、PG、EG、DMA、MeOH 组解冻后担轮幼虫的运动率分别达到（59.67±4.51）％、（32.33±4.16）％、（13.33±4.51）％、（24.33±2.52）％、（3.67±2.08）％、0％，且各组间差异显著（$P<0.05$）。当抗冻保护剂浓度为 10％时，DMSO 组担轮幼虫解冻后的运动率达到最高值（73.00±2.00)％，显著高于与其他组（$P<0.05$）；Gly 组次之，解冻后担轮幼虫运动率达到（56.00%±5.29）％，显著高于 PG、EG 组（$P<0.05$）；PG 组解冻后担轮幼虫运动率 21.33±4.51％与 EG 组

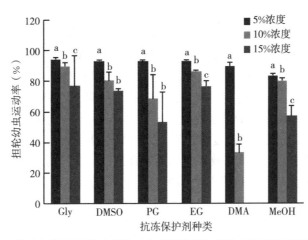

图 8-4-1 抗冻保护剂浓度及种类对太平洋牡蛎担轮幼虫的毒性作用
(韩龙江等，2014)

注：相同字母表示差异不显著（$P>0.05$），不同字母表示差异显著（$P<0.05$）。

[（25.33±3.51)％] 差异不显著（$P>0.05$）。当抗冻保护剂浓度为 15％时，Gly、DMSO、PG、EG 组解冻后担轮幼虫的运动率分别达到（62.33±2.52)％、（12.23±1.17)％、（9.3±1.67)％、（25.17±1.76)％，且各组间差异显著（$P<0.05$）；DMA、MeOH 组解冻后没有担轮幼虫存活（图 8-4-2)。

由图 8-4-2 可以看出，当抗冻保护剂为 Gly 时，5％、10％、15％浓度下担轮幼虫解冻后运动率较高，分别为（59.67±4.51)％、（56.00±5.29)％、（62.33±2.52)％，各浓度间差异不显

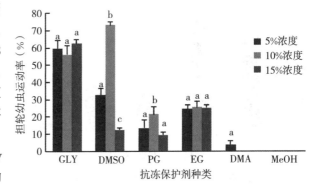

图 8-4-2 抗冻保护剂浓度及种类对太平洋牡蛎担轮幼虫冷冻保存的影响（韩龙江等，2014)

著（$P>0.05$）。当抗冻保护剂为 DMSO、PG、EG 时，随着抗冻保护剂浓度的上升，太平洋牡蛎担轮幼虫冷冻解冻后的运动率呈现先上升后下降趋势。其中 DMSO 组三种不同浓度条件下担轮幼虫解冻后的运动率差异显著（$P<0.05$），10％浓度下解冻后运动率达到最大值（73.00±2.00)％，显著高于其 5％浓度下（32.33±4.16)％、15％浓度下（12.23±1.17)％的解冻后运动率（$P<0.05$）。PG 组在 10％浓度下解冻后担轮幼虫运动率达到最大值（21.33±4.51)％，显著高于其 5％浓度下和 15％浓度下担轮幼虫解冻后运动率（$P<0.05$），其 5％ 浓度下运动率（32.33±4.16)％和 15％浓度下运动率（12.23±1.17)％差异不显著（$P>0.05$）。EG 组在 5％、10％、15％浓度下担轮幼虫解冻后运动率差异不显著（$P>0.05$），分别为（24.33±2.52)％、（25.33±3.51)％、（25.17±1.76)％。总之，在不同种类和不同浓度抗冻保护剂下，10％DMSO 作为抗冻保护剂对太平洋牡蛎担轮幼虫的保护作用最好，Gly 次之。

贝类配子和胚胎保存中常用的抗冻保护剂有 Gly、DMSO、PG、EG、MeOH、MDA 等，虽然抗冻保护剂是牡蛎幼虫冷冻过程中必不可少的，但其毒性可能会导致幼虫在预处理和解冻后死亡。例如，有研究人员在验证 DMSO、EG、PG 对牡蛎胚胎的毒性时发现，早期胚胎更容易受高浓度（4～5mol/L）抗冻保护剂的影响，添加海藻糖或葡萄糖能够显著降低抗冻保护剂对牡蛎幼虫的毒性（Chao et al.，1994）。本研究证明，不同抗冻保护剂对太平洋牡蛎担轮幼虫的毒性作用不同。在相同平衡时间（20min）条件下，随着抗冻保护剂浓度的升高，其对太平洋牡蛎担轮幼虫的毒性呈现逐渐增大趋势；在较低的 5％浓度下，Gly、DMSO、PG、EG 对太平洋牡蛎担轮幼虫的毒性作用最小；在 10％ 浓度

下，Gly、DMSO、EG、MeOH 对太平洋牡蛎担轮幼虫的毒性作用较小；而在 15％较高浓度下，Gly、DMSO 对太平洋牡蛎担轮幼虫的毒性作用最小。综合分析可知，Gly、DMSO 在太平洋牡蛎担轮幼虫冷冻保存中的效果最好，这是由于 Gly 具有良好吸水性并能自由通过细胞膜，有利于保持细胞水分、稳定渗透压，在海水中添加一定量的 Gly 会使海水的黏性增强、热传导加快，可调节细胞脱水并保护蛋白结构，而且在高浓度下可以诱发膜融合。DMSO 作为抗冻保护剂，具有渗透速度快、分布均匀、毒性低且可以通过抑制过氧化氢酶的活性达到降低冷冻损伤的效果。而 PG 的抗冻保护作用原理是降低水相的极性从而改变细胞膜和水相之间的疏水性分子的分区，这可能会导致磷脂双分子层破坏从而降低抗冻效果。MeOH、DMA 对细胞膜具有高度渗透性，因此其毒性较大，高浓度下其冷冻效果较差。综上所述，Gly、DMSO 在不同浓度下的抗冻效果整体高于其他抗冻保护剂，但在较高浓度下使用时其对配子、细胞的毒性作用也可能会超过其抗冻保护作用。因此，在慢速降温冷冻保存太平洋牡蛎担轮幼虫时，抗冻保护剂的浓度一般不应大于 15％。

四、太平洋牡蛎担轮幼虫超低温保存方法的筛选

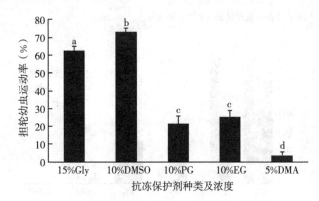

图 8-4-3 抗冻保护剂种类浓度对太平洋牡蛎精液保存效果的影响（韩龙江等，2014）
注：不同字母表示差异显著。

将不同抗冻保护剂在其最优浓度下对太平洋牡蛎担轮幼虫进行冷冻保存，解冻后担轮幼虫运动率见图 8-4-3。10％ DMSO 组担轮幼虫的运动率达到最大值（73.00±2.00）％，显著高于其他各组（$P<0.05$）；15％Gly 组次之，解冻后运动率达到（62.33±2.52）％，显著高于 10％PG、10％EG、5％DMA 组（$P<0.05$）；10％PG、10％EG 组担轮幼虫运动率分别达到（21.33±4.51）％、（25.33±3.51）％，差异不显著（$P>0.05$）；5％DMA 组担轮幼虫运动率为（3.67±2.08）％，显著低于其他实验组（$P<0.05$）。

参 考 文 献

蔡明夷，柯才焕，王桂忠，等，2008. 九孔鲍精子短期保存技术研究 [J]. 海洋科学，32 (1)：1-5.

陈东华，李艳东，贾林芝，等，2008. 冷冻保护剂及预冷时间对河蟹精子体外冷冻保存的影响 [J]. 水生生物学报，32 (4)：579-585.

陈亚坤，2010. 超低温保存对真鲷（Pagrus major）精子质量的影响 [D]. 青岛：中国科学院研究生院（海洋研究所）.

程顺，闫家强，竺俊全，等，2013. 大黄鱼（Pseudosciaena crocea）精子冷冻前后的活力及超微结构变化 [J]. 海洋与湖沼，44 (1)：56-61.

丁兆坤，朱豪磊，杨春玲，等，2013. 不同稀释液对香港牡蛎精子冷冻的保存效果 [J]. 水生态学杂志，34 (3)：67-74.

董晓伟，姜国良，李立德，等，2004. 牡蛎综合利用的研究进展 [J]. 海洋科学，28 (4)：62-65.

韩龙江，刘清华，纪利芹，等，2014. 太平洋牡蛎（Crassostrea gigas）担轮幼虫的超低温保存研究 [J]. 海洋与湖沼，45 (6)：1258-1263.

韩龙江，2015. 几种海洋经济动物种质资源超低温冷冻保存研究 [D]. 青岛：中国海洋大学.

李纯，李军，薛钦昭，2000. 栉孔扇贝精子的超低温保存研究 [J]. 海洋水产研究，21 (1)：57-62.

李赟，贺桂珍，王品虹，2002a. 超低温保存前后太平洋牡蛎精子 [Crassostrea gigas（Thunberg）] 超微结构观察 [J]. 青岛海洋大学学报（自然科学版）(4)：526-532.

李赟，王品虹，贺桂珍，等，2002b. 太平洋牡蛎精液的超低温保存 [J]. 青岛海洋大学学报（自然科学版），32（2）：207-211.

厉萍，2007. 中华鲟精子结构特征及其精液超低温冷冻保存技术研究 [D]. 武汉：华中农业大学.

史应学，程顺，竺俊全，等，2015. 中国花鲈精子的超低温冷冻保存及酶活性检测 [J]. 水生生物学报，39（6）：1241-1247.

孙振兴，常林瑞，2005. 贝类种质资源保护研究进展 [J]. 海洋湖沼通报（3）：103-108.

王鹏飞，王梅芳，余祥勇，2008. 马氏珠母贝胚胎和早期幼虫冷冻的研究 [J]. 广东海洋大学学报，28（1）：25-28.

王小刚，骆剑，尹绍武，等，2013. 点带石斑鱼的精子活力及超低温冷冻前后精子超微结构的比较 [J]. 海洋科学，37（2）：70-75.

杨培民，杨爱国，刘志鸿，等，2007. 虾夷扇贝精子的冷冻保存及其杂交试验应用研究上海水产大学学报 [J]. 上海水产大学学报，16（4）：351-356.

杨培民，杨爱国，刘志鸿，等，2008. 虾夷扇贝精子形态结构和超低温冷冻损伤的电镜观察 [J]. 海洋水产研究，29（1）：98-102.

于海涛，2004. 海洋动物精子和胚胎的超低温保存研究 [D]. 青岛：中国海洋大学.

于海涛，张秀梅，陈超，等，2007a. 红鳍东方鲀精子超低温保存前后的超微结构观察 [J]. 海洋科学，31（2）：17-19+26.

于海涛，张秀梅，陈超，等，2007b. 红鳍东方鲀精子超低温保存前后的超微结构观察 [J]. 海洋科学，35（2）：17-19+26.

余祥勇，王梅芳，陈钢荣，等，2005. 马氏珠母贝精子低温保存主要影响因素的研究 [J]. 华南农业大学学报，26（3）：96-99.

张莲蕾，2009. 真鲷（*Pagrus major*）胚胎超低温损伤机理研究 [D]. 青岛：中国科学院研究生院（海洋研究所）.

张轩杰，1987. 鱼类精液超低温冷冻保存研究进展 [J]. 水产学报，9（3）：259-267.

张岩，陈四清，于东祥，等，2004. 海洋贝类配子及胚胎的低温冷冻保存 [J]. 海洋水产研究（6）：73-78.

张跃环，王昭萍，闫喜武，等，2012. 太平洋牡蛎与近江牡蛎的种间杂交 [J]. 水产学报，36（8）：1215-1224.

章龙珍，刘鹏，庄平，等，2008. 超低温冷冻对西伯利亚鲟精子形态结构损伤的观察 [J]. 水产学报，32（4）：558-565.

Adams S L, Hessian P A, Mladenov P V, 2003. Flow cytometric evaluation of mitochondrial function and membrane integrity of marine invertebrate sperm [J]. Invertebrate Reproduction & Development, 44 (1)：45-51.

Adams S L, Smith J F, Roberts R D, et al., 2004. Cryopreservation of sperm of the pacific oyster (*Crassostrea gigas*)：Development of a practical method for commercial spat production [J]. Aquaculture, 242 (1-4)：271-282.

Adams S L, Smith J F, Roberts R D, et al., 2008. Application of sperm cryopreservation in selective breeding of the pacific oyster, *Crassostrea gigas* (Thunberg) [J]. Aquaculture Research, 39 (13)：1434-1442.

Bougrier S, Rabenomanana L D, 1986. Cryopreservation of spermatozoa of the Japanese oyster, *Crassostrea-gigas* [J]. Aquaculture, 58 (3-4)：277-280.

Brock J A, Bullis R, 2001. Disease prevention and control for gametes and embryos of fish and marine shrimp [J]. Aquaculture, 197 (1-4)：137-159.

Butts I A E, Babiak I, Ciereszko A, et al., 2011. Semen characteristics and their ability to predict sperm cryopreservation potential of atlantic cod, *Gadus morhua* l [J]. Theriogenology, 75 (7)：1290-1300.

Cabrita E, Engrola S, Conceicao L E C, et al., 2009. Successful cryop reservation of sperm from sex-reversed dusky grouper, *Epinephelus marginatus* [J]. Aquaculture, 287 (1-2)：152-157.

Chao N H, Chiang C P, Hsu H W, et al., 1994. Toxicity tolerance of oyster embryos to selected cryoprotectants [J]. Aquatic Living Resources, 7 (2)：99-104.

Chao N H, Lin T T, Chen Y J, et al., 1997. Cryopreservation of late embryos and early larvae in the oyster and hard clam [J]. Aquaculture, 155 (1-4)：31-44.

Choi Y H, Chang Y J, 2003. The influence of cooling rate, developmental stage, and the addition of sugar on the cryopreservation of larvae of the pearl oyster pinctada *Fucata martensii* [J]. Cryobiology, 46 (2)：190-193.

Dai T, Zhao E, Lu G, et al., 2012. Sperm cryopreservation of yellow drum nibea albiflora：A special emphasis on post-thaw sperm quality [J]. Aquaculture, 368: 82-88.

Dong Q, Huang C, Eudeline B, et al., 2005a. Systematic factor optimization for cryopreservation of shipped sperm samples of diploid pacific oysters, *Crassostrea gigas* [J]. Cryobiology, 51 (2): 176-97.

Dong Q, Huang C, Eudeline B, et al., 2006. Systematic factor optimization for sperm cryopreservation of tetraploid pacific oysters, *Crassostrea gigas* [J]. Theriogenology, 66 (2): 387-403.

Dong Q, Huang C, Eudeline B, et al., 2007. Cryoprotectant optimization for sperm of diploid pacific oysters by use of commercial dairy sperm freezing facilities [J]. Aquaculture, 271 (1-4): 537-545.

Dong Q X, Eudeline B, Huang C J, et al., 2005b. Commercial-scale sperm cryopreservation of diploid and tetraploid pacific oysters, *Crassostrea gigas* [J]. Cryobiology, 50 (1): 1-16.

Douillet P A, Langdon C J, 1994. Use of a probiotic for the culture of larvae of the pacific oyster (*Crassostrea gigas* Thunberg) [J]. Aquaculture, 119 (1): 25-40.

Gwo J C, 1995. Cryopreservation of oyster (*Crassostrea gigas*) embryos [J]. Theriogenology, 43 (7): 1163-1174.

Gwo J C, Chen C W, Cheng H Y, 2002. Semen cryopreservation of small abalone (*Haliotis diversicolor supertexa*) [J]. Theriogenology, 58 (8): 1563-1578.

Gwo J C, Wu C Y, Chang W S P, et al., 2003. Evaluation of damage in pacific oyster (*Crassostrea gigas*) spermatozoa before and after cryopreservation using comet assay [J]. Cryo-Letters, 24 (3): 171-180.

Horvath A, Bubalo A, Cucevic A, et al., 2012. Cryopreservation of sperm and larvae of the european flat oyster (*Ostrea edulis*) [J]. Journal of Applied Ichthyology, 28 (6): 948-951.

Hughes J B, 1973. Examination of eggs challenged with cryopreserved spermatozoa of american oyster, *Crassostrea virginica* [J]. Cryobiology, 10 (4): 342-344.

Ieropoli S, Masullo P, Santo M D, et al., 2004. Effects of extender composition, cooling rate and freezing on the fertilisation viability of spermatozoa of the pacific oyster (*Crassostrea gigas*) [J]. Cryobiology, 49 (3): 250-257.

Kang K H, Kim J M, Kim Y H, 2004. Short-term storage and cryopreservation of abalone (*Haliotis discus hannai*) sperm [J]. The Korean Journal of Malacology, 20 (1): 17-26.

Kopeika J, Kopeika E, Zhang T T, et al., 2004. Effect of DNA repair inhibitor (3-aminobenzamide) on geneticstability of loach (*Misgurnus fossilis*) embryos derived from cryopreserved sperm [J]. Theriogenology, 61 (9): 1661-1673.

Kudo S, Linhart O, Billard R, 1994. Ultrastructural studies of sperm penetration in the egg of the european catfish, *Silurus glanis* [J]. Aquatic Living Resources, 7 (2): 93-98.

Lannan J E, 1971. Experimental self-fertilization of pacific oyster, *Crassostrea gigas*, utilizing cryopreserved sperm [J]. Genetics, 68 (4): 599.

Liu B, Li X, 2008. Preliminary studies on cryopreservation of sydney rock oyster (*Saccostrea glomerata*) larvae [J]. Journal of Shellfish Research, 27 (5): 1125-1128.

Liu Y, Li X, Xu T, et al., 2014a. Improvement in non-programmable sperm cryopreservation technique in farmed greenlip abalone *Haliotis laevigata* [J]. Aquaculture, 434: 362-366.

Liu Y, Xu T, Robinson N, et al., 2014b. Cryopreservation of sperm in farmed australian greenlip abalone *Haliotis laevigata* [J]. Cryobiology, 68 (2): 185-93.

Nascimento I A, Leite M, deAraujo M M S, et al., 2005. Selection of cryoprotectants based on their toxic effects on oyster gametes and embryos [J]. Cryobiology, 51 (1): 113-117.

Paniagua-Chavez C G, Buchanan J T, Supan J E, et al., 1998. Settlement and growth of eastern oysters produced from cryopreserved larvae [J]. Cryo-Letters, 19 (5): 283-292.

Paniagua-Chavez C G, Tiersch T R, 2001. Laboratory studies of cryopreservation of sperm and trochophore larvae of the eastern oyster [J]. Cryobiology, 43 (3): 211-223.

Paniagua-Chavez C G, Jenkins J, Segovia M, et al., 2006. Assessment of gamete quality for the eastern oyster (*Crassostrea virginica*) by use of fluorescent dyes [J]. Cryobiology, 53 (1): 128-138.

Paredes E, Adams S L, Tervit H R, et al., 2012. Cryopreservation of greenshell (tm) mussel (*Perna canaliculus*) trochophore larvae [J]. Cryobiology, 65 (3): 256-262.

Paredes E, Bellas J, Adams S L, 2013. Comparative cryopreservation study of trochophore larvae from two species of bivalves: Pacific oyster (*Crassostrea gigas*) and blue mussel (*Mytilus galloproviricialis*) [J]. Cryobiology, 67 (3): 274-279.

Perez-Cerezales S, Martinez-Paramo S, Cabrita E, et al., 2009. Evaluation of oxidative DNA damage promoted by storage in sperm from sex-reversed rainbow trout [J]. Theriogenology, 71 (4): 605-613.

Polge C, Smith A U, Parkes A S, 1949. Revival of spermatozoa after vitrification and dehydration at low temperatures [J]. Nature, 164 (4172): 666-666.

Renard P, 1991. Cooling and freezingtolarances in embryos of the pacific oyster, *Crassostrea gigas*: Methanol and sucrose effects [J]. Aquaculture, 92: 43-57.

Sahnas-Flores L, Adams S LLim M H, 2008. Determination of the membrane permeability characteristics of pacific oyster, *Crassostrea gigas*, oocytes and development of optimized methods to add and remove ethylene glycol [J]. Cryobiology, 56 (1): 43-52.

Salinas-Flores L, Paniagua-Chavez C G, Jenkins J A, et al., 2005. Cryopreservation of sperm of red abalone (*Haliotis rufescens*) [J]. Journal of Shellfish Research, 24 (2): 415-420.

Simon N A, Yang H, 2018. Cryopreservation of trochophore larvae from the hard clam *Mercenaria mercenaria*: Evaluation of the cryoprotectant toxicity, cooling rate and thawing temperature [J]. Aquaculture Research, 49 (8): 2869-2880.

Smith J F, Pugh P A, Tervit H R, et al., 2001. Cryopreservation of shellfish sperm, eggs and embryos [C] //Proceedings of the New Zealand Society of Animal Production. Christchurch: New Zealand Society of Animal Production: 31-34.

Smith J F, Adams S L, Gale S L, et al., 2012a. Cryopreservation of greenshell™ mussel (*Perna canaliculus*) sperm. Ⅰ. Establishment of freezing protocol [J]. Aquaculture, 334: 199-204.

Smith J F, Adams S L, McDonald R M, et al., 2012b. Cryopreservation of greenshell™ mussel (*Perna canaliculus*) sperm. Ii. Effect of cryopreservation on fertility, motility, viability and chromatin integrity [J]. 364: 322-328.

Suquet M, Le Mercier A, Rimond F, et al., 2012. Setting tools for the early assessment of the quality of thawed pacific oyster (*Crassostrea gigas*) d-larvae [J]. Theriogenology, 78 (2): 462-467.

Suquet M, Labbé C, Puyo S, et al., 2014. Survival, growth and reproduction of cryopreserved larvae from a marine invertebrate, the pacific oyster (*Crassostrea gigas*) [J]. PLoS One, 9 (4): e93486.

Usuki H, Hamaguchi M, Ishioka H, 2002. Effects of developmental stage, seawater concentration and rearing temperature on cryopreservation of pacific oyster *Crassostrea gigas* larvae [J]. Fisheries Science, 68 (4): 757-762.

Vidal A H, Batista A M, Bento da Silva E C, et al., 2013. Soybean lecithin-based extender as an alternative for goat sperm cryopreservation [J]. Small Ruminant Research, 109 (1): 47-51.

Vitiello V, Carlino P A, Del Prete F, et al., 2011. Effects of cooling and freezing on the motility of *Ostrea edulis* (L., 1758) spermatozoa after thawing [J]. Cryobiology, 63 (2): 118-124.

Yang H, Tiersch T R, 2009. Current status of sperm cryopreservation in biomedical research fish models: Zebrafish, medaka, and xiphophorus [J]. Comparative Biochemistry and Physiology C-Toxicology & Pharmacology, 149 (2): 224-232.

Yang H, Hu E, Cuevas-Uribe R, et al., 2012. High-throughput sperm cryopreservation of eastern oyster *Crassostrea virginica* [J]. 344: 223-230.

Yao Z, Crim L W, Richardson G F, et al., 2000. Motility, fertility and ultrastructural changes of ocean pout (*Macrozoarces americanus* L.) sperm after cryopreservation [J]. Aquaculture, 181 (3-4): 361-375.

Zell S R, Bamford M H, Hidu H, 1979. Cryopreservation of spermatozoa of the american oyster, *Crassostrea virginica* gmelin [J]. Cryobiology, 16 (5): 448-460.

（刘清华，韩龙江）

第九章

棘皮动物精子和胚胎冷冻保存

第一节　棘皮动物种质保存概述

棘皮动物是一类古老、特殊的海洋生物，在 5 亿多年以前的古生代寒武纪即已出现，是无脊椎动物中进化地位最高等的类群。世界范围内现存棘皮动物 7 000 余种，化石种类接近 13 000 种。棘皮动物几乎全营底栖生活，分布范围广泛，从热带海域到寒带海域，从潮间带到数千米的深海都有分布（廖玉麟等，2011；Pawson，2007）。普遍认为现存的棘皮动物可分为 5 个纲：海百合纲、海星纲、蛇尾纲、海胆纲和海参纲。棘皮动物门为海洋生境所特有，其幼虫两侧对称而成体多五辐射对称，体壁有以 $CaCO_3$ 为主要成分的内骨骼向外突出成棘刺，有特殊的水管系统辅助摄食、运动和其他功能，在海洋生态系统的结构和功能中发挥着重要作用（廖玉麟等，2011）。

棘皮动物中，海参纲和海胆纲的一些种类具有很高的经济价值，逐渐被人们采捕和养殖。但由于近几年来采捕过度、养殖规模急剧扩大和近亲交配严重等原因，一些棘皮动物种质退化问题非常明显，良种缺乏、病害发生日趋严重。以刺参（*Apostichopus japonicus*）为例，在 20 世纪 80 年代，人们突破了刺参苗种规模化繁育技术。21 世纪以来，养殖产业迅猛发展，刺参成为引领我国第 5 次海水养殖浪潮的主要品种。然而，从 2004 年开始，养殖刺参陆续出现大规模死亡现象，并出现种质退化现象，在近几年尤为明显，主要表现出生长速度慢、病害频发、存活率低等问题，导致每年数十亿元的经济损失（王印庚等，2014）。野生刺参的资源量和种质质量亦急剧下降。海胆是众所周知的幼虫生物学和发育研究模型，已被用作研究繁殖和早期细胞分化过程、精子卵母细胞相互作用以及外排转运和细胞凋亡的模式生物（Kominami and Takata，2004；Epel et al.，2006），海胆的精子和胚胎-幼虫生物测定也被广泛用于生态毒理学，一直被用于水质评估（Beiras et al.，2003；Bellas et al.，2008；Fabbrocini et al.，2016）。

低温冷冻保存技术逐渐成为一种非常强大的生物技术工具，对种质资源（包括精子、卵子和胚胎等）进行超低温冷冻保存，能够建立不受季节限制的种质资源库，加强海胆作为研究模型物种的使用，提高配子的利用率；扩大杂交育种范围，克服长期近亲交配造成的种质资源衰退；使种质资源运输更加便利，节约遗传育种的资金；拯救珍稀、濒临灭绝的具有优良性状的物种，并可长期不间断地为遗传育种和现代生物技术研究提供生物材料，为种质资源保存和生物多样性保护开辟了新途径（Paredes，2015；Paredes，2016；Paredes et al.，2019；Guo and Weng，2020）。

本研究对海胆、海参和海星 3 种主要棘皮动物的种质资源低温冷冻保存研究进行了系统归纳和整理，并描述了冷冻保存过程的各个步骤，以期为棘皮动物种质资源保存的进一步研究及产业化应用提供参考。

一、低温冷冻保存技术基本原理

低温冷冻保存技术是指利用低温生物学原理与方法，通过向细胞、胚胎和组织器官等中添加适当浓度的低温保护剂，使细胞向外排出水的同时降低细胞的冰点，使其在冷冻过程中免受或降低一系列低温损伤（冰晶损伤、渗透损伤等）的影响，再通过一定的降温速率，最后投入液氮中（−196℃）进行长期保存的过程（刘清华，2005）。低温可以抑制细胞的新陈代谢和活性，理论上认为，在液氮中保存的生物样品细胞内的一切生理活动保持"停滞"状态，从而延长细胞的生命周期并保持其形态和生物活性，可以保存成百上千年。在需要的时候，以适当的方法可重新解冻、激活液氮中的生物样品，恢复其内部正常的生化反应，使其具有正常的生物学功能（齐文山等，2014；Mazur，2004；Pegg，2007；Liu et al.，2015）。

二、低温冷冻保存技术的应用现状

常用的低温保存方法包括慢速冷冻法和快速玻璃化保存法。慢速冷冻法是先对细胞添加低温保护剂（CPA）处理后，使用程序性降温到一定温度，最后置于液氮中保存。快速玻璃化保存法则是指使用高浓度的 CPA（30%～60%或 5～8mol/L）处理细胞，再通过超快速的降温实现生物样本从液态到玻璃态的转变，这一过程没有冰晶形成从而较好地保护了细胞。事实上不到1%的海洋无脊椎动物种质资源冷冻保存研究中使用了玻璃化冷冻技术，人们认为玻璃化冷冻的玻璃化溶液具有非常高的渗透溶质浓度，这会对细胞产生致命的毒性，细胞可能在冷冻前受损，并且玻璃化需要非常高的冷却速度，因此只能冷冻保存非常小的样品体积，玻璃化大体积样品的快速冷却技术难题仍未解决（Jin and Mazur，2015；Seki and Mazur，2012）。

三、精子、卵子、胚胎和幼虫的低温冷冻保存特点

一个物种的种质资源一般指精子和卵子，卵母细胞和精子是冷冻保存的首选目标，以用于选择性育种和毒性测定。精子的超低温冷冻保存具有其独特的优势，精子体积小，具有单层膜等相对简单的结构，表面积与体积比相对较大，有利于水分和抗冻剂的渗透；精子的冷冻保存获得了不错的研究结果，几乎有一半研究报告了精子冷冻保存的成功。与精子相比较而言，卵子体积较大，表面积与体积比较小，这是人们公认其冷冻保存困难的主要因素；卵子具有丰富的水分、卵黄、脂肪滴和多隔室生物系统，导致其膜通透效率低；双层半透性膜系统和高的低温敏感性又进一步限制了水分和抗冻剂在膜两边的渗透性，导致卵子更加难以冷冻保存。这些均导致卵子的冷冻保存更具挑战性，仅取得了有限的成功（Adams et al.，2003；Tsai et al.，2012；Campos et al.，2021）。胚胎和幼虫的冷冻保存常作为卵母细胞冷冻保存的替代方法，已经取得了更有希望的结果，但也面临着新的挑战。这是因为卵母细胞和胚胎、幼虫都表现出对0℃以下温度的高度敏感性、对 CPA 暴露的敏感性和较低的渗透性，冷冻保存过后的胚胎和幼虫呈现出一定程度的器官冷冻损伤（Odintsova and Boroda，2012；Odintsova，et al.，2015；Paredes and Bellas；2015）。

第二节　棘皮动物种质资源超低温冷冻保存方法

通常种质资源超低温冷冻过程主要包括配子的收集与质量评估、稀释剂制备、冷冻保护剂制备、种质资源与冷冻保护剂混合、冷却、储存、解冻和解冻后质量评价等步骤（图 9-2-1）。其中，抗冻剂的种类和浓度、稀释液种类、种质资源与冷冻保护剂混合、降温程序和解冻程序等因素均会对解冻后的种质资源质量产生极大的影响。解冻后质量评价指标包括运动活力（主要针对精子）、形态变化、受精率、孵化率、存活率、细胞器完整性和代谢机能等（Liu et al.，2015）。

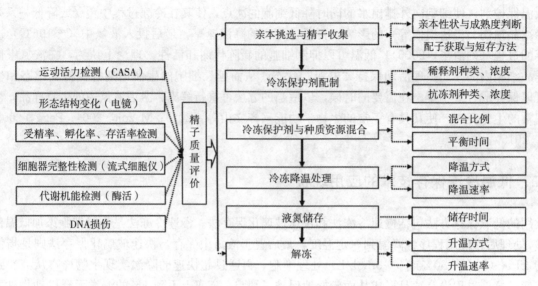

图 9 - 2 - 1 棘皮动物种质资源超低温冷冻保存技术流程

一、配子的收集与质量检测

1. 配子收集

海胆和海参等棘皮动物不能根据体型和外表分辨性别，因此，精子和卵子通常是一起收集。一般采用自然排精和获取性腺两种方法收集棘皮动物的精子。自然排精是指通过升高海水温度、阴干或注射KCl溶液等方式诱导棘皮动物排出成熟的精子，但此方法收集精子的质量容易受到黏液、海水或粪便的污染，收集的精子难于浓缩，并且注射KCl溶液会诱导海参的吐肠行为而不是和海胆类似的释放配子的行为，因此获取性腺是收集棘皮动物精子最常使用的方式，被广泛地应用于海参、海星和海胆等动物的精子收集过程中（Gwo et al.，2000）。与可以直接获取成熟的棘皮动物精子不同，解剖获取的棘皮动物性腺中的卵子处于生发泡期（GV期），卵母细胞并不成熟，卵母细胞的成熟最明显的标志是生发泡的破裂和减数分裂的重启动（Miyazaki et al.，2006），而棘皮动物的卵子直至排放之前才会发生生发泡破裂，正常排放卵子被抑制在第一次减数分裂中期，待受精作用完成后继续完成减数分裂（Miyazaki et al.，2005），因此，常使用升高海水温度、阴干或注射KCl溶液等方式诱导海胆、海星排出成熟的卵子，使用升高海水温度、阴干或注射神经肽等方式诱导海参排出成熟的卵子。Shao等（2006）介绍了获取新鲜刺参精液的操作：当发现白色精液从位于刺参背部的生殖孔中释放出来时，立即挑出雄性刺参，解剖获得成熟雄性性腺并剪碎，用0.5mm的筛网滤掉性腺管壁碎片，滤出新鲜精液，于4℃保存至使用。用此方法每只雄性刺参可收集约5mL新鲜精子。

2. 配子质量检测

在获取新鲜精液后，立即检测精子活力，以判断是否能用于后续的超低温冷冻。精子的活力可通过光学显微镜统计样本中运动精子的百分比来直接测量（Lyons et al.，2005；Mizuno et al.，2019）。Mizuno等（2019）采用含0.5%胎牛血清的人工海水激活稀释500倍的刺参精子，研究表明，只有活力高于70%的精子才适于超低温冷冻保存。此外，还可通过计算机辅助精子分析系统（Computeraided sperm analysis，CASA）来测量精子的运动能力，该系统能客观评估精子的多种运动参数，比主观观察具有更高的准确性和测量效率，因而被广泛使用。在棘皮动物中，Fabbrocini等（2016）首次利用CASA系统的特定分析模型对海胆的新鲜精子激活后不同时间的运动参数进行了详细评估，评估的精子运动参数包括精子存活率（TM，活动精子数占总精子数的百分比）、活力（RAP，快速前向运动精子占总精子数的百分比）、密度、存活时间、平均曲线运动速度（VCL，$\mu m/s$）、平均直线运动速度

（VSL，μm/s）、平均路径速度（VAP，μm/s）、鞭打频率（BCF）、头部的侧摆幅度（ALH）等，并提出使用浓度为 0.05% 的胎牛血清（BSA）作为抗黏剂。该研究表明，海胆精子在激活后可保持 1 h 的高活力，并保持相对运动活力达 24 h，比大多数鱼类精子冻存后保持高活力的时间更长。Fabbrocini 等（2016）的研究为 CASA 系统在棘皮动物精子冷冻保存研究中的使用奠定基础，为棘皮动物激活后的精子在实验室研究中的应用提供数据支持，但直至 2021 年，Fabbrocini 等（2021）才运用 CASA 系统评估了经冷冻和解冻后海胆精子的运动能力，发现解冻后精子的运动参数在激活后长达 60min 内保持完全不变，并且在解冻后的 60min 内还保留了运动激活的能力。Adams 等（2004）研究表明，同种海胆不同个体的新鲜精子虽然起初的运动活力无显著差异，但经过超低温冷冻保存，不同个体解冻的精子质量却存在显著差异。因此，在进行超低温冷冻实验时，将 3 个雄性个体的精子合并在一起可减少雄性个体精子之间的差异，此方法还解决了从棘皮动物（海胆）单只个体中只能收集到少量精子的问题，这一现象在牡蛎中也有报道（Paniagua-Chavez et al.，2001；Dong et al.，2007）。新鲜精子的质量好坏是精子超低温冷冻保存能否成功的重要影响因素，冷冻后精子的质量与新鲜精子的质量有着密切的关系（Coloma et al.，2011；Orgal et al.，2012）。用于冷冻保存的精子应保存在 0～4℃，以保证精子的质量。

在获取新鲜卵子后应进行授精测定以检测其质量，Adams 等（2004）通过用过量的新鲜精子分别与不同雌性海胆的卵子进行授精以检测其质量，在几分钟内，可以很明显地通过受精膜的隆起来区分受精卵，并认为只有受精率超过 85% 的卵子才能用于后续实验。卵子在排出后要用干净海水洗涤并通气，制成的卵子母液在用于实验之前温度保持在 15℃，并要尽快使用，不要超过 3h。选取性腺质量好、配子质量高、抗冻能力强的亲本对棘皮动物种质资源低温冷冻保存非常重要，评价和获取高质量的棘皮动物新鲜配子仍需进一步深入研究。

二、稀释剂的选择

普遍认为精液超低温冷冻保存所需的稀释液必须具备的性质是抑制精子的活力、维持细胞电解质和渗透压的平衡（刘清华，2005）。在海洋鱼类和软体动物精子冷冻保存中，常使用无 Ca^{2+} 的 Hank's 平衡盐溶液作为稀释剂，其具有抑制精子活化和优化精子渗透压的能力，有利于在冷冻前节省精子中的能量从而保持精子的质量（Dong et al.，2005a）。Ca^{2+} 被认为能够诱导精子的顶体反应，并能导致精子凝集（Paniagua-Chavez et al.，1998；Williams and Ford，2001），但在棘皮动物精子冷冻保存研究中，人工海水（ASW）或过滤自然海水（NSW）作为稀释剂已被广泛应用，而其他成分的稀释剂研究鲜有发表。棘皮动物的精子是能被自然海水激活的。Gallego 等（2014）分析了 2 种游泳生物（河鲀和欧洲鳗）和 2 种无柄生物（海胆和海鞘）的精子运动参数和形态特征。研究结果显示，海胆的精子被激活后，精子活力能保持更长的时间（约 45min）。Fabbrocini 等（2017）研究表明，海胆精子在激活后可保持 1 h 的高活力，并保持相对运动活力达 24 h。实验时，海水用量较少的精子激活后能维持较长时间的活力，可能是过滤自然海水或人工海水能够作为棘皮动物精子冷冻保存稀释剂的原因。但随着棘皮动物精子在稀释液中时间的延长，其质量会下降，在今后研究中，应继续了解棘皮动物精子的激活机制，发掘具有更好冷冻保存效果的稀释剂，从而延长精子的运动能力，提高冷冻保存后的质量。

三、抗冻剂的选择

抗冻剂在细胞低温冷冻保存中非常重要，如果精子在冷冻保存中没有抗冻剂的保护，解冻后的精子质量极差，并可能呈黏稠状，无应用价值。抗冻剂按其穿透细胞膜的能力可分为渗透性抗冻剂（CPA）和非渗透性抗冻剂（co-CPA）（Dong et al.，2005b）。

1. 渗透性抗冻剂

渗透性抗冻剂能够快速穿透细胞膜，渗入细胞内部并与水和电解质结合，在细胞内达到一定的浓度，能够降低细胞内外未结冰电解质溶液的浓度、降低冰点、减少冰晶的形成，同时，能避免细胞内水分过分渗出造成细胞皱缩，从而导致容积损伤（刘清华，2005；杨培民等，2008）。常用的渗透性抗冻剂包括二甲基亚砜（DMSO）、甲醇（MeOH）、乙二醇（EG）、丙二醇（PG）、二甲基乙酰胺（DMA）和甘油（Gly）等。不同物种的精子具有特定的最适抗冻剂种类和浓度范围，这与其物种特异性有关。例如，Behlmer 等（1984）研究发现，Gly 比 DMSO 对鲎（*Limulus polyphermus*）的精液的保护效果更好；浓度为 10% 的 Gly 为罗氏沼虾精子提供了更好的冷冻保存效果（Akarasanon et al.，2004）。Gly 已更成功地应用于虾、蟹精子的冷冻保存，可能是由于 Gly 是虾、蟹动物脂代谢中的天然中间产物（Jeyalectumie et al.，1989）。但是，Gly 却对海星、海胆、鲍、牡蛎的精子具有毒害作用，浓度为 5%～40% 的 Gly 能够导致上述物种的精子活力在冷冻前急剧降低（Dunn et al.，1973）。PG 能有效保护牡蛎和海胆精子，但其效果不及 DMSO（Asahina et al.，1978）。总的来说，DMSO、EG 或 PG 是棘皮动物精子、胚胎和幼虫超低温冷冻保存常用的渗透性抗冻剂。

2. 非渗透性抗冻剂

葡萄糖（Glu）、海藻糖（TRE）、蔗糖（SUC）、蛋黄（Yolk）、甘氨酸（Gly）、聚乙二醇（PEG）和胎牛血清（FBS）等 co-CPA 在棘皮动物精子、胚胎和幼虫超低温冷冻保存中也发挥着重要的作用。添加胎牛血清能够保护日本珍珠贝（*Pincetada fucata martensii*）精子解冻后的运动活力，可能与胎牛血清能减少冷冻过程中精子所受的渗透效应和离子效应以及增强精子抵抗冷冻损伤的能力有关（Kawamoto et al.，2007）。Acosta-Salmón 等（2007）研究表明，单独使用海藻糖可达到与 DMSO 组合使用时相似的解冻后的精子活力。添加 1% 或 2% 的葡萄糖显著改善了解冻后澳洲绿边鲍（*Haliotis laevigata*）精子的受精率（Liu et al.，2014b）。此外，Liu 等（2014a、2014b）研究表明，甘氨酸在海洋软体动物的精子冷冻保存中起着积极的作用，已被优先选择作为冷冻保护介质。糖已经被作为 co-CPA 广泛应用于细胞的超低温冷冻保存，研究认为，在冷冻阶段，糖分子可能与脂质双分子层相互作用，以保持细胞脱水时质膜的完整性；糖与其他 CPA（如 Glu 与 MeOH 或 TRE 与 DMSO）结合时，可增强细胞解冻后的活力。此外，糖还可通过降低低温保存所需的 CPA 浓度并减少暴露于 CPA 的时间，从而降低毒性。海藻糖可用于玻璃化，对于同一物种的细胞，海藻糖可能比葡萄糖和蔗糖的保存效果更好，已被广泛用于海洋生物样品保存中；葡萄糖主要用于精子的低温保存，同时也用于海洋无脊椎动物的胚胎和幼体的低温保存；而蔗糖具有多种用途，已经被用于大量细胞的低温保存。此外，糖对细胞的适用性很大程度上取决于物种和细胞，同时也与所使用的低温保存方法等有关（Tsai et al.，2018）。

四、稀释比例

稀释比例通常指精子和冷冻保护液在冷冻容器中的混合比例。稀释对精子冷冻保存非常重要，精子稀释程度低可能会导致解冻后精子发生有害凝集，而精子稀释程度高可能会导致精子能量的快速消耗、生理学改变以及精液中保护性成分减少，稀释程度的不当均可导致精子冻存后生存能力的下降（Paniagua-Chavez et al.，1998；Dong et al.，2005a）。稀释比例也会影响冷冻保护剂对精子、胚胎和幼虫的实际有效浓度，从而影响冷冻保存结果。Liu 等（2015）研究指出，通过自然排精收集的精子浓度较小，其在超低温冷冻保存过程中的稀释倍数也较小，最大稀释倍数为 10 倍。棘皮动物精子获取方式多为解剖收取性腺，获取精液的精子密度高，在超低温冷冻保存过程中的稀释倍数也较高。研究表明，棘皮动物精子冷冻保存最适的稀释比例范围是 1∶（3～20）（Dunn et al.，1973；Asahina et al.，1978；Adams et al.，2004；Fabbrocini et al.，2014；Shao et al.，2006；Mizuno et al.，2019）。从不同个体性腺中取出新鲜精液的精子密度是不同的，若按照统一的稀释比例进行实验存在一定弊端，将精子稀释至特定浓度更能优化实验方案。Dong 等（2006、2007）将太平洋牡蛎（*Crassostrea gigas*）精子稀释至 1×10^9 个/mL，Liu 等（2014b）将绿边鲍精子浓度稀释至 1.6×10^8 个/mL，更有效地开展、比较并优化了精子冷冻保存的相关实验方案。

五、平衡时间

平衡时间是指精子、胚胎和幼虫与冷冻保护液接触混合至开始降温的时间段，平衡时间过短导致抗冻剂不能充分进入细胞膜或与细胞膜结合，不能发挥其抗冻保护的作用；平衡时间过长，抗冻剂的毒害作用会对细胞造成不可逆转的损伤。在以往棘皮动物精子冷冻保存研究中，并没有考虑平衡时间这一因素对冷冻后保存效果的影响，在实验过程中，只设立了单一的平衡时间没有设置对比，Mizuno 等（2019）研究表明，平衡时间必须少于 3min，有的研究设置平衡时间为 6～10min（Shao et al.，2006；Fabbrocini et al.，2014），甚至为 30min（Dunn et al.，1973）。理论上胚胎和幼虫由于低的渗透性因此需要比精子更长的平衡时间。Zheng 等（2018）选取珠母贝（*Pinctada fucata martensii*）为研究对象，研究了新鲜珠母贝精子在 5 种不同抗冻剂、5 种浓度经历不同平衡时间作用后精子存活率的变化，并利用模型模拟提出了不同种类抗冻剂和不同抗冻剂浓度条件下应有的最大平衡时间，从而判定不同抗冻剂的毒性大小，并初步筛选排除出毒性大且不适用于精子冷冻保存的抗冻剂。

六、降温速率和解冻速率

降温速率和解冻速率亦对精子、胚胎和幼虫冷冻保存至关重要。降温速率太慢、冷冻效率低，抗冻剂对细胞的毒性作用会加剧，细胞膜上的脂质分子在高浓度电解质溶液中时间太长也会遭受损伤；降温速率太快，细胞内的水分来不及排出细胞，造成严重的冰晶损伤，并且细胞膜外的结冰速率会高于细胞内的结冰速率，造成细胞膜外的溶质浓度和渗透压比膜内越来越高，可能造成渗透休克，对细胞产生不可逆影响。解冻速率太慢，重结晶现象会加剧冰晶对细胞膜和细胞器的机械损伤；解冻速率太快，对解冻操作要求高，需要在很短的时间内结束解冻，并且高温可能会对细胞产生热应激，造成不可逆影响（Liu et al.，2015）。因此，适宜的降温速率和解冻速率可以最低限度降低冷冻保存过程对细胞造成的损伤。

1. 降温速率

在细胞低温冷冻保存研究中，控制降温速率的方法可分为非程序两步降温法和程序降温法。非程序两步降温法通常使用带架子的泡沫、聚苯乙烯盒子等工具。首先将样品快速降到距液氮面某一高度处，停留一段时间，使细胞充分脱水以减少胞内冰晶的形成，然后，投入液氮中长期保存。该方法通过调节样品距液氮面的高度来控制冷冻速率，并通过热电偶测其冷冻速率，具有设备成本低且易于现场操作的优点。目前，棘皮动物精子超低温冷冻保存相关研究均采用非程序两步降温法。例如，在对刺参精液的超低温冷冻保存研究中，Shao 等（2006）通过控制样品距液氮液面的高度（2cm、4cm、6cm 和 8cm）来调整降温速率为 −77℃/min、−52℃/min、−35℃/min 和 −19℃/min，放置 15min 后，立即投入液氮保存，发现当降温速率为 −35℃/min 时，精子解冻后的受精率最高（70%）。同样地，Mizuno 等（2019）控制样品距液氮液面的高度为 5～17.5cm 来调整降温速率为 5.2～65℃/min，将样品冷却至 −50℃后，立即投入液氮保存，发现当降温速率为 −10.4℃/min（距液氮液面高度 15cm）时，精子解冻后获得最高的受精率，为（89.8±1.7）%，与新鲜精子的受精率（92.7±1.8）%相比无显著差异。对比不同的棘皮动物精子冷冻保存的研究发现，同样运用非程序两步降温法，不同研究得出的最适降温速率差异较大，如 −5℃/min、−20℃/min 和 −50℃/min。Dunn 等（1973）和 Asahina 等（1978）的研究均表明，适合海胆精子的降温速率约为 −5℃/min，而 Adams 等（2004）通过实验对比却发现，降温速率 −50℃/min 对海胆精子的冷冻效果明显比 −5℃/min 效果好，其中的原因有物种及其生存环境的差异，也有研究所使用的降温装置及冷冻容器的不同。

程序降温法指通过程序降温仪等仪器预先设计的冷冻程序来控制样品的冷冻速率，然后将样品投入液氮中保存。此种方法操作简单、能精确控制并灵活改变降温速率及平衡时间，有利于深入研究降温速率对精子冷冻保存的影响，但仪器较为昂贵，方法不易普及。程序降温法在海洋鱼类和软体动物精子冷冻保存研究中有使用，但在棘皮动物中并未使用。作者认为应将程序降温法和非程序两步降温法结合使用，通过程序降温法找到合适的降温速率及降温终点温度，并以此设计适合的装置，通过非程序两步降温法在实验室或养殖场验证与应用。

2. 解冻速率

Liu 等（2015）在海洋软体动物精子冷冻保存的解冻温度分为 3 个范围：低温（<29℃）、中温（30~49℃）和高温（>50℃）。按照此标准，以往棘皮动物精子冷冻保存研究的解冻温度属于中低温度，有室温、15~45℃水浴不等（Dunn et al.，1973；Asahina et al.，1978；Adams et al.，2004；Fabbrocini et al.，2014；Shao et al.，2006；Mizuno et al.，2019）。胚胎和幼虫的解冻温度一般属于低温，解冻操作的一般步骤为将样品从液氮中取出，置于特定温度水浴解冻，轻轻摇动使温度均匀，待只剩少量固体时立即取出，在空气中继续摇动使其完全融化。作者认为适合某一物种精子冷冻保存的解冻温度应模拟其自然排精、受精时的温度，既保证了有合适的解冻速率，又能保证解冻温度不会对精子产生温度应激；作者的实验结果显示，解冻温度为 20℃、37℃和 50℃对刺参冷冻保存精子解冻后的活力影响不显著（$P>0.05$）（Xu et al.，2022），这与 Anchordoguy 等（1988）研究中不同解冻温度对海虾（*Sicyonia ingentis*）冷冻保存精子活力影响的结果相似。但利用受精温度作为解冻温度可能会影响解冻的速率，从而造成解冻时的反玻璃化和重结晶等冷冻损伤。目前，仍缺乏能够为棘皮动物乃至所有水生物种精子的冷冻保存选择合适解冻温度的理论，解冻过程应当成为以后研究的重点。

七、质量评价

冷冻细胞在解冻后应对其质量进行评价，质量评价的参数包括运动活力、形态变化、受精率、孵化率、存活率、细胞器完整性、代谢机能和 DNA 损伤等。对冷冻细胞进行全面系统的质量评价，并对比新鲜细胞的相关参数，有利于进一步研究冷冻保存对精子的损伤机制。

1. 运动活力和形态变化

冷冻精子运动能力测试与前述新鲜精子的运动能力测试相一致，一般有使用光学显微镜统计样本中运动精子的百分比来直接测量和通过 CASA 系统测量两种方式（Fabbrocin and D'Adamo，2017）。

对冷冻细胞进行形态评估时，传统上是通过扫描或透射电子显微镜观察。如观察精子头部、中段、尾巴、顶体、线粒体和细胞核的变化。观察结果为了解冷冻保存对细胞结构上的损伤提供了有效的信息（Espinoza et al.，2010）。此外，CASA 系统中的辅助形态分析模块还可协助区分精子的形态测量特性，进而提供有关精子冷冻保存后形态学变化及冷冻耐受能力的信息。目前，该技术已应用于山羊（Gravance et al.，1995）、欧洲鳗（Asturiano et al.，2007）和鹿（Esteso et al.，2009）等物种，但不适用于海洋软体动物，其对棘皮动物是否适用有待研究。

2. 受精率、孵化率和存活率

受精率、孵化率和存活率的检测，指检测冷冻精子与成熟卵子结合产生受精卵并正常发育的能力或冷冻胚胎、幼虫存活情况及正常发育的能力，是检测细胞冷冻保存技术运用成效的关键步骤。适宜的冷冻精子的浓度以及精子与卵子的比例对于成功受精至关重要，较低或较高的浓度和精卵比都会影响受精率。冷冻保存后，大多数精子的顶体和质膜已经受损，受精能力显著降低（Kurokura et al.，1990；Bury et al.，1993）。Kurokura 等（1990）研究表明，冷冻后的海胆精子只有 5%~12%在形态上是正常的。Kurokura 等（1990）研究表明，经冷冻后的牡蛎精子由于顶体被破坏，丧失了进入卵子的能力，精子聚集，导致受精率下降。冷冻保存精子的受精能力低于新鲜精子的受精能力，因此，受精实验中需要增加冷冻精子的数量。Adams 等（2004）对海胆新鲜精子和冷冻精子的研究表明，为获得最大的受精率，所需新鲜精子浓度约为 10^5 个/mL（卵子与精子的比例为 1:1 000），而冷冻精子则至少需要 10^6

个/mL 的浓度（卵子与精子的比例为 1∶10 000）。Shao 等（2006）也得到了同样的结果，其研究结果显示，刺参卵子与冷冻精子的比例为 1∶10 000 时的受精率显著高于二者比例为 1∶1 000 时的受精率（$P<0.05$）。

3. 流式细胞术与细胞器完整性

电镜观察细胞形态和受精率、检查精子活力等评估步骤执行较缓慢，相比较而言，流式细胞术具有在短时间内评估多个细胞参数的优点。通过流式细胞仪和荧光显微镜，可对冷冻前后细胞的质膜（SYB/PI 染色，PMI）、线粒体膜电位［罗丹明 123/碘化丙锭（PI）染色，MMP］、顶体（DND/PI 染色，AI）和 DNA（AO 染色）等的完整性或损伤比例进行测定。如 PI 不能通过活细胞膜，只可透过受损的细胞膜对细胞核染色（呈红色），罗丹明 123 只可使线粒体功能完整的精子细胞着色（呈绿色），因此，通过罗丹明 123/PI 2 种染料进行荧光双染色及流式细胞仪观察，可检测冷冻解冻后精子膜和线粒体结构及功能的损伤状况（Adams et al.，2003）。Adams 等（2004）利用流式细胞术比较了海胆精子在冻前冻后的细胞膜完整性和线粒体功能的变化情况，研究表明，较高浓度的 DMSO 在保留精子线粒体功能和膜完整性方面更为有效，但精子的线粒体功能和膜完整性对冻前冻后不同海胆个体精子间的受精能力基本无影响。

4. 代谢机能和 DNA 损伤

精液经超低温保存后，膜的损伤会导致精子内的酶渗漏到细胞外，从而导致胞内酶的活性降低，精浆中酶的活性却大大提高。超低温保存还会导致细胞内 ATP 水平的变化。冷冻前后精液中酶活性及水平的分析测定，不仅是评价低温保存成功与否的重要指标，也是用来确定细胞损伤部位、研究损伤机理的有效途径（Chauhan et al.，1994）。如果参与三羧酸循环的酶活性降低并伴有水平的下降，说明为精子提供能量的场所线粒体受到损伤。常检测的酶主要有琥珀酸脱氢酶（SDH）、乳酸脱氢酶（LDH）、Na^+/K^+-ATP 酶、超氧化物歧化酶（SOD）、过氧化氢酶（CAT）与谷胱甘肽还原酶（GR）等。现有的棘皮动物精子冷冻保存研究中尚未提及冷冻前后精子代谢机能的变化情况，下一步应借鉴鱼类精子冷冻保存方面的类似研究，将该指标纳入棘皮动物精子冷冻前后质量评价体系。

DNA 作为遗传物质，其损伤情况将直接影响精子的质量及其下一代生长发育，所以精子 DNA 的损伤情况成为检测精子质量的一个重要依据。单细胞凝胶电泳（single-cell gel electrophoresis，SCGE）又称慧星试验（comet assay），是以电泳后细胞核 DNA 的显微镜荧光图像特征而得名的，用以分析和测定 DNA 损伤，也是目前检测外来有害物质对精子核损伤的有效方法，已广泛应用到精子 DNA 冷冻损伤的研究方面（Morris et al.，1999；Xu et al.，2013）。

第三节　棘皮动物精子、胚胎和幼虫低温冷冻保存研究进展

在已发表的海洋无脊椎动物种质资源低温冷冻保存研究中，软体动物和棘皮动物相关研究共占所有研究工作的 72%，其中牡蛎类和海胆类的相关研究占所有研究工作的 42%（Paredes，2015）。棘皮动物的种质资源低温冷冻保存研究主要集中在海胆、海参和海星三类，并且 90% 以上的研究集中在海胆这一模式生物中，海参和海星仅占很小的一部分。在海胆相关研究方面发表的论文中，41.2% 是关于精子冻存的论文，29.4% 关于幼虫，17.6% 关于胚胎，只有 11.76% 是关于卵母细胞冻存（图 9-3-1）（Paredes，2015；Paredes，2016；Paredes et al.，2019；Guo and Weng.，2020）。

表 9 - 3 - 1　1978 年至 2021 年与棘皮动物细胞冷冻生物学相关的文献（Paredes et al.，2019；许帅等，2021）

物种名	冷冻细胞类型	参考文献	结果
马粪海胆 *Hemicentrotus pulcherrimus*	精子	Asahina and Takahashi，1978	接近 100% 的受精率和发育到原肠胚
	胚胎	Asahina and Takahashi，1978、1979	10%发育成幼虫
	幼虫	Asahina and Takahashi，1977	90%存活率
裸球海胆 *Strongylocentrotus nudus*	胚胎/幼虫	Asahina and Takahashi，1979	解冻后无存活率
	体细胞	Odintsovay，2001	保存 24 h 解冻后有 32.2% 的活细胞
中间球海胆 *Strongylocentrotus intermedius*	精子	Asahina and Takahashi，1978	与对照组精子活力没有区别
	胚胎	Asahina and Takahashi，1978、1979	10%发育成幼虫
		Gakhova et al.，1988	≥90%存活率
		Naidenko et al.，1991	0.1%～0.2%发育至第二代
		Naidenko and Koltsova，1998	60%解冻后能够游动，1%正常发育
		Odintsova et al.，2009	40%存活率
		Odintsova et al.，2015	冷冻后细胞骨架紊乱的研究
	幼虫	Asahina and Takahashi，1979	90%存活率
		Naidenko and Koltsova，1998	20%能够主动游动
紫海胆 *Anhocidaris crassispina*	精子	Wu et al.，1990	10%的运动活力
智利海胆 *Loxechinus albus*	精子	Barros et al.，1997	>90%受精率；>76% 发育成幼虫
	幼虫	Barros et al.，1996	解冻 24h 后，77% 存活率；解冻 21d 后，55% 存活率
黑阿巴海胆 *Tetrapigus niger*	精子	Barros et al.，1996	96%受精率，24h 后 56% 能够正常发育
	幼虫	Barros et al.，1997	解冻 24h 后 66% 的存活率
绿色球海胆 *Strongylocentrotus droebachiensis*	精子	Dunn and McLachlan，1973	运动能力得分 4 级（共 10 级）
菱黄真海胆 *Evechinus chloroticus*	精子	Adams et al.，2004	95%受精率
	卵母细胞	Adams et al.，2003	验证对 CPAs 的膜渗透性，解冻后存活率为 0
	幼虫	Adams et al.，2006	解冻 4 h 后有 60%～80% 的能够游动；24h 有 20%～50% 的活动性，5 d 后少数活动性
青灰拟海胆 *Paracentrotus lividus*	精子	Fabbrocini et al.，2014	90%有活力，50%能够发育为正常幼虫
	卵母细胞/胚胎	Paredes and Bellas，2009	关于多种渗透保护剂的毒性试验
	胚胎	Bellas and Paredes，2011；Paredes and Bellas，2014；Paredes et al.，2015	解冻 96 h 后有 50%～80%正常幼虫，71%幼虫饲养下存活，25%能够附着变态
	精子	Fabbrocini et al.，2021	冻精激活后活力>60min 不变
清楚长海胆 *Echinometra lucunter*	精子	Ribeiro et al.，2018	受精后 48 h 后有 80% 正常发育幼虫
	卵母细胞/胚胎	Ribeiro et al.，2018；Ribeiro et al.，2018	关于多种渗透保护剂的毒性试验
忧郁赤海胆 *Pseudocentrotus depressus*	精子	Kurokura et al.，1989	13%～33%受精率
智利海胆 *Loxechinus albus*	胚胎/幼虫	Dupre and Carvajal，2019	存活率：囊胚（76±7）%、幼虫（79±7）%
仿刺参 *Apostichopus japonicus*	精子	Shao et al.，2006	受精率约 70%
	精子	Mizuno et al.，2019	活力最高为（19.3±1.1）%，受精率为（89.8±1.7）%，与鲜精差异不显著

（续）

物种名	冷冻细胞类型	参考文献	结果
寻常海盘车 *Asterias vulgaris*	精子	Dunn and McLachlan, 1973	精子活力等级 3，未测受精率
紫海星 *Pisaster ochraceus*	精子	Jalali et al.，2012	11%～29%发育为正常胚胎

一、精子

已经对许多海胆物种以及部分海参和海胆物种的精子进行了冷冻保存研究，如紫海胆（Wu et al.，1990）、马粪海胆（Asahina & Takahashi，1977）、智利海胆（Barros et al.，1997）、绿色球海胆（Dunn & McLachlan，1973）、清楚长海胆（Ribeiro et al.，2018）、萎黄真海胆（Adams et al.，2004）、中间球海胆（Asahina & Takahashi，1978、1979）、忧郁赤海胆（Kurokura et al.，1989）、青灰拟海胆（Fabbrocini et al.，2014）、黑阿巴海胆（Barros et al.，1996）、仿刺参（Shao et al.，2006；Mizuno et al.，2019）、寻常海盘车（Dunn & McLachlan，1973）、紫海星（Jalali et al.，2012）。据报道，在这些研究中冷冻保存的精子的受精率在 6%～96%，并且，冷冻保存的精子必须将精子浓度增加 100 倍才能获得与未冷冻精子相当的受精成功率（Adams et al.，2004；Kurokura et al.，1989）。

不同物种的相关研究表明，其成功的冷冻保存方案存在相当大的差异，并且许多因素，例如 CPA 类型和浓度、稀释比例、冷却/解冻速率和解冻后受精程序（如精子卵子比、卵子密度）均必须加以考虑和优化，同时还要考虑因素之间发生的相互作用。对于海胆精子，DMSO 或乙二醇（EG）常用的浓度范围为 5%～13.5% 和 1～1.5mol/L（表 9-3-2）。在某些情况下，添加海藻糖（0.04mol/L）可以改善解冻后的 *Paracentrotus lividus* 的受精率和存活率（Fabbrocini et al.，2014）。更多具体关于棘皮动物精子低温冷冻保存的研究见表 9-3-2。

表 9-3-2　棘皮动物精子冷冻保存研究综述（许帅等，2019）

物种名	精子采集方式；稀释剂+抗冻剂；冷冻容器	稀释比例；平衡时间	非程序两步降温法的降温程序	解冻条件	最适结果及冻后精子质量	参考文献
绿色球海胆 *Hemicentrotus pulcherrimus*	注射 0.5mol/L KCl 溶液；过滤自然海水+DMSO（6%、12%、18%、25%和35%）；2mL 冻存管	1:3；30min（碎冰上）	降温速率（-1、-5、-10℃/min），从 25℃ 到 -45℃，投入 LN	室温放置 45min	-5℃/min，12%～18% DMSO，保存 30d；精子活力等级 3～4，受精率>95%	Dunn et al.，1973
砂币海胆 *Echinarachnius parma*	解剖获得成熟性腺后剪碎；过滤自然海水+DMSO（7.5%、15%、20%、30%、40%）；2mL 冻存管	1:3；30min（碎冰上）	降温速率 5℃/min，从 25℃ 到 -45℃，投入 LN	室温放置 45min	-5℃/min，7.5%～15% DMSO，保存 30d；精子活力等级 1，未测受精率	Dunn et al.，1973
马粪海胆 *Hemicentrotus pulcherrimus*	解剖获得成熟性腺后剪碎；过滤自然海水+EG（1.5 和 2mol/L）；试管（10mm×100mm）	1:25；15℃，1 h	降温速率（-4.5℃/min），从 15℃ 到 -76℃，投入液氮	15℃水浴	1.5mol/L EG，保存 3d；精子解冻 10min 后活力达到最大，受精率>66.7%	Asahina et al.，1978

（续）

物种名	精子采集方式；稀释剂＋抗冻剂；冷冻容器	稀释比例；平衡时间	非程序两步降温法的降温程序	解冻条件	最适结果及冻后精子质量	参考文献
萎黄真海胆 *Evechinus chloroticus*	注射 1.5～3mL 0.5mol/L KCl 溶液，含 0.3 或 0.5mol/L 海藻糖的蒸馏水＋EG、PG、DMSO（浓度 2.5%、5%、7.5%、10%、12.5% 和 15%）；0.25mL 塑料麦管	1：5、1：20	降温速率（－5 或 －50℃/min），从 0℃ 冷却至 －75℃，平衡 10min 后，投入液氮	15℃水浴 30 s	2.5%～7.5% DMSO，稀释比例 1：20，降温速率 －50℃/min；精子 10^6 个/mL 用于受精实验，可使受精率达 90% 以上	Adams et al.，2004
青灰拟海胆 *Paracentrotus lividus*	注射 1mL 0.5mol/L KCl 溶液；3 种抗冻剂配方，7% DMSO＋0.04mol/L 海藻糖（Tre）、7% Gly＋0.04mol/L Tre、7% MeOH＋0.04mol/L Tre；0.25mL 麦管，1.8mL 冻存管	1：12；3 种，E1（4℃，10min）；E2（18℃，10min）；E3（4℃，10min＋1% 盐度抑制精子运动）	先平衡，后以 20 或 90℃/min 2 种降温速率冷却至 －80℃，后浸入液氮至少 20min	30℃水浴	作者先验证了 3 种平衡条件下 3 种抗冻保护剂配方的毒性，选出每种平衡条件毒性最小的配方，以此为基础运行 2 种降温速率进行实验，最适方案为 E3（Tre＋DMSO）、－20℃/min；（冻精/鲜精）存活率 70%～90%，快速运动精子比例 50%～85%，与鲜精相比，50% 的受精卵能正常发育	Fabbrocini et al.，2014
仿刺参 *Apostichopus japonicus*	解剖获得成熟性腺后剪碎；100% 人工海水＋DMSO、甘油（浓度 5%、10%、15% 和 20%）；0.5mL PE 吸管	1：1、1：3、1：5、1：7 和 1：9；室温 6min	先平衡，后以 －77、－52、－35 和 －19℃/min 4 种降温速率（距液氮液面分别 2、4、6 和 8cm）放置至少 15min，投入液氮保存	37℃水浴	15% DMSO，1：9，－35℃/min；解冻后精子保持高活力约 10min（30%～60%），冻精受精率约 70%	Shao et al.，2006
仿刺参 *Apostichopus japonicus*	解剖获得成熟性腺后剪碎；人工海水＋DMSO、MeOH、DMF、DMA、PG（浓度 0、5%、10%、15%、20% 和 25%）；0.25mL 麦管	1：20；<3min	先平衡，后根据样品距液面的高度（5～17.5cm）调整降温速率 5.2～65℃/min，冷却至 －50℃，立即投入液氮保存	20℃水浴 15 s	20% DMSO，降温速率 10.4℃/min（距液面高度 15cm）；冻精解冻后活力最高为（19.3±1.1）%，受精率为（89.8±1.7）%	Mizuno et al.，2019
寻常海盘车 *Asterias vulgaris*	解剖获得成熟性腺后剪碎；过滤自然海水＋DMSO（12%、20%、30% 和 40%）；2mL 冻存管	1：3；30min（碎冰上）	降温速率 5℃/min，25℃ 至 －45℃，投入液氮	室温放置 45min	－5℃/min，20%～30% DMSO，保存 30d；精子活力等级 3，未测受精率	Dunn et al.，1973
紫海星 *Pisaster ochraceus*	解剖获得成熟性腺后剪碎；过滤自然海水＋不同组合及浓度的 DMSO、甘油、蔗糖、蛋黄、肌酸和牛血清蛋白；1mL 冻存管	1：9、1：18	降温速率（距页面距离）4.7（40mm）、9（25mm）和 12.6℃/min（10mm），静置 20min 后，投入液氮	45℃水浴	5% DMSO，1% Gly，40% 蛋黄，20% 浓度为 1% 的蔗糖，1：18，12.6℃/min，保存时间 2 年；11%～29% 发育为正常胚胎	Jalali et al.，2012

注：仅列出成功和最佳的结果。

二、胚胎

棘皮动物的胚胎低温冷冻保存全都集中在海胆中。海胆胚胎的冷冻保存研究已在不同物种和不同发育阶段（即早期分裂胚胎或晚期囊胚胚胎）得到了不同程度的成功（表 9-3-3）。

表 9-3-3　海胆胚胎冷冻保存研究综述（早期胚胎到囊胚）（Paredes et al.，2019）

物种名	参考文献	冷冻保护剂	降温速率	结果
马粪海胆 *Hemicentrotus pulcherrimus*	Asahina and Takahashi，1978	1.5mol/L EG	10℃/min 到 −40℃	高达90%的存活率
中间球海胆 *Strongylocentrotus intermedius*	Asahina and Takahashi，1978	1mol/L DMSO	5℃/min 到 −50℃	10%存活率
	Gakhova et al.，1988	1~1.5mol/L DMSO	7℃/min 到 −40℃	≥90%存活率
	Odintsova et al.，2009	6% DMSO +0.04mol/L Tre + 抗氧化剂	6℃/min 到 −33℃	40%存活率
青灰拟海胆 *Paracentrotus lividus*	Paredes and Bellas，2009	2mol/L PG +0.75mol/L PVP	1℃/min 到 −80℃	40%发育成长腕幼虫
	Bellas and Paredes，2011	1.5mol/L DMSO + 0.04mol/L Tre	1℃/min 到 −80℃	解冻96 h后50%~80%存活率
	Paredes et al.，2015	1.5mol/L DMSO + 0.04mol/L Tre	1℃/min 到 −80℃	与对照组比，71%成活率，25%附着变态率
清楚长海胆 *Echinometra lucunter*	Ribeiro et al.，2018a	1.5mol/L DMSO，1.02mol/L PG，0.5mol/L EG	不适用	未冷冻保存，仅做对CPAs的毒性测试
智利海胆 *Loxechinus albus*	Dupre and Carvajal，2019	10%的DMSO+ 0.04mol/L 的Tre	3℃/min	存活率（76±7）%

注：仅列出成功和最佳的结果。

Asahina and Takahashi（1978）开发了一种冷冻保存海胆早期胚胎的方法，他们报道最适 CPA 是 1.5mol/L 的乙二醇（EG）。他们用 CPA 溶液对海胆胚胎逐渐稀释 30min 至最终体积为 0.5mL，胚胎在 10mm×100mm 冻存管中以约为 10℃/min 的冷却速率冷冻至 −40℃，以 35℃/min 的升温速率将冷冻胚胎从 −196℃ 解冻到 −15℃，获得早期胚胎的最佳存活率即发育为长腕幼虫百分比（Asahina and Takahashi，1978）。然而，使用相同的冷却速率将相同的受精卵冷冻至 −50℃ 并在相同的升温速率下解冻仅有 5% 的幼虫成活率（Asahina and Takahashi，1978）。

Asahina and Takahashi（1978）还为海胆的胚胎制定了冷冻方案。他们的研究表明，1mol/L 的二甲基亚砜是保存海胆受精卵（受精后 5min）的最佳 CPA（Asahina and Takahashi，1979）。冷冻胚胎的解冻后存活率（发育为长腕幼虫）平均为 10%，最好的样本为 19%（Asahina and Takahashi，1979）。

Odintsova 等（2009）研究表明，使用 6% DMSO、0.04mol/L 海藻糖（Tre）、0.15% 外源性脂质乳剂以及维生素 E 和维生素 C 的混合物作为 CPA 冷冻保存 *S. intermedius* 胚胎，可产生高达 40% 的存活率。Gakhova 等（1988）报道，使用 1~1.5mol/L DMSO 和 7℃/min 的冷却速率冷冻至 −40℃，解冻后幼虫的存活率甚至更高（90%）。

Paredes 等（2015）测试冷冻保存海胆胚胎的生存能力，并检查它们从幼体饲养到幼年阶段的存活和发育能力。实验结果表明，用于海胆胚胎的冷冻保存方案不仅可行，而且冷冻保存后的胚胎还能够成功发育成幼虫，并附着变态；冷冻保存的囊胚在第 3 天的初始存活率为 50%，而新鲜对照的存活率为 100%，到幼体饲养结束时（第 20 天）的初始存活率为 29%，对照组的非冷冻保存的囊胚的存活率为 40.5%；新鲜对照海胆幼虫在受精后 48h 达到四腕长腕幼体阶段，第 7 天达到早期六腕长腕幼体阶段，第 11 天达到成熟的六腕长腕幼体阶段，第 14 天达到八腕长腕幼体阶段，在第 16 天到第 20 天发育了幼虫，此时具有变态附着的能力；低温保存的囊胚生长和发育受阻，在受精后 96 h 达到棱柱或四腕长腕幼体阶段，培育 10d 后，冷冻幼虫的发育与对照囊胚有差异（停留在四腕长腕幼体阶段直到第 8 天，早期的六腕长腕幼体阶段到第 10 天为止），到第 13 天时，冷冻保存的囊胚达到了八腕长腕幼体阶段，但在第 16 天后，实验组和对照组之间没有观察到明显的大小差异，几乎所有的幼虫都具备了变态的能力。在培养皿中培养 18d 后，对照组新鲜海胆幼虫的平均沉降率为 28.21%，冷冻保存的幼虫沉降率为 7.09%。

三、幼虫

棘皮动物的幼虫低温冷冻保存研究也全都集中在海胆中，并且幼虫低温冷冻保存常与胚胎低温冷冻保存一起研究，并相互比较（Adams et al.，2006；Asahina & Takahashi，1977、1978、1979；Barros et al.，1996、1997；Gakhova et al.，1988；Naidenko et al.，1991；Naidenko and Koltsova，1998）。成功冷冻保存的阶段主要是囊胚和长腕幼虫阶段，一些研究也报告了成功冷冻保存原肠胚和棱柱幼虫的例子（Asahina and Takahashi，1978，1979；Gakhova et al.，1988；Naidenko and Koltsova，1998）。最常用于海胆幼虫的 CPA 是 DMSO 和 EG，也评估了其他化学物质，如 PVP、蔗糖和甘油。通常，幼虫在 1~1.5mol/L CPA 中冷冻（表 9-3-4）。已证明 2mol/L 的浓度对某些海胆物种的幼虫具有毒性（Asahina and Takahashi，1978）。海胆幼虫冷冻保存研究中使用的降温速率范围为 3~10℃/min（表 9-3-4）。

极少数海胆物种冷冻保存的幼虫已证明具有发育至具有变态、附着和其他阶段的能力。Adams 等（2006）表明冷冻保存的 Evechinus chloroticus 的四腕长腕幼体可以发育成有活力的幼虫。Gakhova 等（1988）和 Naidenko 等（1991）证明冷冻保存的海胆囊胚能够发育到附着期。Naidenko 等（1991）进一步证明，所产生的幼虫可以长到性成熟并产生正常的后代。Naidenko 和 Koltsova（1998）研究表明在与 DMSO 平衡之前，将天然抗氧化剂棘突色素 A（1mg/L）初步施用到 S. intermedius 幼虫培养物中可以显著增加长腕幼虫的解冻后存活率。

Dupre 等（2019）为建立红海胆的囊胚和幼虫可重复的冷冻保存方案，进行了三部分的研究：第一部分，使用三种浓度（5%、10% 和 15%）的两种渗透性低温保护剂［二甲基亚砜（DMSO）和丙二醇（PG）］对红海胆的囊胚和幼虫进行了毒性测试；第二部分，将防冻剂与 0.04mol/L 海藻糖混合并测试其毒性；第三部分，使用不同的冷冻速率（2℃/min、3℃/min、3.5℃/min、4℃/min 和 4.5℃/min）对红海胆的囊胚和幼虫进行冷冻保存测试，并计算其解冻孵育后存活率。研究结果表明，冷冻保护剂毒性与其浓度之间存在直接关系，浓度越高，毒性越大，胚胎和幼虫的存活率越低，非渗透性防冻剂如海藻糖的添加使囊胚和幼虫的冻前和冻后存活率均显著提高；在抗冻剂配方为浓度 10% 的 DMSO＋0.04mol/L 的海藻糖中冷冻时，囊胚［（76±7）%］和幼虫［（79±7）%］达到最高的冷冻保存存活率，其对应的最适冷冻保存时间分别是 3℃/min 和 4.5℃/min，PG 10%＋Tre 冷冻保存效果不理想。

表 9-3-4 海胆幼虫（长腕幼虫）冷冻保存研究综述（Paredes et al.，2019）

物种名	参考文献	冷冻保护剂	降温速率	结果
马粪海胆 Hemicentrotus pulcherrimus	Asahina and Takahashi，1978	1.5mol/L EG	10℃/min 到－196℃	100%存活率
中间球海胆 Strongylocentrotus intermedius	Asahina and Takahashi，1979	1mol/L DMSO	5℃/min 到 －70℃	＞90%存活率
	Naidenko and Koltsova，1998	1mol/L DMSO＋1μg/mL EA	7℃/min 到－40℃	解冻 24 h，20% 能主动游动

（续）

物种名	参考文献	冷冻保护剂	降温速率	结果
智利海胆 *Loxechinus albus*	Barros et al.，1996	1mol/L DMSO	3℃/min 到−8℃ 10℃/min 到−150℃	24 h 后存活率为 77%， 21d 后存活率为 55%
黑阿巴海胆 *Tetrapigus niger*	Barros et al.，1997	1mol/L DMSO	0.3℃/min 到−8℃ 10℃/min 到−150℃	24 h 后存活率为 66%
萎黄真海胆 *Evechinus chloroticus*	Adams et al.，2006	1.5mol/L DMSO	2.5℃/min 到−35℃， 平衡 5min， −196℃	解冻后 4 h 有 60%～80% 的能够游动；24h 20%～50%有活动性， 5d 后少数有活动性
智利海胆 *Loxechinus albus*	Dupre and Carvajal，2019	10%DMSO+ 0.04mol/L 海藻糖	4.5℃/min	存活率（79±7)%

注：仅列出成功和最佳的结果。

四、总结与展望

目前已对 11 种海胆、1 种海参和 2 种海星进行了低温生物学相关研究，并已经成功地冷冻保存这些物种的精子，解冻后精子具有相当好的受精率。然而，关于棘皮动物卵母细胞冷冻保存的研究很少，也没有取得很好的结果，这是海洋无脊椎动物的普遍现象。研究证明大多数物种的卵母细胞均特别难以冷冻保存，解冻后无法存活或存活率非常低（太平洋牡蛎是例外，Tervit et al.，2005）。卵母细胞对冷冻保护剂的毒性非常敏感，即使其浓度低于有效冷冻保存所需的浓度，它们也对低温敏感，甚至接近0℃的温度通常是致命的或亚致死的。作为卵母细胞冷冻保存的替代方案，已经开发了胚胎和幼虫冷冻保存方法，在这些研究中，评估了冷冻保存对象在短期和长期冷冻并解冻后存活、生长、异常和沉降情况，并与对照未冷冻细胞进行了比较。

但目前人们仍对大多数海胆物种的膜渗透特性缺乏了解。文献表明，冷冻保护剂的毒性作用对不同的物种存在很大差异。因此需要进一步的研究工作来拓宽对棘皮动物精子、卵子、胚胎和幼虫等细胞膜参数的了解，模拟冷冻保护剂的添加和稀释、冷却过程中的水分流失，以及了解膜组成、冷冻保存细胞的长期生存能力，以保护棘皮动物的种质资源。Adams 等（2013）对海胆未受精卵和受精卵的膜渗透特性和渗透耐受极限进行了研究，并初步确定了其低温生物学特性。

需要更多的研究来优化和标准化棘皮动物种质资源的冷冻保存程序。关于致死性和亚致死性冷冻损伤的机制可能需要分子学研究的观点，应了解代谢待机是如何发生的，更重要的是，了解在分子水平上解冻后会发生什么，这将有助于我们了解器官冷冻损伤发生及造成细胞冷冻保存后无法存活或显示非致死性损伤的原因（Hezavehei et al.，2018）。

参 考 文 献

廖玉麟，肖宁，2011. 中国海棘皮动物的种类组成及区系特点 [J]. 生物多样性，19（6）：729-736.

刘清华，2005. 真鲷（*Pagrosomus major*）精液超低温保存及其低温损伤研究 [D]. 青岛：中国海洋大学.

齐文山，姜静，田永胜，等，2014. 云纹石斑鱼精子冷冻保存 [J]. 渔业科学进展，35（1）：26-33.

田永胜，陈松林，季相山，等，2009. 半滑舌鳎精子冷冻保存 [J]. 渔业科学进展，30（6）：97-102.

王印庚，荣小军，廖梅杰，等，2014. 刺参健康养殖与病害防控技术丛解 [M]. 北京：中国农业出版社.

杨培民，杨爱国，刘志鸿，等，2008. 虾夷扇贝精子形态结构和超低温冷冻损伤的电镜观察 [J]. 海洋水产研究，29（1）：98-102.

Acosta-Salmon H, Jerry D R, Southgate P C, 2007. Effects of cryoprotectant agents and freezing protocol on motility of black-lip pearl oyster (*Pinctada margaritifera* L.) spermatozoa [J]. Cryobiology, 54 (1): 13-18.

Adams S L, Hessian P A, Mladenov P V, 2003a. Flow cytometric evaluation of mitochondrial function and membrane integrity of marine invertebrate sperm [J]. Invertebrate Reproduction & Development, 44 (1): 45-51.

Adams S L, Hessian P A, Mladenov P V, 2004. Cryopreservation of sea urchin (*Evechinus chloroticus*) sperm [J]. Cryoletters, 25 (4): 287-299.

Adams S L, Hessian P A, Mladenov P V, 2006. The potential for cryopreserving larvae of the sea urchin, *Evechinus chloroticus* [J]. Cryobiology, 52 (1): 139-145.

Adams S L, Kleinhans F W, Mladenov P V, et al., 2003b. Membrane permeability characteristics and osmotic tolerance limits of sea urchin (*Evechinus chloroticus*) eggs [J]. Cryobiology, 47 (1): 1-13.

Akarasanon K, Damrongphol P, Poolsanguan W, 2004. Long-term cryopreservation of spermatophore of the giant freshwater prawn, *Macrobrachium rosenbergii* (de Man) [J]. Aquaculture Research, 35 (15): 1415-1420.

Anchordoguy T, Crowe J H, Griffin F J, et al., 1988. Cryopreservation of sperm from the marine shrimp *Sicyonia ingentis* [J]. Cryobiology, 25 (3): 238-243.

Asahina E, Takahashi T, 1977. Survival of sea urchin spermatozoa and embryos at very low temperatures [J]. Cryobiology, 14 (6): 703.

Asahina E, Takahashi T, 1978. Freezing tolerance in embryos and spermatozoa of sea-urchin [J]. Cryobiology, 15 (1): 122-127.

Asahina E, Takahashi T, 1979. Cryopreservation of sea urchin embryos and sperm [J]. Cryobiology, 15 (6): 688-689.

Asturiano J F, Marco-Jimenez F, Penaranda D S, et al., 2007. Effect of sperm cryopreservation on the European eel sperm viability and spermatozoa morphology [J]. Reproduction in Domestic Animals, 42 (2): 162-166.

Barros C, Muller A, Wood M J, et al., 1996. High survival of sea urchin semen (*Tetrapigus niger*) pluteus larvae (*Loxechinus albus*) frozen in 1.0 M Me₂SO [J]. Cryobiology, 33, 646.

Barros C, Muller A, Wood M J, 1997. High survival of spermatozoa and pluteus larvae of sea urchins frozen in Me₂SO [J]. Cryobiology, 35, 341.

Behlmer S D, Brown G, 1984. Viability of cryopreserved spermatozoa of the horseshoe-crab, *Limulus polyphemus* L. [J]. International Journal of Invertebrate Reproduction and Development, 7 (3): 193-199.

Beiras R, Fernandez N, Bellas J, et al., 2003. Integrative assessment of marine pollution in Galician estuaries using sediment chemistry, mussel bioaccumulation, and embryo-larval toxicity bioassays [J]. Chemosphere, 52 (7): 1209-1224.

Bellas J, Fernandez N, Lorenzo I, et al., 2008. Integrative assessment of coastal pollution in a Ria coastal system (Galicia, NW Spain): Correspondence between sediment chemistry and toxicity [J]. Chemosphere, 72 (5): 826-835.

Bellas J, Paredes E, 2011. Advances in the cryopreservation of sea-urchin embryos: Potential application in marine water quality assessment [J]. Cryobiology, 62 (3): 174-180.

Bhakat M, Mohanty T K, Raina V S, et al., 2011. Frozen semen production performance of murrah buffalo bulls [J]. Buffalo Bulletin, 30 (2): 157-162.

Bury N R, Olive P J W, 1993. Ultrastructural observations on membrane-changes associated with cryopreserved spermatozoa of 2 polychaete species and subsequent mobility induced byquinacine [J]. Invertebrate Reproduction & Development, 23 (2-3): 139-150.

Campos S, Troncoso J, Paredes E, 2021. Major challenges in cryopreservation of sea urchin eggs [J]. Cryobiology, 98: 1-4.

Chauhan M S, Kapila R, Gandhi K K, et al., 1994. Acrosome damage and enzyme leakage of goat spermatozoa during dilution, cooling and freezing [J]. Andrologia, 26 (1): 21-26.

Coloma M A, Toledano-Diaz A, Castano C, et al., 2011. Seasonal variation in reproductive physiological status in the Iberian ibex (*Capra pyrenaica*) and its relationship with sperm freezability [J]. Theriogenology, 76 (9): 1695-1705.

Dong Q X, Eudeline B, Huang C J, et al., 2005b. Commercial-scale sperm cryopreservation of diploid and tetraploid Pacific oysters, *Crassostrea gigas* [J]. Cryobiology, 50 (1): 1-16.

Dong Q X, Huang C J, Eudeline B, et al., 2005a. Systematic factor optimization for cryopreservation of shipped sperm samples of diploid Pacific Oysters, *Crassostrea gigas* [J]. Cryobiology, 51 (2): 176-197.

Dong Q X, Huang C J, Eudeline B, et al., 2006. Systematic factor optimization for sperm cryopreservation of tetraploid Pacific oysters, *Crassostrea gigas* [J]. Theriogenology, 66 (2): 387-403.

Dong Q X, Huang C J, Eudeline B, et al., 2007. Cryoprotectant optimization for sperm of diploid Pacific oysters by use of commercial dairy sperm freezing facilities [J]. Aquaculture, 271 (1-4): 537-545.

Dong Q X, Lin J D, Huang C J, 2004. Effects of cryoprotectant toxicity on the embryos and larvae of pacific white shrimp *Litopenaeus vannamei* [J]. Aquaculture, 242 (1-4): 655-670.

Dunn R S, McLachlan J, 1973. Cryopreservation of echinoderm sperm [J]. Canadian Journal of Zoology, 51 (6): 666-669.

Dupre E, Carvajal J, 2019. Cryopreservation of embryos and larvae of the edible sea urchin *Loxechinus albus* (Molina, 1782) [J]. Cryobiology, 86: 84-88.

Epel D, Cole B, Hamdoun A, et al., 2006. The sea urchin embryo as a model for studying efflux transporters: Roles and energy cost [J]. Marine Environmental Research, 62: S1-S4.

Espinoza C, Valdivia M, Dupre E, 2010. Morphological alterations in cryopreserved spermatozoa of scallop *Argopecten purpuratus* [J]. Latin American Journal of Aquatic Research, 38 (1): 121-127.

Fabbrocini A, D'Adamo R, 2017. Motility of sea urchin Paracentrotus lividus spermatozoa in the post-activation phase [J]. Aquaculture Research, 48 (11): 5526-5532.

Fabbrocini A, D'Adamo R, Del Prete F, et al., 2016a. The sperm motility pattern in ecotoxicological tests. The CRYO-Ecotest as a case study [J]. Ecotoxicology and Environmental Safety, 123: 53-59.

Fabbrocini A, D'Adamo R, Pelosi S, et al., 2014. Gamete cryobanks for laboratory research: Developing a rapid and easy-to-perform protocol for the cryopreservation of the sea urchin *Paracentrotus lividus* (Lmk, 1816) spermatozoa [J]. Cryobiology, 69 (1): 149-156.

Fabbrocini A, Maurizio D, D'Adamo R, 2016b. Sperm motility patterns as a tool for evaluating differences in sperm quality across gonad development stages in the sea urchin *Paracentrotus lividus* (Lmk, 1816) [J]. Aquaculture, 452: 115-119.

Fabbrocini A, Silvestri F, D'Adamo R, 2021. Development of alternative and sustainable methodologies in laboratory research on sea urchin gametes [J]. Marine Environmental Research, 167.

Gakhova E N, Krasts I V, Naidenko K T, et al., 1988. The development of sea urchin embryos after cryopreservation [J]. Ontogenez, 19 (2): 175-180.

Gallego V, Perez L, Asturiano J F, et al., 2014. Sperm motility parameters and spermatozoa morphometric characterization in marine species: A study of swimmer and sessile species [J]. Theriogenology, 82 (5): 668-676.

Guo J H, Weng C F, 2020. Current status and prospects of cryopreservation in aquatic crustaceans and other invertebrates [J]. Journal of Crustacean Biology, 40 (4): 343-350.

Gwo J C, 2000. Cryopreservation of aquatic invertebrate semen: a review [J]. Aquaculture Research, 31 (3): 259-271.

Hezavehei M, Sharafi M, Kouchesfahani H M, et al., 2018. Sperm cryopreservation: A review on current molecular cryobiology and advanced approaches [J]. Reproductive Biomedicine Online, 37 (3): 327-339.

Jalali A, Crawford B, 2012. A freezing technique that maintains viability of sperm from the starfish *Pisaster ochraceus* [J]. Invertebrate Reproduction & Development, 56 (3): 242-248.

Janett F, Thun R, Bettschen S, et al., 2003. Seasonal changes of semen quality and freezability in Franches—*Montagnes stallions* [J]. Animal Reproduction Science, 77 (3-4): 213-221.

Jeyalectumie C, Subramoniam T, 1989. Cryopreservation of spermatophores and seminal plasma of the edible crab *Scylla serrata* [J]. Biological Bulletin, 177 (2): 247-253.

Kawamoto T, Narita T, Isowa K, et al., 2007. Effects of cryopreservation methods on post-thaw motility of spermatozoa from the Japanese pearl oyster, *Pinctada fucata* martensii [J]. Cryobiology, 54 (1): 19-26.

Kominami T, Takata H, 2004. Gastrulation in the sea urchin embryo: A model system for analyzing the morphogenesis of a monolayered epithelium [J]. Development Growth & Differentiation, 46 (4): 309-326.

Kurokura H, Namba K, Ishikawa T, 1990. Lesions of spermatozoa by cryopreservation in oyster *Crassostrea gigas* [J]. Nippon Suisan Gakkaishi, 56 (11): 1803-1806.

Kurokura H, Yagi N, Hirano R, 1989. Studies on cryopreservation of sea urchin sperm [J]. Suisanzoshoku, 37: 215-219.

Kusakabe H, Kamiguchi Y, 2004. Chromosomal integrity of freeze-dried mouse spermatozoa after Cs-137 gamma-ray irradiation [J]. Mutation Research-Fundamental and Molecular Mechanisms of Mutagenesis, 556 (1-2): 163-168.

Liu Y, Li X, Robinson N, et al., 2015. Sperm cryopreservation in marine mollusk: a review [J]. Aquaculture International, 23 (6): 1505-1524.

Liu Y B, Li X X, Xu T, et al., 2014a. Improvement in non-programmable sperm cryopreservation technique in farmed greenlip abalone *Haliotis laevigata* [J]. Aquaculture, 434: 362-366.

Liu Y B, Xu T, Robinson N, et al., 2014b. Cryopreservation of sperm in farmed Australian greenlip abalone *Haliotis laevigata* [J]. Cryobiology, 68 (2): 185-193.

Lyons L, Jerry D R, Southgate P C, 2005. Cryopreservation of black-lip pearl oyster (*Pinctada margaritifera* L.) spermatozoa: Effects of cryoprotectants on spermatozoa motility [J]. Journal of Shellfish Research, 24 (4): 1187-1190.

Miyazaki A, Kato K H, Nemoto S, 2005. Role of microtubules and centrosomes in the eccentric relocation of the germinal vesicle upon meiosis reinitiation in sea-cucumber oocytes [J]. Developmental Biology, 280 (1): 237-247.

Miyazaki K, Bilinski S M, 2006. Ultrastructural investigations of the ovary and oogenesis in the pycnogonids *Cilunculus armatus* and *Ammothella biunguiculata* (Pycnogonida, Ammotheidae) [J]. Invertebrate Biology, 125 (4): 346-353.

Mizuno Y, Fujiwara A, Yamano K, et al., 2019. Motility and fertility of cryopreserved spermatozoa of the Japanese sea cucumber *Apostichopus japonicus* [J]. Aquaculture Research, 50 (1): 106-115.

Morris E J, Dreixler J C, Cheng K Y, et al., 1999. Optimization of single-cell gel electrophoresis (SCGE) for quantitative analysis of neuronal DNA damage [J]. BioTechniques, 26 (2): 282.

Naidenko T K, Koltsova E A, 1998. The use of antioxidant echinochrome-A in cryopreservation of sea urchin embryos and larvae [J]. Russian Journal of Marine Biology, 24 (3): 203-206.

Odintsova N, Kiselev K, Sanina N, et al., 2001. Cryopreservation of primary cell cultures of marine invertebrates [J]. Cryo-Letters, 22 (5): 299-310.

Odintsova N A, Ageenko N V, Kipryushina Y O, et al., 2015. Freezing tolerance of sea urchin embryonic cells: Differentiation commitment and cytoskeletal disturbances in culture [J]. Cryobiology, 71 (1): 54-63.

Odintsova N A, Boroda A V, 2012. Cryopreservation of the cells and larvae of marine organisms [J]. Russian Journal of Marine Biology, 38 (2): 101-111.

Odintsova N A, Boroda A V, Velansky P V, et al., 2009. The fatty acid profile changes in marine invertebrate larval cells during cryopreservation [J]. Cryobiology, 59 (3): 335-343.

Orgal S, Zeron Y, Elior N, et al., 2012. Season-induced changes in bovine sperm motility following a freeze-thaw procedure [J]. Journal of Reproduction and Development, 58 (2): 212-218.

Paniagua-Chavez C G, Buchanan J T, Tiersch T R, 1998. Effect of extender solutions and dilution on motility and fertilizing ability of Eastern oyster sperm [J]. Journal of Shellfish Research, 17 (1): 231-237.

Paniagua-Chavez C G, Tiersch T R, 2001. Laboratory studies of cryopreservation of sperm and trochophore larvae of the eastern oyster [J]. Cryobiology, 43 (3): 211-223.

Paredes E, 2015. Exploring the evolution of marine invertebrate cryopreservation—Landmarks, state of the art and future lines of research [J]. Cryobiology, 71 (2): 198-209.

Paredes E, 2016. Biobanking of a Marine Invertebrate Model Organism: The Sea Urchin [J]. Journal of Marine Science and Engineering, 4 (1).

Paredes E，Bellas J，2009. Cryopreservation of sea urchin embryos（*Paracentrotus lividus*）applied to marine ecotoxicological studies［J］. Cryobiology，59（3）：344-350.

Paredes E，Bellas J，2014. Sea urchin（*Paracentrotus lividus*）cryopreserved embryos survival and growth：effects of cryopreservation parameters and reproductive seasonality［J］. Cryoletters，35（6）：482-494.

Paredes E，Bellas J，2015. The use of cryopreserved sea urchin embryos（*Paracentrotus lividus*）in marine quality assessment［J］. Chemosphere，128：278-283.

Paredes E，Bellas J，Costas D，2015. Sea urchin（*Paracentrotus lividus*）larval rearing — Culture from cryopreserved embryos［J］. Aquaculture，437：366-369.

Ribeiro M B，Furley T，Spago F R，et al.，2018a. First steps towards *Echinometra lucunter* embryo cryopreservation ［J］. Cryobiology，80：51-54.

Ribeiro R C，da SilvaVeronez A C，Tovar T T，et al.，2018b. Cryopreservation：Extending the viability of biological material from sea urchin（*Echinometra lucunter*）in ecotoxicity tests［J］. Cryobiology，80：139-143.

Shao M Y，Zhang Z F，Yu L，et al.，2006. Cryopreservation of sea cucumber *Apostichopus japonicus*（Selenka）sperm［J］. Aquaculture Research，37（14）：1450-1457.

Tsai S，Chong G，Meng P J，et al.，2018. Sugars as supplemental cryoprotectants for marine organisms［J］. Reviews in Aquaculture，10（3）：703-715.

Tsai S，Lin C，2012. Advantages and Applications of Cryopreservation in Fisheries Science［J］. Brazilian Archives of Biology and Technology，55（3）：425-433.

van der Horst G，Bennett M，Bishop J D D，2018. CASA in invertebrates［J］. Reproduction Fertility and Development，30（6）：907-918.

Williams K M，Ford W C L，2001. The motility ofdemembranated human spermatozoa is inhibited by free calcium ion activities of 500 nmol/L or more［J］. International Journal of Andrology，24（4）：216-224.

Wu G，Kurokura H，Hirano R，1990. Hibridation of *Pseudocentrotus depressus* egg and cryopreserved sperm of *Anthocidaris crassipina* and the morphology of hybrid larva［J］. Nippon Suisan Gakkaishi，56：749 – 754.

Xu S，Liu S，Sun J，et al.，2022. Optimizing cryopreservation of sea cucumber（*Apostichopus japonicus*）sperm using a programmable freezer and computer-assisted sperm analysis［J］. Frontiers in Marine Science，9.

Xu X R，Zhu J Q，Ye T，et al.，2013. Improvement of single-cell gel electrophoresis（SCGE）alkaline comet assay ［J］. Aquatic Biology，18（3）：293-295.

Zheng X，Gu Z F，Huang Z W，et al.，2018. The effects of cryoprotectants on sperm motility of the Chinese pearl oyster，*Pinctada fucata martensii*［J］. Cryobiology，82：64-69.

（许帅，杨红生，刘石林）

第十章
鱼类生殖干细胞冷冻保存及应用

　　干细胞被认为是一类具有自我更新和多向分化能力的细胞。按其分化潜能，干细胞可以分为三类：全能干细胞、多能干细胞和单能干细胞。根据其来源，可以分为胚胎干细胞和成体干细胞。成体干细胞存在于机体各种组织器官中，可以自我更新，同时在一定条件下也可以分化为各种特定的细胞类型（Lanza et al.，2005）。生殖干细胞（germline stem cell，GSC）存在于性腺中，维持着机体整个生命周期中配子的发生（Valli et al.，2014；Yuan et al.，2010）。根据其来源，GSC 分为精原干细胞（spermatogonial stem cell，SSC）和卵原干细胞（oogonial stem cell，OSC）。在正常情况下，两者均是单向分化潜能干细胞，具有干细胞最基本的两个特性（自我更新与分化），并定居于特定微环境中，微环境中特定因子既能使 GSC 不断增殖形成与自身完全相同的细胞，又能沿着一定的分化路径分别产生精子或卵子（Gilboa et al.，2004）。GSC 是动物体内唯一能向子代传递遗传信息的成体干细胞，携带有双亲的遗传信息。因此，鱼类生殖干细胞冷冻保存及移植技术在鱼类种质资源保存、珍稀濒危鱼类保护、苗种高效繁育、性控育种等方面具有广阔的应用前景（Yoshizaki et al.，2018）。

一、鱼类生殖干细胞的特征

　　鱼类性腺中，由于生殖干细胞的存在，在整个生命周期中，精子和卵子可以不断地产生。通常把精原细胞分为 4 种类型（Lacerda et al.，2014；Leal et al.，2009）：未分化 A 型精原细胞（A$_{und}$）、分化的 A 型精原细胞（A$_{diff}$）、早期 B 型精原细胞（B$_{early}$）、晚期 B 型精原细胞（B$_{late}$）。在有丝分裂阶段，A$_{und}$通过有丝分裂产生 A$_{diff}$，同时伴随着自我更新能力的急剧下降，然后继续分裂产生 B$_{early}$。由于 A$_{und}$具有干细胞的特性，通常称为精原干细胞。目前，有关鱼类卵原干细胞的报道较少，仅青鳉（*Oryzias latipes*）和斑马鱼（*Danio rerio*）中有相关研究（Beer et al.，2013；Nakamura et al.，2010）。青鳉卵原干细胞经过 3～5 次有丝分裂产生卵原细胞，然后进入减数分裂（Nakamura et al.，2011）。

　　由于鱼类生殖干细胞与其他类型的精原或卵原细胞在形态上差别不大，故难以将其区分。有研究表明，精原干细胞的细胞核较大，核内染色质均匀，核仁数目不等，异染色质较少，具有不规则的核膜，细胞质呈弱碱性（Lacerda et al.，2014）。组织学方法对于鉴定生殖干细胞而言有其局限性，随着分子生物学的发展，近些年鱼类中发现了一些生殖干细胞的标记基因。日本鳗鲡（*Anguilla japonica*）中，首次发现 *SGSA-1* 特异地表达于未分化和分化的 A 型精原细胞（Kobayashi et al.，1998）。青鳉中，*pou5f1* 只在未分化的 A 型精原细胞中表达（Sánchez-Sánchez et al.，2010），而 *nanos2*、*dead end* 和 *SGSA-1* 在未分化和分化的 A 型精原细胞中表达（Aoki et al.，2009；Liu et al.，2009）。罗非鱼（*Oreochromis niloticus*）中，*gfra1* 和 *pou5f1* 只在未分化的 A 型精原细胞中表达，而 *nanos2* 和 *SGSA-1* 在未分化和分化 A 型精原细胞中表达（Lacerda et al.，2013；Lacerda et al.，2014）。虹鳟（*Oncorhynchus mykiss*）中，*notch1* 和 *nanos2* 在未分化和分化的 A 型精原细胞中表达（Bellaiche et al.，2014；Yano et al.，2009），而 *ly75* 主要在未分化和分化的 A 型精原细胞中表达，在 B 型精原细胞中的表达量非常低（Nagasawa et al.，2010）。克林雷氏鲇（*Rhamdia quelen*）中，*plzf* 和 *pou5f3* 只在未分化的 A 型精原细胞中表达（Lacerda et al.，2019）。通过抗体组技术，虹鳟和金枪鱼

（*Thunnus orientalis*）中筛选到能够特异识别精原干细胞的细胞膜抗体（Hayashi et al.，2019；Ichida et al.，2019b）。对于鱼类卵原干细胞而言，目前只发现 *nanos2* 是青鳉、斑马鱼和银鲫（*Carassius gibelio*）卵原干细胞的标记基因（Beer et al.，2013；Nakamura et al.，2010；张琴琴等，2020）。这些生殖干细胞标记基因的鉴定，对于生殖干细胞的纯化、体外培养及后续的生殖操作至关重要。

二、鱼类生殖干细胞冷冻保存现状

目前，虽然鱼类精液冷冻保存技术已较成熟，但是由于卵子体积大、卵黄含量高和细胞膜通透性低等，鱼类卵子和胚胎的冷冻保存技术仍停留在实验室探索阶段，离实际应用尚有距离（Asturiano et al.，2017；Martínez-Páramo et al.，2017）。在体外条件下，将鱼类早期卵母细胞培养为成熟卵子的技术也未突破（Martínez-Páramo et al.，2017）。所以现有的鱼类配子冷冻保存技术只能保存单亲的遗传信息。近年来，研究者们逐渐认识到鱼类生殖干细胞携带双亲遗传信息，且具有分化为两性配子的潜能（Okutsu et al.，2006；Yoshizaki et al.，2010），因此生殖干细胞是鱼类种质资源冷冻保存的理想对象，它体积较小且脂类及卵黄含量较低，较易建立稳定的超低温冷冻保存方法。

生殖干细胞存在于性腺组织，因此其冻存形式有两种：冻存生殖干细胞和冻存性腺组织。在西伯利亚鲟（*Acipenser baerii*）和青鳉中，通过比较这两种冻存方法，发现第二种冻存方式得到的细胞活力较高（Pšenička et al.，2016；Seki et al.，2017）。因此，直接冷冻保存精巢或卵巢组织可以获得高质量的生殖干细胞，而且操作简单易行。从冷冻保存了几年的虹鳟性腺组织中分离获得生殖干细胞，发现其仍具有干细胞特性（Lee et al.，2016a；Lee et al.，2016b）。目前，已在多种鱼类中建立了性腺组织的冷冻保存方法，如细鳞鱼（*Brachymystax lenok*）（Lee et al.，2016c）、丁鱥（*Tinca tinca*）（Marinović et al.，2017）、青鳉（Seki et al.，2017）、红鳍东方鲀（Yoshikawa et al.，2018）、斑马鱼（Marinović et al.，2019）、鲤（Franěk et al.，2019a；Franěk et al.，2019b）、鳑鲏（*Rhodeus ocellatus ocellatus*）（Octavera et al.，2020）、匙吻鲟（*Polyodon spathula*）（Ye et al.，2021）等。特别地，研究人员发现，在无任何冷冻保护剂的情况下，将虹鳟全鱼置于−80℃冰箱冻存约 3 年，解冻后制备得到的生殖干细胞仍保持着干细胞特性（Lee et al.，2015）。该方法极大地推动了生殖干细胞冷冻保存在实际生产上的应用。据此，在野外、保种场和养殖场，非专业人员也可以开展鱼类生殖干细胞冷冻保存（如干冰或−80℃冰箱），然后转运到实验室由专人处理。

（一）稀释液

稀释液的作用是稀释抗冻剂，降低其毒性，提供适宜生存的环境，延长细胞活力和保存时间。目前，鱼类生殖干细胞冻存方面有关稀释液的研究几乎空白，基本上都用 L-15 培养基或者磷酸盐缓冲液（Franěk et al.，2019a；Marinović et al.，2017；Seki et al.，2017；Yoshikawa et al.，2018）。

（二）抗冻剂

常用的渗透性抗冻剂有甘油（Gly）、二甲基亚砜（DMSO）、乙二醇（EG）、丙二醇（PG）、甲醇（MeOH）等，这类保护剂能够在细胞冷冻液完全凝固之前渗透到细胞内，降低细胞内外未结冰溶液中电解质的浓度，从而保护细胞免受高浓度电解质的损伤；同时，细胞内水分也不会外渗，避免细胞过分脱水导致皱缩，达到保护细胞的目的（Cabrita et al.，2010）。不同鱼类生殖干细胞对渗透性抗冻剂的适应性和敏感性不同，所用抗冻剂的种类和浓度选择也有所不同。抗冻剂具有一定毒性，会对细胞产生伤害，影响生殖干细胞的冻存效果。通常抗冻剂的浓度越高、平衡时间越长、平衡温度越高，抗冻剂的毒性就越大（Sieme et al.，2016）。为了减轻抗冻剂的毒性，一般采取缩短抗冻剂与细胞的接触时间、选择低毒高渗透性的抗冻剂、多种抗冻剂混合使用等方法来维持细胞的高活力。如甲醇对细鳞鱼精原干细胞的保护效果优于其他渗透性保护剂（Lee et al.，2016c），而二甲基亚砜对虹鳟生殖干细胞的保护效果较好（Lee et al.，2016a、2016b）。

常用的非渗透性抗冻剂有蔗糖、葡萄糖、海藻糖、乳糖等，这类抗冻剂能够减轻超低温冷冻和解冻过程中对细胞的损伤。糖类通常无毒，而且能够被细胞分解，并防止冷冻时冰晶造成损伤（Hezavehei et al.，2018）。糖类还可以在低温环境下保护细胞膜，从而提高超低温冷冻保存的效果（Sieme et al.，2016；Sztein et al.，2001）。在虹鳟（Lee et al.，2016b）和匙吻鲟（Ye et al.，2021）中，海藻糖的冻存效果要优于其他几种糖类。此外，蛋白质和脂类物质对生殖干细胞的活性也有显著影响。对于不同的鱼类而言，需要筛选不同蛋白质和脂类的种类及其浓度，如胎牛血清（FBS）、牛血清白蛋白（BSA）和脱脂奶粉、蛋黄、卵磷脂等。

（三）降温速度

不同的降温速度会使细胞发生不同的生理变化并产生不同的损伤，直接关系到冷冻保存效果。细胞在溶液中冷冻时，温度要降至细胞和溶液的冰点以下才能发生结冰，即细胞和溶液均要处于过冷状态。$-5 \sim -15℃$时，胞外溶液开始结冰而胞内还未结冰。由于具有更高的化学能，胞内未结冰的水分子为了维持化学能的平衡，会向细胞外流动。此时，如果降温速度过慢，细胞会产生严重脱水现象导致体积过度收缩，且细胞内的渗透压升高，产生溶质损伤；降温速度过快时，细胞内的水分来不及转移到细胞外，而在细胞内结冰，生成的冰晶导致细胞膜和细胞器遭到破坏，从而产生细胞内冰晶损伤（Hunt，2017）。细鳞鱼中，比较了不同降温速率（$-0.5℃/min$、$-1℃/min$、$-10℃/min$和$-20℃/min$）对精巢细胞活性的影响，发现$-0.5℃/min$和$-1℃/min$的效果较好（Lee et al.，2016c）。鲤中（Franěk et al.，2019a），同样发现慢速降温（$-1℃/min$和$-2.5℃/min$）的效果优于快速降温（$-5℃/min$、$-7.5℃/min$和$-10℃/min$）。然而，鳙鲅中，发现慢速降温和快速降温对冻存精巢细胞活性的影响没有显著差别。因此，对于不同鱼类，需要摸索合适的降温速率。

（四）解冻速度

解冻速度与解冻液的初始温度、细胞与解冻液的比例、细胞的体积和水浴时温度均有密切关系。细胞冷冻后，膜的渗透率发生变化，因此，解冻时需要防止冰晶形成而造成的损伤（Hunt，2017）。目前，常用水浴快速完成解冻。细鳞鱼中，比较了不同水浴温度（10℃、20℃、30℃和40℃）解冻对细胞活性的影响，发现10～30℃时细胞的活性没有太大变化，40℃时细胞活性显著下降（Lee et al.，2016c）。

三、鱼类生殖干细胞的分离

性腺组织为实体组织，制备成单细胞悬液需要破坏组织间的胶原纤维、弹性纤维等，还有细胞之间紧密相连的结构蛋白以及黏多糖等物质。鱼类中，一般用蛋白酶消化的方法制备性腺组织单细胞悬液。常用的蛋白酶有：胶原蛋白酶（collagenase）、中性蛋白酶（neutral protease）或分散酶（dispase）、胰蛋白酶（trypsin）等。胶原蛋白酶不仅能够降解天然胶原和网状纤维，还能够有效水解组织中的蛋白、脂类及多糖等。中性蛋白酶主要用来消化细胞外的基质，作用比较温和，不会损伤细胞膜。胰蛋白酶能够降解细胞表面的蛋白，作用较为强烈，容易导致细胞破碎死亡。通常酶在37℃时活性最高，但是为了减轻对细胞的损伤，会进行低温消化。目前，鱼类生殖干细胞分离主要使用胰蛋白酶、胶原蛋白酶、中性蛋白酶或这几种酶的组合。最初，Takeuchi等（2003）使用0.5％胰蛋白酶消化虹鳟仔鱼的生殖嵴，制备原始生殖细胞悬液。在斑马鱼中，Nóbrega等（2010）用0.2％胶原蛋白酶和0.12％中性蛋白酶分离精原干细胞。在罗非鱼中，使用2％胶原蛋白酶和0.25％胰蛋白酶/1mmol/L EDTA分离精原干细胞（Lacerda et al.，2010）。在几种海水鱼中，使用0.25％胰蛋白酶分离精原干细胞（Morita et al.，2012；Takeuchi et al.，2009；Yazawa et al.，2010）。在西伯利亚鲟中，比较了不同种类不同浓度的蛋白酶分离生殖干细胞的效果，发现 0.3％胰蛋白酶分离效果最好（Pšenička et al.，2016）。判定不同蛋白酶的消化效果主要依据得到的总细胞和活细胞数目。但是研究表明，蛋白酶在消化过程中会破坏对生殖细胞迁移起重要作用的趋化因子受体和黏附分子（Kanatsu-Shinohara et al.，2008，Raz et al.，2006；Shikina et al.，2013）。因此，判断生殖干细胞的分离效果，还需开展相关的功能研究。

四、鱼类生殖干细胞的纯化

鱼类性腺中，只有生殖干细胞可以用于种质资源冷冻保存以及后续的生殖操作（Yoshizaki et al.，2018）。当处于有丝分裂时期时，性腺中生殖干细胞的比例较高；进入减数分裂期后，性腺中含有大量的初级精母或卵母细胞、次级精母或卵母细胞，甚至精子细胞和精子，导致生殖干细胞的比例非常低（Lacerda et al.，2014；Lubzens et al.，2010；Schulz et al.，2010）。因此，为了提高生殖干细胞冷冻保存效果及后续操作的效率，有必要对其进行纯化。目前，生殖干细胞纯化的方法主要有 3 种：密度梯度离心、流式细胞分选和免疫磁珠法。

(一) 密度梯度离心

根据不同类型的细胞密度不同，通过密度梯度离心或离心沉降使不同类型的细胞分离。常用的离心介质有 Percoll、Ficoll、BSA 等。用 Percoll 密度梯度离心，纯化得到了罗非鱼的精原干细胞（Lacerda et al.，2006）；丁鱥 62.2％的精原干细胞在 30％ Percoll 层（Linhartová et al.，2014），红鳍东方鲀精原干细胞在 10％～30％ Percoll 层（任玉芹等，2019）。西伯利亚鲟 79.4％的精原干细胞和 70.8％的卵原干细胞分布在 10％～30％ Percoll 层（Pšenička et al.，2015）。对于露斯塔野鲮（Labeo rohita），用 Ficoll 梯度离心也纯化得到了精原干细胞（Panda et al.，2011）。密度梯度离心操作简单易行，不需要特别昂贵的仪器，可以普遍用于鱼类生殖干细胞的纯化，但分离得到的生殖干细胞纯度不高，会混有一些 Sertoli 细胞、小管周肌样细胞、Leydig 细胞等（Lacerda et al.，2006）。

(二) 流式细胞分选

流式细胞分选可根据细胞的光散射、表型或荧光特征，将特定的细胞类型从细胞群体中分选出来。对于已建立了生殖细胞标记基因启动子调控的转基因鱼而言，该方法非常便捷，可利用生殖细胞显示荧光的特性，分选得到高纯度的生殖细胞类群。如在 vasa 启动子调控的虹鳟转基因鱼中，利用荧光特性分选，可以得到原始生殖细胞、精原干细胞和卵原干细胞（Kobayashi et al.，2004；Yano et al.，2008；Yoshizaki et al.，2010）。另外，利用细胞前向和侧向光散射特性，成功纯化得到虹鳟精原干细胞，而且该方法也成功应用于另外两种鲑科鱼类和黄姑鱼（Kise et al.，2012）。近几年，在虹鳟和金枪鱼中制备得到了精原干细胞特异的细胞膜表面抗体，结合流式分选得到了高纯度的精原干细胞（Hayashi et al.，2019；Ichida et al.，2019b）。对于鱼类而言，如果有生殖干细胞特异的抗体，流式细胞分选将是一种高效、快捷纯化生殖干细胞的方法。

(三) 免疫磁珠法

免疫磁珠法是基于分选细胞表面抗原能与连接有磁珠的特异性抗体相结合，在外加磁场作用下，有抗原的与磁珠相连的细胞被吸附而留在磁场中，无该种表面抗原的细胞由于不能与连接着磁珠的抗体结合而没有磁性，从而不在磁场中停留，使细胞得以分离。在露斯塔野鲮中，分别利用 anti-Thy1.2（CD90.2）和 anti-Gfrα1 抗体包被磁珠，分选后能得到高纯度的精原干细胞（Panda et al.，2011）。基于虹鳟精原干细胞的特异细胞膜抗体，Ichida 等（2019a）建立了免疫磁珠纯化精原干细胞的方法。该方法需要生殖干细胞特异的细胞膜抗体，对于绝大多数鱼类而言，目前很难实现。

五、鱼类生殖干细胞的体外培养

通常分离纯化得到的鱼类生殖干细胞数目有限，且其在体外能够存活的时间也非常短暂，因此有必要建立鱼类生殖干细胞体外培养技术，获得足够多数目的生殖干细胞，以满足后续的相关应用。目前，除青鳉外（Hong et al.，2004），鱼类生殖干细胞体外长期培养技术尚未突破。通过优化培养基组分和培养条件，虹鳟和姆精原干细胞的增殖能力可持续约40d（Iwasaki-Takahashi et al.，2020；Shikina et al.，2010；Xie et al.，2019），尼罗罗非鱼和里海鳟（*Salmo caspius*）精原干细胞的增殖能力可以维持约30d（Lacerda et al.，2013；Poursaeid et al.，2020），斑马鱼精原干细胞持续增殖时间不超过3个月（Kawasaki et al.，2012），而在露斯塔野鲮和小点猫鲨（*Scyliorhinus canicula*）中，精原干细胞持续增殖时间分别为2个月和5个月（Gautier et al.，2014；Panda et al.，2011）。目前，鱼类生殖干细胞在体外培养环境下很难形成稳定扩增的生殖干细胞系。大量研究表明，生殖干细胞体外存活与增殖受到多种因素的影响，如基础培养基、生长因子、血清、添加剂、饲养层细胞等。目前，鱼类生殖干细胞的体外培养技术仍在摸索中。

六、鱼类生殖干细胞冷冻保存与移植技术的集成应用

目前，除活体保存外，其他形式保存的种质资源无法独自复原为个体。但是，活体资源库占地面积大，维护成本高，而养殖的种类和数量较少，且养殖系统需要防止病害感染等问题（Martínez-Páramo et al.，2017）。生殖干细胞库成本低且安全，结合生殖细胞移植技术，将冻存的生殖干细胞移植到同种或异种的受体中，待受体成熟后，可产生冻存供体的精子和卵子，再经人工授精，可获得其后代，这一技术被形象地称为"借腹怀胎"技术（Goto et al.，2019；Yoshizaki et al.，2019；叶欢等，2020）。鱼类生殖细胞移植技术首先在斑马鱼中建立（Ciruna et al.，2002），经过20多年的发展，先后建立了以胚胎、仔鱼和成鱼为受体的生殖干细胞移植模式（图10-1-1）。目前，该技术已成功应用到多种淡水和海水鱼类，如虹鳟（Takeuchi et al.，2004）、鳜鲅（Octavera et al.，2018）、鲤（Franěk et al.，2021）、黄姑鱼（Takeuchi et al.，2009）、五条鰤（Morita et al.，2012）、红鳍东方鲀（Hamasaki et al.，2017）、大西洋鲑（Hattori et al.，2019）、牙鲆（Ren et al.，2021）等，在鱼类种质资源保存、珍稀濒危鱼类保护、苗种高效繁育、性控育种等方面具有广阔的应用前景。

（一）鱼类生殖干细胞及其移植技术在珍稀濒危鱼类保护方面的应用

生殖干细胞携带有双亲的遗传信息，具有分化为其他类型生殖细胞的潜力。因此，生殖干细胞的冷冻保存和移植技术为珍稀濒危鱼类种质资源保存和物种恢复提供了有效的途径（Yoshizaki et al.，2018）。通过性腺冷冻保存技术建立生殖干细胞库，再结合生殖干细胞移植技术，可使物种资源恢复（图10-1-2）。

鱼类人工增殖放流已由提高渔业生产力发展为恢复珍稀濒危土著鱼类种群的主要手段。由于增殖放流的苗种通常由少量亲本繁育或连续多代的人工繁育而来，群体遗传多样性低，影响自然群体遗传多样性并降低其对自然环境的适应性（Araki et al.，2007）。因此，为了维持放流群体的遗传多样性，需要耗费大量的成本养殖亲本，且亲本难以同步性成熟，仍存在有效亲本群体较小的风险。然而，通过将不同遗传背景的生殖干细胞移植到同一受体中，待其性成熟后产生遗传背景丰富的配子，可以有效地提高后代遗传多样性，节省养殖空间和成本。虹鳟中，通过将不同来源的供体生殖干细胞移植到同一受体，受体成熟后获得了与供体遗传背景相同的后代（Sato et al.，2014）。因此，生殖干细胞移植在鱼类增殖放流领域也有望发挥重要作用（图10-1-3）。

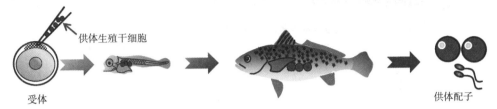

① 以胚胎为受体的生殖干细胞移植

供体生殖干细胞

受体　　　　　　　　　　　　　　　　　　　　　　　　供体配子

② 以仔鱼为受体的生殖干细胞移植

供体生殖干细胞

受体　　　　　　　　　　　　　　　　　　　供体配子

③ 以成鱼为受体的生殖干细胞移植

受体　　　供体生殖干细胞　　供体配子

图 10-1-1　受体处于不同发育时期的生殖干细胞移植方式

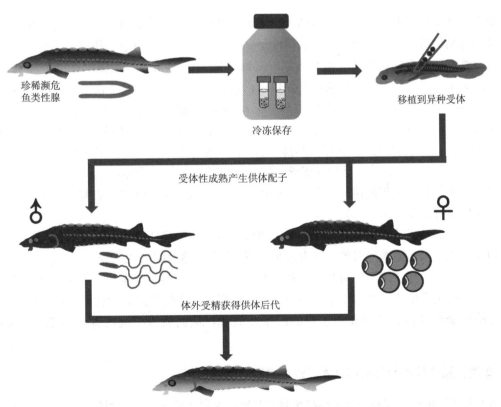

珍稀濒危
鱼类性腺　　　　　　　冷冻保存　　　　　移植到异种受体

受体性成熟产生供体配子

♂　　　　　　　　　　　　　　　♀

体外受精获得供体后代

图 10-1-2　生殖干细胞移植技术在珍稀濒危鱼类保护方面的应用

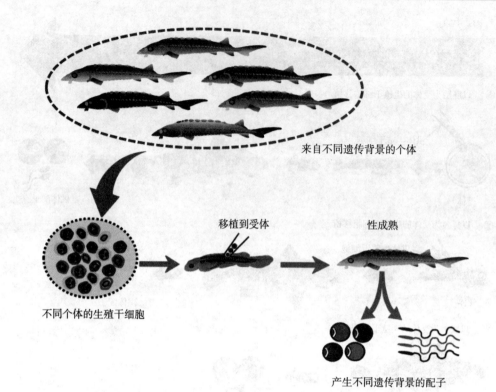

来自不同遗传背景的个体

移植到受体　　　　　性成熟

不同个体的生殖干细胞

产生不同遗传背景的配子

图 10-1-3　生殖干细胞移植技术在鱼类增殖放流方面的应用

（二）鱼类生殖干细胞及其移植技术在苗种高效繁育方面的应用

　　将体型大、性成熟周期长或者人工养殖条件下难以性成熟鱼类的生殖干细胞移植到体型小、性成熟周期短、易于养殖的近缘物种，通过代孕获得配子，不仅可以节约养殖空间和成本，而且能够缩短繁育周期。例如：将红鳍东方鲀（亲鱼个体大小为 2～5kg，2～3 年性成熟）的精原干细胞移植到星点东方鲀（亲鱼个体大小约 13g，1～2 年性成熟）仔鱼中，最终星点东方鲀成功产出了红鳍东方鲀的精子和卵子（Hamasaki et al.，2017）。中华鲟（*Acipenser sinensis*）初次性成熟时间长且个体较大（雌性为 14～26 龄，雄性 8～18 龄，体重可达约 500kg），雌性在人工养殖环境下难以成熟；而长江鲟（*Acipenser dabryanus*）初次性成熟时间相对较短且个体相对较小（雌性为 6～8 龄，雄性为 4～6 龄，体重仅 20kg），其全人工繁育技术已较为成熟。因此，以长江鲟作为受体，开展了中华鲟生殖干细胞移植，将冻存后分离得到的中华鲟精原干细胞移植到长江鲟仔鱼，发现供体中华鲟的精原干细胞成功嵌合到受体长江鲟性腺并增殖（Ye et al.，2017）。

　　多种养殖鱼类的性成熟周期长，导致育种周期长。目前，这些性成熟周期长的养殖鱼类审定的新品种数量特别少，如中国传统养殖对象"四大家鱼"，初次性成熟时间一般需要 4～5 年，截至 2019 年仅有鲢审定了"长丰鲢"和"津鲢"两个新品种，其他三种鱼类还没有新品种（张晓娟等，2019）。在这些性成熟周期长的鱼类中建立生殖干细胞移植技术，可提供一条快速的育种技术途径。例如，将鲤的生殖干细胞移植到金鱼体内，成功获得了鲤的配子及后代，从而缩短了鲤的育种周期（Franěk et al.，2021）。

（三）鱼类生殖干细胞及其移植技术在性控育种方面的应用

　　多种鱼类雌雄的生长速度和个体大小存在明显差异，如尼罗罗非鱼、黄颡鱼、斑点叉尾鮰、乌鳢、沙塘鳢、蓝鳃太阳鱼和蓝鳍金枪鱼雄性个体大，而鲤、虹鳟、牙鲆、大菱鲆和金钱鱼雌性个体大，因此，培育全雄或全雌的单性群体对水产养殖具有重要意义（梅洁等，2014）。鱼类生殖干细胞具有分化为两性配子的潜能，移植后其发育为精子或卵子取决于受体。在性别决定类型为 XX/XY 的鱼类中，将供体精原干细胞移植到雌性受体中，可产生携带有 Y 染色体的卵子（伪雌鱼），再与野生型雄鱼交配，产生的后代中四分之一为 YY 超雄鱼。YY 超雄鱼是全雄苗种培育的关键，其与野生型雌鱼交配的后代全为雄性。同样地，将供体卵原干细胞移植到雄性受体中，产生的精子全部携带有 X 染色体（伪雄鱼），再与野生型雌鱼交配，产生的后代全部为 XX 雌鱼（图 10-1-4）。研究人员通过上述方法培育出虹鳟全雄后代（Okutsu et al.，2015）。

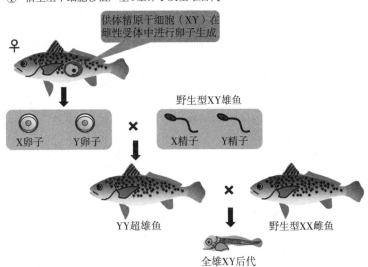

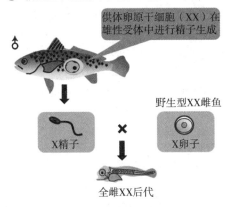

图 10-1-4　生殖干细胞移植技术在鱼类性控育种方面的应用

此外，选择性成熟周期较短的代孕受体，还可以缩短全雄或全雌苗种的培育时间。例如，鲿科鱼类中，很多物种雄性个体大于雌性，如长吻鮠（*Leiocassis longirostris*）、斑鳠（*Mystus guttatus*）、大鳍鳠（*Mystus macropterus*）、丝尾鳠（*Hemibagrus wyckioides*）和乌苏拟鲿（*Pseudobagrus ussuriensis*），因此培育全雄苗种对生产有重大意义。但是，它们的性成熟周期较长，如长吻鮠初次性成熟时间为 3～5 龄（饶发祥，1994），斑鳠初次性成熟时间为 6～8 龄（陈琴，2001），传统手段通过雌二醇诱导伪雄鱼，再与野生型雄鱼交配，得到 YY 超雄鱼，需要较长的时间。由于黄颡鱼初次性成熟只需 1～2 龄，如果将长吻鮠或斑鳠的精原干细胞移植到不育黄颡鱼体内，就可以快速获得 YY 超雄鱼，加快全雄苗种培育的进程。因此，鱼类生殖干细胞移植在性别控制育种方面具有重大的应用潜力。

参 考 文 献

陈琴，2001. 斑鳢生物学特性及养成技术［J］. 广西农业科学（2）：89-90.

梅洁，桂建芳，2014. 鱼类性别异形和性别决定的遗传基础及其生物技术操控［J］. 中国科学：生命科学，44（12）：1198-1212.

饶发祥，1994. 长吻鮠的生物学特性及人工繁殖［J］. 河南水产（4）：31-32.

任玉芹，周勤，孙朝徽，等，2019. 红鳍东方鲀精原干细胞鉴定、分离及纯化［J］. 水生生物学报，43（4）：797-804.

叶欢，危起伟，徐冬冬，等，2020. 鱼类生殖细胞移植的研究进展及应用前景［J］. 水产学报，44（2）：321-337.

张琴琴，周莉，李志，等，2020. 多倍体银鲫 nanos2 等位多态性、共线性和表达模式分析［J］. 水生生物学报，44（5）：1087-1096.

张晓娟，周莉，桂建芳，2019. 遗传育种生物技术创新与水产养殖绿色发展［J］. 中国科学：生命科学，49（11）：1409-1429.

Aoki Y, Nakamura S, Ishikawa Y, et al., 2009. Expression and syntenic analyses of four nanos genes in medaka［J］. Zoological Science, 26 (2)：112-118.

Araki H, Cooper B, Blouin M S, 2007. Genetic effects of captive breeding cause a rapid, cumulative fitness decline in the wild［J］. Science, 318 (5847)：100-103.

Asturiano J F, Cabrita E, Horváth Á, 2017. Progress, challenges and perspectives on fish gamete cryopreservation：A mini-review［J］. General and Comparative Endocrinology, 245：69-76.

Beer R L, Draper B W, 2013. nanos3 maintains germline stem cells and expression of the conserved germline stem cell gene nanos2 in the zebrafish ovary［J］. Developmental Biology, 374 (2)：308-318.

Bellaiche J, Lareyre J-J, Cauty C, et al., 2014. Spermatogonial stem cell quest：nanos2, marker of a subpopulation of undifferentiated A spermatogonia in trout testis［J］. Biology of Reproduction, 90 (4)：79.

Cabrita E, Sarasquete C, Martínez-Páramo S, et al., 2010. Cryopreservation of fish sperm：applications and perspectives［J］. Journal of Applied Ichthyology, 26 (5)：623-635.

Ciruna B, Weidinger G, Knaut H, et al., 2002. Production of maternal-zygotic mutant zebrafish by germ-line replacement［J］. Proceedings of the National Academy of Sciences, 99 (23)：14919-14924.

Franěk R, Kašpar V, Shah M A, et al., 2021. Production of common carp donor-derived offspring from goldfish surrogate broodstock［J］. Aquaculture, 534：736252.

Franěk R, Marinović Z, Lujić J, et al., 2019a. Cryopreservation and transplantation of common carp spermatogonia［J］. Plos One, 14 (4)：e0205481.

Franěk R, Tichopád T, Steinbach C, et al., 2019b. Preservation of female genetic resources of common carp through oogonial stem cell manipulation［J］. Cryobiology, 87：78-85.

Gautier A, Bosseboeuf A, Auvray P, et al., 2014. Maintenance of potential spermatogonial stem cells in vitro by gdnf treatment in a chondrichthyan model (Scyliorhinus canicula L.)［J］. Biology of Reproduction, 91 (4)：95.

Gilboa L, Lehmann R, 2004. Repression of primordial germ cell differentiation parallels germ line stem cell maintenance［J］. Current Biology, 14 (11)：981-986.

Goto R, Saito T, 2019. A state-of-the-art review of surrogate propagation in fish［J］. Theriogenology, 133：216-227.

Hamasaki M, Takeuchi Y, Yazawa R, et al., 2017. Production of tiger puffer takifugu rubripes offspring from triploid grass puffer Takifugu niphobles parents［J］. Marine Biotechnology, 19：579-591.

Hattori R S, Yoshinaga T T, Katayama N, et al., 2019. Surrogate production of Salmo salar oocytes and sperm in triploid Oncorhynchus mykiss by germ cell transplantation technology［J］. Aquaculture, 506：238-245.

Hayashi M, Ichida K, Sadaie S, et al., 2019. Establishment of novel monoclonal antibodies for identification of type A spermatogonia in teleosts［J］. Biology of Reproduction, 101 (2)：478-491.

Hezavehei M, Sharafi M, Kouchesfahani H M, et al., 2018. Sperm cryopreservation：A review on current molecular cryobiology and advanced approaches［J］. Reproductive BioMedicine Online, 37 (3)：327-339.

Hong Y, Liu T, Zhao H, et al., 2004. Establishment of a normal medaka fish spermatogonial cell line capable of sperm production in vitro [J]. Proceedings of the National Academy of Sciences, 101 (21): 8011-8016.

Ichida K, Hayashi M, Miwa M, et al., 2019a. Enrichment of transplantable germ cells in salmonids using a novel monoclonal antibody by magnetic-activated cell sorting [J]. Molecular Reproduction and Development, 86: 1810-1821.

Ichida K, Kawamura W, Miwa M, et al., 2019b. Specific visualization of live type A spermatogonia of Pacific bluefin tuna using fluorescent dye-conjugated antibodies [J]. Biology of Reproduction, 100 (6): 1637-1647.

Iwasaki-Takahashi Y, Shikina S, Watanabe M, et al., 2020. Production of functional eggs and sperm from in vitro-expanded type A spermatogonia in rainbow trout [J]. Communications Biology, 3 (1): 308.

Kanatsu-Shinohara M, Takehashi M, Takashima S, et al., 2008. Homing of mouse spermatogonial stem cells to germline niche depends on β1-integrin [J]. Cell Stem Cell, 3 (5): 533-542.

Kawasaki T, Saito K, Sakai C, et al., 2012. Production of zebrafish offspring from cultured spermatogonial stem cells [J]. Genes to Cells, 17 (4): 316-325.

Kise K, Yoshikawa H, Sato M, et al., 2012. Flow-cytometric isolation and enrichment of teleost type A spermatogonia based on light-scattering properties [J]. Biology of Reproduction, 86 (4): 107.

Kobayashi T, Kajiura-Kobayashi H, Nagahama Y, 1998. A novel stage-specific antigen is expressed only in early stages of spermatogonia in Japanese eel, *Anguilla japonica* testis [J]. Molecular Reproduction and Development, 51 (4): 355-361.

Kobayashi T, Yoshizaki G, Takeuchi Y, et al., 2004. Isolation of highly pure and viable primordial germ cells from rainbow trout by GFP-dependent flow cytometry [J]. Molecular Reproduction and Development, 67 (1): 91-100.

Lacerda S, Batlouni S, Silva S, et al., 2006. Germ cells transplantation in fish: the Nile-tilapia model [J]. Animal Reproduction, 3 (2): 146-159.

Lacerda S M, Batlouni S R, Costa G M, et al., 2010. A new and fast technique to generate offspring after germ cells transplantation in adult fish: the Nile tilapia (*Oreochromis niloticus*) model [J]. Plos One, 5 (5): e10740.

Lacerda S M D S N, Costa G M J, De França L R, 2014. Biology and identity of fish spermatogonial stem cell [J]. General and Comparative Endocrinology, 207: 56-65.

Lacerda S M S N, Costa G M J, Da Silva M D A, et al., 2013. Phenotypic characterization and *in vitro* propagation and transplantation of the Nile tilapia (*Oreochromis niloticus*) spermatogonial stem cells [J]. General and Comparative Endocrinology, 192: 95-106.

Lacerda S M S N, Martinez E R M, Mura I L D D, et al., 2019. Duration of spermatogenesis and identification of spermatogonial stem cell markers in a Neotropical catfish, Jundiá (*Rhamdia quelen*) [J]. General and Comparative Endocrinology, 273: 249-259.

Lanza R, Gearhart J, Hogan B, et al., 2005. Essentials of stem cell biology [M]. Oxford: Elsevier Academic Press.

Leal M C, Cardoso E R, Nóbrega R H, et al., 2009. Histological and stereological evaluation of zebrafish (*Danio rerio*) spermatogenesis with an emphasis on spermatogonial generations [J]. Biology of Reproduction, 81 (1): 177-187.

Lee S, Iwasaki Y, Yoshizaki G, 2016a. Long-term (5 years) cryopreserved spermatogonia have high capacity to generate functional gametes via interspecies transplantation in salmonids [J]. Cryobiology, 73 (2): 286-290.

Lee S, Katayama N, Yoshizaki G, 2016b. Generation of juvenile rainbow trout derived from cryopreserved whole ovaries by intraperitoneal transplantation of ovarian germ cells [J]. Biochemical and Biophysical Research Communications, 478 (3): 1478-1483.

Lee S, Seki S, Katayama N, et al., 2015. Production of viable trout offspring derived from frozen whole fish [J]. Scientific Reports, 5: 16045.

Lee S, Yoshizaki G, 2016. Successful cryopreservation of spermatogonia in critically endangered Manchurian trout (*Brachymystax lenok*) [J]. Cryobiology, 72 (2): 165-168.

Linhartová Z，Rodina M，Guralp H，et al.，2014. Isolation and cryopreservation of early stages of germ cells of tench (*Tinca tinca*) [J] . Czech Journal of Animal Science，59 (8)：381-390.

Liu L，Hong N，Xu H，et al.，2009. Medaka dead end encodes a cytoplasmic protein and identifies embryonic and adult germ cells [J] . Gene Expression Patterns，9 (7)：541-548.

Lubzens E，Young G，Bobe J，et al.，2010. Oogenesis in teleosts：how fish eggs are formed [J] . General and Comparative Endocrinology，165 (3)：367-389.

Marinović Z，Li Q，Lujić J，et al.，2019. Preservation of zebrafish genetic resources through testis cryopreservation and spermatogonia transplantation [J] . Scientific Reports，9 (1)：13861.

Marinović Z，Lujić J，Kása E，et al.，2017. Cryosurvival of isolated testicular cells and testicular tissue of tench *Tinca tinca* and goldfish *Carassius auratus* following slow-rate freezing [J] . General and Comparative Endocrinology，245：77-83.

Martínez-Páramo S，Horváth A，Labbé C，et al.，2017. Cryobanking of aquatic species [J] . Aquaculture，472156-177.

Morita T，Kumakura N，Morishima K，et al.，2012. Production of donor-derived offspring by allogeneic transplantation of spermatogonia in the yellowtail (*Seriola quinqueradiata*) [J] . Biology of Reproduction，86 (6)：176.

Nagasawa K，Shikina S，Takeuchi Y，et al.，2010. Lymphocyte antigen 75 (*Ly75/CD205*) is a surface marker on mitotic germ cells in rainbow trout [J] . Biology of Reproduction，83 (4)：597-606.

Nakamura S，Kobayashi K，Nishimura T，et al.，2010. Identification of germline stem cells in the ovary of the teleost medaka [J] . Science，328 (5985)：1561-1563.

Nakamura S，Kobayashi K，Nishimura T，et al.，2011. Ovarian germline stem cells in the teleost fish，medaka (*Oryzias latipes*) [J] . International Journal of Biological Sciences，7 (4)：403-409.

Nóbrega R H，Greebe C D，Van De Kant H，et al.，2010. Spermatogonial stem cell niche and spermatogonial stem cell transplantation in zebrafish [J] . Plos One，5 (9)：e12808.

Octavera A，Yoshizaki G，2018. Production of donor-derived offspring by allogeneic transplantation of spermatogonia in Chinese rosy bitterling [J] . Biology of Reproduction，100 (4)：1108-1117.

Octavera A，Yoshizaki G，2020. Production of Chinese rosy bitterling offspring derived from frozen and vitrified whole testis by spermatogonial transplantation [J] . Fish Physiology and Biochemistry，46 (4)：1431-1442.

Okutsu T，Shikina S，Sakamoto T，et al.，2015. Successful production of functional Y eggs derived from spermatogonia transplanted into female recipients and subsequent production of YY supermales in rainbow trout，*Oncorhynchus mykiss* [J] . Aquaculture，446：298-302.

Okutsu T，Suzuki K，Takeuchi Y，et al.，2006. Testicular germ cells can colonize sexually undifferentiated embryonic gonad and produce functional eggs in fish [J] . Proceedings of the National Academy of Sciences，103 (8)：2725-2729.

Panda R，Barman H，Mohapatra C，2011. Isolation of enriched carp spermatogonial stem cells from *Labeo rohita* testis for in vitro propagation [J] . Theriogenology，76 (2)：241-251.

Poursaeid S，Kalbassi M-R，Hassani S-N，et al.，2020. Isolation，characterization，in vitro expansion and transplantation of Caspian trout (*Salmo caspius*) type a spermatogonia [J] . General and Comparative Endocrinology，289：113341.

Pšenička M，Saito T，Linhartová Z，et al.，2015. Isolation and transplantation of sturgeon early-stage germ cells [J] . Theriogenology，83 (6)：1085-1092.

Pšenička M，Saito T，Rodina M，et al.，2016. Cryopreservation of early stage Siberian sturgeon *Acipenser baerii* germ cells，comparison of whole tissue and dissociated cells [J] . Cryobiology，72 (2)：119-122.

Raz E，Reichman-Fried M，2006. Attraction rules：germ cell migration in zebrafish [J] . Current Opinion in Genetics & Development，16 (4)：355-359.

Ren Y，Sun Z，Wang Y，et al.，2021. Production of donor-derived offsprings by allogeneic transplantation of oogonia in the adult Japanese flounder (*Paralichthys olivaceus*) [J] . Aquaculture，543：736977.

Sánchez-Sánchez A V，Camp E，García‐España A，et al.，2010. Medaka Oct4 is expressed during early embryo development，and in primordial germ cells and adult gonads [J]. Developmental Dynamics，239（2）：672-679.

Sato M，Morita T，Katayama N，et al.，2014. Production of genetically diversified fish seeds using spermatogonial transplantation [J]. Aquaculture，422：218-224.

Schulz R W，De França L R，Lareyre J-J，et al.，2010. Spermatogenesis in fish [J]. General and Comparative Endocrinology，165（3）：390-411.

Seki S，Kusano K，Lee S，et al.，2017. Production of the medaka derived from vitrified whole testes by germ cell transplantation [J]. Scientific Reports，7：43185.

Shikina S，Nagasawa K，Hayashi M，et al.，2013. Short-term in vitro culturing improves transplantability of type A spermatogonia in rainbow trout（*Oncorhynchus mykiss*）[J]. Molecular Reproduction and Development，80（9）：763-773.

Shikina S，Yoshizaki G，2010. Improved in vitro culture conditions to enhance the survival，mitotic activity，and transplantability of rainbow trout type a spermatogonia [J]. Biology of Reproduction，83（2）：268-276.

Sieme H，Oldenhof H，Wolkers W F，2016. Mode of action of cryoprotectants for sperm preservation [J]. Animal Reproduction Science，169：2-5.

Sztein J M，Noble K，Farley J S，et al.，2001. Comparison of permeating and nonpermeating cryoprotectants for mouse sperm cryopreservation [J]. Cryobiology，42（1）：28-39.

Takeuchi Y，Higuchi K，Yatabe T，et al.，2009. Development of spermatogonial cell transplantation in Nibe croaker，*Nibea mitsukurii*（Perciformes，Sciaenidae）[J]. Biology of Reproduction，81（6）：1055-1063.

Takeuchi Y，Yoshizaki G，Takeuchi T，2003. Generation of live fry from intraperitoneally transplanted primordial germ cells in rainbow trout [J]. Biology of Reproduction，69（4）：1142-1149.

Takeuchi Y，Yoshizaki G，Takeuchi T，2004. Biotechnology：surrogate broodstock produces salmonids [J]. Nature，430（7000）：629-630.

Valli H，Phillips B T，Shetty G，et al.，2014. Germline stem cells：toward the regeneration of spermatogenesis [J]. Fertility and Sterility，101（1）：3-13.

Xie X，Li P，Pšenička M，et al.，2019. Optimization of in vitro culture conditions of sturgeon germ cells for purpose of surrogate production [J]. Animals，9（3）：106.

Yano A，Suzuki K，Yoshizaki G，2008. Flow-cytometric isolation of testicular germ cells from rainbow trout（*Oncorhynchus mykiss*）carrying the green fluorescent protein gene driven by trout *vasa* regulatory regions [J]. Biology of Reproduction，78（1）：151-158.

Yano A，VonSchalburg K，Cooper G，et al.，2009. Identification of a molecular marker for type A spermatogonia by microarray analysis using gonadal cells from p*vasa*-GFP transgenic rainbow trout（*Oncorhynchus mykiss*）[J]. Molecular Reproduction and Development，76（3）：246-254.

Yazawa R，Takeuchi Y，Higuchi K，et al.，2010. Chub mackerel gonads support colonization，survival，and proliferation of intraperitoneally transplanted xenogenic germ cells [J]. Biology of Reproduction，82（5）：896-904.

Ye H，Li C-J，Yue H-M，et al.，2017. Establishment of intraperitoneal germ cell transplantation for critically endangered Chinese sturgeon *Acipenser sinensis* [J]. Theriogenology，94：37-47.

Ye H，Zhou C，Yue H，et al.，2021. Cryopreservation of germline stem cells in American paddlefish（*Polyodon spathula*）[J]. Animal Reproduction Science，224：106667.

Yoshikawa H，Ino Y，Shigenaga K，et al.，2018. Production of tiger puffer *Takifugu rubripes* from cryopreserved testicular germ cells using surrogate broodstock technology [J]. Aquaculture，493：302-313.

Yoshizaki G，Ichikawa M，Hayashi M，et al.，2010. Sexual plasticity of ovarian germ cells in rainbow trout [J]. Development，137（8）：1227-1230.

Yoshizaki G，Lee S，2018. Production of live fish derived from frozen germ cells via germ cell transplantation [J]. Stem Cell Research，29：103-110.

Yoshizaki G，Yazawa R，2019. Application of surrogate broodstock technology in aquaculture [J]. Fisheries Science，85（3）：429-437.

Yuan H，Yamashita Y M，2010. Germline stem cells：stems of the next generation［J］. Current Opinion in Cell Biology，22（6）：730-736.

（叶欢）

第十一章

水产动物基因资源保存与应用

一、背景及意义

水产养殖业是渔业的核心组成部分,其在建设水域生态文明、加快渔业转型升级和促进产业经济发展等方面做出了卓越贡献(莽琦等,2022)。随着全球人口的快速增长,人们对优质蛋白的需求更高,水产养殖业作为一种可持续提供优质蛋白质的食品生产方式已得到国际社会的广泛认可(李莉等,2011)。遗传资源是水产养殖业健康发展的重要基础,强化水产动物基因资源保存与应用,既是产业发展的迫切需要,也是保障国家粮食安全的有效举措,是未来解决世界食物短缺、保障优质蛋白有效供给的根本途径。中国是世界上唯一的水产养殖产量超过捕捞总量的国家,是名副其实的水产养殖大国。然而,在过去几十年间,受全球气候变化、生态环境破坏、水质污染、水工建筑阻隔和过度捕捞等多种因素的综合影响,天然水域水产种质资源锐减,许多名贵物种濒临灭绝。无序的苗种交流和自然混杂污染了物种基因库,许多鱼类种质遗传背景和遗传结构混淆不清,出现生长速度下降、性成熟提前、个体变小以及抗逆性降低等种质退化现象,严重影响了渔业生产发展。在基因组学及其相关技术快速发展的背景下,开展水产动物基因资源收集、整理、保存和利用研究已迫在眉睫。利用组学技术挖掘水产动物基因资源,有利于保护水产动物资源。水产动物基因资源在育种方面应用最广泛也最有前景,进一步挖掘水产动物的功能基因有助于培育优质、高产、抗逆的养殖新品种,优质水产动物基因资源的获取与保存是实现水产养殖业持续健康发展的先决条件(Tong,2002)。

水产动物遗传资源是水产养殖业健康持续发展的重要基础。中国的水产遗传育种综合实力总体上在国际上处于领先地位,尤其是在遗传育种基础研究方面,我国是世界上最早开展水产养殖选择育种技术研发的国家之一(桂建芳等,2016)。近年来,我国在水产动物基因资源发掘利用、育种技术研发及优良品种培育等方面取得了突飞猛进的发展,尤其是水产动物基因组、种质创制等研究工作已经走在国际前列。同时,我国也是世界上生物遗传资源最丰富的国家之一。但是,由于我国生物遗传资源方面的法律法规不够健全,监管能力不足,基础力量薄弱,保护意识缺乏,生物遗传资源流失的形势十分严峻。保护水产动物遗传资源既是产业发展的迫切需要,也是国家发展战略之一。此外,加强水产动物遗传资源的保护对维护水生生物多样性有极大的促进作用,在保护的前提下,明确水产动物资源开发与可持续利用方向,适当发展人工繁育培育利用、生物质转化利用等绿色产业以及生态旅游等活动,有助于实现生物多样性保护与经济社会协同发展。

二、水产动物基因资源的研究现状

基因资源已广泛应用于农业、医疗、环境等方面并发挥着重要作用。谁拥有了基因资源及其利用的关键技术,谁就等同于拥有了在基因产业竞争中的主导地位。水产养殖业能够满足人类对优质蛋白的需求,然而,水产养殖业的快速发展也带来了环境问题,如栖息地破坏和传染病暴发,这对水产动物种群的健康及经济价值产生了负面影响,主要体现在品质退化、抗逆性降低、生长缓慢等(Jennings et al.,

2016，Cao et al.，2007）。想要从根本上解决上述问题，需要借助基因技术开展水产动物基因资源的研究，挖掘关键基因，阐释基因信号通路和代谢机制，加强水产动物生长发育、抗逆抗病等重要经济性状分子机制的解析（李莉等，2011），最终目标是提高养殖经济效益、减少对生态环境的破坏。

（一）水产动物全基因组研究现状

基因组测序技术在近40年发展迅猛，从第一代至第三代所经历的发展变革都对生命科学各方面产生了巨大的推动作用（郑先虎等，2019）。随着各种组学技术的快速进步，基因资源发掘和分子育种技术有了跨越式的进展。越来越多的水产动物基因组项目相继启动，水产动物基因资源和分子育种研发也随之飞速发展，为实现水产资源的深度发掘利用和经济动物的批量快速育种奠定了重要的组学基础。国外发达国家于20世纪末开始启动各项水产动物全基因组测序计划，美国1996年启动了水产基因组计划，开展了凡纳滨对虾、虹鳟、长牡蛎、斑点叉尾鲴、尼罗罗非鱼等水产养殖动物的全基因组测序（Alcivar-Warren，1997）；欧洲国家与加拿大合作开展了鲑鳟类的基因组计划，于1997年发表了连锁图谱（Slettan et al.，1997），并对物理图谱和遗传图谱进行了整合（Martinez et al.，2001）。2002年，新加坡科学家破译了红鳍东方鲀的全基因组（Aparicio et al.，2002）。大西洋鳕基因组于2011年由奥斯陆大学破译（Star et al.，2011），三刺鱼基因组于2012年由斯坦福大学和布罗德研究所破译（Jones et al.，2012），斑马鱼基因组于2013年由桑格研究所破译（Brawand et al.，2014）。

在基因组测序和生物技术创新浪潮推动下，中国水产遗传育种的基础研究迎来新的机遇。中国水产科学研究院于1999年启动了鲤、鲢和珠母贝三种水产养殖动物的遗传连锁图谱计划，之后中国水产科学研究院黑龙江水产研究所制备了世界上第一个鲤的遗传连锁图谱（Sun et al.，2000），并对生长、抗寒等数量性状进行了遗传定位（Sun et al.，2004）。2014年中国水产科学研究院黄海水产研究所和深圳华大基因研究院联合完成了半滑舌鳎全基因组测序和组装，绘制了半滑舌鳎全基因组序列图谱（Chen et al.，2014）。同年，中国水产科学研究院联合国外团队完成了鲤全基因组序列图谱绘制，并揭示其独特的全基因组复制事件，这是国际上首个全面解析异源四倍体硬骨鱼类的基因组图谱（Xu et al.，2014）。Liu等（2017）首次完成太湖大银鱼（*Protosalanx hyalocranius*）的全基因组测序，该研究为我国太湖大银鱼以及其他银鱼的分子育种和种质资源保护奠定了基础。2018年，中国水产科学研究院南海水产研究所发表了中国第一个珍稀濒危鱼类——黄唇鱼的基因组精细图测序，获得了大量与重要性状相关的功能基因和分子标记，研究结果对于深入了解黄唇鱼的生长、发育、繁殖、遗传等重要生命现象的分子机制具有重要意义（区又君等，2020）。此外，中国水产科学研究院长江水产研究所在2019年首次发表了小体鲟全基因组草图。这些重要水产动物全基因组信息及其详细的分子解析，已在水产动物性状遗传改良和病害防控研究方面发挥了重要的参考作用。

有关鱼类全基因组序列的研究数据很丰富，而虾、蟹等甲壳类动物基因组研究相对滞后，这是因为虾蟹类基因组是公认的高复杂基因组，要获得高质量的基因组有很多困难。但近些年在科研人员的不懈努力下，甲壳类基因组研究仍然取得了较大的进展，由盐城师范学院唐伯平教授课题组牵头的中外合作团队，第一次获得了中华绒螯蟹和三疣梭子蟹的高质量基因组图谱，并分别发表于*GigaScience*和*Frontiers in genetics*，为蟹类乃至甲壳动物的研究提供了重要的理论基础和数据支撑（Tang et al.，2020）。由中国科学院海洋研究所相建海和李富花主导的研究团队，与国内外多家单位共同合作，历时十年成功破译凡纳滨对虾基因组，获得了国际首个高质量对虾基因组参考图谱，并在*Nature communications*发表，为甲壳动物研究及对虾基因组育种和分子改良提供了重要理论支撑（Zhang et al.，2019）。

基因组研究技术引入水产动物的研究后，推进了水产动物基因组的结构和功能研究，解析和诠释了水产动物生物学现象的遗传基础和分子机制。这些重要的水产养殖物种的全基因组序列的获得将对我国的水产育种行业产生深远影响。对于已经完成基因组测序的物种来说，转录谱-表达谱技术、功能基因组技术、蛋白组技术、生物信息学技术等迅速发展为开展基因组辅助育种奠定了扎实的基础（Varshne et al.，2005）。然而，水产动物基因组资源研究普遍落后于畜禽基因组资源，尤其是在测序和参考基因组的组装上，一些高价值水产物种至今仍没有公开高质量参考基因组信息，主要原因是水产物种的多样性，这在某种程度上反映出非哺乳动物类动物在基因组组装上面临挑战（Yue，2017）。当前，水产动物的生长、繁殖、抗逆和抗病等重要数量性状研究大多还是依赖 DNA 分子标记技术。水产动物中的分子标记研究较多也较成熟，国内外学者利用分子标记对水产动物进行遗传多样性分析、遗传结构和种质资源的鉴定，在重要水产动物中筛选出重要性状相关的功能基因，阐明了其中一些重要基因的功能及其表达调控机制，并剖析其相关遗传基础，为生长发育、生殖调控、抗病育种和水产养殖等提供一大批具有重要潜在价值的基因资源库（鲁翠云等，2019）。对水产动物基因组序列进行系统的研究，不仅可以获得基因组大数据和重要功能基因的序列信息，而且对于理解它们的生物学特征、性别分化、生殖方式和调控模式的基本原理及阐明整个物种的遗传进化历程具有重大意义。

（二）水产动物转录组研究现状

水产养殖业在全球范围内快速发展的同时也存在着一些限制性因素，如因疾病造成的经济损失、缺乏特定的饲料以及优良品种，通过分析转录组数据，能够获得在不同条件下基因水平的表达差异，从而对关键的基因及其代谢通路进行定位，并与特定的生理学现象关联起来（方翔等，2015）。转录组学是对细胞内总 RNA 转录本的分析，它提供了细胞活动和休眠过程的大致概念（Garg et al.，2011）。转录组测序是对缺乏参考基因组的非模式物种的基因组功能元件和功能基因进行快速且经济有效的解释的理想选择。它的目的是破译每个基因的完整蛋白编码序列区域，根据基因的起始和结束位点选择性剪接和转录后修饰，进而确定基因的转录组成以及测定整个发育过程和不同条件下的转录表达（Kumar，2019）。新一代测序技术的发展，如高通量 mRNA 测序（RNA-seq），有助于破译一个生物的整个转录组的功能复杂性。目前，已有相当一部分研究将转录组技术应用到水产相关物种上，并取得了丰硕的成果。

1. 转录组学在水产动物生长发育中的研究

了解每种水产养殖物种的生殖模式是获得优良种质资源的基础，因此需要对水产动物的生殖发育过程进行更为深入的了解，有助于人工育种的应用。在鱼类发育生物学研究中，袁静等（2013）通过对尼罗罗非鱼（Oreochromis niloticus）性腺发育的关键时期进行转录组测序分析，发现有 21 006 个基因在雌雄性腺中均有表达，有 259 个基因在雄鱼性腺中特异性表达，仅有 69 个基因在雌鱼性腺中表达，该项研究结果进一步证明雌激素对罗非鱼的性别决定和维持有重要作用（袁静，2013）。生殖细胞移植在水产养殖中的应用提供了种间替代物，可以加强类似于蓝鳍金枪鱼这样的育苗群体的经济管理，但进行生殖细胞移植需要对生殖系统有适当的了解。蓝鳍金枪鱼的性腺转录组分析探索了与生殖细胞和性腺发育相关的关键基因和生殖途径，该项研究分析金枪鱼睾丸和卵巢基因的表达模式，并报道了编码干细胞维持的基因在卵巢中的过度表达，以及与激素合成、生殖相关受体和性激素有关的基因的过度表达（Bar et al.，2016）。在甲壳类动物中，雄激素腺体是一个独特的内分泌器官，主要调节性别特征。为了提高三疣梭子蟹人工种子产量和了解性腺发育的分子机制，对三疣梭子蟹的性腺进行了转录组分析。该项研究筛选到一些与激素合成和代谢有关的编码基因，如甲基法尼苏酸、蜕皮激素和类固醇激素。此外，共鉴定到 5 919 个卵巢和睾丸差异表达基因，并鉴定出许多单核苷酸多态性位点，这将有助于三疣梭子蟹的群体遗传学研究（Meng et al.，2015）。

随着水产育苗技术的成熟，养殖户为了追求更大化的利益越来越关注水产动物的养殖周期即生长速度，提高水产动物的生长速度不仅能缩短养殖周期，在给养殖户更快地带来经济收益的同时也能够满足人们对水产品的食用需求。因此对水产动物生长性状的相关研究也变得越来越迫切，生长性状对于水产动物来说也就成了极其重要的经济性状之一。生长性状是受基因、环境以及基因与环境交互作用的一种复杂数量性状，因此更凸显生长性状研究的重要性。有关水产动物生长性状的研究已经有了比较成熟的进展，在鱼类研究中，如林明德等（2019）基于高通量测序获得的杂交石斑鱼和褐点石斑鱼脑组织、肝脏和肌肉转录组数据，筛选出一批生长相关的差异表达基因。王登冬等（2019）通过转录组测序在云龙石斑鱼脑组织、垂体、肝脏和肌肉样本中发现成纤维生长因子、表皮生长因子、血管生成因子等相关基因表达差异显著，并预测了云龙石斑鱼生长优势的重要贡献因素。在甲壳类水产动物中，李雅慧等（2021）通过转录组测序对比 2 种不同规格罗氏沼虾基因表达量的差异，探究其生长差异的分子机理。基因是生长性状调控的主要内因，其对生长的影响很大程度上表现出因果效应的关系，通过转录组学分析对已知生长相关基因的研究和未知更多生长相关基因的筛选，将对未来分子标记辅助育种带来重大的影响（殷艳慧等，2020）。

2. 转录组学在水产动物抗病免疫中的研究

随着水产养殖的规模日益增加，水产动物的疾病问题也愈加突出，想要从根本上防治水产病害，需了解其具体的发病机制（Gui et al.，2018）。目前转录组测序手段已经成为揭示水产动物病害机制的有效手段，RNA-Seq 已广泛应用于揭示鱼类应对病原感染的反应机制。例如，罗非鱼抗海豚链球菌感染机制（Zhu et al.，2015）、草鱼抗嗜水气单胞菌感染机制（Yang et al.，2016）等。副溶血性弧菌感染罗氏沼虾肝胰腺的转录组提供了 14 569 个单基因，为了解罗氏沼虾的抗菌机制提供了线索（Rao et al.，2015）。鲤是世界上最受欢迎的淡水水产养殖品种，鲤疱疹病毒 3（CyHV-3）感染导致鲤的高死亡率。为检测鲤疱疹病毒，用 RNA 测序法分析了三种特异性抗体和鲤感染病毒时的肾脏转录组。通过对病毒感染不同阶段免疫系统转录模式的研究，发现谷胱甘肽 S 转移酶的下调导致感染细胞凋亡以及上调白细胞介素 1β（IL-1β）和白细胞介素 10（IL-10）同源物抑制细胞介导的免疫反应，结果确定了两个白细胞介素-10 同源物在不同的感染时期表达不同（Neave et al.，2017）。

在应对水产动物病害时，使用抗生素是常见的防治方式，但抗生素的使用对水产品的品质、养殖水域都会造成不可逆的损伤，所以很多科研人员通过研发绿色添加剂至饲料中，再通过转录组测序分析改良后的饲料对水产动物病害的防治作用。比如，饲料中添加 100mg/kg 甘露寡糖可以改善珍珠龙胆石斑的生长性能和肠道菌群结构，提高机体免疫功能，并在转录组水平产生有利的免疫应答效应（王红明等，2021）。此外，很多研究者利用转录组揭示了水产动物在环境因子胁迫下的分子响应机制。程安怡等（2022）通过分析溶藻弧菌感染后 24h 大黄鱼头肾转录组的变化，发现在溶藻弧菌感染早期，大黄鱼的先天性免疫被激活、获得性免疫被抑制，表明先天性免疫在大黄鱼抗溶藻弧菌早期感染中发挥重要作用。低氧胁迫对中华绒螯蟹血淋巴细胞的三羧酸循环、糖酵解途径、ECM-受体相互作用、间隙连接、细胞凋亡、酚氧化酶系统以及其他免疫相关基因等造成了显著影响（侯利波等，2020）。对草鱼的比较转录组分析发现，草鱼在草食性转化过程中，肠道中昼夜节律相关基因的表达模式发生了重设，根据研究结果推测草鱼通过持续高强度的食物摄入，获取足够的可利用营养以维持其快速生长，这一发现为植食性鱼类重要经济性状相关基因的发掘和养殖新品种的遗传改良提供关键技术支撑（Wang et al.，2015）。

3. 转录组学在水产动物响应环境胁迫中的研究

环境气候的变化以多种方式影响着水生生态系统的平衡，气候还影响水生环境的许多方面，包括海洋、湖泊和河流的温度、氧合、酸度、盐度和浊度，内陆水域的深度和流量，洋流的循环，以及水生疾病的流行，气候变化对捕捞渔业和水产养殖都构成重大挑战（Jiang et al.，2022）。环境胁迫对水产动物本身的直接生理影响或由于它们所依赖的栖息地被破坏，导致其可能会出现一系列生长问题。在基因组学技术快速发展的背景下，通过挖掘水产动物抗逆基因，加快培育抗逆能力强的水产动物新品种是应对上述问题的根本途径，需要通过转录组学的辅助了解水产动物在环境胁迫下的具体分子响应机制。

比如，低温胁迫给世界鱼类养殖造成了巨大的经济损失，斜带石斑鱼（*Epinephelus coioides*）是 2016 年华南寒潮中受损最严重的水产动物之一。然而，石斑鱼抗寒的分子机制在很大程度上仍是未知的。Sun 等（2019）使用 HiSeqM2000（Illumina）测序技术分析了常温（CT，28℃）和低温（LT，13℃）下斜带石斑鱼肝脏的转录组，分析关键代谢通路发现细胞黏附分子、金黄色葡萄球菌感染、原发性免疫缺陷、脂肪酸延伸等下显著富集，表明低温胁迫主要影响斜带石斑鱼的免疫、代谢和信号转导，研究结果为进一步分析斜带石斑鱼对低温胁迫的反应机制提供了有价值的信息（Sun et al.，2019）。团头鲂（*Megalobrama amblycephala*）是重要的经济鱼类，对缺氧敏感。Gong 等（2020）为了探索雌核发育增强雌性团头鲂耐缺氧能力的分子机制，对常氧条件下雌性团头鲂和雄性团头鲂的肝脏转录组进行了比较分析，并鉴定了差异表达基因。研究结果表明雌核发育可以增强团头鲂的缺氧耐受力，其特征是缺氧反应相关的多个基因表达水平显著增加，血红蛋白浓度增加，揭示了雌性团头鲂耐缺氧分子机制的相关基因和信号通路，对鱼类遗传育种具有重要意义（Gong et al.，2020）。马氏珠母贝（*Pinctada fucata*）是一种具有经济价值的生产海水珍珠的贝类。随着全球气候变暖和海水温度上升，许多马氏珠母贝死亡，造成养殖户经济收益受损。因此，选育耐高温的马氏珠母贝迫在眉睫。Zhang 等（2022）通过转录组分析揭示了马氏珠母贝对长期高温胁迫的响应机制，研究结果表明马氏珠母贝通过调节基因的可变剪切响应高温胁迫，可能进一步调节马氏珠母贝的免疫反应、呼吸代谢、抗氧化系统、生物矿化和次生代谢，这些发现为今后选育耐高温的马氏珠母贝提供了有价值的信息。目前，国内外关于水产动物的育种研究主要集中在生长性状方面，在抗逆育种研究方面，水产动物抗病育种研究较多，而其他种类和其他抗逆性状的研究相对较少，后续应根据不同种类水产动物对环境条件的不同敏感度展开针对性研究。

三、主要研究进展与成就

（一）水产动物基因资源的保存

目前，动植物遗传资源的保存技术已比较完备，我国对动植物遗传资源的保存对象主要包括活体资源、DNA 实体资源以及基因组和基因数据资源（赵小惠等，2019），其中基因资源的保存主要是通过建立数据库对基因、DNA 条形码、基因组、转录组等相关信息进行保护，数据库的建立开拓了动植物遗传资源的保护方式。水产动物基因资源是水产行业现行发展的重要基础，长久以来，人们对其缺乏保护意识，导致很多水产动物遗传资源丢失，如何合理充分地保存及利用水产动物基因资源成为关键问题。此外，目前国内有关水产动物资源的保存主要体现在种质资源的保存，活体资源、标本资源、组织资源和基因资源是收集和开发利用的主要形式。

我国的水生动物遗传资源的保存从 20 世纪 80 年代开始，主要经历 4 个阶段。1981—1985 年，开展了长江、珠江、黑龙江流域的主要淡水渔业资源的原种收集与研究，为开展种质资源保护和品种选育打下基础；1986—1995 年，开展了淡水鱼类种质鉴定技术和种质资源库建设研究；1996—2005 年，开展了水产养殖对象种质保存技术研究，建立了主要养殖鱼类的种质保存技术标准；2006—2015 年，保存了大量重要水产养殖种类的活体、标本、胚胎、细胞和基因等实物资源，奠定了水生生物遗传资源规模化开发的基础。截至 2021 年，我国已建成 31 个遗传育种中心、84 家国家级水产原良种场、820 家地方级水产原良种场和 35 家遗传资源保存分中心（刘永新等，2021）。

（二）水产动物功能基因的发掘

随着基因组学技术的快速发展及其在水产动物中的应用，水产动物的关于性别、生长、抗病、耐寒和耐低氧等性状的分子理论机制研究取得了一定进展，基于此，人们聚焦于与之相关的功能基因的特征分析，以期为开展相关分子机理研究及分子辅助育种提供理论依据和参考（刘月星等，2014）。

繁殖是保证物种种群数量稳定的基础，性腺发育是水产动物的繁殖与种群延续的必要条件。水产动物的性腺发育过程包括原始性腺的形成以及性腺的分化、发育和成熟等（刘晨斌等，2019），受多种分子信号通路和基因调控。*Sox* 基因家族在水产动物生殖发育过程中起关键作用。Sox 蛋白家族至少有50%的氨基酸序列与 Y 染色体上的性别决定区（Sry）相似。*Sox* 基因家族存在于无脊椎动物和脊椎动物中，在水产动物的性别决定和分化、性腺发育、神经发生、多个组织器官的形成、胚胎早期发育、软骨细胞分化、心血管系统形成等过程中起着重要作用。由于高通量 DNA 测序技术的快速发展和基因组数据的大量积累，在许多鱼类中已经报道了 *Sox* 基因在全基因组水平上的全部特征（李世峰，2019；Hu et al.，2021）。在鱼类性腺发育过程中，*SoxB1* 亚家族参与鱼类性别决定、性别分化、性腺发育、神经发生、多种组织器官的形成和早期胚胎发育；*SoxB2* 与鱼类的性腺发育和神经发生有关；*SoxC* 参与鱼类的性别分化、性腺发育、神经发生、多种组织器官的形成和早期胚胎发育；*SoxD* 参与鱼类的性别决定、性腺发育和多种组织器官的形成；*SoxE* 参与鱼类的性别分化、性腺发育、神经发生、多种组织器官的形成、早期胚胎发育和软骨细胞分化；*SoxF* 参与鱼类的性别分化、性腺发育、神经发生和心血管系统形成；*SoxH* 被发现与鱼类的性别分化、性腺发育和神经发生有关（Hu et al.，2021）。*Sox* 基因家族中的 *Sox9* 基因作为公认的性别决定相关基因，崔晓羽等（2021）首次克隆了三角帆蚌 *Hc-Sox9* 基因的 cDNA 全长序列，分析其序列并进行蛋白质结构预测，使用荧光定量 PCR 技术对 1～3 龄蚌性腺和 2 龄蚌各组织的基因表达量进行检测，结果发现雌雄间的表达差异极显著，推测在三角帆蚌性成熟过程中，*Hc-Sox9* 可能一定程度地参与了性别分化过程（崔晓羽等，2021）。此外，金钱鱼的 *Sox3* 基因（李智渊等，2020），暗纹东方鲀（高莹莹等，2019）、翘嘴鲌（贾永义等，2019）、池蝶蚌（王德霞，2018）等的 *Sox9* 基因的全长序列及表达特征已经获得。

相对鱼类而言，甲壳动物在进化上更为低等，其性腺发育的遗传机制尚不清楚，但近年来的研究发现，其性腺发育同样受到 B 亚族和 E 家族 *Sox* 基因成员的调控（Xu et al.，2022）。Yao 等（2020）在凡纳滨对虾（*Litopenaeus vannamei*）基因组中首次鉴定出了 5 个 *Sox* 基因，5 个 *Sox* 基因在不同组织中具有不同的性别偏向表达：*Sox21*、*SoxB1* 和 *Sox14* 在卵巢中的表达高于睾丸；*Sox4* 在性腺、肝胰腺、鳃和眼柄中均由雄性特异性表达；*Sox14* 在早期胚胎中高表达，其他 4 个 *Sox* 基因在晚期胚胎中高表达。Wan 等（2021）获得拟穴青蟹（*Scylla paramamosain*）*Sox9* 基因全长序列，并发现 *Sox9* 基因不特异于雄性或雌性成熟性腺中表达，通过荧光定量 PCR 发现 *Sox9* 可能参与精子发生和早期卵巢发育。虽然很多研究结果证明了 *Sox* 基因家族在水产动物性腺发育调控过程中的重要作用，但是目前相关研究还是以分析组织分布特点和表达谱系为主，具体的生理功能和作用机制还有待进一步深入研究（李世峰和李逸平，2019）。除 *Sox* 基因家族外，*Dmrt* 基因（Double-sex and Mab-3 related transcription factor）也是目前在水产动物中研究较多的与性别分化相关的基因（刘月星等，2014）。例如，Zhang 等（2010）发现 *Dmrt* 基因在中华绒螯蟹（*Eriocheir sinensis*）雄性睾丸的发育分化过程中起着重要作用。Wei 等（2022）对斑节对虾（*Penaeus monodon*）的性别相关基因 *Dmrt11e* 进行了鉴定，结果发现 *Dmrt11e* 在睾丸中表达最高，并优先在斑节对虾的睾丸中表达，表明斑节对虾 *Dmrt11e* 基因参与雄性性别分化，在斑节对虾性别调节机制中起关键作用。

（三）分子标记辅助育种的应用

随着分子生物学技术的发展，水产动物种业进入了分子育种时代。早期分子育种主要依靠转基因技术和分子标记辅助育种。分子标记辅助育种（MAS）是借助与性状紧密相关的分子标记对具有性状优势的等位基因或基因型的个体进行直接选择育种，是分子生物学和基因组学的研究结果应用到水产养殖品种选育的技术（鲁翠云等，2019）。分子标记辅助育种不仅可以弥补传统育种过程中形态学标记数目少、受环境影响大、选择准确性较低的缺陷，还可以进行早期选择，大大提高育种效率。以 DNA 分子标记为基础构建遗传连锁图谱是实现数量性状基因定位和分子标记辅助育种的重要基础（陈军平等，2020），目前用于构建水产动物遗传图谱的分子标记主要限制性片段长度多态性（RFLP）、随机扩增多态性 DNA（RAPD）、扩增片段长度多态性（AFLP）、简单重复序列（SSR）和单核苷酸多态性（SNP）等（鲁翠云等，2019）。孙效文等（2000）利用 RAPD 技术与 SSR 技术建立了鲤的遗传连锁图谱。曹景龙等（2021）利用 RAD-Seq 测序挖掘 SNP 分子标记，构建团头鲂高密度遗传连锁图谱及性别 QTL 定位，在团头鲂基因组内筛选数量性状座位区间内 SNP 标记附近的基因，通过基因功能注释分析，筛选到一个参与生殖过程的关键候选基因 *DCTN2*（曹景龙和王卫民，2021）。张猛（2019）利用高通量测序数据，构建了草鱼首张高密度遗传连锁图谱，并对部分生长性状和肌肉营养成分进行 QTL

定位。刘安然等（2018）利用已构建的刺参高密度遗传连锁图谱，初步定位了体长、体宽、体重、棘刺总数和存活天数5个性状相关的9个QTL区域，获得81个SLAF标签。

　　水产动物利用分子标记开展育种研究早在同工酶分析技术时代就有报道（朱蓝菲，1993），在水产动物生长性状相关分子标记筛选研究中已开发了一批稳定、质量良好的标记。但广泛开展分子标记辅助育种是在出现DNA分子标记之后，尤其是鉴定到足够的共显性分子标记之后才开始的（鲁翠云等，2019）。基于QTL定位的分子标记辅助育种，在水产养殖生物中的第一个成功例子是在大西洋鲑中开展的对感染性胰腺坏死病毒抗性的选育（Houston et al.，2008），应用这个抗性相关的QTL，在生产上可成功控制感染性胰腺坏死病毒病的暴发（Moen et al.，2009）。近十年来，有关大黄鱼的遗传连锁图谱的研究逐渐增多：Ye等（2014）基于大黄鱼的两个半同胞家系构建了遗传连锁图谱，发现了289个微卫星位点（93个EST-SSRs），共整合为24个连锁群，并在5个连锁群上检测到了7个QTL位点；Ao（2015）构建了大黄鱼的遗传连锁图谱；Kong（2019）对大黄鱼的抗刺激隐核虫性状进行了QTL定位，并发现了4个与抗病性状相关的QTL位点和候选基因。上述研究为大黄鱼的生长和抗病性状的遗传标记选育提供了有效的序列信息。袁晨浩（2021）利用分子标记技术对我国北方海水养殖和出口创汇的重要鱼类红鳍东方鲀的耐低温性状进行遗传改良，成功构建了红鳍东方鲀高密度遗传连锁图谱，筛选到了16个与耐低温相关的SNP位点，为红鳍东方鲀耐低温性状选育以及分子机理研究提供理论依据。此外，有一些水产动物已经实现了分子标记育种的应用，如异育银鲫"中科3号"（Wang et al.，2011）和"中科5号"（Gao et al.，2017）、"夏奥1号"奥利亚罗非鱼等4个选育新品种以及牡蛎"华南1号"、马氏珠母贝"海优1号"等4个杂交新品种的选育（Zhou et al.，2018）。Chang等（2018）构建了海胆的高密度遗传图谱，基于该遗传图谱和8个经济性状的表型数据，检测到33个潜在QTL，利用已验证的SNP标记探讨了它们的标记辅助选择育种的应用潜力，发现其中的SNP-29与体重密切相关，杂合基因型为优势基因型，表明SNP-29是一种很有前途的MAS标记；并据此开发了与中间球海胆生长性状、性腺性状相关的KASP标记，目前已应用于新品种的开发（丁君等，2021）。

四、问题与挑战

（一）水产动物基因资源保存体系尚不完备

　　受近年来环境恶化及过度捕捞影响，水产动物种质资源急剧减少，基因资源量显著下降。据统计，中国1 443种内陆鱼类中，已灭绝3种，区域灭绝1种，极危65种，濒危101种，易危129种，近危101种（曹亮等，2016）。基因资源的丢失具有不可恢复性，因此，水产动物基因资源的丢失情况不容忽视，对其进行及时的保存具有重要的现实意义和战略意义。我国相关机构和学者开展了大量的资源收集和保存工作，但相对于资源总量来讲，目前收集和保存的种类仍偏少。已建立的水生生物遗传资源保护场所受限于设计水平和经济实力，整体设施配备水平仅能够维持保存场所的基本运转，仍存在着局限性。应针对我国丰富的水生生物遗传资源，根据不同水产养殖种类特定的气候、温度和水质要求，按照各海域和各主要流域等不同生态功能区，建设水生生物遗传资源收集和保存分中心（刘永新等，2021）。此外，我国大量的基因资源以本土现有资源为主，在优质基因资源筛选和鉴定方面存在明显不足，开展基因型和表型精准鉴定的物种数量少，并且在基因资源管理方面尚未形成统一的管理体系。后续应积极完善水产动物基因资源的保存体系建设，加强对中国宝贵的水产动物遗传资源的保护，与此同时，应积极引进国外优质的水产动物基因资源，促进我国水产动物基因资源保护与利用的良性循环。

（二）水产动物的遗传多样性解析有待加强

　　遗传多样性信息是优化水产动物遗传资源的保存和利用策略的根本。大量的调查结果表明，种群内和种群间的多样性，有一些是在相当大的范围内。但是，这些研究很琐碎，很难进行比较和综合。而且，很多物种在世界范围内的广泛调查还没有进行，能够保存的资源是有限的，因此经常需要区分优先序。新兴的分子技术能够对包含大量特征（包括适应性特征）的基因，以及导致功能性遗传变异的多样性基因进行鉴定。然而，我们没有足够的知识来对基于功能性分子多样性的保存选择区分优先序，因此仍然需要替代措施。表型特征提供了给定的个体或群体所携带基因的功能变量的粗略平均估计。在缺乏可靠的表型和需要补充现有数据时，最快、最划算的遗传多样性措施可以通过使用分子遗传标记进行多态性分析来获得。分子标记技术可以在分子水平上明确不同品种的遗传背景、变异规律、代谢网络调控因素等，从而加快对水产动物各种性状的研究进程。然而，基于分子标记技术进一步解析水产动物的遗传多样性的研究还很少，在此方面的研究任重而道远。

（三）水产动物功能基因组学研究不够深入

目前基因组学的研究工作集中在全基因组测序及精细图谱绘制方面，获取全基因组序列为基因组结构解析及基因注释提供依据。然而这只是基因组学研究的开始，完成基因组测序不是最终目的，对农业动物来说其关键是对性状相关的功能基因进行批量筛查和验证，阐明基因的功能和主要经济性状的调控机制，最终大规模开发 SNP 等标记并将有用的基因用于遗传改良和蛋白产品的生产，同时加强水产养殖动物的遗传改良与新品种培育。实现这个目标需要结合转录组、蛋白组、表观组、代谢组等多组学数据，同时还要采用基因组编辑、转基因过表达等手段才能完成（陈松林等，2019）。

（四）水产动物的基因编辑技术仍存在局限

近年来，基因编辑技术逐渐成熟，为生命科学研究提供了很大便利。其中 CRISPR/Cas 基因编辑技术是目前的应用热点，具有成本低廉、应用便捷等技术优势。在水产动物研究中，CRISPR/Cas 基因编辑技术应用于模式生物与疾病模型的构建、基因功能的解析与筛选、水生生物经济新品种的选育、水生生物疾病调控等（马杭柯等，2018）。但该技术的应用尚存在一定局限性，例如：现有的技术主要是通过显微注射细胞或胚胎，而水产动物的细胞系建立较匮乏，基因编辑技术的应用对象仅限于模式生物和少量其他物种；CRISPR/Cas 基因编辑技术的智能设计、表达和投递系统等相关技术尚不能满足医疗和农业领域的应用需求；此外，基因编辑技术的公众认可度不高，大众对基因编辑技术的安全性存在疑虑。

五、亟待解决的关键科学技术问题

（一）建立健全我国水产动物基因资源保存体系

我国是世界水产养殖大国，水产养殖是我国现代农业的重要组成部分，水产种质资源的需求量较大，所以国内应建立统一的种质资源管理制度，充分利用我国丰富而优质的土著种质资源。运用基因组学的方法，逐步建设主要水产动物土著物种的遗传基因库，完善核心基因库，使种质保存从个体水平和细胞水平向基因水平发展，缩小保存空间，扩大保种数量并实现长期保存。这不仅有利于水产动物物种多样性的保护和生态系统多样性的恢复，同时对水产动物种质资源的保护与创新具有重要的推进作用。

（二）加快推进水产动物优质新品种的选育进程

随着科技的进步和产业的发展以及国家政策的支持，水产动物遗传育种技术不断成熟，逐步从群体水平向分子水平发展，加快了水产动物遗传育种的进度，也选育出了一批优良新品种并投入应用。但是优良新品种的培育需要耗费大量的时间和精力，产业的快速发展与新品种的长期培育间出现矛盾。基因资源在分子育种中的研究为水产养殖业的快速可持续发展提供了新的契机，在推动基因资源高效研发的同时也推动了水产育种科学革命性的进步。水产动物优质新品种选育进程中，应提高水产育种科学技术水平与自主创新能力，形成水产育种标准化技术体系，筛选具有重大商业潜力的基因资源，攻克水产养殖生物遗传性别鉴定、基因组关联分析、基因组编辑和高通量基因芯片制作等关键技术。

（三）完善水产动物表型及基因型高效测定技术

从生殖、生长、抗病和抗逆等主要经济性状入手，通过基因克隆、鉴定和功能分析开展水产动物基因资源研究，加强水产动物生长发育、抗病、抗逆等重要经济性状分子机制的深度解析，建立水产动物的基因型及表型的高效测定技术平台，获得一批优良表型性状和重要功能的基因资源，巩固水产动物遗传育种和品种改良的研究成果，培育出优质、高产、抗逆的养殖新品种，从根本上提高水产养殖产业的"质"和"量"，为我国水产养殖业的可持续发展和渔业生物技术创新做出贡献，实现由水产大国到水产强国的跨越。

六、展望

我国水产动物基因资源的保存与应用虽然取得了一定进展，但尚有海量的资源需要进一步收集保存、深度挖掘和创新利用。要基于已测得的水产动物全基因组序列图谱，结合比较基因组学研究方法，通过基因编辑技术验证、改善基因功能，对基因组进行深度解析，了解水产动物基因组结构和功能特征，积极推动对水产动物基因组的有效开发和深度利用。

另外，目前有关水产动物经济性状的基因研究较多，但多数还停留在基础研究和基因资源发掘的层面，而对如何在生产实践中有效利用这些基因资源的研究较少。未来应该重点研究功能基因在水产动物生命过程中的作用机制及其在育种中的关键作用。应该加强水产生物技术研究的顶层设计，加大对水产生物技术研究与产业化应用的投入，瞄准国际上的研究前沿、针对水产养殖业中存在的重大问题，构建水产生物技术学术研究与交流的体系和平台，实现我国水产生物技术研究的跨越式发展，为水产养殖业的可持续健康发展提供技术支撑。

参 考 文 献

曹景龙，王卫民，2021. 团头鲂高密度遗传连锁图谱的建立及性别 QTL 定位 [J]. 华中农业大学学报（自然科学版），40（2）：188-196.

曹亮，张鹗，臧春鑫，等，2016. 通过红色名录评估研究中国内陆鱼类受威胁现状及其成因 [J]. 生物多样性，24（5）：598-609.

陈军平，胡玉洁，王磊，等，2020. 鱼类遗传连锁图谱构建及 QTL 定位的研究进展 [J]. 水产科学，39（4）：620-630.

陈松林，徐文腾，刘洋，2019. 鱼类基因组研究十年回顾与展望 [J]. 水产学报，43（1）：1-14.

程安怡，王永阳，翁华松，等，2022. 转录组分析揭示溶藻弧菌感染早期大黄鱼的免疫应答特征 [J]. 水生生物学报，46（12）：1845-1854.

崔晓羽，董赛赛，段胜华，等，2021. 三角帆蚌（*Hyriopsis cumingii*）Hc-Sox9 基因的全长克隆及表达分析 [J]. 基因组学与应用生物学，40（Z3）：2936-2943.

丁君，韩泠姝，常亚青，2021. 水产动物种质创制新技术及在海参、海胆遗传育种中的应用 [J]. 渔业科学进展，42（3）：1-16.

方翔，曾伟伟，王庆，等，2015. 基因组学、转录组学、蛋白质组学和结构生物学在水产科学中的应用 [J]. 动物医学进展，36（7）：108-112.

高莹莹，刘新富，胡鹏，等，2019. 暗纹东方鲀 *sox9* 基因的克隆和组织表达分析 [J]. 上海海洋大学学报，28（6）：835-847.

桂建芳，包振民，张晓娟，2016. 水产遗传育种与水产种业发展战略研究 [J]. 中国工程科学，18（3）：8-14.

何晶丽，2008. 浅谈寒带植物基因资源的基因库保存 [J]. 黑龙江农业科学（5）：31-32.

侯利波, 陆银月, 任秋霖, 等, 2022. 低氧胁迫下中华绒螯蟹血淋巴细胞的转录组学 [J/OL]. 水产学报, 47 (4): 049103.

贾永义, 郑建波, 顾志敏, 等, 2019. 翘嘴鲌 *Sox9* 基因的克隆及 CpG 岛甲基化与基因表达的关系 [J]. 水生生物学报, 43 (3): 473-478.

李莉, 许飞, 张国范, 2011. 水产动物基因资源和分子育种的研究与应用 [J]. 中国农业科技导报, 13 (5): 102-110.

李世峰, 李逸平, 2019. SOX 转录因子家族在生殖细胞命运决定中的调控作用 [J]. 中国细胞生物学学报, 41 (5): 961-966.

李雅慧, 刘志伟, 戴习林, 2021. 生长滞缓与正常罗氏沼虾转录组差异分析 [J]. 基因组学与应用生物学, 40 (1): 89-100.

李智渊, 洪广, 王耀嵘, 等, 2020. 金钱鱼 *Sox3* 基因 cDNA 克隆及组织表达 [J]. 基因组学与应用生物学, 39 (7): 2980-2988.

林明德, 2019. 基于转录组测序对杂交石斑鱼及其母本褐点石斑鱼的比较分析 [D]. 湛江: 广东海洋大学.

刘安然, 2018. 刺参 (*Apostichopus japonicus*) 重要经济性状相关 QTL 位点的验证分析 [D]. 上海: 上海海洋大学.

刘晨斌, 徐革锋, 黄天晴, 等, 2019. 鱼类性腺发育研究进展 [J]. 水产学杂志, 32 (1): 46-54.

刘永新, 邵长伟, 张殿昌, 等, 2021. 我国水生生物遗传资源保护现状与策略 [J]. 生态与农村环境学报, 37 (9): 1089-1097.

刘月星, 马洪雨, 马春艳, 等, 2014. 水产动物重要经济性状相关功能基因的研究进展 [J]. 生物技术通报 (2): 30-40.

鲁翠云, 匡友谊, 郑先虎, 等, 2019. 水产动物分子标记辅助育种研究进展 [J]. 水产学报, 43 (1): 36-53.

马杭柯, 孙金秋, 徐莞媛, 等, 2018. *CRISPR* 基因编辑技术研究进展及其在水生生物中的应用 [J]. 海洋渔业, 40 (5): 632-640.

莽琦, 徐钢春, 朱健, 等, 2022. 中国水产养殖发展现状与前景展望 [J]. 渔业现代化, 49 (2): 1-9.

区又君, 温久福, 李加儿, 等, 2020. 黄唇鱼 (*Bahaba flavolabiata*) 的全基因组测序和基因组特征研究 [J]. 基因组学与应用生物学, 39 (2): 491-498.

钱荷英, 张潇, 叶夏裕, 等, 2020. 中国家蚕种质资源与品种选育研究进展 [J]. 江苏农业科学, 48 (24): 1-7.

孙效文, 梁利群, 2000. 鲤鱼的遗传连锁图谱 (初报) [J]. 中国水产科学 (1): 1-5.

王德霞, 2018. 池蝶蚌 *Sox9* 的分子特征和性别调控相关功能研究 [D]. 南昌: 南昌大学.

王登东, 杨玉鹏, 郑乐云, 等, 2019. 云龙石斑鱼生长优势的转录组研究 [J]. 海南热带海洋学院学报, 26 (2): 1-8.

王红明, 丁雪婧, 陈俭, 等, 2021. 饲料中添加甘露寡糖对珍珠龙胆石斑鱼生长性能、血清免疫指标、转录组及肠道菌群的影响 [J]. 动物营养学报, 33 (12): 6982-6998.

徐东杰, 谢熙, 王蒙恩, 等, 2022. *Sox* 基因家族在水生动物性腺发育中的功能研究进展 [J]. 生物学杂志, 39 (3): 97-102.

殷艳慧, 蒋万胜, 潘晓赋, 等, 2020. 水产养殖鱼类生长性状研究进展 [J]. 中国水产科学, 27 (4): 463-484.

袁晨浩, 2021. 红鳍东方鲀耐低温标记筛选及转录组分析 [D]. 舟山: 浙江海洋大学.

袁静, 2013. 尼罗罗非鱼性腺发育过程的转录组学研究及 Fox 家族生物信息学分析 [D]. 重庆: 西南大学.

岳冬冬, 王鲁民, 方辉, 等, 2015. 我国近海捕捞渔业发展现状、问题与对策研究 [J]. 渔业信息与战略, 30 (4): 239-245.

张猛, 2019. 草鱼高密度遗传连锁图谱构建及生长性状和肌肉营养成分 QTL 定位 [D]. 上海: 上海海洋大学.

张思源, 欧江涛, 王资生, 等, 2017. 基因组学技术及其在水产动物研究中的应用综述 [J]. 江苏农业科学, 45 (15): 1-6.

赵小惠, 刘霞, 陈士林, 等, 2019. 药用植物遗传资源保护与应用 [J]. 中国现代中药, 21 (11): 1456-1463.

郑先虎, 匡友谊, 吕伟华, 等, 2019. 水产生物基因组研究进展与趋势 [J]. 水产学报, 43 (1): 15-35.

朱蓝菲, 蒋一珪, 1993. 银鲫不同雌核发育系的生物学特性比较研究 [J]. 水生生物学报 (2): 112-120, 197-198.

Alcivar-Warren A, 1997. Proceeding of the aquaculture species genome mapping workshop [C]. USDA Northeast Regional Aquaculture Center, Dartmouth.

Ao J, Li J, You X, et al., 2015. Construction of the high-density genetic linkage map and chromosome map of large yellow croaker (*Larimichthys crocea*) [J]. International Journal of Molecular Sciences, 16 (11): 26237-26248.

Aparicio S, Chapman J, Stupka E, et al., 2002. Whole-genome shotgun assembly and analysis of the genome of *Fugu rubripes* [J]. Science, 297 (5585): 1301-1310.

Bar I, Cummins S, Elizur A, 2016. Transcriptome analysis reveals differentially expressed genes associated with germ cell and gonad development in the Southern bluefin tuna (*Thunnus maccoyii*) [J]. BMC genomics, 17 (1): 1-22.

Bianchi M C G, Chopin F, Farme T, et al., 2014. The state of world fisheries and aquaculture [M]. Rome: FAO.

Brawand D, Wagner C E, Li Y I, et al., 2014. The genomic substrate for adaptive radiation in African cichlid fish [J]. Nature, 513 (7518): 375-381.

Cao L, Wang W, Yang Y, et al., 2007. Environmental impact of aquaculture and countermeasures to aquaculture pollution in China [J]. Environmental Science and Pollution Research-International, 14 (7): 452-462.

Chandhini S, Rejish Kumar V J, 2019. Transcriptomics in aquaculture: current status and applications [J]. Reviews in Aquaculture, 11 (4): 1379-1397.

Chang Y, Ding J, Xu Y, et al., 2018. SLAF-based high-density genetic map construction and QTL mapping for major economic traits in sea urchin Strongylocentrotus intermedius [J]. Scientific reports, 8 (1): 1-10.

Chen S, Zhang G, Shao C, et al., 2014. Whole-genome sequence of a flatfish provides insights into ZW sex chromosome evolution and adaptation to a benthic lifestyle [J]. Nature genetics, 46 (3): 253-260.

Cheng P, Huang Y, Du H, et al., 2019, Draft genome and complete Hox-cluster characterization of the sterlet (*Acipenser ruthenus*) [J]. Frontiers in genetics, 10: 776.

Gao F X, Wang Y, Zhang Q Y, et al., 2017. Distinct herpesvirus resistances and immune responses of three gynogenetic clones of gibel carp revealed by comprehensive transcriptomes [J]. BMC genomics, 18 (1): 1-19.

Garg R, Patel R K, Jhanwar S, et al., 2011. Gene discovery and tissue-specific transcriptome analysis in chickpea with massively parallel pyrosequencing and web resource development [J]. Plant physiology, 156 (4): 1661-1678.

Gong D, Xu L, Li W, et al., 2020. Comparative analysis of liver transcriptomes associated with hypoxia tolerance in the gynogenetic blunt snout bream [J]. Aquaculture, 523: 735163.

Gui L, Chinchar V G, Zhang Q, 2018. Molecular basis of pathogenesis of emerging viruses infecting aquatic animals [J]. Aquaculture and Fisheries, 3 (1): 1-5.

Heather J M, Chain B, 2016. The sequence of sequencers: The history of sequencing DNA [J]. Genomics, 107 (1): 1-8.

Houston R D, Haley C S, Hamilton A, et al., 2008. Major quantitative trait loci affect resistance to infectious pancreatic necrosis in Atlantic salmon (*Salmo salar*) [J]. Genetics, 178 (2): 1109-1115.

Hu Y, Wang B, Du H, 2021. A review on sox genes in fish [J]. Reviews in Aquaculture, 13 (4): 1986-2003.

Jennings S, Stentiford G D, Leocadio A M, et al., 2016. Aquatic food security: insights into challenges and solutions from an analysis of interactions between fisheries, aquaculture, food safety, human health, fish and human welfare, economy and environment [J]. Fish and Fisheries, 17 (4): 893-938.

Jiang Q, Bhattarai N, Pahlow M, et al., 2022. Environmental sustainability and footprints of global aquaculture [J]. Resources, Conservation and Recycling, 180: 106183.

Jones F C, Grabherr M G, Chan Y F, et al., 2012. The genomic basis of adaptive evolution in threespine sticklebacks [J]. Nature, 484 (7392): 55-61.

Kong S, Ke Q, Chen L, et al., 2019. Constructing a high-density genetic linkage map for large yellow croaker (*Larimichthys crocea*) and mapping resistance trait against ciliate parasite *Cryptocaryon irritans* [J]. Marine Biotechnology, 21 (2): 262-275.

Liu K, Xu D, Li J, et al., 2017. Whole genome sequencing of Chinese clearhead icefish, *Protosalanx hyalocranius* [J]. GigaScience, 6 (4): giw012.

Martinez J L, Moran P, Garcia-Vazquez E, 2001. A cryptic RRY (i) microsatellite from Atlantic salmon (*Salmo salar*): characterization and chromosomal location [J]. Journal of Heredity, 92 (3): 287-290.

Meng X, Liu P, Jia F, et al., 2015. De novo transcriptome analysis of *Portunus trituberculatus* ovary and testis by RNA-Seq: identification of genes involved in gonadal development [J]. PLoS One, 10 (6): e0128659.

Metzker M L, 2010. Sequencing technologies: the next generation [J]. Nature reviews genetics, 11 (1): 31-46.

Moen T, Baranski M, Sonesson A K, et al., 2009. Confirmation and fine-mapping of a major QTL for resistance to infectious pancreatic necrosis in Atlantic salmon (*Salmo salar*): population-level associations between markers and trait [J]. BMC genomics, 10 (1): 1-14.

Neave M J, Sunarto A, McColl K A, 2017. Transcriptomic analysis of common carp anterior kidney during Cyprinid herpesvirus 3 infection: Immunoglobulin repertoire and homologue functional divergence [J]. Scientific reports, 7 (1): 1-13.

Ng P C, Kirkness E F, 2010. Whole genome sequencing [J]. Genetic variation, 215-226.

Pushkarev D, Neff N F, Quake S R, 2009. Single-molecule sequencing of an individual human genome [J]. Nature biotechnology, 27 (9): 847-850.

Rao R, Bing Zhu Y, Alinejad T, et al., 2015. RNA-seq analysis of *Macrobrachium rosenbergii* hepatopancreas in response to *Vibrio parahaemolyticus* infection [J]. Gut Pathogens, 7 (1): 1-16.

Sanger F, Nicklen S, Coulson A R, 1977. DNA sequencing with chain-terminating inhibitors [J]. Proceedings of the national academy of sciences, 74 (12): 5463-5467.

Slettan A, Olsaker I, Lie Ø, 1997. Segregation studies and linkage analysis of Atlantic salmon microsatellites using haploid genetics [J]. Heredity, 78 (6): 620-627.

Star B, Nederbragt A J, Jentoft S, et al., 2011. The genome sequence of Atlantic cod reveals a unique immune system [J]. Nature, 477 (7363): 207-210.

Sun X, Liang L, 2004. A genetic linkage map of common carp (*Cyprinus carpio* L.) and mapping of a locus associated with cold tolerance [J]. Aquaculture, 238 (1-4): 165-172.

Sun Z, Tan X, Xu M, et al., 2019. Liver transcriptome analysis and de novo annotation of the orange-spotted groupers (*Epinephelus coioides*) under cold stress [J]. Comparative Biochemistry and Physiology Part D: Genomics and Proteomics, 29: 264-273.

Tang B, Wang Z, Liu Q, et al., 2020. High-quality genome assembly of *Eriocheir japonica* sinensis reveals its unique genome evolution [J]. Frontiers in genetics, 10: 1340.

Tang B, Zhang D, Li H, et al., 2020. Chromosome-level genome assembly reveals the unique genome evolution of the swimming crab (*Portunus trituberculatus*) [J]. GigaScience, 9 (1): giz161.

Tong J, Chu K H, 2002. Genome mapping in aquatic animals: Progress and future perspectives [J]. Russian Journal of Genetics, 38 (6): 612-621.

Varshney R K, Graner A, Sorrells M E, 2005. Genomics-assisted breeding for crop improvement [J]. Trends in plant science, 10 (12): 621-630.

Wan H, Liao J, Zhang Z, et al., 2021. Molecular cloning, characterization, and expression analysis of a sex-biased transcriptional factor *sox9* gene of mud crab Scylla paramamosain [J]. Gene, 774: 145423.

Wang Y, Lu Y, Zhang Y, et al., 2015. The draft genome of the grass carp (*Ctenopharyngodon idellus*) provides insights into its evolution and vegetarian adaptation [J]. Nature genetics, 47 (6): 625-631.

Wang Z W, Zhu H P, Wang D, et al., 2011. A novel nucleo-cytoplasmic hybrid clone formed via androgenesis in polyploid gibel carp [J]. BMC Research Notes, 4 (1): 1-13.

Wei W Y, Huang J H, Yang Q B, et al., 2022. Molecular characterization and functional analysis of DMRT11E in black tiger shrimp (*Penaeus monodon*) [J]. Aquaculture Reports, 22: 100982.

Xiao-wen S, Li-qun L, 2000. A genetic linkage map of common carp [J]. Journal of Fishery Sciences of China, 7 (1): 1-5.

Xu P, Zhang X, Wang X, et al., 2014. Genome sequence and genetic diversity of the common carp, *Cyprinus carpio* [J]. Nature genetics, 46 (11): 1212-1219.

Yang Y, Yu H, Li H, et al., 2016. Transcriptome profiling of grass carp (*Ctenopharyngodon idellus*) infected with *Aeromonas hydrophila* [J]. Fish & shellfish immunology, 51: 329-336.

Yao C, Wan H, Zhang Z, et al., 2020. Genome-wide identification and expression profile of the *sox* gene family in different tissues and during embryogenesis in the Pacific white shrimp (*Litopenaeus vannamei*) [J]. Gene, 763: 144956.

Yue G H，Wang L，2017. Current status of genome sequencing and its applications in aquaculture ［J］. Aquaculture, 468：337-347.

Zhang E F，Qiu G F，2010. A novel *Dmrt* gene is specifically expressed in the testis of Chinese mitten crab, *Eriocheir sinensis* ［J］. Development genes and evolution，220 (5)：151-159.

Zhang H，Jia H，Xiong P，et al.，2022. Transcriptome and enzyme activity analyses of tolerance mechanisms in pearl oyster (*Pinctada fucata*) under high-temperature stress ［J］. Aquaculture，550：737888.

Zhang X，Yuan J，Sun Y，et al.，2019. Penaeid shrimp genome provides insights into benthic adaptation and frequent molting ［J］. Nature communications，10 (1)：1-14.

Zhou L，Gui J F，2018. Applications of genetic breeding biotechnologies in Chinese aquaculture ［J］. Aquaculture in China：success stories and modern trends：463-496.

Zhu J，Li C，Ao Q，et al.，2015. Trancriptomic profiling revealed the signatures of acute immune response in tilapia (*Oreochromis niloticus*) following *Streptococcus iniae* challenge ［J］. Fish ⅋ Shellfish Immunology，46 (2)：346-353.

（柳淑芳）

图书在版编目（CIP）数据

水产动物种质冷冻保存与应用技术 / 田永胜主编 .
北京：中国农业出版社，2024.6. -- ISBN 978-7-109
-32155-7

Ⅰ. S917

中国国家版本馆 CIP 数据核字第 2024R8Y768 号

中国农业出版社出版

地址：北京市朝阳区麦子店街 18 号楼

邮编：100125

责任编辑：王金环　蔺雅婷

版式设计：王　晨　责任校对：吴丽婷

印刷：北京通州皇家印刷厂

版次：2024 年 6 月第 1 版

印次：2024 年 6 月北京第 1 次印刷

发行：新华书店北京发行所

开本：889mm×1194mm　1/16

印张：21.75　插页：2

字数：665 千字

定价：158.00 元